分布式机器学习
系统、工程与实战

柳浩◎著

电子工业出版社
Publishing House of Electronics Industry
北京·BEIJING

内 容 简 介

本书主要讲解分布式机器学习算法和开源框架，读者既可以从宏观的设计上了解分布式机器学习的概念和理论，也可以深入核心技术的细节设计中，对分布式机器学习形成深刻而直观的认识，做到学以致用。

本书共分为 5 篇，第 1 篇是分布式基础，首先介绍了分布式机器学习的概念、基础设施，以及机器学习并行化技术、框架和软件系统，然后对集合通信和参数服务器 PS-Lite 进行了介绍。第 2 篇是数据并行，以 PyTorch 和 Horovod 为主对数据并行进行分析，读者可以了解在具体工程领域内实现数据并行有哪些挑战和解决方案。第 3 篇是流水线并行，讲解了除模型划分之外，还通过引入额外的流水线来提高效率，以 GPipe／PyTorch／PipeDream 为例进行分析。第 4 篇是模型并行，首先对 NVIDIA Megatron 进行分析，讲解如何进行层内模型并行，然后讲解 PyTorch 如何支持模型并行，最后介绍分布式优化器。第 5 篇是 TensorFlow 分布式，前面几篇以 PyTorch 为纲，结合其他框架/库来穿插完成，本篇带领大家进入 TensorFlow 分布式领域。

未经许可，不得以任何方式复制或抄袭本书之部分或全部内容。
版权所有，侵权必究。

图书在版编目（CIP）数据

分布式机器学习：系统、工程与实战 / 柳浩著. —北京：电子工业出版社，2023.7
ISBN 978-7-121-45814-9

Ⅰ．①分… Ⅱ．①柳… Ⅲ．①分布式算法－机器学习 Ⅳ．①TP181

中国国家版本馆 CIP 数据核字（2023）第 111470 号

责任编辑：黄爱萍
  印 刷：三河市君旺印务有限公司
  装 订：三河市君旺印务有限公司
出版发行：电子工业出版社
     北京市海淀区万寿路 173 信箱 邮编：100036
开 本：787×1092 1/16 印张：37 字数：1065.6 千字 彩插：8
版 次：2023 年 7 月第 1 版
印 次：2023 年 7 月第 1 次印刷
定 价：139.00 元

凡所购买电子工业出版社图书有缺损问题，请向购买书店调换。若书店售缺，请与本社发行部联系，联系及邮购电话：（010）88254888，88258888。
质量投诉请发邮件至 zlts@phei.com.cn，盗版侵权举报请发邮件至 dbqq@phei.com.cn。
本书咨询联系方式：faq@phei.com.cn。

前　　言

GPT 的启示

ChatGPT 石破天惊，GPT-4 的问世又引发了进一步的轰动，GPT-5 即将到来……它们的影响远远超出了大家的预期和想象。有观点认为，ChatGPT 是通用人工智能的 Singularity（奇点）。无独有偶，2022 年，微软发布了一篇论文 *Singularity: Planet-Scale, Preemptive and Elastic Scheduling of AI Workloads*，介绍其全局分布式调度服务，作者包括 Azure 的 CTO Mark Russinovich。而 Azure 与 OpenAI 合作，重新设计了超级计算机，在 Azure 云上为 OpenAI 训练超大规模的模型。该论文将 Azure 的全局分布式调度服务命名为 Singularity，可见其深意。

GPT-3 模型的参数量是 1750 亿个，研发这个规模的大型模型，是一个极其复杂的系统工程，涵盖了算法、算力、网络、存储、大数据、框架、基础设施等多个领域。微软 2020 年发布的信息称，其计划为 OpenAI 开发的专用超级计算机包括 28.5 万个 CPU、1 万个 GPU。市场调查机构 TrendForce 的报告则指出，ChatGPT 需要 3 万个 GPU。在 OpenAI 官网和报告中都提到，GPT-4 项目的重点之一是开发一套可预测、可扩展的深度学习栈和基础设施（Infrastructure）。与之对应的是，在 OpenAI 研发团队的 6 个小组中，有 5 个小组的工作涉及 AI 工程和基础设施。

OpenAI 没有提供 GPT-4 的架构（包括模型大小）、硬件、数据集、训练方法等内容，这非常令人遗憾，但是我们可以从微软发布的论文入手，来研究 GPT-4 这座冰山在水下的那些深层技术栈。从论文可以看出，GPT 使用的底层技术并没有那么"新"，而是在现有技术基础之上进行的深度打磨，并从不同角度对现有技术进行了拓展，做到工程上的极致。比如 Singularity 在 GPU 调度方面，就有阿里巴巴 AntMan 的影子。再比如 Singularity 从系统角度出发，使用 CRIU 完成任务抢占、迁移的同时，也巧妙解决了弹性训练的精度一致性问题。

AI 的黄金时代可能才刚刚开启，各行各业的生产力革命也会相继产生。诚然，OpenAI 已经占据了领先位置，但是接下来的 AI 赛道会风起云涌，中国企业势必会在其中扮演极其重要的角色，也会在深度学习栈和基础设施领域奋起直追。然而，"弯道超车"需要建立在技术沉淀和产品实力之上，我们只有切实地扎根于现有的分布式机器学习技术体系，并对其进行深耕，才能为更好的创新和发展打下基础。大家都已在路上，没有人直接掌握着通向未来的密码，但面对不可阻挡的深层次的信息革命和无限的发展机遇，我们必须有所准备。

复杂模型的挑战

为了降低在大型数据集上训练大型模型的计算成本，研究人员早已转向使用分布式计算体系结构（在此体系结构中，许多机器协同执行机器学习方法）。人们创建了算法和系统，以便在多个 CPU 或 GPU 上并行化机器学习（Machine Learning，ML）程序（多设备并行），或者在网络上的多个计算节点并行化机器学习训练（分布式并行）。这些软件系统利用最大似然理论的特性来实现加速，并随着设备数量的增加而扩展。理想情况下，这样的并行化机器学习系统可以通过减少训练时间来实现大型模型在大型数据集上的并行化，从而实现更快的开发或研究迭代。

然而，随着机器学习模型在结构上变得更加复杂，对于大多数机器学习研究人员和开发人员来说，即便使用 TensorFlow、PyTorch、Horovod、Megatron、DeepSpeed 等工具，编写高效的并行化机器学习程序仍然是一项艰巨的任务，使用者需要考虑的因素太多，比如：

- 系统方面。现有系统大多是围绕单个并行化技术或优化方案来构建的，对组合多种策略的探索不足，比如不能完全支持各种混合并行。

- 性能方面。不同并行化策略在面对不同的算子时，性能差异明显。有些框架未考虑集群物理拓扑（集群之中各个设备的算力、内存、带宽有时会存在层级的差距），使用者需要依据模型特点和集群网络拓扑来选择或者调整并行化策略。

- 易用性方面。很多系统需要开发人员改写现有模型，进行手动控制，比如添加通信原语，控制流水线等。不同框架之间彼此割裂，难以在不同并行策略之间迁移。

- 可用性方面。随着训练规模扩大，硬件薄弱或设计原因会导致单点故障概率随之增加，如何解决这些痛点是个严重问题。

总之，在将分布式并行训练系统应用于复杂模型时，"开箱即用"通常会导致低于预期的性能，求解最优并行策略成为一个复杂度极高的问题。为了解决这个问题，研究人员需要对分布式系统、编程模型、机器学习理论及其复杂的相互作用有深入的了解。

本书是笔者在分布式机器学习领域学习和应用过程中的总结和思考，期望能起到抛砖引玉的作用，带领大家走入/熟悉分布式机器学习这个领域。

本书的内容组织

PyTorch 是大家最常用的深度学习框架之一，学好 PyTorch 可以很容易地进入分布式机器学习领域，所以全书以 PyTorch 为纲进行穿插讲解，从系统和实践的角度对分布式机器学习进行梳理。本书架构如下。

- 第 1 篇　分布式基础

本篇首先介绍了分布式机器学习的基本概念、基础设施，以及机器学习并行化的技术、框架和软件系统，然后对集合通信和参数服务器 PS-Lite 进行了介绍。

- 第 2 篇　数据并行

数据并行（Data Parallelism）是深度学习中最常见的技术。数据并行的目的是解决计算墙，将计算负载切分到多张卡上。数据并行具有几个明显的优势，包括计算效率高和工作量小，这使得它在高计算通信比的模型上运行良好。本篇以 PyTorch 和 Horovod 为主对数据并行进行分析。

- 第 3 篇　流水线并行（Pipeline Parallelism）

当一个节点无法存下整个神经网络模型时，就需要对模型进行切分，让不同设备负责计算图的不同部分，这就是模型并行（Model Parallelism）。从计算图角度看，模型并行主要有两种切分方式：层内切分和层间切分，分别对应了层内模型并行和层间模型并行这两种并行方式。业界把这两种并行方式分别叫作张量模型并行（简称为张量并行，即 Tensor Parallelism）和流水线模型并行（简称为流水线并行，即 Pipeline Parallelism）。

张量模型并行可以把较大参数切分到多个设备，但是对通信要求较高，计算效率较低，不适合超大模型。在流水线模型并行中，除了对模型进行层间切分外，还引入了额外的流水线来隐藏通信时间、充分利用设备算力，从而提高了计算效率，更合适超大模型。

因为流水线并行的独特性和重要性，所以对这部分内容单独介绍。本篇以 GPipe、PyTorch、PipeDream 为例来分析流水线并行。

- 第 4 篇　模型并行

目前已有的深度学习框架大都提供了对数据并行的原生支持，虽然对模型并行的支持还不完善，但是各个框架都有自己的特色，可以说百花齐放，百家争鸣。本篇介绍模型并行，首先会对 NVIDIA Megatron 进行分析，讲解如何进行层内分割模型并行，然后学习 PyTorch 如何支持模型并行。

- 第 5 篇　TensorFlow 分布式

本篇学习 TensorFlow 如何进行分布式训练。迄今为止，在分布式机器学习这一系列分析之中，我们大多以 PyTorch 为纲，结合其他框架/库来穿插完成。但是缺少了 TensorFlow 就会觉得整个世界（系列）都是不完美的，不仅因为 TensorFlow 本身有很强大的影响力，更因为 TensorFlow 分布式博大精深，特色鲜明，对于技术爱好者来说是一个巨大宝藏。

本书面向的读者

本书读者群包括：

- 机器学习领域内实际遇到大数据、分布式问题的人，不但可以参考具体解决方案，也可以学习各种技术背后的理念、设计哲学和发展过程。

- 机器学习领域的新人，可以按图索骥，了解各种框架如何使用。

- 其他领域（尤其是大数据领域和云计算领域）想转入机器学习领域的工程师。

- 有好奇心，喜欢研究框架背后机理的学生，本书也适合作为机器学习相关课程的参考书籍。

如何阅读本书

本书源自笔者的博客文章，总体来说是按照项目解决方案进行组织的，每一篇都是关于某一特定主题的方案集合。大多数方案自成一体，每个独立章节中的内容都是按照循序渐进的方式来组织的。

行文

- 本书以神经网络为主，兼顾传统机器学习，所以举例往往以深度学习为主。

- 因为本书内容来源于多种框架/论文，这些来源都有自己完整的体系结构和逻辑，所以本书会存在某一个概念或者问题以不同角度在前后几章都论述的情况。

- 解析时会删除非主体代码，比如异常处理代码、某些分支的非关键代码、输入的检测代码等。也会省略不重要的函数参数。

- 一般来说，对于类定义只会给出其主要成员变量，某些重要成员函数会在使用时再进行介绍。

- 本书在描述类之间关系和函数调用流程上使用了 UML 类图和序列图，但是因为 UML 规范过于繁杂，所以本书没有完全遵循其规范。对于图例，如果某图只有细实线，则可以根据箭头区分是调用关系还是数据结构之间的关系。如果某图存在多种线条，则细实线表示数据结构之间的关系，粗实线表示调用流程，虚线表示数据流，虚线框表示列表数据结构。

版本

各个框架发展很快，在本书写作过程中，笔者往往会针对某一个框架的多个版本进行研读，具体框架版本对应如下。

- PyTorch：主要参考版本是 1.9.0。

- TensorFlow：主要参考版本是 2.6.2。

- PS-Lite：master 版本。

- Megatron：主要参考版本是 2.5。

- GPipe：master 版本。

- PipeDream：master 版本。

- torchgpipe：主要参考版本是 0.0.7。
- Horovod：主要参考版本是 0.22.1。

深入

在本书（包括博客）的写作过程中，笔者参考和学习了大量论文、博客和讲座视频，在此对这些作者表示深深的感谢。具体参考资料和链接请扫描封底二维码获取。如果读者想继续深入研究，除论文、文档、原作者博客和源码之外，笔者有如下建议：

- PyTorch：推荐 OpenMMLab@知乎，Gemfield@知乎。Gemfield 是 PyTorch 的万花筒。
- TensorFlow：推荐西门宇少（DeepLearningStack@cnblogs）、刘光聪（horance-liu@github）。西门宇少兼顾深度、广度和业界前沿。刘光聪的电子书《TensorFlow 内核剖析》是同领域最佳，本书借鉴颇多。
- Megatron：推荐迷途小书僮@知乎，其对 Megatron 有非常精彩的解读。
- 总体：推荐张昊@知乎、OneFlow@知乎，既高屋建瓴，又紧扣实际。
- 刘铁岩、陈薇、王太峰、高飞的《分布式机器学习：算法、理论与实践》非常经典，强烈推荐。

因为时间和精力原因，笔者没能对国内的深度学习框架进行分析，非常遗憾。对于有兴趣的读者，推荐以下优秀框架：一流科技 OneFlow，华为 MindSpore，旷视天元。也强烈推荐这几个框架的代表人物：袁进辉@知乎、金雪锋@知乎、许欣然@知乎。每次读他们的文章，都会让我对机器学习领域有更深入的认识。另外要专门感谢李舒辰博士，他在机器学习方面具备深厚功力，和他的讨论总是让我受益匪浅。

致谢

首先，感谢我生命中遇到的各位良师：许玉娣老师、刘健老师、邹艳聘老师、王凤珍老师、栾锡宝老师、王金海老师、童若锋老师、唐敏老师、赵慧芳老师，董金祥老师……师恩难忘。童若锋老师是我读本科时的班主任，又和唐敏老师一起在我攻读硕士学位期间对我进行悉心指导。那时童老师和唐老师刚刚博士毕业，两位老师亦师亦友，他们的言传身教让我受益终生。

感谢我的编辑黄爱萍在本书出版过程中给我的帮助。对我来说，写博客是快乐的，因为我喜欢技术，喜欢研究事物背后的机理。整理出书则是痛苦的，其难度远远超出了预期，从整理到完稿用了一年多时间。没有编辑的理解和支持，这本书很难问世。另外，因为篇幅所限，笔者博客中的很多内容（比如 DeepSpeed、弹性训练、通信优化、数据处理等）未能在书中体现，甚是遗憾。

感谢童老师、孙力哥、媛媛姐、文峰同学，以及袁进辉、李永（九丰）两位大神在百忙之中为本书写推荐语，谢谢你们的鼓励和支持。

最后，特别感谢我的爱人和孩子们，因为写博客和整理书稿，我牺牲了大量本应该陪伴她们的时间，谢谢她们给我的支持和包容。也感谢我的父母和岳父母帮我们照顾孩子，让我能够长时间在电脑前面忙忙碌碌。

本书资源下载

扫描本书封底二维码，可以获取本书的参考资料、链接和代码。

由于笔者水平和精力都有限，而且本书的内容较多、牵涉的技术较广，谬误和疏漏之处在所难免，很多技术点设计的细节描述得不够详尽，恳请广大技术专家和读者指正。可以将意见和建议发送到我的个人邮箱 RossiLH@163.com，或者通过博客园、CSDN、掘金或微信公众号搜索"罗西的思考"与我进行交流和资料获取。我也将密切跟踪分布式机器学习技术的发展，吸取大家意见，适时编写本书的升级版本。

柳浩
2023 年 5 月

目 录

第 1 篇　分布式基础 ·················· 1

第 1 章　分布式机器学习 ············· 2

- 1.1　机器学习概念 ···················· 2
- 1.2　机器学习的特点 ·················· 3
- 1.3　分布式训练的必要性 ·············· 3
- 1.4　分布式机器学习研究领域 ·········· 6
  - 1.4.1　分布式机器学习的目标 ······· 6
  - 1.4.2　分布式机器学习的分类 ······· 6
- 1.5　从模型角度看如何并行 ············ 8
  - 1.5.1　并行方式 ··················· 8
  - 1.5.2　数据并行 ··················· 9
  - 1.5.3　模型并行 ·················· 10
  - 1.5.4　流水线并行 ················ 11
  - 1.5.5　比对 ······················ 12
- 1.6　从训练并发角度看如何并行 ······· 12
  - 1.6.1　参数分布和通信拓扑 ········ 13
  - 1.6.2　模型一致性和通信模式 ······ 14
  - 1.6.3　训练分布 ·················· 19
- 1.7　分布式机器学习编程接口 ········· 19
  - 1.7.1　手动同步更新 ·············· 20
  - 1.7.2　指定任务和位置 ············ 20
  - 1.7.3　猴子补丁优化器 ············ 21
  - 1.7.4　Python 作用域 ············· 21
- 1.8　PyTorch 分布式 ················· 22
  - 1.8.1　历史脉络 ·················· 22
  - 1.8.2　基本概念 ·················· 23
- 1.9　总结 ··························· 24

第 2 章　集合通信 ·················· 26

- 2.1　通信模式 ······················· 26
- 2.2　点对点通信 ····················· 26
- 2.3　集合通信 ······················· 28
  - 2.3.1　Broadcast ·················· 29
  - 2.3.2　Scatter ···················· 29
  - 2.3.3　Gather ···················· 30
  - 2.3.4　All-Gather ················· 30
  - 2.3.5　All-to-All ·················· 30
  - 2.3.6　Reduce ···················· 31
  - 2.3.7　All-Reduce ················· 31
  - 2.3.8　Reduce-Scatter ·············· 32
- 2.4　MPI_AllReduce ·················· 32
- 2.5　Ring All-Reduce ················· 33
  - 2.5.1　特点 ······················ 34
  - 2.5.2　策略 ······················ 34
  - 2.5.3　结构 ······················ 35
  - 2.5.4　Reduce-Scatter ·············· 35
  - 2.5.5　All-Gather ················· 38
  - 2.5.6　通信性能 ·················· 40
  - 2.5.7　区别 ······················ 40

第 3 章　参数服务器之 PS-Lite ········ 41

- 3.1　参数服务器 ····················· 41
  - 3.1.1　概念 ······················ 41
  - 3.1.2　历史渊源 ·················· 42
  - 3.1.3　问题 ······················ 43
- 3.2　基础模块 Postoffice ·············· 44
  - 3.2.1　基本逻辑 ·················· 44
  - 3.2.2　系统启动 ·················· 45
  - 3.2.3　功能实现 ·················· 47
- 3.3　通信模块 Van ··················· 51
  - 3.3.1　功能概述 ·················· 51

3.3.2　定义 …………………………… 51
　　3.3.3　初始化 ………………………… 52
　　3.3.4　接收消息 ……………………… 53
3.4　代理人 Customer ………………………… 59
　　3.4.1　基本思路 ……………………… 59
　　3.4.2　基础类 ………………………… 61
　　3.4.3　Customer ……………………… 62
　　3.4.4　功能函数 ……………………… 66
3.5　应用节点实现 …………………………… 67
　　3.5.1　SimpleApp …………………… 67
　　3.5.2　KVServer …………………… 68
　　3.5.3　KVWorker …………………… 68
　　3.5.4　总结 …………………………… 70

第 2 篇　数据并行 ………………………… 73

第 4 章　PyTorch DataParallel …………… 74

4.1　综述 ………………………………………… 74
4.2　示例 ………………………………………… 76
4.3　定义 ………………………………………… 77
4.4　前向传播 …………………………………… 78
4.5　计算损失 …………………………………… 87
4.6　反向传播 …………………………………… 88
4.7　总结 ………………………………………… 91

第 5 章　PyTorch DDP 的基础架构 ……… 93

5.1　DDP 总述 ………………………………… 93
　　5.1.1　DDP 的运行逻辑 ……………… 93
　　5.1.2　DDP 的使用 …………………… 94
5.2　设计理念 …………………………………… 97
　　5.2.1　系统设计 ………………………… 97
　　5.2.2　梯度归约 ………………………… 98
　　5.2.3　实施 ……………………………… 99
5.3　基础概念 ………………………………… 101
　　5.3.1　初始化方法 …………………… 101
　　5.3.2　Store 类 ……………………… 102
　　5.3.3　TCPStore 类 ………………… 104
　　5.3.4　进程组概念 …………………… 107
　　5.3.5　构建进程组 …………………… 109

5.4　架构和初始化 …………………………… 111
　　5.4.1　架构与迭代流程 ……………… 111
　　5.4.2　初始化 DDP …………………… 114

第 6 章　PyTorch DDP 的动态逻辑 …… 122

6.1　Reducer 类 ……………………………… 122
　　6.1.1　调用 Reducer 类 …………… 122
　　6.1.2　定义 Reducer 类 …………… 122
　　6.1.3　Bucket 类 …………………… 124
　　6.1.4　BucketReplica 类 …………… 126
　　6.1.5　查询数据结构 ………………… 128
　　6.1.6　梯度累积相关成员变量 …… 131
　　6.1.7　初始化 ………………………… 135
　　6.1.8　静态图 ………………………… 141
　　6.1.9　Join 操作 …………………… 142
6.2　前向/反向传播 …………………………… 143
　　6.2.1　前向传播 ……………………… 143
　　6.2.2　反向传播 ……………………… 149

第 7 章　Horovod ………………………… 161

7.1　从使用者角度切入 ……………………… 161
　　7.1.1　机制概述 ……………………… 161
　　7.1.2　示例代码 ……………………… 162
　　7.1.3　运行逻辑 ……………………… 163
7.2　horovodrun ……………………………… 167
　　7.2.1　入口点 ………………………… 167
　　7.2.2　运行训练 Job ………………… 168
　　7.2.3　Gloo 实现 …………………… 169
　　7.2.4　MPI 实现 …………………… 174
　　7.2.5　总结 …………………………… 174
7.3　网络基础和 Driver ……………………… 174
　　7.3.1　总体架构 ……………………… 175
　　7.3.2　基础网络服务 ………………… 176
　　7.3.3　Driver 服务 ………………… 177
　　7.3.4　Task 服务 …………………… 178
　　7.3.5　总结 …………………………… 180
7.4　DistributedOptimizer …………………… 181
　　7.4.1　问题点 ………………………… 181
　　7.4.2　解决思路 ……………………… 182

7.4.3 TensorFlow 1.x ………… 183
7.5 融合框架 ………… 191
　　7.5.1 总体架构 ………… 191
　　7.5.2 算子类体系 ………… 192
　　7.5.3 后台线程 ………… 194
　　7.5.4 执行线程 ………… 195
　　7.5.5 总结 ………… 196
7.6 后台线程架构 ………… 198
　　7.6.1 设计要点 ………… 198
　　7.6.2 总体代码 ………… 201
　　7.6.3 业务逻辑 ………… 202

第 3 篇 流水线并行 ………… 209

第 8 章 GPipe ………… 210

8.1 流水线基本实现 ………… 210
　　8.1.1 流水线并行 ………… 210
　　8.1.2 GPipe 概述 ………… 211
　　8.1.3 计算内存 ………… 213
　　8.1.4 计算算力 ………… 213
　　8.1.5 自动并行 ………… 214
8.2 梯度累积 ………… 218
　　8.2.1 基本概念 ………… 218
　　8.2.2 PyTorch 实现 ………… 219
　　8.2.3 GPipe 实现 ………… 223
8.3 Checkpointing ………… 225
　　8.3.1 问题 ………… 225
　　8.3.2 解决方案 ………… 225
　　8.3.3 OpenAI ………… 226
　　8.3.4 PyTorch 实现 ………… 228
　　8.3.5 GPipe 实现 ………… 240

第 9 章 PyTorch 流水线并行 ………… 243

9.1 如何划分模型 ………… 243
　　9.1.1 使用方法 ………… 244
　　9.1.2 自动平衡 ………… 245
　　9.1.3 模型划分 ………… 247
9.2 切分数据和 Runtime 系统 ………… 249
　　9.2.1 分发小批量 ………… 249

9.2.2 Runtime ………… 250
9.3 前向计算 ………… 255
　　9.3.1 设计 ………… 255
　　9.3.2 执行顺序 ………… 260
9.4 计算依赖 ………… 265
　　9.4.1 反向传播依赖 ………… 266
　　9.4.2 前向传播依赖 ………… 270
9.5 并行计算 ………… 274
　　9.5.1 总体架构 ………… 274
　　9.5.2 并行复制和计算 ………… 276
　　9.5.3 重计算 ………… 278

第 10 章 PipeDream 之基础架构 ………… 280

10.1 总体思路 ………… 280
　　10.1.1 目前问题 ………… 280
　　10.1.2 1F1B 策略概述 ………… 282
　　10.1.3 流水线方案 ………… 283
10.2 profile 阶段 ………… 285
10.3 计算分区阶段 ………… 288
　　10.3.1 构建图 ………… 288
　　10.3.2 构建反链 ………… 289
　　10.3.3 计算分区 ………… 295
　　10.3.4 分析分区 ………… 302
　　10.3.5 输出 ………… 305
10.4 转换模型阶段 ………… 305
　　10.4.1 分离子图 ………… 306
　　10.4.2 转换模型 ………… 307
　　10.4.3 融合模型 ………… 308

第 11 章 PipeDream 之动态逻辑 ………… 312

11.1 Runtime 引擎 ………… 312
　　11.1.1 功能 ………… 312
　　11.1.2 总体逻辑 ………… 313
　　11.1.3 加载模型 ………… 314
　　11.1.4 实现 ………… 314
11.2 通信模块 ………… 323
　　11.2.1 类定义 ………… 324
　　11.2.2 构建 ………… 325
　　11.2.3 发送和接收 ………… 331

11.3　1F1B 策略 ······ 333
　　11.3.1　设计思路 ······ 333
　　11.3.2　权重问题 ······ 335
　　11.3.3　实现 ······ 340

第 4 篇　模型并行 ······ 345

第 12 章　Megatron ······ 346

12.1　设计思路 ······ 346
　　12.1.1　背景 ······ 346
　　12.1.2　张量模型并行 ······ 348
　　12.1.3　并行配置 ······ 354
　　12.1.4　结论 ······ 354
12.2　模型并行实现 ······ 354
　　12.2.1　并行 MLP ······ 355
　　12.2.2　ColumnParallelLinear ······ 358
　　12.2.3　RowParallelLinear ······ 363
　　12.2.4　总结 ······ 367
12.3　如何设置各种并行 ······ 367
　　12.3.1　初始化 ······ 368
　　12.3.2　起始状态 ······ 371
　　12.3.3　设置张量模型并行 ······ 373
　　12.3.4　设置流水线并行 ······ 375
　　12.3.5　设置数据并行 ······ 378
　　12.3.6　模型并行组 ······ 380
　　12.3.7　如何把模型分块到 GPU 上 ······ 381
12.4　Pipedream 的流水线刷新 ······ 383

第 13 章　PyTorch 如何实现模型并行 ······ 387

13.1　PyTorch 模型并行 ······ 387
　　13.1.1　PyTorch 特点 ······ 387
　　13.1.2　示例 ······ 387
13.2　分布式自动求导之设计 ······ 389
　　13.2.1　分布式 RPC 框架 ······ 389
　　13.2.2　自动求导记录 ······ 390
　　13.2.3　分布式自动求导上下文 ······ 391
　　13.2.4　分布式反向传播算法 ······ 392
　　13.2.5　分布式优化器 ······ 396

13.3　RPC 基础 ······ 396
　　13.3.1　RPC 代理 ······ 396
　　13.3.2　发送逻辑 ······ 396
　　13.3.3　接收逻辑 ······ 398
13.4　上下文相关 ······ 399
　　13.4.1　设计脉络 ······ 400
　　13.4.2　AutogradMetadata ······ 401
　　13.4.3　DistAutogradContainer ······ 403
　　13.4.4　DistAutogradContext ······ 403
　　13.4.5　前向传播交互过程 ······ 408
13.5　如何切入引擎 ······ 411
　　13.5.1　反向传播 ······ 411
　　13.5.2　SendRpcBackward ······ 415
　　13.5.3　总结 ······ 417
13.6　自动求导引擎 ······ 417
　　13.6.1　原生引擎 ······ 417
　　13.6.2　分布式引擎 ······ 419
　　13.6.3　总体执行 ······ 421
　　13.6.4　验证节点和边 ······ 421
　　13.6.5　计算依赖 ······ 422
　　13.6.6　执行 GraphTask ······ 429
　　13.6.7　RPC 调用闭环 ······ 433
　　13.6.8　DistAccumulateGradCaptureHook ······ 436
　　13.6.9　等待完成 ······ 442

第 14 章　分布式优化器 ······ 443

14.1　原生优化器 ······ 443
14.2　DP 的优化器 ······ 445
14.3　DDP 的优化器 ······ 446
　　14.3.1　流程 ······ 446
　　14.3.2　优化器状态 ······ 446
14.4　Horovod 的优化器 ······ 447
　　14.4.1　利用钩子同步梯度 ······ 448
　　14.4.2　利用 step() 函数同步梯度 ······ 449
14.5　模型并行的分布式问题 ······ 450
14.6　PyTorch 分布式优化器 ······ 451
　　14.6.1　初始化 ······ 452
　　14.6.2　更新参数 ······ 453

14.7 PipeDream 分布式优化器 ·········· 455
    14.7.1 如何确定优化参数 ········· 456
    14.7.2 优化 ························ 458

第 5 篇 TensorFlow 分布式 ··········· 461

第 15 章 分布式运行环境之静态架构 ························ 462

15.1 总体架构 ························ 462
    15.1.1 集群角度 ··················· 462
    15.1.2 分布式角度 ················ 463
    15.1.3 系统角度 ··················· 465
    15.1.4 图操作角度 ················ 467
    15.1.5 通信角度 ··················· 468
15.2 Server ····························· 469
    15.2.1 逻辑概念 ··················· 469
    15.2.2 GrpcServer ················ 471
15.3 Master 的静态逻辑 ············ 474
    15.3.1 总述 ························ 474
    15.3.2 接口 ························ 474
    15.3.3 LocalMaster ··············· 476
    15.3.4 GrpcRemoteMaster ······· 478
    15.3.5 GrpcMasterService ······· 478
    15.3.6 业务实现 Master 类 ······· 480
15.4 Worker 的静态逻辑 ············ 481
    15.4.1 逻辑关系 ··················· 481
    15.4.2 GrpcRemoteWorker ······· 483
    15.4.3 GrpcWorkerService ······· 483
    15.4.4 Worker ····················· 487
    15.4.5 GrpcWorker ··············· 488

第 16 章 分布式运行环境之动态逻辑 ························ 489

16.1 Session 机制 ···················· 489
    16.1.1 概述 ························ 489
    16.1.2 GrpcSession ··············· 491
    16.1.3 MasterSession ············ 492
    16.1.4 WorkerSession ············ 494
16.2 Master 动态逻辑 ··············· 495
    16.2.1 Client 如何调用 ·········· 495
    16.2.2 Master 业务逻辑 ········· 495
16.3 Worker 动态逻辑 ··············· 501
    16.3.1 概述 ························ 501
    16.3.2 注册子图 ··················· 501
    16.3.3 运行子图 ··················· 502
    16.3.4 分布式计算流程总结 ······· 504
16.4 通信机制 ························ 505
    16.4.1 协调机制 ··················· 505
    16.4.2 发送流程 ··················· 508
    16.4.3 接收流程 ··················· 508
    16.4.4 总结 ························ 509

第 17 章 分布式策略基础 ··············· 511

17.1 使用 TensorFlow 进行分布式训练 ····························· 511
    17.1.1 概述 ························ 511
    17.1.2 策略类型 ··················· 511
17.2 DistributedStrategy 基础 ······ 515
    17.2.1 StrategyBase ·············· 515
    17.2.2 读取数据 ··················· 518
17.3 分布式变量 ······················ 523
    17.3.1 MirroredVariable ········· 523
    17.3.2 ShardedVariable ·········· 530

第 18 章 MirroredStrategy ·············· 535

18.1 MirroredStrategy 集合通信 ···· 535
    18.1.1 设计思路 ··················· 535
    18.1.2 实现 ························ 536
    18.1.3 更新分布式变量 ··········· 538
18.2 MirroredStrategy 分发计算 ···· 540
    18.2.1 运行 ························ 540
    18.2.2 mirrored_run ············· 541
    18.2.3 Context ···················· 544
    18.2.4 通信协议 ··················· 546
    18.2.5 EagerService ·············· 547
    18.2.6 在远端运行训练代码 ······· 551
    18.2.7 总结 ························ 552

第 19 章　ParameterServerStrategy ··· 554

19.1　ParameterServerStrategyV1 ········ 554
19.1.1　思路 ························ 554
19.1.2　数据 ························ 556
19.1.3　作用域和变量 ············ 557
19.1.4　运行 ························ 559

19.2　ParameterServerStrategyV2 ········ 560
19.2.1　如何使用 ···················· 560
19.2.2　运行 ························ 561

19.3　ClusterCoordinator ···················· 561
19.3.1　使用 ························ 561
19.3.2　定义 ························ 563
19.3.3　数据 ························ 565
19.3.4　Cluster ···················· 566
19.3.5　Closure ···················· 568
19.3.6　队列 ························ 570
19.3.7　Worker 类 ···················· 570
19.3.8　Failover ···················· 573
19.3.9　总结 ························ 574

分布式基础

第 1 章　分布式机器学习

1.1　机器学习概念

赫伯特·西蒙（Herbert Alexander Simon，图灵奖、诺贝尔经济学奖获得者）对学习下过一个定义："一个系统如果能够通过执行某个过程，从而改进它的性能，则此过程就是学习。"Tom M. Mitchell 在其 1997 年著作《机器学习》中对机器学习也给出了类似定义："假设用性能指标 P 来衡量计算机程序在某任务 T 上的性能，如果一个计算机程序通过利用经验 E 在 T 任务之中改善了 P 指标，我们就说该程序从经验 E 中学习。"通俗来讲，机器学习就是从经验数据中提取重要模式和趋势，从而学习到有用知识的技术。机器学习总体分为两个阶段：训练阶段和预测阶段。训练阶段使用大量训练数据并通过调整超参数来训练机器学习模型，该阶段的最终输出是可以部署的模型。预测阶段部署训练好的模型，并为新数据提供预测。具体逻辑如图 1-1 所示。

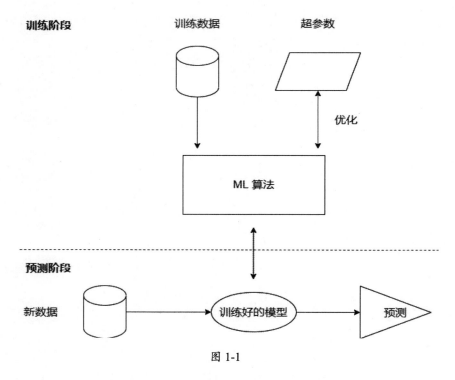

图 1-1

图片来源：论文 *A Survey on Distributed Machine Learning*

本书主要关注机器学习中的训练阶段，即使用迭代训练来生成模型，也就是图 1-1 的上半部分。图中的 ML 算法大致可以认为是一个非常复杂的数学函数。迭代训练指的是利用训练数据以计算梯度下降的方式迭代地学习或者优化模型的参数，并最终输出网络模型的过程，在单次模型训练迭代中有如下操作。

- 利用数据对模型进行前向传播。所谓前向传播就是将模型中的上一层输出作为下一层的输入,然后计算下一层的输出,这样从输入层逐层计算,一直到输出层为止。
- 进行反向传播。具体操作是依据目标函数来计算模型中每个参数的梯度,并且结合学习率来更新模型的参数。
- 模型训练不断循环迭代以上两个步骤,直到满足迭代终止条件或者达到预先设定的最大迭代次数。

1.2 机器学习的特点

机器学习的特点如下(此处用编程模型 MapReduce 来进行比对)。[①]

- 算法是密集型:机器学习算法使用线性代数进行运算开发,是计算和通信密集型的算法。
- 具有迭代性:MapReduce 的特点是一次完成,没有迭代性。与 MapReduce 不同,机器学习的模型更新并非一次就能完成,需要循环迭代多次来逐步逼近最终模型。机器学习迭代算法有特定的数据访问模式,即每次迭代都基于输入数据的一些样本来完成训练。
- 容错性强:机器学习程序通常对中间计算中的微小错误具有鲁棒性。即使更新次数有限或存在传输错误,机器学习程序仍能在数学上保证收敛到一组最佳模型参数,即机器学习算法能够以正确的输出结束(尽管可能需要更多的迭代次数来完成)。
- 参数收敛具有非一致性:有些参数只进行几轮迭代就能收敛,有些参数可能需要成百上千次迭代才能收敛。
- 具有更新的紧凑性:机器学习程序的某些子集展示了更新的紧凑性。比如由于数据结构稀疏,Lasso 的更新通常只涉及少量模型参数。
- 存在网络瓶颈:频繁更新模型参数需要消耗大量带宽,而 GPU 速度越快,网络瓶颈就越成为问题所在。

1.3 分布式训练的必要性

在大数据和互联网时代,机器学习又遇到了新的挑战,具体如下。

- 样本数据量大:训练数据越来越多,在大型互联网场景下,每天的样本数据量是百亿级别。
- 特征维度多:由于样本数据量巨大而导致机器学习模型参数越来越多,特征维度可以达到千亿甚至万亿级别。

[①] 参考论文 *Strategies and Principles of Distributed Machine Learning on Big Data*。

- 训练性能要求高：虽然样本数据量和模型参数量巨大，但是业务需要我们在短期内训练出一个优秀的模型来验证。
- 模型上线实时化：对于推荐类和资讯类的应用，往往要求根据用户实时行为及时调整模型，以对用户行为进行预测。

传统机器学习算法存在如下问题：单机的计算能力和拓展性能始终有限，迭代计算只能利用当前进程所在主机的所有硬件资源，无法将海量数据和超大模型加载到有限的内存之中。而串行执行需要花费大量时间，从而导致计算代价和延迟性都较高，所以大数据和大模型最终将出现以下几个问题。

- 内存墙：单个 GPU 无法容纳模型，导致模型无法训练，目前最大 GPU 的主内存也不可能完全容纳某些超大模型的参数。
- 计算墙：大数据和大模型都代表计算量巨大，将导致模型难以在可接受的时间内完成训练。比如，即使我们能够把模型放进单个 GPU 中，模型所需的大量计算操作也会导致漫长的训练时间。
- 通信墙：有存储和计算的地方，就一定有数据搬运。内存墙和计算墙必然会导致出现通信瓶颈，这也会极大地影响训练速度。

下面针对这些问题做具体分析。

1. 内存墙

模型是否能够训练和运行的最大挑战是内存墙。一般来说，训练 AI 模型所需的内存比模型参数量还要多几倍，为了理解此问题，我们需要梳理一下内存增长的机理。显存占用分为静态内存（模型权重、优化器状态等）和动态内存（激活、临时变量等），静态内存比较固定，而动态内存在单次迭代之中有如下特点。

- 因为反向计算需要使用前向传播的中间结果，所以在前向传播时需要保存神经网络中间层的激活值。又因为每一层的激活值都需要保存下来给反向传播使用，所以在前向传播开始之后，显存占用不断增加，并且在前向传播结束之后，显存占用会最终累积达到一个峰值。
- 在反向传播开始之后，由于激活值在计算完梯度之后就可以被逐渐释放掉，所以显存占用将逐渐下降。
- 在反向传播结束之后，显存占用最终会下降到一个较小的数值，这部分显存是参数、梯度等状态信息，就是常说的模型状态。

削峰是处理内存墙的关键手段，只有当削峰无法解决问题时，才能考虑其他处理方法。此外，内存墙问题不仅仅与内存容量尺寸相关，也和包括内存在内的传输带宽相关，这涉及跨越多个级别的内存数据传输。

2. 计算墙

因为数据量和模型巨大，所以我们面临巨大的算力需求，需要思考如何提高计算能力和效率。针对强大的敌人有两种策略：壮大自己和找帮手，这对应了两种优化途径：单机优化和多机并行优化。其中，单机优化主要包括：

- 数据加载效率优化，比如使用高性能存储介质或者缓存来加速。
- 算子级别优化，包含如何实现高效算子、如何提高内存利用率、如何把计算与调度分离等。
- 计算图级别优化，包含常量折叠、常量传播、算子融合、死代码消除、表达式简化、表达式替换、如何搜索出更高效的计算图等。

然而，面对巨大的算力需求，单机依然无能为力，所以有必要通过增加计算单元并行度来提高计算能力，即把模型或者数据切分成多个分片，在不同机器上借助其硬件资源对训练进行加速，这就是多级并行优化。根据前面训练迭代的特点，我们可以对并行梯度下降进行计算切分，基本思想是将训练模型并行分布到多个节点之上再进行加速：

- 每个节点都获取最新模型参数，同时将数据平均分配到每个节点之上。
- 每个节点分别利用自己分配到的数据在本地计算梯度。
- 通过聚集（Gather）或者其他方式把每个节点计算出的梯度统一起来，以此更新模型参数。

3. 通信墙

为了解决内存墙和计算墙问题，人们尝试采取分布式策略将训练拓展到多个硬件（GPU）之上，希望以此突破单个硬件的内存容量/计算能力的限制，既然多个硬件要同时参与一个任务的计算，这就涉及如何让它们彼此之间协调合作，整体上作为一个巨大的加速器来运行。这使得通信方面的挑战随之而来。虽然我们可以对神经网络进行各种切分以实现分布式训练，但模型训练是一个整体任务，这就意味着必须在前面的切分操作后面添加一个对应的聚集操作，这样才能实现整体任务。于是此聚集操作就是通信瓶颈所在。

神经网络具有如下特点。

- 通信量大。因为模型规模巨大，所以每次更新的梯度都可能是大矩阵，由此导致剧增的通信量很容易就把网络带宽给占满。
- 通信次数多。因为是迭代训练，所以需要频繁更新模型。
- 通信量在短期内达到峰值。神经网络运算在完成一轮迭代之后才更新参数，因此通信量会在短时间内暴增，而在其他时间网络是空闲的。
- 内存墙问题。在通信上也会遇到内存墙问题。

因此，我们需要减少机器之间的通信代价，进而提高并行效率，解决内存墙问题。优化是一个整体方案，可以从两方面入手，一方面提升通信速度，比如优化网络协议层，使用高效通信库，进行通信拓扑和架构的改进，通信步调和频率的优化。另一方面也可以减少通信内容和次数，比如梯度压缩和梯度融合技术等；也可以通过代码优化，减少 I/O 的阻塞，尽量使得 I/O 与计算可以做重叠（Overlap）。

4. 问题总结

综上所述，大数据和互联网时代机器学习的各个瓶颈并不是孤立的，无法用单一的技术解决，需要一个整体解决方案。该方案既需要考虑庞大的节点数目和计算资源，也要考虑具体框架的运行效率和分布式架构，以达到良好的扩展性和加速比，还要考虑合理的网络拓扑和通信策略。此方案是显存优化和速度优化的整体权衡结果，也是统计准确性（泛化）和硬件效率（利用率）的折中结果。而且，对于不同计算问题来说，计算模式和对计算资源的需求都不一样，因此没有解决所有问题的最好的架构方案，只有针对具体实际问题最合适的架构。我们只有针对机器学习具体任务的特性进行系统设计，才能更加有效地解决大规模机器学习模型训练的问题。因此，这就引出了下一个问题：分布式机器学习究竟在研究什么？

1.4 分布式机器学习研究领域

1.4.1 分布式机器学习的目标

首先我们看分布式机器学习的目标。如果算法模型比较固定，那么各个公司之间更多的是关于算法微调和计算效率的竞争，提供计算效率就要依靠并行机器学习。分布式机器学习希望把具有海量数据、巨大模型和庞大计算量的任务部署在若干台机器之上，借此提高计算速度、节省任务时间，因此也有以下几个特殊需求点。

- 分布式模型要保持与单节点模型一样的正确性，比如分布式训练出来的模型仍然可以收敛。
- 在理想情况下，训练速度应该达到线性加速比，即速度随着机器数目的增加而线性增加，每增加一个机器就可以获得额外的一倍加速，这样可以达到横向扩展的目的，即整个系统的吞吐量增加而不会影响迭代的收敛速度，不需要增加迭代次数。
- 在最大化利用计算资源的情况下，机器需要具备容错功能。因为机器学习通常需要耗费很长时间，某个节点出现故障不应该重启整个训练。

1.4.2 分布式机器学习的分类

分布式机器学习的特点是多维度、跨领域，几乎涉及机器学习的各个方面，包括理论、算法、模型、系统、应用等，而且与工业非常贴近，我们可以从如下角度对分布式机器学习进行分类。

- 从算法/模型角度看，主要分成以下几类研究方向。
  - 使用应用统计学和优化理论来解决问题。
  - 提供新的分布式训练算法或者对现有分布式训练算法进行改进。
  - 把现有模型改造成为分布式或者开发出一个全新的天生契合分布式模式的模型。

- 从系统角度来看,此处既有分布式系统的共性领域,比如编程模型、资源管理、通信、存储、容错、弹性计算等,也有机器学习特定领域,具体研究方向如下。
    - 如何解决一致性问题:如何切分计算/模型/数据,并保持模型一致性?
    - 如何容错:拥有 100 个节点的集群如何在其中一个节点崩溃的情况下保证任务不是从最开始重启而是原地无缝继续训练?
    - 如何处理通信问题:如何进行快速通信?如何最大化计算通信比?如何进行通信隐藏、通信融合、通信压缩、通信降频?如何充分发挥带宽?面对机器学习的大量 I/O 操作,如何设计存储系统和 I/O 系统?
    - 如何进行资源管理:如何管理集群?如何适当分配资源?如何提高资源利用率?是否支持弹性算力感知和动态扩容、缩容?弹性训练如何保证训练精度和一致性?是否支持抢占?是否支持租约?如何满足每个人的需求?
    - 如何设计编程模型:非分布式和分布式是否可以用同样的编程模型?是否可以用分布式技术自动放大针对单节点编写的程序?
    - 如何应用于特定领域:如何对特定应用领域进行处理并且部署到生产?

我们可以通过图 1-2(机器学习生态系统)来大致了解分布式机器学习的研究领域。

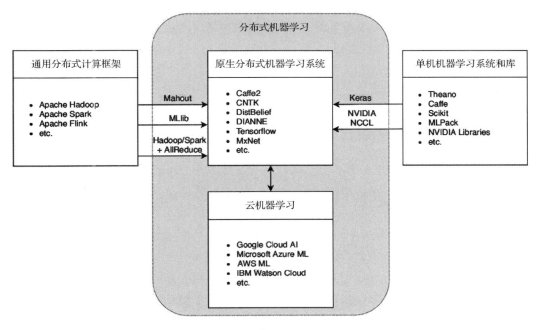

图 1-2

图片来源:论文 *A Survey on Distributed Machine Learning*

了解分布式机器学习研究领域之后,我们回来聚焦目前机器学习的主要矛盾:单机的计算能力和拓展性能无法满足海量数据和超大模型的训练需求。而分布式训练可以通过扩展加速卡的规模,即并行训练来解决这个矛盾。我们的目标是在最短时间内完成模型计算量,对于超大模型，其训练速度的公式大体如下：

$$总训练速度 \propto 单卡速度 \times 加速卡数目 \times 多卡训练加速比$$

单卡优化不是本书重点，我们接下来聚焦于另外两部分。加速卡数目与通信架构和拓扑相关。多卡训练加速比体现的是训练集群的效率与可扩展性，其由硬件架构、模型计算、通信等因素决定，因此接下来就从多个角度来看看如何并行。

1.5 从模型角度看如何并行

目前很多超大模型都是通过对小模型进行加宽、加深、拼接得到的，因此我们也可以反其道而行之，看看如何切分模型的各个维度，然后针对这些维度做反向操作。"分而治之"是分布式机器学习的核心思想，具体来说就是把拥有大规模参数的机器学习模型进行切分，分配给不同机器进行分布式计算，对计算资源进行合理调配，对各个功能模型进行协调，直到完成训练，获得良好的收敛结果，从而在训练速度和模型精度之间达到一个良好平衡。我们接下来就看如何"分而治之"，即从模型网络角度出发看如何并行。

1.5.1 并行方式

机器学习中的每个计算都可以建模为一个有向无环图（DAG）。DAG 的顶点是计算指令集合，DAG 的边是数据依赖（或者数据流）。在这样的计算图中，计算并行性可以用两个主要参数来表征其计算复杂度：图的工作量 W（对应于图节点的总数）和图的深度 D（对应于 DAG 中任意最长路径上的节点数目）。例如，假设我们每一个时间单位处理一个运算，则在单个处理器上处理图的时间是 $T_1=W$，在无穷数量处理器上处理图的时间是 $T_\infty=D$。这样，计算的平均并行度就是 W/D，这是执行计算图所需要的进程（处理器）的最佳数目。使用 p 个处理器处理一个 DAG 所需要时间的计算公式如下：[1]

$$\min\{W/p, D\} \leq T_p \leq O(W/p + D)$$

在前向传播和反向传播的时候，我们可以依据对小批量（mini-batch，就是数据并行切分后的批量）的使用、宽度（∞W）和深度（∞D）这三个维度来把训练分发（Scatter）到并行的处理器之上，按照此分发方式看，深度训练的并行机制主要有三种划分方式：按照输入样本划分（数据并行），按照网络结构划分（模型并行），按照网络层进行划分（流水线并行），具体如下：

- 第一种是数据并行机制（对于输入数据样本进行分区，在不同节点上运行数据样本的不同子集），其往往意味着计算性能的可扩展。大多数场景下的模型规模其实都不大，在一张 GPU 上就可以容纳，但是训练数据量会比较大，这时候适合采用数据并行机制，即在多节点之上并行分割数据和计算，每个节点只处理一部分数据。

---

[1] 参考论文 *Demystifying Parallel and Distributed Deep Learning: An In-Depth Concurrency Analysis*。

- 第二种是模型并行机制（对于模型按照网络结构划分，在不同节点上运行模型同一层的不同部分），其往往意味着内存使用的可扩展。当一个节点无法存下整个模型时，就需要对图进行拆分，这样不同的机器就可以计算模型的不同部分，从而将单层的计算负载和内存负载拆分到多个设备上。模型并行也叫作层内模型并行或者张量级别的模型并行。

- 第三种是流水线并行机制（对于模型按照层来分区，在不同节点上运行不同层）。因为神经网络具有串行执行的特性，所以我们可以将网络按照执行顺序切分，将不同层放到不同设备上计算。比如一个模型网络有六层，可以把前三层放到一个设备上，后三层放到另一个设备上。流水线并行也叫作层间模型并行。

并行机制划分如图 1-3（神经网络并行方案）所示（见彩插）。

图 1-3 所示的三种并行维度是两两正交的，DistBelief 分布式深度学习系统就结合了这三种并行策略。训练同时在复制的多个模型副本上进行，每个模型副本在不同的样本上训练（数据并行），每个副本上依据同一层的神经元（模型并行）和不同层（流水线并行）上划分任务，进行分布训练。在实际训练过程中，小模型可能仅数据并行就足够，大模型因为参数多、计算量大，由一个 GPU 难以完成，所以要将显存和计算拆解到不同 GPU 上，就是模型并行。有时候数据并行和模型并行会同时发生。一些常见的拆解思路如下。

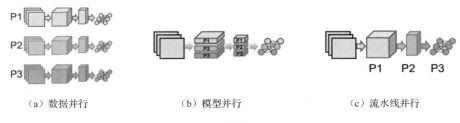

（a）数据并行　　　　　（b）模型并行　　　　　（c）流水线并行

图 1-3

图片来源：论文 *Demystifying Parallel and Distributed Deep Learning: An In-Depth Concurrency Analysis*

- 对于与数据相关的模型，我们可以通过对数据的切分来控制切分模型的方式。这类模型的典型例子为矩阵分解，其模型参数为键-值对（key-value pair）格式。
- 有些模型不直接与数据相关（如 LR、神经网络等），这时要分别对数据和模型做各自的切分。

1.5.2　数据并行

数据并行如图 1-4 所示（见彩插），其目的是解决计算墙问题，将计算负载切分到多张卡上，特点如下。

- 将输入数据集进行分区，分区的数量等于 Worker（工作者/计算节点/计算任务/训练服务器）的数量。目的是先将每个批量的输入数据平均划分成多个小批量，然后把这些小批量分配到系统的各个 Worker，每个 Worker 获取到一个小批量数据，这样每个 Worker 只处理训练数据的一个子集。

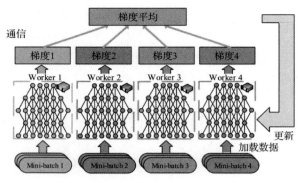

图 1-4

图片来源：论文 Communication-Efficient Distributed Deep Learning: A Comprehensive Survey

- 模型在多个 Worker 上复制，每个 Worker 维护和运行的都是完整的模型。虽然不同 Worker 的数据输入不同，但是运行的网络模型相同（也可以认为是模型参数共享）。
- 每个 Worker 在本地数据分区上进行独立训练（梯度下降）并生成一组本地梯度。
- 在每次迭代过程中，当反向传播之后需要进行通信时，将所有机器的计算结果（梯度）按照某种方式（集合通信或者参数服务器）进行归约（Reduce）（比如求平均），以获得相对于所有小批量的整体梯度，然后把整体梯度分发给所有 Worker。每次聚集传递的数据量和模型大小成正比。
- 在权重更新阶段，每个 Worker 会用同样的整体梯度对本地模型参数进行更新，这样保证了下次迭代的时候所有 Worker 上的模型都完全相同。

由于是多个 Worker 并行获取/处理数据，因此在一个迭代过程中可以获取/处理比单个 Worker 更多的数据，这样大大提高了系统吞吐量。而通过增加计算设备，我们可以近似增加单次迭代的批量大小（batch size）（增加的倍数等于 Worker 数）。这样做的优势是：批量大小增大，模型可以用更大的步幅达到局部最小值（需要相应地调整学习率），从而加快优化速度，节省训练时间。

1.5.3 模型并行

模型并行如图 1-5 所示（见彩插），其目的是解决内存墙问题，通过修改层内计算方式，将单层的计算负载和显存负载切分到多张卡上，其原理如下。

- 将计算进行拆分。深度学习计算主要是矩阵计算，而矩阵乘法是并行的。如果矩阵非常大以至于无法放到显存中，只能把超大矩阵拆分到不同卡上进行计算。
- 将模型参数进行分布式存储。"基于图去拆分"会根据每一层的神经元特点（如 CNN 张量的通道数、图像高度或者宽度）把一张大图拆分成很多部分，每个部分会放置在一台或者多台设备上。
- 每个 Worker 仅仅对模型参数的一个子集进行评估和更新。
- 样本的小批量被复制到所有处理器，神经网络的不同部分在不同处理器上计算，这样可以节省存储空间，但是在每个层计算之后会引起额外的通信开销。

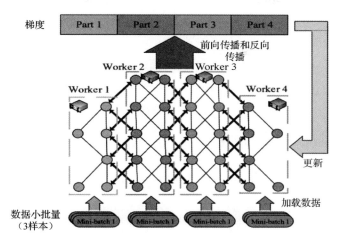

图 1-5

图片来源：论文 Communication-Efficient Distributed Deep Learning: A Comprehensive Survey

1.5.4 流水线并行

流水线并行如图 1-6 所示，其目的同样是解决内存墙问题，将整个网络分段，把不同层放到不同卡上，前后阶段分批工作，前一阶段的计算结果传递给下一阶段再进行计算，类似接力或者流水线，将计算负载和显存负载切分到多张卡上。流水线并行特点如下。

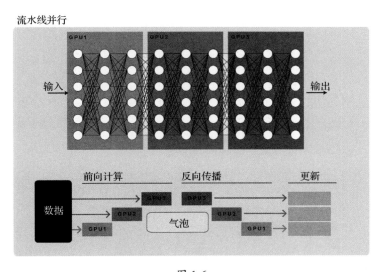

图 1-6

- 在深度学习领域，流水线指可以重叠的计算，即在当前层和下一层（当数据准备就绪时）连续计算；或者利用神经网络串行执行的特性，根据深度划分深度神经网络（DNN），将不同层分配给不同的设备，从而达到切分计算负载和显存负载的目的。
- 流水线并行将一个数据小批量再划分为多个微批量（micro-batch），以使设备尽可能并行工作。

- Worker 之间的通信被限制在相邻阶段之间，比如前向传播的激活和反向传播的梯度，因此通信量较少。当一个阶段完成一个微批量的前向传播时，激活将发送给流水线的下一个阶段。类似地，当下一阶段完成反向传播时将通过流水线把梯度反向传播回来。
- 流水线并行可以看作是数据并行的一种形式，由于样本是通过网络并行处理的，也可以看作模型并行。流水线长度往往由 DNN 结构来决定。

由于神经网络串行的特点使得朴素流水线并行机制在计算期间只有一个设备属于活跃状态，资源利用率低，因此流水线并行要完成的功能包括以下方面。

- 为了确保流水线的各个阶段能并行计算，必须同时计算多个微批量。目前已经有几种可以平衡内存和计算效率的实现方案，如 PipeDream。
- 当一张卡训练完成后，要马上通知下一张卡进行训练，目的是让整个计算过程像流水线一样连贯，这样才能在大规模场景下提升计算效率，减少 GPU 的等待时间。

1.5.5 比对

下面我们来比对一下数据并行和模型并行（把流水线并行也归到此处）两者的特点。

- 同步开销：数据并行每次迭代需要同步 N 个模型的参数，这对带宽消耗非常大；模型并行通信量也大，因为其与整个计算图相关，因此更适合多 GPU 服务器；流水线并行只传输每两个阶段之间边缘层的激活和梯度，由于数据量较小，因此对带宽消耗较小。从减少通信数据量角度看，如果模型参数量较少但是中间激活较大，使用数据并行更适合。如果模型参数量较大但是中间激活较小，使用模型并行更适合。但是超大模型必须采用流水线并行模式。
- 负载均衡：模型并行通过模型迁移实现负载均衡；数据并行通过数据迁移实现负载均衡。调节负载均衡其实就是解决掉队者（Straggler）问题。

1.6 从训练并发角度看如何并行

接下来我们从训练并发角度对并行解决方案进行分析。我们从最常见的数据并行入手，目前已经把数据和计算进行了分发，虽然有多个实例在并行计算，但是仍存在以下几个难点。

- 机器学习有一个共享的需要不断被更新的中间状态——模型参数。为了保证在数学上与单卡训练等价，需要确保所有 Worker 的模型参数在迭代过程中始终保持一致。因为每个 Worker 在训练过程中会不断读写模型参数，这就要求对模型参数的访问进行一致性控制。
- 虽然我们可以通过对神经网络进行各种切分来实现分布式训练，但模型训练是一个整体任务，需要针对此切分加入一个聚集操作以恢复此整体任务，因此必须修改整个算法，让各个实例彼此配合。比如，模型并行会沿某个维度对张量进行切分，后续就需要一个组合操作来把多个分区合并为一；数据并行会把模型在多个节点上进行复制，后续就需要一个归约操作进行聚集；流水线并行会把张量进行流水线划分（Pipeline），后续就需要一个批处理操作（Batch）对多个张量进行聚集。

以数据并行为例，分布式环境中存在多个独立运行的训练代理实例，所有实例都有本地梯度，需要把集群中分散的梯度聚集起来（如累积求均值）得到一个全局聚集梯度，用此全局梯度更新模型权重，这可以分成几个问题：模型权重放在哪里？何时做梯度聚集？如何高效聚集？

针对这三个问题，深度学习的并行实现方案可以定义在三个轴上：参数分布（Parameter Distribution）、模型一致性（Model Consistency）和训练分布（Training Distribution）。这三个轴涉及的问题和难度具体如下。

- 模型权重放在哪里？这涉及参数分布和通信拓扑。
- 何时做梯度聚集？如何高效聚集？这涉及模型一致性和通信模式。
- 训练分布则把通信模式和通信拓扑交叉组合起来。

1.6.1 参数分布和通信拓扑

为了支持分布式数据并行训练，需要在参数存储区读写数据，此读写方式可以是中心化的（Centralized）或者去中心化的（Decentralized）。深度学习训练选择中心化还是去中心化的网络架构是一个系统性问题，取决于多种因素，包括网络拓扑、带宽、通信延迟、同步时间、参数更新频率、扩展性和容错性。架构选型对提高大规模机器学习系统的性能至关重要，目前主要有以下典型架构，如图 1-7（梯度聚集架构）所示（见彩插）。

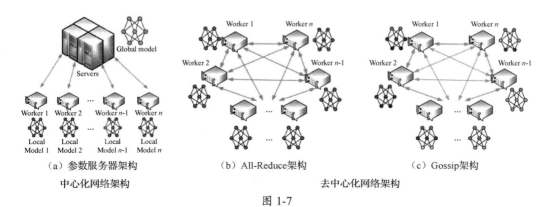

(a) 参数服务器架构　　　　(b) All-Reduce架构　　　　(c) Gossip架构
　　中心化网络架构　　　　　　　　　　　去中心化网络架构

图 1-7

图片来源：论文 *Communication-Efficient Distributed Deep Learning: A Comprehensive Survey*

- 中心化网络架构：目前已经被主流的分布式机器学习系统广泛支持的参数服务器（Parameter Server）就是中心化网络架构，参数服务器模式把参与计算的机器划分为 Server（服务器/在参数服务器架构之中为参数服务器）和 Worker 两种角色。Server 和 Worker 之间通过 push（用于累积梯度）和 pull（用于取得聚集梯度）的数据交互方式进行通信，二者功能并不互斥，即同一个节点可以同时承担 Server 和 Worker 的职能。基于参数服务器的架构有很多优势，比如部署简单、弹性扩展好、鲁棒性强等。这种架构的问题在于，由于在一般情况下 Worker 的数量远多于 Server，因此 Server 往往会成为网络瓶颈，需要结合具体项目来调整 Server 和 Worker 的数量，这样会给系统管理带来不便。

- 去中心化网络架构：
  - 为了避免参数服务器中出现通信瓶颈，人们倾向于使用没有中央服务器的 All-Reduce 架构来实现梯度聚集。这种方法只有 Worker 一种角色，所有 Worker 在没有中心节点的情况下进行通信。在通信之后，每个 Worker 获取其他 Worker 的所有梯度，然后更新此 Worker 的本地模型。因此，All-Reduce 架构是去中心化通信拓扑，也是模型中心化拓扑（通过同步获得一致的全局模型）。这种体系结构不适合异步通信，却适合应用到 SSP（Stale Synchronous Parallel）的同步部分。人们又提出了基于环的 Ring All-Reduce，在这种模式下，节点以环形连接，每个节点只与其邻居节点进行通信，可以实现快速数据同步，而没有中心化通信瓶颈，每个节点的物理资源要求更低，扩展性较好，但系统鲁棒性差，一个节点损坏会导致整个系统无法工作。
  - Gossip 架构是另一种去中心化的架构设计。Gossip 架构不仅没有参数服务器，而且没有全局模型（由图 1-7 上不同颜色的局部模型表示）。在 Gossip 架构中，每个 Worker 在承担计算任务的同时也与它们的邻居 Worker（也称为对等者）进行数据同步，进而提升通信效率。Gossip 算法是一个最终一致性算法，对于所有 Worker 上的参数，Gossip 算法无法保证在某个时刻的一致性，但可以确保在算法结束时的最终一致性。Gossip 架构可以认为是参数服务器架构的一种特例，如果令参数服务器架构中的每个节点都同时承担 Server 和 Worker 角色，则参数服务器架构就可以转换为 Gossip 架构。Gossip 架构消除了中心化的通信瓶颈，这样工作负载会更加均衡。
  - 去中心化网络的并行方式可以采用异步或者同步方式，收敛情况取决于网络连接状态，连接越紧密，收敛性越好。当网络处于强连接的时候，模型可以很快收敛，否则模型可能不收敛。

1.6.2 模型一致性和通信模式

无论是参数服务器还是 All-Reduce 架构，每个设备都有自己的模型本地副本。当每个设备拿到属于自己的数据后会通过前向/反向传播得到梯度，这些梯度都是根据本地数据计算出来的本地梯度，每个设备得到的本地梯度都不相同，而且由于网络、配置、软件等原因，每个设备的计算能力往往不尽相同，因此它们训练进度也各不相同。

在 All-Reduce 架构下，如果不同设备使用自己的本地梯度进行本地模型更新，则模型权重会各不相同，这将导致后续训练结果出现问题。如果是参数服务器，则每个设备需要把这些本地梯度传给服务器，服务器将综合这些梯度先将服务器上的全局模型进行更新再把模型分发给各个设备。

如果在训练过程中每个分布式计算设备都能获得最新模型参数，那么这种训练算法叫作模型一致性方法（Consistent Model Method）。如果放松同步的限制条件，则训练得到的是一个不一致的模型。

如何做到保持各个设备本地模型副本的一致性（Model Consistency）？比如各个设备之间如何做到梯度同步？用什么方式来控制设备的同步才能让训练收敛达到最优点？这涉及分布式机器学习的核心问题之一：梯度同步机制。如何设计同步机制对分布式训练的性能有很大影响，我们接下来就要看看集群内梯度更新方式（时机），即通信模式。

1. 通信模式

通信模式分为异步通信和同步通信，与之对应的就是梯度更新的两种方式——同步更新和异步更新。

- 同步更新（Synchronous）。去中心化同步训练如图 1-8 所示，所有 Worker 都在同一时间点做梯度更新，或者说需要等待所有 Worker 结束当前迭代计算之后统一进行更新，其特点如下。
  - 收敛稳定，通信效率低，训练速度慢。
  - 要求设备的计算能力均衡，通信也要均衡，否则容易产生掉队者问题从而降低训练速度。

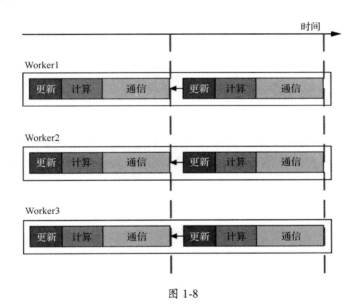

图 1-8

图片来源：论文 *Pipe-SGD: A Decentralized Pipelined SGD Framework for Distributed Deep Net Training*

- 掉队者问题：节点的计算能力往往不尽相同，如果是同步通信，则对于每一轮迭代来说，计算快的节点需要停下来等待计算慢的节点，只有所有节点都完成计算才能进行下一轮迭代。这类似于木桶效应，一块短板会严重拖慢整体的训练进度，此块短板就叫作掉队者，所以同步训练相对速度会慢一些，如果集群有很多节点，则最慢的节点会拖慢总体性能。

- 异步更新（Asynchronous）。参数服务器异步训练如图 1-9 所示，某一个 Worker 计算完自己小批量的梯度就可以发起更新请求，当 Server 收到新梯度之后不需要等待其他 Worker，而是立即对模型参数进行更新，其特点如下。

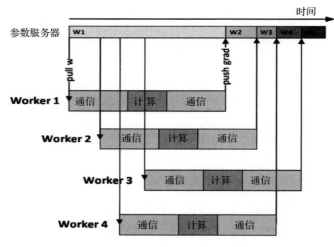

图 1-9

图片来源：论文 *Pipe-SGD: A Decentralized Pipelined SGD Framework for Distributed Deep Net Training*

- 因为 Worker 之间不需要等待，所以整体训练速度更快。
- 虽然通信效率高，但是收敛性不佳。
- 容易陷入次优解：设备 A 计算完梯度之后，如果此时服务器上的参数已经被其他设备的梯度更新过，那么设备 A 的梯度就过期，因为 A 目前的梯度计算所依赖的模型参数是旧的，A 就是使用旧模型参数生成的梯度去更新已经更新过的模型参数。这样，计算速度慢的节点提供的梯度就是过期的，错误的方向会导致整体梯度方向有偏差，这也被称为梯度失效问题（Stale Gradient）。

我们再看次优解问题。如图 1-10 所示（见彩插），假设有三个 Worker，其中 Worker 0 和 Worker 1 以正常速度更新，经过三次更新之后，Server 上的权重变成了"权重 4"。Worker 2 更新速度很慢，导致一直在使用"权重 1"计算，当它更新的时候，其梯度是基于"权重 1"计算出来的，这会导致 Server 上的"权重 3"和"权重 4"这两个更新操作在某种程度上失效，导致"权重 5"和"权重 2"类似，从而丢失了中间两次更新效果。

2. 通信控制协议

了解了通信模式之后，我们再来看看如何控制通信。许多机器学习问题都可以转化为迭代任务。一般来说对于迭代控制有三个级别的通信控制协议：BSP（Bulk Synchronous Parallel）协议、SSP（Staleness Synchronous Parallel）协议和 ASP（Asynchronous Parallel），其同步限制按照顺序依次放宽。三个协议具体如下。

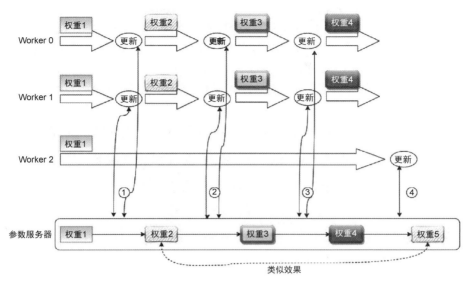

图 1-10

- BSP 协议：BSP 协议如图 1-11 所示，是一般分布式计算采用的同步协议，程序通过同步每个计算和通信阶段来确保一致性。BSP 协议的特点如下。

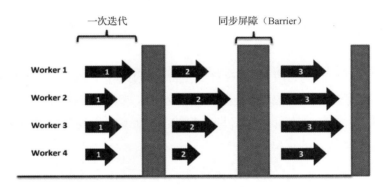

图 1-11

图片来源：论文 *Strategies and Principles of Distributed Machine Learning on Big Data*

- 每个 Worker 必须在同一个迭代任务中运行，只有当一个迭代任务中所有的 Worker 都完成了计算，系统才会进行一次 Worker 和 Server 之间的同步和分片更新。
- BSP 协议在模型收敛性上和单机串行完全相同，区别仅仅是批量大小增加了。因为每个 Worker 可以并行计算，所以系统也具备了并行能力。
- BSP 协议的优点是适用范围广，每一轮迭代收敛质量高。
- BSP 协议的缺点是在每一轮迭代中，BSP 协议要求每个 Worker 都暂停以等待来自其他 Worker 的梯度，这就显著降低了硬件的整体效率，导致整个任务计算时间拉长，整个 Worker 组的性能由其中最慢的 Worker 决定。

- ASP 协议：ASP 协议如图 1-12 所示，考虑到机器学习的特殊性，系统可以放宽同步限制，不必等待所有 Worker 都完成计算。在 ASP 协议中，Worker 之间既不用相互等待又不需要考虑顺序，每个 Worker 按照自己的节奏，跑完一个迭代就进行更新，先完成的 Worker 会开始进行下一轮迭代。ASP 协议的优缺点如下。

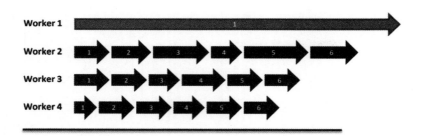

图 1-12

图片来源：论文 *Strategies and Principles of Distributed Machine Learning on Big Data*

  - ASP 协议的优点：消除了等待最慢 Worker 的时间，减少 GPU 空闲时间，与 BSP 协议相比，ASP 协议提高了硬件效率，计算速度快，可以最大限度提高集群的计算能力。

  - ASP 协议的缺点：可能导致模型权重被"依据过时权重计算出来的梯度"更新，从而降低统计效率；适用性差，在一些情况下并不能保证系统的收敛性。

- SSP 协议：SSP 协议如图 1-13 所示，允许同步过程中采用旧参数，即允许一定程度的 Worker 进度不一致，但此不一致有一个上限（就是旧参数究竟旧到什么程度由一个阈值限制），称为 Staleness 值，即最快的 Worker 领先最慢的 Worker 最多 Staleness 轮迭代。SSP 协议的特点如下。

  - SSP 协议将 ASP 协议和 BSP 协议做了折中，既然 ASP 协议允许不同 Worker 之间的迭代次数间隔任意大，而 BSP 则只允许迭代次数间隔为 0，于是 SSP 协议把此迭代次数间隔取一个常数 s，即最快的节点需要等待最慢节点直到更新轮数的差值小于 s 才能再次更新。

  - BSP 协议和 ASP 协议可以通过 SSP 协议转换，比如 BSP 协议就可以通过指定 $s=0$ 来转换，而 ASP 协议可以通过指定 $s=\infty$ 来转换。

  - SSP 协议的优点：兼顾了迭代质量（算法效果）和迭代速度。与 BSP 协议相比在一定程度减少了 Worker 之间的等待时间，计算速度较快；与 ASP 协议相比在收敛性上有更好的保证。

  - SSP 协议的缺点：SSP 协议迭代的收敛质量不如 BSP 协议，往往需要更多轮次的迭代才能达到同样的收敛效果，其适用性也不如 BSP 协议。如果 s 变得太高（如当大量机器的计算速度减慢时）会导致收敛速度迅速恶化，在实际应用的时候需要针对 Staleness 进行精细调节。

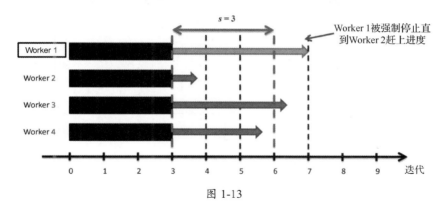

图 1-13

图片来源：论文 *Strategies and Principles of Distributed Machine Learning on Big Data*

1.6.3 训练分布

通信模式和通信拓扑可以交叉使用，比如图 1-14 就是从模型一致性和中心化角度来区分深度学习训练的。

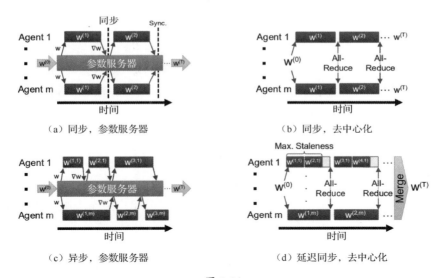

图 1-14

图片来源：论文 *Demystifying Parallel and Distributed Deep Learning: An In-Depth Concurrency Analysis*

1.7 分布式机器学习编程接口

在进入分布式机器学习世界之前，我们先来看现有分布式机器学习系统公开的一些可用编程接口（API），这些 API 旨在帮助用户将原始单节点代码转换为分布式版本，以此简化并行环境下的分布式机器学习编程。[①]我们首先给出原始机器学习迭代收敛算法如图 1-15 所示，接下来看看各种 API 如何对代码进行改造。

---

① 参考自张昊博士论文 *Machine Learning Parallelism Could Be Adaptive, Composable and Automated*。

```
Algorithm 1: The iterative-convergent algorithm in ML programs
1  Initialize t ← 0
2  for epoch = 1 ... K do
3      for p = 1 ... P do
4          Θ^(t+1) ← F(Θ^(t), Δ_L(Θ^(t), x_p))
5          t = t + 1
```

图 1-15

图片来源：论文 *Machine Learning Parallelism Could Be Adaptive, Composable and Automated*

1.7.1 手动同步更新

早期基于参数服务器的系统公开了一组 API（push、pull、clock）。在 Worker 计算本地梯度之后，把梯度应用于模型之前，需要将这些 API 精确地插入训练循环来手动从参数服务器同步梯度。

MPI、OpenMPI 等集合通信库及 PyTorch 都采用了这组接口。尽管它们的定义很直观，但使用这些 API 需要修改低层代码，这需要系统的专业知识，而且容易出错。下面是 PyTorch 代码示例。

```
for data, traget in train_set:
  loss = loss_function(output, target) # 得到损失
  gradients = loss.backward() # 计算本地梯度
  push (gradients) # 推送本地梯度到参数服务器
  updates = pull() # 从参数服务器拉回已经同步的梯度
  optimizer.apply(updates) # 使用同步后的梯度对本地模型进行更新
```

1.7.2 指定任务和位置

TensorFlow 等框架可以基于任务（Task-Based）进行分布式操作，用户将 TensorFlow 作为一组任务部署在集群上，这些任务是可以通过网络进行通信的命名进程，每个任务包含一个或多个加速器设备。这种设计允许在"任务:设备（Task:Device）"元组上手动放置操作或变量，如下面的代码所示。

```
with tf.device (/job:local/task:1/gpu:0): # 在task:1/gpu:0 上放置变量
    batch_1 = tf.slice(x, [0], [30])
with tf.device (/job:local/task:1/gpu:1): # 在task:1/gpu:1 上放置变量和操作
    batch_2 = tf.slice(x, [30], [-1])
    mean = (batch_1 + batch_2) / 2
with tf.Session(grpc://localhost:12345) as sess:
    result = sess.run(mean, feed_dict={x: data})
```

这种手动放置操作为实现其他并行化策略提供了极大的灵活性。例如，可以启动一个名为 parameter_server:cpu:0 的任务，该任务在高带宽节点上放置一个可训练的变量，并在所有 Worker 任务中共享这个变量，从而形成一个参数服务器架构。

另一方面，"指定任务和位置"这种方式需要用户大量修改原始代码来进行变量布局

（Placement Assignment），这假设开发人员了解分布式细节，并且能够将计算图元素正确分配给分布式设备，是个不小的挑战。

1.7.3 猴子补丁优化器

猴子补丁（Monkey Patch）优化器是避开手动平均梯度的一个改进接口。比如，Horovod 提供了分布式优化器实现，该实现使用 All-Reduce 在 Worker 之间平均梯度。为了减少用户修改代码，Horovod 修补了 Host（宿主/主机）框架（如 TensorFlow 或 PyTorch）的朴素（Naive）优化器接口，并将其重新链接到 Horovod 提供的分布式接口。通过从原生优化器切换到 Horovod 提供的分布式优化器，Horovod 可以在一个训练 step（步进，即完成一个批量数据的训练）中方便地把单机代码转换为分布式版本，如下面的代码所示。

```
# 构建模型...
loss = ... # 计算损失
opt = tf.train.SGD(lr=0.01) # 原生优化器
# 给 TensorFlow 原生优化器打猴子补丁，得到 Horovod 提供的分布式优化器
opt = horovod.DistributedOptimizer(opt)
# 建立训练操作
train_op = opt.minimize(loss)
# 训练...
```

该接口在开源社区中得到广泛的应用，然而，它需要将分布式策略的所有语义作为优化器来实现，导致对数据并行策略以外其他策略的支持十分有限。

1.7.4 Python 作用域

TensorFlow Distribute 提供了基于 Python 作用域的接口，如下面的代码所示。

```
strategy = tf.distributed.MirroredStrategy(['GPU:0', 'GPU:1'])
with strategy.scope() :
    # 定义模型、损失函数和优化器
    loss, opt = ...
    strategy.run(...)
```

该接口提供了一组分布式策略（如 ParameterServerStrategy、CollectiveStrategy、MirroredStrategy）作为 Python 作用域，这些策略将在用户代码开始时生效。在后端，分布式系统可以重写计算图，并根据选择的策略（参数服务器或集合通信）来合并相应的语义。

这组接口用法简单，支持各种分发策略，并可以扩展到即时编译以自动生成分发策略。主要缺点是：它假设模型定义可以通过作用域完全准确地捕获，如果代码是用命令式编程（Imperative）来实现的，或者代码可以动态变化，则这种方法有时可能会产生错误结果。

1.8 PyTorch 分布式

因为本书以 PyTorch 作为主线，穿插结合其他框架，所以先来介绍一下 PyTorch 分布式的历史脉络和基本概念，看看一个机器学习系统如何一步一步进入分布式世界并且完善其功能。

1.8.1 历史脉络

关于 PyTorch 分布式的历史，笔者参考其发布版本，把发展历史大致分成 7 个阶段，分别如下。

- 使用 torch.multiprocessing 封装了 Python 原生 Multiprocessing 模块，这样可以利用多个 CPU 核。
- 导入 THD（Distributed PyTorch），拥有了用于分布式计算的底层库。
- 引入 torch.distributed 包，允许在多台机器之间交换张量，从而可以在多台机器上使用更大的批量进行训练。
- 发布 C10D 库，这成为 torch.distributed 包和 torch.nn.parallel.DistributedDataParallel 包的基础后端，同时废弃 THD。
- 提供了一个分布式 RPC（Remote Procedure Call）框架用来支持分布式模型并行训练。它允许远程运行函数和引用远程对象，而无须复制周围的真实数据，并提供自动求导（Autograd）和优化器（Optimizer）API 进行反向传播和跨 RPC 边界更新参数。
- 引入了弹性训练，TorchElastic 提供了 torch.distributed.launchCLI 的一个严格超集，并增加了容错和弹性功能。
- 引入了流水线并行，也就是 torchgpipe。

PyTorch 的历史脉络如图 1-16 所示。

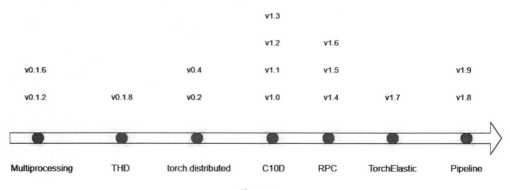

图 1-16

1.8.2 基本概念

PyTorch 分布式相关的基础模块包括 Multiprocessing 模块和 torch.distributed 模块，下面分别进行介绍。

1. Multiprocessing 模块

PyTorch 的 Multiprocessing 模块封装了 Python 原生的 Multiprocessing 模块，在 API 上百分之百兼容，同时注册了定制的 Reducer（归约器）类，可以使用 IPC 机制（共享内存）让不同的进程对同一份数据进行读写。但是其工作方式在 CUDA 上有很多弱点，比如必须规定各种进程的生命周期如何，导致 CUDA 上的 Multiprocessing 模块的处理结果经常与预期不符。

2. torch.distributed 模块

PyTorch 中的 torch.distributed 模块针对多进程并行提供了通信原语，使得这些进程可以在一个或多个计算机上运行的几个 Worker 之间进行通信。torch.distributed 模块的并行方式与 Multiprocessing（torch.multiprocessing）模块不同，torch.distributed 模块支持多个通过网络连接的机器，并且用户必须为每个进程显式启动主训练脚本的单独副本。

在单机且同步模型的情况下，torch.distributed 或者 torch.nn.parallel.DistributedDataParallel 同其他数据并行方法（如 torch.nn.DataParallel）相比依然会具有优势，具体如下。

- 每个进程维护自己的优化器，并在每次迭代中执行一个完整的优化 step。由于梯度已经聚集在一起并且是跨进程平均的，因此梯度对于每个进程都相同，这意味着不需要参数广播步骤，大大减少了在节点之间传输张量所花费的时间。
- 每个进程都包含一个独立的 Python 解释器，消除了额外的解释器开销和 GIL 颠簸，这些开销来自单个 Python 进程驱动多个执行线程、多个模型副本或多个 GPU 的开销。这对于严重依赖 Python Runtime（运行时）的模型尤其重要，这样的模型通常具有递归层或许多小组件。

从 PyTorch v1.6.0 开始，torch.distributed 可以分为三个主要组件，具体如下。

- 集合通信（C10D）库：torch.distributed 的底层通信主要使用集合通信库在进程之间发送张量，集合通信库提供集合通信 API 和 P2P 通信 API，这两种通信 API 分别对应另外两个主要组件 DDP 和 RPC。其中 DDP 使用集合通信，RPC 使用 P2P 通信。通常，开发者不需要直接使用此原始通信 API，因为 DDP 和 RPC 可以服务于许多分布式训练场景。但在某些实例中此 API 仍然有用，比如分布式参数平均。
- 分布式数据并行训练组件（DDP）：DDP 是单程序多数据训练范式。它会在每个进程上复制模型，对于每个模型副本其输入数据样本都不相同。在每轮训练之后，DDP 负责进行梯度通信，这样可以保持模型副本同步，而且梯度通信可以与梯度计算重叠以加速训练。
- 基于 RPC 的分布式训练组件（torch.distributed.rpc 包）：该组件旨在支持无法适应数据并行训练的通用训练结构，如参数服务器范式、分布式流水线并行，以及 DDP 与其他训练范式的组合。该组件有助于管理远程对象生命周期并将自动求导引擎扩展到机器边界之外，支持通用分布式训练场景。torch.distributed.rpc 有四大支柱，具体如下。

- RPC：支持在远端 Worker 上运行给定的函数。
- Remote Ref：有助于管理远程对象的生命周期。
- 分布式自动求导：将自动求导引擎扩展到机器边界之外。
- 分布式优化器：可以自动联系所有参与的 Worker，以使用分布式自动求导引擎计算的梯度来更新参数。

图 1-17（见彩插）展示了 PyTorch 分布式包的内部架构和逻辑关系。

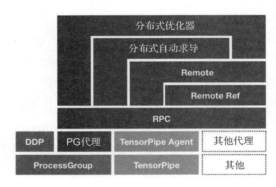

图 1-17

1.9 总结

我们用图 1-18 所示的分布式深度学习总览来总结本章，大家从图中可以看到分布式机器学习系统的若干方面，比如：

- 在单次模型训练迭代中，数据会经历前向传播、反向传播、梯度聚合、模型更新等步骤。
- 对于参数分布和通信拓扑，既有参数服务器这样的中心化网络架构，也有 All-Reduce 和 Gossip 这样的去中心化网络架构。
- 关于如何控制迭代更新，则有 BSP、SSP 和 ASP 等通信控制协议。
- 关于计算和通信的并行，图上给出了流水线、WFBP（Wait-Free Backward Propagation）和 MG-WFBP（Merged-Gradient WFBP）等技术。
- 对于通信优化，图上给出了稀疏化（Sparisification）技术作为示例。

本书接下来就带领大家在这个神奇的世界中展开一次寻宝之旅。

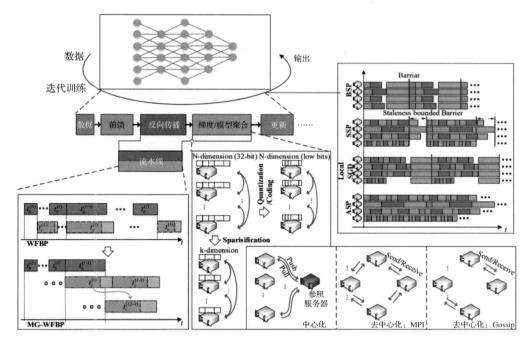

图 1-18

图片来源：论文 *Communication-Efficient Distributed Deep Learning: A Comprehensive Survey*

第 2 章　集合通信

2.1　通信模式

在并行编程中,由于每个控制流都有自己独立的地址空间,彼此无法访问对方的地址空间,因此需要显式通过消息机制进行协作,比如通过显式发送或者接收消息来实现控制流之间的数据交换。由于消息传递范式可以使用户很好地分解问题,因此适合大规模可扩展并行算法。并行任务的主要通信模式有两种。

(1) 点对点(Point-to-Point)通信。这是高性能计算(HPC)中最常使用的模式,通常是节点与其最近的邻居进行通信,特点是:单发送方,单接收方;相对容易实现。

点对点通信的原型如图 2-1 所示。

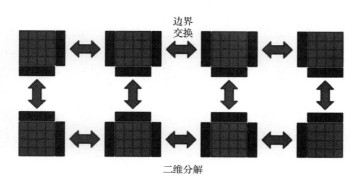

图 2-1

(2) 集合(Collective)通信。集合通信的特点是:存在多个发送方和接收方;通信模式包括 Broadcast、Scatter、Gather、Reduce、All-to-All 等;实现相对困难。

下面将使用 PyTorch 和 NVIDIA 公司的图例/代码来为大家解析。为了便于理解,我们先给出两个名词的定义。首先,我们用 world size 来标识将要参与训练的进程数(或者计算设备数)。其次,因为需要多台机器或者进程之间彼此识别,所以需要有一个机制来为每台机器做唯一的标识,这就是 rank。每个进程都会被分配一个 rank,该 rank 是一个介于 0 和 world size-1 之间的数字,该数字在 Job(作业)中是唯一的。它作为进程标识符,用于代替地址,用户可以依据 rank(而非地址)将张量发送到指定的进程。

2.2　点对点通信

从一个进程到另一个进程的数据传输称为点对点通信。在 PyTorch 中,点对点通信通过 send()、recv()、isend() 和 irecv() 四个函数来实现。图 2-2 所示为发送和接收的示意图。

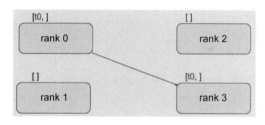

图 2-2

发送和接收在 PyTorch 中的样例如下。

```
def run(rank, size):
    tensor = torch.zeros(1)
    if rank == 0:
        tensor += 1
        # 给进程 1 发送张量
        dist.send(tensor=tensor, dst=1)
    else:
        # 进程 0 接收张量
        dist.recv(tensor=tensor, src=0)
    print('Rank ', rank, ' has data ', tensor[0])
```

在上述例子中,两个进程都首先以零张量开始,然后进程 0 对张量进行操作,并将其发送到进程 1,这样它们都以 1.0 结束。注意,进程 1 需要分配内存以存储即将接收的数据;还要注意的是,send()和 recv()这两个函数是阻塞实现的,即两个进程都会阻塞直到通信完成。另一种 API 是非阻塞的,如 isend()和 irecv(),其在非阻塞情况下会继续执行,这两个方法将返回一个 Worker 对象,我们可以在该对象上进行 wait()操作。

当我们对进程的通信进行细粒度控制或者面对不规则通信模式时,点对点通信很有用,它可用于实现复杂巧妙的算法。

与点对点通信相反,集合通信是允许一个组中所有进程进行通信的模式。组是所有进程的子集,要创建一个组,我们可以将一个 rank 列表传递给 dist.new_group(group)。在默认情况下,集合通信在所有进程上执行,"所有进程"也称为 world。例如,为了获得所有进程中所有张量的总和,我们可以使用 dist.all_reduce (tensor, op, group)函数,具体示例代码如下。

```
def run(rank, size):
    group = dist.new_group([0, 1])
    tensor = torch.ones(1)
    dist.all_reduce(tensor, op=dist.ReduceOp.SUM, group=group)
    print('Rank ', rank, ' has data ', tensor[0])
```

需要注意,集合通信基于点对点通信来实现。

2.3 集合通信

以下是集合通信的示意图,其中图 2-3 为 Scatter 和 Gather,图 2-4 为 Reduce 和 All-Reduce,图 2-5 为 Broadcast 和 All-Gather。

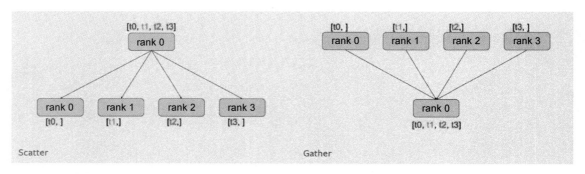

图 2-3

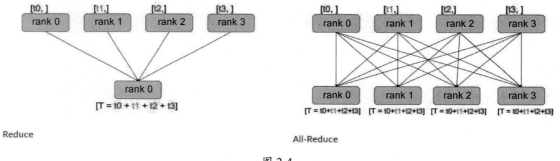

图 2-4

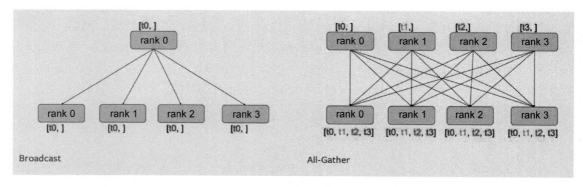

图 2-5

想要求得组中所有张量的总和,可以将 dist.ReduceOp.SUM 用作归约运算符。一般来说,任何可交换的数学运算都可以用作运算符。PyTorch 带有 4 个开箱即用的运算符:dist.ReduceOp.SUM、dist.ReduceOp.PRODUCT、dist.ReduceOp.MAX 和 dist.ReduceOp.MIN。除 dist.all_reduce(tensor, op, group) 外,目前在 PyTorch 中实现了以下集合操作。

- dist.broadcast(tensor, src, group)：从 src 复制 tensor 到所有其他进程。
- dist.reduce(tensor, dst, op, group)：施加 op 到所有 tensor，并将结果存储在 dst 进程中。
- dist.all_reduce(tensor, op, group)：和 reduce 操作一样，但结果存储在所有进程中。
- dist.scatter(tensor, scatter_list, src, group)：复制张量列表 scatter_list[i]中第 i 个张量到第 i 个进程。
- dist.gather(tensor, gather_list, dst, group)：从所有进程复制 tensor 到 dst 进程中。
- dist.allgather(tensor_list, tensor, group)：在所有进程上执行从所有进程复制 tensor 到 tensor_list 的操作。
- dist.barrier(group)：阻塞组内所有进程，直到每一个进程都已经进入 dist.barrier(group) 函数。

我们接下来逐一介绍集合通信的各个模式。

2.3.1　Broadcast

Broadcast 操作有一个发送方和多个接收方，即将一方（root rank）的信息广播到其他所有接收方。Broadcast 操作的工作原理如图 2-6 所示。

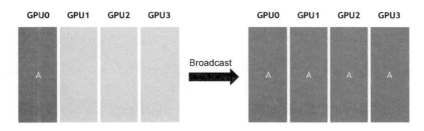

图 2-6

图 2-7 结合 rank 信息来解析 Broadcast 的操作方法。

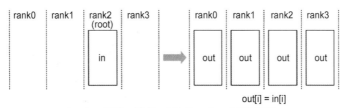

图 2-7

2.3.2　Scatter

Scatter 操作有一个发送方和多个接收方，发送方的数据被切分之后会分散到各个接收方。Scatter 操作的工作原理如图 2-8 所示。

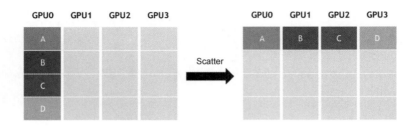

图 2-8

2.3.3 Gather

Gather 操作有多个发送方和一个接收方，是 Scatter 操作的反过程，将分散在各个发送方中的数据汇总到一个接收方。Gather 操作的工作原理如图 2-9 所示（见彩插）。

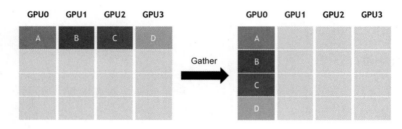

图 2-9

2.3.4 All-Gather

All-Gather 操作在 Gather 操作的基础上更进一步，不仅汇总了数据，还将汇总的数据发送给所有接收方。在 All-Gather 操作中有 K 个处理器，其中的每一个处理器都会各自将每个处理器的 N 个值聚集成维度为 $K*N$ 的输出，输出按 rank 索引排序。因为 rank 决定数据布局，所以 All-Gather 操作受到不同 rank 或者设备映射的影响。如果先做 Reduce-Scatter 操作，再做 All-Gather 操作，就等于做了一个 All-Reduce 操作。

图 2-10 所示为结合 rank 信息来解析 All-Gather 操作的工作原理。

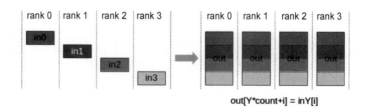

图 2-10

2.3.5 All-to-All

All-to-All 操作会调用 Scatter 和 Gather 两个操作对来自每个参与者的不同数据进行处理，其工作原理如图 2-11 所示。

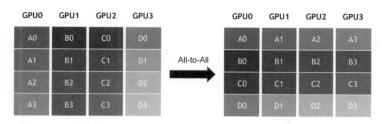

图 2-11

2.3.6 Reduce

Reduce 操作中有多个发送方和一个接收方，其功能是先归约来自所有发送方的数据，再将结果传递给接收方（root rank）。Reduce 操作的工作原理如图 2-12 所示（见彩插）。

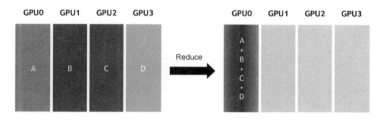

图 2-12

下面结合过程信息为大家演示。此处让各进程的同一个变量参与归约，最终向指定的进程（root rank）输出计算结果，比如利用一个加法函数将一批数字归约成一个数字，具体操作如图 2-13 所示。

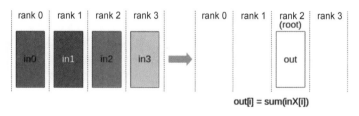

图 2-13

2.3.7 All-Reduce

All-Reduce 操作在 Reduce 操作的基础上进一步将合并后的数据发送给所有接收方，这样并行中的所有接收方都能知道结果，其特点如下。

- All-Reduce 操作对跨设备的数据执行归约（如 Sum、Max），并将结果写入每个 rank 的接收缓冲区。All-Reduce 操作与 rank 无关，rank 的任何重新排序都不会影响操作的结果。All-Reduce 操作以 k 个 rank 上的 N 个值的独立数组 V_k 开始，在每个 rank 上都以 N 个值的相同数组 S 结束，其中 $S[i] = V_0[i] + V_1[i] + ... + V_{k-1}[i]$。

All-Reduce 操作的工作原理如图 2-14 所示。

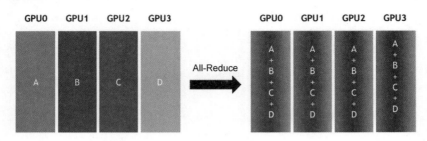

图 2-14

2.3.8 Reduce-Scatter

Reduce-Scatter 操作一方面合并来自所有发送者的数据，另一方面又在参与者之间分配结果。Reduce-Scatter 操作执行与 Reduce 相同的操作，不同之处在于结果被分散在各个 rank 之间的相同块中，每个 rank 根据其索引获得一块数据。因为 rank 决定了数据布局，所以 Reduce-Scatter 操作会受到不同 rank 或设备映射的影响。

Reduce-Scatter 操作的工作原理如图 2-15 所示。

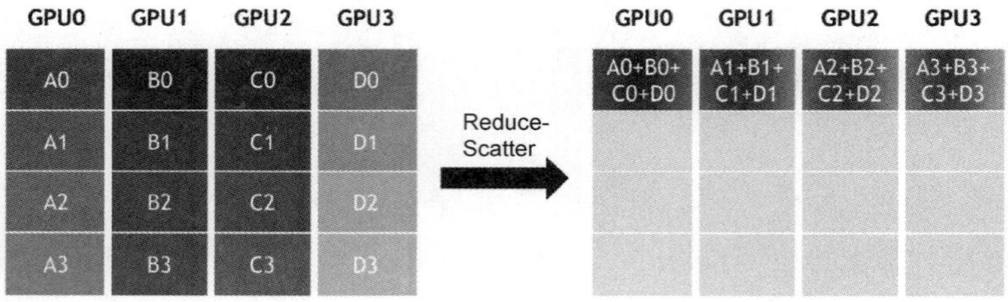

图 2-15

图 2-16 结合 rank 信息演示 Reduce-Scatter 操作。

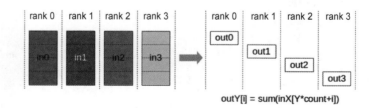

图 2-16

2.4 MPI_AllReduce

前面我们提到参数服务器有一定的劣势，比如容易成为网络瓶颈、处理复杂等。为解决这些问题，人们前往高性能计算领域寻求思路，发现 MPI 中的 MPI_AllReduce 函数可以很好地满足数据并行训练的需要。

1. MPI

MPI（Message-Passing Interface）是一种在并行计算机架构上的通信消息标准，也可以认为它是一个消息传递模型或消息传递函数库的标准说明。MPI 具有众多优点，比如具有完备的异步通信功能、可移植性好、易用性高等，使它非常适合处理并行模型。

在 MPI 编程模型中，计算由一个或多个进程组成，每个进程通过调用 MPI 库函数进行消息收发。MPI 会在程序初始化时产生一组固定进程，一个处理器通常只负责一个进程，这些进程可以执行相同或者不同的程序，进程之间的通信可以是点到点或者集合式的。

2. MPI_AllReduce

MPI_AllReduce 是 MPI 提供的全局归约函数。为了更好地说明这个函数，我们首先从 All-Reduce 集合通信原语说起。All-Reduce 可以对 m 个独立参数进行归约，并将归约结果返回给所有进程，非常符合分布式机器学习抽象。机器学习大部分算法结构都是分布式的，算法首先会在每个数据子集上计算出一些局部统计量，然后把这些局部统计量整合成一个全局统计量，最后把全局统计量分发给各个计算节点进行下一轮迭代。此过程与 All-Reduce 操作完全对应。

MPI_AllReduce 函数就是 All-Reduce 操作的对应实现，我们看看如何适配。

- 每个 Worker 是 MPI 中的一个进程，假如有 4 个 Worker，则让这 4 个 Worker 组成一个进程组，我们将会在此进程组中对梯度进行一次 MPI_AllReduce 计算。
- MPI_AllReduce 函数保证所有参与计算的进程都有最终归约的结果，这样就完成了梯度聚集和分发。只要在算法初始化的时候让每个 Worker 上模型的参数保持一致，则在后续迭代过程中分发的梯度会始终保持一致，从而各个 Worker 上模型的参数也会保持一致。
- MPI_AllReduce 与 MapReduce 有类似之处，但 MapReduce 是面向通用任务处理的多阶段执行模式，而 MPI_AllReduce 让一个程序在必要时占领一台机器，并且在所有迭代中一直占据，这样就免去了重新分配资源的开销，更符合机器学习的任务处理特点。

从语义上来说，MPI_AllReduce 函数可以解决梯度同步问题，但是在实际使用时有会一些问题，比如数据块过大就不容易把带宽跑满，会出现延时抖动，而且 MPI 本身也有问题，比如容错性较差等。另外，因为 MPI 没有考虑到深度学习场景、GPU 架构、网络延迟和带宽差异，因此难以发挥异构硬件性能，因而人们更多用 MPI 进行节点管理和 CPU 之间并行通信，用 NCCL（NVIDIA Collective Communication Library）通信库进行 GPU 之间并行通信。

2.5 Ring All-Reduce

为了解决通信问题，百度公司提出了 Ring All-Reduce 算法，该算法让分布式训练的通信时间在理论上成为一个常量，与 GPU 数量没有关系，极大地提高了训练速度。

2.5.1 特点

Ring All-Reduce 的优点如下。

- 使用预先定义的成对消息在一组进程之间同步状态（状态在深度学习情况下为张量）。
  - Ring 意味着设备之间的拓扑结构为一个逻辑环形，各个节点只与相邻的两个节点通信。
  - All-Reduce 代表网络拓扑之中没有中心节点，每个节点都是梯度的汇总计算节点。因为不需要参数服务器，所有节点都参与计算和存储，所以避免了中心化的通信瓶颈。
- 因为集群中每个节点的带宽都被充分利用，所以相比参数服务器架构，Ring All-Reduce 架构是带宽优化的。

Ring All-Reduce 的缺点如下。

- 同步算法将参数在通信环中依次传递，这样需要多步才能完成一次参数同步，从而在大规模训练时会引入很大的通信开销。
- 因为通信开销大，所以 Ring All-Reduce 对小尺寸张量不够友好，可以采用批量操作或者把小尺寸张量组合成大张量来减小通信开销。

如果处理得当，Ring All-Reduce 算法的网络通信时间并不会随着机器增加而增加，而仅同模型/网络带宽有关。

2.5.2 策略

Ring All-Reduce 算法的策略包括 Reduce-Scatter 和 All-Gather 两个阶段，图 2-17 展示了 Ring All-Reduce 策略的拆分方法。

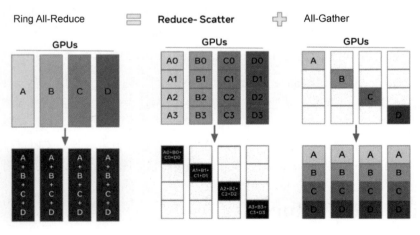

图 2-17

- 第一个阶段是 Reduce-Scatter。此阶段会逐步交换彼此的梯度并融合，最后每个 GPU 都会包含完整融合梯度（最终结果）的一部分。

- 第二个阶段是 All-Gather。在此阶段，GPU 会逐步交换彼此不完整的融合梯度，最后所有 GPU 都会得到完整的最终融合梯度。

2.5.3 结构

环形结构如图 2-18 所示，每个 GPU 有一个左邻居和一个右邻居，它只会向左邻居发送数据，并从右邻居那里接收数据。

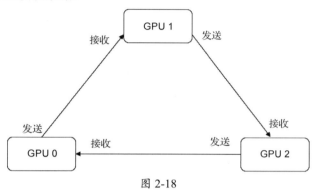

图 2-18

假设用户操作是对数组元素求和。环中有 3 个 GPU，每个 GPU 有长度相同的数组，需要将 GPU 的数组进行求和。在 All-Reduce 最后环节，每个 GPU 都应该有一个大小相同的数组，其中包含原始数组中对应数字的总和。接下来逐步分析 Ring All-Reduce 的运行步骤。

2.5.4 Reduce-Scatter

Ring All-Reduce 的第一个阶段是 Reduce-Scatter，其功能是逐步交换彼此的梯度并融合，最后每个 GPU 都会包含完整融合梯度的一部分（最终结果的一部分）。为了进行更好的说明，接下来把此阶段细分为分块、第一次迭代和全部迭代几个步骤，具体介绍如下。

1. 分块

首先，GPU 将阵列划分为 N 个较小的数据块（其中 N 是环中 GPU 的数量），具体如图 2-19 所示（图中 N 为 3）。

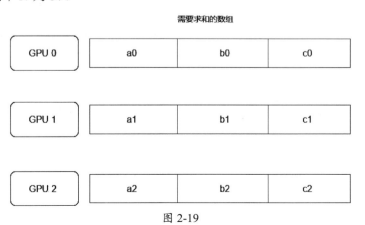

图 2-19

接下来，GPU 将进行 N-1 次 Reduce-Scatter 迭代，每次迭代过程中会进行如下操作。

- 每个 GPU 会将一个自己的数据块发送给左邻居，并将从右邻居接收到一个数据块累积到自己的数据块中。
- 第 n 个 GPU 从通过发送数据块 n 和接收数据块"$(n–1) \% N$"开始，逐步向后进行，每次迭代会发送本 GPU 在前一次迭代中接收到的数据块。
- 在每次迭代中，每个 GPU 发送和接收的数据块都不同。

2. 第一次迭代

在第一次迭代中，图 2-19 中的 3 个 GPU 将分别发送和接收以下数据块。

- GPU 0：发送数据块 0，接收块 2。
- GPU 1：发送数据块 1，接收块 0。
- GPU 2：发送数据块 2，接收块 1。

于是，Reduce-Scatter 第一次迭代中的数据传输如图 2-20 所示。

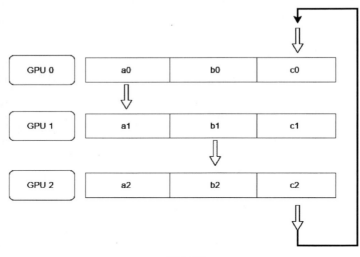

图 2-20

第一次发送和接收的结果如图 2-21 所示，每个 GPU 都会有一个变化的数据块。该数据块由两个不同 GPU 上相同数据块的总和组成。例如，GPU 1 上的第一个数据块是该数据块中来自 GPU 0 和 GPU 1 值的总和。

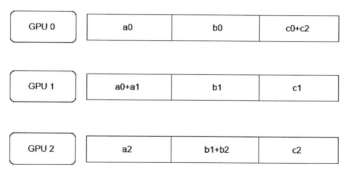

图 2-21

3. 全部迭代

在后续迭代过程中，该过程继续进行直到最终每个 GPU 都有一个数据块，此数据块包含所有 GPU 中该块中所有值的总和。图 2-22 展示了数据传输的中间过程。

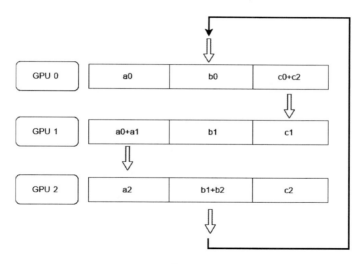

图 2-22

当所有 Reduce-Scatter 迭代完成后，最终状态如图 2-23 所示。

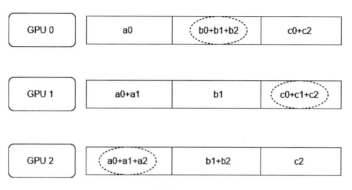

图 2-23

2.5.5 All-Gather

当执行完 Reduce-Scatter 后,在每个 GPU 的数组中都有一些值(每个 GPU 有一个数据块)是最终值,其中包括了来自所有 GPU 的贡献。为了完成 All-Reduce,接下来 GPU 必须使用 All-Gather 来交换这些数据块,和 Reduce-Scatter 一样,All-Gather 也需要进行 N-1 次循环。当进行第 k 次循环时:

- 第 k 个 GPU 发送第 $k+1$ 个数据块并接收第 k 个数据块,在以后的迭代中,该 GPU 始终发送它刚刚接收到的块。
- 当接收到前一个 GPU 的数据块后,并不是累积 GPU 接收的值,而是会用接收的数据块覆盖自己对应的数据块。
- 在进行 N 次循环后,每个 GPU 就拥有了数组各数据块的最终求和结果。

接下来我们对迭代过程进行具体分析。

1. 第一次迭代

在我们的 3-GPU 示例的第一次迭代中,GPU 将分别发送和接收以下数据块。

- GPU 0:发送数据块 1,接收块 0。
- GPU 1:发送数据块 2,接收块 1。
- GPU 2:发送数据块 0,接收块 2。

All-Gather 的第一次迭代中的数据传输如图 2-24 所示。

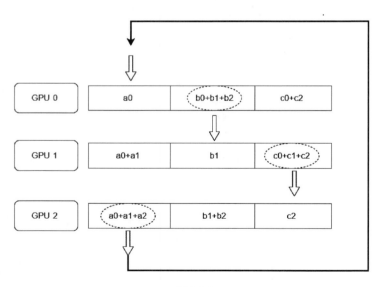

图 2-24

第一次迭代结果如图 2-25 所示,每个 GPU 都会有最终数组的两个数据块。

在后续的迭代中,这个过程会持续到最后,最终每个 GPU 将拥有整个数组的完全累积值。

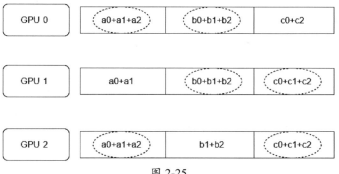

图 2-25

2. 全部迭代

图 2-26 展示了数据传输的中间过程，从第一次迭代开始，一直持续到全部收集完成。

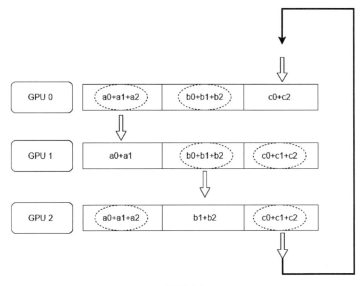

图 2-26

数据全部转移后的最终状态如图 2-27 所示。

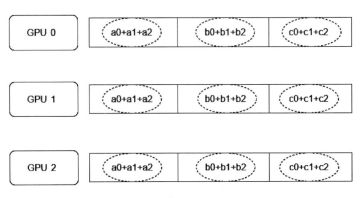

图 2-27

2.5.6 通信性能

由图 2-28 可知，针对每条边/箭头，其通信的数据量为 $1/N$ 权重，经过 $2(N-1)$ 次迭代就可以让每个 GPU 获取其他 GPU 中的数据，而且每条边的总传输数据量为 $\frac{2(N-1)}{N}$ 权重，大约就是传输两倍权重大小。因为每个传输都是独立的，所以理论上，Ring All-Reduce 的通信量和 GPU 数目成正比。我们假设设备入口或者出口带宽是 b，则整体通信耗时近似为权重/b，这几乎与 GPU 数目没有关系，即使用户再增加节点，通信时间也基本不会发生变化，这样就实现了线性扩展。在实际中，如果环太大，那么网络延迟和通信效率还是会成为整个环的瓶颈。

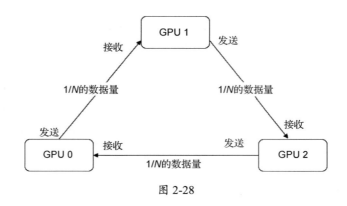

图 2-28

2.5.7 区别

下面，我们将 Ring All-Reduce 和参数服务器做一下对比。

- 模型大小：对于模型可以放入单张 GPU 卡的情况，Ring All-Reduce 更适合；对于规模巨大，无法放入单张 GPU 卡的情况，则应该使用参数服务器。
- 维度情况：
  - 在网络通信上更优化的 Ring All-Reduce 比较适合典型的稠密（Dense）场景。
  - 参数服务器利用维度稀疏的特点，每次 pull/push 操作只更新有效的值，因此更适合高维稀疏模型训练。比如，推荐领域的特征有如下性质：高维、稀疏、规模庞大，以及训练数据样本长度不固定等，在这种情况下，由于 Ring All-Reduce 的同步操作会比较费时，因此使用参数服务器更适合。这里我们以 PyTorch 为例，其稀疏张量（SparseTensor）分为两部分：一个值（Value）张量，一个二维索引（Indice）张量。稀疏张量这种数据结构导致在做 All-Reduce 时的通信时间势必更大，所以使用参数服务器更加合适。

以上只是一种思路，具体还需要在工作中依据实际情况进行测试、对比才能找到最佳方案。

第 3 章　参数服务器之 PS-Lite

3.1　参数服务器

3.1.1　概念

参数服务器是机器学习训练的一种范式,是为解决分布式机器学习问题的一个编程框架,主要包括服务器端、客户端和调度器。与其他范式相比,参数服务器把模型参数存储和更新提升为主要组件,并且使用多种方法提高系统的处理能力。如果做一个类比,参数服务器就是机器学习领域的分布式内存数据库,是为迭代收敛的计算模型而设计出来的一套通信接口,其作用是存储和更新模型。

在非分布式并行模式下,机器学习在单进程环境下的步骤如下。

(1)准备数据:训练进程拿到模型权重(weight)和数据(data + label)。

(2)前向计算:训练进程使用数据进行前向计算,得到 loss = f(weight, data, label)。

(3)反向求导:训练进程通过对损失(loss)反向求导,得到导数 grad = b(loss, weight, data, label)。

(4)更新权重:训练进程设置模型权重 weight = grad * lr(学习率)。

(5)回到(1),再进行下一次迭代,这些步骤不断循环。

参数服务器是一种客户端-服务器(Client-Server)架构,计算设备被划分为 Server 和 Worker,于是我们把上述步骤做如下转换。

(1)准备数据:把模型保存在 Server 上。

(2)参数下发:Server 把权重分发给每个 Worker(或者由 Worker 自行拉取),Worker 就是 Server 的客户端。

(3)并行计算:每个 Worker 分别完成自己的计算(前向和反向)。

(4)收集梯度:Server 从每个 Worker 处得到梯度(或者由 Worker 自行推送),完成归约。

(5)更新权重:Server 把归约后的梯度应用到模型权重上。

(6)回到(2),再进行下一次迭代。

下面分别介绍参数服务器中各个概念。

1. Server

Server 是对机器学习训练之中共享状态(模型参数)管理的一种直观抽象,其特点如下。

- Server 是一个共享的键-值对存储,具备读取和更新参数的同步机制。这样键-值对的共享存储方式可以简化编程的复杂度,统一管理模型和数据同步则可以保证整个训练过程的正确性。比如为了优化编程工作量，可以假设键是有序的，这让我们可以将参数视为键-值对，同时赋予它们向量、值及矩阵语义，其中不存在的键与零关联。使用机器学习中的线性代数可以减少实现优化算法的编程工作量。

- Server 是中心化组件，负责存储模型参数，接受客户端发送的梯度，归约梯度，从而更新模型。
- Server 一般被实现为分布式存储系统以避免负载不均衡，可以按照不同比例对 Server 和 Worker 进行配置，每个 Server 可以有不同的配置。
- 每个 Server 可以只负责模型的一部分，这样可以把一个大模型进行分解（模型分片），通过增加 Server 数目来提高处理模型的规模，也可以提高系统鲁棒性和通信效率（如利用稀疏性减少通信），同样可以减少单机通信瓶颈。
- Server 提供两个主要 API：pull API 确保每个 Worker 在计算之前都能获取一份最新模型参数副本；push API 确保 Server 可以收集到梯度值，并且更新模型参数。

2. Worker

每个 Worker 都是"万年打工仔"，具体职责如下（为了更好地说明相关逻辑，下面也加入了 Server 对应的操作）。

- Worker 使用 pull API 从 Server 获取最新的参数。
- Worker 负责使用其领域内的数据分片对自身对应的模型参数进行计算（前向/反向）。
- Worker 调用 push API 向 Server 传递计算的梯度。
- Server 汇总所有梯度及平均梯度，并更新其自身维护的参数。
- Server 把更新好的参数返回给所有 Worker，这样每个节点内的模型副本就保持一致。
- Worker 进行下一轮前向/反向计算。

3. Scheduler（调度服务器）

调度服务器为可选模块，只有当集群超出一定范围时才会设置，调度服务器负责管理所有节点，完成节点之间的数据同步，以及节点添加/删除等工作。

3.1.2　历史渊源

在参数服务器出现之前，大多数分布式机器学习算法通过定期同步来实现通信，比如，集合通信的 All-Reduce，或者 MapReduce 的 Reduce。这样定期同步有两个问题。

- 在同步时只能进行同步操作，不能训练，这将极大地浪费系统的算力资源。
- 掉队者问题（前文已经详细介绍，这里不再赘述）。

为了解决这些问题，当 Async SGD 出现之后人们提出了参数服务器的概念。

第一代参数服务器来自 Alex Smola 提出的并行 LDA 框架。它采用了一个分布式 Memcached 来存储共享参数，这样分布式系统之中的计算节点就可以通过 Memcached 来同步模型参数。每个计算节点只需要保存它被分配的一部分参数，这也避免了所有进程都在同一个时间点停下来做同步操作。但是 Memcached 难以用来编程，而键-值对也带来了极大的通信开销，具体如图 3-1 所示。

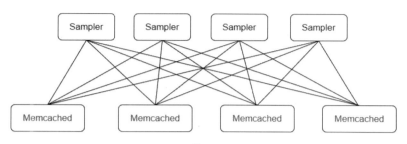

图 3-1

第二代参数服务器是 Jeff Dean 在 DistBelief（第一代 Google Brain）基础上提出来的。如果深度学习模型非常大，DistBelief 会将模型分布存储在一个全局参数服务器内，各个计算节点通过参数服务器进行信息传递，这样就可以解决 SGD 和 L-BFGS 算法的分布式训练问题，其工作原理如图 3-2 所示（见彩插）。

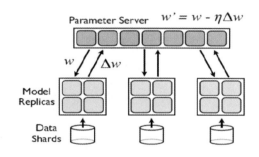

图 3-2

图片来源：论文 *Large Scale Distributed Deep Networks*

第三代参数服务器就是李沐老师提出的 PS-Lite，其采用了更加通用的设计，本章会对该参数服务器进行专门分析。①

目前各大公司都有自己研发的参数服务器，应该算是第四代参数服务器。

3.1.3 问题

尽管参数服务器可以提升系统的计算能力，在大规模应用方面有着巨大的优势，但仍然面临如下问题。

- 网络问题：一般来说，由于 Worker 数目远多于 Server 的数目，因此 Server 会成为网络瓶颈。然而，提高 Server 数目又会导致网络通信模式变为 All-to-All，这样会造成网络饱和。

---

① 本章参考论文 *Scaling Distributed Machine Learning with the Parameter Server*。

- 难以确定 Worker 与 Server 的正确比例：在实际操作过程中需要结合具体项目来调整 Server 和 Worker 的数目比例，这样会给系统管理带来不便。
- 处理程序复杂：参数服务器的概念较多，编程较为复杂，这通常会导致学习曲线陡峭，同时往往需要重构代码，从而压缩实际建模时间。
- 硬件成本增加：由于参数服务器的引入需要添加若干 Server，导致硬件成本增加。

针对上述问题，如果想在项目中引入参数服务器或者对现有框架的参数服务器进行定制（某些公司会对 TensorFlow 的参数服务器进行自己的定制），就需要深入了解各种方案背后的应用场景和设计理念，这样才能使项目更加优秀。希望本章可以起到抛砖引玉的作用，让大家对参数服务器有一个初步的理解。

3.2 基础模块 Postoffice

本节介绍 PS-Lite 的总体设计思路和基础模块 Postoffice。

3.2.1 基本逻辑

1. PS-Lite 系统简介

PS-Lite 是一个参数服务器框架，其中参数处理的具体相关策略需要用户自己实现。PS-Lite 包含三种角色：Worker、Server、Scheduler，具体关系如图 3-3 所示。

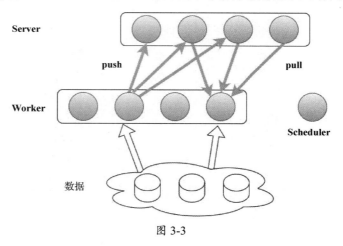

图 3-3

三种角色的具体功能如下。

- Worker：数量有若干个，执行数据流水线、前向传播和梯度计算，以键-值对的形式将模型权重梯度推送到 Server，并且从 Server 拉取模型最新权重。
- Server：数量有若干个，负责对 Worker 的 push 和 pull 请求做出应答，存储、维护和更新模型权重以供各个 Worker 使用（每个 Server 仅维护模型的一部分）。
- Scheduler：数量只有一个，负责所有节点的心跳监测、节点 id（编码/标识）分配、

Worker/Server 间的通信建立，还可用于将控制信号发送到其他节点并收集其进度。

2. 基础模块

PS-Lite 系统中的一些基础模块或者说基础类如下。

- Environment：一个单例模式的环境变量类。它通过一个 std::unordered_map<std::string, std::string> kvs 维护了一组键-值对来保存所有环境变量名和值。
- Postoffice：一个单例模式的全局管理类。一个 Node 在生命期内拥有一个 Postoffice，Postoffice 依赖其类成员对 Node 进行管理。
- Van：通信模块，负责与其他节点的网络通信和收发消息。Postoffice 持有一个 Van 成员。
- SimpleApp：KVServer 和 KVWorker 的父类，KVServer 和 KVWorker 分别是 Server 节点和 Worker 节点的抽象。SimpleApp 提供了简单的 Request、Wait、Response、Process 功能。KVServer 和 KVWorker 会依据自己的特点来重写这些功能。
- Customer：每个 SimpleApp 对象持有一个 Customer 成员变量（该 Customer 成员变量需要注册到 Postoffice 中）。Customer 类主要负责：作为发送方，跟踪由 SimpleApp 发送消息的回复情况；作为接收方，为 Node 接收消息，维护一个消息队列存放收到的消息。
- Node：信息类，存储了本节点的对应信息，每个 Node 可以使用"主机名+端口"来作为唯一标识。

PS-Lite 系统的工作原理如图 3-4 所示。

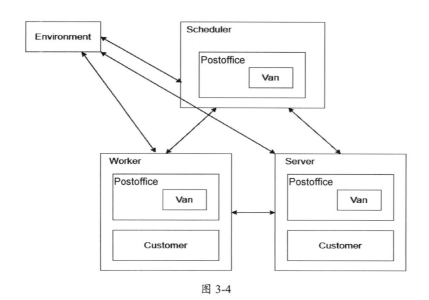

图 3-4

3.2.2 系统启动

使用 PS-Lite 提供的脚本 local.sh 可以启动整个系统，在下面的代码中，test_connection

为编译好的可执行示例程序，该命令行将启动 2 个 Server 和 3 个 Worker。

```
./local.sh 2 3 ./test_connection
```

local.sh 脚本的作用如下。

- 每次在执行应用程序之前，都会依据本次执行的角色对环境变量进行各种设定，除 DMLC_ROLE 设置的不同外，其他变量在每个节点上都相同。
- 在本地运行多个不同角色，这样 PS-Lite 就可以用多个不同的进程（程序）共同合作完成工作，具体操作如下。
  - 启动 Scheduler 节点。其目的是确定 Server 和 Worker 数量，Scheduler 节点负责管理所有节点的地址。
  - 启动 Worker 或 Server 节点。每个节点要知道 Scheduler 节点的 IP 和端口，这样启动时就可以连接 Scheduler 节点，绑定本地端口，并向 Scheduler 节点注册自己的信息（IP 和端口）。
  - Scheduler 节点会等待所有节点都注册后，给其分配 id，并把节点信息传送过去（例如 Worker 节点要知道 Server 节点的 IP 和端口；Server 节点同样要知道 Worker 节点的 IP 和端口），此时 Scheduler 节点已经准备好。
  - 当 Worker 节点或 Server 节点接收到 Scheduler 节点传送的信息后，建立和对应节点的连接，此时 Worker 节点或 Server 节点已经准备好，等待正式启动。

PS-Lite 使用的是 C++语言，Worker、Server 和 Scheduler 都使用同一套代码。对于此示例程序，起初会让人产生疑惑：为什么每次程序运行，代码中都会启动 Scheduler、Worker 和 Server 呢？其实代码的具体执行是依据环境变量来决定的，如果环境变量设置了本次角色是 Server，则不会启动 Scheduler 和 Worker。启动的具体逻辑如图 3-5 所示。

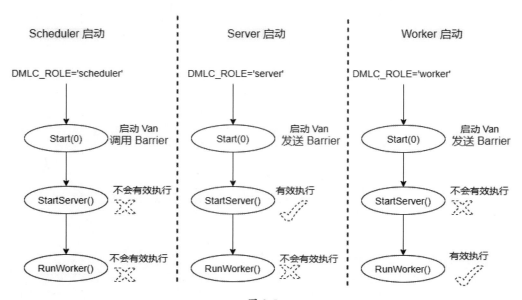

图 3-5

3.2.3 功能实现

Postoffice 是一个单例模式的全局管理类(可以通过静态方法调用此实例),Postoffice 维护了系统的一个全局信息,具有如下特点。

- 三种节点角色都依赖 Postoffice 进行管理,每一个节点在生命周期内具有一个单例 Postoffice。
- 如前所述,PS-Lite 的特点是 Worker、Server 和 Scheduler 都使用同一套代码,Postoffice 也是如此,所以这里我们分开描述。
- 在 Scheduler 侧,Postoffice 可以认为是一个地址簿或一个调控中心,其记录了系统(由 Worker、Server、Scheduler 共同构成的系统)中所有节点的信息,具体功能如下。
  - 维护了一个 Van 对象,负责整个网络的拉起、通信、命令管理,如增加节点、移除节点、恢复节点等。
  - 负责整个集群基本信息的管理,如 Worker、Server 数量的获取,管理所有节点的地址,Server 端特征分布的获取,Worker/Server rank 与节点 id 的互转,确认节点角色身份等。
  - 执行障碍器(Barrier)功能。
- 在 Server / Worker 端,Postoffice 具体职责如下。
  - 维护当前节点的信息,如节点类型(Server、Worker),节点 id,Worker/Server 的 rank 到节点 id 的转换。
  - 路由功能:负责键与 Server 的对应关系。
  - 执行障碍器功能。

1. 定义

我们首先看 Postoffice 的具体定义。因为每个节点都包含一个 Postoffice,所以 Postoffice 的数据结构中包括了各种节点所需要的变量,主要变量作用如下。

- van_:底层通信对象。
- customers_:本节点目前有哪些 Customer。
- node_ids_:节点 id 映射表。
- server_key_ranges_:Server 的键区间范围对象。
- is_worker、is_server、is_scheduler:这几个变量标注了所在节点类型。
- heartbeats_:节点心跳对象。
- barrier_done_:障碍器同步变量。

Postoffice 中主要函数作用如下。

- InitEnvironment()：初始化环境变量，创建 Van 对象。
- Start()：通信初始化。
- Finalize()：节点阻塞退出。
- Manage()：退出障碍器阻塞状态。
- Barrier()：进入障碍器阻塞状态。
- UpdateHeartbeat()：更新心跳。
- GetDeadNodes()：根据 heartbeats_ 获取已经死亡的节点。

接下来，具体介绍 Postoffice 的各项功能。

2. 节点 id 映射功能

节点 id 映射功能即如何在逻辑节点和物理节点之间做映射，如何把物理节点划分成各个逻辑组，如何用简便的方法做到给组内物理节点统一发消息。

代码中的一些相关概念如下。

- rank 是一个逻辑概念，是每一个节点（Scheduler、Worker 和 Server）内部的唯一逻辑标识。
- Node id 是物理节点的唯一标识，可以和一个主机+端口的二元组唯一对应。
- Node Group 是一个逻辑概念，表示每一个组可以包含多个 Node id。PS-Lite 一共有三组 Group：Scheduler、Server 组和 Worker 组。
- Node Group id 是节点组的唯一标识：
  - PS-Lite 使用 1、2、4 这三个数字分别标识 Scheduler、Server 组和 Worker 组。每一个数字代表着一组节点，该数字在逻辑上等同于所有该类型节点 id 之和。比如数字 2 代表 Server 组，数字 2 在逻辑上就是所有 Server 节点的组合。
  - 之所以选择这三个数字是因为在二进制下，这三个数值分别是 001、010、100，这样如果想给多个组发消息，直接把几个 Node Group id 做"或"操作就可以得到多个组的组合。

即 1~7 内任意一个数字都代表的是 Scheduler/Server 组/Worker 组的某一种组合，即任意一组节点都可以用单个 id 标识。

- ◆ 如果想把某一个请求发送给所有 Worker 节点，那么把请求目标节点 id 设置为 4 即可。
- ◆ 假设某一个 Worker 节点希望向所有的 Server 节点和 Scheduler 节点同时发送请求，则只要把请求目标节点的 id 设置为 3 即可，因为 3=2+1= kServerGroup + kScheduler。
- ◆ 如果想给所有节点发送消息，则把请求目标节点的 id 设置为 7 即可。

接下来介绍一下 rank 和 Node id 之间的关系。

如前所述，Node id 是物理节点的唯一标识，rank 是每一个逻辑概念（Scheduler、Worker 和 Server）内部的唯一标识。这两个标识如何换算由算法来确定。如果配置了 3 个 Worker，则 Worker 的 rank 为 0～2，那么这几个 Worker 实际对应的 Node id 就会使用 WorkerRankToID() 函数计算出来，具体计算规则如下。

```
static inline int WorkerRankToID(int rank) { return rank * 2 + 9; }
static inline int ServerRankToID(int rank) { return rank * 2 + 8; }
static inline int IDtoRank(int id) {return std::max((id - 8) / 2, 0);}
```

这样我们可以知道，1～7 的 id 表示的是 Node Group，单个节点的 id 从 8 开始，并且此算法保证 Server id 为偶数、Worker id 为奇数。

- 单个 Worker 节点 id：rank * 2 + 9。
- 单个 Server 节点 id：rank * 2 + 8。

3. 参数表示

Server 提供了 push 和 pull 两种通信机制。Worker 通过 push 先将计算好的梯度发送到 Server，再通过 pull 从 Server 获取更新之后的参数。

在 Server 中，参数都可以表示成键-值对的集合。将参数表示成键-值对，其形式更自然，更易于理解和编程实现。比如，一个最小化损失函数的问题，键就是特征 id，而值就是它的权重。对于稀疏参数来说，如果一个键的值不存在，就可以认为值是 0。

对于机器学习训练来说，因为高频特征更新极为频繁，所以会导致网络压力极大。如果每一个参数都被设定一个键并且按键更新，则通信会变得低效，这就需要有折中和平衡的方案。我们可以利用机器学习算法的特性，给每个键对应的值赋予一个向量或者矩阵，这样就可以一次性传递多个参数，当然这样做的前提是参数是有顺序的。为了提高计算性能和带宽效率，Server 也会采用批次更新的办法来减轻高频键的压力。比如，把多个小批量之中高频键合并成一个较大批量进行更新。

4. 路由功能

路由功能（KeySlice）指的是 Worker 在做 push 和 pull 的时候，如何知道把消息发送给哪些 Server。PS-Lite 是多 Server 架构，一个很重要的问题是如何分布多个参数。比如，给定一个参数的键，如何确定其存储在哪一台 Server 上。这里必然有一个路由逻辑用来确定键与 Server 的对应关系。

在 PS-Lite 中，路由功能由 Worker 端来决定，Worker 采用范围划分的策略，即每一个 Server 有自己固定负责的键的范围（在 Worker 启动时确定），Worker 依据这些范围决定把参数发给哪个 Server。

5. 启动

启动的主要功能如下。

- 调用 InitEnvironment() 函数来初始化环境，创建 Van 对象。
- node_ids_ 初始化。根据 Worker 和 Server 节点个数确定每个 id 对应的 node_ids_ 集。
- 启动 Van，此处会进行各种交互（有一个 ADD_NODE 同步等待，与后面的障碍器等待不同）。
- 如果是第一次调用 Postoffice::Start() 函数，则初始化 start_time_ 成员。
- 如果设置了需要障碍器，则调用障碍器进行等待/处理最终系统统一启动。即所有节点进行准备，并且向 Scheduler 发送要求同步的消息，进行第一次同步。

6. 障碍器

障碍器主要在同步过程中起到了屏障作用，我们接下来具体看其功能，包括普通同步功能和初始化过程中的同步。

（1）普通同步功能

Scheduler 节点通过计数的方式实现各个节点的同步，具体来说就是如下操作。

- 每个节点在自己指定的命令运行完后会向 Scheduler 节点发送一个 Control::Barrier 命令的请求，并自己阻塞直到收到 Scheduler 节点对应的返回后才解除阻塞。
- 当 Scheduler 节点收到请求后则会在本地计数，看看收到的请求数是否和与 barrier_group 的数量相等，相等则表示每个机器都运行完指定的命令，此时 Scheduler 节点会向 barrier_group 的每个机器发送一个返回信息，并解除其阻塞。

（2）初始化同步

PS-Lite 使用障碍器控制系统的初始化，这是一个可选项，具体如下。

- Scheduler 等待所有的 Worker 和 Server 向其发送 Barrier 信息。
- 当各个节点在处理完 ADD_NODE 消息后，会进入指定组的障碍器阻塞同步机制（发送 Barrier 消息给 Scheduler），此阻塞同步机制可以保证每个节点都已经完成 ADD_NODE 操作。
- 所有节点（Worker、Server 和 Scheduler）都会等待 Scheduler 收到所有节点 Barrier 信息后的应答。
- 当所有节点收到 Scheduler 应答的 Barrier 信息后将会退出阻塞状态。

我们以 Worker 和 Scheduler 为例，在图 3-6 中展示初始化同步功能的工作原理。

至此，我们初步完成了对 Postoffice 的分析，该类的其余功能我们将会结合 Van 和 Customer 分析。

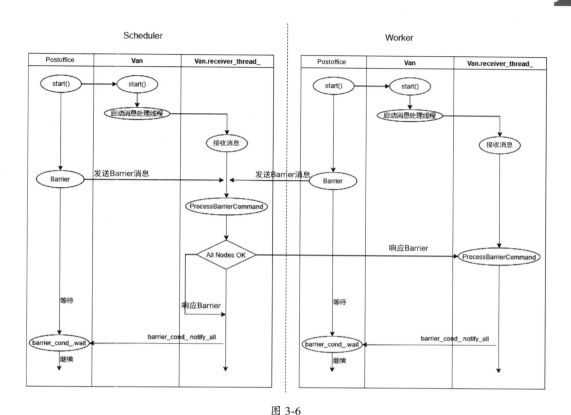

图 3-6

3.3 通信模块 Van

本节主要介绍 PS-Lite 的通信模块 Van，Van 会把 Postoffice 的通信功能组装起来，这样 Postoffice 就可以把通信功能解耦出去。

3.3.1 功能概述

Van 是整个 Server 的通信模块，其特点如下。

- 当 Postoffice 类在实例化时，会创建一个 Van 类的实例作为成员变量，该实例与所属 Postoffice 实例的生命周期相同（每个节点只有一个该类对象）。
- Van 负责节点间通信，具体来说就是负责建立节点之间的连接（如 Worker 与 Scheduler 之间的连接），并且开启本地的接收线程（Receiving Thread）用来监听收到的消息。

Van 目前的主要实现是 ZMQVan，这是基于 ZeroMQ 的 Van 的实现。即用 ZeroMQ 库实现了连接的底层细节。

3.3.2 定义

1. 关键变量和成员函数说明

下面我们只给出 Van 对象关键变量和成员函数说明。

- Node scheduler_：Scheduler 节点参数。每一个节点都会记录 Scheduler 节点的信息。
- Node my_node_：本节点参数。如果本节点是 Scheduler，则 my_node_ 会指向上面的 scheduler_。
- bool is_scheduler_：判断本节点是否是 Scheduler。
- std::unique_ptr< std::thread> receiver_thread_：接收消息线程指针。
- std::unique_ptr< std::thread> heartbeat_thread_：发送心跳线程指针。
- std::vector barrier_count_：障碍器计数，用来记录登记节点数目。只有所有节点都登记之后，系统到了就绪状态，Scheduler 才会给所有节点发送就绪消息，此时系统才正式启动。
- Resender *resender_ = nullptr：重新发送消息指针。
- std::atomic timestamp_{0}：message 自增 id，这是一个原子变量。
- std::unordered_map<std::string, int> connected_nodes_：记录本节点目前连接到哪些节点。
- start()：建立通信初始化函数。
- Receiving()：接收消息线程的处理函数。
- Heartbeat()：发送心跳线程的处理函数。
- ProcessAddNodeCommandAtScheduler()：Scheduler 的 ADD_NODE 消息处理函数。
- ProcessHearbeat()：心跳包处理函数。
- ProcessDataMsg()：数据消息（push 和 pull）处理函数。
- ProcessAddNodeCommand()：Worker 和 Server 的 ADD_NODE 消息处理函数。
- ProcessBarrierCommand()：Barrier 消息处理函数。

2. 线程管理

PS-Lite 定义的三种角色采用多线程机制工作，每个线程承担特定的职责，在所属的 Van 实例启动时被创建，具体描述如下。

- Scheduler、Worker 和 Server 的 Van 实例都有一个线程成员变量用来接收消息。
- Worker 和 Server 的 Van 实例中还有一个心跳线程，定时向 Scheduler 发送心跳。
- 在环境变量 PS_RESEND 不为 0 的情况下，Scheduler、Worker 和 Server 还会启动一个监控线程。

3.3.3 初始化

Van 对象初始化函数会依据本地节点类型的不同进行不同的设置，从而启动端口，建立与 Scheduler 的连接，启动"接收消息线程/心跳线程"等，这样就可以进行通信。Van 对象初始化过程具体如下。

（1）首先从预先设置的环境变量中得到相关信息，如 Scheduler 的 IP、端口，以及本节点的角色（Worker/Server/Scheduler）等，然后初始化 scheduler_ 成员变量。

（2）如果本节点是 Scheduler，则把成员变量 scheduler_ 赋值给 my_node_ 变量。

（3）如果本节点不是 Scheduler，则先从系统中获取本节点的 IP 信息，再使用 GetAvailablePort()函数获取一个端口。

（4）使用 Bind()函数绑定一个端口。

（5）调用 Connect()函数建立到 Scheduler 节点的连接（Scheduler 节点也连接到自己的那个预先设置的固定端口）。

（6）启动本地节点的接收消息线程 receiver_thread_，执行 Van::Receiving()。

（7）如果本节点不是 Scheduler，则给 Scheduler 发送一个 ADD_NODE 消息，这样可以将本地节点的信息告知 Scheduler，即注册到 Scheduler。

（8）进入等待状态，等待 Scheduler 通知就绪（Scheduler 会等待所有节点都完成注册后统一发送就绪消息）。注意，此处虽然 Scheduler 节点也会进入等待状态，但是不影响 Scheduler 节点的接收线程接受处理消息。

（9）非 Scheduler 节点在就绪后启动心跳线程，建立到 Scheduler 节点的心跳连接。

3.3.4　接收消息

本节首先介绍后台线程如何运行，然后具体分析如何接收处理各种消息。

1. 后台线程

PS-Lite 启动了一个后台线程 receiver_thread_ 来接收/处理消息。

```
receiver_thread_ = std::unique_ptr<std::thread>(new std::thread(&Van::Receiving,
this));
```

receiver_thread_ 使用 Van::Receiving()函数进行消息处理，处理时会依据消息类型进行不同操作。

节点间的控制信息具体有如下几类。

- ADD_NODE：Worker 和 Server 向 Scheduler 进行节点注册。
- BARRIER：节点间的同步阻塞消息。
- HEARTBEAT：节点间的心跳信号。
- TERMINATE：节点退出信号。
- ACK：确认消息，只有启用了 Resender 类才会出现该类消息。
- EMPTY：push 或 pull 操作。

在 Receiving()中会调用不同处理函数处理不同类型的消息，具体如下。

- ProcessTerminateCommand()：处理 TERMINATE 消息。
- ProcessAddNodeCommand()：处理 ADD_NODE 消息。
- ProcessBarrierCommand()：处理 BARRIER 消息。
- ProcessHearbeat()：处理 HEARTBEAT 消息。

总结 Receiving()逻辑如下。

- 调用 RecvMsg()函数（派生类会实现）获取最新消息。
- 如果设定了采样，则进行丢弃（Drop）操作。
- 如果设置了重传机制，则会检测此消息是否重复，并且利用 resender_->AddIncomming(msg) 函数处理重复消息。
- 处理控制消息或者数据消息。

Receiving 的逻辑如图 3-7 所示。

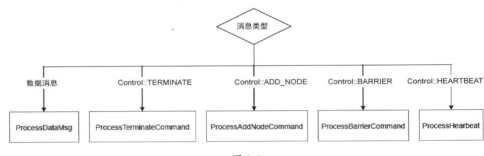

图 3-7

接下来看如何处理一些具体消息。

2. 处理 ADD_NODE 消息

ADD_NODE 是 Worker / Server 向 Scheduler 注册自身信息的控制消息，Scheduler 通过调用 ProcessAddNodeCommand()函数进行处理。

（1）ProcessAddNodeCommand()函数

ProcessAddNodeCommand()函数的具体逻辑如下。

- 查出心跳包超时的 id，转存到 dead_set 中。
- 拿出消息的 Control 信息。
- 调用 UpdateLocalID()函数，在 UpdateLocalID()中会更新自身节点内部的 Node id 信息：
  - 如果自身节点是 Scheduler，且如果收到的节点是新节点，则 Scheduler 会记录此新节点。如果收到的节点是重启产生的，则会将旧节点的信息更新。
  - 如果自身节点是普通节点，则更新本地节点信息。

- 如果本节点是 Scheduler，则调用 ProcessAddNodeCommandAtScheduler()函数，此函数会在收到所有 Worker 和 Server 的 ADD_NODE 的消息后进行节点 id 分配并应答，即设定最新的所有节点的 rank 并发送给所有 Worker 和 Server。
- 如果本节点不是 Scheduler，说明本节点是 Worker 或者 Server，且收到了 Scheduler 回答的 ADD_NODE 消息（通知有个新节点上线），则做如下操作：
  - 如果自身是现存节点，则在自身的 connected_nodes_ 变量中不会找到此新节点，现有节点会调用 Connect()函数与新节点建立连接。
  - 如果自身就是新节点，则会连接所有现存的节点。
  - 在 connected_nodes_ 变量中更新全局节点信息，包括全局（Global）rank。本地节点的全局 rank 等信息由 receiver_thread_ 在此处获取。
  - 最后设置 ready_ = true，本节点就可以开始运行，之前本节点的主线程会阻塞。

ProcessAddNodeCommand()函数代码如下。

```cpp
void Van::ProcessAddNodeCommand(Message* msg, Meta* nodes,
                    Meta* recovery_nodes) {
 auto dead_nodes = Postoffice::Get()->GetDeadNodes(heartbeat_timeout_);
 std::unordered_set<int> dead_set(dead_nodes.begin(), dead_nodes.end());
 auto& ctrl = msg->meta.control;

 UpdateLocalID(msg, &dead_set, nodes, recovery_nodes);

 if (is_scheduler_) {
   ProcessAddNodeCommandAtScheduler(msg, nodes, recovery_nodes);
 } else {
   for (const auto& node : ctrl.node) {
     std::string addr_str = node.hostname + ":" + std::to_string(node.port);
     if (connected_nodes_.find(addr_str) == connected_nodes_.end()) {
       Connect(node);
       connected_nodes_[addr_str] = node.id;
     }
     if (!node.is_recovery && node.role == Node::SERVER) ++num_servers_;
     if (!node.is_recovery && node.role == Node::WORKER) ++num_workers_;
   }
   ready_ = true;
 }
}
```

接下来重点介绍 Scheduler 内部如何继续处理，也就是 ProcessAddNodeCommandAtScheduler() 函数。

（2）ProcessAddNodeCommandAtScheduler() 函数

ProcessAddNodeCommandAtScheduler() 函数在 Scheduler 之内运行，该函数的作用是对控制类型消息进行处理。对于 Scheduler 节点来说，当 Scheduler 收到所有 Worker 和 Server 的 ADD_NODE 的消息后，进行节点 id 分配并应答，即需要设定最新的所有节点的全局 rank 并发送给所有 Worker 和 Server，具体操作如下。

- 当接收到所有 Worker 和 Server 的注册消息之后（对应代码是 nodes->control.node.size() == num_nodes）会做如下操作：
  - 将节点按照 IP + 端口组合排序；
  - Scheduler 与所有注册的节点建立连接、更新心跳时间戳，给 Scheduler 所有连接的节点分配全局 rank；
  - 向所有的 Worker 和 Server 发送 ADD_NODE 消息（携带 Scheduler 中的所有节点信息）；
  - 会把 ready_ 设置为 True，即不管 Worker 和 Server 是否确认收到 ADD_NODE 消息，Scheduler 已经是一个就绪状态；
  - 在接收端（Worker 和 Server），每一个本地节点的全局 rank 等信息都由接收端 receiver_thread_ 获取，即得到了 Scheduler 返回的这些节点信息。
- 如果 !recovery_nodes->control.node.empty()，就表明是处理某些重启节点的注册行为，则会做如下操作：
  - 查出心跳包超时的 id，转存到 dead_set 中；
  - 与重启节点建立连接（因为接收到了一个 ADD_NODE），只与此新重启节点建立连接即可（在代码中由 CHECK_EQ(recovery_nodes->control.node.size(), 1) 来确认重启节点为 1 个）；
  - 更新重启节点的心跳；
  - 因为新加入了重启节点，所以用一个发送请求可以达到两个目的：①向所有恢复（Recovery）的 Worker 和 Server 发送 ADD_NODE 消息（携带 Scheduler 之中的目前所有节点信息）。②向状态为活跃（Alive）的节点发送恢复节点信息；这样，收到消息的节点会分别与新节点相互建立连接。

添加节点的流程如图 3-8 所示，其中，左侧是 Scheduler，右侧是 Worker。

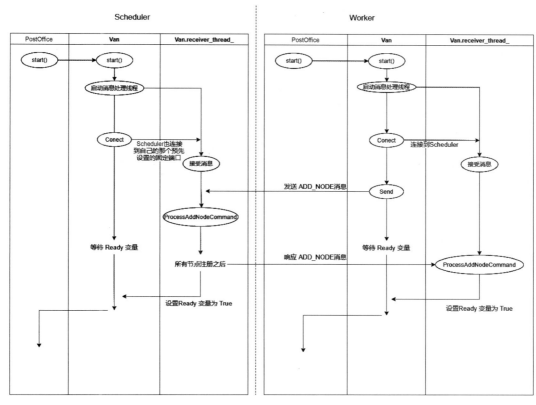

图 3-8

（3）互联过程

介绍了函数之后，我们再梳理一下新加入节点的互联过程。每当有新节点加入后，已经加入的节点都会通过 Scheduler 节点的广播协调来和此新节点建立连接。此互联过程可以分为三步，具体如下。

- 当 Worker/Server 节点初始化时，向 Scheduler 节点发送一个连接信息，假设自身是节点 2。
- 当 Scheduler 节点收到信息后，在 ProcessAddNodeCommandAtScheduler()函数中，首先会和节点 2 建立一个连接，然后会向所有已经和 Scheduler 建立连接的 Worker 节点/Server 节点广播此节点的加入信息，并把节点 2 请求连接的信息放入 Meta 信息中。
- 当现有 Worker/Server 节点收到此信息后，在 ProcessAddNodeCommand()函数中会和节点 2 形成连接。

新加节点互联过程的逻辑如图 3-9 所示。

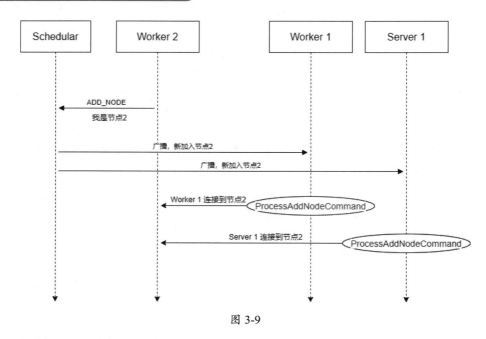

图 3-9

3. 处理 HEARTBEAT 消息

接下来，我们分析一下心跳机制。PS-Lite 设计了心跳机制来确定网络的可达性，具体机制如下。

- 每一个节点的 Postoffice 中有一个 MAP 结构的成员变量 std::unordered_map<int, time_t> heartbeats_，heartbeats_ 存储了心跳关联的节点的活跃信息，MAP 的键为某个关联节点的编号，值为上次收到此节点心跳的时间戳。
- Worker/Server 节点只记录 Scheduler 节点的心跳，Scheduler 节点则记录系统之中所有节点的心跳。
- Worker/Server 节点的心跳线程会每隔一段时间向 Scheduler 节点发送一个心跳消息，Scheduler 节点收到后会返回一个心跳响应消息。
- Scheduler 节点通过当前时间与心跳包接收时间之差判断某一个节点是否依然活跃。如果新增的节点 id 在 dead_node 容器里，则表示此节点是重新恢复的；而新增节点通过 Scheduler 节点的中转与现有节点形成连接。

UpdateHeartbeart() 函数会定期更新心跳，具体心跳逻辑如图 3-10 所示。

4. 处理 ACK 消息

在分布式系统中，通信往往是不可靠的，丢包、延时等情况时有发生。PS-Lite 设计了 Resender 类来提高通信的可靠性，Resender 引入了 ACK 机制，即每个节点会做如下操作。

- 如果收到的是非 ACK/TERMINATE 消息，则回复一个 ACK 消息作为应答。
- 发送的每一个非 ACK/TERMINATE 消息必须在本地缓存下来。存储的数据结构是一个 MAP，此 MAP 的键依据消息的内容产生，并且该键可以保证唯一。

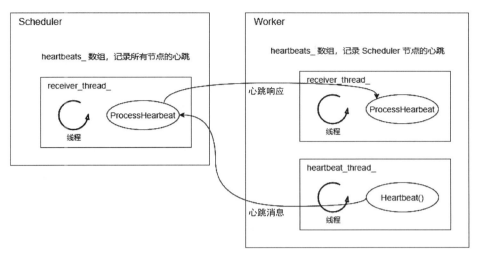

图 3-10

- 如果收到了一个 ACK 消息，则依据其键从本地 MAP 中移除对应的原始消息。
- 监控线程定期检查本地缓存，找出超时的消息进行重发，并累积此消息的重试次数。

5. 处理数据消息

ProcessDataMsg()函数用来处理 Worker 节点发过来的数据消息（就是 Worker 向 Server 更新梯度），具体是取得对应的 Customer 类后，调用 Customer 类的 Accept()函数进行处理，直接把消息放入处理队列中，具体代码如下。所以我们接下来就要看 Customer 类。

```
void Van::ProcessDataMsg(Message* msg) {
  int app_id = msg->meta.app_id;
  int customer_id =
      Postoffice::Get()->is_worker() ? msg->meta.customer_id : app_id;
  auto* obj = Postoffice::Get()->GetCustomer(app_id, customer_id, 5);
  obj->Accept(*msg); // 此处给 Customer 添加消息
}
```

3.4 代理人 Customer

现在有了邮局（Postoffice）和通信模块小推车（Van），接下来就看看邮局的客户（Customer）。Customer 可以说是 SimpleApp（应用实例）在邮局的代理人。因为 Worker、Server 需要把精力集中在算法上，所以把 Worker、Server 逻辑上与网络相关的收发消息功能都总结/转移到 Customer 中。

3.4.1 基本思路

因为了解一个类的上下文环境可以让我们更好地理解此类，所以我们需要看 Customer 通常在哪里使用。首先，一个应用实例可以对应多个 Customer，Customer 需要注册到 Postoffice 之中；其次，当 Van 处理数据消息的时候会做如下操作。

- 依据消息中的 app_id 从 Postoffice 中得到 customer_id。
- 依据 customer_id 从 Postoffice 中得到 Customer。
- 调用 Customer 的 Accept()函数来处理消息。

具体代码在 Van::ProcessDataMsg()函数中，可以参见前文。

1. Customer 接收消息

Accept()函数的作用就是往 Customer 的队列中插入消息。Customer 对象本身也会启动一个接收线程 recv_thread_，recv_thread_使用 Customer::Receiving()调用注册的 recv_handle_函数对消息进行处理，具体代码如下。

```
inline void Accept(const Message& recved) {
  recv_queue_.Push(recved);
}

std::unique_ptr<std::thread> recv_thread_ = std::unique_ptr<std::thread>(new
std::thread(&Customer::Receiving, this));

void Customer::Receiving() {
  while (true) {
    Message recv;
    recv_queue_.WaitAndPop(&recv);
    recv_handle_(recv);
    if (!recv.meta.request) {
      tracker_[recv.meta.timestamp].second++;
      tracker_cond_.notify_all();
    }
  }
}
```

2. 接收消息总体逻辑

根据前文介绍，我们把 Van 和 Customer 结合起来得出接收消息的总体逻辑如下。

- Worker/Server 节点在程序的最开始会执行 Postoffice::start()函数。
- Postoffice::start()函数会初始化节点信息，并且调用 Van::start()函数。
- Van::start()函数启动一个本地线程，使用 Van::Receiving()函数来持续监听收到的消息。
- 当 Van::Receiving()函数接收后消息之后，会根据不同命令执行不同动作。针对数据消息，如果需要下一步处理，则会调用 ProcessDataMsg()函数，该函数做如下操作：
    - 依据消息中的 app_id 找到 Customer；
    - 将消息传递给 Customer::Accept()函数。
- Customer::Accept()函数将消息添加到一个队列 recv_queue_。

- Customer 对象本身也会启动一个接收线程 recv_thread_，使用 Customer::Receiving() 函数进行处理，其功能如下：
  - 从 recv_queue_ 队列取消息；
  - 调用注册的 recv_handle_() 函数对消息进行处理。

接收消息简要版逻辑如图 3-11 所示，图中的数字代表数据流的顺序。

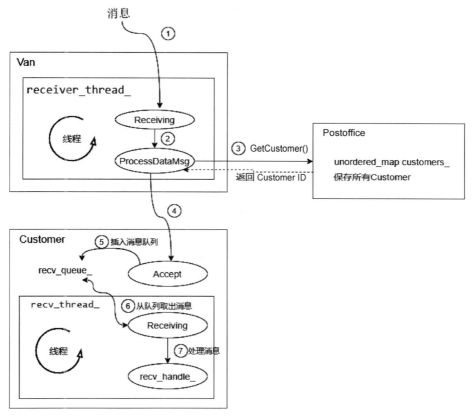

图 3-11

3.4.2 基础类

本节介绍一些基础类。

（1）Node。Node 封装了节点基本信息，如角色、IP、端口等。

（2）Control。Control 封装了控制消息的 Meta 信息，比如 barrier_group（用于标识哪些节点需要同步，当 command=BARRIER 时使用）、Node（Node 类，用于标识控制命令对哪些节点使用）等。

（3）Meta。Meta 是消息的元数据部分，包括时间戳、发送者 id、接收者 id、控制信息（Control）、消息类型等。

（4）Message。Message 是要发送的信息，重要成员变量如下。

- 消息头 Meta：就是元数据（使用 Protobuf 进行数据压缩），包括如下信息。
  - 控制信息表示此消息的逻辑意义（如终止、确认、同步等），具体包括：
    - 命令类型；
    - 节点列表（Vector 类型），列表中每个节点包括：节点的角色、IP、端口、id，以及是否是恢复节点；
    - 障碍器对应的节点组；
    - 消息签名。
  - 发送者及接收者。
- 消息体 Body：发送的数据，使用了自定义的 SArray 共享数据，可以减少数据复制。

几个基础类之间的逻辑关系如图 3-12 所示，其中 Message 类中的某些功能需要依赖 Meta 类来完成，以此类推。

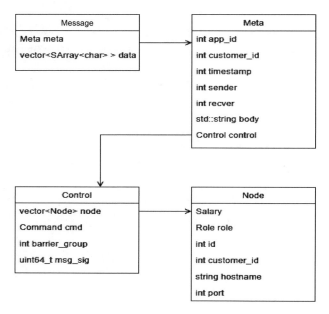

图 3-12

消息类型参见前文，这里不再赘述。当每次发送消息时，SimpleApp 先将消息按 Message 格式封装好，然后负责发送消息的 Van 就会按照 Meta 中的信息将消息发送出去。

3.4.3 Customer

1. 概述

Customer 有以下两个功能。

- 作为发送方，Customer 用于追踪 SimpleApp 发送出去的每个请求的应答情况。
- 作为接收方，因为有自己的接收线程和接收消息队列，所以 Customer 实际上是作为一个接收消息处理引擎（或者说是引擎的一部分）存在的。

Customer 具有以下特点。

- 每个 SimpleApp 对象拥有一个 Customer 成员变量，该成员变量会注册到 Postoffice 中。
- 因为 Customer 要处理消息但是其本身并没有接管网络，而是需要外部调用者告诉它实际的消息和应答，所以功能和职责上有点切分。
- 每一个连接对应一个 Customer 实例，每个 Customer 实例都与连接中的对端节点绑定。
- 新建一次请求，会返回一个时间戳，此时间戳会作为这次请求的 id，每次请求会自增 1，后续操作（比如 wait 操作）会以此 id 识别。

2. 定义

接下来介绍一下 Customer 的定义，Customer 的主要成员变量如下。

- ThreadsafePQueue recv_queue_：线程安全的消息队列。
- std::unique_ptr< std::thread> recv_thread_：该线程不断从 recv_queue 读取消息并调用 recv_handle_。
- RecvHandle recv_handle_：Worker 节点或 Server 节点的消息处理函数，具体负责如下工作。
  - 绑定 Customer 接收到请求后的处理函数 SimpleApp::Process()；
  - Customer 会拉起一个新线程，用于在 Customer 生命周期内使用 recv_handle_ 处理接收到的请求，此处使用了一个线程安全队列；
  - 接收到的消息来自 Van 的接收线程，即每个节点的 Van 对象收到消息后，根据消息种类的不同，推送到不同的 Customer 对象中，即 Van 会调用 Accept()函数往 Customer 的队列中发送消息；
  - 对于 Worker 节点来说，由方法 recv_handle_ 负责保存拉取的消息中的数据；
  - 对于 Server 节点来说，则需要使用 set_request_handle 来设置对应的处理函数；
- std::vector<std::pair<int, int>> tracker_：请求和应答的同步变量，具体作用如下。
  - tracker_是 Customer 内用来记录请求和应答的状态的映射（Map），记录了每个请求（使用 Request id）可能发送了多少节点，以及从多少个节点返回的应答次数；
  - tracker_的下标为每个请求的时间戳，即请求编号；
  - tracker_[i] . first 表示该请求发送给了多少节点，即本节点应收到的应答数量；
  - tracker_[i] . second 表示到目前为止实际收到的应答数量。

3. 接收线程

在 Customer 构建函数中，会建立接收线程 recv_thread_，该线程使用 Customer::Receiving()

作为处理函数。Customer::Receiving()具体逻辑有如下几点。

- 在消息队列上等待，如果有消息就取出。
- 使用 recv_handle_ 处理消息。
- 如果 meta.request 为 false，说明是应答，则增加 Tracker 中的对应计数。

因为使用 recv_handle_ 来处理具体的业务逻辑，所以我们下面看 recv_handle_ 如何设置，其实也就是 Customer 如何构建和使用。

4. 如何构建

在介绍构建之前，我们需要先介绍一些类，它们是 Customer 的使用者，双方耦合十分紧密。

（1）基类 SimpleApp

SimpleApp 是具体逻辑功能节点的基类。每个 SimpleApp 对象持有一个 Customer 类的成员，就是新建一个 Customer 对象来初始化 SimpleApp 的成员变量 obj_，且 Customer 需要在 Postoffice 进行注册，具体代码如下。

```
inline SimpleApp::SimpleApp(int app_id, int customer_id) : SimpleApp() {
  obj_ = new Customer(app_id, customer_id, std::bind(&SimpleApp::Process, this, _1));
}
```

我们再看 SimpleApp 的两个派生类 KVServer 和 KVWorker。

（2）派生类 KVServer

派生类 KVServer 主要用来保存键-值对数据，并进行一些业务操作，如梯度更新，主要方法有 Process() 和 Response()，在其构造函数中会：

- 新建一个 Customer 对象来初始化 obj_ 成员变量。
- 把 KVServer::Process 传入 Customer 的构造函数，其实就是把 KVServer::Process() 函数赋予了 Customer::recv_handle_。
- 对于 Server 节点来说，app_id = customer_id = Server id。

KVServer 构造函数用法如下。

```
explicit KVServer(int app_id) : SimpleApp() {
  using namespace std::placeholders;
  obj_ = new Customer(app_id, app_id, std::bind(&KVServer<Val>::Process, this, _1));
}
```

（3）派生类 KVWorker

派生类 KVWorker 主要用来向 Server 节点推送和拉取自己的键-值对数据，包括如下函数：Push()、Pull() 和 Wait()，在其构造函数中会做如下操作：用默认的 KVWorker::DefaultSlicer 绑定 slicer_ 成员；新建一个 Customer 对象初始化 obj_ 成员，用 KVWorker::Process 传入 Customer 构造函数，其实就是把 KVWorker::Process() 函数赋予了 Customer:: recv_handle_。

KVWorker 构造函数如下。

```
explicit KVWorker(int app_id, int customer_id) : SimpleApp() {
  slicer_ = std::bind(&KVWorker<Val>::DefaultSlicer, this, _1, _2, _3);
  obj_ = new Customer(app_id, customer_id, std::bind(&KVWorker<Val>::Process,
this, _1));
}
```

（4）构建函数

介绍完三个相关类之后，我们再来看 Customer 的构造函数，其逻辑如下。

- 初始化 app_id_、customer_id_ 和 recv_handle 成员。
- 调用 Postoffice::AddCustomer() 函数将当前 Customer 注册到 Postoffice。
- 新启动一个接收线程 recv_thread_。

5. 接收消息

这里，我们再次梳理接收消息总体逻辑如下。

- Worker 节点或者 Server 节点在程序的最开始会执行 Postoffice::start() 函数。
- Postoffice::start() 函数会初始化节点信息，并且调用 Van::start() 函数。
- Van::start() 函数启动一个本地线程，使用 Van::Receiving() 函数来持续监听接收到的消息。
- Van::Receiving() 函数接收消息之后，会根据不同命令执行不同动作。针对数据消息，如果需要下一步处理，会调用 ProcessDataMsg() 函数，ProcessDataMsg() 函数内做如下操作：
  - 依据消息中的 app_id 找到 Customer，即会根据 customer_id 的不同将消息发给不同的 Customer 的接收线程。
  - 将消息传递给 Customer::Accept() 函数。
- Customer::Accept() 函数将消息添加到一个队列 recv_queue_。
- Customer 对象本身也会启动一个接收线程 recv_thread_，使用 Customer::Receiving() 函数做如下操作。
  - 从 recv_queue_ 队列收取消息。
  - 如果 (!recv.meta.request) 的执行结果为 true，说明接收到了应答，则 tracker_[req.timestamp].second++。
  - 调用注册的 recv_handle_ 函数对消息进行处理。

- 对于 Worker 节点来说，其注册的 recv_handle_ 是 KVWorker::Process() 函数。由于 Worker 节点的接收线程接收到的消息主要是从 Server 节点处 pull 下来的键-值对，因此该 Process() 函数主要是接收消息中的键-值对。
- 而对于 Server 来说，其注册的 recv_handle_ 是 KVServer::Process() 函数。由于 Server 接收的是 Worker 们推送上来的键-值对，需要对其进行处理，因此该 Process() 函数中调用的是用户通过 KVServer::set_request_handle() 函数传入的函数对象。

接收消息逻辑如图 3-13 所示，在图中的第 8 步，recv_handle_ 实际指向 KVServer::Process() 函数或者 KVWorker::Process() 函数。

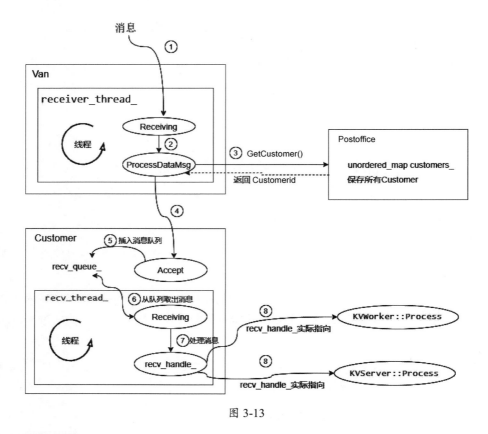

图 3-13

3.4.4 功能函数

下面介绍 Customer 的功能函数，这些函数都被其他模块调用。

1. Customer::NewRequest() 函数

此函数的作用是当发送一个请求时，新增对此请求的计数，比如当 Worker 节点向 Server 节点推送的时候就会调用此函数。

2. Customer::AddResponse() 函数

此函数的作用是针对请求已经返回的应答进行计数，在 KVWorker 的 Send() 函数中会调用该函数,因为在某些情况下(比如此次通信的键没有分布在这些 Server 节点上),客户端就可直接认为已接收到应答,所以要跳过。

3. Customer::WaitRequest()函数

当我们需要确认某个发出去的请求对应的应答全部收到时,使用此函数会阻塞等待,直到应收到应答数等于实际收到的应答数。等待操作的过程就是 tracker_cond_ 一直阻塞等待,直到发送出去的数量和已经返回的数量相等。Wait()函数就使用 WaitRequest()函数来确保等待操作完成,具体如何调用 Wait()则由用户自行决定,示例代码如下。

```
for (int i = 0; i < repeat; ++i) {
  kv.Wait(kv.Push(keys, vals));
}
```

3.5 应用节点实现

KVWorker 类和 KVServer 类分别是 Server 节点和 Worker 节点的抽象,这两个类按照 Van → Customer → recv_handle_ 调用顺序作为引擎的一部分来启动。

3.5.1 SimpleApp

SimpleApp 作为一个基类,把应用节点功能进行统一抽象,其类体系如图 3-14 所示。SimpleApp 提供了基本发送功能和简单消息处理函数(Request()、Wait()、Response());SimpleApp 有两个派生类:KVServer 和 KVWorker。

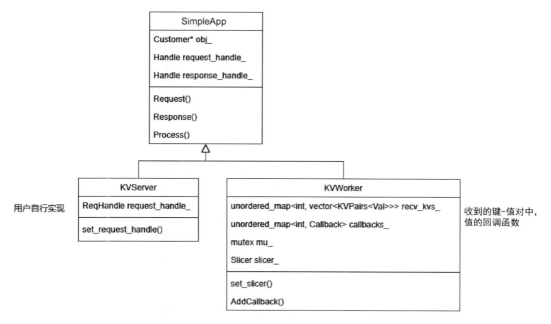

图 3-14

SimpleApp 主要有如下成员变量。

- Customer* obj_：本 App 的 Customer，控制请求连接。
- Handle request_handle_：请求处理函数。
- Handle response_handle_：应答处理函数。
- set_request_handle、set_response_handle：分别设置成员 request_handle_ 和 response_handle_。当客户端调用 SimpleApp::Process()函数时，会根据 message.meta 中的指示变量判断是请求还是应答，从而调用相应 Handle 处理。

SimpleApp 的几个功能函数如下。

- Request()函数：调用 Van 来发送消息。
- Response()函数：调用 Van 来回复消息。
- Process()函数：根据 Message.Meta 来判断该消息是请求还是应答，从而调用不同的 Handle 进行处理。

3.5.2　KVServer

KVServer 是 Server 节点的抽象，其作用是接收信息、处理信息、返回结果。KVServer 最重要的成员函数是请求处理函数 request_handle()，该函数需要用户自定义，特点如下。

- 在 request_handle()函数中，用户需要实现相关优化器的梯度更新算法和梯度返回操作。
- PS-Lite 提供了 KVServerDefaultHandle 作为参考设计。

KVServer 的主要功能函数如下。

Response()是数据应答函数，其会向发送请求的 Worker 节点回复应答信息，与 SimpleApp::Response()不同，KVServer::Response()函数对于 Head 变量和 Body 变量都有了新的处理。需要注意的是，Response()函数被用户自定义的 request_handle_ 调用，即先由 request_handle_ 处理收到的消息，然后调用 Response()函数对 Worker 节点进行回复应答。

Process()是数据处理函数，其被注册到 Customer 对象中。当 Customer 的接收线程接收到消息时就会调用 Process()函数。Process()函数内部的逻辑如下。

- 提取消息的元数据，构建一个 KVMeta。
- Process()函数调用用户自行实现的一个 request_handle_ 函数（std::function 函数对象）对数据进行处理。

3.5.3　KVWorker

1. 概述

KVWorker 用于向 Server 节点执行 push/pull 操作来处理各种键-值对（就是在算法过程中，需要并行处理的各种参数）。

- Worker 节点中的 push/pull 操作可以先返回一个 id，然后使用 id 进行阻塞等待，即同步操作。
- 或者在异步调用时传入一个回调函数进行后续操作。

2. 定义

KVWorker 的主要变量分别如下。

- std::unordered_map<int, std::vector<KVPairs>> recv_kvs：收到的 pull 结果，这是键-值对。
- std::unordered_map<int, Callback> callbacks：在收到请求的所有应答之后执行回调的函数。
- Slicer slicer_：slice 操作的默认函数。当发送数据时，该函数将 KVPairs 按照每个 Server 节点的区域（Range）进行切片。

3. 功能函数

KVWorker 的主要功能函数如下。

（1）Push() 函数

Push() 函数的主要功能如下。

- 把数据（键-值对列表）发送到对应的服务器节点。
- 依据每个服务器维护的键的区域来决定对键-值对列表如何分区发送。
- Push() 函数是异步直接返回，如果想知道返回结果如何，则可以：
  - 使用 Wait() 函数等待，即利用 tracker_ 记录发送的请求量和对应的应答请求量，当发送量等于接收量时，表示每个请求都成功发送了，以此来达到同步的目的。
  - 使用回调函数作为参数，这样当结束的时候可以调到回调函数。

（2）Pull() 函数

Pull() 函数跟 Push() 函数的逻辑大体类似，主要功能如下。

- 绑定一个回调函数，用于复制数据，并且得到一个时间戳。
- 根据 key_vector 从 Server 节点上拉取 val_vector。
- 最终返回时间戳。
- 由于该函数不阻塞，因此可用 worker.Wait(timestamp) 函数等待。

（3）Send() 函数

Push() 函数和 Pull() 函数都会调用 Send() 函数进行消息发送。Send() 函数对 KVPairs 进行切分，因为 Server 节点是分布式存储的，所以每个 Server 节点只存储部分参数。切分后的 SlicedKVpairs 会被发送给不同的 Server 节点。

（4）DefaultSlicer()函数

切分函数 DefaultSlicer()可以由用户自行重写，具体作用是根据 std::vector& ranges 分片范围信息，将要发送的数据进行分片。目前默认是使用 Postoffice::GetServerKeyRanges()函数来划分分片范围。

（5）Process()函数

Process()是数据处理函数，在使用过程中需要注意两点。

- 如果是 Pull()函数的应答，每次返回的值会先保存 recv_kvs_ 中。
- 无论是 Push()函数还是 Pull()函数，只有在收到所有的应答之后才会将从各个 Server 节点上拉取的值填入本地的 vals 变量中。

3.5.4 总结

首先，我们总结目前各个类如下。

- Postoffice：一个单例模式的全局管理类，每一个节点（可以使用主机名 + 端口来作为唯一标识）在生命期内具有一个 Postoffice。
- Van：通信模块，负责与其他节点的网络通信和实际收发消息工作。每个 Postoffice 都包含一个 Van 模块，用来提供传递消息的功能。
- SimpleApp：KVServer 和 KVWorker 的父类，提供了简单的 Request()、Wait()、Response()、Process()函数；KVServer 和 KVWorker 分别根据自己的使命重写了这些函数。
- Customer：每个 SimpleApp 对象都包含一个 Customer 类，且 Customer 类需要在 Postoffice 进行注册，该类主要负责：
  - 作为发送方，跟踪由 SimpleApp 发送出去的消息回复情况。
  - 作为接收方，维护一个消息队列，为节点接收消息。
  - 由名字可以知道，Customer 是邮局（Postoffice）的客户，就是 SimpleApp 在邮局的代理人。因为 Worker/Server 节点需要把精力集中在算法上，所以把 Worker/Server 节点逻辑上与网络相关的收发消息功能都总结/转移到 Customer 中。

其次，我们通过一个消息传递流程了解各个部分在其中的使用方法，总体流程如图 3-15 所示。

① Worker 节点因为要发送消息，所以调用了 Send()函数。

② Send()函数会调用 Customer 的 NewRequest()函数建立一个新请求。

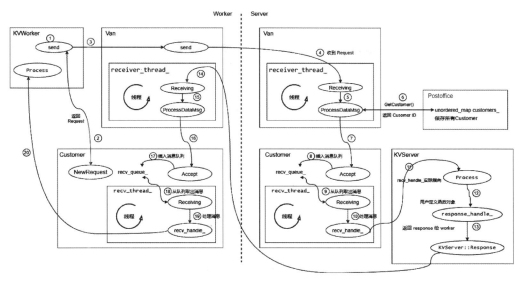

图 3-15

③ Send()函数会调用 Van 的 Send()函数进行网络交互。

④ 经过网络传递后，流程来到了 Server 节点处，对于 Server 节点来说，由于这是一个请求，因此调用到了 Van 的 Receiving()函数。当 Van::Receiving()函数接收到消息后，根据不同命令执行不同动作。针对数据消息，如果需要下一步处理，则会调用 ProcessDataMsg()函数。

⑤ 先调用 Van 的 ProcessDataMsg()函数，然后调用 GetCustomer()函数。

⑥ GetCustomer()函数会调用 Postoffice 类的 Customer 进行相应处理。

⑦ Customer 会使用 Accept()函数来处理消息。

⑧ Customer::Accept()函数将消息添加到一个队列 recv_queue_。

⑨ Customer 对象本身也会启动一个接收线程 recv_thread_，该线程使用 Customer::Receiving()函数进行处理：1）不断从 recv_queue_ 队列拉取消息；2）如果(!recv.meta.request)，说明收到的消息是应答消息，则执行 tracker_[req.timestamp].second++；3）调用注册的用户自定义的 recv_handle_ 函数对消息进行处理。

⑩ Customer ::Receiving()函数调用用户注册的 recv_handle_ 函数对消息进行处理。

⑪ 对于 Server 节点来说，recv_handle_ 函数指向的是 KVServer::Process()函数。

⑫ Process()函数调用 request_handle_ 函数继续处理，即生成应答。

⑬ 应答经过网络传递给 Worker 节点。

⑭ 运行回到了 Worker 节点，于是调用 Van 的 Receiving()函数。（以下操作序列与 Server 节点类似）。

⑮ 当 Van::Receiving()函数接收消息之后，会根据不同命令执行不同动作。针对数据消息，如果需要下一步处理，会调用 ProcessDataMsg()函数。

⑯ Customer 会使用 Accept()函数来处理消息。

⑰ Customer::Accept()函数将消息添加到一个队列 recv_queue_。

⑱ 此处有一个"由新线程 recv_thread_ 处理"来完成的解耦合。即 Customer 对象本身已经启动一个新线程 recv_thread_，该线程使用 Customer::Receiving()函数从 recv_queue_ 获取消息。

⑲ 对于 Worker 节点来说，其注册的 recv_handle_ 是 KVWorker::Process()函数。

⑳ 最终调用 KVWorker::Process()函数来处理应答消息。

数据并行

第 4 章　PyTorch DataParallel

数据并行是深度学习领域最常见的技术之一,其目的是将计算负载切分到多张卡上,从而解决计算墙问题。在数据并行过程中,每批输入的训练数据都在数据并行的 Worker 之间进行切分。在反向传播之后,我们需要通过通信来归约梯度,以保证优化器在各个 Worker 上可以得到相同的更新。数据并行具有两个明显的优势:计算效率高和工作量小。这使得它在高计算通信比的模型上拥有良好的运行效果,具体如图 4-1 所示。

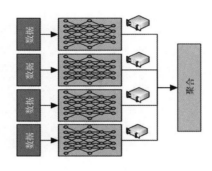

图 4-1

图片来源:论文 *A Quantitative Survey of Communication Optimizations in Distributed Deep Learning*

从本章开始,我们通过第 4~7 章,以 PyTorch 和 Horovod 为主,对数据并行进行分析。

4.1　综述

PyTorch 是最常用的深度学习框架之一,其提供了两种数据并行工具来促进分布式训练。
- DataParallel(DP):在同一台机器上使用单进程中的多线程进行数据并行训练。
- DistributedDataParallel(DDP):用于跨 GPU 和机器的多进程数据并行训练。

因为 DataParallel 包使用很低的代码量就可以利用单机多 GPU 达到并行目标,所以从 DataParallel 入手可以让我们对数据并行有一个较为清楚的认识。

下面我们从各个角度介绍 DataParallel,同时也会将其与 DistributedDataParallel 进行比较。

从模型角度来说,DataParallel 为了保证和单卡训练在数学上等价,会通过广播方式把模型在 GPU 之间复制,也会在每次迭代中把所有 GPU 的梯度聚集、归约、分发,以保证所有 GPU 的模型始终保持一致。

从数据角度来说,DataParallel 首先将整个小批量数据加载到主线程上,将小批量切分成子小批量然后将子小批量数据分散到整个 GPU 网络中进行工作。

DataParallel 的具体操作如下。

(1)把小批量数据从锁页内存(Page-Locked Memory)传输到 GPU 0,即 Master(主)

GPU。GPU 0 持有最新模型，其他 GPU 拥有的是模型的一个旧版本。

（2）在 GPU 之间分发小批量数据，具体是将每个小批量数据平均分成多份，分别送到对应的 GPU 进行计算。

（3）在 GPU 之间复制模型，与 torch.nn.Module 相关的所有信息都会被复制多份。

（4）在每个 GPU 上运行前向传播并计算输出。PyTorch 使用多线程并行前向传播，每个 GPU 在单独的线程上会针对各自的输入数据独立并行地进行前向计算。

（5）在 GPU 0 上聚集输出并计算损失，即通过将神经网络输出与批次中每个元素的真实数据标签进行比较来计算损失函数值。

（6）把损失函数值在 GPU 之间进行分发，在各个 GPU 上运行反向传播，计算参数梯度。

（7）在 GPU 0 之上归约梯度。

（8）更新梯度参数，实施梯度下降操作，并更新 GPU 0 上的模型参数；由于模型参数仅在 GPU 0 上更新，因此需要将更新后的模型参数复制分发到剩余的 GPU 中，以此来实现并行。

接下来，从实现角度对 DataParallel 在技术方面进行概括。因为有一个 Master 角色，所以 DataParallel 可以被认为是类似参数服务器的应用，而 DDP 可以被认为是纯粹集合通信的应用。

参数服务器可以分为 Master（或 Server）和 Worker 这两个角色，由于 DataParallel 基于单机多卡，需要把多张 GPU 卡划分为 Server 和 Worker，因此对应关系如下。

- Master：GPU 0（0 并非 GPU 真实标号，而是输入参数 device_ids 的首位）负责整合梯度并更新参数。
- Worker：所有 GPU（包括 GPU 0）都是 Worker，都负责计算和训练网络。

这里我们重点看看 GPU 0，DataParallel 首先默认将网络模型放在 GPU 0 上，然后把模型从 GPU 0 复制到其他 GPU，各个 GPU 开始并行训练，接着 GPU 0 作为 Master 进行梯度汇总和模型更新，最后将计算任务下发给其他 GPU。这非常类似参数服务器的机制，从图 4-2 中（见彩插）也可以看到同样的信息。

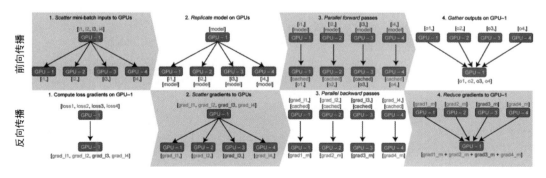

图 4-2

从操作系统角度看，DataParallel 和 DistributedDataParallel 有如下不同。

- DataParallel 是单进程、多线程的并行训练方式，只能在单台机器上运行。
- DistributedDataParallel 是多进程训练方式，适用于单机和多机训练。DistributedDataParallel 是预先复制模型，而不是在每次迭代时复制模型，这样避免了全局解释器锁定。

4.2 示例

我们使用一个例子来看看 DataParallel 如何使用，具体代码如下。

```python
args.gpu_id="2,7" ; # 指定 GPU id
args.cuda = not args.no_cuda and torch.cuda.is_available() # 是否使用 CPU
# 配置环境
os.environ['CUDA_VISIBLE_DEVICES'] = args.gpu_id # 赋值必须是字符串，如"2,7"
device_ids=range(torch.cuda.device_count())
if arg.cuda:
    model=model.cuda() # 将模型复制到 GPU ,默认是 cuda('0')，即转到第一个 GPU 2
if len(device_id)>1:
    model=torch.nn.DataParallel(model) # 构建 DataParallel,前提是 model 已经复制到 GPU

optimizer = torch.optim.SGD(model.parameters(), args.lr,
                            momentum=args.momentum,
                            weight_decay=args.weight_decay)

# 前向传播时，数据也要执行 cuda(),即把数据复制到主 GPU
for batch_idx, (data, label) in pbar:
    if args.cuda:
        data,label= data.cuda(),label.cuda() # 数据被放到了默认 GPU
    data_v = Variable(data)
    target_var = Variable(label)
    prediction= model(data_v,target_var,args) # 前向传播
    # 此处的 prediction 预测结果是由两个 GPU 合并过的
    # 前向传播的每个 GPU 计算量为 batch_size/len(device_ids),等前向传播完了将结果归约到主 GPU
    # prediction 的长度等于 batch_size
    criterion = nn.CrossEntropyLoss()
    loss = criterion(prediction,target_var) # 在默认 GPU 上计算损失
    optimizer.zero_grad()
    loss.backward() # 反向传播
    optimizer.step() # 更新参数
```

上述代码的逻辑如下：

- 给本程序设置可见 GPU，具体操作如下。
  - 使用 args.gpu_id="2,7"和 os.environ['CUDA_VISIBLE_DEVICES'] = args.gpu_id 来配置 GPU 序号，其目的是设置 os.environ['CUDA_VISIBLE_DEVICES'] = "2,7"，这样 device_ids[0]对应的就是物理上第 2 号卡，device_ids[1]对应的就是物理上第 7 号卡。
  - 也可以在运行时临时指定设备，比如，CUDA_VISIBLE_DEVICES='2,7' Python train.py。
- 把模型的参数（Parameter）和缓存（Buffer）放在 device_ids[0] 上。执行此操作是因为，在运行 DataParallel 模块前，并行化模块必须在 device_ids[0] 上具有其参数和缓存，对应代码是 model=model.cuda()。
- 构建 DataParallel 模型。用 DataParallel 将原来单卡的 Module 改成多卡，代码为 model=torch.nn.DaraParallel(model)。
- 把数据载入主 GPU，具体代码为 data,label= data.cuda(),label.cuda()。
- 进行前向传播。DataParallel 先在每个设备上把模型的 torch.nn.Module 复制一份，再把输入小批量数据切分为多个子小批量数据，并把这些子小批量数据分发到不同的 GPU 中进行计算，每个模型只需处理自己分配到的数据。
- 进行反向传播。DataParallel 会把每个 GPU 计算出来的梯度累积到 GPU 0 中进行汇总。

4.3 定义

我们通过 DataParallel 的初始化函数来看看 DataParallel 的结构。__init__()函数的三个输入参数如下。

- module：模型。
- device_ids：训练的设备。
- output_device：保存输出结果的设备，默认是在 device_ids[0]，即第 1 号卡。

初始化代码如下。

```
class DataParallel(Module):
    def __init__(self, module, device_ids=None, output_device=None, dim=0):
        # 省略代码，具体为:
        # 得到可用的 GPU
        # 在没有输入的情况下，使用所有可见的 GPU
        # 把 GPU 列表上第一个 GPU 作为输出，该 GPU 也会被作为 Master
        self.dim = dim
        self.module = module
        self.device_ids = [_get_device_index(x, True) for x in device_ids]
```

```
        self.output_device = _get_device_index(output_device, True)
        self.src_device_obj = torch.device(device_type, self.device_ids[0])
        # 检查负载均衡
        _check_balance(self.device_ids)
        # 单卡直接使用
        if len(self.device_ids) == 1:
            self.module.to(self.src_device_obj)
```

虽然输入数据是均等划分且并行分配的,但是输出损失(Output Loss)每次都会在第一块 GPU 聚集相加计算,所以第一块 GPU 的内存负载和使用率会大于其他 GPU。_check_balance()函数会检查负载是否平衡,如果内存或者处理器核数的 min/max > 0.75,则会发出警告。

4.4 前向传播

接下来介绍一下如何进行前向传播,前向传播在 DataParallel 的 forward()函数中完成。

因为在之前的示例中已经用 model=model.cuda()函数把模型放到 GPU[0]上,GPU[0]此时已经有了模型的参数和缓存,所以在 forward()函数中就不用进行这一步,而是从分发模型和数据开始(需要注意的是,每次前向传播时都会分发模型)。

forward()函数的实现具体分为几个步骤。

- 验证:遍历模型成员变量 module 的参数和缓存,看看是否都在 GPU[0]上,如果不在则报错。
- 分发输入数据:将输入数据根据其第一个维度(一般是批量大小)划分为多份,分别传送到多个 GPU。
- 复制模型:将模型分别复制到多个 GPU。
- 并行应用(Parallel Apply):在多个模型上并行进行前向传播。因为 GPU device_ids[0] 和并行基础模块(Base Parallelized Module)是共享存储的,所以在 device[0]上的原地(in-place)更新会被保留下来,其他的 GPU 则不会。
- 聚集:收集从多个 GPU 上传送回来的数据。

接下来,我们对上述重点步骤进行分析。

1. 分发(输入)

在 forward()函数中,利用如下语句完成数据分发操作。

```
inputs, kwargs = self.scatter(inputs, kwargs, self.device_ids)
```

由于 self.scatter()函数是 scatter_kwargs()函数的封装,因此我们直接看 scatter_kwargs()函数,此处对应图 4-2 中的第一个阶段:

```
def scatter(self, inputs, kwargs, device_ids):
    return scatter_kwargs(inputs, kwargs, device_ids, dim=self.dim)
```

（1）scatter_kwargs()函数

scatter_kwargs()函数调用 scatter()函数分别对 inputs 和 kwargs 进行分发，具体代码如下。

```python
def scatter_kwargs(inputs, kwargs, target_gpus, dim=0):
    inputs = scatter(inputs, target_gpus, dim) if inputs else []
    kwargs = scatter(kwargs, target_gpus, dim) if kwargs else []
    # 返回 tuple
    inputs = tuple(inputs)
    kwargs = tuple(kwargs)
    return inputs, kwargs
```

（2）scatter()函数

在 scatter()函数中，输入的张量首先被切分成大致相等的块，然后使用 Scatter.apply()函数在给定的 GPU 之间分发，就是将一个小批量数据近似等分成更小的子小批量数据。对于其他类型的变量会根据不同类型进行不同操作，比如调用 scatter_map()函数对其他类型的变量进行递归处理。

（3）Scatter 类

前面提到了调用 Scatter.apply()函数分发张量，我们接着看看 Scatter 类。Scatter 类拓展了 torch.autograd.Function，逻辑如下。

- 如果 CUDA 可用，则得到流（Stream）列表，这样可以在后台流执行从 CPU 到 GPU 的复制操作。
- 调用 comm.scatter()函数进行分发操作。
- 调用 wait_stream()函数和 record_stream()函数对复制流进行同步，具体代码如下。

```python
class Scatter(Function):
    @staticmethod
    def forward(ctx, target_gpus, chunk_sizes, dim, input):
        target_gpus = [_get_device_index(x, True) for x in target_gpus]
        ctx.dim = dim
        ctx.input_device = input.get_device() if input.device.type != "cpu" else -1
        streams = None

        if torch.cuda.is_available() and ctx.input_device == -1:
            # 在后台流执行从 CPU 到 GPU 的复制操作
            streams = [_get_stream(device) for device in target_gpus]

        # 分发操作
        outputs = comm.scatter(input, target_gpus, chunk_sizes, ctx.dim, streams)
        # 对复制流进行同步
        if streams is not None:
            for i, output in enumerate(outputs):
```

```
            with torch.cuda.device(target_gpus[i]):
                main_stream = torch.cuda.current_stream()
                main_stream.wait_stream(streams[i]) # 同步
                output.record_stream(main_stream) # 同步
    return outputs

@staticmethod
def backward(ctx, *grad_output):
    return None, None, None, Gather.apply(ctx.input_device, ctx.dim,
*grad_output)
```

comm.scatter()函数通过调用 torch._C._scatter()函数进入了 C++世界。C++的 scatter()函数会把数据分布到各个 GPU 上，具体逻辑如下。

- 先调用 split_with_sizes()函数或者 chunk()函数把小批量数据分割成子小批量数据。
- 然后，把这些子小批量数据通过 to()函数分布到各个 GPU 上。

2．复制（模型）

前面我们已经使用 scatter()函数将数据从 device[0] 分配并复制到不同的卡，下面使用 replicate()函数将模型从 device[0] 复制到不同的卡，具体代码如下。

```
# 分发模型
replicas = self.replicate(self.module, self.device_ids[:len(inputs)])
```

此处对应图 4-2 中的第二个阶段。

（1）replicate()函数

replicate()函数的具体逻辑如下。

首先使用 _replicatable_module()函数看看是否可以安全地复制模型，然后根据 GPU 的数量来复制模型。

执行复制模型操作，其内部操作步骤如下。

- 复制参数。使用_broadcast_coalesced_reshape()函数把参数复制到各个 GPU。
- 复制缓存。首先统计缓存的数量，然后记录需要求导的缓存的索引，接着记录不需要求导的缓存的索引，最后使用_broadcast_coalesced_reshape()函数分别将两种缓存复制到各个 GPU。
- 复制模型。首先使用 modules()函数返回一个包含当前模型所有模块的迭代器，并把迭代器转变成一个列表，就是 module 变量，这里可以认为把模型展平（Flatten）了。然后遍历这个列表，把模型的每一层都添加到 module_copies[j]中（j 代表模型的一个副本）。最终 module_copies[j]里面包含了模型的每一层，如 module_copies[j][i] 就是模型的第 i 层。

对复制的模型进行配置，配置操作的具体方法如下。

- 配置模型网络，把 GPU 中数据的引用（Reference）配置到 modules 列表的每一项中，这些项就是完备的模型。由于之前是把嵌套的模型网络打散了分别复制到 GPU，即参数和缓存分别被复制到 GPU，因此现在需要把它们重新配置到复制的模型中，这样就把模型逻辑补齐了。
- 遍历模型每个子模块，只配置部分需要的参数，包括：①处理模型子模块；②处理模型参数；③处理模型缓存。

在后续并行操作时，每一个 Worker 都会得到 modules 列表的每一项，接下来每个 Worker 就会使用被分配到的这一项（实际上就是一个完整的模型）进行训练。

replicate()函数的具体代码如下。

```python
def replicate(network, devices, detach=False):
    if not _replicatable_module(network): # 看看是否可以安全地复制模型
        raise RuntimeError("Cannot replicate network where python modules are "
                           "childrens of ScriptModule")

    devices = [_get_device_index(x, True) for x in devices]
    num_replicas = len(devices)
    params = list(network.parameters())
    param_indices = {param: idx for idx, param in enumerate(params)}
    # 使用_broadcast_coalesced_reshape()函数把参数复制到各个GPU
    param_copies = _broadcast_coalesced_reshape(params, devices, detach)
    buffers = list(network.buffers())
    buffers_rg = []
    buffers_not_rg = []
    for buf in buffers:
        if buf.requires_grad and not detach:
            buffers_rg.append(buf)
        else:
            buffers_not_rg.append(buf)

    # 复制缓存
    buffer_indices_rg = {buf: idx for idx, buf in enumerate(buffers_rg)}
    buffer_indices_not_rg = {buf: idx for idx, buf in enumerate(buffers_not_rg)}
    buffer_copies_rg = _broadcast_coalesced_reshape(buffers_rg, devices, detach=detach)
    buffer_copies_not_rg = _broadcast_coalesced_reshape(buffers_not_rg, devices, detach=True)

    # 复制模型
    modules = list(network.modules())
    module_copies = [[] for device in devices]
    module_indices = {}
```

```python
for i, module in enumerate(modules):  # 遍历模型列表
    module_indices[module] = i
    for j in range(num_replicas):
        replica = module._replicate_for_data_parallel()
        replica._former_parameters = OrderedDict()
        module_copies[j].append(replica)

# 对复制的模型进行配置
for i, module in enumerate(modules):  # 遍历模型列表
    for key, child in module._modules.items():  # 遍历模型子模块
        if child is None:
            for j in range(num_replicas):
                replica = module_copies[j][i]
                replica._modules[key] = None
        else:
            module_idx = module_indices[child]
            for j in range(num_replicas):
                replica = module_copies[j][i]
                setattr(replica, key, module_copies[j][module_idx])
    for key, param in module._parameters.items():  # 遍历模型参数
        if param is None:
            for j in range(num_replicas):
                replica = module_copies[j][i]
                replica._parameters[key] = None
        else:
            param_idx = param_indices[param]
            for j in range(num_replicas):
                replica = module_copies[j][i]
                param = param_copies[j][param_idx]
                setattr(replica, key, param)
                replica._former_parameters[key] = param
    for key, buf in module._buffers.items():  # 遍历模型buffer
        if buf is None:
            for j in range(num_replicas):
                replica = module_copies[j][i]
                replica._buffers[key] = None
        else:
            if buf.requires_grad and not detach:
                buffer_copies = buffer_copies_rg
                buffer_idx = buffer_indices_rg[buf]
            else:
                buffer_copies = buffer_copies_not_rg
                buffer_idx = buffer_indices_not_rg[buf]
            for j in range(num_replicas):
```

```
            replica = module_copies[j][i]
            setattr(replica, key, buffer_copies[j][buffer_idx])
return [module_copies[j][0] for j in range(num_replicas)]
```

（2）分发操作

replicate()函数中用到了_broadcast_coalesced_reshape()函数对模型参数进行分发，具体代码如下。

```
def _broadcast_coalesced_reshape(tensors, devices, detach=False):
    from ._functions import Broadcast
    if detach:
        # 如果是detach为True的情况，则直接调用
        return comm.broadcast_coalesced(tensors, devices)
    else:
        # 如果没有detach，则使用torch.autograd.Function来广播
        if len(tensors) > 0:
            # 先用Broadcast类过渡一下，然后调用broadcast_coalesced
            tensor_copies = Broadcast.apply(devices, *tensors)
            return [tensor_copies[i:i + len(tensors)]
                    for i in range(0, len(tensor_copies), len(tensors))]
        else:
            return []
```

在上述代码中，使用 Broadcast 类过渡的原因是，因为张量不是分离的（Detached），所以除广播之外，还需要在上下文中设置哪些张量不需要梯度。在某些情况下，用户自定义的 Function 类可能需要知道此情况。Broadcast 类的具体代码如下。

```
class Broadcast(Function):
    @staticmethod
    def forward(ctx, target_gpus, *inputs):
        # 当进行前向传播时，向上下文存入一些变量
        target_gpus = [_get_device_index(x, True) for x in target_gpus]
        ctx.target_gpus = target_gpus
        ctx.num_inputs = len(inputs)
        # 将input放在device[0]
        ctx.input_device = inputs[0].get_device()
        # 和detach的情形一样
        outputs = comm.broadcast_coalesced(inputs, ctx.target_gpus)
        non_differentiables = []

        # 在上下文中设置哪些张量不需要梯度
        for idx, input_requires_grad in enumerate(ctx.needs_input_grad[1:]):
            if not input_requires_grad:
```

```
        for output in outputs:
            non_differentiables.append(output[idx])
    ctx.mark_non_differentiable(*non_differentiables)
    return tuple([t for tensors in outputs for t in tensors])

@staticmethod
def backward(ctx, *grad_outputs):
    return (None,) + ReduceAddCoalesced.apply(ctx.input_device,
ctx.num_inputs, *grad_outputs)
```

在上面的代码中，comm.broadcast_coalesced()函数会跳转到 C++世界，该函数的主要逻辑如下。

- 把变量分发给所有 GPU。在 broadcast_coalesced()函数中，多个变量会先合并成一个大变量，然后广播到其他设备，最后根据原始形状进行切分。
- 切分时，视图操作会使所有变量一起广播以共享一个版本计数器，因为它们都是大变量的视图。该大变量会立即被丢弃，并且所有这些变量不会共享存储。

调用_broadcast_out_impl()函数把源张量（CPU 或者 CUDA）广播到一个 CUDA 设备列表上，_broadcast_out_impl()函数调用 nccl::broadcast(nccl_list)函数完成具体操作。

至此，我们把数据和模型都分布到其他 GPU 上，将目前的前向传播图构建出来，具体如图 4-3 所示。replicate()函数调用了 Broadcast.forward()函数，同时在上下文存储了 input_device 和 num_inputs，为前向传播做好了准备。

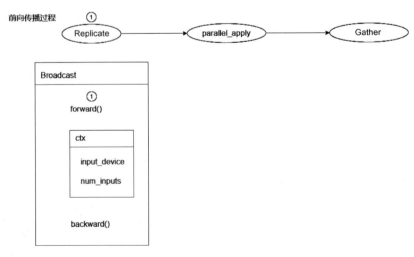

图 4-3

3. 并行处理

接下来，要调用 forward()函数进行计算，也就是 parallel_apply()函数部分，具体代码如下。

```python
# 分发数据
inputs, kwargs = self.scatter(inputs, kwargs, self.device_ids)
# 分发模型
replicas = self.replicate(self.module, self.device_ids[:len(inputs)])
# 并行训练
outputs = self.parallel_apply(replicas, inputs, kwargs)
```

此处对应图 4-2 中的第三阶段。

parallel_apply()函数基于线程实现，先利用 for 循环启动多线程，在每个线程中用前面准备好的模型副本和输入数据进行前向传播，然后输出传播结果。此时前向传播过程如图 4-4 所示，这里的并行操作调用了 torch.nn.Module 的 forward()函数。

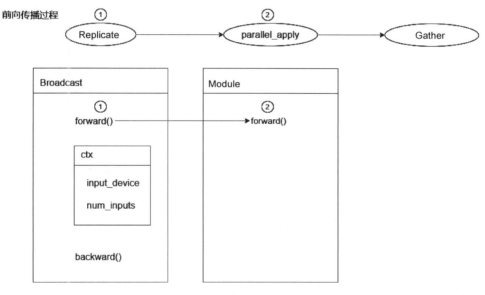

图 4-4

4. 聚集

接下来，要做的就是把分布式计算的输出聚集到 device[0]，即 self.output_device，具体代码如下。

```python
# 分发数据
inputs, kwargs = self.scatter(inputs, kwargs, self.device_ids)
# 分发模型
replicas = self.replicate(self.module, self.device_ids[:len(inputs)])
# 并行训练
outputs = self.parallel_apply(replicas, inputs, kwargs)
# 聚集到 devices[0]
return self.gather(outputs, self.output_device)
```

此处对应图 4-2 中的第四阶段。

下面我们来看看如何把结果聚集到 device[0]，以及 device[0] 如何起到类似参数服务器的作用。具体操作分为 Python 世界和 C++ 世界两个阶段。

（1）Python 世界

在上一段代码中，self.gather() 函数主要调用了 Gather.apply(target_device, dim, *outputs) 函数完成聚集工作。Gather 类调用了 comm.gather() 函数带领我们从 Python 世界进入 C++ 世界，具体代码如下。

```python
class Gather(Function):
    @staticmethod
    def forward(ctx, target_device, dim, *inputs): # target_device 就是 device[0]
        # 往上下文存放几个变量，后续会用到
        target_device = _get_device_index(target_device, True)
        ctx.target_device = target_device
        ctx.dim = dim
        ctx.input_gpus = tuple(i.get_device() for i in inputs)

        if all(t.dim() == 0 for t in inputs) and dim == 0:
            inputs = tuple(t.view(1) for t in inputs)
            ctx.unsqueezed_scalar = True
        else:
            ctx.unsqueezed_scalar = False

        ctx.input_sizes = tuple(i.size(ctx.dim) for i in inputs)
        return comm.gather(inputs, ctx.dim, ctx.target_device) # 进入 C++ 世界

    @staticmethod
    def backward(ctx, grad_output): # 注意，此处后续会用到
        scattered_grads = Scatter.apply(ctx.input_gpus, ctx.input_sizes, ctx.dim, grad_output)
        if ctx.unsqueezed_scalar:
            scattered_grads = tuple(g[0] for g in scattered_grads)
        return (None, None) + scattered_grads
```

前向传播过程如图 4-5 所示，gather() 函数调用了 Gather 类的 forward() 函数，forward() 函数在上下文存储了 input_gpus、input_sizes、dim 这三个变量，这些变量后续会用到。

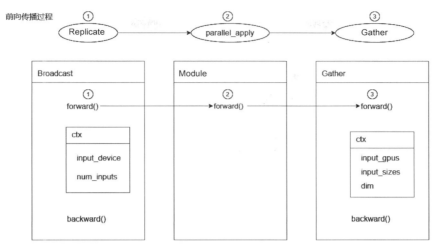

图 4-5

（2）C++世界

在 C++世界中，gather()函数调用了_gather_out_impl()函数来完成复制操作，具体代码如下。

```
at::Tensor gather(at::TensorList tensors, int64_t dim,
    c10::optional<int32_t> destination_index) { // destination_index 就是
device[0]的索引
  at::Device device(DeviceType::CPU);
  // 根据索引得到输出的目标设备
  if (!destination_index || *destination_index != -1) {
    // device 就是指 GPU 0 这个设备
    device = at::Device(
        DeviceType::CUDA, destination_index ? *destination_index : -1);
  }

  // 首先构建一个空的目标张量并建立在目标设备上，命名为 result
  at::Tensor result =
      at::empty(expected_size, first.options().device(device), memory_format);
  // 然后对 result 进行聚集
  return _gather_out_impl(tensors, result, dim);
}
```

_gather_out_impl()函数执行了具体的聚集操作，就是把输入的张量复制到目标张量上，即复制到 GPU 0 上。

4.5 计算损失

前面我们已经把前向传播的计算结果聚集到 device[0]上，接下来开始进行反向传播，即图 4-2 中的反向传播部分。在进行反向传播之前，需要在 device[0]上计算损失，其实这一步是前向传播和反向传播的中间环节，DataParallel 把它作为反向传播的开端。

4.6 反向传播

在完成计算损失工作之后,接下来进入本章示例代码中的 loss.backward()函数部分。

1. 分发梯度

分发梯度的作用是把损失在 GPU 之间进行分发,这样后续才可以在每个 GPU 上独立进行反向传播,此处对应图 4-2 中反向传播的第二阶段。

(1) Gather.backward

由 4.2 节示例代码可知,因为 prediction 变量得到了聚集到 GPU 0 的前向计算输出,而损失又是根据 prediction 计算出来的,所以 DataParallel 从 loss.backward()函数开始反向传播后,第一个步骤就来到了 gather()函数的传播操作,对应的就是 Gather 类的 backward()函数,其中的核心代码是 Scatter.apply(因为要分发梯度,所以还是调用到了 Scatter 类中),具体代码如下。

```
class Gather(Function):
    # 省略前向传播方法,请参见前面对应小节
    @staticmethod
    def backward(ctx, grad_output): # 反向传播会用 backward()函数把前向传播在上下文中存放的变量取出,作为 Scatter.apply()函数的输入
        scattered_grads = Scatter.apply(ctx.input_gpus, ctx.input_sizes, ctx.dim, grad_output)
        if ctx.unsqueezed_scalar:
            scattered_grads = tuple(g[0] for g in scattered_grads)
        return (None, None) + scattered_grads
```

从上述代码可以看到,backward()函数使用了前向传播时存储的 ctx.input_gpus、ctx.input_sizes、ctx.dim、grad_output,以此调用 Scatter.apply()函数,其逻辑如图 4-6 所示。图 4-6 中最上面是前向传播过程,最下面是反向传播过程,中间是某些在前向传播或反向传播中用到的代码模块。

(2) Scatter 类

Scatter.apply 实际上调用了 Scatter 的 forward()函数(具体代码请参见前面对应小节),具体作用如下。

- 从上下文提取之前存储的变量,主要是输入设备 input_device(源设备)和目标设备 target_gpus。
- 获取目标设备的流。
- 调用 comm.scatter()函数把梯度分发到目标设备。

Scatter 的 forward()函数会调用 outputs = comm.scatter(input, target_gpus, chunk_sizes, ctx.dim, streams)函数直接进入 C++世界,而 comm.scatter()函数的作用就是先调用 chunk()函数把张量进行切分,然后调用 to()函数把张量分发给各个设备的流。

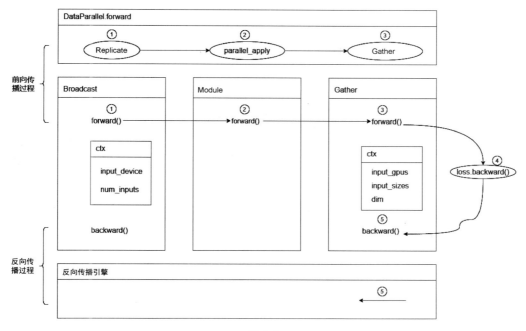

图 4-6

2. 并行反向传播

在梯度被分发到各个 GPU 之后,就正式进入并行反向传播阶段,这部分的作用是在各个 GPU 上并行反向传播,并计算参数梯度,对应图 4-2 中的第二行第三阶段。

这部分调用了原始模型的 backward() 函数,具体如图 4-7 中的第⑥步所示。

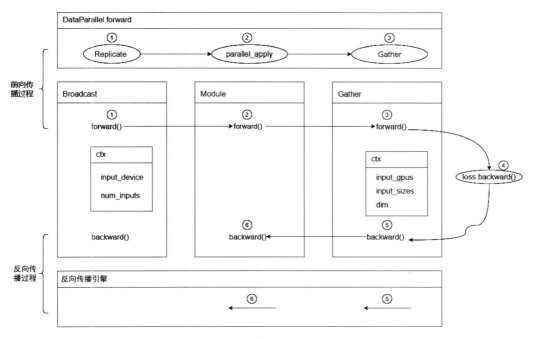

图 4-7

3. 归约梯度

接下来我们介绍归约梯度，其作用是在 GPU 0 上归约梯度，总体流程拓展对应图 4-2 中的第二行第四阶段。

执行流程调用 Broadcast.backward() 函数，具体代码如下。

```
class Broadcast(Function):
    # 省略前向传播方法，请参见前面对应小节

    @staticmethod
    def backward(ctx, *grad_outputs):
        # 反向传播来到此处，取出之前在上下文存放的变量作为 ReduceAddCoalesced.apply() 函
        # 数的输入。ctx.input_device 就是之前存储的 GPU 0
        return (None,) + ReduceAddCoalesced.apply(ctx.input_device,
ctx.num_inputs, *grad_outputs)
```

因此，我们的拓展流程图如图 4-8 所示。

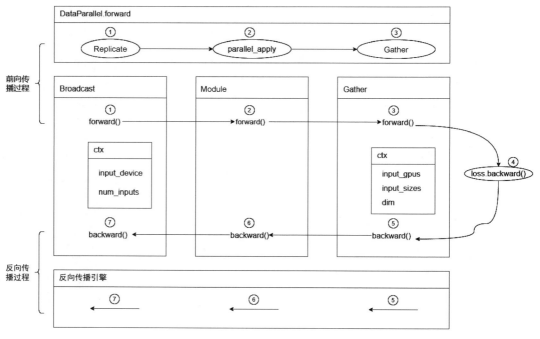

图 4-8

Broadcast.backward() 函数调用了 ReduceAddCoalesced.apply() 函数，该函数对应 ReduceAddCoalesced 的 forward() 函数，目的是把梯度归约到目标设备 destination（GPU 0），具体代码如下。

```
class ReduceAddCoalesced(Function):
    @staticmethod
```

```python
# 调用 ReduceAddCoalesced.apply()函数会运行到此处，destination 是 GPU 0
def forward(ctx, destination, num_inputs, *grads):
    # 从梯度中提取所在的设备
    ctx.target_gpus = [grads[i].get_device() for i in range(0, len(grads),
num_inputs)]

    grads_ = [grads[i:i + num_inputs]
              for i in range(0, len(grads), num_inputs)]
    # 把梯度归约到目标设备 destination，就是 GPU 0
    return comm.reduce_add_coalesced(grads_, destination)

@staticmethod
def backward(ctx, *grad_outputs):
    return (None, None,) + Broadcast.apply(ctx.target_gpus, *grad_outputs)
```

上述代码中，comm.reduce_add_coalesced()函数的作用是从多个 GPU 相加梯度，即归约相加，其代码类似 reduce_add(tensor_at_gpus, destination)函数。

4. 更新模型参数

示例代码中的 optimizer.step()语句会更新模型参数，其功能是进行梯度下降并更新主 GPU 上的模型参数。由于模型参数仅在主 GPU 上更新，此时其他从属 GPU 并没有同步更新，因此需要将更新后的模型参数复制到剩余的从属 GPU 中，以此来实现并行。这会在下一次 for 循环中进行，以此循环反复。

4.7　总结

总结一下 DataParallel 的全部流程，如图 4-9 所示，原始数据和模型都被放入默认的 GPU，即 GPU 0，然后进行以下迭代。

① 分发阶段会把数据分发到其他 GPU。

② 复制阶段会把模型分发到其他 GPU。

③ 并行前向操作阶段会启动多个线程进行前向计算。

④ 聚集阶段会把计算输出聚集到 GPU 0。

⑤ GPU 0 会计算损失。

⑥ 把损失分发到其他 GPU。

⑦ 模型调用 backward()函数计算梯度。

⑧ 把梯度归约到 GPU 0。

⑨ 调用 optimizer.step()函数更新模型。

上面的序号对应图 4-9 中的数字。

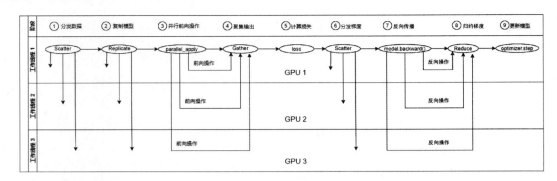

图 4-9

至此，DataParallel 分析完毕，虽然 DataParallel 简便易用，但也存在如下缺陷，使得它在实际操作中并不尽如人意，具体问题如下。

- 冗余数据副本。数据先从主机复制到主 GPU，然后将子小批量数据在其他 GPU 之间分发。
- 在前向传播之前需要跨 GPU 进行模型复制。由于模型参数是在主 GPU 上更新的，因此模型必须在每次前向传播开始时重新同步。
- 每个批量数据都有线程创建/销毁开销。并行前向传播是在多个线程中实现的。
- 在主 GPU 上不必要地聚集模型输出。
- GPU 利用率不均衡，负载不均衡。主 GPU 的内存和使用率比其他 GPU 高，这是因为计算损失、梯度归约和更新参数均发生在主 GPU 上。
- 主 GPU 容易成为网络瓶颈，因为它需要和每一个 GPU 进行交互。

基于上述缺陷，PyTorch 推出了 DDP，下一章我们来介绍 DDP。

第 5 章　PyTorch DDP 的基础架构

5.1　DDP 总述

torch.distributed 包为多个计算节点的 PyTorch 提供多进程并行通信原语，可以进行跨进程和跨集群的并行计算。torch.nn.parallel.DistributedDataParallel 基于 torch.distributed 包的功能提供了一个同步分布式训练包装器（Wrapper），此包装器可以对 PyTorch 模型进行封装和训练，DDP 的核心功能是基于多进程级别的通信，与 torch.multiprocessing 和 DataParrallel 提供的并行性有明显区别。图 5-1 是 torch.distributed 的相关架构，从图中可以看到 DDP 在整个架构中的位置、依赖项等（见彩插）。

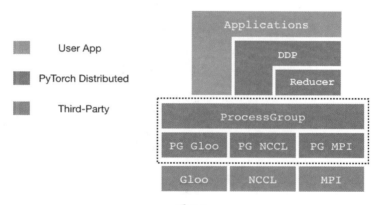

图 5-1

5.1.1　DDP 的运行逻辑

DDP 的运行逻辑大体如下，我们后续还会详细分析。

（1）加载模型阶段。由于每个 GPU 都拥有模型的一个副本，因此不需要复制模型。rank 为 0 的进程会将网络初始化参数广播到其他进程中，确保每个进程中的模型都拥有一样的初始化值。

（2）加载数据阶段。DDP 不需要广播数据，而是使用多进程并行加载数据。在主机上，每个 Worker 进程都会把自己负责的数据加载到锁页内存。DistributedSampler 类保证每个进程加载到的数据是彼此不重叠的。

（3）前向传播阶段。在每个 GPU 上运行前向传播并计算输出。因为每个 GPU 都执行相同的训练，所以不需要有主 GPU。

（4）计算损失。在每个 GPU 上计算损失。

（5）反向传播阶段。通过运行反向传播来计算梯度，在计算梯度的同时也对梯度执行 All-Reduce 操作。

（6）更新模型参数阶段。由于每个 GPU 都从完全相同的模型开始训练，并且梯度都被 All-Reduce 操作，因此每个 GPU 在反向传播结束时最终都会得到平均梯度的相同副本，所有 GPU 上的权重更新都相同，也就不需要模型同步了。注意，在每次迭代过程中，模型中的缓存需要从 rank 为 0 的进程广播到进程组的其他进程上。

图 5-2 来自 Fairscale 源码，清晰地给出了一个 DDP 数据并行的运行模式，具体包括数据分片、前向传播（本地）、反向传播（本地）、使用 All-Reduce 来同步梯度和本地更新权重。

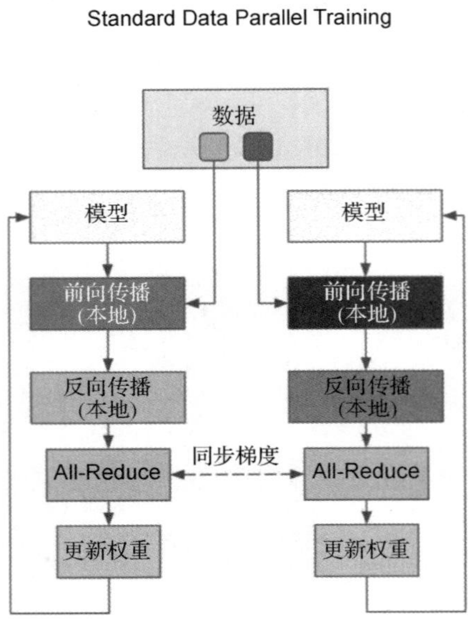

图 5-2

5.1.2 DDP 的使用

关于分布式通信，PyTorch 提供的几个重要概念是进程组（Process Group）、后端（Backend）、初始化方法（init_method）和存储（Store）。

（1）进程组：DDP 是真正的分布式训练，可以使用多台机器组成一次并行运算的任务。为了满足 DDP 各个 Worker 之间的通信要求，PyTorch 引入了进程组的概念。

（2）后端：后端是一个逻辑上的概念，本质上是一种 IPC 通信机制。

（3）初始化方法：虽然有了后端和进程组，但是如何让 Worker 在建立进程组之前发现彼此，这就需要一种初始化方法来为大家传递信息，从而联系到其他机器上的进程。

（4）存储：可以认为是分布式键-值对存储，利用此存储可以在进程组中的进程之间共享信息及初始化分布式包。

基于上述概念，PyTorch 中分布式的基本使用流程如下。

（1）调用 init_process_group()函数初始化进程组，同时初始化 Distributed 包，这样才能使用 Distributed 包中的其他函数。

（2）如果需要进行组内集合通信，则使用 new_group()函数创建子分组。

(3) 使用 DDP(model, device_ids=device_ids)函数创建模型。

(4) 为数据集创建分布式采样器（DistributedSampler）。

(5) 使用启动工具 torch.distributed.launch 在每个主机上执行脚本并开始训练。

(6) 使用 destory_process_group()函数销毁进程组。

下面，看看 DDP 的使用示例。

在示例的最开始，我们首先要调用 init_process_group()函数正确设置进程组，该函数的参数解释如下。

- Gloo：说明后端使用的是 Gloo 通信库。
- rank：本进程对应的 rank，如果是 0，则说明本进程是 Master 进程，负责广播模型状态等工作。
- world_size：指总的并行进程数目，如果连接的进程数小于 world_size，那么进程就会阻塞在 init_process_group()函数上；只有连接的进程数超过 world_size，程序才会继续运行。如果 batch_size = 16，那么总体的批量大小就是 16 * world_size。

init_process_group()函数的使用方法如下。

```
def setup(rank, world_size):
    os.environ['MASTER_ADDR'] = 'localhost'
    os.environ['MASTER_PORT'] = '12355'
    dist.init_process_group("gloo", rank=rank, world_size=world_size)  # 这条命令之后，Master 进程就处于等待状态
```

接下来，我们先创建一个简单模型（ToyModel）并用 DDP 包装它，再用一些虚拟输入数据来训练它。请注意，由于 DDP 将模型状态从 rank 0 进程广播到 DDP 构造函数中的所有其他进程，因此对于所有 DDP 进程来说，它们的起始模型参数是一样的，用户无须担心不同的 DDP 进程从不同的模型参数初始值开始，其具体逻辑如图 5-3 所示。

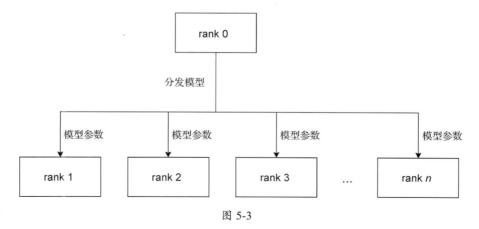

图 5-3

DDP 包装了较低级别的分布式通信细节，并提供了一个干净的 API，类似一个本地模型。

梯度同步通信发生在反向传播期间，并与反向计算重叠。当 backward() 函数返回时，模型的 grad 变量已经包含同步梯度张量。因为 DDP 封装了分布式通信原语，所以模型参数的梯度可以进行 All-Reduce，具体代码如下。

```python
class ToyModel(nn.Module):
    def __init__(self):
        super(ToyModel, self).__init__()
        self.net1 = nn.Linear(10, 10)
        self.relu = nn.ReLU()
        self.net2 = nn.Linear(10, 5)

    def forward(self, x):
        return self.net2(self.relu(self.net1(x)))

def demo_basic(rank, world_size):
    setup(rank, world_size)

    # 创建本地模型，移动模型到 GPU
    model = ToyModel().to(rank)
    # DDP 将本地模型作为构造函数参数，在构造完成后，本地模型将被分布式模型替换
    ddp_model = DDP(model, device_ids=[rank])

    loss_fn = nn.MSELoss()
    # 设置优化器
    optimizer = optim.SGD(ddp_model.parameters(), lr=0.001)

    optimizer.zero_grad()
    # 分布式模型可以很容易拦截 forward() 函数的调用，以执行相应的必要操作
    outputs = ddp_model(torch.randn(20, 10))
    labels = torch.randn(20, 5).to(rank)
    # 对于反向传播，DDP 依靠反向钩子触发梯度归约，即在损失张量上调用 backward() 函数时，自动求导引擎将执行梯度归约
    loss_fn(outputs, labels).backward()
    optimizer.step()

    cleanup()

def run_demo(demo_fn, world_size):
    mp.spawn(demo_fn, args=(world_size,), nprocs=world_size,          join=True)
```

在使用 DDP 时，一种优化方式是先只在一个进程中保存模型，然后在所有进程中加载模型，从而减少保存模型的写入开销（这其实很像数据库中的读写分离）。因为所有进程都从相同的参数开始，并且在反向传播中同步梯度，所以优化器应该将参数设置为相同的值。从图 5-4 中可以看出来，rank 0 负责保存模型到存储上，其他 rank 会加载模型到其本地。

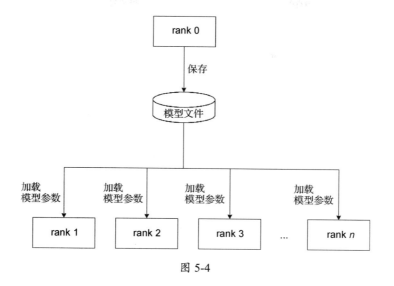

图 5-4

5.2 设计理念

工欲善其事,必先利其器。PyTorch 开发者就 DDP 的实现,发布了一篇论文 *PyTorch Distributed: Experiences on Accelerating Data Parallel Training*。本节就来学习该论文的思路,在后文中将以这篇论文为基础,结合源码来进行分析。[①]

5.2.1 系统设计

图 5-5 给出了 DDP 的构建块,它包含 Python API 和梯度归约,并使用集合通信库。

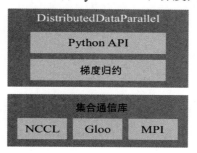

图 5-5

在训练过程中,每个进程都有自己的本地模型副本和本地优化器。对于数据并行而言,DDP 用如下途径使得本地训练和分布式训练在数学上等价。

- 所有模型副本都从完全相同的模型状态开始训练。
- 每次反向传播之后,所有模型副本都可以得到相同的参数梯度。

---

① 本节图例均来自原始论文 *PyTorch Distributed: Experiences on Accelerating Data Parallel Training*。

- 不同进程的优化器都彼此独立，它们也能够在每次迭代结束时将其本地模型副本置于相同的状态。

5.2.2 梯度归约

为了更好地介绍如何实现梯度归约，我们从一个朴素的解决方案开始，逐步引入更复杂的情景。

DDP 让所有训练过程从相同的模型状态开始，同时在每次迭代过程中使用相同的梯度，从而保证正确性。相同的模型状态可以通过在 DDP 构建时将模型状态从一个进程广播到所有其他进程来实现。如何确保使用相同的梯度？一个简单的解决方案是可以在本地反向传播之后和更新本地参数之前插入一个梯度同步阶段。PyTorch 自动求导引擎接收定制的反向钩子函数。DDP 可以注册自动求导钩子函数到引擎，以在每次反向传播后触发计算。当钩子函数被触发时会先扫描所有局部模型参数，从每个参数中检索梯度张量，然后使用 All-Reduce 计算所有进程中每个参数的平均梯度，并将结果写回梯度张量。

原生方案存在两个性能问题：
- 集合通信在小张量上表现不佳，如果模型拥有大量小参数，则性能会受到影响。
- 把梯度计算和同步操作分离，因为两者之间的硬边界而丧失计算与通信重叠的机会。

于是我们针对这两个问题进行改进，具体方法是梯度分桶（Gradient Bucketing）、计算与通信重叠，接下来一一分析。

1. 梯度分桶

由于集合通信在大张量上更有效，因此为了最大限度地提高带宽利用率，DDP 尝试对梯度进行分桶，具体分桶逻辑如图 5-6 所示。

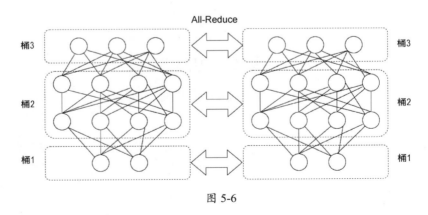

图 5-6

2. 计算与通信重叠

为了让计算与通信重叠，只在反向传播结束时触发对梯度的 All-Reduce 是不够的，需要对更频繁的信号做出反应，并更迅速地启动 All-Reduce，这样 All-Reduce 操作可以在本地反向传播完成之前就开始，即在计算梯度过程之中就进行梯度归约。

因此，在分桶的情况下，DDP 为每个梯度累积器注册了一个自动求导钩子函数。钩子函数在相应的累积器更新梯度后被触发，并检查其所属的桶。如果相同桶中所有梯度的钩子函数都已被触发，则最后一个钩子函数将触发该桶上的异步 All-Reduce，即只要同一个桶中的所有内容全部就绪就可以开始启动通信。

这里有两点需要注意：

- 所有进程的归约顺序必须相同，否则 All-Reduce 内容可能不匹配，从而导致不正确的归约结果或程序崩溃。然而，PyTorch 在每次前向传播时都会动态地构建自动求导图，导致不同进程可能在梯度就绪顺序上不一致。因此，所有进程必须使用相同的分桶顺序，并且没有进程可以在装载桶 i 之前就在桶 $i+1$ 上启动 All-Reduce。PyTorch 通过将 model.parameters()函数返回结果的相反顺序作为分桶顺序来解决此问题，这是基于假设：层（Layer）可能按照前向传播过程中调用的相同顺序进行注册。因此，其反向顺序就是反向传播过程中的梯度计算顺序的近似表示。

- 一次训练迭代可能只涉及模型中的一个子图，并且子图在每次迭代中可能不同，这意味着在某些迭代中可能会跳过某些梯度。然而，由于梯度到桶的映射是在构建时确定的，这些缺少的梯度将使一些桶永远看不到最终的钩子函数，从而无法将桶标记为就绪，因此反向传播可能会暂停。为了解决此问题，DDP 从前向传播的输出张量开始来遍历自动求导图，并且通过在前向传播结束时主动把这些缺失的梯度标识为就绪来避免等待。

5.2.3 实施

图 5-7 的算法给出了 DDP 的伪代码，具体逻辑如下。

```
Algorithm 1: DistributedDataParallel
Input: Process rank r, bucket size cap c, local model
        net
1  Function constructor(net):
2     if r=0 then
3        broadcast net states to other processes
4     init buckets, allocate parameters to buckets in the
       reverse order of net.parameters()
5     for p in net.parameters() do
6        acc ← p.grad_accumulator
7        acc → add_post_hook(autograd_hook)
8  Function forward(inp):
9     out = net(inp)
10    traverse autograd graph from out and mark
       unused parameters as ready
11    return out
12 Function autograd_hook(param_index):
13    get bucket b_i and bucket offset using param_index
14    get parameter var using param_index
15    view ← b_i.narrow(offset, var.size())
16    view.copy_(var.grad)
17    if all grads in b_i are ready then
18       mark b_i as ready
19    launch AllReduce on ready buckets in order
20    if all buckets are ready then
21       block waiting for all AllReduce ops
```

图 5-7

- Constructor 包含两个主要步骤：将模型状态广播到其他进程中和安装自动求导钩子函数。
- DDP 的 forward() 函数是对本地模型 forward() 函数的简单包装，它遍历自动求导图，把未使用的参数都标识出来。
- 自动求导钩子函数的输入是内部参数索引（指明这个张量位于桶中的哪个副本，以及位于副本中的哪个位置），依靠这些索引，钩子函数可以很容易找到参数张量及其所属范围，先将局部梯度写入桶中的正确位置，然后启动异步 All-Reduce 操作。
- 伪代码中省略了一个结束步骤：等待 All-Reduce 操作，并在反向传播结束时将 All-Reduce 得到的值写回到引擎的梯度。

DDP 主要的开发工作集中在梯度归约上，因为这是 DDP 中与性能最相关的步骤。该实现存在于 reducer.cpp 中，由四个主要组件组成：参数到桶的映射（Parameter-to-Bucket Mapping）、自动求导钩子函数、桶的 All-Reduce 和全局未使用的参数（Globally Unused Parameters）。接下来阐述这四个组成部分。

（1）参数到桶的映射对 DDP 的计算速度有相当大的影响。在每次反向传播过程中，DDP 都会将所有参数梯度复制到桶中，并在 All-Reduce 后将平均梯度复制回桶中。All-Reduce 的顺序也会对结果产生影响，因为顺序决定了多少通信可以与计算重叠。DDP 按 model.parameters() 函数返回结果的相反顺序启动 All-Reduce。

（2）自动求导钩子函数是 DDP 在反向传播过程中的切入点。在 DDP 的构建过程中，DDP 遍历模型中的所有参数，在每个参数上找到梯度累积器，并为每个梯度累积器安装相同的后期钩子（post hook）函数。梯度累积器在相应的梯度准备就绪时触发后期钩子函数，DDP 会计算出整个桶何时全部就绪，这样可以启动 All-Reduce 操作。然而，由于无法保证梯度准备的顺序，DDP 不能选择性地安装钩子函数的参数。在当前的实现中，每个桶都维护一个挂起（pending）状态的梯度计数。每个后期钩子函数都会递减计数，当计数为零时，DDP 会将一个桶标记为就绪。在下一次前向传播中，DDP 会为每个桶补齐待定的累积计数。

（3）桶的 All-Reduce。它是 DDP 中通信开销的主要来源：一方面，在同一个桶中装入更多的梯度将减少通信开销；另一方面，由于每个桶需要等待更多的梯度，使用较大尺寸的桶将导致更长的归约等待时间，因此设置大小合适的桶是十分关键的，应用程序应该根据经验将桶的大小设置为其用例的最佳值。

（4）全局未使用的参数的梯度在前向传播和反向传播过程中应保持不变。检测未使用的参数时需要全局信息，因为在一次迭代之中，某个参数可能在一个 DDP 进程中缺失，但可能在另一个 DDP 进程中参与训练，因此 DDP 需要在位图中维护本地未使用的参数信息，并启动额外的 All-Reduce 以收集全局位图。由于位图比张量尺寸小得多，因此模型中的所有参数共享同一位图，而不是创建每桶位图（Per-Bucket Bitmaps）。位图位于 CPU 上，以避免为每次更新启动专用 CUDA 内核。但是某些 ProcessGroup 后端可能无法在 CPU 张量上运行 All-Reduce，例如，ProcessGroupNCCL 仅支持 CUDA 张量。此外，DDP 应该与任何定制的 ProcessGroup 后端一起工作，它不能假设所有后端都支持 CPU 张量。为了解决此问题，DDP

在同一设备上维护另一个位图作为模型参数，并调用非阻塞复制（Non-Blocking Copy）操作将 CPU 位图移动到设备位图以进行集合通信。

5.3 基础概念

本节介绍 DDP 依赖的三个基础概念：初始化方法、存储和进程组。

5.3.1 初始化方法

在调用 DDP 其他方法之前，需要使用 torch.distributed.init_process_group()函数进行初始化。该函数会初始化默认分布式进程组和分布式包，同时会阻塞等待直到所有进程都加入。初始化进程组主要有两种方法：

（1）指定 store、rank 和 world_size 这三个参数。

（2）指定 init_method（一个 URL 字符串）参数，并指定在哪里、如何发现对等点。

init_process_group()函数的重要参数如下。

- 后端：要使用的后端，有效值包括"mpi"、"gloo"和"nccl"。该字段应该以小写字符串（如"gloo"）形式给出，也可以通过 Backend 属性（如 Backend.Gloo）访问。
- init_method：指定如何初始化进程组的 URL。如果未指定 init_method 或 store，则默认为"env://"，init_method 与 store 这两个参数互斥。
- world_size：参与 Job 的进程数。如果 store 指定，则 world_size 为必需的。
- rank：当前进程的等级（一个介于 0 和 world_size -1 之间的数字）。如果指定 store 参数，则 rank 为必需。
- store：所有 Worker 都可以访问的键-值对存储，用于交换连接/地址信息，与 init_method 互斥。

我们接下来就分别介绍初始化方法和存储。

目前，DDP 支持三种初始化方法，具体如下。

- 环境变量初始化（Environment variable initialization）。
- 共享文件系统初始化（Shared file-system initialization）：init_method='file:///mnt/nfs/sharedfile'。
- TCP 初始化（TCP initialization）：init_method='tcp://10.1.1.20:23456'。

这里有一个疑问，为什么要有 init_method 和 store 这两个参数？通过看 init_process_group 代码我们可以发现以下规律。

- 当使用 MPI 后端时，init_method 和 store 都没有被用到。
- 当使用非 MPI 后端时，如果没有 store 参数，则使用 init_method 构建一个 Store 类。

所以，在非 MPI 后端时，Store 类才是起作用的实体。

我们接下来看 Rendezvous（聚会/约会）的概念。在运行集合算法之前，参与的进程需要找到彼此并交换信息才能够进行通信，我们称此过程为 Rendezvous。Rendezvous 的结果是一个三元组，其中包含一个共享键-值对存储、进程的 rank 和参与进程的总数。如果内置的 rendezvous() 函数不适用于当前的执行环境，用户可以选择注册自己的 Rendezvous 处理程序。

Rendezvous() 函数就是依据参数来选择不同的 Handler 处理。三种 Handler 对应了初始化的三种方法，具体代码如下。

```
register_rendezvous_handler("tcp", _tcp_rendezvous_handler)
register_rendezvous_handler("env", _env_rendezvous_handler)
register_rendezvous_handler("file", _file_rendezvous_handler)
```

从分析结果来看，我们得到了如下结论。

- init_method 最终还是落到了 Store 类之上，Store 类才是起作用的实体。
- 参与的进程需要找到彼此并交换信息才能够进行通信，此过程称为 Rendezvous。

接下来我们来看 Store 类。

5.3.2　Store 类

Store 类是分布式包提供的分布式键-值对存储，所有的 Worker 都会访问此存储以共享信息及初始化分布式包。用户可以通过显式创建 Store 类来替代初始化方法。Store 类目前有三种派生类：TCPStore、FileStore 和 HashStore。

我们接着上一节继续看 Handler 的概念。

PyTorch 定义了一个全局变量 _rendezvous_handlers 用来保存工厂方法，这些方法会返回 Store 类，具体代码如下。

```
_rendezvous_handlers = {}
```

注册就是往全局变量中插入 Handler，代码如下。

```
def register_rendezvous_handler(scheme, handler):
    _rendezvous_handlers[scheme] = handler
```

如果仔细看 Handlers 的代码就会发现，其就是返回了不同的 Store 类，比如 _tcp_rendezvous_handler() 函数就是使用各种信息建立 TCPStore。

我们继续看在 init_process_group() 函数中，如何使用 Store 类来初始化进程组。

```
default_pg = _new_process_group_helper(
    world_size, rank, [], backend, store,
    pg_options=pg_options, group_name=group_name, timeout=timeout)
_update_default_pg(default_pg)
```

上述代码调用_new_process_group_helper() 函数生成进程组。我们以 Gloo 后端为例继续分析，new_process_group_helper()函数在得到了 Store 类之后，先生成了一个 PrefixStore，然后根据此 PrefixStore 生成了 ProcessGroupGloo。

```python
def _new_process_group_helper(world_size, rank, group_ranks, backend, store,
pg_options=None, group_name=None, timeout=default_pg_timeout,
):
    # 省略部分代码
    backend = Backend(backend)
    pg: Union[ProcessGroupGloo, ProcessGroupMPI, ProcessGroupNCCL]
    if backend == Backend.MPI:
        # 省略部分代码
    else:
        prefix_store = PrefixStore(group_name, store)
        if backend == Backend.GLOO:
            pg = ProcessGroupGloo(prefix_store, rank, world_size,
timeout=timeout)
            _pg_map[pg] = (Backend.GLOO, store)
            _pg_names[pg] = group_name
        elif backend == Backend.NCCL:
            # 省略部分代码
        else:
            pg = getattr(Backend, backend.upper())(
                prefix_store, rank, world_size, timeout
            )
            _pg_map[pg] = (backend, store)
            _pg_names[pg] = group_name
    return pg
```

在 ProcessGroupGloo 中有关于 Store 类的具体使用，比如在 PrefixStore 上生成一个 GlooStore、利用 PrefixStore 建立网络等，代码如下。

```cpp
ProcessGroupGloo::ProcessGroupGloo(
    const c10::intrusive_ptr<Store>& store, int rank, int size,
    c10::intrusive_ptr<Options> options)
    : ProcessGroup(rank, size), store_(new GlooStore(store)), // 在 PrefixStore
上生成一个 GlooStore
      options_(options), stop_(false), collectiveCounter_(0) {
  auto& devices = options->devices;
  for (size_t i = 0; i < options->devices.size(); i++) {
    auto context = std::make_shared<::gloo::rendezvous::Context>(rank_, size_);
    // 又生成了一个 PrefixStore
    auto store = ::gloo::rendezvous::PrefixStore(std::to_string(i), *store_);
      // 利用 PrefixStore 建立网络
    context->connectFullMesh(store, options->devices[i]);
  }
}
```

在 setSequenceNumberForGroup() 函数中也有对 Store 类的使用，比如等待、存取。

从目前的分析结果来看，我们拓展结论如下。

- init_method 最终还是落到了 Store 类上，Store 类才是起作用的实体。
- 参与的进程只有找到彼此并交换信息才能够进行通信，此过程称为 Rendezvous。
- Rendezvous 其实就是返回了某一种 Store 类，以供后续通信使用。
- 进程组会使用 Store 类完成构建通信、等待、存取等功能。

我们接下来选择 TCPStore 进行分析。

5.3.3 TCPStore 类

TCPStore 是基于 TCP 的分布式键-值对存储实现。系统中应该有一个初始化完毕的 TCPStore 存储服务器，因为存储客户端将等待此存储服务器以建立连接。服务器负责存储/保存数据，TCPStore 客户端可以通过 TCP 连接到服务器并执行诸如 set() 函数插入键-值对、get() 函数检索键-值对等操作。

下面，我们通过一个例子进行分析，代码如下。

```
# 运行在进程 1 (server)
server_store = dist.TCPStore("127.0.0.1", 1234, 2, True, timedelta(seconds=30))
# 运行在进程 2 (client)
client_store = dist.TCPStore("127.0.0.1", 1234, 2, False)
# 初始化之后可以使用 Store 类的方法
server_store.set("first_key", "first_value")
client_store.get("first_key")
```

从上述例子来看，TCPStore 的使用就是简单的 Server 和 Client（客户端）或者 Master 和 Worker 模式，接下来进行详细分析。

Python 世界中的 TCPStore 初始化操作简单地设定了主机和端口，我们需要深入 C++ 世界。C++ 中的 TCPStore 可以被认为是一个 API，其定义如下。

```cpp
class TCPStore : public Store {
  bool isServer_;
  int storeSocket_ = -1;
  int listenSocket_ = -1;
  int masterListenSocket_ = -1; // Master 在此处监听
  std::string tcpStoreAddr_;
  PortType tcpStorePort_;
  std::unique_ptr<TCPStoreMasterDaemon> tcpStoreMasterDaemon_ = nullptr;
  std::unique_ptr<TCPStoreWorkerDaemon> tcpStoreWorkerDaemon_ = nullptr;
};
```

TCPStore 成员变量中最主要的是三个 Socket，或者说它们是 Store 的精华（难点）所在，其功能具体解释如下。

masterListenSocket_： Master 监听（listen）在 MasterPort 上，相关逻辑如下。

- tcpStoreMasterDaemon_是 Master 的 daemon 线程，是为整个 TCPStore 提供服务的 Server。
- tcpStoreMasterDaemon_使用 tcputil::addPollfd(fds, storeListenSocket_, POLLIN)监听 masterListenSocket_。
- Master 上的键-值对存储是 std::unordered_map<std::string, std::vector> tcpStore_变量。

storeSocket_：此 Socket 工作在 Worker 的 tcpStoreWorkerDaemon_，连接到 masterPort 上，相关逻辑如下。

- storeSocket_ 的作用是封装对 Master 端口的操作，Worker 只管执行 set()函数、get()函数等操作，不用了解 Master 端口。
- Worker 调用 set(key, data)函数，就是通过 storeSocket_向 Master 发送一个设置键-值对的请求。
- Master 的 tcpStoreMasterDaemon_监听到 Socket 变化就开始响应。
- tcpStoreMasterDaemon_ 内部把键-值对添加到 std::unordered_map<std::string, std::vector> tcpStore_上。

listenSocket_：工作在 Worker 的 tcpStoreWorkerDaemon_上，也连接到 masterPort。listenSocket_起到了解耦作用，如注释所述"It will register the socket on TCPStoreMasterDaemon and the callback on TCPStoreWorkerDaemon"，相关逻辑如下。

- listenSocket_封装了对 watchKey 的处理。Store 的客户会使用 watchKey(const std::string& key, WatchKeyCallback callback)请求注册，即：
  - Worker 请求注册。使用 tcpStoreWorkerDaemon_->setCallback(regKey, callback) 向 tcpStoreWorkerDaemon_的 std::unordered_map<std::string, WatchKeyCallback> keyToCallbacks_变量上添加一个回调函数（Callback）。
  - Worker 发送请求。通过 listenSocket_ 给 Master 发消息（key, WATCH_KEY），告诉 Master 如果 key 的值有变化就通知 Worker，Worker 会调用此回调函数。
- Master 执行注册。Master 接到 WATCH_KEY 消息之后进行注册，调用 watchHandler，其使用 watchedSockets_[key].push_back(socket) 来配置，告诉自己如果此 key 有变化，就给此 Socket 发消息。
- Master 通知 Worker。在 TCPStoreMasterDaemon::setHandler()函数中，如果给某个 key 设置了新值，则调用 sendKeyUpdatesToClients()函数查看 watchedSockets_[key]；如果 watchedSockets_[key]有 Socket，则给 Socket 发送消息变化通知。
- Worker 执行回调函数。因为 key 有变化，所以 Worker 就在 tcpStoreWorkerDaemon_中调用原先注册的回调函数。

另外，storeListenSocket_在两种 Daemon 中分别指向 masterListenSocket_和 listenSocket_。

接下来，我们看看具体操作的两个业务流程，分别是 set 和 watchKey。

set 的例子如图 5-8 所示，就是 Worker 通过 Socket 在 Master 上设置某个键对应的值。

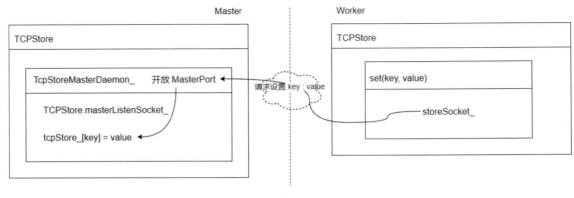

图 5-8

set 和 watchKey 结合起来如图 5-9 所示。其中，Worker 请求注册，希望在键变化时执行回调；Master 执行注册，希望在键变化时通知 Worker 执行回调，具体步骤如下。

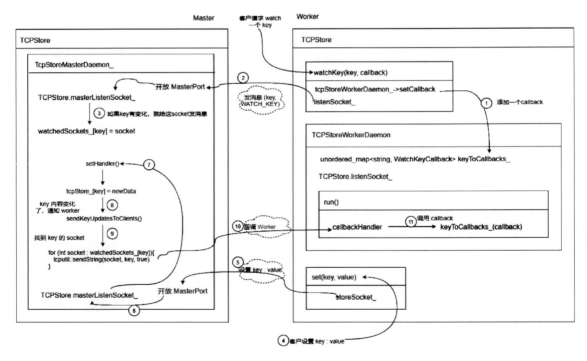

图 5-9

（1）Worker 请求注册。Store Client 使用 watchKey(const std::string& key, WatchKeyCallback callback) 函数调用 tcpStoreWorkerDaemon_->setCallback(regKey, callback)，进而来为 tcpStoreWorkerDaemon_ 的 std::unordered_map<std::string, WatchKeyCallback> keyToCallbacks_ 添加一个回调函数。

（2）Worker 发送请求。Worker 通过 listenSocket_ 给 Master 发消息（key, WATCH_KEY），告诉 Master：如果 key 的值有变化，Worker 希望调用 key 对应的回调函数。

（3）Master 执行注册。在 Master 接到 WATCH_KEY 的消息之后，调用 watchHandler，其使用 watchedSockets_[key].push_back(socket)函数来配置，并告诉自己如果此 key 有变化就给此 Socket 发消息。

（4）响应 watch 操作。假设 Client（此处假设是同一个 Worker）设置了一个值。

（5）Worker 通过 Socket 在 Master 上设置值，并发送一个请求。

（6）Master 开放了 MasterPort，于是联系到 TCPStore.masterListenSocket_。

（7）SetHandler()函数通过 tcpStore_[key] = newData 设置了新值。

（8）Master 发现 key 内容变化了，于是调用 sendKeyUpdatesToClients()函数通知 Worker。

（9）sendKeyUpdatesToClients()函数会遍历 watchedSockets_[key]，如果 watchedSockets_[key]有 Socket，就给 Socket 发送消息变化通知。

（10）TCPStoreWorkerDaemon 对 TCPStore.listenSocket_ 进行监听。

（11）如果 key 有变化，那么 Worker 就在 tcpStoreWorkerDaemon_中调用此回调函数。

至此，我们梳理了初始化方法和 Store 这两个概念，最终发现其实是 Store 类在初始化过程中起了作用。我们也通过对 TCPStore 的分析知道了 Store 类应该具备的功能，比如设置键-值对、监控某个键的变化等，正是基于这些功能才可以让若干进程彼此知道对方的存在。

5.3.4 进程组概念

DDP 构建在集合通信库上，包括三个选项：NCCL、Gloo 和 MPI。DDP 从这三个库中获取 API，并将它们包装到同一个 ProcessGroup API 中。

在默认情况下，集合通信在默认组（也称为 world）上运行，并要求所有进程都进入分布式函数调用。但是，一些工作可以从更细粒度的通信中受益，这就是分布式组发挥作用的地方。new_group()函数用于创建一个新分布式组，此新组是所有进程的任意子集。new_group()函数返回一个不透明的组句柄，此句柄可以作为 Group 参数提供给所有集合函数。

抛开概念，从代码看其本质。进程组就是给每一个训练的进程建立一个通信线程。主线程（计算线程）在前台进行训练，通信线程在后台做通信。我们以 ProcessGroupMPI 为例，就是在通信线程中另外添加了一个队列，做缓存和异步处理。这样，进程组中的所有进程都可以组成一个集合在后台进行通信操作。在图 5-10 中，左侧 Worker 进程 1 中有两个线程，计算线程负责计算梯度，通信线程负责与其他 Worker 进行交换梯度。

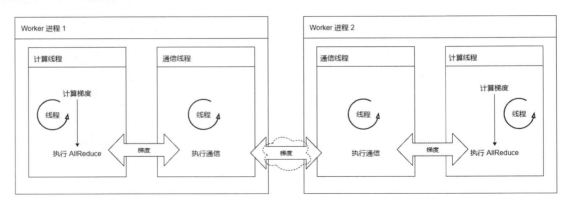

图 5-10

所有 ProcessGroup 实例都通过使用集合服务（Rendezvous Service）来同时构造，其中第一个实例将进行阻塞并一直等待直到最后一个实例加入。对于 NCCL 后端，ProcessGroup 为通信维护一组专用的 CUDA 流，以便通信不会阻止默认流中的计算。由于所有通信都是集合操作，因此所有 ProcessGroup 实例上的后续操作在大小和类型上必须匹配，并遵循相同的顺序。

知道了进程组的本质，我们接下来看如何使用进程组。首先，在_ddp_init_helper 中会生成 dist.Reducer，将进程组作为 Reducer 类的参数之一传入，具体代码如下。

```python
def _ddp_init_helper(self, parameters, expect_sparse_gradient,
param_to_name_mapping):
    self.reducer = dist.Reducer(self.process_group, # 此处使用进程组
        # 省略其他参数
    )
```

其次，在 Reducer 类的构建函数中，会把进程组配置到 Reducer 类的成员变量 process_group_ 上，代码如下。

```cpp
Reducer::Reducer(c10::intrusive_ptr<c10d::ProcessGroup> process_group,
    # 省略其他参数)
    : process_group_(std::move(process_group)), // 在此处使用
```

最后，当需要对梯度做 All-Reduce 时，会调用 process_group_->allreduce(tensors) 进行处理。代码如下。

```cpp
void Reducer::all_reduce_bucket(Bucket& bucket) {
  for (const auto& replica : bucket.replicas) {
    tensors.push_back(replica.contents);
  }
  if (comm_hook_ == nullptr) {
    bucket.work = process_group_->allreduce(tensors); // 调用进程组进行集合通信
  }
```

5.3.5 构建进程组

在 Python 世界中，各种后端都会使用_new_process_group_helper()函数构建进程组。_new_process_group_helper()函数针对不同集合通信库调用了不同的 C++ 实现，比如 ProcessGroupGloo。Python 世界构建进程组的流程如图 5-11 所示。

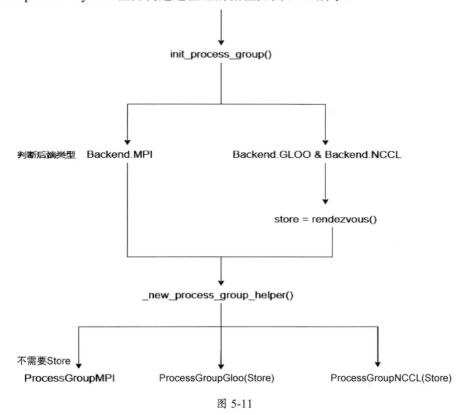

图 5-11

从图 5-11 可以看到，无论哪个类，都指向了 C++ 世界。我们以 ProcessGroupMPI 类为例，其最后调用的是 createProcessGroupMPI() 函数，于是我们直接去 C++ 世界看 ProcessGroupMPI 在 C++ 世界中如何实现。

ProcessGroupMPI 类的定义位于 torch/lib/c10d/ProcessGroupMPI.cpp。此处的主要成员是工作线程和工作队列，这样就可以进行异步操作了，具体代码如下。

```cpp
class ProcessGroupMPI : public ProcessGroup {
  std::thread workerThread_;
  std::deque<WorkType> queue_;
  std::condition_variable queueProduceCV_;
  std::condition_variable queueConsumeCV_;
  MPI_Comm pgComm_;
};
```

我们接下来看看 createProcessGroupMPI() 函数，该函数中会先完成进程组的初始化，比如

initMPIOnce()函数调用 MPI_Init_thread API 初始化 MPI 执行环境,然后构建 ProcessGroupMPI 类。createProcessGroupMPI()函数精简版代码如下。

```cpp
c10::intrusive_ptr<ProcessGroupMPI> ProcessGroupMPI::createProcessGroupMPI(
    std::vector<int> ranks) {
  initMPIOnce();
  MPI_Comm groupComm = MPI_COMM_WORLD;

  {
    if (!ranks.empty()) {
      MPI_Group worldGroup;
      MPI_Group ranksGroup;
      MPI_CHECK(MPI_Comm_group(MPI_COMM_WORLD, &worldGroup));
      MPI_CHECK(
          MPI_Group_incl(worldGroup, ranks.size(), ranks.data(), &ranksGroup));
      constexpr int kMaxNumRetries = 3;
      bool groupComm_updated = false;
      MPI_Barrier(MPI_COMM_WORLD);
      for (const auto i : c10::irange(kMaxNumRetries)) {
        (void)i;
        if (MPI_Comm_create(MPI_COMM_WORLD, ranksGroup, &groupComm)) {
          groupComm_updated = true;
          break;
        }
      }
    }

    if (groupComm != MPI_COMM_NULL) {
      MPI_CHECK(MPI_Comm_rank(groupComm, &rank));
      MPI_CHECK(MPI_Comm_size(groupComm, &size));
    }
  }

  if (groupComm == MPI_COMM_NULL) {
    return c10::intrusive_ptr<ProcessGroupMPI>();
  }

  return c10::make_intrusive<ProcessGroupMPI>(rank, size, groupComm);
}
```

ProcessGroupMPI 类构建方法生成了 workerThread,workerThread 会运行 runLoop()函数,runLoop()函数就是进程组的主要业务逻辑所在,该函数会接受 MPI 调用,代码如下。

```cpp
workerThread_ = std::thread(&ProcessGroupMPI::runLoop, this);
```

ProcessGroupMPI 类在此处有两个封装，WorkEntry 封装计算执行（每次需要执行的集合通信操作都要封装在此处）和 WorkMPI 封装计算执行结果（因为计算是异步的）。

当往工作队列插入时，实际插入的是二元组(WorkEntry, WorkMPI)。以 All-Reduce 为例，其就是先把 MPI_Allreduce 封装到 WorkEntry 中，然后把 WorkEntry 插入到队列。runLoop() 函数会从队列中取出 WorkEntry，然后运行 MPI_Allreduce。

进程组运行的具体逻辑拓展如图 5-12 所示。

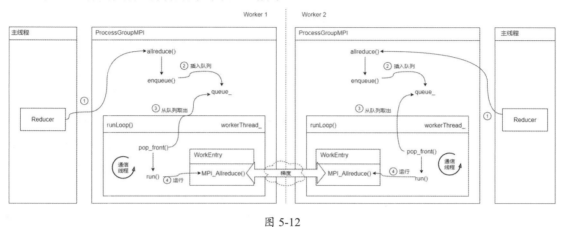

图 5-12

至此，进程组介绍完毕。

5.4 架构和初始化

上一节介绍的 DDP 基础概念为本节做了必要铺垫，本节开始介绍 Python 世界代码和 C++ 世界的初始化部分。[①]

5.4.1 架构与迭代流程

1. DDP 架构

图 5-13 是 DDP 实现组件，该技术栈图显示了代码的结构。

图 5-13

---

① 本节参考 PyTorch 官方文档 *DISTRIBUTED DATA PARALLEL*。

我们顺着此架构图从上往下看，最上面是分布式数据并行组件，包括 Distributed.py、comm.h 和 reducer.h，具体逻辑如下。

（1）Distributed.py

- 此文件是 DDP 的 Python 入口，会初始化 DDP。
- 它的"进程内参数同步"功能是，当一个 DDP 进程在多个设备上工作时，会执行进程内参数同步，并且它还从 rank 0 进程向其他进程广播模型缓冲区。
- 进程间参数同步在 reducer.cpp 中实现。

（2）comm.h：实现合并广播助手函数（Coalesced Broadcast Helper），该函数在初始化期间被调用以广播模型状态，并在前向传播之前同步模型缓冲区。

（3）reducer.h：提供反向传播中梯度同步的核心实现，它具有三个入口点函数。

- Reducer()函数：Reducer 类的构造函数在 Distributed.py 中被调用，Reducer 类注册 Reducer::autograd_hook()到梯度累积器。
- autograd_hook()函数：当梯度就绪时，自动求导引擎将调用该函数。
- prepare_for_backward()函数：在 Distributed.py 中，当 DDP 前向传播结束时，会调用 prepare_for_backward()函数。如果在 DDP 构造函数中，将 find_unused_parameters 设置为 True，DDP 会遍历自动求导计算图以查找未使用的参数。

接下来介绍两个进程的相关组件，它们会支撑分布式数据并行组件。

- ProcessGroup.hpp：包含所有进程组实现的抽象 API。C10D 库提供了三个开箱即用的实现，即 ProcessGroupGloo、ProcessGroupNCCL 和 ProcessGroupMPI。DDP 用 ProcessGroup::broadcast()函数在初始化期间将模型状态从 rank 0 进程发送到其他进程，并使用 ProcessGroup::allreduce()函数对梯度求和。
- store.hpp：协助进程组实例的集合服务找到彼此。

2. DDP 迭代流程

DDP 迭代流程中的一般步骤如下。

（1）前置条件

DDP 依赖 C10D ProcessGroup 进行通信，因此，应用程序必须在构建 DDP 之前创建 ProcessGroup 实例。

（2）构造方法

在构造方法中进行如下操作。

- rank 0 进程会把本地模型的 state_dict()参数广播到所有进程中，这样可以保证所有进程使用同样的初始化数值和模型副本进行训练。
- 每个 DDP 进程分别创建一个本地（Local）Reducer 类，Reducer 类将在反向传播期间处理梯度同步。

- 为了提高通信效率，Reducer 类将参数梯度组织成桶，一次归约一个桶。
  - 初始化桶，按照逆序把参数分配到桶中，这样可以提高通信效率。
  - 可以通过设置 DDP 构造函数中的参数 bucket_cap_mb 来配置桶的大小。
  - 从参数梯度到桶的映射是在构建 Reducer 时根据桶大小限制和参数大小确定的。模型参数以与给定模型 Model.parameters() 相反的顺序分配到桶中，原因是 DDP 期望在反向传播期间大体以该顺序来准备就绪的梯度。图 5-14 显示了一个示例。请注意，grad0 和 grad1 在 Bucket1 中，另外两个梯度在 Bucket0 中。当然，这种假设可能并不总是正确的，当这种情况发生时，它可能会影响 DDP 反向传播速度，因为它无法让 Reducer 类尽早开始通信。

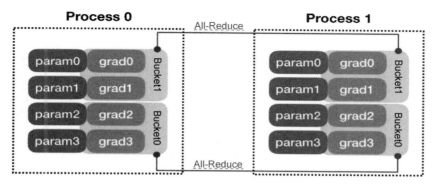

图 5-14

- 除了分桶，Reducer 类还在构造期间注册自动求导钩子函数，每个参数都有一个钩子函数。当梯度准备好时，将在反向传播期间触发这些钩子函数，构造期间的具体操作就是遍历参数，为每个参数加上 grad_accumulator 和 autograd_hook。

（3）前向传播

在前向传播过程中将进行如下操作。

- 每个进程读取自己的训练数据，DistributedSampler 可以确保每个进程读到的数据不同。
- DDP 获取输入并将其传递给本地模型。
- 模型进行前向计算，结果设置为输出变量 out。计算在每个进程（CUDA 设备）上完成。
- 如果应用程序将 find_unused_parameters 设置为 True，DDP 会分析本地模型的输出，从 out 变量开始遍历计算图，把未使用参数标示为就绪，因为每次计算图都会改变，所以每次都要遍历，关于这一步需要做进一步说明。
  - 将所有未使用的参数标记为就绪的目的是减少反向传播中涉及的参数。
  - 在反向传播期间，Reducer 类只会等待未准备好的参数，将参数梯度标记为就绪并不能帮助 DDP 跳过桶，但会阻止 DDP 在反向传播期间永远等待不存在的梯度。

注意，由于遍历自动求导图会引入额外的开销，因此应用程序仅在必要时才设置

find_unused_parameters 为 True。

- 返回输出变量 out。模型网络输出不需要聚集到 rank 0 进程了，这一点与 DP 不同。

（4）反向传播

反向传播将进行如下操作。

- 在损失上直接调用 backward()函数，这是自动求导引擎的工作，DDP 无法控制，所以 DDP 采用了钩子函数以达到控制反向传播的目的，具体细节如下。
    - DDP 在构造时注册了自动求导钩子函数。
    - 自动求导引擎进行梯度计算。
    - 当一个梯度准备好时，它在该梯度累积器上的相应 DDP 钩子函数将被触发。
- 在自动求导钩子函数中进行 All-Reduce 操作。若钩子函数的 index 参数是 param_index，则可以利用 param_index 获取到参数，标示此参数为就绪；如果某个桶里面梯度都为就绪，则该桶处于准备好的状态。
- 当一个桶中的梯度都准备好时，会在该桶的 Reducer 类来启动异步 All-Reduce，以计算所有进程的梯度平均值。
- 当所有桶都准备好时，Reducer 类将阻塞等待所有 All-Reduce 操作完成。完成此操作后，Reducer 将平均梯度写入模型_parameters 对应参数的 grad 字段。
- 所有进程的梯度都会进行归约操作。更新之后，因为这些进程的模型权重都相同，所以在反向传播完成后，进程相同参数上的 grad 字段应该是相等的。
- 梯度被归约之后会再传输回自动求导引擎。

需要注意的是，虽然 DDP 不需要像 DP 那样每次迭代之后都要广播参数，但还是需要在每次迭代过程中由 rank 0 进程广播缓存到其他进程上。

（5）优化步骤

最后我们来到了优化步骤，此处的关键点如下。

- 从优化器自身的角度来看，它正在优化本地模型。
- 所有 DDP 进程上的模型副本都可以保持同步，因为它们都从相同的状态开始，并且在每次迭代中都具有相同的平均梯度。

我们接下来看如何初始化 DDP。

5.4.2 初始化 DDP

由于在 Python 世界中可以在很多时刻给类设置成员变量，因此我们还是从__init__()函数看起，其核心逻辑如下：

- 设置设备类型。

- 设置设备 id。
- 设置 self.process_group，默认为 GroupMember.WORLD。
- 配置各种类成员变量。
- 检查参数。
- 设定桶大小。
- 构建参数。
- 在 rank 0 中使用 state_dict()函数取出本 Worker 需要训练的模型参数，然后将该参数广播到其他 Worker，以保证所有 Worker 的模型初始状态相同。
- 建立 Reducer 类。

接下来，我们选择一些重要步骤进行分析。

1. 构建参数

DDP 第一个关键步骤就是构建参数，此处需要注意，如果目前的情况是单机多 GPU，也就是单进程多设备（和 DP 一样），那么需要在进程内进行模型复制。

需要留意下面代码中的注释：由于 PyTorch 未来不会支持 SPMD（单程序多数据，即运行同样的程序处理不同数据），会去掉不必要的数组结构（PyTorch 最新代码中，_module_copies 已经被去除），因此实际上 DDP 只需要处理一个模型（假定模型是 ToyModel）。若 parameters 数组是[ToyModel]列表的参数集合，则 parameters[0]是 ToyModel 的参数，具体代码如下。

```
# TODO(wayi@): Remove this field since SPMD is no longer supported,
# and also remove all the relevant unnecessary loops.
# Module replication within process (single-process multi device)
self._module_copies = [self.module] # 构建一个列表，如 [ToyModel]
# 为 Reducer 类构建参数
parameters, expect_sparse_gradient = self._build_params_for_reducer()
```

我们看看模型中有哪些重要参数。

- parameter：在反向传播过程中需要被优化器更新的参数，我们可以通过 model.parameters()函数得到这些参数。
- buffer：在反向传播过程中不需要被优化器更新的参数，我们可以通过 model.buffers()函数得到这些参数。

_build_params_for_reducer()函数为 Reducer 类建立参数，逻辑大致如下。

- 遍历 _module_copies 得到 (module, parameter) 列表，将此列表设置到 modules_and_parameters 变量中，这些参数需要求导。
- 用集合数据结构去除可能在多个模块（类型为 torch.nn.Module）中共享的参数。
- 构建一个参数列表。

- 检查是否一个模块期盼一个稀疏（Sparse）梯度，把结果放到 expect_sparse_gradient 中。
- 得到模块的参数，参数与下面的缓存一起都会被同步到其他 Worker。
- 得到模块的缓存。
- 返回参数列表和 expect_sparse_gradient。

self.modules_buffers 会在后来广播参数时用到，比如：

```
def _check_and_sync_module_buffers(self):
    if self.will_sync_module_buffers():
        self._distributed_broadcast_coalesced(
            self.modules_buffers[0], self.broadcast_bucket_size,
authoritative_rank
        )
```

2. 验证模型

接下来，我们看看如何验证模型。_verify_model_across_ranks()函数的作用是验证跨进程传输模型的正确性，即将进程 0 的相关参数广播之后，每个进程的模型是否都拥有同样的大小和步幅（stride）。_verify_model_across_ranks()函数调用 verify_replica0_across_processes()函数。在 verify_replica0_across_processes()函数中，model_replicas 就是前面提到的参数，其逻辑如下。

- 从模型副本（model replicas）得到元数据（metadata）。
- 把元数据复制到 metadata_dev 变量中。
- 把进程 0 的 metadata_dev 变量广播到对应的设备。
  - 每个进程都会运行同样的代码，但是在 process_group->broadcast()函数中，只有 rank 0 会设置为 root_rank，这样就只广播 rank 0 的数据。
  - 广播之后，如果跨进程通信没有问题，则所有进程的 metadata_dev 变量都一样，就是同进程 0 内的数据一样。
- 先把 metadata_dev 变量复制回 control 变量中，再把 control 变量和 model_replicas[0] 进行比较，看看是否和原来的数据相等。

3. 广播状态

广播状态即把模型初始参数和变量从 rank 0 广播到其他 rank，以保证所有 Worker 的模型初始状态相同，具体代码如下。

```
self._sync_params_and_buffers(authoritative_rank=0)
```

我们先来看需要广播哪些内容。PyTorch 的 state_dict 是一个字典对象，state_dict 将模型的每一层与它对应的参数建立映射关系，比如模型每一层的权重及偏置等。只有那些参数可以训练的层（如卷积层、线性层等）才会保存到模型的 state_dict 中，池化层这样本身没有参数的层就不会保存在 state_dict 中。

_sync_params_and_buffers()函数会先依据 module 的 state_dict 收集可以训练的参数,然后调用_distributed_broadcast_coalesced()函数把这些参数广播出去。_distributed_broadcast_coalesced()函数则调用了 dist._broadcast_coalesced()函数。dist._broadcast_coalesced()函数会利用 ProcessGroup 对张量进行广播。

4. 初始化功能函数

接下来,执行逻辑会调用_ddp_init_helper()函数进行初始化业务,该函数的主要逻辑如下。

- 调用 dist._compute_bucket_assignment_by_size()函数对参数进行分桶,尽可能按照前向传播的逆序(前向传播中先计算出来的梯度会先做反向传播)把参数平均分配入存储桶,这样可以提高通信速度和归约速度。
- 重置分桶状态。
- 生成一个 Reducer 类,其内部会注册自动求导钩子函数,用来在反向传播时进行梯度同步。
- 给 SyncBatchNorm 层传递 DDP handle。

dist._compute_bucket_assignment_by_size()函数完成了分桶功能,参数 parameters[0] 就是对应的张量列表。

为了加快复制操作的速度,存储桶要始终与参数在同一设备上创建。如果模型跨越多个设备,那么 DDP 会考虑设备关联性,以确保同一存储桶中的所有参数都位于同一设备上。DDP 将类型和设备作为键来分桶,因为不同设备上的张量不应该分在一组,同类型的张量应该分在一个存储桶,所以用类型和设备作为键可以保证同设备上的同类型张量分配在同一个存储桶里,具体代码如下。

```
struct BucketKey {
  const c10::ScalarType type;
  const c10::Device device;
  static size_t hash(const BucketKey& key) {
    return c10::get_hash(key.type, key.device); // 将类型和设备作为键
  }
};
```

Reducer 类的关键结构 BucketAccumulator 可以认为是存储桶的实际累积器,用来计算桶的累积大小,具体代码如下,

```
struct BucketAccumulator {
   std::vector<size_t> indices; // 存储桶内容,是张量列表
   size_t size = 0; // 存储桶大小,比如若干 MB
 }; // 存储桶的逻辑内容

std::unordered_map<BucketKey, BucketAccumulator, c10::hash<BucketKey>>
    buckets; // 所有桶的列表,每一个存储桶都可以认为是 BucketAccumulator
```

我们接下来看 compute_bucket_assignment_by_size() 函数的具体逻辑。

- 生成一个计算结果，设置参数张量的大小来为结果预留出空间。
- 定义存储桶的大小限制列表 bucket_size_limit_iterators。
- 生成一个 Bucket，这是所有存储桶累积器的列表，每一个存储桶累积器都是 BucketAccumulator。
- 遍历传入的所有张量，对于每一个张量：
  - 给所有的张量一个索引，从 0 开始递增，一直到 tensors.size() 函数，如果已经传入了 indices 参数，就能获得张量的索引（indices 是张量索引列表）。
  - 如果配置了期待稀疏梯度（Sparse Gradient），则把此张量单独放入一个桶，因为无法和其他张量放在一起。
  - 使用张量信息构建存储桶的键，先找到对应的桶得到 BucketAccumulator，往该桶的张量列表里面插入新张量的索引，然后增加对应存储桶的大小。
  - 获得当前最小值限制。
  - 如果目前存储桶的大小已经达到了最大限制值，就需要转移到新桶。实际上，确实转移到了逻辑上的新桶，但还是在现有桶内执行，因为类型和设备是同样的，应该在原有桶内继续累积，不过原有桶的 indice 已经转移到了变量 result 中，就相当于清空了，所以做如下操作。
    - 把存储桶中的内容插入返回变量 result 中，就是说，当桶过大时，就先插入 result 中。
    - 重新生成存储桶，因为桶是一个引用，所以直接赋值就相当于清空原有的桶，原来的桶继续用，但桶内原有的 indices 已经转移到了 result 中。
    - 前进到下一个尺寸限制。
  - 把桶内剩余的 indices 插入到 result 中，之前已经有些 indices 直接被插入 result 中。
  - 对 result 进行排序，具体方式如下。
    - 如果 tensor_indices 非空，则说明张量的顺序已经是梯度准备好的顺序，不需要再排序了。
    - 如果 tensor_indices 为空，则依据最小张量索引排序，此处假定张量的顺序是它们使用的顺序（或者说是它们梯度产生顺序的反序），那么这种排序可以保证桶按照连续不断的顺序准备好。
    - 注意，bucket_indices 在此处就是正序排列，等到创建 Reducer 类时才反序传入：list(reversed(bucket_indices))。
  - 最后返回 result。result 的类型是 std::tuple<std::vector<std::vector<size_t>>, std::vector<size_t>>，tuple 中每个 vector 都对应了一个桶，桶里面是张量的索引，这些张量按照从小到大的顺序进行排序。

需要注意，传入参数张量是 parameters[0]，而 parameters[0] 是由 parameters() 函数的返回结果生成的，即模型参数以 Model.parameters() 函数返回结果相反的顺序存储到桶中。使用相反顺序的原因是，DDP 期望梯度在反向传播期间大约以该顺序准备就绪。最终 DDP 按 Model.parameters() 函数返回结果的相反顺序启动 All-Reduce。

compute_bucket_assignment_by_size() 函数代码具体如下。

```cpp
std::tuple<std::vector<std::vector<size_t>>, std::vector<size_t>>
compute_bucket_assignment_by_size(
    const std::vector<at::Tensor>& tensors,
    const std::vector<size_t>& bucket_size_limits,
    const std::vector<bool>& expect_sparse_gradient,
    const std::vector<int64_t>& tensor_indices,
    const c10::optional<std::weak_ptr<c10d::Logger>>& logger) {

  // 生成一个计算结果，设置参数张量的大小来为结果预留出空间
  std::vector<std::tuple<std::vector<size_t>, size_t>> result;
  size_t kNoSizeLimit = 0;
  result.reserve(tensors.size());

  // 定义存储桶的大小限制列表 bucket_size_limit_iterators
  std::unordered_map<
      BucketKey,
      std::vector<size_t>::const_iterator,
      c10::hash<BucketKey>>
    bucket_size_limit_iterators;

  // 这是所有存储桶累积器的列表，每一个存储桶累积器都是 BucketAccumulator
  std::unordered_map<BucketKey, BucketAccumulator, c10::hash<BucketKey>>
      buckets;

  for (const auto i : c10::irange(tensors.size())) {
    const auto& tensor = tensors[i];

    // 给所有的张量一个索引，从 0 开始递增，一直到 tensors.size()，如果已经传入了 indices
    // 参数，就能获得张量的索引（indices 是张量索引列表）
    auto tensor_index = i;
    if (!tensor_indices.empty()) {
      tensor_index = tensor_indices[i];
    }
    // 如果配置了期待稀疏梯度，则把此张量单独放入一个桶，因为无法和其他张量放在一起
    if (!expect_sparse_gradient.empty() &&
        expect_sparse_gradient[tensor_index]) {
```

```cpp
        result.emplace_back(std::vector<size_t>({tensor_index}),
kNoSizeLimit);
      continue;
    }

    // 使用张量信息构建存储桶的键，先找到对应的桶，得到 BucketAccumulator，往该桶的张量列
表里面插入新张量的索引，然后增加对应存储桶的大小
    auto key = BucketKey(tensor.scalar_type(), tensor.device());
    auto& bucket = buckets[key];
    bucket.indices.push_back(tensor_index);
    bucket.size += tensor.numel() * tensor.element_size();

    if (bucket_size_limit_iterators.count(key) == 0) {
      bucket_size_limit_iterators[key] = bucket_size_limits.begin();
    }

    // 如果目前存储桶的大小已经达到了最大限制值，就需要转移到新桶
    auto& bucket_size_limit_iterator = bucket_size_limit_iterators[key];
    const auto bucket_size_limit = *bucket_size_limit_iterator;
    bucket.size_limit = bucket_size_limit;
    if (bucket.size >= bucket_size_limit) {
      result.emplace_back(std::move(bucket.indices), bucket.size_limit);
      bucket = BucketAccumulator();

      // Advance to the next bucket size limit for this type/device.
      auto next = bucket_size_limit_iterator + 1;
      if (next != bucket_size_limits.end()) {
        bucket_size_limit_iterator = next;
      }
    }
  }
}

// 把桶内剩余的 indices 插入 result，之前已经有些 indices 直接被插入 result 中
for (auto& it : buckets) {
  auto& bucket = it.second;
  if (!bucket.indices.empty()) {
    result.emplace_back(std::move(bucket.indices), bucket.size_limit);
  }
}

// 对 result 进行排序
if (tensor_indices.empty()) {
  std::sort(
      result.begin(),
```

```cpp
      result.end(),
      [](const std::tuple<std::vector<size_t>, size_t>& a,
         const std::tuple<std::vector<size_t>, size_t>& b) {
        auto indices_a = std::get<0>(a);
        auto indices_b = std::get<0>(b);
        const auto amin =
            std::min_element(indices_a.begin(), indices_a.end());
        const auto bmin =
            std::min_element(indices_b.begin(), indices_b.end());
        return *amin < *bmin;
      });
}

// 最后返回 result
std::vector<std::vector<size_t>> bucket_indices;
bucket_indices.reserve(result.size());
std::vector<size_t> per_bucket_size_limits;
per_bucket_size_limits.reserve(result.size());
for (const auto & bucket_indices_with_size : result) {
  bucket_indices.emplace_back(std::get<0>(bucket_indices_with_size));
per_bucket_size_limits.emplace_back(std::get<1>(bucket_indices_with_size));
}
return std::make_tuple(bucket_indices, per_bucket_size_limits);
}
```

初始化过程的代码会生成一个 Reducer 类。

```python
self.reducer = dist.Reducer(
    parameters,
    list(reversed(bucket_indices)),
    self.process_group,
    expect_sparse_gradient,
    self.bucket_bytes_cap,
    self.find_unused_parameters,
    self.gradient_as_bucket_view,
    param_to_name_mapping,
)
```

我们下一章会对 Reducer 类进行介绍。

第 6 章　PyTorch DDP 的动态逻辑

本章我们分析 PyTorch DDP 的核心 Reducer 类，该类提供了反向传播中梯度同步的核心实现。

6.1　Reducer 类

6.1.1　调用 Reducer 类

Reducer 类的创建代码位于_ddp_init_helper()函数中。在该函数参数中，parameters 数组只有[0]元素有意义，parameters[0]就是 rank 0 中模型的参数。Python 代码的 Reducer 类定义没有实质内容，我们只能看 C++代码，这对应了 torch/lib/c10d/reducer.h 和 torch/lib/c10d/reducer.cpp 两个文件。

6.1.2　定义 Reducer 类

Reducer 类提供了反向传播中梯度同步的核心实现，其定义相当复杂，我们甚至需要去掉一些不重要的成员变量以便于展示：

```cpp
class Reducer {
  const std::vector<std::vector<at::Tensor>> replicas_; // 传入的张量
  const c10::intrusive_ptr<::c10d::ProcessGroup> process_group_; //进程组

  std::vector<std::vector<std::shared_ptr<torch::autograd::Node>>>
      grad_accumulators_; // 对应的索引存储的 grad_accumulator，就是张量索引对应的 grad_accumulator
  std::unordered_map<torch::autograd::Node*, VariableIndex>
      gradAccToVariableMap_; // 存储 grad_accumulator 和索引的对应关系，这样以后在自动求导图中寻找未使用的参数（unused parameters）就比较方便
  std::vector<std::pair<uintptr_t, std::shared_ptr<torch::autograd::Node>>>
      hooks_;

  bool has_marked_unused_parameters_;
  const bool find_unused_parameters_;
  const bool gradient_as_bucket_view_;
  std::vector<VariableIndex> unused_parameters_; //如果没有用到，则直接设置为就绪，第一次迭代之后就不会改变
  std::vector<at::Tensor> local_used_maps_;
  std::vector<at::Tensor> local_used_maps_dev_;
  // 标识归约和 D2H 复制是否完成
  bool local_used_maps_reduced_;

  using GradCallback =
      torch::distributed::autograd::DistAutogradContext::GradCallback;
```

```cpp
  struct BucketReplica {
    at::Tensor contents;
    std::vector<at::Tensor> bucket_views_in;
    std::vector<at::Tensor> bucket_views_out;
    std::vector<at::Tensor> variables;
    std::vector<size_t> offsets;
    std::vector<size_t> lengths;
    std::vector<c10::IntArrayRef> sizes_vec;
    size_t pending;
  };

  struct Bucket {
    std::vector<BucketReplica> replicas;
    std::vector<size_t> variable_indices;
    size_t pending;
    c10::intrusive_ptr<c10d::ProcessGroup::Work> work;
    c10::intrusive_ptr<torch::jit::Future> future_work;
    bool expect_sparse_gradient = false;
  };

  std::vector<Bucket> buckets_;

  struct VariableLocator {
    size_t bucket_index;
    size_t intra_bucket_index;
    VariableLocator() = default;

    VariableLocator(size_t bucket_index_, size_t intra_bucket_index_) {
      bucket_index = bucket_index_;
      intra_bucket_index = intra_bucket_index_;
    }
  };

  std::vector<VariableLocator> variable_locators_;
  const int64_t bucket_bytes_cap_;

  struct RpcContext {
    using ContextPtr = torch::distributed::autograd::ContextPtr;
    ContextPtr context_ptr_holder;
    std::atomic<ContextPtr::element_type*> context_ptr{nullptr};

    void set(ContextPtr&& new_context_ptr);
  };
  RpcContext rpc_context_;

  std::unordered_map<VariableIndex, int, c10::hash<VariableIndex>>
numGradHooksTriggeredMap_;
```

```
  std::unordered_map<VariableIndex, int, c10::hash<VariableIndex>>
numGradHooksTriggeredMapPerIteration_;

 private:
  std::unique_ptr<CommHookInterface> comm_hook_;
};
```

接下来我们分析其中的重要成员变量和内部类。

6.1.3 Bucket 类

1. 关键点

首先提出一个问题：一个桶（对应 Bucket 类数据结构）内有多少个副本（对应 BucketReplica 数据结构）？为了更好地说明，我们首先要从注释出发，具体如下。

```
// A bucket holds N bucket replicas (1 per model replica)
```

看起来一个桶内有多个副本，但因为 PyTorch 目前不支持单进程多设备模式，所以桶里实际只有一个副本，即[0]元素有意义，其具体解释如下。

- 因为 DDP 原来是希望支持 SPMD（单进程多设备）的，所以本进程需要维护多个 GPU 上的多个模型副本的参数，即 parameters 变量是一个数组，数组中每个元素是一个模型副本的参数。
- 因为 DDP 未来不支持 SMPD，所以只有 parameters[0]有意义。
- parameters 变量被赋值为 Reducer.replicas_，而 Reducer.replicas_用来赋值给 bucket.replicas。
- 因此桶里只有一个副本。

于是我们总结一下 Bucket 类的关键点。

- 成员变量 replicas 就是桶对应的各个 BucketReplica。一个 BucketReplica 代表了 [1…N] 个需要被归约的梯度，这些梯度拥有同样的张量类型，位于同样的设备上。
    - 成员变量 replicas 由 Reducer.replicas_赋值，Reducer.replicas_就是参数 parameters。
    - 只有 replicas[0]是有意义的，其对应了本模型的待求梯度参数组中本桶对应的张量。
- 成员变量 variable_indices 用来记录本桶中这些 Variable（张量）的索引。
    - 使用前面介绍的 bucket_indices 进行赋值：
      bucket.variable_indices = std::move(bucket_indices[bucket_index])。
    - intra_bucket_index 是 bucket.variable_indices 的序号，利用序号得到 variable 的索引，具体代码为 size_t variable_index = bucket.variable_indices[intra_bucket_index]。

2. 设置

Reducer 类的成员变量 buckets_是关键，这是 Reducer 类中所有的存储桶，代码如下。

```
  std::vector<Bucket> buckets_;
```

在初始化函数中有如何初始化 buckets_ 变量的代码，其核心是：

- 找到本桶在 bucket_indices 中的索引。
- 在 parameters 变量中找到索引对应的张量。
- 在 BucketReplica 中配置这些张量，就是本桶应该归约的张量。

buckets_ 变量的构造逻辑如图 6-1 所示（图中虚线表示列表数据结构），此处假设桶的索引是 1，即第 2 个桶，variable_indices 对应了 bucket_indices 中的相应部分。比如 BucketReplica[0] 里面是张量 4、5、6，而 variable_indices 就分别是张量 4、5、6 的索引。图 6-1 中的 bucket_indices 是 Reducer 类构造函数的参数之一。另外，虽然图上给出了多个 BucketReplica，实际上只有第一个 BucketReplica 是有意义的。

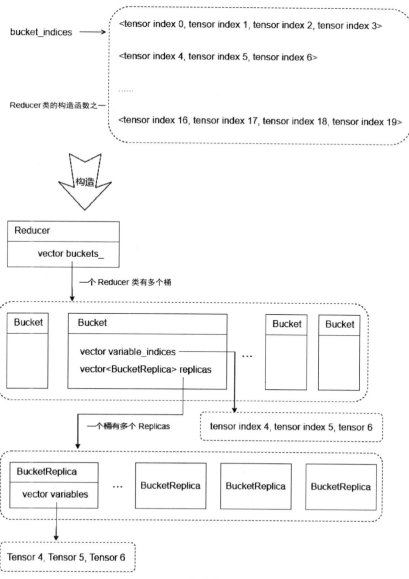

图 6-1

6.1.4 BucketReplica 类

前面提到一个 BucketReplica 代表[1…N]个需要被归约的梯度,这些梯度拥有同样的张量类型,位于同样的设备上,是一个模型待求梯度参数的一部分,具体是哪些参数则由存储桶的 variable_indices 决定。BucketReplica 类的关键成员变量如下。

- std::vector variables 是构成此桶副本的变量。在此处使用 refcounted value,就可以在完成归约后轻松地将桶内容反展平(unflatten)到参与变量中。
- at::Tensor contents:桶内容展平的结果,即展平(1 dimensional)之后的结果。
- std::vector bucket_views_in:从输入角度提供了在 contents 变量中查看具体梯度的方法。
- std::vector bucket_views_out:从输出角度提供了在 contents 变量中查看具体梯度的方法。

1. 视图

关于 std::vector bucket_views_in 和 std::vector bucket_views_out 的进一步说明如下。

- 在 PyTorch 中,视图(views)是指创建一个方便查看的东西,视图与原来数据共享内存,它将原有的数据进行整理,直接显示其中部分内容或者对内容进行重排序后再显示出来。
- 每个视图都将按照布局(大小+步幅)创建,此布局与梯度的预期布局相匹配。
- 为 bucket_*视图保留两种状态的原因是如果注册了 DDP 通信钩子(Communication Hook),bucket_views_out 可以用钩子函数的 future_work 值重新初始化。这里需要调用 bucket_views_in[i].copy_(grad)函数来保存一个副本 contents 的引用。
- bucket_views_in 和 bucket_views_out 两个变量提供了在 contents 中操作具体梯度的方法,或者说它们提供了视图,该视图可以操作 contents 中每个张量的梯度。用户把这两个变量作为操作入口,从而把每个梯度的数据从 contents 中移入和移出。
- bucket_views_in[i].copy_(grad) 和 grad.copy_(bucket_views_out[i]) 提供了将梯度数据移入/移出 contents 的简便方法。

另外,以下 3 个成员变量存储桶的展平张量信息,具体代码如下。

```
std::vector<size_t> offsets;
std::vector<size_t> lengths;
std::vector<c10::IntArrayRef> sizes_vec;
```

目前为止的逻辑如图 6-2 所示。如前所述,每个桶只有 replicas[0]有意义。

2. 初始化

BucketReplica 类初始化的代码在 Reducer::initialize_buckets()函数中,具体如下。

```
// 分配内存
replica.contents = at::empty({static_cast<long>(offset)}, options);
initialize_bucket_views(replica, replica.contents);
```

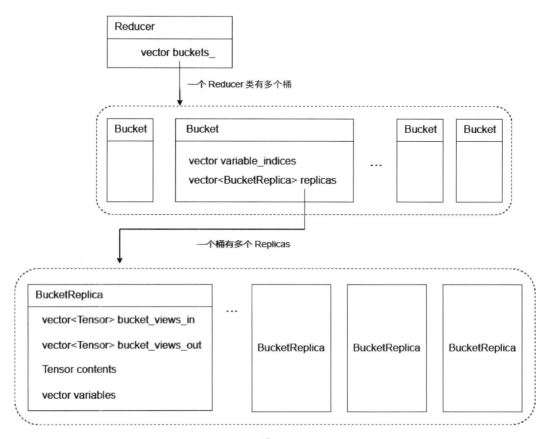

图 6-2

initialize_bucket_views()函数的主要逻辑如下。

- 遍历模型副本中的张量，针对每一个张量，依据其是稠密还是稀疏进行不同处理，然后插入 replica.bucket_views_in 中。
- 把 replica.bucket_views_out 设置为 replica.bucket_views_in，在正常情况下这两个变量应该是相等的。
- 如果将 gradient_as_bucket_view_ 设置为 True，则需要处理两种情况：
  - 当调用 rebuild_buckets()函数重建桶时，initialize_bucket_view()可以在 initialize_bucket()函数内调用，如果梯度在上一次迭代中已经定义/计算过，则需要将旧的梯度复制到新的 bucket_view 中，并让 grad 变量指向新的 bucket_view。
  - initialize_bucket_view()函数也可以在构建时由 initialize_bucket()函数调用。因为在构建时间内不会定义梯度，所以在这种情况下不要让 grad 变量指向 bucket_view，对于全局未使用的参数，梯度应保持为未定义。

目前逻辑具体细化如图 6-3 所示。

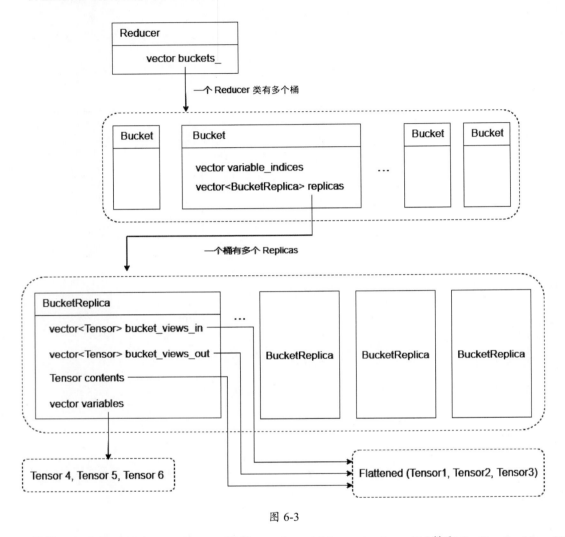

图 6-3

另外，mark_variable_ready_sparse() 函数、mark_variable_ready_dense() 函数和 finalize_backward() 函数都有对 contents 变量赋值的操作。

6.1.5 查询数据结构

以下两个数据结构用来让自动求导函数确定张量对应的存储桶。

1. VariableIndex 结构

VariableIndex 结构用来确定某个张量在某个桶中的位置（即内部参数索引），此变量对于自动求导钩子函数十分有用。当自动求导钩子函数回调时，回调函数所在进程只知道自己的梯度张量，它们还需要知道此张量位于哪个副本，以及位于副本中哪个位置，这样才能进一步归约。只有依靠这些内部索引，回调函数才能完成参数定位工作（将局部梯度写到存储桶中的正确偏移量），从而启动异步 All-Reduce 操作。

（1）Reducer 类对应的成员变量

在 Reducer 类的实例中有一个独立的 VariableIndex 成员变量：

```
std::vector<VariableIndex> unused_parameters_
```

VariableIndex 更多地是作为其他成员变量的一部分或者参数存在的，比如在 Reducer 类中，gradAccToVariableMap_ 就使用了 VariableIndex 成员变量，具体代码如下。

```
std::unordered_map<torch::autograd::Node*, VariableIndex>
    gradAccToVariableMap_; // 存储了 grad_accumulator 和索引的对应关系，这样以后在
autograd graph 中寻找未使用的参数就很方便
```

（2）类定义

VariableIndex 成员变量的定义如下。

```
// 使用副本索引（replica index）和 Variable 索引来定位一个 Variable
struct VariableIndex {
  size_t replica_index; // 位于哪个副本，即副本索引
  size_t variable_index; // Variable 索引。注意，不是"位于副本中哪个位置"，而是所有
Varibale 的索引，比如一共有 10 个参数，variable_index 的取值是从 0～9。"位于副本中哪个位
置"由什么来确定？由接下来介绍的 VariableLocator 确定
  static size_t hash(const VariableIndex& key) {
    return c10::get_hash(key.replica_index, key.variable_index);
  }
};
```

DDP 对于梯度进行分桶归约。对于一个桶，只有桶中所有张量都就绪，此桶才是就绪的，此时 DDP 才可以启动异步 All-Reduce 操作。

PyTorch 在 Reducer 的构造函数中会给每个桶的每个张量设置一个自动求导钩子函数。反向传播时，在此钩子函数之中确实可以知道某个张量已经就绪，但此时还需要知道此张量对应了哪个桶的哪个张量，这样才能归约。如何找到桶？这就需要使用接下来介绍的 VariableLocator 结构。

2．VariableLocator 结构

（1）定义

VariableLocator 结构用来在桶中确定一个 Variable。为了找到 Variable 的位置，我们需要知道此 Variable 在哪个桶，以及在桶副本的张量列表中的哪个位置。

- 在哪个桶：bucket_index 是 Reducer.buckets_ 列表的位置，表示 buckets_ 上的某一个桶。
- 在桶副本的张量列表中的哪个位置：intra_bucket_index 指定了本 Variable 在 bucket.replica 中 vector 域的位置（VariableIndex）。

```
struct VariableLocator {
  size_t bucket_index; // 在哪个桶
```

```
  size_t intra_bucket_index; // 在桶副本的张量列表中的哪个位置
};
```

（2）Reducer 类对应的成员变量

Reducer 类对应的成员变量为：

```
// 把一个 Variable 映射到桶结构的对应位置
std::vector<VariableLocator> variable_locators_;
```

读者可能会有一个问题：variable_locators_[variable_index] 在不同的桶之间会重复吗？答案是不会，因为从 VariableLocator(bucket_index, intra_bucket_index++)这个构建方法上看，bucket_index 和 intra_bucket_index 的组合是唯一的。

（3）使用

在调用 add_post_hook()设置回调函数时，如下代码会控制：在调用自动求导钩子函数时，会使用 VariableIndex 作为参数进行回调。

```
const auto index = VariableIndex(replica_index, variable_index);
this->autograd_hook(index)
```

autograd_hook()方法通过 mark_variable_ready(size_t variable_index)最终调用到 mark_variable_ready_dense()函数，此处先通过 variable_locators_来确定桶，然后进行后续操作。具体代码如下。

```
void Reducer::mark_variable_ready(VariableIndex index) {

  // 省略部分代码

  const auto replica_index = index.replica_index;
  const auto variable_index = index.variable_index;

  const auto& bucket_index = variable_locators_[variable_index];
  auto& bucket = buckets_[bucket_index.bucket_index]; // 找到桶
  auto& replica = bucket.replicas[replica_index]; // 找到副本

  if (bucket.expect_sparse_gradient) { // 利用桶来确定后续操作
    mark_variable_ready_sparse(index); // 此函数内依然使用variable_locators_找到变量
  } else {
    mark_variable_ready_dense(index); // 此函数内依然使用variable_locators_找到变量
  }
  // 省略部分代码
}
```

6.1.6 梯度累积相关成员变量

接下来我们介绍一些梯度累积相关的成员变量/函数。

1. grad_accumulators_

可以认为 grad_accumulators_ 是一个矩阵，矩阵的每一项就是一个 AccumulateGrad（Node 类的派生类），AccumulateGrad 会具体计算梯度。grad_accumulators_ 在反向传播时负责梯度同步。

```
std::vector<std::vector<std::shared_ptr<torch::autograd::Node>>>
    grad_accumulators_;
```

grad_accumulators_ 的具体逻辑如图 6-4 所示，其中，Variable 0、Variable 1、Variable 2 是 3 个实际的张量，grad_accumulators_ 中的每一项分别指向每个张量的 AccumulateGrad。

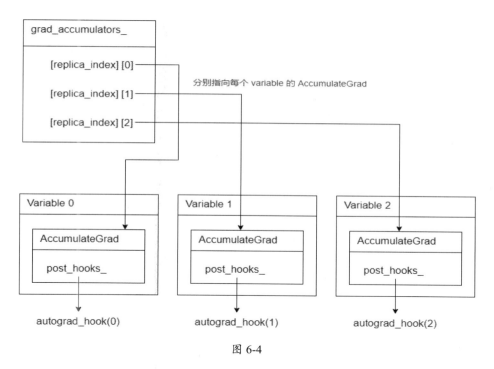

图 6-4

2. gradAccToVariableMap_

变量 gradAccToVariableMap_ 的定义如下。

```
std::unordered_map<torch::autograd::Node*, VariableIndex>
    gradAccToVariableMap_;
```

其作用是给每个 Node 类一个对应的 VariableIndex 结构，这样可以存储 grad_accumulator_ 和索引的对应关系（函数指针和参数张量的对应关系），以后在自动求导图遍历寻找未使用的参数会比较方便。图 6-5 中就给 Variable 1 设定了一个索引 index1。

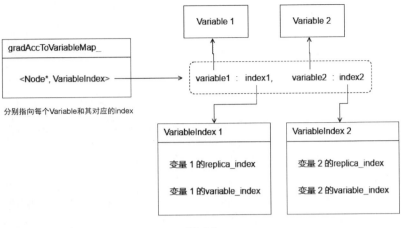

图 6-5

3. numGradHooksTriggeredMap_

此变量用来记录在某个张量的梯度就绪之前,该张量的自动求导钩子函数应该被调用几次。由于在第一次迭代之后,此变量不再增加,因此此数值应该是 1 或 0,其被用来设置 unused_parameters_ 和配置 numGradHooksTriggeredMapPerIteration_。

```
std::unordered_map<VariableIndex, int, c10::hash<VariableIndex>>
numGradHooksTriggeredMap_;
```

4. numGradHooksTriggeredMapPerIteration_

此变量用来记录在某个张量的梯度就绪之前,该张量的自动求导钩子函数还需要被调用几次,如果其值为 0,则说明此变量已经就绪。

```
std::unordered_map<VariableIndex, int, c10::hash<VariableIndex>>
numGradHooksTriggeredMapPerIteration_;
```

在静态图情况下,如果不是第一次迭代(此时刚刚产生梯度),则会把 numGradHooks-TriggeredMapPerIteration_[index] 递减。如果其值为 0,则说明该变量已经就绪,可以进行集合操作来梯度归约了。

5. perIterationReadyParams_

在每次迭代中,perIterationReadyParams_ 表示就绪的参数。

```
std::unordered_set<size_t> perIterationReadyParams_;
```

如果某个变量是就绪状态,则将此变量插入。perIterationReadyParams_ 参数中。

6. 使用过的参数

由于 PyTorch 的动态特性,在对等(peer)的 DDP 过程中,前向/反向传播过程仍然涉及局部梯度缺失的问题。因为无法仅从局部自动求导图中提取该信息,所以 DDP 使用位图跟踪本地参数参与者,并启动另外一个 All-Reduce 操作来收集全局未使用的参数。由于元素类型可能不匹配,DDP 无法将此位图合并到其他梯度的 All-Reduce 操作中。

变量 local_used_maps_ 会记录本地使用过的参数，即簿记（bookkeeping）在未启用同步的情况下（no_sync is on），在当前迭代或者 no_sync session 中，模型参数是否在本地被使用过。local_used_maps_dev_ 用来归约全局未使用参数。

每个模型副本对应 local_used_maps_ 中的一个张量，每个张量是参数数量大小的一维 int32（one-dim int32）张量。这些张量在自动求导钩子函数中标记，以指示本地已使用了相应的参数。这些张量会在当前迭代或无同步会话（no_sync session）的反向传播结束时进行 All-Reduce 操作，以计算出全局未使用的参数。

```
std::vector<at::Tensor> local_used_maps_;     // 标记本地使用参数
std::vector<at::Tensor> local_used_maps_dev_; // 用来归约全局未使用参数
```

7. 计算梯度支撑方法

mark_variable_ready_dense()函数会调用 runGradCallbackForVariable()函数，runGradCallbackForVariable()函数调用 distributed::autograd::ContextPtr.runGradCallbackForVariable()函数进行后续处理，具体代码如下。

```
void Reducer::mark_variable_ready_dense(VariableIndex index) {
  const auto replica_index = index.replica_index;
  const auto variable_index = index.variable_index;
  const auto& bucket_index = variable_locators_[variable_index];
  auto& bucket = buckets_[bucket_index.bucket_index];
  auto& replica = bucket.replicas[replica_index];
  auto& variable = replica.variables[bucket_index.intra_bucket_index];
  const auto offset = replica.offsets[bucket_index.intra_bucket_index];
  const auto length = replica.lengths[bucket_index.intra_bucket_index];
  auto& bucket_view =
 replica.bucket_views_in[bucket_index.intra_bucket_index];

  runGradCallbackForVariable(variable, [&](auto& grad) {
    if (grad.defined()) {
      this->check_grad_layout(grad, bucket_view);
      if (!grad.is_alias_of(bucket_view)) {
        this->copy_grad_to_bucket(grad, bucket_view);
        if (gradient_as_bucket_view_) {
          // 指向 view 相关的 buffer
          grad = bucket_view;
          // 梯度被修改，需要复制回引擎
          return true;
        }
      } else {
        // 如果 grad 和 view 指向同样区域，则不需要复制
        if (comm_hook_ == nullptr) {
          bucket_view.div_(divFactor_);
```

```
      }
    }
  } else {
    bucket_view.zero_();
  }
  // 梯度没有被修改,不需要复制回引擎
  return false;
});
}

void Reducer::runGradCallbackForVariable(at::Tensor& variable,
    GradCallback&& cb) {
  // 加载 rpc context
  auto context_ptr = rpc_context_.context_ptr.load();
  if (context_ptr == nullptr) {
    cb(variable.mutable_grad());
  } else {
    context_ptr->runGradCallbackForVariable(variable, std::move(cb));
  }
}
```

我们顺着 ContextPtr 来到 DistAutogradContext。DistAutogradContext 会先在累积的梯度 accumulatedGrads_ 中找到张量对应的梯度,然后用传入的回调函数来处理梯度,最后把处理后的梯度复制回 accumulatedGrads_。这样从钩子函数获取梯度开始,到传回归约之后的梯度结束,就形成了一个闭环,具体代码如下。

```
void DistAutogradContext::runGradCallbackForVariable(
    const torch::autograd::Variable& variable, GradCallback&& cb) {
  torch::Tensor grad;                              // 注意,这里是上下文函数
  {
    if (cb(grad)) { // 用传入的回调函数处理梯度
      std::lock_guard<std::mutex> guard(lock_);
      auto device = grad.device();
      accumulatedGrads_.insert_or_assign(variable, std::move(grad)); //把处理后的
梯度复制回 accumulatedGrads_
      recordGradEvent(device);
    }
  }
}
```

DistAutogradContext 的 accumulatedGrads_ 会记录张量对应的当前梯度,具体代码如下。

```
class TORCH_API DistAutogradContext {
 public:
  c10::Dict<torch::Tensor, torch::Tensor> accumulatedGrads_;
}
```

6.1.7 初始化

Reducer 类的代码位于：torch/lib/c10d/reducer.h 和 torch/lib/c10d/reducer.cpp。

1 构造函数

构造函数的具体逻辑如下。

- 判断本模块是否为多设备模块。具体操作是：遍历张量，得到张量的设备，把设备插入一个 set 结构中，如果最终 set 内的设备多于一个，则判断为多设备。
- 如果 expect_sparse_gradients_ 没有设置，就把 expect_sparse_gradients_ 初始化为 False。
- 调用 initialize_buckets()函数初始化桶，并尽可能按照逆序将参数分配到桶中，这样按桶通信可以提高效率，后续在运行时也可能重新初始化桶。
- 为每个参数加上 grad_accumulator，它们在反向传播时负责梯度同步。
  - 因为这些变量是自动求导图的叶子张量，所以它们的 grad_fn 都被设置为梯度累积（gradient accumulation）function。
  - Reducer 类保存了指向这些 function 的指针，Reducer 类可以知道它们在自动求导传播中是否被使用，如果没有使用，就把这些 function 对应的梯度张量（grad tensor）设置为归约就绪状态。
  - 遍历张量，为每个张量生成一个类型为 VariableIndex 的 Variable 索引。
  - 得到 Variable::AutogradMeta 的 grad_accumulator_，即用于累积叶子张量 Variable 的梯度累积器。
  - 把 Reducer 类的自动求导钩子函数添加进每个 grad_accumulator_中，VariableIndex 是钩子函数的参数。此钩子函数挂在自动求导图上，在反向传播时负责梯度同步。当 grad_accumulator_执行完后，自动求导钩子函数就会运行。
- gradAccToVariableMap_ 存储 grad_accumulator_和索引的对应关系（函数指针和参数张量的对应关系），这样以后在自动求导图遍历寻找未使用的参数会比较方便。
- 初始化反向传播状态向量 backward_stats_。
- 调用 initialize_local_used_map()函数初始化各种未使用的图数据结构。

具体初始化代码如下。

```
Reducer::Reducer(
    std::vector<std::vector<at::Tensor>> replicas,
    std::vector<std::vector<size_t>> bucket_indices,
    c10::intrusive_ptr<c10d::ProcessGroup> process_group,
    std::vector<std::vector<bool>> expect_sparse_gradients,
    int64_t bucket_bytes_cap,
    bool find_unused_parameters,
    bool gradient_as_bucket_view,
```

```cpp
    std::unordered_map<size_t, std::string> paramNames)
  : replicas_(std::move(replicas)),
    process_group_(std::move(process_group)),
    /* 省略其他参数 */ ) {

  // 判断本模块是否为多设备模块
  {
    std::set<int> unique_devices;
    for (const auto& v : replicas_[0]) {
      auto device_idx = int(v.device().index());
      if (unique_devices.find(device_idx) == unique_devices.end()) {
        unique_devices.insert(device_idx);
        if (unique_devices.size() > 1) {
          is_multi_device_module_ = true;
          break;
        }
      }
    }
  }

  if (expect_sparse_gradients_.empty()) {
    expect_sparse_gradients_ = std::vector<std::vector<bool>>(
        replicas_.size(), std::vector<bool>(replicas_[0].size(), false));
  }

  // 初始化桶,并尽可能按照逆序将参数分配到桶中
  {
    std::lock_guard<std::mutex> lock(mutex_);
    initialize_buckets(std::move(bucket_indices));
  }

  // 为每个参数加上 grad_accumulator,它们在反向传播时负责梯度同步
  {
    const auto replica_count = replicas_.size();
    grad_accumulators_.resize(replica_count);
    for (size_t replica_index = 0; replica_index < replica_count;
         replica_index++) {
      const auto variable_count = replicas_[replica_index].size();
      grad_accumulators_[replica_index].resize(variable_count);
      for (size_t variable_index = 0; variable_index < variable_count;
           variable_index++) {
        auto& variable = replicas_[replica_index][variable_index];
```

```cpp
          const auto index = VariableIndex(replica_index, variable_index);

          auto grad_accumulator =
              torch::autograd::impl::grad_accumulator(variable);

#ifndef _WIN32
          using torch::distributed::autograd::ThreadLocalDistAutogradContext;
#endif
          // Hook to execute after the gradient accumulator has executed.
          hooks_.emplace_back(
              grad_accumulator->add_post_hook(
                  torch::make_unique<torch::autograd::utils::LambdaPostHook>(
                      [=](const torch::autograd::variable_list& outputs,
                          const torch::autograd::variable_list& /* unused */) {
#ifndef _WIN32
                        this->rpc_context_.set(
                            ThreadLocalDistAutogradContext::getContextPtr());
#endif
                        this->autograd_hook(index);
                        return outputs;
                      })),
              grad_accumulator);

          if (find_unused_parameters_) {
            gradAccToVariableMap_[grad_accumulator.get()] = index;
          }

          numGradHooksTriggeredMap_[index] = 0;
          grad_accumulators_[replica_index][variable_index] =
              std::move(grad_accumulator);
        }
      }
    }

    // 初始化反向传播状态向量
    {
      const auto replica_count = replicas_.size();
      backward_stats_.resize(replica_count);
      const auto variable_count = replicas_[0].size();
      std::for_each(
          backward_stats_.begin(),
```

```
       backward_stats_.end(),
       [=](std::vector<int64_t>& v) { v.resize(variable_count); });
}

// 初始化各种未使用的图数据结构
if (find_unused_parameters_) {
  initialize_local_used_map();
}
}
```

接下来我们具体分析每一个部分。

2. 初始化存储桶

使用 initialize_buckets()方法初始化存储桶,其工作原理是:对每一个桶添加模型副本,对每一个模型副本添加其张量列表,具体逻辑如下。

- 用分布式上下文设置 rpc_context_。
    - 如果在 DDP 构造函数内调用 initialize_bucket()函数,则 RPC 上下文指针(context ptr)是否为 null 无关紧要,因为 grad 变量不会发生变化。
    - 如果在训练循环期间调用 initialize_bucket()函数(如在 rebuild_bucket()函数内部),grad 变量可能会发生改变并指向 bucket_view,那么需要检查 RPC 上下文指针是否为 null。
    - 如果 RPC 上下文指针为 null,则需要改变 variable.grad()函数,否则将在 RPC 上下文中改变 grad 变量。
- 清空 buckets_和 variable_locators_两个变量。
- 重置 variable_locators_的尺寸,这样每个 Variable 都有一个桶索引。
- 得到所有桶的个数和每个桶中副本的个数,代码为 bucket_count = bucket_indices.size(); replica_count = replicas_.size()。
- 逐一初始化桶。

每个存储桶初始化的逻辑如下。

- 生成一个 Bucket 类型的变量 bucket。
- 如果 bucket_indices[bucket_index].size() == 1,则说明此桶期待一个稀疏变量(sparse gradient),可以设置 bucket.expect_sparse_gradient = true。

- 逐一初始化 BucketReplica，具体操作如下。
  - 生成一个类型为 BucketReplica 的 replica 变量。
  - 如果此桶将处理稀疏梯度，则进行如下操作。
    - 利用 bucket_indices[bucket_index].front() 函数取出向量的第一个元素，并设置为 variable_index。
    - 利用 variable_index 得到副本中对应的 Variable。
    - 设置副本 replica 的 Variable 列表，代码为 replica.variables = {variable}，此副本只包括一个 Variable。
  - 如果此桶将处理稠密梯度，则进行如下操作。
    - 遍历存储桶的 Variable，即利用 replicas_ 得到 Variable。
    - 设置 Variable 的设备和数据类型。
    - 给副本设置 Variable 成员变量，代码为 replica.variables.push_back(variable)。
    - 设置副本的关于 Variable 的元信息，这些元信息与展平内容（flat contents）相关，比如 offsets 存储了各个张量在展平桶内容中的偏移量。
    - 给 relica.contents 变量分配内存。
    - 利用 initialize_bucket_views(replica, replica.contents) 函数来初始化 contents 变量和 views 变量。
    - 利用 bucket.replicas.push_back(std::move(replica)) 函数把此 replica 变量加入 bucket 变量。
- 遍历存储桶中的 Variable，代码为 bucket_indices[bucket_index]。对于每个 Variable 设置 Reducer.variable_locators（类型为 VariableLocator），这样 Reducer 类就知道如何在桶中确定一个 Variable。VariableLocator.bucket_index 是 Buckets 列表的位置，表示 Buckets_ 上的一个桶。VariableLocator.intra_bucket_index 是在桶副本 vector 域的 variable 索引。
- 设置桶的变量：bucket.variable_indices = std::move(bucket_indices[bucket_index])。
- 利用 buckets_.push_back(std::move(bucket)) 函数把此桶加入 Reducer 类中。

3. *初始化视图*

使用 initialize_bucket_views() 函数可以设置 Replica 的 contents 和 views 成员变量。关于 BucketReplica 的 contents 和 views 成员变量的特点，请参见 6.1.4 节。

4. 初始化本地使用变量

initialize_local_used_map()函数在此处会初始化 local_used_maps_，local_used_maps_用来查找全局未使用参数。

最后，我们总结 Reducer 类的初始化流程，如图 6-6 所示。

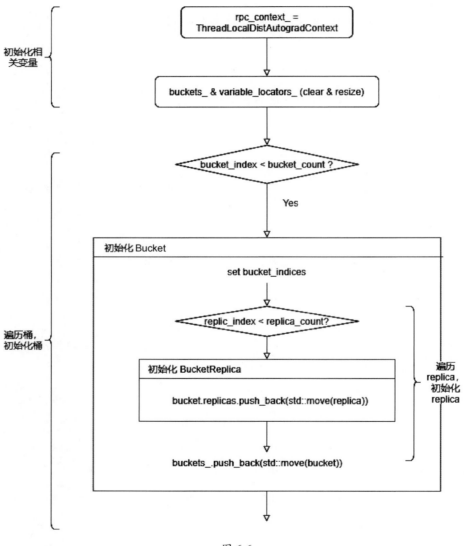

图 6-6

经过上面的初始化之后，得到的 Reducer 类大致如图 6-7 所示，此处需要注意的是，虽然 BucketReplica replicas 是一个数组，但实际上该数组中只有一个元素。

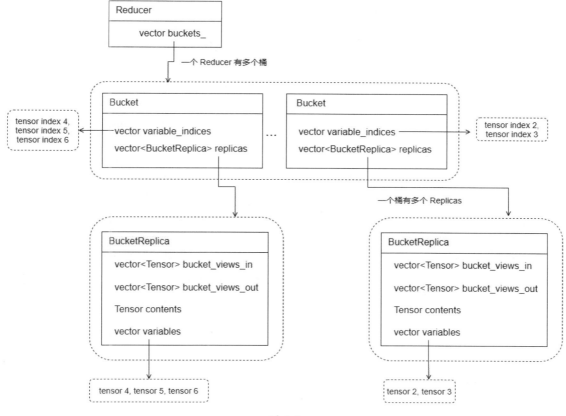

图 6-7

6.1.8 静态图

接下来介绍静态图相关信息。PyTorch 采用动态图机制，可以边执行代码边构建计算图，其优点是灵活，缺点是每次运算都需要重新加载计算图，性能略差。静态图则"先定义后执行"，即在编译时先定义完整的计算图，再进行计算，后续运行时无须重新构建计算图。其优点是性能好、方便优化，缺点是不灵活、不易调试。

虽然 PyTorch 采用动态图机制，但是用户可以明确地让 DDP 知道训练图是静态的（在某种程度上可以认为是动静结合的），在有如下情况时可以进行设置。

- 已使用和未使用的参数集在整个训练循环中不变，在这种情况下，用户是否将 find_unsued_parameters 设置为 True 并不重要。
- 图的训练方式在整个训练循环过程中不会改变（意味着不存在依赖于迭代的控制流）。

当图被设置为静态时，DDP 将支持以前不支持的场景，比如：

- 可重入的反向传播。
- 多次激活检查点（activation checkpointing）。
- 设置激活检查点，并设置 find_unused_parameters = true。

- 并不是所有的输出张量都用于损失计算。
- 在前向函数之外有一个模型参数。
- 当 find_unsued_parameters=true 或者存在未使用的参数时，跳过这些未使用的参数可能会提高处理性能，因为 DDP 在每次迭代过程中不会搜索网络来检查未使用的参数。

_set_static_graph()函数可以用来配置静态图，此 API 应在 DDP 构造之后，并且在训练循环开始之前以同样的方式对所有 rank 进行调用，具体代码如下。

```
ddp_model = DistributedDataParallel(model)
ddp_model._set_static_graph()
```

_set_static_graph()函数的代码为：

```
def _set_static_graph(self):
    self.static_graph = True
    self.reducer._set_static_graph() # 调用 Reducer 进行配置
    self.logger._set_static_graph()
```

Reducer 类只有在第一次迭代之后才能生成静态图，因为 PyTorch 是动态的，需要进行至少一步动态生成过程。

6.1.9 Join 操作

Join 操作的作用是解决训练数据不均匀的问题，即允许某些输入较少的 Worker（其已经完成集合通信操作）可以继续和那些尚未结束的 Worker 执行集合通信，是一个欺骗操作。

支撑在 DDP 背后的是几个集合通信库的 All-Reduce 操作，这些 All-Reduce 操作完成了各个 Worker 之间的梯度同步。当训练数据在 rank 之间的输入不均匀（uneven）时，会导致 DDP 被挂起。由于集合通信要求进程组中的所有 rank 都参与，因此如果一个 rank 的输入少，其他 rank 会挂起或者报错（具体如何操作取决于后端），而且任何类在执行同步集合通信时，在每次迭代过程中都会遇到此问题。

因此，DDP 给出了一个"Join" API，Join 是一个上下文管理器，在每个 rank 的训练循环中使用。数据量少的 rank 会提前耗尽输入，这时它会给集合通信一个假象，从而会构建一个虚拟的 All-Reduce，以便在数据不足时与其他 rank 匹配。具体如何制造此假象由注册钩子函数指定。Join 的大致思路如图 6-8 所示。

至此，Reducer 类的静态结构分析完毕。

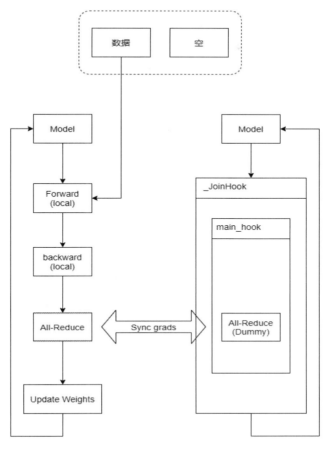

图 6-8

6.2 前向/反向传播

6.1 节已经介绍了如何构建 Reducer 类以及几个重要场景,本节就来分析 Reducer 类如何实现前向/反向传播。

6.2.1 前向传播

对于前向传播我们从 Python 代码入手分析,代码位于 torch/nn/parallel/distributed.py 文件中。此处省略 Join 相关内容,只关注主体部分,forward() 方法的逻辑如下。

- 保存线程本地状态。
- 如果做配置,则调用 reducer.prepare_for_forward() 函数为前向传播做准备。
- 如果 ddp_join_enabled 变量被设置为 True,则做相应处理。
- 在进行前向传播之前,使用 _rebuild_buckets() 函数来重置桶,关于此函数的说明如下。
  - 在 _rebuild_buckets() 函数中,也许会在释放旧桶之前分配新桶。

- 如果要节省峰值内存使用量,则需要在前向计算期间峰值内存使用量增加之前调用_rebuild_bucket()函数来控制内存使用量。
- 如果需要同步,则调用_sync_params()函数对前向传播参数进行同步。
- 进行前向传播。
- 如果需要同步反向传播梯度,则调用 prepare_for_backward()函数。当 DDP 参数 find_unused_parameter 为 True 时,会在前向传播结束时启动一个回溯,标记出所有没被用到的参数,提前把这些参数标识为就绪,这样反向传播就可以跳过这些参数,但此标识操作会牺牲一部分时间。

其中,_sync_params()函数同步模型参数会调用_distributed_broadcast_coalesced()函数完成操作。

forward()方法的具体代码如下。

```
def forward(self, *inputs, **kwargs):
    with torch.autograd.profiler.record_function("DistributedDataParallel.forward"):
        self.reducer.save_thread_local_state() # 保存线程本地状态
        if torch.is_grad_enabled() and self.require_backward_grad_sync:
            self.logger.set_runtime_stats_and_log()
            self.num_iterations += 1
            self.reducer.prepare_for_forward() // 为前向传播做准备

        # 使用_rebuild_buckets()函数来重置桶
        if torch.is_grad_enabled() and self.reducer._rebuild_buckets():
            logging.info("Reducer buckets have been rebuilt in this iteration.")

        # 如果需要同步,则调用_sync_params()函数对前向传播参数进行同步
        if self.require_forward_param_sync:
            self._sync_params()

        # 进行前向传播
        if self.device_ids:
            inputs, kwargs = self.to_kwargs(inputs, kwargs, self.device_ids[0])
            output = self.module(*inputs[0], **kwargs[0])
        else:
            output = self.module(*inputs, **kwargs)

        # 如果需要同步反向传播梯度,则调用 prepare_for_backward()函数
        if torch.is_grad_enabled() and self.require_backward_grad_sync:
            self.require_forward_param_sync = True
            if self.find_unused_parameters and not self.static_graph:
                self.reducer.prepare_for_backward(list(_find_tensors(output)))
```

```
        else:
            self.reducer.prepare_for_backward([])
        else:
            self.require_forward_param_sync = False
# 省略其他代码
```

我们接下来进入 C++世界，看看此处如何支持前向传播，具体分为重建存储桶和准备反向传播两部分。

1　重建存储桶

重建存储桶具体分为如下几个部分。

- 配置各种尺寸限制。
- 调用 compute_bucket_assignment_by_size()函数计算存储桶的尺寸。
- 调用 sync_bucket_indices()函数同步存储桶索引。
- 调用 initialize_buckets()函数初始化存储桶。

接下来我们具体看如何重建存储桶。

（1）准备工作

首先调用 compute_bucket_assignment_by_size()函数计算存储桶的尺寸，然后使用张量的数据类型和设备类型构建存储桶的键。因为同一个张量的信息在各个 Worker 上都相同，所以存储桶的键在各个 Worker 上都是相同的，具体代码如下。

```
auto key = BucketKey(tensor.scalar_type(), tensor.device()); //使用张量信息构
建存储桶的键
```

（2）参数顺序

所有进程的归约顺序必须相同，否则 All-Reduce 内容可能不匹配，导致不正确的归约结果或程序崩溃。All-Reduce 操作的顺序也会对结果产生影响，因为它决定了多少通信可以与计算重叠。DDP 按与 model.parameters()函数相反的顺序启动 All-Reduce 操作。

下面我们看一下 DDP 如何保证所有进程中的参数顺序相同。PyTorch 的基础代码文件 torch.py 中的 parameters()函数提供了参数顺序。

```
def parameters(self, recurse: bool = True) -> Iterator[Parameter]:
    for name, param in self.named_parameters(recurse=recurse):
        yield param
```

我们来看 named_parameters()函数，named_parameters()函数通过_parameters 成员变量来确定顺序，具体代码如下。

```
def named_parameters(self, prefix: str = '', recurse: bool = True) ->
Iterator[Tuple[str, Parameter]]:
```

```
gen = self._named_members(
    lambda module: module._parameters.items(),
    prefix=prefix, recurse=recurse)
for elem in gen:
    yield elem
```

torch.nn.Module 的_parameters 成员变量定义如下。

```
self._parameters = OrderedDict()
```

Python 的 OrderedDict 数据结构会根据放入元素的先后顺序进行排序，这说明 torch.nn.Module 的参数是按照注册顺序进行排序的。

注册参数动作在 register_parameter()函数中完成，此处省略了大部分校验代码。

```
def register_parameter(self, name: str, param: Optional[Parameter]) -> None:
    if param is None:
        self._parameters[name] = None
    else:
        self._parameters[name] = param
```

register_parameter()函数在 torch.nn.Module 类的_setattr_()函数中调用，就是说 PyTorch 在类实例属性赋值时对参数进行注册，比如：

```
class RNNCellBase(torch.nn.Module):
    def __init__(self, input_size, hidden_size, bias=True, num_chunks=4, dtype=torch.qint8):
        if bias:
            # 省略
        else:
            self.register_parameter('bias_ih', None)
            self.register_parameter('bias_hh', None)
```

因此，只要 PyTorch 在定义模型时的参数顺序是确定的，DDP 按 model.parameters()函数返回结果的相反顺序进行就可以保证所有进程中的参数顺序相同。

我们总结一下 DDP 的整体流程，如图 6-9 所示。

- 在构建原始模型网络时会先构建前向计算图，模块（类型为 torch.nn.Module）在类实例属性赋值时对参数进行注册，参数的内部存储按照注册顺序进行排序，这样，模块的参数就是按照前向计算图的顺序存储的。
- 在构建 DDP 时，模型参数以与原始模型 Model.parameters()相反的顺序分配到存储桶中。使用相反顺序的原因是 DDP 期望梯度在反向传播期间以该顺序准备就绪。
- 在反向传播时，all_reduce_bucket()函数会遍历存储桶的副本，先把副本张量插入存储桶，然后同步这些张量。此时，所有 Worker 按照同样的顺序对同样的张量进行集合通信。

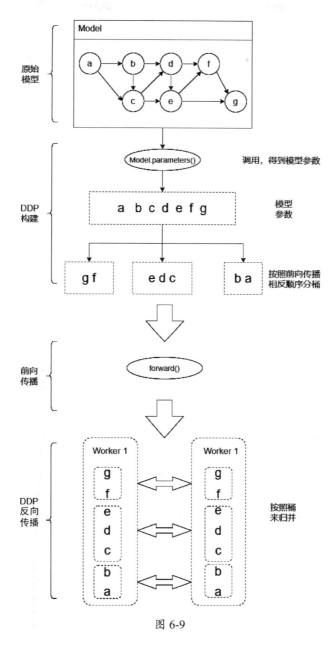

图 6-9

（3）同步桶 indices

当确定存储桶大小之后，DDP 使用 sync_bucket_indices()函数同步桶的索引，其逻辑如下。

- 遍历存储桶，把桶的大小记录到 bucket_sizes 中。
- 配置 TensorOptions。
- 把存储桶对应的索引和桶数目放入 indices_tensor，此处通过 PyTorch accessor 对张量进行读写，accessor 将张量的维度和类型硬编码作为模板参数，可以高效地访问元素。

- 因为 NCCL 这样的 ProcessGroup 只支持设备之间的操作，所以把 indices_tensor 复制到 indices_tensor_device 中。
- 对 indices_tensor_device 进行广播。
- 对存储桶大小进行广播。
- 广播结束后会遍历存储桶，使用从 rank 0 接收到的 num_buckets、bucket_sizes_tensor 和 indices_tensor 来更新传进来的参数 bucket_indices。

同步桶 indices 之后就是初始化桶，本部分代码在前文已经分析过，故此处省略。

2. 准备反向传播

在前向传播完成之后，可以调用 prepare_for_backward()函数对反向传播进行准备工作。具体分为两步：使用 reset_bucket_counting()函数重置每次迭代的标识就绪参数；使用 search_unused_parameters()函数查找未使用的参数。

reset_bucket_counting()函数会遍历存储桶，对于每个桶，重置其副本的 pending（未就绪）成员变量值。某一个模型副本的 pending 成员变量值由此模型副本中的变量数目决定，如果是静态图，则重置 numGradHooksTriggeredMapPerIteration_。

search_unused_parameters()函数完成了"查找未使用的参数"功能。我们首先要看 Reducer 类的 find_unused_parameters_ 成员变量，如果将 find_unused_parameters_ 成员变量设置为 True，则 DDP 会在前向传播结束时从指定的输出进行回溯，并通过遍历自动求导图来找到所有未使用过的参数，一一标记为就绪。

对于所有参数，DDP 都有一个指向它们的梯度累积函数的指针，但对于那些自动求导图中不存在的参数，它们将在第一次调用自动求导钩子函数时就被标记为准备就绪。

大家可以发现，对所有参数都设置函数指针进行处理的开销会很大。那为什么要这么做呢？这是因为计算动态图会改变，具体原因如下。

- 训练时，某次迭代可能只用到模型的一个子图，而且由于 PyTorch 是动态计算的，因此子图会在迭代期间改变，也就是说，某些参数可能在下一次迭代训练时被跳过。
- 同时，因为所有参数在一开始就已经被分好桶，而钩子函数又规定了只有整个桶就绪（即 pending == 0）后才进行通信，所以如果我们不将未使用参数标记为就绪，整个通信过程就没法进行。

至此，前向传播已经结束，我们得到了如下信息：

- 需要计算梯度的参数已经分桶。
- 存储桶已经重建完毕。
- 前向传播已经完成。
- 从指定的输出进行回溯，通过遍历自动求导图找到所有未使用过的参数，并且一一标记为就绪。

在完成上述工作以后，DDP 做梯度归约的基础就有了，它知道哪些参数不需要自动求导引擎操作就能直接归约（就绪状态），哪些参数可以一起通信归约（分桶），后续的工作主动权就属于 PyTorch 自动求导引擎，自动求导引擎会一边做反向计算，一边进行跨进程梯度归约。

6.2.2 反向传播

接下来我们来看如何进行反向传播。

1. 从钩子函数开始

图 6-10 来自论文 *BAGUA: Scaling up Distributed Learning with Systm Relaxations*，图中上半部分是原生自动求导引擎处理方式，下半部分是 Horovod 和 Torch-DDP 的处理方式。从图中可以看到，梯度归约在反向传播过程中就会开始（见彩插）。

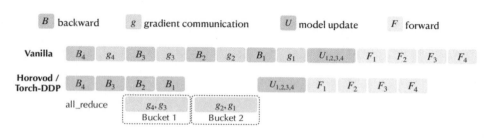

图 6-10

此处需要做特殊说明，梯度归约有两个调度时机，或者说是同步梯度的时间：一个是在反向传播过程中处理，如果某一个梯度就绪了，就立刻进行梯度同步；另一个是在 optimizer.step() 函数调用时一次性（等到所有梯度都就绪）进行处理。PyTorch 采用了第一个方案，其原因是经过实际测试之后发现，如果在调用 optimizer.step() 函数时进行处理，则通信/计算占比更大，所以没有选择第二种方案。

第一种方案具体来说就是除分桶操作之外，Reducer 类还在构造期间注册自动求导钩子函数，每个参数都有一个钩子函数。当梯度准备好时，将在向后传播期间触发这些钩子函数，进行梯度归约。如果某个桶里面梯度都就绪，则该桶是就绪的。此时，会在该桶上由 Reducer 启动异步 All-Reduce 操作以计算所有进程的梯度平均值，所以我们就从反向传播的入口钩子函数开始分析。

2. 注册钩子函数

首先看如何注册钩子函数，这涉及 AutoGradMeta 和 Node 两个类。

AutoGradMeta 记录 Variable 的自动求导历史信息，我们总结其两个主要成员变量的作用如下。

- 对于非叶子节点，grad_fn 是计算梯度操作，梯度不会累积在 grad_ 变量上，而是传递给计算图反向传播的下一站，grad_fn 就是一个 Node。

- 对于叶子节点，PyTorch 虚拟出了一个特殊计算操作 grad_accumulator_，此虚拟操作会累积梯度在 grad_ 变量上，grad_accumulator_ 也是一个 Node，就是 AccumulateGrad 类（Node 的派生类）。

AutoGradMeta 类的定义如下。

```
struct TORCH_API AutogradMeta : public c10::AutogradMetaInterface {
  Variable grad_;
  std::shared_ptr<Node> grad_fn_;
  std::weak_ptr<Node> grad_accumulator_;
  // 省略其他类定义内容
```

我们再看 Node 类。在计算图中，一个计算操作用一个 Node 表示，不同的 Node 子类实现了不同操作。此处涉及的 Node 类的主要成员变量是 post_hooks_，就是在运行梯度计算之后会执行的钩子函数。Node 类定义的部分代码如下。

```
struct TORCH_API Node : std::enable_shared_from_this<Node> {
 public:
  std::vector<std::unique_ptr<FunctionPreHook>> pre_hooks_;
  std::vector<std::unique_ptr<FunctionPostHook>> post_hooks_;

  uintptr_t add_post_hook(std::unique_ptr<FunctionPostHook>&& post_hook) {
    post_hooks_.push_back(std::move(post_hook));
    return reinterpret_cast<std::uintptr_t>(post_hooks_.back().get());
  }
}
```

注册钩子函数在 Reducer 类的构造函数中完成，其原理如下。

- 每个张量都得到其 Variable::AutogradMeta 的成员变量 grad_accumulator_，即用于累积叶子变量的梯度累积器。再次强调，grad_accumulator_ 是 AccumulateGrad 类（Node 的派生类）。
- Reducer 类针对每个梯度累积器 AccumulateGrad 都配置一个 autograd_hook()函数，此函数会间接挂在自动求导图上，在反向传播时负责梯度同步。具体操作是：Reducer 类会调用 add_post_hook()函数往 AccumulateGrad 的成员变量 post_hooks_ 中添加一个钩子函数 LambdaPostHook()。在反向传播时会调用到 LambdaPostHook()函数，LambdaPostHook()函数又会调用到注册的 autograd_hook()函数。因为最终调用到 autograd_hook()函数，所以后续图例中省略 LambdaPostHook()函数。
- 设定 gradAccToVariableMap_，此处保存了 grad_accumulator 和 index 的对应关系（函数指针和参数张量的对应关系），这样以后在自动求导图遍历寻找未使用参数就方便了。
- 把这些梯度累积器都存储于 Reducer 类的成员变量 grad_accumulators_ 中。

Reducer 类的构造函数的部分代码如下。

```
auto grad_accumulator =
    torch::autograd::impl::grad_accumulator(variable);

hooks_.emplace_back(
    grad_accumulator->add_post_hook(
        torch::make_unique<torch::autograd::utils::LambdaPostHook>(
            [=](const torch::autograd::variable_list& outputs,
                const torch::autograd::variable_list& /* unused */) {
              this->rpc_context_.set(
                  ThreadLocalDistAutogradContext::getContextPtr());
              this->autograd_hook(variable_index);
              return outputs;
            })),
    grad_accumulator);

if (find_unused_parameters_) {
  gradAccToVariableMap_[grad_accumulator.get()] = index;
}

grad_accumulators_[replica_index][variable_index] =
        std::move(grad_accumulator);
```

图 6-11 中两个张量都配置了 autograd_hook() 函数，后续会用来归约梯度。图中做了简化，省略了 TensorImpl 和 AutogradMeta 等类，让 grad_accumulator_ 直接位于 Tensor 之中。

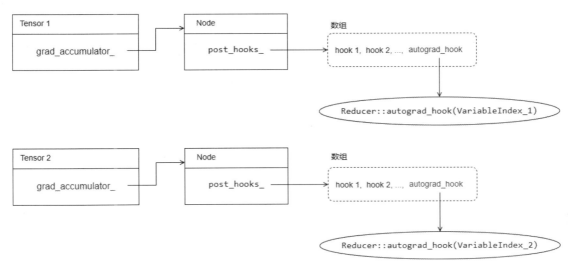

图 6-11

grad_accumulator_（简化后）的作用就是获取张量，代码为 autograd_meta->grad_accumulator_，对于叶子节点，grad_accumulator_ 就是 AccumulateGrad 类。

3. 执行钩子函数

autograd_hook()函数会依据相关条件设定本变量是否就绪,具体逻辑如下。

- 如果是"动态图且找到未用张量"或者"静态图第一次迭代",则把 Reducer 类的成员变量 local_used_maps_ 中 Variable 对应位置设置为 1,关于 local_used_maps_的说明如下。

    - local_used_maps_ 记录本地使用过的 CPU 张量。
    - 因为动态图每次迭代都可能不一致,存储桶和 Variable 也可能每次都不一样,所以 local_used_maps_需要在每次迭代过程中都更新。
    - 静态图每次迭代都一样,只要在第一次迭代时,在回调中设定即可。

- 如果静态图是第一次迭代,则把 numGradHooksTriggeredMap_ 中该 Variable 对应位置设置为 1。

- 如果"没有标识未使用 Variable"(has_marked_unused_parameters_),则遍历没有用到的 Variable,标识为就绪,同时调用 mark_variable_ready()函数。

- 如果是"静态图且第二次迭代之后",numGradHooksTriggeredMapPerIteration_对应递减后为 0,则设定变量为就绪,同时调用 mark_variable_ready()函数。

- 如果是动态图,则每次都要设定 Variable 为就绪,调用 mark_variable_ready()函数。

具体代码如下。

```
void Reducer::autograd_hook(VariableIndex index) {
  // 动态图且找到未用张量,或者静态图第一次迭代
  if (dynamic_graph_find_unused() || static_graph_first_iteration()) {
    // 在 no_sync 的会话中,只要参数被用过一次,就会被标记为用过
    // local_used_maps_ 记录本地使用过的 CPU 张量
    // 因为动态图每次迭代都可能不一致,存储桶和 Variable 也可能每次都不一样,所以
local_used_maps_需要在每次迭代过程中都更新
    // 静态图每次迭代都一样,只要在第一次迭代时,在回调中设定即可
    local_used_maps_[index.replica_index][index.variable_index] = 1;
  }

  if (static_graph_first_iteration()) { // 静态图第一次迭代
    numGradHooksTriggeredMap_[index] += 1;
    return;
  }

  if (!has_marked_unused_parameters_) {
    has_marked_unused_parameters_ = true;
    for (const auto& unused_index : unused_parameters_) { // 遍历没有用到的 Variable
      mark_variable_ready(unused_index); //未用到的就标示为就绪了
    }
```

```
    }
    // 如果是静态图,则在第一次迭代之后,依据numGradHooksTriggeredMap_来判断一个Variable
是否可以进行通信
    if (static_graph_after_first_iteration()) {//在第二次迭代之后确实用到了
      // 为何从第二次迭代开始处理?因为第一次迭代进入到此处时,梯度还没有准备好(就是没有经过
Reducer 类处理过。只有经过 Reducer 类处理过之后才算处理好)
      // 静态图时, numGradHooksTriggeredMapPerIteration_ =
numGradHooksTriggeredMap_;
      if (--numGradHooksTriggeredMapPerIteration_[index] == 0) {
        mark_variable_ready(index); // 从 1 变成 0,就是就绪了,所以设定 Variable 为就绪
      }
    } else {
      mark_variable_ready(index);// 动态图每次都要设定 Variable 为就绪
    }
}
```

4. Variable 就绪后的处理

如果在反向传播过程中,某一个参数的钩子函数发现该 Variable 是就绪的,则调用 mark_variable_ready(index)函数,其大致逻辑如下。

- 处理就绪的 Variable。
- 如果有存储桶就绪,则处理就绪的桶。
- 处理张量使用情况。
- 从 DDP 把对应的梯度复制回自动求导引擎。

Variable 就绪后的处理逻辑如下。

- 如果需要重建存储桶,则把索引插入需重建的列表中。
  - 重建存储桶会发生在如下几种情况:①第一次重建存储桶时;②静态图为真或"查找未使用的参数"为假时;③此反向过程需要运行 All-Reduce 时。
  - 在此处,我们只需将张量及其参数索引转存到重建参数和重建参数索引中。在 finalize_backward()函数结束时,先基于重建参数和重建参数索引重建存储桶,然后广播和初始化存储桶。此外,我们只需要转存一个副本的张量和参数索引。
- 先找到 Variable 对应的副本索引(index),然后找到 Variable 在副本中位于哪个位置。
- 若 Variable 被使用过,则记录下来,插入 perIterationReadyParams_ 中。
- 每当某个 Variable 被标记成就绪时,都要设置调用 finalize()函数。
- 调用 mark_variable_ready_sparse()函数或者 mark_variable_ready_dense()函数处理 Variable。

- 检查存储桶里的梯度是不是都就绪，如果没有 pending 状态的梯度，则表明桶就绪。
- 因为又有一个张量就绪了，所以模型副本的 pending 数目减 1。
- 若模型副本的 pending 数目为 0，则存储桶的 pending 数目减 1。
  - 如果模型副本的 pending 数目为 0，则说明模型副本所在的存储桶的 pending 数目应该减 1。
  - 如果存储桶的 pending 数目递减为 0，则调用 mark_bucket_ready() 函数设置桶就绪。
- 如果所有桶都就绪，则会：
  - 调用 all_reduce_local_used_map() 函数。
  - 调用 Engine::get_default_engine().queue_callback 注册一个回调函数，此回调函数将在自动求导引擎完成全部反向操作时调用，后续将对使用过的 Variable 进行归约，里面调用了 finalize_backward() 函数。

我们用图 6-12 来梳理一下 Variable 就绪后的处理逻辑，具体步骤如下。

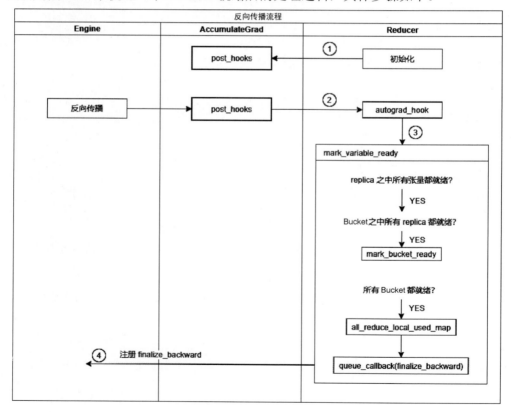

图 6-12

①Reducer 类会注册 autograd_hook() 函数到 AccumulateGrad 类的 post_hooks 中。

②如果自动求导引擎在反向传播过程中发现某个参数就绪，就调用 autograd_hook() 函数。

③程序流来到 autograd_hook() 函数中继续处理。

④使用 torch::autograd::Engine::get_default_engine().queue_callback() 函数注册一个 finalize_backward() 函数到引擎。

定义 Reducer::mark_variable_ready() 函数的具体代码如下。

```cpp
void Reducer::mark_variable_ready(VariableIndex index) {
  if (should_rebuild_buckets()) {
    push_rebuilt_params(index); // 如果需要重建，就把索引插入需重建列表之中
  }

  const auto replica_index = index.replica_index; // 找到副本索引
  const auto variable_index = index.variable_index; // 找到在副本中哪个位置

  if (replica_index == 0) {
    checkAndRaiseMarkedTwiceError(variable_index);
    perIterationReadyParams_.insert(variable_index); // 这个 Variable 是被使用过的，记录下来
  }
  backward_stats_[replica_index][variable_index] =
      current_time_in_nanos() - cpu_timer_.backward_compute_start_time;

  require_finalize_ = true; // 每当某个变量被标记成就绪时，都要调用一下 finalize()
  const auto& bucket_index = variable_locators_[variable_index]; // 找到 Variable 的索引信息
  auto& bucket = buckets_[bucket_index.bucket_index]; // 找到 Variable 位于哪个桶
  auto& replica = bucket.replicas[replica_index]; // 找到副本

  set_divide_factor();

  if (bucket.expect_sparse_gradient) {
    mark_variable_ready_sparse(index);
  } else {
    mark_variable_ready_dense(index);
  }

  // 检查桶里的梯度是不是都就绪
  if (--replica.pending == 0) { // 模型副本的 pending 数目减 1
    // Kick off reduction if all replicas for this bucket are ready.
    if (--bucket.pending == 0) { // 如果本模型副本的 pending 为 0，则说明模型副本所在的存储桶的 pending 数目应该减 1
      mark_bucket_ready(bucket_index.bucket_index); // 设置桶就绪
    }
  }
}
```

```cpp
if (next_bucket_ == buckets_.size()) { // 如果所有桶都就绪

  if (dynamic_graph_find_unused()) {
    all_reduce_local_used_map(); // 对使用过的 Variable 进行归约
  }

  const c10::Stream currentStream = get_current_stream();
  // 注册 finalize_backward()到引擎
  torch::autograd::Engine::get_default_engine().queue_callback([=] {
    std::lock_guard<std::mutex> lock(this->mutex_);
    c10::OptionalStreamGuard currentStreamGuard{currentStream};
    if (should_collect_runtime_stats()) {
      record_backward_compute_end_time();
    }
    this->finalize_backward();
  });
}
```

5. 回调函数

Reducer::mark_variable_ready(size_t variable_index)函数中会使用 torch::autograd::Engine::get_default_engine().queue_callback 注册一个回调函数到引擎，下面分析一下此回调函数。

queue_callback()函数在引擎中有定义，就是向 final_callbacks_ 中插入回调函数，具体代码如下。

```cpp
void Engine::queue_callback(std::function<void()> callback) {
  std::lock_guard<std::mutex> lock(current_graph_task->final_callbacks_lock_);
  current_graph_task->final_callbacks_.emplace_back(std::move(callback));
}
```

在 exec_post_processing()函数中会对 final_callbacks_ 变量进行处理，即当引擎全部完成反向传播时会调用回调函数，具体代码如下。

```cpp
void GraphTask::exec_post_processing() {
  for (size_t i = 0; i < final_callbacks_.size(); ++i) {
    final_callbacks_[i](); // 调用了回调函数
  }
}
```

于是 Variable 就绪后的处理逻辑拓展如图 6-13 所示，其中前面 4 步不再赘述。

⑤在 GraphTask::exec_post_processing()函数中会调用 finalize_backward()函数。

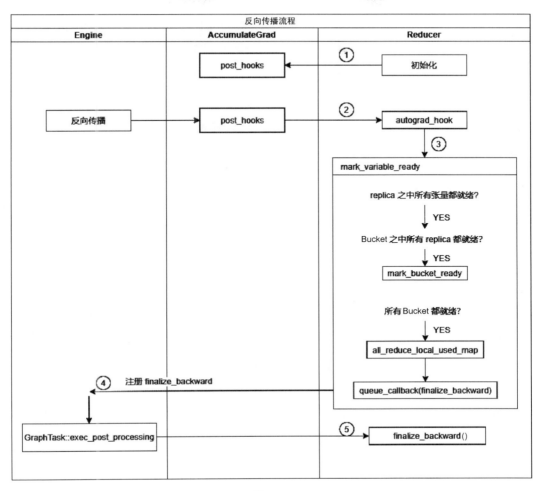

图 6-13

6. 同步梯度操作

mark_variable_ready 会调用 mark_variable_ready_sparse()函数或者 mark_variable_ready_dense()函数来处理 Variable。我们接下来进行具体分析。

mark_variable_ready_sparse()函数用来处理稀疏类型的 Variable,其实就是从引擎复制梯度到 Reducer 类。mark_variable_ready_dense()函数会处理稠密张量,也是复制梯度到 Reducer 类,但是其逻辑复杂很多。mark_variable_ready_dense()函数(代码参见 6.1.6 小节)的逻辑具体如下。

- 依据索引在 VariableLocator 数据结构中找到 Variable 属于哪个桶、哪个副本,然后得到副本中的张量 Variable,进而得到 Variable 的偏移量和大小,最终得到张量对应的 bucket_view。
- 使用 runGradCallbackForVariable()函数对张量进行处理。runGradCallbackForVariable()函数先使用 DistAutogradContext 处理 callback,然后传回 DistAutogradContext。
- 首先要对 callback 内部执行逻辑的原因做说明:当 gradient_as_bucket_view_为 False 时,或者即使 gradient_as_bucket_view_为 True,在极少数情况下,用户也可以在每次迭代后将 grad 设置为 None。此时 grad 变量和 bucket_view 变量分别指向不同的存储，因此需要将 grad 复制到 bucket_view。其次，callback 内部的执行逻辑是：

- 如果 gradient_as_bucket_view_ 设置为 True，则让 grad 指向 bucket_view。
- 如果 grad 在之前的迭代中已经被设置为 bucket_view，则不需要复制。

copy_grad_to_bucket() 函数的作用是把梯度复制到 contents 变量。

mark_variable_ready(index) 函数会检查存储桶里的梯度是否都就绪，如果没有 pending 状态的桶，则说明该桶也就绪了，这时就可以调用 mark_bucket_ready() 函数。mark_bucket_ready() 函数会遍历存储桶，对处于就绪状态的桶调用 all_reduce_bucket() 函数进行归约。

all_reduce_bucket() 函数会对 contents 变量进行同步，具体操作如下。

- 遍历存储桶的副本，把副本张量插入张量列表。
- 如果没注册 comm_hook，则直接对这些张量进行 All-Reduce 操作。
- 如果注册了 comm_hook，则使用钩子函数进行 All-Reduce 操作。需要注意的是，此 comm_hook 只是处理通信的底层钩子函数，如果想在归约前分别进行梯度裁剪，还需要在自动求导图中设置钩子函数。

于是，Variable 就绪后的处理逻辑拓展如图 6-14 所示，因为增加细化了中间步骤，所以整体步骤调整如下，其中前面 3 步不再赘述。

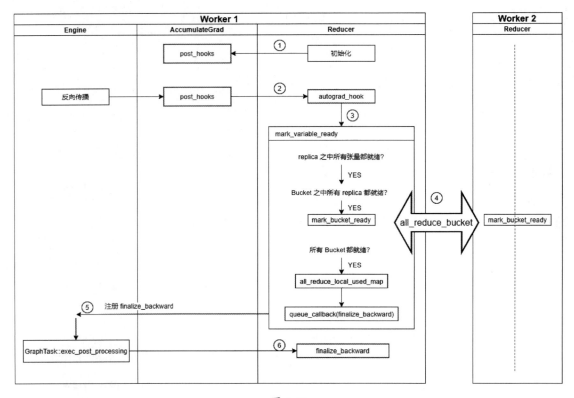

图 6-14

④调用 all_reduce_bucket 进行同步梯度。

⑤使用 torch::autograd::Engine::get_default_engine().queue_callback()函数注册一个 finalize_backward()函数到引擎。

⑥在 GraphTask::exec_post_processing 中会调用 finalize_backward()函数。

7. 同步位图操作

前面提到，如果所有桶都处于就绪状态，则会调用 all_reduce_local_used_map()函数。all_reduce_local_used_map()函数使用了异步 H2D 来避免阻塞开销。即把 local_used_maps_ 复制到 local_used_maps_dev_ 中，然后对 local_used_maps_dev_ 进行归约。

注意，local_used_maps_变量记录了张量的使用情况，即本地使用过哪些参数。因此，all_reduce_local_used_map()函数对 local_used_maps_变量进行归约。注意，此处是对张量使用情况进行归约，而不是对张量进行归约。

于是，Variable 就绪后的处理逻辑拓展如图 6-15 所示，具体步骤也调整如下，其中前面 4 步不再赘述。

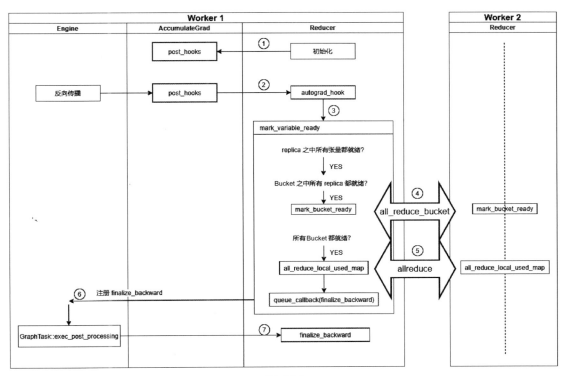

图 6-15

⑤调用 all_reduce_local_used_map()函数对 local_used_maps_变量进行归约。

⑥使用 torch::autograd::Engine::get_default_engine().queue_callback()函数注册一个 finalize_backward()函数到引擎。

⑦在 GraphTask::exec_post_processing()函数中会调用 finalize_backward()函数。

8. 收尾操作

在反向传播最后，会调用 finalize_backward() 函数完成收尾工作，具体逻辑如下。

- 遍历存储桶，对于每个桶会等待同步张量完成，从 Future 类型的结果复制回 contents 变量。
- 等待 local_used_maps_dev 同步完成。

此过程会用到如下函数。

- populate_bucket_views_out() 函数从 contents 构建输出视图。
- finalize_bucket_dense() 函数会调用 runGradCallbackForVariable() 函数或者 copy_bucket_to_grad() 函数把归约好的梯度复制回引擎。

我们把 Variable 就绪后的处理逻辑最终拓展为如图 6-16 所示，前面 7 步不再赘述。

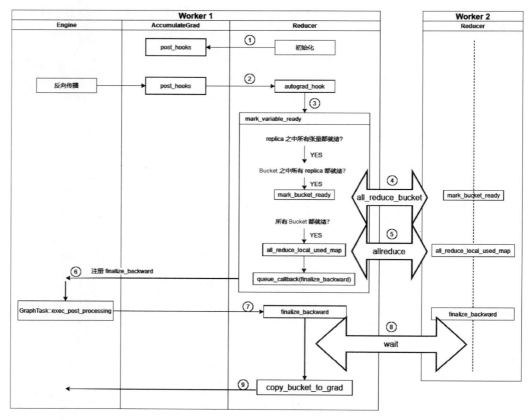

图 6-16

⑧调用 wait() 函数与其他 Worker 同步。

⑨调用 copy_bucket_to_grad() 函数从桶复制回自动求导引擎对应的梯度。

至此，我们知道了一个反向传播过程中，自动求导引擎如何与 DDP 交互，如何一边做反向计算，一边利用 DDP 归约梯度的完整过程。

第 7 章 Horovod

Horovod 是 Uber 公司于 2017 年发布的一个易于使用的高性能分布式训练框架，支持 TensorFlow、Keras、PyTorch 和 MXNet 等。Horovod 的名字来源于俄罗斯传统民间舞蹈，舞者们手牵手围成一个圈跳舞，与分布式 TensorFlow 使用 Horovod 互相通信的场景很像。

Horovod 是数据并行分布式机器学习最常用的开源同步系统之一，在业界得到了广泛应用。由于各个机器学习框架对于底层集合通信库（NCCL、OpenMPI、Gloo 等）的利用水平各不相同，使得它们无法充分利用这些底层集合通信库，因此 Horovod 整合了这些框架，并提供了一个易用高效的解决方案。

Horovod 并非是无本之木，而是由 Uber 工程师根据以下两篇文章改进并发布的。

（1）Facebook 的 *Accurate, Large Minibatch SGD: Training ImageNet in 1 Hour*。

（2）百度的 *Bringing HPC Techniques to Deep Learning*。

从学术意义上看，Horovod 并没有大的突破，但是扎实的工程实现使得它受到了广泛的关注。Horovod 最大的优势在于对 Ring All-Reduce 进行了更高层次的抽象，使其支持多种不同的框架。Horovod 依赖 NVIDIA 的 NCCL2 做 All-Reduce，这样对 GPU 更加友好，同时依赖 MPI 进行进程间通信，简化了同步多 GPU 或多节点分布式训练的开发流程。由于使用了 NCCL2，Horovod 也可以自动检测通信拓扑，并且能够回退到 PCIe 和 TCP/IP 通信。在某些测试中，Horovod 的运行速度比 Google 提供的基于分布式 TensorFlow 的参数服务器高出两倍。

7.1 从使用者角度切入

下面从使用者角度来看 Horovod。

7.1.1 机制概述

Horovod 使用数据并行化策略在 GPU 上进行分配训练。在数据并行化过程中，输入的批量数据将分片，Job 中的每个 GPU 都会接收到一个独立数据切片，每个 GPU 都使用自己分配到的数据来独立计算，并进行梯度更新。假如使用两个 GPU，批处理数量为 32 条记录，则第一个 GPU 将处理前 16 条记录的前向传播和反向传播，第二个 GPU 处理后 16 条记录的前向传播和反向传播。这些梯度更新将在 GPU 之间平均分配并应用于模型。

在 Horovod 中，每一个迭代的操作方法如下。

- 每个 Worker 将维护自己的模型权重副本和数据集副本。
- 当收到执行信号后，每个 Worker 都会从数据集中提取一个不相交的批量，并计算该批量的梯度。
- Worker 使用 Ring All-Reduce 算法同步彼此的梯度，从而在本地所有节点上计算同样的平均梯度，具体方法如下。

- 将每个设备上的梯度张量切分成长度大致相等的 num_devices 个分片，后续每一次通信都将给下一个邻居发送一个分片，同时从上一个邻居处接收一个新分片。
- Scatter-Reduce 阶段：通过 num_devices-1 轮通信和相加，在每个设备上都计算出一个张量分片的和，即每个设备将有一个块，其中包含所有设备中该块所有值的总和。
- All-Gather 阶段：通过 num_devices-1 轮通信和覆盖，将上一阶段计算出的每个张量分片的和广播到其他设备，最终每个节点都会拥有所有张量分片的和。
- 先在每个设备上合并分片，得到梯度之和，然后除以 num_devices，得到平均梯度。
- 每个 Worker 将梯度更新应用于模型的本地副本。
- 执行下一个批量。

7.1.2 示例代码

此处给出官网示例代码，具体分析参见代码中的注释。

```python
import tensorflow as tf
import horovod.tensorflow.keras as hvd

# 初始化 Horovod，启动相关线程和 MPI 线程
hvd.init()

# 依据本地 rank (local rank) 信息为不同的进程分配不同的 GPU
gpus = tf.config.experimental.list_physical_devices('GPU')
for gpu in gpus:
    tf.config.experimental.set_memory_growth(gpu, True)
if gpus:
    tf.config.experimental.set_visible_devices(gpus[hvd.local_rank()], 'GPU')

(mnist_images, mnist_labels), _ = \
    tf.keras.datasets.mnist.load_data(path='mnist-%d.npz' % hvd.rank())

# 切分数据
dataset = tf.data.Dataset.from_tensor_slices(
    (tf.cast(mnist_images[..., tf.newaxis] / 255.0, tf.float32),
             tf.cast(mnist_labels, tf.int64))
)
dataset = dataset.repeat().shuffle(10000).batch(128)

mnist_model = tf.keras.Sequential([
    tf.keras.layers.Conv2D(32, [3, 3], activation='relu'),
```

```python
......
    tf.keras.layers.Dense(10, activation='softmax')
])

# 根据 Worker 的数量增加学习率的大小
scaled_lr = 0.001 * hvd.size()
opt = tf.optimizers.Adam(scaled_lr)

# 把常规 TensorFlow 优化器通过 Horovod 包装起来，进而使用 Ring All-Reduce 得到平均梯度
opt = hvd.DistributedOptimizer(
    opt, backward_passes_per_step=1, average_aggregated_gradients=True)

# 使用 hvd.DistributedOptimizer() 计算梯度
mnist_model.compile(loss=tf.losses.SparseCategoricalCrossentropy(),
                    optimizer=opt, metrics=['accuracy'],
                    experimental_run_tf_function=False)

callbacks = [
    hvd.callbacks.BroadcastGlobalVariablesCallback(0), # 广播初始化，将模型的参数
从第一个设备传向其他设备，以保证初始化模型参数的一致性
    hvd.callbacks.MetricAverageCallback(),
    hvd.callbacks.LearningRateWarmupCallback(initial_lr=scaled_lr,
warmup_epochs=3, verbose=1),
]

# 只有设备 0 需要保存模型参数作为检查点
if hvd.rank() == 0:
    callbacks.append(tf.keras.callbacks.ModelCheckpoint('./checkpoint-{epoch}.h5'))

# 在 Worker 0 上写日志
verbose = 1 if hvd.rank() == 0 else 0

# 训练模型，基于 GPU 数目调整 step 数量
mnist_model.fit(dataset, steps_per_epoch=500 // hvd.size(),
callbacks=callbacks, epochs=24, verbose=verbose)
```

7.1.3 运行逻辑

下面我们按照顺序进行梳理，看看在程序初始化过程背后都做了哪些工作。

1. Python 初始化

在示例代码中，如下语句会引入 Horovod 的相关 Python 文件。

```
import horovod.tensorflow.keras as hvd
```

接下来我们来看 Horovod 如何进行 Python 初始化。

horovod/tensorflow/mpi_ops.py 中会引入 SO 库，比如 dist-packages/horovod/tensorflow/mpi_lib.cpython-36m-x86_64-linux-gnu.so。SO 库就是 Horovod 中 C++代码编译出来的结果。引入 SO 库的作用是获取 C++的函数，并且用 Python 进行封装，这样就可以在 Python 世界使用 C++代码。Python 的_allreduce()函数会把功能转发给 C++，由 MPI_LIB.horovod_allreduce() 完成具体业务功能。

接下来初始化_HorovodBasics，从_HorovodBasics 中获取各种函数、变量和配置（如是否编译了 MPI、Gloo 等）。

当 Horovod 的 Python 文件完成初始化之后，用户需要调用 hvd.init()函数进行 C++世界的初始化，Horovod 管理的所有状态都会传到 hvd 对象中。

```
hvd.init()
```

此处调用的 hvd.init()是 HorovodBasics 中的函数，这一部分会一直深入 C++世界，调用大量的 MPI_LIB_CTYPES 函数，比如 self.MPI_LIB_CTYPES.horovod_init_comm()。接下来就要进入 C++的世界。

2. C++ 初始化

当 C++初始化的时候，horovod_init_comm()函数会做如下操作。

- 调用 MPI_Comm_dup()函数获取一个 Communicator 类的实例，这样就有了和 MPI 协调的基础。

- 调用 InitializeHorovodOnce()函数。

InitializeHorovodOnce()函数完成了初始化的主要工作，具体如下。

- 依据是否编译了 MPI 或者 Gloo 对各自的上下文进行处理，为全局变量 horovod_global 创建对应的 Controller 类的实例。

- 启动了后台线程 BackgroundThreadLoop 用来在各个 Worker 之间协调。

在 C++世界，数据结构 HorovodGlobalState 起到了集中管理各种全局变量的作用。Horovod 会生成 HorovodGlobalState 类型的全局变量 horovod_global，horovod_global 中的元素可以供不同的线程访问。horovod_global 在加载 C++的代码时就已经创建，同时创建的还有各种上下文（mpi_context、nccl_context、gpu_context）。Horovod 主要会在 backgroundThreadLoop 中完成 horovod_global 中不同成员变量的初始化，比较重要的有：

- Controller 管理总体通信控制流。

- tensor_queue 会处理从前端过来的通信需求（All-Reduce、Broadcast 等）。

目前具体逻辑如图 7-1 所示。

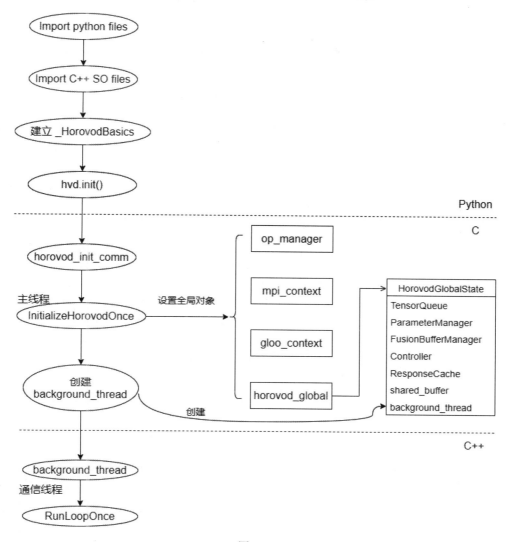

图 7-1

在示例代码中，提到了 rank。

```
hvd.local_rank()
hvd.rank()
```

下面我们介绍几个相关概念，它们也是在初始化过程中进行配置的。

- 本地 rank：Horovod 为设备上的每个 GPU 启动了训练脚本的一个副本。本地 rank 就是分配给某一台计算机上每个执行训练的唯一编号（也可以认为是该机器的进程号或者 GPU 设备的 id 号），范围是 $0 \sim n\text{-}1$，其中 n 是该计算机上 GPU 设备数量。
- rank：代表分布式任务里的一个执行训练的唯一全局编号（用于进程间通信）。rank 0 在 Horovod 中通常具有特殊的意义：它是负责同步的设备。在百度的实现中，不同 rank 的角色是不一样的，rank 0 会充当协调者（Coordinator）的角色，它会协调来自其他 rank 的 MPI 请求，这是一个工程上的考量，这一设计也被后来的 Horovod 采用。

rank 0 也用来把参数广播到其他进程及存储检查点（Checkpoint）。
- world_size：进程总数量（或者计算设备数）。Horovod 会等所有 world_size 个进程就绪之后才会开始训练。

hvd.init()函数的功能之一就是让并行进程可以知道自己被分配的 rank 和本地 rank 等信息，后续可以根据本地 rank（所在节点上的第几张 GPU 卡）来设置所需的显存。

至此，Horovod 初始化完成，用户代码可以使用。接下来看用户代码如何使用 Horovod。

3. 业务逻辑

示例代码中接下来是数据处理部分，部分摘录如下。

```
dataset = tf.data.Dataset.from_tensor_slices(
    (tf.cast(mnist_images[..., tf.newaxis] / 255.0, tf.float32),
            tf.cast(mnist_labels, tf.int64))
)
```

此处有几点事项需要说明。
- 训练的数据需要放置在任何节点都能访问的地方。
- Horovod 需要对数据进行分片处理，即在不同机器上按 rank 对数据进行切分以保证每个 GPU 进程训练的数据集不一样。
- Horovod 的不同 Worker 都会分别读取自己的数据集分片。

示例代码进一步解释如下。
- DataLoader 的采样器组件从要绘制的数据集中返回可迭代的索引。PyTorch 中的默认采样器是顺序采样的，返回序列为 0,1,2,…,n。Horovod 使用 DistributedSampler 覆盖了此行为，DistributedSampler 处理跨节点的数据集分区。DistributedSampler 接收两个参数作为输入：hvd.size()（GPU 总数）和 hvd.rank()（从 rank 总体列表中分配给该设备的 id）。
- PyTorch 使用的是数据分布式训练，因为每个进程实际上是独立加载数据的，所以需要在加载相同数据集的时候用一定的规则根据 rank 进行顺序切割，从而获取不同的数据子集，而且要确保数据集之间正交。DistributedSampler 可以确保 DataLoader 只会加载到整个数据集的一个特定子集。用户也可以自己加载数据后，先把数据切分成 word_size 个子集，然后按 rank 顺序拿到子集。

在设置完数据之后，以下代码完成广播初始化。

```
hvd.callbacks.BroadcastGlobalVariablesCallback(0)
```

这段代码保证的是模型上的所有参数只在 rank 0 初始化，rank 0 把这些参数广播给其他节点，即参数从第一个 rank 向其他 rank 传播，以实现参数一致性初始化。

接下来示例代码需要配置 DistributedOptimizer，这是关键点之一，具体代码如下。

```
opt = hvd.DistributedOptimizer(
    opt, backward_passes_per_step=1, average_aggregated_gradients=True)
```

其中的调用关系梳理如下。

- TensorFlow 优化器会获取每个算子的梯度来更新权重。Horovod 在原生 TensorFlow 优化器的基础上包装了 hvd.DistributedOptimizer。
- hvd.DistributedOptimizer 继承 Keras 的优化器，DistributedOptimizer 包装器将原生优化器作为输入，在内部将梯度计算委托给原生优化器，即 DistributedOptimizer 会调用原生优化器进行梯度计算。这样在集群中，每台机器都会用原生优化器得到自己的梯度（Local Gradient）。
- 在得到计算的梯度之后，DistributedOptimizer 会调用 hvd.allreduce() 函数或者 hvd.allgather() 函数来完成全局梯度归约。
- 将这些平均梯度应用于所有设备上的模型更新，从而实现整个集群的梯度归约操作。

示例代码接下来是保存模型操作，设置了只有 rank 0 才保存模型。此处需要注意的是，因为 rank 0 也要做计算，还要做协调，所以对于保存或者验证这样的操作，一定不能耗时太长，否则 rank 0 压力太大，会拖慢整体训练速度。

至此，我们从使用者角度对 Horovod 分析完毕。

7.2 horovodrun

上一节我们提到了 Horovod 需要采用特殊的 CLI 命令 horovodrun 启动，本节就来看此命令在背后做了哪些工作。

7.2.1 入口点

很多机器学习框架都会采用 shell 脚本（可选）、Python 端和 C++端的组合来提供 API，具体功能如下。

- Shell 脚本是启动运行的入口，负责解析参数，确认并且调用训练程序。
- Python 端是用户的接口，引入 C++库，封装了 API，负责运行时和底层 C++交互。
- C++端实现底层训练逻辑。

官方给出的 Hovorod 运行范例之一就使用 Python 脚本，具体代码如下。

```
horovodrun -np 2 -H localhost:4 --gloo Python
/horovod/examples/tensorflow2/tensorflow2_mnist.py
```

在上述代码中，-np 表示进程的数量；localhost:4 表示 localhost 节点上有 4 个 GPU。我们可以从 horovodrun 命令入手。

horovodrun 入口在 setup.py 之中，horovodrun 被映射成 horovod.runner.launch:run_commandline()

函数。我们接下来看 run_commandline()函数，该函数位于 horovod-master/horovod/runner/launch.py，我们摘录重要的部分代码：

```
def run_commandline():
    _run(args)
```

于是进入_run()函数，该函数会依据是不是弹性训练来选择不同的路径。我们来分析非弹性训练_run_static()。Horovod 在_run_static()中做了如下操作。

- 从各种参数解析得到设置。
- 调用 driver_service.get_common_interfaces()获取网卡及其他主机的信息，依据这些信息进行插槽（Slot）分配，这部分工作很复杂，后续会讲解。
- 此处有一个问题：为什么要得到主机、插槽、rank 之间的关系信息？这是出于工程上的考虑，底层 C++世界中对 rank 的角色做了区分：rank 0 是 Master，rank n 是 Worker，这些信息需要在 Python 世界中决定下来，并且传递给 C++世界。
- 根据是否在参数中传递运行函数来决定采取何种路径，因为一般默认为没有运行参数，所以会执行_launch_job()函数启动训练 Job。

7.2.2　运行训练 Job

_launch_job()函数会根据配置或者安装情况进行具体调用，有三种可能的执行路径：Gloo、MPI、js（用于 LSF 集群中的通信）。本节看 Gloo 和 MPI 这两种执行路径，其对应 mpi_run_fn()函数和 gloo_run_fn()函数。目前逻辑如图 7-2 所示。

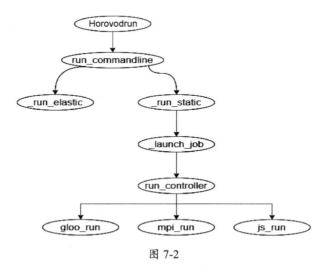

图 7-2

我们下面就分 Gloo 和 MPI 两个分支进行介绍。

7.2.3 Gloo 实现

1. Gloo 简介

Gloo 是 Facebook 出品的一个类似 MPI 的集合通信库，其主要特征是：大体上会遵照 MPI 提供的接口规定，实现了点对点通信（Send、Recv 等），集合通信（Reduce、Broadcast、All-Reduce）等相关接口。根据自身硬件或者系统的需要，Gloo 在底层实现上进行了相应的改动以保证接口的稳定和系统性能。

Horovod 为什么会选择 Gloo 呢？除其功能全面和性能稳定之外，另一个重要原因是基于它很容易进行二次开发，比如下面介绍的 Rendezvous 功能就被 Horovod 用来实现弹性训练。

Gloo 的作用和 MPI 相同，相关逻辑如图 7-3 所示。

- Horovod 集成了基于 Gloo 的 All-Reduce 来实现梯度归约。
- Gloo 可以用来启动多个进程（Horovod 里用 rank 表示），实现并行计算。

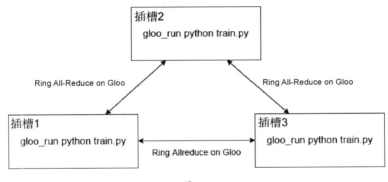

图 7-3

2. Rendezvous 功能

在 Gloo 的文档中对 Rendezvous 的概念做了如下阐释：Gloo 在每一个 Gloo 上下文中有一个 Rendezvous 进程，Gloo 利用它来交换通信需要的细节。在具体实现中，Rendezvous 建立一个 KVstore，节点之间通过 KVstore 进行交互，以 Horovod 为例：

- Horovod 在进行容错 All-Reduce 训练时，除启动 Worker 进程外，还会启动一个 Driver（驱动）进程，此 Driver 进程用于帮助 Worker 来构造 All-Reduce 通信环。
- Driver 进程中会创建一个带有 KVStore 的 Rendezvous Server（继承拓展了 HTTPServer），Driver 会将参与通信 Worker 的 IP 地址等信息存入 KVstore 中。
- 在启动 Driver 进程之后，Worker 可以通过访问 Rendezvous Server 得到所需信息，从而构造通信环。

Rendezvous 使用方法如下。

- Python 世界构建了一个 Rendezvous Server，其地址配置在环境变量（或者其他方式）中。

- 在 C++ 世界中，Horovod 会先得到 Python 配置的 RendezvousServer 的地址端口等，然后构建 Gloo 所需的上下文。

Rendezvous 的逻辑如图 7-4 所示。C++ 世界会从 Python 世界获取到 Rendezvous Server 的 IP 地址和端口。

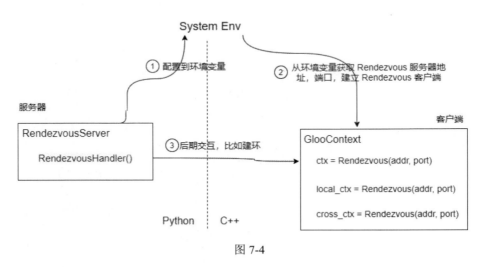

图 7-4

3. Gloo 使用方法

接下来我们看在 Horovod 中如何使用 Gloo。

（1）入口

gloo_run() 函数是 Horovod 中 Gloo 模块的相关入口。每一个线程将使用 ssh 命令在远程主机上启动训练 Job，就是用 launch_gloo() 函数运行 exec_command。此时 command 参数类似 "['python', 'train.py']"，具体代码如下。

```
def gloo_run(settings, nics, env, server_ip, command):
    exec_command = _exec_command_fn(settings)
    launch_gloo(command, exec_command, settings, nics, env, server_ip)
```

gloo_run() 函数的第一部分是 exec_command = _exec_command_fn(settings)，即基于各种配置来构建可执行环境。如果是远程调用，就需要利用 get_remote_command() 生成相关远程可运行命令环境（包括切换目录、远程执行等）。_exec_command_fn() 函数具体又可以分为两部分：

- 利用 get_remote_command() 函数生成相关远程可运行环境，比如在训练脚本前面加上 "ssh -o PasswordAuthentication=no -o StrictHostKeyChecking=no"。
- 调整输入输出，利用 safe_shell_exec.execute() 函数来实现安全执行能力。

gloo_run() 函数的大致逻辑如图 7-5 所示。

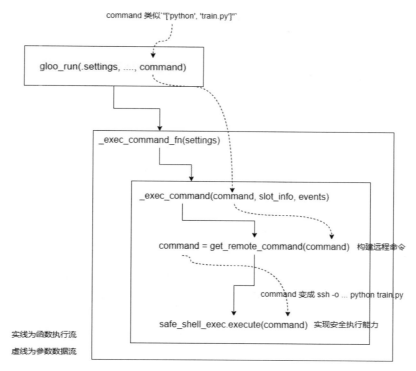

图 7-5

（2）执行命令

当获取到可执行环境 exec_command 与可执行命令 command 后，就可以使用 Gloo 来执行命令。每个 command 都被 exec_command 执行，于是接下来可以使用 launch_gloo()函数获取命令，得到各种配置信息，如网卡信息、主机信息等，从而开始运行我们的训练代码，具体逻辑如下。

- 建立 RendezvousServer，此变量会被底层 Gloo C++环境使用。
- 使用 host_alloc_plan = get_host_assignments()根据主机分配插槽，确定 Horovod 的哪个 rank 应该在哪个主机上的哪个插槽上运行。
- 使用 get_run_command()函数获取可执行命令。
- 使用 slot_info_to_command_fn() 函数得到在插槽上可执行的插槽命令（Slot Command）。
- 依据 slot_info_to_command_fn()函数构建 args_list，在此参数列表中，每一个参数（Arg）就是一个插槽命令。
- 通过在每一个 exec_command 上执行一个 Arg(Slot Command)进行多线程执行。

Horovod 在插槽上执行任务，插槽通过 parse_hosts()函数自动解析出来，具体代码如下。

```
def parse_hosts(hosts_string):
```

```
            return [HostInfo.from_string(host_string) for host_string in
hosts_string.split(',')]
```

接着会调用 get_host_assignments()函数，依据主机和进程能力（process capacities(slots)）分配 Horovod 中的进程，即给出一个 Horovod rank 和插槽的对应关系，命令行参数-np 设置为几，就有几个插槽，具体分配方案示例如下。

```
SlotInfo(hostname='h1', rank=0, local_rank=0, cross_rank=0, size=2,
local_size=2, coress_size=1),
SlotInfo(hostname='h2', rank=1, local_rank=0, cross_rank=0, size=2,
local_size=2, coress_size=1),
```

这样就知道了哪个 rank 对应于哪个主机上的哪个插槽。

（3）获取运行命令

因为获取运行命令的逻辑比较复杂，所以我们需要对这部分再梳理一下。

get_run_command()函数的作用是从环境变量中得到 Gloo 的变量加到 command 上。此步骤完成之后，得到类似如下命令。

```
HOROVOD_GLOO_RENDEZVOUS_ADDR=1.1.1.1 \
HOROVOD_GLOO_RENDEZVOUS_PORT=2222 \
HOROVOD_CPU_OPERATIONS=gloo \
HOROVOD_CONTROLLER=gloo \
Python train.py
```

在得到运行命令后，会结合环境变量（Horovod env 和 env），以及插槽分配情况进一步把运行命令修改为适合 Gloo 运行的方式，就是在每一个具体插槽上运行的命令，可以把此格式缩写为：{horovod_gloo_env} {horovod_rendez_env} {env} run_command。

在得到插槽命令之后，接下来就是封装成多线程调用命令。gloo_run()的注释说得很清楚：在调用 execute_function_multithreaded()函数时，每一个线程将使用 ssh 命令在远程主机上启动训练 Job。回忆一下之前我们在"构建可执行环境"部分提到的利用 get_remote_command()函数生成相关远程可运行环境。get_remote_command()会在训练脚本前面加上如"ssh -o PasswordAuthentication=no -o StrictHostKeyChecking=no"这样的语句。这样大家就理解了如何在远端执行命令。

在本地运行的命令大致如下。

```
cd /code directory > /dev/null 2 >&1 \
HOROVOD_RANK=1 HOROVOD_SIZE=2 HOROVOD_LOCAL_RANK=1 \
SHELL=/bin/bash \
HOROVOD_GLOO_RENDEZVOUS_ADDR=1.1.1.1 \
HOROVOD_GLOO_RENDEZVOUS_PORT=2222 \
HOROVOD_CPU_OPERATIONS=gloo \
HOROVOD_CONTROLLER=gloo \
Python train.py
```

如果在远端运行，命令就需要加上 ssh 信息，大致如下。

```
ssh -o PasswordAuthentication=no -o StrictHostKeyChecking=no 1.1.1.1 \
cd /code directory > /dev/null 2 >&1 \
HOROVOD_HOSTNAME=1.1.1.1 \
省略其他，参见上面代码 \
Python train.py
```

获取可执行命令的大致逻辑如图 7-6 所示。可以看到其在结合了各种信息之后构建了一个可以执行的命令，接下来可以多主机执行此命令，具体如下。

图 7-6

- 图 7-6 左边是从参数中获取的主机等信息，并解析出插槽信息。
- 图 7-6 右边是从待运行的命令 python train.py 开始，基于各种配置生成可以执行命令环境。如果是远程操作，就需要生成相关远程可运行命令环境（包括切换目录、远程执行等）。
- 图 7-6 中间从待运行的命令 python train.py 开始添加 env、Gloo 等信息。结合图左边的插槽信息和右边的可以执行命令环境得到可以在多线程上运行及在多插槽中运行的命令。

7.2.4 MPI 实现

MPI 相关实现代码位于 horovod/runner/mpi_run.py，其核心是运行 mpirun 命令，即依据各种配置及参数来构建 mpirun 命令的所有参数，比如 ssh 参数、MPI 参数及 NCCL 参数等。最后得到的 mpirun 命令如下。

```
mpirun --allow-run-as-root --np 2 -bind-to none -map-by slot\
    -x NCCL_DEBUG=INFO -x LD_LIBRARY_PATH -x PATH \
    -mca pml ob1 -mca btl ^openib \
    Python train.py
```

因为 mpi_run 使用 mpirun 命令运行，所以我们再分析一下 mpirun 命令。

mpirun 是 MPI 程序的启动脚本，它简化了并行进程的启动过程，并尽可能屏蔽了底层的实现细节，从而为用户提供了一个通用的 MPI 并行机制。在用 mpirun 命令执行并行程序时，参数-np 指明了需要并行运行的进程个数。

mpirun 首先在本地节点上启动一个进程，然后根据/usr/local/share/machines.LINUX 文件中列出的主机为每个主机启动一个进程。分配好进程后，一般会给每个节点分配一个固定的标号（类似身份证），此标号后续会在消息传递过程中用到。此处需要说明的是，实际运行的是 orterun 程序(Open-MPI SPMD / MPMD 启动器，mpirun / mpiexec 只是它的符号链接)。

7.2.5 总结

对比 Gloo 和 MPI 的实现，我们还是能看出其中的区别的。

- Gloo 只是一个库，需要 Horovod 完成命令分发功能。Gloo 需要 Horovod 自己实现本地运行和远端运行方式，即利用 get_remote_command() 函数实现 ssh -o PasswordAuthentication=no -o StrictHostKeyChecking=no。Gloo 也需要实现 RendezvousServer，其底层会利用 RendezvousServer 进行通信。
- MPI 的功能则强大很多，只要把命令配置成 mpirun 包装，Open-MPI 就可以自行完成命令分发工作。说到底，即使 Horovod 内部运行了 TensorFlow，它本质上也是一个 MPI 程序，可以在节点之间进行交互。

7.3 网络基础和 Driver

上一节在分析 horovod/runner/launch.py 文件的过程中得知，_run_static()函数使用 driver_service.get_common_interfaces()函数来获取路由信息，代码如下。

```
def _run_static(args):
    nics = driver_service.get_common_interfaces(省略参数)
```

因为这部分内容比较复杂，Driver 的概念类似于 Spark 中 Driver 的概念，所以我们单独进行分析，分析问题点如下。

- 为什么要知道路由信息？如何找到路由信息？怎么进行交互？
- 当有多个主机的情况下，Horovod 如何处理？
- HorovodRunDriverService 和 HorovodRunTaskService 有何关联？

7.3.1 总体架构

因为 Horovod 分布式训练涉及多个主机，所以如果要彼此访问，就需要知道路由信息。get_common_interfaces() 函数实现了获得路由信息（所有主机之间的共有路由接口集合）的功能，具体通过调用 _driver_fn() 函数和 get_local_interfaces() 函数来完成。

对于本地主机，get_local_interfaces() 函数可以获取本地的网络接口。对于远端主机，_driver_fn() 函数可以获取其他主机的网络接口，_driver_fn() 函数的作用如下。

- 启动 Service 服务。
- 使用 driver.addresses() 函数获取 Driver 服务的地址（通过调用 self._addresses = self._get_local_addresses() 函数来完成）。
- 使用 _launch_task_servers() 函数利用 Driver 服务的地址在每个 Worker 中启动 Task 服务，Task 服务会在 Service 服务中注册。
- 因为网络拓扑是环形的，所以每个 Worker 会探测 "Worker 索引 + 1" 的所有网络接口。
- _run_probe() 函数返回一个所有 Worker 上的所有路由接口的交集。

获取路由的具体逻辑如图 7-7 所示。

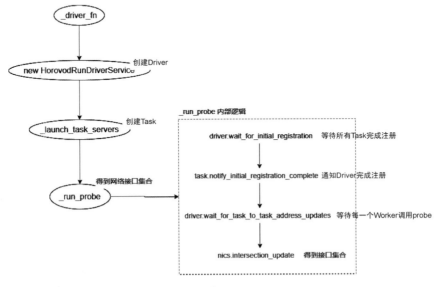

图 7-7

7.3.2 基础网络服务

前面提到，Horovod Driver 的概念类似 Spark 中 Driver 的概念。Spark 应用程序运行时，主要分为 Driver 和 Executor（执行器），Driver 负责总体调度及 UI 展示，Executor 负责 Task（任务）运行。用户的 Spark 应用程序运行在 Driver 上（从某种程度上说，用户的程序就是 Spark Driver），先经过 Spark 调度封装成多个 Task 信息，再将这些 Task 信息发给 Executor 执行，Task 信息包括代码逻辑及数据信息，Executor 不直接运行用户代码。

与 Spark 类似，在有多个主机的情况下，Horovod 通过 Driver 和 Task 两个概念完成多机交互。Driver 负责调度，Task 负责具体工作。对于 Horovod 来说，Driver 和 Task 之间的关系具体如下。

- HorovodRunDriverService 是 Driver 的实现类。
- HorovodRunTaskService 提供 Task 部分服务功能，Task 需要注册到 HorovodRunDriverService 中。

上述这套 Driver 和 Task 机制的底层由基础网络服务支撑。下面我们仔细分析一下基础网络服务。

首先给出上面提到的几个 Horovod 类的继承关系，如图 7-8 所示。我们后续要讲解的 Driver 服务由 HorovodRunDriverService 提供，Task 服务由 HorovodRunTaskService 提供。这两个类最终都继承了 network.BasicService。

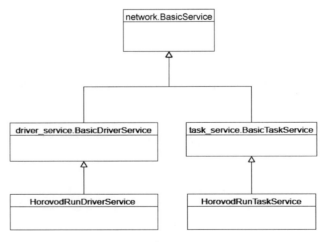

图 7-8

1. BasicService

BasicService 提供了网络服务器功能，即通过调用 find_port() 函数构建了一个 ThreadingTCPServer 对外提供服务。

2. BasicClient

HorovodRunDriverClient 和 HorovodRunTaskClient 这两个类都继承了 network.BasicClient。

Network.BasicClient 是一个操作接口，其作用是连接 network.BasicService 并与其交互。Client 的类逻辑如图 7-9 所示。

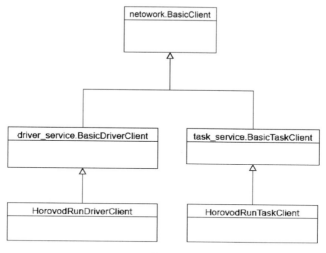

图 7-9

BasicClient 的两个主要 API 是_probe 和_send。_probe API 的作用是获取服务器的网络接口；_send API 的作用是给服务器发送消息。

我们可以看到，network.BasicService 提供了一个服务，此服务通过 network.BasicClient 访问，基于此，Horovod 的 HorovodRunDriverService 和 HorovodRunTaskService 这两个类可以进行沟通。

7.3.3 Driver 服务

Driver 服务由 HorovodRunDriverService 提供，其主要功能是维护各种 Task 地址及相应关系。Task 地址由 Task 服务来注册。需要注意，由于 HorovodRunDriverService 和 HorovodRunTaskService 都继承了 network.BasicService，因此它们之间可以异地运行并且交互。

1. HorovodRunDriverService

HorovodRunDriverService 是对 BasicDriverService 的拓展；HorovodRunDriverClient 是 HorovodRunDriverService 的访问接口。

2. BasicDriverService

BasicDriverService 是 HorovodRunDriverService 的基类，主要作用是维护各种 Task 地址及其相应关系，具体代码如下。

```
class BasicDriverService(network.BasicService):
    def __init__(self, num_proc, name, key, nics):
        super(BasicDriverService, self).__init__(name, key, nics)
        self._num_proc = num_proc
        self._all_task_addresses = {}
```

```
        self._task_addresses_for_driver = {}
        self._task_addresses_for_tasks = {}
        self._task_index_host_hash = {}
        self._task_host_hash_indices = {}
        self._wait_cond = threading.Condition()
```

此处的各种 Task 地址就是 Task 服务注册到 Driver 的数值。我们举如下几个例子。

（1）_all_task_addresses

_all_task_addresses 变量记录了所有 Task 的地址，通过获取 self._all_task_addresses[index].copy()来决定 ping/check 的下一个跳转。

（2）_task_addresses_for_driver

本变量记录了所有 Task 的地址，由于网卡接口有多种，此处选择与本 Driver 地址匹配的地址。Driver 用此地址生成其内部 Task 变量。

（3）_task_addresses_for_tasks

这是 Task 自己使用的地址，用来获取某个 Task 的一套网络接口。

（4）_task_index_host_hash

每个 Task 有一个对应的主机 hash（哈希值），该数值被 MPI 作为主机名来操作，也被 Spark 相关代码使用。_task_index_host_hash 变量的作用是据此可以逐一通知 Spark Task 进入下一阶段，也可以用来获取某一个主机对应的主机 hash。

（5）_task_host_hash_indices

Horovod 可以通过 rsh 在某一个主机上让某一个 Horovod rank 启动，_task_host_hash_indices 变量就在远程登录时使用，具体逻辑是：

- 获取某一个主机上所有的 Task 索引。
- 利用_task_host_hash_indices 取出本进程的本地 rank 对应的 Task 索引。
- 取出在 Driver 中 Task 索引对应的 Task 地址。
- 依据此 Task 地址生成一个 SparkTaskClient，进行后续操作。

7.3.4 Task 服务

HorovodRunTaskService 提供了 Task 的部分服务功能。_launch_task_servers()函数会启动 Task 服务，其主要作用是多线程运行，在每一个线程中远程运行 horovod.runner.task_fn。在启动服务时，需要注意的问题如下。

- 在传入参数中，all_host_names 就是程序启动时配置的所有主机，如 ["1.1.1.1", "1.1.1.2"]。
- 使用前文提到的 safe_shell_exec.execute()函数保证安全运行。

- 使用前文提到的 get_remote_command()函数获取远程命令，即在命令前加了 ssh -o PasswordAuthentication=no -o StrictHostKeyChecking=no 等配置。
- 最终每个启动的命令举例如下： ssh -o PasswordAuthentication=no -o StrictHostKeyChecking=no 1.1.1.1 python -m horovod.runner.task_fn {index} {num_hosts} {driver_addresses} {settings}。
- 使用 execute_function_multithreaded()函数在每一个主机上启动 Task 服务。

Horovod.runner.task_fn()函数用来执行具体服务，其功能如下。

- 生成 HorovodRunTaskService 实例，赋值给 Task。
- 调用 HorovodRunDriverClient.register_task()函数向 Driver 服务注册 Task（自己）的地址。
- 调用 HorovodRunDriverClient.register_task_to_task_addresses()函数向 Driver 服务注册自己在环上的下一个邻居的地址。
- 每一个 Task 都调用 task_fn()函数，最后汇总就得到了在此环形集群（Ring Cluster）中的一个路由接口。

HorovodRunTaskService 的另外一个作用是提供两个等待函数。因为具体路由探询操作需要彼此通知和互相等待。

我们拓展最初的逻辑如图 7-10 所示，可以看到_driver_fn()中创建了一个 Driver 和若干个 Task。

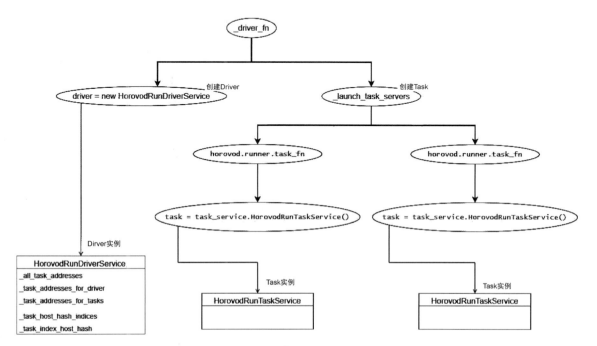

图 7-10

其中，Driver 和 Task 之间的交互流程如图 7-11 所示。

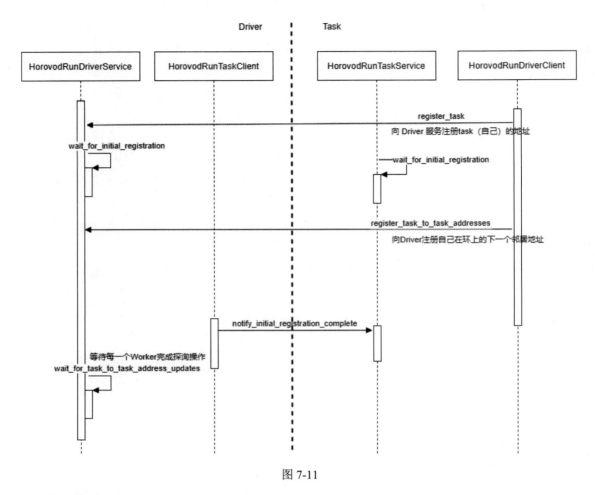

图 7-11

7.3.5 总结

我们对网络基础服务做一下总结。大体上说，Horovod 通过 HorovodRunDriverService 和 HorovodRunTaskService 等模块实现了内部各个部分之间的通信机制。比如，在 Horovod 启动时，会先在各个 Worker 上启动 Task，接着各个 Task 会在本地探查网卡等信息，最后利用此通信机制把这些信息返回给 Driver 使用。

我们接下来回答本节前面提到的三个问题：

问题 1：为什么要知道路由信息？如何找到路由信息？怎么进行互相交互？答案如下。

- 因为 Horovod 分布式训练涉及多个主机，所以如果要彼此访问，就需要知道路由信息。
- 当所有 Task 都启动、注册、探询（Probe）环中下一个 Worker 邻居之后，DriverService 会得到路由信息（所有主机之间的共有路由接口集合），返回给 Horovod 主体部分使用。

问题 2：在有多个主机的情况下，Horovod 如何处理？答案如下。

- 在有多个主机的情况下，Horovod 通过 Driver 和 Task 两个概念完成多机交互。Driver 负责调度，Task 负责具体工作。
- 这套 Driver 和 Task 机制的底层由基础网络服务支撑。
- network.BasicService 提供了网络服务功能，供其派生类使用。
- 使用者通过 XXXClient 作为接口才能访问到 XXXService。

问题 3：HorovodRunDriverService 和 HorovodRunTaskService 有何关联？答案如下。

- HorovodRunDriverService 和 HorovodRunTaskService 最终继承了 network.BasicService，它们之间可以进行异地运行交互。
- HorovodRunTaskService 提供了 Task 部分服务功能，这些 Task 需要注册到驱动 Driver 中（和 Spark 思路类似）。
- HorovodRunDriverService 是对 BasicDriverService 的封装，BasicDriverService 维护了各种 Task 地址及相应关系。

7.4 DistributedOptimizer

本节介绍如何由 DistributedOptimizer 切入 Horovod 内部。我们以 TensorFlow 为例，演示 Horovod 如何与深度学习框架交互融合。

7.4.1 问题点

我们先回忆一下背景概念，借此引入 Horovod 遇到的问题点。

深度学习框架帮助我们解决的核心问题之一就是反向传播时的梯度计算和更新。如果不用深度学习框架，那么我们需要自己想办法进行复杂的梯度计算和更新，由于 Horovod 并没有提供此功能，因此需要调用深度学习框架完成这项工作，即 Horovod Job 的每个进程都调用单机版 TensorFlow 做本地计算并收集梯度，通过 All-Reduce 汇聚梯度并更新每个进程中的模型。因此 Horovod 需要从 TensorFlow 截取梯度，因为后续使用 TensorFlow v1.x 进行分析，所以我们接下来如果不明确指出，TensorFlow 指的都是 v1.x 版本。

TensorFlow 的底层编程系统是由张量组成的计算图。在 TensorFlow 中，计算图构成了前向/反向传播的结构基础，每一个计算都是图中的一个节点，计算之间的依赖关系则用节点之间的边来表示。给定一个计算图，TensorFlow 使用自动求导（反向传播）进行梯度运算。tf.train.Optimizer 允许我们通过 minimize() 函数自动进行权重更新，此时 tf.train.Optimizer.minimize()函数主要做了以下两件事。

- 计算梯度，即调用 compute_gradients()函数计算损失对指定 val_list 的梯度，返回元组列表 list(zip(grads, var_list))。实际上，compute_gradients()函数通过调用 gradients()函数完成了反向计算图的构造。

- 用计算得到的梯度更新对应权重,即调用 apply_gradients()函数将 compute_gradients()函数的返回值作为输入对权重变量进行更新。实际上,apply_gradients()函数完成了需要参数更新的子图构造。

具体训练通过 session.run()完成,比如下面的示例。

```
opt = hvd.DistributedOptimizer(opt)
train_op = opt.minimize(loss) # 权重更新
with tf.train.MonitoredTrainingSession(checkpoint_dir=checkpoint_dir,
                                       config=config,
                                       hooks=hooks) as mon_sess:
  while not mon_sess.should_stop():
    mon_sess.run(train_op) # 执行训练
```

TensorFlow 同样允许用户自己计算梯度,在用户做了中间处理之后,此梯度才会被用来更新权重,此时可以细分为以下三个步骤。

- 利用 tf.train.Optimizer.compute_gradients()函数来计算梯度,即构建反向计算图。
- 用户对梯度进行自定义处理。此处其实就是 Horovod 可以"做手脚"的地方。
- 利用 tf.train.Optimizer.apply_gradients()函数及用户处理后的梯度来更新权重,即构建需要参数更新的子图。

回顾了深度学习框架之后,我们接下来看问题点。Horovod 与 TensorFlow 融合的主要问题点就是:如何把 Horovod 自定义的操作融合到 TensorFlow 计算图中,使得 Horovod 自定义操作可以获取 TensorFlow 的梯度。

- 以 TensorFlow1.x 为例,深度学习计算过程被表示成一个计算图,并且由 TensorFlow Runtime 负责解释和执行,Horovod 为了获得每个进程计算的梯度对它们进行 All-Reduce 操作,这需要让 Horovod 自己嵌入到 TensorFlow 图执行过程中去获取梯度,也就是上面提到的可以从优化器"做手脚"的地方。
- 由于 Horovod 原生算子是与 TensorFlow 算子(OP/operator)无关的,因此无法直接插入到 TensorFlow 计算图中执行,需要有一个方法来把 Horovod 算子注册到 TensorFlow 计算图中,这样才能让 Horovod 算子融合在前向/反向传播过程中。这就是 TensorFlow 提供的自定义异步算子操作。

7.4.2 解决思路

上述问题的解决思路就是:Horovod 先拓展 TensorFlow 自定义操作,然后利用这些自定义操作来融入到 TensorFlow 计算图中。我们接下来就来看如何融入。

TensorFlow 可以自定义算子,即如果现有的库没有涵盖我们想要的算子,那么可以自己定制一个。具体思路如下。

（1）TensorFlow1.x

- 在 TensorFlow1.x 中，深度学习计算是一个计算图，由 TensorFlow Runtime 负责解释执行。
- Horovod 要想获得每个进程计算的梯度，并且可以对它们进行 All-Reduce，就必须潜入计算图执行的过程。为此，Horovod 通过对用户优化器进行封装组合的方式完成了对梯度的 All-Reduce 操作，即 Horovod 要求开发者使用 Horovod 自己定义的 hvd.DistributedOptimizer 代替 TensorFlow 官方的优化器，从而可以在优化模型阶段得到梯度。
- Horovod 实现了 TensorFlow 异步算子 HorovodAllreduceOp，HorovodAllreduceOp 内部调用了 Horovod 原生 All-Reduce 算子。显式继承了 TensorFlow 异步算子的 HorovodAllReduceOp 可以插入 TensorFlow 计算图里面被正常执行。
- hvd.DistributedOptimizer 拿到梯度之后会调用 HorovodAllreduceOp，即把 HorovodAllreduceOp 插入反向计算图之中，让 TensorFlow 对 HorovodAllreduceOp 的异步操作进行分发。
- TensorFlow 在执行反向计算图时，会对 HorovodAllreduceOp 的异步操作进行分发，当 HorovodAllreduceOp 结束之后，再把跨进程处理的梯度返回给 TensorFlow。TensorFlow 可以用此返回值进行后续处理。

（2）TensorFlow2.0

- TensorFlow2.0 的 Eager execution（动态图模式）采用完全不同的计算方式。其前向计算过程把对基本算子的调用记录在一个数据结构 Tape 里，使随后进行反向计算的时候可以回溯此 Tape，以此调用此算子对应的梯度算子。
- Horovod 调用 TensorFlow2.0 API 可以直接获取梯度，这样 Horovod 可以通过封装 Tape 完成 All-Reduce 操作。

接下来我们利用 TensorFlow 1.x 进行分析。

7.4.3 TensorFlow 1.x

前面提到，由于 Horovod 要求开发者使用 Horovod 自己定义的 hvd.DistributedOptimizer 代替 TensorFlow 官方的优化器，从而可以在优化模型阶段得到梯度，因此我们从 _DistributedOptimizer 进行分析。

1. _DistributedOptimizer

在示例代码中，用户在生成 hvd.DistributedOptimizer 的时候传入了一个 TensorFlow 原生优化器。我们具体来看如何建立 hvd.DistributedOptimizer，在 horovod/tensorflow/__init__.py 中加载的时候执行如下操作。

```
try:
    # TensorFlow2.x
```

```
    _LegacyOptimizer = tf.compat.v1.train.Optimizer
except AttributeError:
    try:
        # TensorFlow1.x
        _LegacyOptimizer = tf.train.Optimizer
```

对于 TensorFlow1.x，我们后续使用的基础是_LegacyOptimizer。_DistributedOptimizer 继承了_LegacyOptimizer，也封装了一个 tf.optimizer。此被封装的 tf.optimizer 就是用户指定的 TensorFlow 官方优化器，被传给 DistributedOptimizer 的 TensorFlow 优化器在构造函数 __init__.py 中被赋值给了 DistributedOptimizer 的_optimizer 成员变量。_DistributedOptimizer 会先调用 _optimizer 求本地原生梯度，然后在模型应用梯度之前使用 All-Reduce 操作收集梯度值。_DistributedOptimizer 定义如下。

```
class _DistributedOptimizer(_LegacyOptimizer):
    def __init__(self, optimizer, name=None, use_locking=False, device_dense='',
                 device_sparse='', compression=Compression.none,
                 sparse_as_dense=False, op=Average, gradient_predivide_factor=1.0,
                 backward_passes_per_step=1, average_aggregated_gradients=False,
                 groups=None, process_set=global_process_set):
        if name is None:
            name = "Distributed{}".format(type(optimizer).__name__)
        super(_DistributedOptimizer, self).__init__(name=name, use_locking=use_locking)

        self._optimizer = optimizer
        self._allreduce_grads = _make_allreduce_grads_fn(
            name, device_dense, device_sparse, compression, sparse_as_dense, op,
            gradient_predivide_factor, groups, process_set=process_set)

        self._agg_helper = None
        if backward_passes_per_step > 1:
            self._agg_helper = LocalGradientAggregationHelper(
                backward_passes_per_step=backward_passes_per_step,
                allreduce_func=self._allreduce_grads,
                sparse_as_dense=sparse_as_dense,
                average_aggregated_gradients=average_aggregated_gradients,
                rank=rank(),
                optimizer_type=LocalGradientAggregationHelper._OPTIMIZER_TYPE_LEGACY,
            )
```

2. compute_gradients()函数

计算梯度的第一步是调用 compute_gradients()函数计算损失对指定 val_list 的梯度，返回元组列表 list(zip(grads, var_list))。每一个 Worker 的模型都会调用 compute_gradients()函数。对于每个模型来说，gradients = self._optimizer.compute_gradients(*args, **kwargs)就是该模型计算得到的梯度。

DistributedOptimizer 重写了 Optimizer 类的 compute_gradients()函数，具体逻辑如下。

- _DistributedOptimizer 在初始化时配置 self._allreduce_grads = _make_allreduce_grads_fn。
- compute_gradients()函数调用原始配置 TensorFlow 官方优化器的 compute_gradients()函数。compute_gradients()函数返回值是一个元组列表，列表的每个元素是一个(gradient，variable)元组，gradient 是每一个变量变化的梯度值，即原生梯度。
- 如果设置了 _agg_helper，即 LocalGradientAggregationHelper，就调用 LocalGradientAggregationHelper 做本地梯度累积（本地累积的目的是减少跨进程次数，只有到了一定阶段才会进行跨进程合并），否则调用_allreduce_grads()函数直接跨进程合并梯度（用 MPI 对计算出来的分布式梯度做 All-Reduce）。

DistributedOptimizer 的逻辑如图 7-12 所示，先得到原生梯度，然后归约原生梯度，最后返回新梯度。

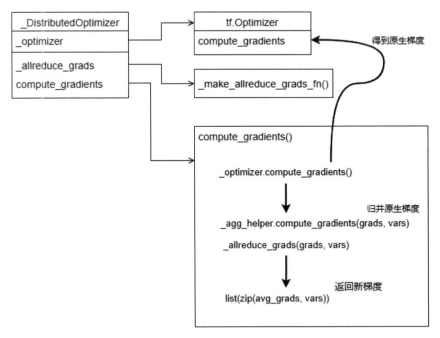

图 7-12

3. LocalGradientAggregationHelper

前面提到，如果设置了_agg_helper，即 LocalGradientAggregationHelper，就调用 LocalGradientAggregationHelper 做本地累积梯度（本地累积梯度之后也会进行跨进程合并）。下面我们讲讲 LocalGradientAggregationHelper。

LocalGradientAggregationHelper 会在本地累积梯度，在初始化的时候，成员函数 self._allreduce_grads 被设置为 allreduce_func，allreduce_func 就是跨进程 All-Reduce 函数，所以 LocalGradient-AggregationHelper 中也会进行跨进程 All-Reduce，即每当本地梯度累积了 backward_passes_per_step 次之后，会跨机器更新一次。具体是调用 LocalGradientAggregationHelper.compute_gradients() 函数来完成该功能。该函数逻辑如下。

- 调用_init_aggregation_vars() 函数遍历本地元组(Gradient、Variable)的列表，累积在 locally_aggregated_grads。
- 当本地梯度累积了 backward_passes_per_step 次后，allreduce_grads() 函数会遍历张量列表，对于列表中的每个张量则会调用_allreduce_grads_helper() 函数进行跨进程合并。

于是逻辑拓展如图 7-13 所示，其中细实线表示数据结构之间的关系，粗实线表示调用流程，虚线表示数据流。此处需要注意的是 compute_gradients() 函数会在_agg_helper 或者_allreduce_grads 中选一个执行：

- 如果执行了_agg_helper，即 LocalGradientAggregationHelper，就调用_agg_helper 计算梯度（本地累积之后也会进行跨进程合并）。
- 否则执行_allreduce_grads，即调用_make_allreduce_grads_fn() 函数进行跨进程合并（用 MPI 对计算出来的分布式梯度做 All-Reduce 操作）。

4. _make_allreduce_grads_fn() 函数

_make_allreduce_grads_fn() 函数调用了_make_cached_allreduce_grads_fn() 函数完成归约功能。_make_cached_allreduce_grads_fn() 函数的具体逻辑如下。

- 获取所有梯度。
- 遍历元组的列表，对于每个梯度使用_allreduce_cond() 函数与其他 Worker 进行同步。
- 返回同步好的梯度列表。

在_allreduce_cond() 函数中调用 allreduce() 函数进行集合通信操作，依据所需要传输的张量类型是 IndexedSlices 还是 Tensor 做不同处理：

- 如果张量类型是 IndexedSlices，则需要调用 allgather() 函数，是否需要其他操作要看具体附加配置。
- 如果张量类型是 Tensor，则需要调用_allreduce() 函数处理，即先求张量的和，再取平均数。

第 7 章 Horovod

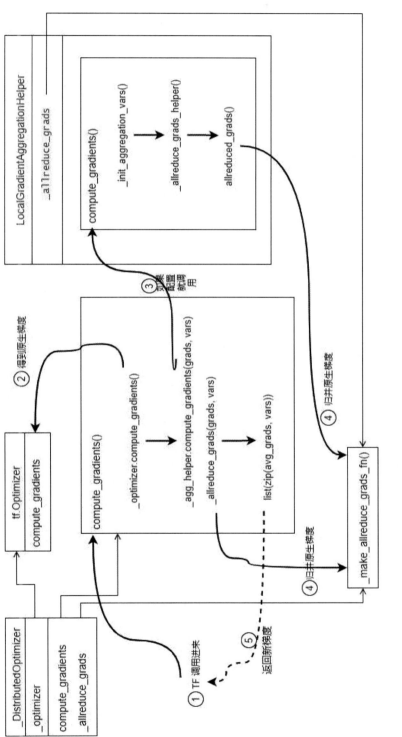

图 7-13

5. 算子映射

HorovodAllreduceOp 和 HorovodAllgatherOp 这两个方法是 Horovod 自定义的与 TensorFlow 相关的算子。_allreduce()函数和 allgather()函数分别与之对应，具体如下。

- _allreduce()函数使用名字"HorovodAllreduce"与 HorovodAllreduceOp 绑定，由 MPI_LIB.horovod_allreduce()函数做中间转换。
- allgather()函数使用名字"HorovodAllgather"与 HorovodAllgatherOp 绑定，由 MPI_LIB.horovod_allgather()做中间转换。

这样就调用了 TensorFlow 的异步算子，或者说是把 TensorFlow 的异步算子插入反向计算图之中。

_allreduce()函数代码如下。

```
def _allreduce(tensor, name=None, op=Sum, prescale_factor=1.0,
postscale_factor=1.0,
            ignore_name_scope=False, process_set=global_process_set):
  if name is None and not _executing_eagerly():
    name = 'HorovodAllreduce_%s' % _normalize_name(tensor.name)
  return MPI_LIB.horovod_allreduce(tensor, name=name, reduce_op=op,
                                   prescale_factor=prescale_factor,
                                   postscale_factor=postscale_factor,
                                   ignore_name_scope=ignore_name_scope,
                                   process_set_id=process_set.process_set_id)
```

MPI_LIB 就是预先加载的 SO 库。

```
def _load_library(name):
   filename = resource_loader.get_path_to_datafile(name)
   library = load_library.load_op_library(filename)
   return library

try:
   MPI_LIB = _load_library('mpi_lib' + get_ext_suffix())
   # 省略其他代码
```

_allreduce()函数继续调用 MPI_LIB.horovod_allreduce(tensor, name=name, reduce_op=op)。而 MPI_LIB.horovod_allreduce()函数被 TensorFlow Runtime 转换到了 C++世界的代码中，对应的就是 HorovodAllreduceOp 类，具体如下。

- 首先，在构造函数之中，通过 OP_REQUIRES_OK 的配置得到 reduce_op_。
- 其次，当 TensorFlow 调用此异步算子时，在 ComputeAsync()函数中通过 reduce_op_ 确定具体需要调用哪种操作。接下来可以调用 EnqueueTensorAllreduce()把 reduce_op_ 下发到后台通信线程。

至此，Python 和 C++世界就进一步联系起来。HorovodAllreduceOp 的代码具体如下。

```
class HorovodAllreduceOp : public AsyncOpKernel {
  explicit HorovodAllreduceOp(OpKernelConstruction* context)
    : AsyncOpKernel(context) {
```

```cpp
    // 此处会声明,从 context 中得到 reduce_op,赋值给 reduce_op_
    OP_REQUIRES_OK(context, context->GetAttr("reduce_op", &reduce_op_));
    // 省略无关代码
  }

  void ComputeAsync(OpKernelContext* context, DoneCallback done) override {
    // 省略无关代码

    // 此处会依据 reduce_op_ 确认 C++内部调用何种操作
    horovod::common::ReduceOp reduce_op =
static_cast<horovod::common::ReduceOp>(reduce_op_);

    Tensor* output;
    OP_REQUIRES_OK_ASYNC(
        context, context->allocate_output(0, tensor.shape(), &output), done);
    common::ReadyEventList ready_event_list;
#if HAVE_GPU
ready_event_list.AddReadyEvent(std::shared_ptr<common::ReadyEvent>(RecordReadyEvent(context)));
#endif
    auto hvd_context = std::make_shared<TFOpContext>(context);
    auto hvd_tensor = std::make_shared<TFTensor>(tensor);
    auto hvd_output = std::make_shared<TFTensor>(*output);
    auto enqueue_result = EnqueueTensorAllreduce(
        hvd_context, hvd_tensor, hvd_output, ready_event_list, node_name, device,
        [context, done](const common::Status& status) {
#if HAVE_GPU
          auto hvd_event = status.event;
          if (hvd_event.event) {
            auto device_context = context->op_device_context();
            if (device_context != nullptr) {
              auto stream =
stream_executor::gpu::AsGpuStreamValue(device_context->stream());
              HVD_GPU_CHECK(gpuStreamWaitEvent(stream, *(hvd_event.event), 0));
            }
          }
#endif
          context->SetStatus(ConvertStatus(status));
          done();
        },
        reduce_op, (double)prescale_factor_, (double)postscale_factor_,
        process_set_id_);
    OP_REQUIRES_OK_ASYNC(context, ConvertStatus(enqueue_result), done);

// 省略无关代码
  }
```

至此我们将图 7-13 拓展为图 7-14,图中细实线表示数据结构之间的关系,粗实线表示调用流程,虚线表示数据流。

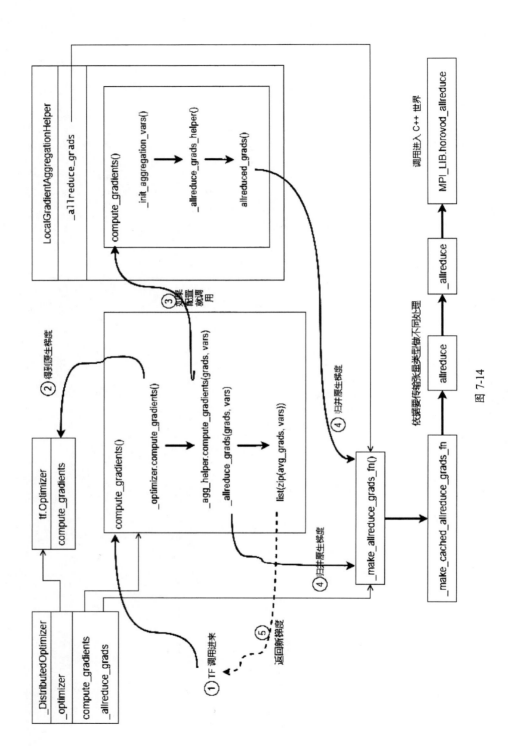

图 7-14

7.5 融合框架

对于 Horovod 融合框架，我们需要通过一些问题来引导分析。

- Horovod 不依托于某个框架，而是自己通过 MPI 建立了一套分布式系统，完成了 All-Reduce 等集合通信工作，但是如何实现一个统一的分布式通信框架？
- Horovod 是一个库，怎么嵌入各种深度学习框架？比如怎么嵌入 Tensorflow、PyTorch、MXNet、Keras？
- Horovod 如何实现自己的算子？因为需要兼容多种学习框架，所以应该有自己的算子，在此基础上添加适配层就可以达到兼容目的。
- 如何将梯度的同步通信完全抽象为与框架无关的架构？
- 如何将通信和计算框架分离？如果可以分离，则计算框架只需要直接调用 Horovod 接口，如 HorovodAllreduceOp 进行梯度求平均即可。

接下来我们就围绕这些问题进行分析，看看 Horovod 如何融合框架。

7.5.1 总体架构

我们首先通过图 7-15 所示的 Horovod 架构图来看其具体分层。

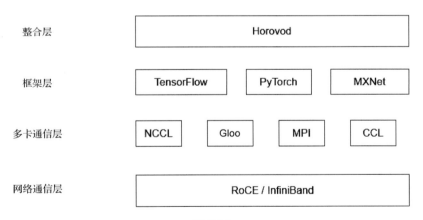

图 7-15

- 整合层：该层会整合各个框架层，Horovod 将通信和计算框架分离后，计算框架只需要直接调用 Horovod 接口，如 HorovodAllreduceOp 进行梯度求平均即可。
- 框架层：用来支持 Tensorflow、PyTorch、MXNet、Keras 等热门深度学习框架，也有对 Ray 的支持。
- 多卡通信层（集合通信层）：集成一些集合通信框架，包括 NCCL、MPI、Gloo、CCL，本层会完成 All-Reduce 等归约梯度的过程。
- 网络通信层：作用是优化网络通信，提高集群间的通信效率。

我们知道，Horovod 内部封装了 All-Reduce 功能，借以实现梯度归约。但是 hvd.allreduce() 函数如何实现对不同深度学习框架的调用呢？事实上，Horovod 使用一个整合层来完成这部分工作。我们接下来思考一下为了统一这些框架，应该做哪些操作或者说需要考虑哪些因素。

我们看看每个 rank 节点的运行机制，从此角度来看整合层的实现需要考虑哪些因素：

- 每个 rank 有两个线程：执行线程（Execution thread）和后台线程（Background thread）。
- 执行线程负责机器学习计算，就是运行框架。
- 后台线程负责集合通信操作，比如 All-Reduce。

考虑到上述运行机制，整合层的实现机制如下。

- 构建一个算子类体系，首先定义基类 Horovod 算子，然后在此基础上定义子类 AllReduceOp，并以此延伸出多个基于不同通信库的 collectiveOp（适配层），如 GlooAllreduce 和 MPIAllReduce。
- 构建一个消息队列，框架层会发出一些包含算子和张量的消息到队列中，后台初始化的时候会构建一个专门的线程（即后台线程）消费此队列。因此需要有一个同步消息的过程：当某个张量在所有节点上都就绪以后，这些节点就可以开始计算。
- Horovod 定义的这套 Horovod 算子体系与具体深度学习框架无关，还需要针对各个深度学习框架定义不同的 Horovod 算子实现。比如使用 TensorFlow 的时候，Horovod 需要注册针对 TensorFlow 的 Horovod 算子，才能将算子插入 TensorFlow 计算图中执行。

下面我们就逐一分析这几个方面。

7.5.2 算子类体系

Horovod 算子类体系如下。

- 定义基类 Horovod 算子 HorovodOp。
- 在此基础上定义子类，比如 AllReduceOp。
- 并以此延伸出多个基于不同通信库的集合通信操作，比如 GlooAllReduce 和 MPIAllReduce。

Horovod 算子的类体系逻辑如图 7-16 所示。

接下来我们对 Horovod 算子的类体系进行梳理。

HorovodOP 是所有类的基类，其主要作用如下。

- 拥有 HorovodGlobalState，这样可以随时调用 Horovod 的总体状态。
- 提供 NumElements()函数，负责获取本算子拥有多少张量。
- 提供一个虚函数 Execute()，用于被派生类实现具体算法操作。

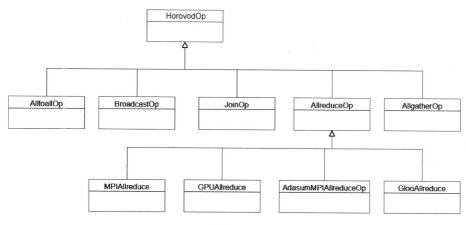

图 7-16

HorovodOp 类有几个派生类，其功能从名字上就能看出，比如 AllreduceOp、AllgatherOp、BroadcastOp、AlltoallOp、JoinOp（弹性训练使用）。我们以 AllreduceOp 为例来看，其依然不是具体实现类，而是增加了一些虚函数，具体如下。

- Execute() 函数需要其派生类实现，就是具体集合通信算法，或者说派生类需要实现如何调用底层集合通信库。
- Enabled() 函数需要其派生类实现。
- MemcpyInFusionBuffer() 函数用来复制输入融合张量（Input Fusion Tensor）到多个 entries 参数。对于单个 entry，会调用 MemcpyEntryInFusionBuffer() 函数进行处理。
- MemcpyOutFusionBuffer() 函数用来复制输出融合张量（Output Fusion Tensor）到多个 entries 参数。对于单个 entry，会调用 MemcpyEntryOutFusionBuffer() 函数进行处理。
- MemcpyEntryInFusionBuffer() 函数用来复制输入融合张量到单个 entry。
- MemcpyEntryOutFusionBuffer() 函数用来复制单个 entry 到输出融合张量。

类体系最下方是具体的实现类，和具体通信框架有关，比如 MPIAllreduce、GPUAllreduce、AdasumMPIAllreduceOp、GlooAllreduce。在源码的 common/ops 文件夹中可以看到实现类具体有 NCCL/Gloo/MPI 等。这些算子由 op_manager 管理，op_manager 会根据优先级找到可以用来计算的算子进行计算，比如：

- MPI 算子用的就是 MPI_Allreduce() 函数。
- NCCL 算子就直接调用 ncclAllReduce() 函数，比较新的 NCCL 也支持跨节点的 All-Reduce 操作。

我们以 MPIAllreduce 算子为例进行说明，其 Execute() 函数调用 MPI_Allreduce() 函数来完成操作，具体逻辑如下。

- 从内存中复制张量到 fusionbuffer 变量。
- 调用 MPI_Allreduce() 函数实现归约。
- 从 fusionbuffer 变量复制回内存。

7.5.3 后台线程

因为 Horovod 主要由一个后台线程完成梯度相关操作，所以让我们看看此后台线程中如何调用 Hovorod 算子。后台线程的工作流程如下。

- HorovodGlobalState 中有一个消息队列接收前端发送来的 All-Reduce、All-Gather 及 Broadcast 等算子通信请求。
- 后台线程会每隔一段时间轮询消息队列看看有没有需要通信的算子，在拿到一批算子之后，会先对算子中的张量进行融合，再进行相应的操作。
- 如果张量位于显存中，那么它会使用 NCCL 库执行；如果张量位于内存中，则会使用 MPI 或者 Gloo 执行。

接下来我们初步梳理一下此流程，后续会详细分析后台线程。

Horovod 的后台线程拿到需要融合的张量后，会调用 PerformOperation() 函数进行具体的集合操作，其中会调用 op_manager->ExecuteOperation() 函数。op_manager->ExecuteOperation(entries, response)函数会调用不同的 op->Execute(entries, response)执行归约运算。比如针对 Response::ALLREDUCE 就会调用 ExecuteAllreduce(entries, response)函数。

ExecuteAllreduce()函数会从 allreduce_ops_ 中选取一个合适的算子，调用其 Execute 方法。allreduce_ops_是从哪里来的？在 OperationManager 构建函数中有如下设置。

```
allreduce_ops_(std::move(allreduce_ops)),
```

前面提到了 allreduce_ops，下面我们就来看如何构建 allreduce_ops。具体是在 CreateOperationManager 中对 allreduce_ops 进行添加，添加的类型如下：MPI_GPUAllreduce、NCCLHierarchicalAllreduce、NCCLAllreduce、DDLAllreduce、GlooAllreduce、GPUAllreduce、MPIAllreduce。

后台线程的逻辑和流程如图 7-17 所示，图中细实线箭头表示数据结构之间的关系，粗实线箭头表示调用流程，数字表示执行顺序。

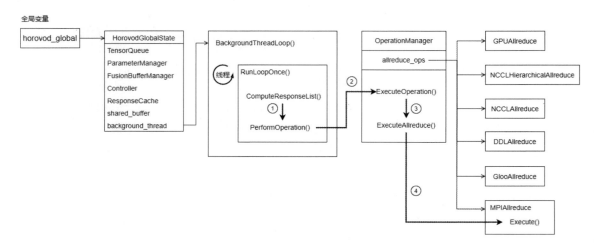

图 7-17

下面回顾一下 rank 节点的运行机制，每个 rank 有两个线程，具体作用如下。

- 执行线程负责做机器学习计算。
- 后台线程责集合通信操作，比如 All-Reduce。

到目前为止，我们简要分析的是后台线程。下面我们要分析一下执行线程的某些环节，即 Horovod 如何融入 TensorFlow 框架，如何把张量和算子发送给后台线程。

7.5.4 执行线程

执行线程主要功能是执行计算图中的算子、计算损失函数、计算梯度，即调用框架进行训练。

前文提到，Horovod 定义的这套 Horovod 算子体系与具体深度学习框架无关，比如，使用 TensorFlow 的时候，是无法直接插入 TensorFlow 计算图中执行的，还需要注册 TensorFlow 的算子。

Horovod 针对各个框架定义了不同的实现。比如，针对 TensorFlow 模型分布式训练，Horovod 开发了适配 TensorFlow 的算子来实现 Tensorflow 张量的 All-Reduce。这些算子可以融入 TensorFlow 的计算图中，利用 TensorFlow Runtime 来实现计算与通信的重叠，从而提高通信效率。以 TensorFlow 模型的 All-Reduce 分布式训练为例，Horovod 开发了 All-Reduce 算子嵌入 TensorFlow 的反向计算图中，从而获取 TensorFlow 反向计算的梯度。All-Reduce 算子进而可以通过调用集合通信库提供的 All-Reduce API 实现梯度汇合。

在 horovod/tensorflow/mpi_ops.cc 中，就针对 TensorFlow 定义了 HorovodAllreduceOp。

HorovodAllreduceOp 是一种 TensorFlow 异步算子，在其内部实现中调用了 Horovod 算子，继承了 TensorFlow 异步算子的 HorovodAllReduceOp 可以被 REGISTER_KERNEL_BUILDER 注册到 TensorFlow Graph 里面，然后正常执行。添加新的算子需要三步，具体如下。

- 第一步是定义算子的接口，使用 REGISTER_OP()向 TensorFlow 系统注册来定义算子的接口，该算子就是 HorovodAllreduceOp。
- 第二步是为算子实现核（kernel）。在定义接口之后，每一个实现被称为一个核。HorovodAllreduceOp 类继承 AsyncOpKernel，覆盖其 ComputeAsync()函数。ComputeAsync()函数提供一个类型为 OpKernelContext*的参数 context 用于访问一些有用的信息，如输入和输出的张量。在 ComputeAsync()函数里，会把这一 All-Reduce 请求加入 Horovod 后台队列。在对 TensorFlow 支持的实现上，Horovod 与百度大同小异，都是自定义了 AllReduceOp，在算子中把请求加入队列。
- 第三步是调用 REGISTER_KERNEL_BUILDER 注册算子到 TensorFlow 系统。

需要注意的是，TensorFlow 自定义操作的实现规范如下：C++ 的定义是驼峰形式，生成的 Python 函数带下画线且小写，因此，如 HorovodAllgather、HorovodAllreduce、HorovodBroadcast 这三个 C++ 方法在 Python 中就变成了 horovod_allgather、horovod_allreduce 和 horovod_broadcast。

在 Python 世界中，当_DistributedOptimizer 调用 compute_gradients()函数优化的时候，会

通过 _allreduce() 函数调用 MPI_LIB.horovod_allreduce，也可以理解为调用 HorovodAllreduceOp。

总结一下，由于 HorovodAllreduceOp 继承了 TFAsyncOpKernel，因此可以嵌入 TensorFlow 计算图，同时用组合方式与 Horovod 后台线程联系起来。

接下来我们看 HorovodAllreduceOp 类，其代码请参见前文。

HorovodAllreduceOp 类会在 ComputeAsync() 之中调用 EnqueueTensorAllreduce() 函数将张量的 All-Reduce 操作算子加入 HorovodGlobalState 的队列中。EnqueueTensorAllreduce() 函数位于 /horovod/common/operations.cc，具体方法就是先构建 contexts、callbacks 等支撑数据，然后调用 EnqueueTensorAllreduces() 函数进行处理。

EnqueueTensorAllreduces() 函数会调用 AddToTensorQueueMulti() 函数向张量队列（tensor_queue）提交操作，具体方法如下。

- 把需要归约的张量组装成一个请求。
- 针对每个张量创建对应的 TensorTableEntry 用于保存张量的权重；也会创建请求，请求内容主要是一些元信息。
- 把请求和 TensorTableEntry 放入 GlobalState 的 tensor_queue，tensor_queue 是一个进程内共享的全局对象维护的队列。
- 等待后台线程读取这些 All-Reduce 请求，后台进程会一直执行一个循环 RunLoopOnce，在其中会利用 MPIController（仅以此举例）处理入队请求。MPIController 的作用是协调不同的 rank 进程，处理请求的对象。此抽象是百度不具备的，主要是为了支持 Facebook Gloo 等其他的集合计算库，因此 Horovod 也有 GlooController 等实现。

张量和算子具体通过调用如下命令被添加到 tensor_queue。

```
status = horovod_global.tensor_queue.AddToTensorQueueMulti(entries, messages);
```

AddToTensorQueue() 函数和 AddToTensorQueueMulti() 函数基本逻辑类似，只不过后者处理多个消息，AddToTensorQueue() 具体逻辑如下。

- 将 MPIRequest 请求加入 horovod_global.message_queue。
- 将 TensorTableEntry 加入 horovod_global.tensor_table。

这样张量和算子就添加到了消息队列，也完成了整体融合逻辑。

7.5.5 总结

现在总结 Horovod 的梯度同步更新及 All-Reduce 操作的全过程如下。

- 定义继承 TensorFlow 异步算子的 HorovodAllreduceOp，通过封装好的优化器（Wrap Optimizer）将 HorovodAllreduceOp 插入到 TensorFlow 执行图中。
- 算子内部主要就是把 All-Reduce 需要的信息打包成请求发送给 Coordinator，Coordinator 一般来说是 rank 0。
- 由 rank 0 协调所有 rank 的请求，并在所有 rank 就绪后，发送应答通知各个 rank 执行 All-Reduce 操作。

总体逻辑如图 7-18 所示，图中细实线箭头表示数据结构之间的关系，粗实线箭头表示调用流程，虚线箭头表示数据流。为了对调用流和数据流进行简化，图上的"TF 计算图"只是个示意。

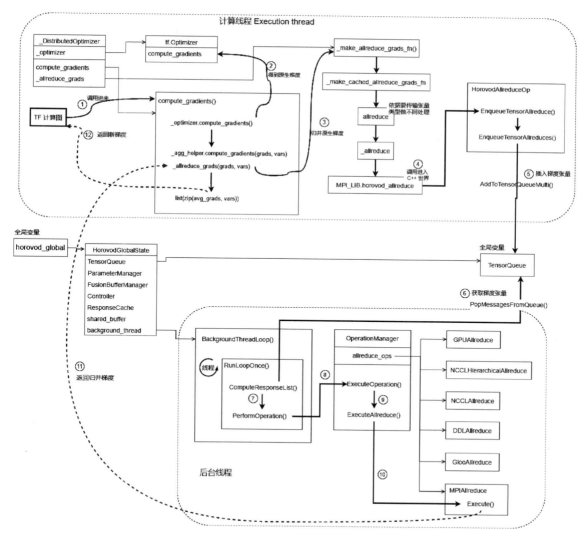

图 7-18

7.6 后台线程架构

在 Horovod 中,每个 rank 有两个线程,当我们在 Python 中使用 hvd.init()进行初始化的时候,实际上是开了一个后台线程和一个执行线程。

- 执行线程进行机器学习计算。
- 后台线程负责 rank 之间同步通信和集合通信操作。百度在实现 Ring All-Reduce 算法时,就使用了一个 MPI 后台线程,Horovod 沿用了此设计,名字就是 BackgroundThreadLoop。

在前面我们看到,在训练时,执行线程会通过一系列操作把张量和操作传递给后台线程,后台线程会进行 Ring All-Reduce 操作。本节来看后台线程如何运作。

7.6.1 设计要点

1. 问题和方案

回顾一下同步梯度更新的概念:当所有 rank 的梯度都计算完毕后,再统一做全局梯度累积。这就涉及在集群中做消息通信。但是,目前在集群中做消息通信的问题点如下。

- 在 Horovod 中,每张卡都对应一个训练进程(每个进程对应一个 rank)。假如有 4 张卡,对应的各个进程的 rank 为[0,1,2,3]。因为计算框架往往是采用多线程执行训练的计算图,所以在多节点情况下,以 All-Reduce 操作为例,我们不能保证每个节点上的 All-Reduce 请求是有序的,因此 MPIAllreduce 并不能直接使用。
- 死锁问题。以下两个原因会导致死锁。
  - All-Reduce 可能是阻塞式调用(MPI 会阻塞主机,NCCL 会阻塞设备),除非所有参与者都做完,否则所占用的资源不会释放。
  - 框架的调度可能是动态的,每次执行顺序不同。

为了解决这些问题,Horovod 设计了一个主从模式(Master-Worker),rank 0 为 Master 节点(即 Coordinator),rank 1~rank n 为 Worker 节点。

- Coordinator 节点进行同步协调,保证对于某些张量的 All-Reduce 请求最终有序和完备,可以继续处理。即只有当某一份梯度在所有的 Worker 上均已生成之后,Horovod 才能统一发动 All-Reduce。
- 在决定了哪些梯度可以操作以后,Coordinator 节点又会将可以进行通信的张量名字和顺序发还给各个节点。当所有的节点都得到了即将进行通信的张量和顺序后,MPI 通信才得以进行。
- 后台线程协调所有 MPI 进程的消息同步和张量归约。此设计基于以下几种考虑。

- 一些 MPI 的实现机制要求所有的 MPI 调用必须在一个单独线程中进行。
- 为了处理错误，MPI 进程需要知道其他进程上张量的形状和类型。
- MPIAllreduce 和 MPIAllgather 必须是 AsyncOpKernels 类型的，以便确保 Memcpys 或者 Kernel 的合理顺序。
- 为了不阻塞正常算子的计算。

另外，在 Horovod 中，训练进程是平等的参与者，每个进程既负责梯度的分发，又负责具体的梯度计算。如图 7-19 所示（见彩插），三个 Worker 节点中的梯度被均衡地划分为三份，通过四次通信，能够完成集群梯度的计算和同步。

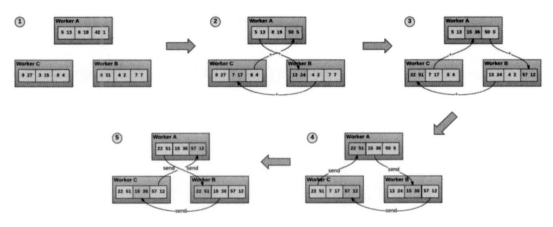

图 7-19

2. 协调机制

在上述方案中，协调机制是重点所在，rank 0 作为 Coordinator，其他的 rank 是 Worker 。每个 Worker 节点上都有一个消息队列 message_queue，而在 Coordinator 节点上除了有一个消息队列 message_queue，还有一个请求表 message_table。每当计算框架发来通信请求时，Horovod 并不直接执行 MPI，而是封装了此消息并推入自己的消息队列。协调机制总体采用消息的请求、应答机制和时间片循环调度处理，在每个时间片中，Coordinator 和 Worker 会进行如下操作。

- 当某个算子的梯度计算完成并且等待全局的 All-Reduce 时，该 Worker 就会先包装一个请求，然后调用 ComputeResponseList() 函数将该请求（一个就绪的张量）放入此 Worker 的 message_queue 中，每个 Worker 的后台线程定期轮训自己的 message_queue，把 message_queue 里面的请求发送到 Coordinator。因为是同步 MPI，所以每个节点会阻塞等待 MPI 完成。

- 请求的形式是 MPIRequests。MPIRequests 显式注明 Worker 希望做什么（如在哪个张量上做什么操作，是聚集还是归约操作，以及张量的形状和类型）。
- 当没有更多处理的张量之后，Worker 会向 Coordinator 发送一个空的"完成（DONE）"消息。
- Coordinator 从 Worker 收到 MPI Requests 及 Coordinator 本身的 TensorFlow 操作之后，将它们存储在请求表 message_table 中。Coordinator 继续接收 MPIRequest，直到收到了 MPI_SIZE 个"完成"消息。
- 当 Coordinator 收到所有 Worker 对于某个张量进行聚集或归约的请求之后，说明此张量在所有的 rank 中都已经就绪。如果所有节点都发出了对该张量的通信请求，则此张量就需要且能够进行通信。
- 确定了可以通信的张量以后，Coordinator 会将可以进行通信的张量名字和顺序发还给各个节点，即当有符合要求的张量后，Coordinator 就会发送响应 MPIResponse 给 Worker，表明当前操作和张量的所有局部梯度已经就绪，可以对此张量执行集合操作，比如可以执行 All-Reduce 操作。
- 当没有更多的 MPIResponse 时，Coordinator 将向 Worker 发送"完成"应答。如果进程正在关闭，它将发送一个"关闭（SHUTDOWN）"应答。
- Worker 监听 MPIResponse 消息，当所有的节点都得到了即将进行 MPI 操作的张量和操作顺序后，MPI 通信得以进行。于是逐个完成所要求的聚集或归约操作，直到 Worker 收到"完成"应答，此时时间片结束。如果接收到的不是"完成"，而是"关闭"，则退出后台循环（Background Loop）。

简单来讲就是：

- Coordinator 收集所有 Worker（包括 Coordinator 自己，因为它自己也在进行训练）的 MPIRequests，把它们放入请求表中。
- 当收集到 MPI_SIZE 个"完成"消息之后，Coordinator 会找出就绪的张量（在 message_table 里面查找）构造出一个 ready_to_reduce 的列表，然后发出若干个 MPIResponse 告知进程可以进行计算。
- Worker 接收到响应开始真正的计算过程（通过 op_manager 来具体执行集合通信）。

协调机制的大致逻辑如图 7-20 所示，图中有三个节点都在进行训练，其中 rank 0 是 Coordinator（本身也在训练），只有等到这三个节点都生成了同一份梯度（此处是 tensor 1）后，才能进行归约操作。

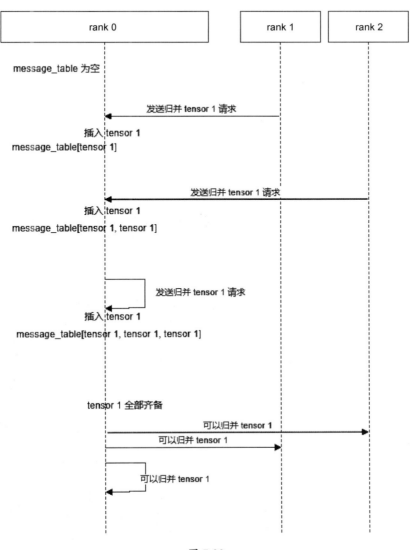

图 7-20

7.6.2 总体代码

在具体实现过程中，底层 All-Reduce 被注册为 OP，在 ComputeAsync()函数中，计算请求被加入一个队列中，这一队列会被后台线程处理。在此后台线程的初始化过程中，它会利用进程内共享的全局状态在自己的内存里创建一些对象和进行逻辑判断，比如要不要进行 Hierarchical All-Reduce，要不要自动调优（AutoTune）等。horovod_global.message_queue 和 horovod_global.tensor_table 都在 Horovod 后台线程的 BackgroundThreadLoop()函数中被处理。

BackgroundThreadLoop()是后台线程的主要函数，主要负责跟其他节点的通信和处理前端过来的通信请求。BackgroundThreadLoop()会轮询调用 RunLoopOnce()函数，不断查看 tensor_queue 中有没有需要通信的张量，如果有，则先跟其他节点进行同步更新，然后执行通信操作。

BackgroundThreadLoop()函数的基本逻辑如下。

- 依据编译配置，决定如何初始化，比如 mpi_context.Initialize()函数只有在 MPI 编译时才初始化。
- 初始化 Controller 变量。根据加载的集合通信库（MPI 或者 Gloo）为 GlobalState 创建对应的 Controller。
- 得到各种配置，如 local_rank。
- 设置 GPU 流。
- 设置 Timeline 配置。
- 设置张量 FusionThreshold、CycleTime 等。
- 设置 auto-tuning 和 ChunkSize。
- 重置 OperationManager。
- 进入关键代码 RunLoopOnce()函数。

也许大家会有疑问，Horovod 的 Ring All-Reduce 究竟是在哪里建立了环？如果细致研究，就需要深入 MPI、Gloo 等，这已经超出了本书范围，这里我们只是大致用 Gloo 来了解一下。在 GlooContext::Initialize()函数中，Horovod 通过 Rendezvous 把 rank 信息发给了 Rendezvous Server。Gloo 内部会利用这些 Rendezvous 来组环。

7.6.3 业务逻辑

我们来看后台线程的具体业务逻辑。

1. 业务逻辑

RunLoopOnce()函数负责总体业务逻辑，其功能如下。

- 计算是否还需要休眠，即检查从上一个周期开始到现在，是否已经超过一个周期的时间。
- 利用 ComputeResponseList()函数让 Coordinator 与 Worker 协调，获取请求并得到应答。Coordinator 会遍历 response_list，对应答逐一执行操作。response_list 被 Coordinator 处理，response_cache_ 被其他 Worker 处理。
- 利用 PerformOperation()函数对每个应答做集合操作。
- 如果需要自动调优，就同步参数。

我们可以看到，Horovod 的工作流程大致如之前所说，是一个 Master-Worker 的模式。Coordinator 在此处做协调工作：会与各个 rank 进行沟通，看看有哪些请求已经就绪，对于就绪的请求会通知 rank 执行集合操作。

2. 计算应答

在后台线程中，最重要的一个函数是 ComputeResponseList()。ComputeResponseList() 函数实现了协调过程，让 Coordinator 与各个 Worker 协调，获取 Worker 的请求并进行处理，发送应答。

Horovod 同样遵循百度的设计。无论是百度的 Coordinator 还是 Horovod 中的 Coordinator 都是类似 Actor 模式，主要起到协调多个进程工作的作用。在执行计算的时候，Horovod 同样引入了一个新的抽象 op_manager，从某种程度上来说，我们可以把 Controller 看作对通信和协调管理能力的抽象，而 op_manager 是对实际计算的抽象。

Controller::ComputeResponseList() 函数的功能是：首先 Worker 发送请求 Coordinator，然后 Coordinator 处理所有 Worker 的请求，找到就绪的张量进行融合，最后将结果发送给其他 rank，具体逻辑如下。

- 利用 PopMessagesFromQueue() 函数从自己进程的 GlobalState 的张量队列中把目前的请求都取出来并进行处理，处理时使用了缓存，即经过一系列处理后缓存到 message_queue_tmp 中。
- 彼此同步缓存信息，目的是得到每个 Worker 共同存储的应答列表。
- 判断是否需要进一步同步，如应答是否全都在缓存中。
- 如果不需要同步，则说明队列中所有消息都在缓存中，不需要其他的协调。于是直接把缓存的应答进行融合，放入 response_list 中，下一轮时间片会继续处理。
- 如果需要同步，则进行以下处理（具体会依据本身的 rank 不同做不同的操作）。
  - 如果本身是 rank 0，说明本身是 Coordinator，则会做如下操作。
    - 因为 rank 0 也会参与机器学习的训练，所以需要把 rank 0 的请求加入 message_table_ 中。
    - rank 0 利用 RecvReadyTensors() 函数接收其他 rank 的请求，把其他 rank 的请求加入 ready_to_reduce 变量，此处就同步阻塞了。rank 0 会持续接收这些信息，直到获取的 DONE 的数目等于 global_size。
    - 遍历 rank 0+1~rank n，并逐一处理每个 rank 的应答。
    - message_table_ 中会形成一个所有可以归约的张量列表，应答的来源包括以下三部分：①rank 0 的 response_cache 变量；②逐一处理 ready_to_reduce 的结果；③join_response 变量。
    - 利用 FuseResponses() 函数对张量做融合，即将一些张量合并成一个大的张量，再做集合操作。
    - rank 0 会找到所有准备好的张量，通过 SendFinalTensors(response_list) 函数返回一个应答（包含需要 Worker 处理的张量）给所有的 Worker，如果发送完所有张量，则 rank 0 会给 Worker 发送一个"完成"消息。

- 如果本身是非零 rank，则代表自己是 Worker，会做如下操作。
    ◆ 当 Worker 需要做 All-Reduce 时，会先把 message_queue_tmp 的内容整理到一个 message_list 中，然后通过 SendReadyTensors() 函数往 Coordinator 发送一个请求表明打算归约，接下来会把准备归约的张量信息通过 message_list 迭代地送过去，最后发送一个 DONE 消息，并且同步阻塞。
    ◆ Worker 利用 RecvFinalTensors(response_list) 函数监听应答信息，该函数会从 Coordinator 接收就绪张量列表并且同步阻塞。当收到 Coordinator 发送的 DONE 消息之后，Worker 会尝试调用 performation() 函数进行归约。
- Coordinator 和 Worker 都会把同步的信息整理成一个应答数组进行后续 PerformOperation() 操作。

此处再解释一下 Coordinator 和对应的 Worker 如何会阻塞到同一条指令。

- SendReadyTensors() 函数和 RecvReadyTensors() 函数阻塞 MPI_Gather。
- SendFinalTensors() 函数和 RecvFinalTensors() 函数调用到 MPI_Bcast。

可以这样分辨：Coordinator 阻塞到 MPI_Bcast，Worker 则阻塞到 MPI_Gather。通信都是先同步需要同步信息的大小，再同步信息，具体如图 7-21 所示。

接下来我们重点看几个函数，这几个函数的操作也和 rank 相关。

（1）IncrementTensorCount() 函数

IncrementTensorCount() 函数的作用是判断所有的张量是否都已经准备好，如果 bool ready_to_reduce = count == (size_ - joined_size)，则说明此张量可以进行 All-Reduce。

rank 0 负责调用 IncrementTensorCount() 函数，目的是判断是否可以进行 All-Reduce。即如果 IncrementTensorCount() 函数返回值为 True，则说明所有张量已经准备好，可以把请求加入 message_table_ 中。

（2）RecvReadyTensors() 函数

该函数的作用是收集其他 rank 的请求，具体逻辑如下。

- 使用 MPI_Gather 确定消息长度。
- 使用 MPI_Gatherv 收集消息。
- 因为 rank 0 已经被处理了，所以此时不处理 rank 0。

（3）SendReadyTensors() 函数

该函数被其他 rank 调用，用来发送同步请求给 rank 0，具体逻辑如下。

- 使用 MPI_Gather 确定消息长度。
- 使用 MPI_Gatherv 收集消息。

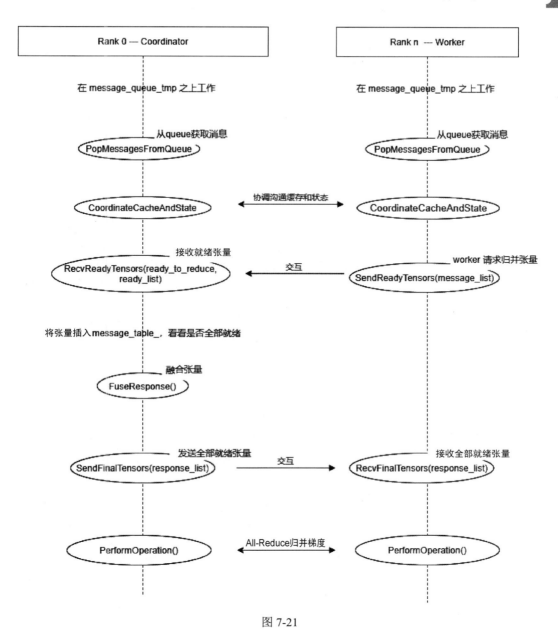

图 7-21

（4）SendFinalTensors() 函数

该函数被 rank 0 调用，把最后结果发送给其他 rank。

（5）RecvFinalTensors() 函数

其他 rank 调用该函数从 rank 0 接收就绪应答列表（同步阻塞）。

3. 执行操作

在得到应答之后，后台线程会依据应答来执行具体业务操作，其调用顺序如下。

- BackgroundThreadLoop()函数调用 RunLoopOnce()函数。
- RunLoopOnce()函数会处理 response_list 并调用 PerformOperation()函数。
- PerformOperation()函数进而会调用 op_manager->ExecuteOperation()函数。
- ExecuteOperation 会依据消息类型不同而调用不同业务函数，比如当消息类型是 Response::ALLREDUCE 时，则会调用 ExecuteAllreduce()函数。

我们具体分析如下。

Worker 会根据前面 ComputeResponseList()函数返回的 response_list 对每个请求轮询调用 PerformOperation() 函数，这样可以完成对应的归约工作。主要代码是调用 status=op_manager->ExecuteOperation(entries,response)，具体逻辑如下。

- PerformOperation() 函数会通过 GetTensorEntriesFromResponse() 函数从 horovod_global.tensor_queue 取出对应的 TensorEntry，把结果存到 entries 变量中。
- 如果还没初始化缓存，则调用 horovod_global.fusion_buffer.InitializeBuffer()函数进行初始化。
- status=op_manager->ExecuteOperation(entries,response) 会调用不同的 op->Execute(entries,response)执行归约运算。
- 遍历 TensorEntry 列表 entries，调用不同 TensorEntry 的回调函数，此处回调函数一般是在前端做相应的操作。

我们沿着 status=op_manager->ExecuteOperation(entries,response)继续深入下去，其会调用不同的 op->Execute(entries,response)函数执行归约运算。比如针对 ALLREDUCE 算子就调用了 ExecuteAllreduce()函数。ExecuteAllreduce()函数的具体作用就是从 allreduce_ops_中选取一个合适的算子，调用其 Execute()函数。因为 allreduce_ops 包括很多算子，所以我们以 MPIAllreduce 算子来举例：MPIAllreduce::Execute()函数会使用 MPI_Allreduce()函数；也处理了融合，比如调用 MemcpyOutFusionBuffer()函数。

于是得到最终逻辑如图 7-22 所示。

至此，我们对 Horovod 分析完毕。

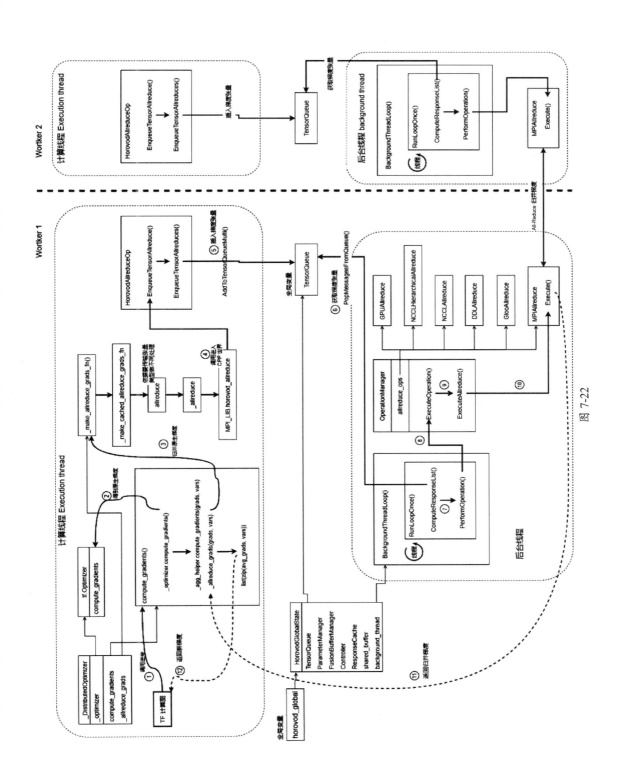

图 7-22

3

流水线并行

第 8 章　GPipe

本章介绍模型的流水线并行。依据模型切分的方式可以将模型并行分成两种：层间并行（流水线并行）和层内并行（张量模型并行）。之所以先介绍流水线并行，是因为某些模型并行（如 Megatron）会基于流水线框架进行任务调度。下面我们看流水线并行。[①]

8.1 流水线基本实现

8.1.1 流水线并行

我们来分析一下在数据并行和模型并行过程中遇到的问题点和流水线并行对此提出的解决方案。

1. 问题点

无论是数据并行还是模型并行，都会遇到资源利用率问题。

- 数据并行和模型并行都可能会在相应机器之间进行全连接通信，当机器数量增大时，通信的开销和时延会大到令人难以忍受。
- 对于超大 DNN 模型，原则上我们可以通过并行计算在 GPU 或者 TPU 上训练。但是由于 DNN 的顺序性，这种方法可能导致在计算期间只有一个加速器处于活动状态，不能充分利用设备的计算能力。

2. 解决方案

在一个常规的同步训练过程中，我们把每一次的训练迭代分成三个部分：模型更新、梯度计算、梯度传输。这三个部分在每一轮迭代过程中是相互依赖的，如果用 T 表示训练的总迭代次数，则整个训练时间可以表示为：

$$总体同步时间 = T \times (模型更新时间 + 梯度计算时间 + 梯度传输时间)$$

想缩短总体训练时间，一个解决方案就是把通信和计算重叠起来，这样可以用计算时间来"掩盖"通信时间。在神经网络训练过程中，怎么设计系统来重叠计算和通信从而提高设备利用率呢？在反向传播过程中有两个特点可以利用。

- 神经网络的计算是一层接着一层完成的，不管是前向传播还是反向传播，只有算完本层才能算下一层。
- 在反向传播过程中，一旦后一层拿到前一层的输入，这一层的计算就不再依赖于前一层。

[①] 本章参考论文 *GPipe: Efficient Training of Giant Neural Networks using Pipeline Parallelism*。

根据这两个特点，人们引入了流水线并行的概念，其主要思想就是把通信和计算的依赖关系解开，如果在一个 Worker 上是多条流水线交替进行的，则通信和计算的时间就有机会完全重叠。

流水线并行在大模型训练时具有优势，流水线并行将模型网络分成多个 stage（阶段/层序列/流水线并行的计算单元），不同 stage 运行在不同设备上，像流水线一样接力进行。因为每个设备只负责网络的部分层，所以每个 stage 和下一个 stage 之间仅有相邻的某些张量数据需要传输，因此流水线并行的数据传输量较少，与总模型大小和机器数目无关，可以支持更大的模型或者更大的单次训练批量。

8.1.2 GPipe 概述

GPipe 是由 Google Brain 开发的，支持超大规模模型神经网络训练的可伸缩流水线并行库，GPipe 使用同步随机梯度下降和流水线并行的方式进行训练，适用于任何由多个有序的层组成的深度神经网络，可以高效地训练大型的消耗内存的模型。

GPipe 的实质是一个模型并行的库，当模型的大小对于单个 GPU 来说太大时，训练大型模型可能会导致内存不足。为了训练如此大的模型，GPipe 将一个模型拆分为多个分区（Partition），并将每个分区放置在不同的设备上，这样可以增加内存容量。模型拆分的分区数通常被称为流水线深度。图 8-1 是朴素流水线，我们可以将一个占用 40GB CUDA 内存的模型拆分为四个分区，每个分区占用 10GB 内存，这种方法称为模型并行。然而，典型的深度学习模型由连续的层组成的，那么换句话说，后面的层在前一层完成之前是不会工作的。如果一个模型是由完全连续的层组成的，那么即使我们将模型扩展到两个或多个层上，同一个时间也只能使用一个设备。因为模型在 GPU 1 上执行时，其他 GPU 都在等待，所以本质上并没有并行，这和在单 GPU 上执行没有区别。

图 8-1

我们来看解决思路。假设把"GPU0、GPU1、GPU2、GPU3"的执行顺序看作一个很长的指令，如果我们想让这些 GPU 都动起来，一个思路就是让多个指令同时执行，只要让它们的执行过程有时间差即可，即某个时刻只有指令 A 在用 GPU0，只有指令 B 在用 GPU1，只要多个指令在执行过程中互相不冲突，就可以达到并行的目的。

Gpipe 将一个小批量（就是数据并行切分后的批量）数据拆分为多个微批量，以使设备尽可能并行工作，这个过程称为流水线并行。由于拆分了数据，因此流水线并行可以认为是模型并行和数据并行的结合，其特色如下。

- 先把一个任务划分为几个有明确先后顺序的 stage，再把不同的 stage 分给不同的计算设备，使得单设备只负责网络中部分层的计算。
- 每个设备上的层做如下操作：①对接收到的微批量进行处理，并将输出发送到后续设备；②同时已准备好处理来自上一个设备的微批量。

- 不同的微批量独立进行前向、反向传播。微批量之间没有数据依赖，计算下一个微批量时不需要等待模型参数更新，可以用同样的权重进行下一个微批量的计算。即当每个 stage 处理完一个微批量后，此 stage 可以将输出发送到下一个 stage 并立即开始下一个微批量的工作，这样各个 stage 就可以彼此重叠、互相覆盖等待时间，从而增加并行度，也可以解决机器之间的通信开销问题。比如，在完成一个微批量的前向传播后，每个 stage 都会将输出激活发送到下一个 stage，同时开始处理另一个微批量。类似地，在完成一个微批量的反向传播后，每个 stage 都会将梯度发送到前一个 stage，同时开始计算另一个微批量。

在流水线并行过程中，模型并行可以达到运行大模型的目的，数据并行提高了模型并行的并行度。改进后的流水线如图 8-2 所示。

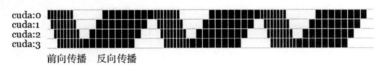

图 8-2

与普通层间并行训练相比，流水线并行有两个主要优点。

- 通信量较少：流水线并行比数据并行的通信量要少得多。与数据并行方法（使用集合通信或参数服务器）中的做法（把所有参数的梯度进行聚集并且将结果发送给所有 Worker）不同，流水线并行中的每个 Worker 只需要在两个 stage 边界之间将梯度或输出激活的一个子集发送给另一个 Worker，这可以大幅降低某些模型的通信量。
- 重叠了计算和通信：跨 stage 前向输出激活和反向梯度的异步通信可以使得这些通信与后续小批量计算在时间上重叠，因为它们在不同的输入上运行，计算和通信完全独立，彼此没有依赖边，所以更容易并行化。在稳定理想状态下，所有的 Worker 时刻都在运转。

在具体实现中，GPipe 有如下几个关键要点。

- 网络分区（Network Partition）：GPipe 将一个 N 层的网络划分成 K 个分区，每个分区在单独的 TPU 上执行，分区之间需要插入一些网络通信操作。
- 流水线并行：GPipe 把 CPU 里的流水线并发技术应用在深度学习上，把计算和网络通信两种操作更好地重排列，让计算和通信可以重叠起来。即自动将小批量的训练样本分成更小的微批量，并在流水线中运行，使多个 TPU 能够并行操作。
- 梯度累积（Gradient Accumulation）：梯度累积是一种用来均摊通信成本的常用策略。它在本地使用微批量多次进行前向和反向传播积累梯度后，再进行梯度归约和优化器更新，相当于扩大了 N 倍的批量大小。
- 重计算（Re-Materialization）：具体是指在前向计算过程中，GPipe 只记录流水线阶 stage 划分处的输出，丢弃 stage 内部的其他中间激活。在反向传播计算梯度时，GPipe 会重新执行前向计算逻辑，从而得到各个算子的前向结果，再根据这些前向结果计算梯度。GPipe 的 Re-Materialization 和 OpenAI 开源的 Gradient-Checkpointing 原理一样，只不过 Re-Materialization 在 TPU 上实现，而 Gradient-Checkpointing 在 GPU 上实现。
- 当多个微批量处理结束时，会同时聚集梯度并且应用。同步梯度下降保证了训练的一致性和效率，与 Worker 数量无关。

对于模型算法的落地，有两个指标特别重要。
- 前向传播时所需的计算力：反映了对硬件（如 GPU）性能要求的高低。
- 参数个数：反映所占内存大小。

接下来，我们需要分析如何计算模型训练的内存大小，以及计算所需的算力（后续流水线并行需要）。

8.1.3 计算内存

在模型训练期间，大部分内存被以下三种情况消耗：[①]激活、模型 OGP 状态和临时缓冲区。

（1）激活

激活有如下特点：激活函数额外消耗的显存随批量大小而增加，在批量大小设置为 1 的情况下，万亿参数模型的激活函数可能会占用超过 1 TB 的显存。

（2）模型 OGP 状态

模型 OGP 状态包括优化器状态（O）、参数梯度（G）和模型自身参数（P）三部分。大多数设备内存在训练期间由模型状态 OGP 消耗。例如，用 Adam 优化器需要存储两个优化器状态：时间平均动量（Time Averaged Momentum）和梯度方差（Variance of The Gradients）来计算更新。因此，要使用 Adam 优化器来训练模型，必须有足够的内存来保存动量和方差的副本。此外也需要有足够的内存来存储梯度和权重本身。在这三种类型的参数相关张量中，优化器状态通常消耗最多的内存，特别是在应用混合精度训练时。

（3）临时缓冲区

临时缓冲区是用于存储临时结果的缓冲区，例如，对于参数为 15 亿的 GPT-2 模型，FP32 缓冲区将需要 6GB 的内存。

需要注意的是，一般来说，输入数据所占用的显存并不大，这是因为我们往往采用迭代器的方式读取数据，这意味着我们其实并不是一次性将所有数据读入显存的，这保证了每次输入占用的显存与整个网络参数相比微不足道。

8.1.4 计算算力

算法中的算力一般使用 FLOPs（Floating Point Operations）（s 表示复数）计算，意指浮点运算数，可以理解为计算量。前向传播时所需的计算力由 FLOPs 体现。如何计算 FLOPs？由

[①] 主要参考论文 *ZeRO: Memory Optimization Towards Training A Trillion Parameter Models*。

于在模型计算时会有各种算子操作,因此可以依据算子特点从数学角度进行估算。

GPipe 基于 Lingvo 开发,Lingvo 具体算力估算通过每个类的 FPropMeta() 函数来完成,这些函数是每个类根据自己的特点来实现的,比如依据输入张量的形状和类型来预估。我们具体找几个例子来看如何计算 FLOPs。

DropoutLayer 的 FPropMeta() 函数执行如下计算。

```
@classmethod
def FPropMeta(cls, p, inputs, *args):
  py_utils.CheckShapes((inputs,))
  flops_per_element = 10
  return py_utils.NestedMap(
      flops=inputs.num_elements() * flops_per_element, out_shapes=(inputs,))
```

ActivationLayer 的 FPropMeta() 函数执行如下计算。

```
@classmethod
def FPropMeta(cls, p, inputs):
  py_utils.CheckShapes((inputs,))
  return py_utils.NestedMap(
      flops=inputs.num_elements() * GetFlops(p.activation),
      out_shapes=(inputs,))
```

8.1.5 自动并行

分布式训练的目标是在最短时间内完成模型计算量,从而降本增效。但是对于模型并行策略来说,其潜在方法和组合实在太多,很难依靠算法工程师进行纯手工挑选。因为算法工程师需要考虑的相关事宜太多,比如,如何分配内存,层之间如何交互,如何减少通信代价,分割的张量不能破坏原有数学模型,如何确定确定张量形状,如何确定输入/输出等。而且人工设计出来的策略的自适应性很差,难以适应新框架或者新硬件架构。基于以上问题,自动并行技术(如何从框架层次自动解决并行策略选择问题)成为了研究热点。自动并行的目标是自动对算子或者图进行切分,把模型切片调度到设备上。为了达到这个目标,自动并行建立了代价模型(Cost Model)来对并行策略的计算、通信、内存开销进行估计,在搜索空间内基于代价模型来进行搜索,预测并挑选一个较优的并行策略。自动并行有希望将算法工程师从并行策略的选择和配置中解放出来,业界也有一些优秀框架,如 OneFlow、MindSpore、FlexFlow、ToFu 和 Whale。针对自动并行技术,我们对 GPipe 提出了两个问题。

- 如何自动均衡划分 stage?
  - 因为模型太大,所以需要将模型划分为连续的几个 stage,每个 stage 各自对应一个设备。这样就使得模型的大小可以突破单个设备内存的大小,一台设备只需要能够容纳部分模型的参数并满足计算就可以了。
  - 因为划分了 stage,在整个系统中处理最慢的 stage 会成为瓶颈,所以应该平均分配算力。

- 如何自动进行具体流水线分配？
  - 将小批量进一步划分成更小的微批量，同时利用流水线方案每次处理一个微批量的数据。得到处理结果后，将该微批量的处理结果发送给下游设备，同时开始处理后一个微批量的数据。通过这套方案可以减小设备中的气泡（设备空闲的时间称为气泡，英文是 Bubble）。

本节我们回答第一个问题，因为 GPipe 的实现比较有特色；而第二个问题我们将用 PyTorch 流水线来分析回答，因为 PyTorch 流水线其实就是 GPipe 的 PyTorch 实现版本。

神经网络的特点是对不同的输入，由于其运行时间相差不大，因此可以预估其算力、时间、参数大小等。Gpipe 依据算力对图进行了分割，从而把不同层分配到不同的设备上。我们来分析具体实现方法。

PartitionSequentialLayers()函数把一个包括顺序层（Sequential Layer）的层分解，让每个分区都大致拥有同样的算力，把第 i 个分区分配到第 i 个 GPU 之上，最终目的是让每个 GPU 都拥有尽量相同的算力。

- 输入是一个层参数（Layer Param）或者一个层参数列表。
- 输出是一个 FeatureExtractionLayer 参数列表。

PartitionSequentialLayers()函数的逻辑如下。

- 如果参数 params 只是一个层，那么就把此层转换成一个包含子层（Sub-Layers）的列表，赋值给名为 subs 的变量。
- 利用 FPropMeta 计算出此 subs 变量的形状和总 FLOPs，并赋值给 histo 变量。
- 利用 histo 变量计算出一个层的成本的归一化累积直方图。
- 构建一个名为 parts 的变量：
  - 该变量是一个大小为 num_partitions 的数组，数组中的每一项也是一个数组。
  - 依据直方图把 subs 分到 parts 的每一项中，这样每个 parts[i]都拥有部分层，一些算力小的算子被合并成一项，目的是最终让每项的算力尽量相同。
- 把 parts 变量转换成一个 FeatureExtractionLayer 参数列表。

PartitionSequentialLayers()函数的具体代码如下。

```
def PartitionSequentialLayers(params, num_partitions, *shapes):
  # SequentialLayer 是一个层，其作用是把若干层按顺序连接起来
  def FlattenSeq(p):
    if isinstance(p, list): # 如果已经是列表,则返回
      return p
    if p.cls not in [builder_layers.SequentialLayer, FeatureExtractionLayer]:
      return [p.Copy()]
    subs = []
    for _ in range(p.repeat): # 把 p 中包含的所有层都组装成一个层列表
```

```python
    for s in p.sub:
      subs += FlattenSeq(s)
  return subs

# 如果 params 是一个层,那么就依据此层构建一个包含子层的新列表 subs;如果是列表,则直接返回
subs = FlattenSeq(params)

# 利用 FPropMeta 计算出此 subs 列表的形状和总 FLOPs,并赋值给 histo
# 假设有 7 个 Sub-Layers,其 FLOPs 分别是 10, 40, 30, 10, 20, 50, 10
total, histo, output_shapes = 0, [], []
for i, s in enumerate(subs):
  s.name = 'cell_%03d' % i
  meta = s.cls.FPropMeta(s, *shapes) #
  total += meta.flops
  histo.append(total)
  output_shapes.append(meta.out_shapes)
  shapes = meta.out_shapes

# 对应的 histo 为:[10, 50, 80, 90, 110, 160, 170],总数为 170
# 利用 histo 计算出来一个层代价的归一化累积直方图
histo_pct = [float(x / total) for x in histo]
tf.logging.vlog(1, 'cost pct = %s', histo_pct)
# histo_pct 为 [1/17, 5/17, 8/17, 9/17, 11/17, 16/17, 1],
# 假设 num_partitions = 3

# 构建一个 parts 变量,该变量是一个 num_partitions 大小的数组,数组中的每一项也是一个数组
# 依据直方图把 subs 分到 parts 中的每一项中,这样每个 parts[i] 都拥有部分层,目的是最终让 parts 中每一项的算力尽量相同
parts = [[] for _ in range(num_partitions)]
parts_cost = [0] * num_partitions
pre_hist_cost = 0
for i, s in enumerate(subs):
  # 从 histogram 数组中找出 s 对应成本的序列,j 也就是 s 对应的分区
  # 则 histo_pct[i] * num_partitions 分别为: [3/17, 15/17, 24/17, 27/17, 33/17, 48/17, 3], j 分别为[0, 0, 1, 1, 1, 2, 2]
  j = min(int(histo_pct[i] * num_partitions), num_partitions - 1)
  # The boundary at parts[j] where j > 0
  if j > 0 and not parts[j]:
    parts_cost[j - 1] = histo_pct[i - 1] - pre_hist_cost
    pre_hist_cost = histo_pct[i - 1]
  parts[j].append(s) # 把 s 加入对应的分区
  # 三个桶内容分别为:[1, 2], [3, 4, 5], [6, 7]
  # 对应每个桶的 FLOPs 为: [60, 280, 330]

# 把 parts 转换成一个 FeatureExtractionLayer 列表
parts_cost[num_partitions - 1] = 1.0 - pre_hist_cost
seqs = []
```

```
for i, pa in enumerate(parts):
    tf.logging.info('Partition %d #subs %d #cost %.3f', i, len(pa),
                    parts_cost[i])
    seqs.append(FeatureExtractionLayer.Params().Set(name='d%d' % i, sub=pa))
return seqs
```

上述代码使用了 FeatureExtractionLayer，其功能是从一个层序列中提取特征，具体特点是把一些层连接成一个序列，可以得到并且传播激活点。

PartitionSequentialLayers()函数的计算过程如图 8-3 所示，其中的具体数值请参见上面代码中的举例。

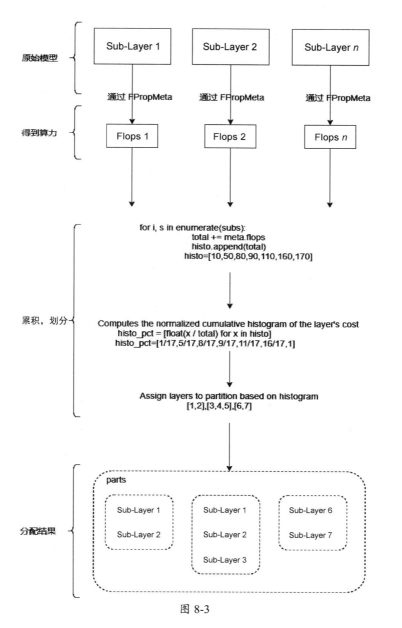

图 8-3

8.2 梯度累积

梯度累积技术可以增加训练时的批量大小,其具体策略是在本地使用微批量多次进行前向和反向传播积累梯度后,再进行梯度归约和优化器更新,因为其可以降低梯度同步频率,所以梯度累积是用来均摊通信成本的一种常用策略。

本节对几个框架/库的梯度累积技术实现进行对比分析,希望可以帮助大家对此技术有进一步的了解。关于梯度累积,GPipe 用微批量概念,其他框架或者参考链接也有使用小批量概念,这些概念在这里本质都一样。

8.2.1 基本概念

在深度学习模型训练过程中,每个样本的大小由批量大小这个超参数来指定,此参数的大小会对最终的模型效果产生很大的影响,若批量过小,则可能计算出来的梯度与全部数据集的梯度方向不一致,导致训练过程不断震荡;而批量过多则可能导致陷入局部最小值。在一定条件下,批量大小设置得越大,模型就会越稳定。

累积梯度就是梯度值累积之后的结果。为什么要累积呢?是因为运行显存不够用。在训练模型时,如果一次性将所有训练数据输入模型,则经常会造成显存不足,这时需要把一个小批量数据拆分成若干微批量数据。拆分成微批量后会带来一个新问题:本来应该是所有数据全部送入后计算梯度再更新参数,现在成了对于每个微批量计算梯度都要更新参数,这样会带来大量的通信操作开销。为了避免频繁计算梯度,引入了累积梯度。

梯度累积的本质是在每个微批量上运行局部向前和向后传播并且累积梯度,但仅在小批量的边界处(即最后一个微批量处)启动梯度同步,比如,在累积 accumulation steps 个 batch size / accumulation steps 大小的梯度之后再根据累积的梯度更新网络参数,以达到真实梯度类似批量大小的效果。理论上,这个操作应该产生与"小批量数据一次性处理"相同的结果,因为多个微批量的梯度将简单地累积到同一个张量上。

我们通过一个例子来分析一下。

(1)将整个数据集分成多个批量,每个批量大小为 32,且假定 accumulation_steps = 8。

(2)由于批量大小为 32,单机显卡无法完成计算任务,因此我们在前向传播时以批量大小 = 32 / 8 = 4 来计算梯度,这样分别将每个批量再分成多个批量大小为 4 的微批量,将每个微批量逐一发送给神经网络。

(3)模型针对每个微批量虽然会计算梯度,但是在每次反向传播(在反向传播时,会将 mean_loss 也除以 8)时,先不进行优化器参数的迭代更新。

(4)经过 accumulation_steps 个微批量后(即一个批量中的所有微批量),再用每个微批量计算出的梯度的累积和去迭代更新优化器的参数。

(5)进行梯度清零的操作。

（6）处理下一个批量。

这样就跟把批量大小为 32 一次性送入模型进行训练的效果一样了，具体如图 8-4 所示。

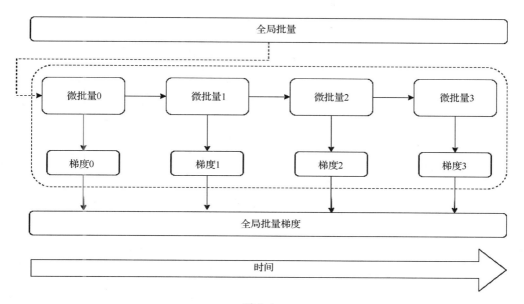

图 8-4

另外，对于数据并行和流水线并行，梯度累积本身就可以减少通信开销，也可以在一个小批量内部让流水线下一个微批量的前向计算不需要依赖上一个微批量的反向计算，这样使得流水线各个 stage 互相不会阻塞。

微批量处理和数据并行有高度的相似性，具体表现如下。

- 数据并行是空间上的数据并行，数据被拆分成多个子集，同时发送给多个设备并行计算，然后多个设备将梯度累积在一起更新。
- 微批量处理是时间上的数据并行。数据首先被拆分成多个子集，这些子集按照顺序依次进入同一个设备串行计算，然后将这些先后得到的梯度累积在一起进行更新。

如果总的批量大小一致，且数据并行的并行度和微批量的累积次数相等，则数据并行和梯度累积在数学上是等价的。但是梯度累积把梯度同步变成了一个稀疏操作，降低了通信频率和通信量。

8.2.2 PyTorch 实现

PyTorch 默认会对梯度进行累积。即 PyTorch 会在每次调用 backward() 函数后进行梯度计算，但是梯度不会自动归零，如果不进行手动归零，则梯度会不断累积。下面给出一个梯度累积的示例。

- 输入数据和标签，通过计算得到预测值，使用损失函数来获取损失。
- 调用 loss.backward() 函数进行反向传播，并计算当前梯度。
- 多次循环上面两个步骤，不清空梯度，使梯度累积在已有梯度上。

- 当梯度累积了一定次数后，先调用 optimizer.step()函数根据累积的梯度来更新网络参数，然后调用 optimizer.zero_grad()函数清空过往梯度，为下一波梯度累积做准备，具体代码如下。

```
# 单卡模式，即普通情况下的梯度累积
for data in enumerate(train_loader) # 每次梯度累积循环
    for _ in range(K): # 累积到一定次数
        prediction = model(data / K) # 前向传播
        loss = loss_fn(prediction, label) / K # 计算损失
        loss.backward()   # 积累梯度，不应用梯度更新，执行 K 次
    optimizer.step()   # 应用梯度更新，更新网络参数，执行一次
    optimizer.zero_grad()  # 手动归零，清空过往梯度
```

接下来我们看 DDP 如何实现梯度累积。

DDP 在模块（类型为 torch.nn.Module）级别实现数据并行，其使用 torch.distributed 的集合通信原语来同步梯度、参数和缓冲区。并行性在单个进程内部和跨进程均有用。在这种情况下，虽然梯度累积也一样可以应用，但是为了提高效率，需要做相应的调整。

在 DDP 模式下，在上面代码的 loss.backward()语句处，DDP 会使用 All-Reduce 进行梯度归约。如果只是简单替换，则因为每次梯度累积循环中有 K 个步骤，所以有 K 次 All-Reduce。实际上，在每次梯度累积循环中，optimizer.step()函数只有一次调用，这意味着在我们这 K 次 loss.backward() 函数调用过程中，只进行一次 All-Reduce 即可，前面 K-1 次 All-Reduce 是没有用的，而且会浪费通信带宽和时间。

DDP 无法区分应用程序是在单次反向传播之后立即调用 optimizer.step()函数，还是在通过多次迭代累积梯度之后再调用 optimizer.step()函数。因此我们思考是否可以在 loss.backward()函数中设置一个开关，使得我们在前面 K-1 次调用 loss.backward()函数过程中只做反向传播，不做梯度同步，而是原地累积梯度。DDP 已经想到了此问题，它提供了一个暂时取消梯度同步的上下文函数 no_sync()。在 no_sync()函数的上下文中，DDP 不会进行梯度同步。但是在 no_sync()函数上下文结束之后的第一次"前向/反向传播"操作中会进行同步，最终 DDP 的梯度累积示例代码如下。

```
model = DDP(model)

for data in enumerate(train_loader # 每次梯度累积循环
    optimizer.zero_grad()
    
    for _ in range(K-1):# 前 K-1 个 step 不进行梯度同步（而是累积梯度）
        with model.no_sync(): # 此处实施"不操作"
            prediction = model(data / K)
            loss = loss_fn(prediction, label) / K
            loss.backward()   # 积累梯度，不应用梯度改变
    
    prediction = model(data / K)
```

```
loss = loss_fn(prediction, label) / K
loss.backward()   # 第K个step进行梯度同步（同时也累积梯度）
optimizer.step()  # 应用梯度更新，更新网络参数
```

no_sync()函数代码如下，上下文管理器只是在进入和退出上下文时切换一个标志，该标志在 DDP 的 forward()方法中使用。在 no_sync()函数中，全局未使用参数的信息也会累积在位图中，并在下次通信发生时使用。

```
@contextmanager
def no_sync(self):
    old_require_backward_grad_sync = self.require_backward_grad_sync
    self.require_backward_grad_sync = False
    try:
        yield
    finally:
        self.require_backward_grad_sync = old_require_backward_grad_sync
```

DDP 具体如何使用 no_sync()函数？我们在 DDP 的 forward()函数中可以看到，只有在变量 require_backward_grad_sync 为 True 时，才会调用 reducer.prepare_for_forward()函数和 reducer.prepare_for_backward()函数，进而会把 require_forward_param_sync 设置为 True，具体代码如下。

```
def forward(self, *inputs, **kwargs):
    with torch.autograd.profiler.record_function("DistributedDataParallel.forward"):

        self.reducer.save_thread_local_state()
        if torch.is_grad_enabled() and self.require_backward_grad_sync:
            # require_backward_grad_sync 为 True 时才会进入
            self.num_iterations += 1
            self.reducer.prepare_for_forward()

    # 省略部分代码

        if torch.is_grad_enabled() and self.require_backward_grad_sync:
            # require_backward_grad_sync 为 True 时才会进入
            self.require_forward_param_sync = True
            if self.find_unused_parameters and not self.static_graph:
                self.reducer.prepare_for_backward(list(_find_tensors(output)))
            else:
                self.reducer.prepare_for_backward([])
        else:
            self.require_forward_param_sync = False

    #省略部分代码
```

再来看看 Reducer 类的两个函数:prepare_for_backward()函数和 autograd_hook()函数。prepare_for_backward() 函数会做重置和预备工作，与梯度累积相关的代码是 expect_autograd_hooks_ = true。

```
void Reducer::prepare_for_backward(
    const std::vector<torch::autograd::Variable>& outputs) {

  expect_autograd_hooks_ = True; // 此处是关键
  reset_bucket_counting();

  // 省略
```

expect_autograd_hooks_ = True 如何使用？在 Reducer::autograd_hook()函数中有，如果不需要进行 All-Reduce 操作，则 autograd_hook()函数直接返回，具体代码如下。

```
void Reducer::autograd_hook(VariableIndex index) {
  at::ThreadLocalStateGuard g(thread_local_state_);
  if (!expect_autograd_hooks_) { // 如果不需要进行All-Reduce操作，则直接返回
    return;
  }
  // 省略后续代码
```

目前的逻辑有点绕，我们梳理一下。一个 step 有两个操作，分别是前向操作和反向操作。

（1）当进行前向操作时：require_backward_grad_sync = True 意味着前向操作会做如下处理。

- 设置 require_forward_param_sync = True。
- 调用 reducer.prepare_for_forward()函数和 reducer.prepare_for_backward()函数。
- reducer.prepare_for_backward()设置 expect_autograd_hooks_ = True，expect_autograd_hooks_是关键。

（2）当进行反向操作时：

- expect_autograd_hooks_ = True 意味着反向操作需要进行 All-Reduce 操作。
- 否则直接返回，不做 All-Reduce 操作。

即如图 8-5 所示：

- 上半部分是前向操作逻辑，就是 forward()函数。
- 下半部分是反向操作逻辑，就是 Reducer::autograd_hook()函数。
- expect_autograd_hooks_是前向操作和反向操作之间串联的关键。

no_sync 操作意味着设置 require_backward_grad_sync = False，最终设置了 expect_autograd_hooks_ = False。这样，在反向操作时就不会进行 All-Reduce 操作。

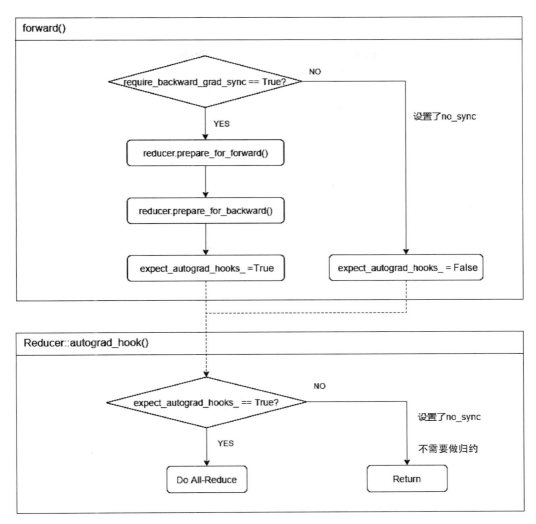

图 8-5

8.2.3 GPipe 实现

梯度积累在 GradientAggregationOptimizer 中有具体实现，关键代码为 apply_gradients()函数，具体逻辑为：如果变量 _num_micro_batches 为 1，则不用梯度累积，直接调用 apply_gradients()函数。

- 遍历 grads_and_vars 列表，累积梯度。
- 变量 accum_step 为梯度累积判断条件。
- 如果达到了微批量迭代数目，则调用_ApplyAndReset()函数，在_ApplyAndReset()函数中会进行两个子操作，即调用 apply_gradients()函数来应用梯度和调用 zero_op()函数清零梯度。
- 如果达不到微批量迭代数目，则调用_Accum()函数，_Accum()函数会调用 torch, no_op()函数，即不做操作。

具体代码如下。

```python
def apply_gradients(self, grads_and_vars, global_step=None, name=None):
  # 遍历，累积梯度
  for g, v in grads_and_vars:
    accum = self.get_slot(v, 'grad_accum')
    variables.append(v)
    if isinstance(g, tf.IndexedSlices):
      scaled_grad = tf.IndexedSlices(
          g.values / self._num_micro_batches,
          g.indices,
          dense_shape=g.dense_shape)
    else:
      scaled_grad = g / self._num_micro_batches
    accum_tensor = accum.read_value()
    accums.append(accum.assign(accum_tensor + scaled_grad))

  # 应用梯度，清零梯度
  def _ApplyAndReset():
    normalized_accums = accums
    if self._apply_crs_to_grad:
      normalized_accums = [
          tf.tpu.cross_replica_sum(accum.read_value()) for accum in accums
      ]
    apply_op = self._opt.apply_gradients(
        list(zip(normalized_accums, variables)))
    with tf.control_dependencies([apply_op]):
      zero_op = [tf.assign(accum, tf.zeros_like(accum)) for accum in accums]
    return tf.group(zero_op, tf.assign_add(global_step, 1))
  # 累积函数，其实是不做操作
  def _Accum():
    return tf.no_op()

  # 梯度累积条件，如果达到了微批量迭代数目，则应用梯度、清零梯度，否则不做操作
  accum_step = tf.cond(
      tf.equal(
          tf.math.floormod(self._counter + 1, self._num_micro_batches), 0),
      _ApplyAndReset,  # 应用累积的梯度并且重置
      _Accum)  # 累积梯度

  with tf.control_dependencies([tf.group(accums)]):
    return tf.group(accum_step, tf.assign_add(self._counter, 1))
```

至此，我们对梯度累积分析完毕。

8.3 Checkpointing

Checkpointing（梯度检查点）方法是一种减少深度神经网络训练时内存消耗的系统性方法。因为在许多常见的深度神经网络中，中间结果大小比模型参数大小大得多，所以 Checkpointing 以时间（算力）换空间（显存），通过减少保存的激活值来减少模型占用空间，但是在计算梯度时必须重新计算没有存储的激活值。Checkpointing 减少了存储大型激活张量的需要，从而允许我们增加批量大小和模型的净吞吐量。本节以论文 *Training deep nets with sublinear memory cost*，Chen et al 为基础，对 PyTorch 和 GPipe 的源码进行分析。

8.3.1 问题

流水线并行存在一个问题：显存占用太大。这是由于神经网络的朴素流水线有如下特点。

- 在前向传播函数中，每层的激活函数值需要保存下来，因为它们需要在反向传播计算中被消费。
- 在反向传播函数中，需要根据损失函数值和该层保存的激活函数值来计算梯度。

是否可以不存储激活值？比如在反向传播中，当需要激活函数值时再重新进行前向计算就可以了。如果我们一个激活值都不存储，都重新进行前向计算，那么在大模型中这样消耗的时间太长，因此我们可以选用折中的方式，比如只存部分层的激活值。当反向传播需要激活函数值时，取最近的激活值就行。对于流水线并行来说，如果一个设备上有多层，那么只保存最后一层的激活值即可，这样每个设备上内存占用峰值就变少了，这就是我们接下来要讨论的技术：Checkpointing（梯度检查点）。

8.3.2 解决方案

Checkpointing 通过额外的计算开销来优化（换取）显存。Checkpointing 的具体操作就是在前向网络中设置一些梯度检查点，前向计算时只保存检查点的激活值，检查点之外的中间结果先释放掉，Checkpointing 并非不需要中间结果，而是有办法在求导过程中实时计算出之前被舍弃掉的中间结果。在反向传播中，如果发现某一个前向结果不在显存中，就找到最近的梯度检查点，拿出检查点的激活值，重新运行一遍前向函数，从而恢复被释放的激活。因此，隐藏层消耗的内存仅为带有检查点的单个微批量所需要的内存。这样就使得大量的激活不需要一直保存到反向计算，从而有效地减少了张量的生命周期，提升了内存复用效率。

Checkpointing 是性能和内存之间的折衷，因为如果完全重计算，则所花费的时间与前向传播所花费的时间相同。在实际应用中，Checkpointing 节点的选择策略至关重要。如果某些算子开销大，则需要减少它们的重计算；如果某些参数被冻结，则无须存储相关激活值。

图 8-6 展示了做 Checkpointing 前后的计算图对比（见彩插）。左边代表的是网络配置；中间的普通梯度图（Normal Gradient Graph）代表的是普通网络的前向/反向传播流程；右边的内存优化的梯度图（Memory Optimized Gradient Graph）就是应用了 Gradient-Checkpointing 的结果。为了进一步减少内存，Checkpointing 会删除一些中间结果，并在需要时从额外的

前向计算中恢复它们。

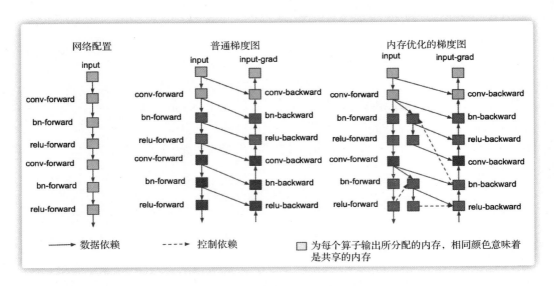

图 8-6

图片来源：论文 *Training deep nets with sublinear memory cost*

- 首先，神经网络分为几个部分（图 8-6 中右边部分分成了三段），该算法只记住每一段的输出，并在每一段中删除所有的中间结果。
- 其次，在反向传播阶段，可以通过从最近的记录结果重新运行前向计算来得到那些丢弃的中间结果。
- 因此，我们只需支付"存储每段的输出内存成本"加上"在每段上进行反向传播的最大内存成本"。

8.3.3 OpenAI

OpenAI 提出的 Gradient-Checkpointing 就是论文 *Training Deep Nets with Sublinear Memory Cost* 思路的实现，由于其文档比较齐全，因此我们可以学习借鉴一下。OpenAI 方案的总体思路是：在 n 层神经网络中设置若干个检查点，对于中间结果特征图，每隔 sqrt(n) 时间保留一个检查点，检查点以外的中结果全部舍弃。当需要某个中间结果时，则从最近的检查点开始计算，这样既节省了显存，又避免了从头计算的烦琐过程。下面我们来分析一下。

首先，对于一个简单的 n 层前馈神经网络，获取梯度的计算如图 8-7 所示，计算逻辑如下。

- 神经网络的层级激活值对应着 f 节点，且在前向传播过程中，所有节点需要按顺序计算。
- 损失函数对激活值和这些层级参数的梯度使用 b 节点标记，且在反向传播过程中，所有节点需要逆序计算。

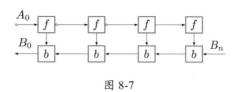

图 8-7

- 由于计算 f 节点的激活值是进一步计算 b 节点梯度的前提，因此 f 节点在前向传播后会保留在内存中。
- 只有当反向传播执行得足够远，令计算对应的梯度不再需要使用后面层级的激活值或 f 节点的子节点时，这些激活值才能从内存中清除。这意味着，简单的反向传播所需内存与神经网络的层级数成线性增长关系。

其次，简单的反向传播是计算最优的结果，因为每个节点只需要计算一次。然而，如果重新计算节点，则可以节省大量的内存。当需要某个节点的激活值时，可以简单地重计算前向传播节点的激活值，即按顺序执行计算，直到计算出需要使用激活值进行反向传播的节点。需要注意，相比之前的 n，现在节点的计算数量扩展为 n^2，即 n 个节点中的每一个被再计算 n 次。因此在计算深度网络时，计算图会变得很慢，使得这个方法不适用于深度学习。

OpenAI 方案的具体逻辑如下。

为了在内存与计算之间取得平衡，我们需要一个策略允许节点被再计算，但是这种再计算不会发生得很频繁。这里我们使用的策略是把神经网络激活的一个子集标记为一个节点。图 8-8 的深色节点表示在给定的时间内需要储存在内存中。

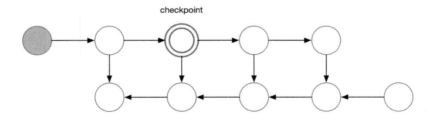

图 8-8

这些检查点节点在前向传播后保留在内存中，而其余节点最多只会重新计算一次。在重新计算后，非检查点节点将保留在内存中，直到不再需要它们来执行反向传播。对于简单的前馈神经网络，所有神经元的激活节点都是由正向传播定义的连接点或图的分离点。这意味着，我们在反向传播过程中只需要重计算 b 类型节点和最后检查点之间的节点，当反向传播到达我们保存的检查点节点，则所有从该节点开始重计算的节点在内存中都能够移除。

8.3.4 PyTorch 实现

接下来我们从 PyTorch 的角度来学习 Checkpointing。

1. 基础知识

Checkpointing 的实现依赖 torch.autograd.Function 类。该类是实现自动求导非常重要的类，简单说就是对变量（Variable 类型）进行运算，如加减、乘、除、relu、pool 等。但是，与 Python 或 NumPy 的运算不同，Function 类需要根据计算图来计算反向传播的梯度。因此它不仅需要进行前向计算（前向传播过程），还需要利用缓存保留前向传播的输入（计算梯度所需），并支持反向传播的梯度计算。

2. 普通模式

Checkpointing 是 torch.utils.checkpoint.checkpoint_wrapper API 的一部分，通过该 API 可以包装前向传播过程中的不同模块（类型为 torch.nn.Module）。由于 PyTorch 需要用户指定检查点，因此上述过程实现相对简单。

（1）接口

torch/utils/checkpoint.py 的 checkpoint() 函数是 Checkpointing 功能的对外接口，该注释非常值得我们阅读，我们深入学习一下。

- Checkpointing 的本质是用计算换内存，它不存储反向计算所需要的整个计算图的全部中间激活值，而是在反向传播过程中重新计算它们。
- 在前向传播过程中，Checkpointing 的 function 参数运行在 torch.no_grad 模式上，这样就不会计算中间激活值了；同时，在向前传播过程中会保存输入元组和 Function 参数。
- 在反向传播过程中，之前保存的输入和 Function 参数会被取出，Function 类将再次被计算，这次 Function 类会先跟踪中间激活值，然后使用这些激活值计算梯度。

checkpoint() 函数的代码如下。

```
def checkpoint(function, *args, **kwargs):
    preserve = kwargs.pop('preserve_rng_state', True)
    return CheckpointFunction.apply(function, preserve, *args)
```

由于 PyTorch 无法知道向前传播函数是否会把一些参数移动到不同的设备上，因此需要一些逻辑为这些设备保存 RNG（Random Number Generator）状态（Dropout 层等会需要）。虽然可以为所有可见设备保存/恢复 RNG 状态，但是这在大多数情况下是一种浪费，作为折中方案，PyTorch 只保存所有张量参数的设备 RNG 状态。

（2）核心逻辑

Checkpointing 的核心逻辑由 CheckpointFunction 类实现，CheckpointFunction 类是 torch.autograd.Function 的派生类。我们可以对 Function 类进行拓展，使其满足我们的需要，而拓展需要自定义 Function 的 forward() 函数，以及对应的 backward() 函数。在前向传播过程

中会先使用上下文对象保存其输入，然后在反向传播过程中访问该上下文对象以检索原始输入。forward()函数和 backward()函数的特点如下。

- forward()函数会依据输入张量计算输出张量，具体方法如下。
  - 在前向传播过程中，Checkpointing 的 Function 参数运行在 torch.no_grad 模式，这样就不会计算中间激活值了。如果使用 no_grad，那么我们可以在很长一段时间内（直到变为反向传播）防止前向图的创建和中间激活张量的物化（Materialize）。相反，在反向传播中会再次先执行前向传播，然后执行反向传播。
  - 保存向前传播的输入元组和 Function 参数。
  - 对于 CheckpointFunction 类来说，还需要在前向传播过程中存储一些另外的信息（就是上面说的 RNG 信息），以供在反向传播过程中计算使用。
  - 进行前向计算，得到激活值。
- backward()函数接收相对于某个输出张量的梯度，并且计算关于输入张量的梯度，具体如下。
  - 在向后传播过程中，取出之前保存的向前传播的输入、Function 参数和 RNG 信息等。
  - Function 参数再次被计算，这次会跟踪中间激活值并使用这些激活值计算梯度。

CheckpointFunction 类的代码如下。

```python
class CheckpointFunction(torch.autograd.Function):
    @staticmethod
    def forward(ctx, run_function, preserve_rng_state, *args):
        """
        在 forward()函数中，接收包含输入的张量并返回包含输出的张量
        ctx 是环境变量，用于提供反向传播时需要的信息。我们可以使用上下文对象来缓存对象，以便
        在反向传播过程中使用。可通过 ctx.save_for_backward()方法缓存数据，save_for_backward()
        只能传入 Variable 或 Tensor 类型的变量
        """
        # 保存前向传播函数
        ctx.run_function = run_function
        ctx.preserve_rng_state = preserve_rng_state
        ctx.had_autocast_in_fwd = torch.is_autocast_enabled()
        if preserve_rng_state:
            ctx.fwd_cpu_state = torch.get_rng_state()
            # 存储前向传播时的设备状态
            ctx.had_cuda_in_fwd = False
            if torch.cuda._initialized:
                ctx.had_cuda_in_fwd = True
                ctx.fwd_gpu_devices, ctx.fwd_gpu_states = get_device_states(*args)
```

```python
        # 在上下文保存非张量输入
        ctx.inputs = []
        ctx.tensor_indices = []
        tensor_inputs = []
        for i, arg in enumerate(args): # 存储输入数值
            if torch.is_tensor(arg):
                tensor_inputs.append(arg)
                ctx.tensor_indices.append(i)
                ctx.inputs.append(None)
            else:
                ctx.inputs.append(arg)

        # saved_for_backward()函数会保留此输入的全部信息,并避免原地操作导致的输入在反向
        # 传播过程中被修改的情况。它将函数的输入参数保存起来以便后面在求导时使用,在前向/反向传播中起
        # 到协调的作用
        ctx.save_for_backward(*tensor_inputs)

        with torch.no_grad():
            outputs = run_function(*args) # 进行前向传播
        return outputs

"""
在反向传播过程中,我们接收到上下文对象和一个张量,该张量包含了前向传播过程中输出张量相关的梯
度。我们可以从上下文对象中检索缓存的数据,重新进行前向计算,返回与前向传播的输入张量相关的
梯度
"""
    # 自动求导依据每个算子的反向操作创建的图来进行
    @staticmethod
    def backward(ctx, *args):
        # 赋值list,这样避免修改原始list
        inputs = list(ctx.inputs)
        tensor_indices = ctx.tensor_indices
        tensors = ctx.saved_tensors # 获取前面保存的参数,也可以使用
self.saved_variables

        # 利用存储的张量重新设置输入
        for i, idx in enumerate(tensor_indices):
            inputs[idx] = tensors[i]

        # 存储目前的RNG状态,模拟前向传播状态,最后恢复目前状态
        rng_devices = []
        if ctx.preserve_rng_state and ctx.had_cuda_in_fwd:
            rng_devices = ctx.fwd_gpu_devices
```

```python
        with torch.random.fork_rng(devices=rng_devices, enabled=ctx.preserve_rng_state):
            if ctx.preserve_rng_state:
                torch.set_rng_state(ctx.fwd_cpu_state)  # 恢复前向传播时的设备状态
                if ctx.had_cuda_in_fwd:
                    set_device_states(ctx.fwd_gpu_devices, ctx.fwd_gpu_states)
            detached_inputs = detach_variable(tuple(inputs))
            with torch.enable_grad(), torch.cuda.amp.autocast(ctx.had_autocast_in_fwd):
                # 利用前向传播函数再次计算激活
                outputs = ctx.run_function(*detached_inputs)

        if isinstance(outputs, torch.Tensor):
            outputs = (outputs,)

        # 只使用需要梯度的张量来运行 backward() 函数
        outputs_with_grad = []  # 激活值
        args_with_grad = []  # 梯度
        # 从前向传播计算的结果中筛选需要传播的张量
        for i in range(len(outputs)):
            if torch.is_tensor(outputs[i]) and outputs[i].requires_grad:
                outputs_with_grad.append(outputs[i])
                args_with_grad.append(args[i])

        # 开始反向传播
        torch.autograd.backward(outputs_with_grad, args_with_grad)
        grads = tuple(inp.grad if isinstance(inp, torch.Tensor) else None
                      for inp in detached_inputs)

        return (None, None) + grads
```

普通模式的核心逻辑如图8-9所示，图中的实线表示调用逻辑，虚线表示数据依赖。

（3）如何降低内存

上面代码中，如下语句可以避免生成中间激活。

```python
with torch.no_grad():
    outputs = run_function(*args)  # 进行前向传播
```

具体做法如下。

- no_grad()函数设置的是 GradMode，在设置后，GradMode::is_enabled()函数返回 False。

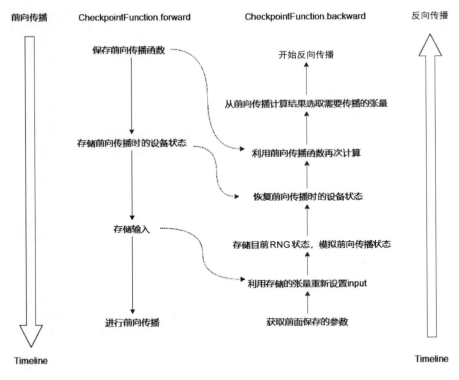

图 8-9

- 在前向计算中有如下操作:
  - 如果 GradMode::is_enabled() 函数返回 True,则会生成 grad_fn,然后调用 set_history(flatten_tensor_args(result), grad_fn) 函数把前向计算输出(就是中间激活)设置到反向传播计算图中。
  - 如果发现 GradMode::is_enabled() 函数返回 False,则不会生成 grad_fn,也就不会设置前向计算输出,即不需要保存中间激活。这就是 Checkpointing 的作用。

这里用 sub_Tensor() 函数举例来深入分析。在 sub_Tensor() 函数中调用 compute_requires_grad(self, other) 函数来计算是否需要生成梯度,如果需要生成梯度,则会做如下操作。

- 生成 grad_fn。
- 得到前向计算的输出 _tmp。
- 通过代码 auto result = std::move(_tmp) 把 _tmp 设置给 result 变量。
- 调用 set_history(flatten_tensor_args(result), grad_fn) 函数把前向计算输出(中间激活)设置到反向传播计算图中。

因为我们已经设置了 no_grad,即不需要生成梯度,所以 grad_fn 为空,不需要配置 grad_fn,也就不需要调用 set_history() 函数保存中间激活了,这就是关键所在,具体代码如下。

```cpp
at::Tensor sub_Tensor(c10::DispatchKeySet ks, const at::Tensor & self, const
at::Tensor & other, const at::Scalar & alpha) {
  // 计算是否需要生成梯度,如果设置了 no_grad,则不用生成梯度,_any_requires_grad 就是
False
  auto _any_requires_grad = compute_requires_grad( self, other );
  (void)_any_requires_grad;
  auto _any_has_forward_grad_result = isFwGradDefined(self) ||
isFwGradDefined(other);
  (void)_any_has_forward_grad_result;
  std::shared_ptr<SubBackward0> grad_fn; // 构建 SubBackward0
  if (_any_requires_grad) { // 为 True 才生成梯度
    // 设置反向计算时使用的函数
    grad_fn = std::shared_ptr<SubBackward0>(new SubBackward0(), deleteNode);
    // 设置下一条边的所有输入变量
    grad_fn->set_next_edges(collect_next_edges( self, other ));
    // 设置下一条边的类型
    grad_fn->other_scalar_type = other.scalar_type();
    grad_fn->alpha = alpha;
    grad_fn->self_scalar_type = self.scalar_type();
  }

  // 进行前向计算
  auto _tmp = ([&]() {
    at::AutoDispatchBelowADInplaceOrView guard;
    // 前向计算
    return at::redispatch::sub(ks & c10::after_autograd_keyset, self_, other_,
alpha);
  })();
  // 得到前向计算的输出
  auto result = std::move(_tmp);
  if (grad_fn) {
    // 将输出 variable 与 grad_fn 绑定,grad_fn 中包含了计算梯度的 Function
    // 设置计算历史
    // 存储激活。如果不需要计算梯度,则 grad_fn 为 null
    set_history(flatten_tensor_args(result), grad_fn);
  }
  // 省略
  return result;
}
```

在上述代码中,compute_requires_grad()函数使用 GradMode 来判断是否需要计算梯度。

3. Pipeline 模式

接下来我们看流水线模式如何进行 Checkpointing。通过 CheckpointFunction,PyTorch 可

以把重计算和递归反向传播合并到一个自动求导函数中，当梯度到达时，重计算就会开始。但是在流水线模式中，为了缩减 GPU 的空闲时间，重计算需要在梯度到达之前进行（因为重计算与梯度无关，可以在梯度到达之前进行重计算以提前获得激活值，等反向传播的梯度到达之后再结合激活值进行自己的梯度计算）。

为了使重计算在梯度到达之前就发生，PyTorch 引入了两个自动求导 Function：Recompute 类和 Checkpoint 类，分别代表重计算和反向传播，即普通模式下的 CheckpointFunction 分成两个阶段，用这两个函数就可以控制自动求导引擎和 CUDA。具体来说就是，在 Recompute 类和 Checkpoint 类之间插入 CUDA 同步，把 Checkpoint 类推迟到梯度完全复制结束，于是在把 CheckpointFunction 分成两个阶段之后就可以进行多个流水线 stage 并行。我们接下来进行具体分析。

（1）实现

Checkpoint 之间通过上下文进行共享变量的保存。根据运行时具体情况的不同，RNG 状态可能会产生不同的性能影响，需要在每个检查点中存储当前设备的 RNG 状态，在重计算之前恢复当前设备的 RNG 状态。save_rng_states()和 restore_rng_states()函数分别用来存取 RNG 状态。

Checkpoint 类和下面的 Recompute 类就把普通模式下的 CheckpointFunction 代码分成两个阶段（forward()函数被分成两段，backward()函数也被分成两段），从而可以更好地利用流水线，具体代码如下。

```python
class Checkpoint(torch.autograd.Function):
    @staticmethod
    def forward(ctx: Context, phony: Tensor, recomputed: Deque[Recomputed],
rng_states: Deque[RNGStates], function: Function, input_atomic: bool, *input:
Tensor,) -> TensorOrTensors:
        ctx.recomputed = recomputed
        ctx.rng_states = rng_states

        # 存储 RNG 状态
        save_rng_states(input[0].device, ctx.rng_states)
        # 存储函数
        ctx.function = function
        ctx.input_atomic = input_atomic
        # 存储输入
        ctx.save_for_backward(*input)

        # 进行前向计算
        with torch.no_grad(), enable_checkpointing():
            output = function(input[0] if input_atomic else input)
```

```python
        return output

    @staticmethod
    def backward(ctx: Context, *grad_output: Tensor,) ->
Tuple[Optional[Tensor], ...]:
        # 从保存的重计算变量中弹出所需变量
        output, input_leaf = ctx.recomputed.pop()
        if any(y.requires_grad for y in tensors):
            tensors = tuple([x for x in tensors if x.requires_grad])
            # 进行自动求导
            torch.autograd.backward(tensors, grad_output)

        grad_input: List[Optional[Tensor]] = [None, None, None, None, None]
        grad_input.extend(x.grad for x in input_leaf)
        return tuple(grad_input)
```

Recompute 类就是依据保存的信息来重新计算中间变量的,具体代码如下。

```python
class Recompute(torch.autograd.Function):
    @staticmethod
    def forward(ctx: Context, phony: Tensor,
        recomputed: Deque[Recomputed], rng_states: Deque[RNGStates],
        function: Function, input_atomic: bool, *input: Tensor,
    ) -> Tensor:
        ctx.recomputed = recomputed
        ctx.rng_states = rng_states  # 存储 RNG 状态
        ctx.function = function  # 保存方法
        ctx.input_atomic = input_atomic
        ctx.save_for_backward(*input)  # 保存输入

        return phony

    @staticmethod
    def backward(ctx: Context, *grad_output: Tensor) -> Tuple[None, ...]:
        # 取出保存的输入
        input = ctx.saved_tensors
        input_leaf = tuple(x.detach().requires_grad_(x.requires_grad) for x in
input)

        # 取出保存的 RNG 状态,进行前向计算,得到中间变量
        with restore_rng_states(input[0].device, ctx.rng_states):
            with torch.enable_grad(), enable_recomputing():
                # 拿到保存的方法
                output = ctx.function(input_leaf[0] if ctx.input_atomic else
input_leaf)
```

```
# 保存变量，为 Checkpoint 使用
ctx.recomputed.append((output, input_leaf))
grad_input: List[None] = [None, None, None, None, None]
grad_input.extend(None for _ in ctx.saved_tensors)
return tuple(grad_input)
```

划分逻辑具体如图 8-10 所示，其中的实线箭头表示调用逻辑，虚线箭头表示数据依赖。

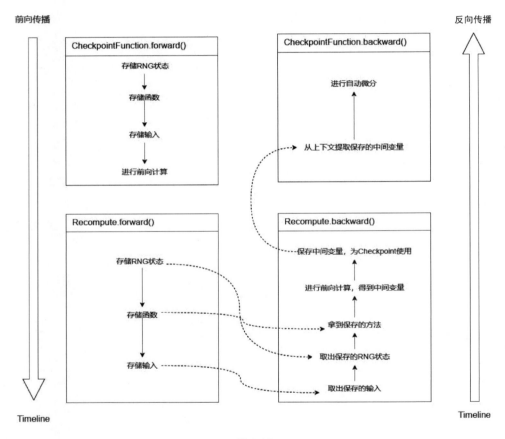

图 8-10

（2）与流水线结合

接着我们分析流水线模式重计算具体如何与流水线结合起来（此处提前分析了 PyTorch 流水线的部分功能），其中一些重点类或函数的调用逻辑如下。

- Pipeline 类的 compute() 函数是最上层的工作引擎，其会依据调度结果构建一些 Task，然后将这些 Task 插入流水线的队列进行并行计算。
- 在构建 Task 时，会把 Checkpointing.Checkpoint() 函数和 Checkpointing.recompute() 函数传入。
- 在运行 Task 时，会调用 Checkpointing.Checkpoint() 函数和 Checkpointing.recompute() 函数完

成具体业务。

接下来我们自上而下分析流水线场景下 Checkpointing 的逻辑。

首先，Pipeline 类的逻辑重点是 Task(streams[j], compute=chk.checkpoint, finalize=chk.recompute)，此处设置了如何进行 Checkpointing。recompute()函数被设置为 Task 的 finalize()方法，然后会进行重计算。

我们把 compute()函数的注释摘录如图 8-11 所示，从中可以看到较清晰的逻辑关系。

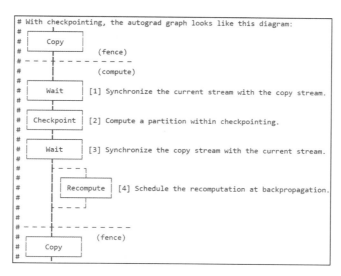

图 8-11

Pipeline 类的代码具体如下，其中调用了 Checkpointing 类。

```
class Pipeline:
    def compute(
        self, batches: List[Batch], schedule: List[Tuple[int, int]],
skip_trackers: List[SkipTrackerThroughPotals],
    ) -> None:

        for i, j in schedule:
            batch = batches[i]
            partition = partitions[j]

            # 决定 Checkpointing 是否需要进行
            checkpoint = i < checkpoint_stop
            if checkpoint:

                def function(
                    input: TensorOrTensors,
                    partition: nn.Sequential = partition,
```

```python
                    skip_tracker: SkipTrackerThroughPotals = skip_trackers[i],
                    chunk_id: int = i,
                    part_id: int = j,
                ) -> TensorOrTensors:
                    with use_skip_tracker(skip_tracker), record_function("chunk%d-part%d" % (chunk_id, part_id)):
                        return partition(input)

                # 此处进行处理,创建了 Checkpointing 类的实例
                chk = Checkpointing(function, batch)
                # 分别设置了 chk.checkpoint 和 chk.recompute
                task = Task(streams[j], compute=chk.checkpoint, finalize=chk.recompute)
                del function, chk

            else:
                # 省略

            # 并行运行计算 Task, 对应注释图 8-11 中的[2]
            self.in_queues[j].put(task) # 将 Task 插入流水线的队列,这样可以并行

    for i, j in schedule:
        ok, payload = self.out_queues[j].get()

        # 取出 Task
        task, batch = cast(Tuple[Task, Batch], payload)

        if j != n - 1:
            _wait(batch, streams[j], copy_streams[j][i])

        # 如果 Checkpointing 已经使能,则会在反向传播过程中进行重计算,对应图 8-11 中的[4]
        with use_device(devices[j]):
            task.finalize(batch) # 计划进行重计算

        batches[i] = batch
```

其次,我们来分析 Task 类。Task 类在一个分区上计算一个微批量,其成员变量主要保存了 compute() 和 finalize() 这两个传入的函数,其中:

- compute() 函数可以在 Worker 线程内被并行执行,在构建 Task 时传入的是 Checkpointing.Checkpoint() 函数。
- finalize() 函数应该在 compute() 函数调用结束之后被执行,在构建 Task 时传入的是 Checkpointing.recompute() 函数。

Task 类的代码如下。

```python
class Task:
    def __init__(
        self, stream: AbstractStream, *, compute: Callable[[], Batch], finalize: Optional[Callable[[Batch], None]],
    ) -> None:
        self.stream = stream
        self._compute = compute  # 在 Worker 线程内被并行执行
        self._finalize = finalize  # 在 compute()函数调用结束之后被执行
        self._grad_enabled = torch.is_grad_enabled()

    def compute(self) -> Batch:
        with use_stream(self.stream), torch.set_grad_enabled(self._grad_enabled):
            return self._compute()

    def finalize(self, batch: Batch) -> None:
        if self._finalize is None:
            return
        with use_stream(self.stream), torch.set_grad_enabled(self._grad_enabled):
            self._finalize(batch)
```

最后，我们来分析 Checkpointing 类。Checkpointing 类封装了上面的 Checkpoint 类和 Recompute 类，具体代码如下。

```python
class Checkpointing:
    def __init__(self, function: Function, batch: Batch) -> None:
        self.function = function
        self.batch = batch
        self.recomputed: Deque[Recomputed] = deque(maxlen=1)
        self.rng_states: Deque[RNGStates] = deque(maxlen=1)

    def checkpoint(self) -> Batch:
        input_atomic = self.batch.atomic
        input = tuple(self.batch)

        # 使用 phony 来保证当没有输入需要计算梯度时，Checkpoint 也可以被跟踪（track）
        phony = get_phony(self.batch[0].device, requires_grad=True)

        output = Checkpoint.apply(phony, self.recomputed, self.rng_states, self.function, input_atomic, *input)

        if isinstance(output, tuple):
```

```
            output = tuple([x if x.is_floating_point() else x.detach() for x in
output])

    return Batch(output)

def recompute(self, batch: Batch) -> None:
    input_atomic = self.batch.atomic
    input = tuple(self.batch)

    batch[0], phony = fork(batch[0])
    phony = Recompute.apply(phony, self.recomputed, self.rng_states,
self.function, input_atomic, *input)
    batch[0] = join(batch[0], phony)
```

Task 的具体逻辑如图 8-12 所示，_compute()函数会调用前向传播方法，而 _finalize()函数则会进行反向传播时的重计算。

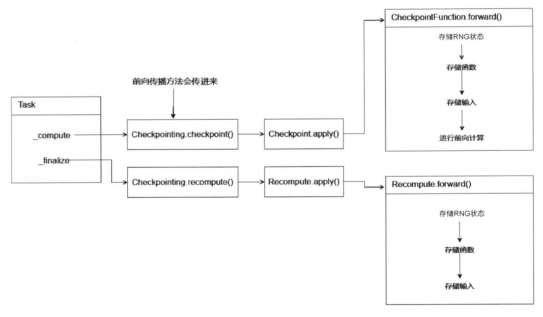

图 8-12

8.3.5　GPipe 实现

GPipe 论文中使用 Re-Materialization 这个单词来表达和 Checkpointing 同样的概念，其主要思路是用算力换内存（在反向求导时需要的中间结果从检查点重新计算），以及用带宽换内存。在 GPipe 中，Checkpointing 应用于每个分区，以最小化模型的总体内存消耗。GPipe 在反向传播时，可以在第 k 个加速器（Accelerator）上重新计算前向传播函数 F_k。

下面我们分析 API 方法。

在 builder.py 中有 _Rematerialize()函数，用来包装一个需要重新计算的层。

```python
def _Rematerialize(self, name, body):
    return builder_layers.RematerializationLayer.Params().Set(
        name=name, body=body)
```

RematerializationLayer 是包装层，其中 FProp()函数把被封装层包装为一个函数 Fn，调用 py_utils.RematerializeFn()函数把 Fn 与输入参数一起传入，具体代码如下。

```python
class RematerializationLayer(base_layer.BaseLayer):
    def FProp(self, theta, *xs):
        input_list = theta.body.Flatten() # 得到 theta
        theta_len = len(input_list)
        input_list += list(xs) # 得到输入参数
        input_len = len(input_list)

        def Fn(*args): # 包装函数，会调用被封装层的 FProp
            body_theta = theta.body.Pack(args[:theta_len])
            return self.body.FProp(body_theta, *args[theta_len:input_len])

        return py_utils.RematerializeFn(Fn, *input_list) # 调用并执行 FProp 进行 Gradient checking

    @classmethod
    def FPropMeta(cls, p, *args): # 就是传播被封装层的信息
        py_utils.CheckShapes(args)
        return p.body.cls.FPropMeta(p.body, *args)
```

RematerializeFn()是最终功能函数，其主要功能是调用 Fn 函数，并且在反向传播过程中对 Fn 函数进行重新物化（Rematerializes）。

```python
def RematerializeFn(Fn, *xs):
    initial_step_seed = GetStepSeed()
    final_step_seed = MaybeGenerateSeedFromScope()

    def Backward(fwd_xs, fwd_ys, d_fwd_ys):
        del fwd_ys # 去掉传入的参数，因为在内部需要用备份的 Checkpoint 来处理
        always_true = tf.random.uniform([]) < 2.0
        bak_xs = [tf.where(always_true, x, tf.zeros_like(x)) for x in fwd_xs.xs] # 依据 Checkpoint 生成 bak_xs
        for dst, src in zip(bak_xs, xs):
            dst.set_shape(src.shape)
        ResetStepSeed(initial_step_seed)
        ys = fn(*bak_xs) # 依据 Checkpoint 重新生成 ys
        MaybeResetStepSeed(final_step_seed)
        dxs = tf.gradients(ys, bak_xs, grad_ys=d_fwd_ys) # ys 对 bak_xs 求导
        dxs_final = [] # 聚集
```

```python
    for dx, x in zip(dxs, bak_xs):
      if dx is None:
        dxs_final.append(tf.zeros_like(x))
      else:
        dxs_final.append(dx)
    return NestedMap(
        initial_step_seed=tf.zeros_like(initial_step_seed), xs=dxs_final)

ys_shapes = []

def Forward(fwd_xs):
  for dst, src in zip(fwd_xs.xs, xs):
    dst.set_shape(src.shape)
  ResetStepSeed(fwd_xs.initial_step_seed)
  ys = fn(*fwd_xs.xs) # 正常计算

  if isinstance(ys, tuple):
    for y in ys:
      ys_shapes.append(y.shape)
  else:
    ys_shapes.append(ys.shape)
  return ys

ys = CallDefun(
    Forward,
    NestedMap(initial_step_seed=initial_step_seed, xs=xs),
    bak=Backward)
if isinstance(ys, tuple):
  for y, s in zip(ys, ys_shapes):
    y.set_shape(s)
else:
  ys.set_shape(ys_shapes[0])

MaybeResetStepSeed(final_step_seed)
return ys
```

至此,GPipe 分析完毕。

第 9 章　PyTorch 流水线并行

实际上，PyTorch 流水线就是 GPipe 的 PyTorch 版本。KaKao Brain 公司的工程师利用 PyTorch 实现 GPipe，PyTorch 随即将 torchgpipe（torchgpipe 是 GPipe 的 PyTorch 版本）合并进来。因为代码差别不大，所以这里我们对 KaKao Brain 公司的原始 torchgpipe 进行分析，加上其主要 API 接口是 GPipe 类，因此本章会出现大量 GPipe 字样，请读者注意。

9.1　如何划分模型

本节介绍 PyTorch 流水线并行的自动平衡机制和模型分割。流水线并行面对的问题如下。

- 如何把一个大模型切分成若干小模型？切分的算法是什么？
- 如何把这些小模型分配到多个设备上？分配的算法是什么？
- 如何做到整体性能最优或者近似最优？衡量标准是什么？
- 如图 9-1 所示，如何将图中一个拥有 6 个层的大模型切分成 3 个小模型？

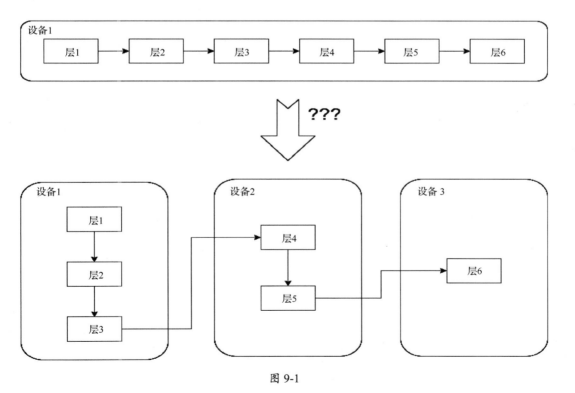

图 9-1

接下来，我们分析如何使用 torchgpipe 解决这些问题。

9.1.1 使用方法

我们首先介绍 torchgpipe 的使用方法,以及使用过程中的一些注意点。

1. 示例

用户要训练模块(类型为 torch.nn.Module),只需将该模块用 torchgpipe.GPipe 包装即可,但是用户的模块必须是 torch.nn.Sequential 的实例。GPipe 会自动将模块分割成多个分区(Partition),分区是在单个设备上运行的一组连续层,在 GPipe 构建函数的参数中:balance 参数用来确定每个分区的层数,chunks 参数用来指定微批量的数目。

下面的示例代码显示了将具有 4 层的模块拆分为两个分区,每个分区有两层。此代码将一个小批量拆分为 8 个微批量。

```
from torchgpipe import GPipe

model = nn.Sequential(a, b, c, d)
model = GPipe(model, balance=[2, 2], chunks=8)

# 第一个分区: nn.Sequential(a, b) on cuda:0
# 第二个分区: nn.Sequential(c, d) on cuda:1

for input in data_loader:
    output = model(input)
```

torchgpipe.GPipe 使用 CUDA 进行训练,因为 torchgpipe.GPipe 会自动把每个分区移动到不同的设备上,所以用户不需要自己将模块移动到 GPU 中。在默认情况下,可用的 GPU 从 cuda:0 开始,torchgpipe.GPipe 按顺序为每个分区选择可用的 GPU,用户也可以利用 device 参数指定使用的 GPU。

2. 输入与输出

torchgpipe.GPipe 的输入设备与输出设备不同(除非只有一个分区),这是由于第一个分区和最后一个分区被放置在不同的设备上,因此必须将输入(对应下面代码中的 input)和输出(对应下面代码中的 target)目标放置到相应的设备,这一过程可以通过 torchgpipe.GPipe.devices 属性完成,该属性保存了每个分区的设备列表,具体代码如下。

```
in_device = model.devices[0]  # 利用此属性
out_device = model.devices[-1]  # 利用此属性

for input, target in data_loader:
    input = input.to(in_device, non_blocking=True)
    target = target.to(out_device, non_blocking=True)
    output = model(input)
    loss = F.cross_entropy(output, target)
    loss.backward()
```

3. 嵌套序列（Nested Sequentials）

在理论上，当 torchgpipe.GPipe 拆分一个 torch.nn.Sequential 模块的时候，会将模块的每个子模块都视为单一的、不可分割的层。然而，事实上并不一定是这样的，有些模型的子模块可能是另一个顺序模块（Sequentials Module），这就需要进一步拆分它们。因为 GPipe 不会支持这些嵌套的顺序模块，所以用户需要把模块展平，这一过程在 PyTorch 中很容易实现。

4. 典型的模型并行

典型的模型并行是 GPipe 的一个特例。模型并行相当于禁用了微批量和检查点的 GPipe，可以通过 chunks=1 和 checkpoint='never' 来做到，具体代码如下。

```
model = GPipe(model, balance=[2, 2], chunks=1, checkpoint='never')
```

5. 微批量数目

因为每个分区都必须将前一个分区的输入作为第一个微批量来处理，所以在流水线上仍然有空闲时间，即气泡。微批量大小的选择会影响 GPU 的利用率，较小的微批量可以减少等待先前微批量输出的延迟时间，从而减少气泡；较大的微批量可以更好地利用 GPU。因此，关于微批量数目，存在一个权衡，即每个微批量的 GPU 利用率和气泡总面积之间的权衡，用户需要为模型找到最佳的微批量数目。

当 GPU 处理许多小的微批量时，可能会减慢速度。一方面，如果每个 CUDA 核太细碎而不易计算，那么 GPU 将无法得到充分利用；另一方面，当每个微批量的尺寸减小时，气泡的总面积也相应减少。在理想情况下，用户应该选择可以提高 GPU 利用率的最大数目的微批量。更快的分区会等待相邻的较慢分区，分区之间的不平衡可能导致 GPU 利用率不足，而模型总体性能由最慢的分区决定。

补充说明：微批量尺寸越小，性能越差，大量的微批量可能会对使用 BatchNorm 的模型的最终性能产生负面影响。

9.1.2 自动平衡

torchgpipe 提供了子模块 torchgpipe.balance 来计算分区，目的是让分区之间的资源差别尽量小。资源占用情况是通过 profile（测量）来计算的，其他的计算方式还有 simulate（模拟）。

1. 概念

因为切分模型会影响 GPU 的利用率，比如其中计算量较大的层会减慢下游的速度，所以需要找到模型的最佳平衡点，但是确定模型的最佳平衡点很难。在这种情况下，我们强烈建议使用 torchgpipe.balance 来自动平衡。

torchgpipe 提供了两个平衡工具：torchgpipe.balance.balance_by_time()函数可以跟踪每层的运行时间；torchgpipe.balance.balance_by_size()函数可以检测每层的 CUDA 内存使用情况。这两个工具都是基于每层的 profile 结果来使用，用户可以根据需要选择。

具体使用方法如下，用户向模型中输入一个样本，具体代码如下。

```
partitions = torch.cuda.device_count()
sample = torch.rand(128, 3, 224, 224) # 用户需要向模型中输入一个样本
balance = balance_by_time(partitions, model, sample)
model = GPipe(model, balance, chunks=8)
```

接下来,我们分析这两个平衡工具如何按照时间和内存大小进行平衡。

2. 依据运行时间进行平衡

balance_by_time()函数的作用是依据运行时间对模型进行平衡,其中参数如下:partitions 为分区数目;module 为需要分区的顺序模型;sample 为给定批量大小的样本。

balance_by_time()函数会调用 profile_times()函数依据样本进行计算,先得到运行时间,然后进行分区。此处 Batch 类的作用是对张量或者张量数组进行封装,对外可以统一使用 Batch 类的方法,具体代码如下。

```
def balance_by_time(partitions: int, module: nn.Sequential,
                    sample: TensorOrTensors, *, timeout: float = 3.0,
                    device: Device = torch.device('cuda'),
                    ) -> List[int]:
    times = profile_times(module, sample, timeout, torch.device(device))
    return balance_cost(times, partitions)
```

profile_times()函数依据样本得到运行时间,具体逻辑如下。

- 遍历模型中的层,针对每个层:等待当前设备上所有流中的所有核运行完成;记录起始运行时间;对某层进行前向计算;得到需要梯度的张量,如果存在这样的张量,则进行反向计算;记录终止时间。
- 返回一个每层运行时间的列表。

3. 依据进行内存大小来平衡

balance_by_size()函数的作用是依据运行内存大小进行平衡,该函数调用 profile_sizes() 函数依据样本得到运行内存大小,并进行分区。在训练期间,该函数中参数所需的内存取决于使用哪个优化器,优化器可以在使用缓冲区的每个参数内部跟踪其优化统计信息,例如 SGD 中的动量缓冲区。

```
def balance_by_size(partitions: int, module: nn.Sequential,
                    input: TensorOrTensors, *, chunks: int = 1,
                    param_scale: float = 4.0,
                    device: Device = torch.device('cuda'),
                    ) -> List[int]:
    sizes = profile_sizes(module, input, chunks, param_scale,
torch.device(device))
    return balance_cost(sizes, partitions)
```

profile_sizes()函数的逻辑如下。

- 遍历模型中的层，针对每个层：使用 torch.cuda.memory_allocated()函数计算前向传播用到的显存，即激活值；使用 p.storage().size() * p.storage().element_size()函数计算参数尺寸；把激活值和参数一起插入内存大小列表。
- 返回内存大小列表。

4. 分割算法

在得到每层的计算时间或者内存大小之后，会通过如下代码进行具体分割。

```
times = profile_times(module, sample, timeout, torch.device(device))
return balance_cost(times, partitions)
```

其中，balance_cost()函数只是进行一个简单封装，其调用了 blockpartition.solve()函数。

```
def balance_cost(cost: List[int], partitions: int) -> List[int]:
    partitioned = blockpartition.solve(cost, partitions)
    return [len(p) for p in partitioned]
```

从注释可知，blockpartition.solve()函数实现了 *Block Partitions of Sequences* 这篇论文的算法。

```
Implements "Block Partitions of Sequences" by Imre Bárány et al.Paper:
arXiv:1308.2454
```

这是一篇纯粹的数学论证，我们不去研究其内部机制，只是分析其运行结果。因为此处支持的模型是顺序模型，所以无论计算时间还是内存大小，都是一个列表。solve()函数的作用是把此列表尽量平均分配成若干组。假设模型有 6 层，每层的运行时间为[1, 2, 3, 4, 5, 6]，这些层需要分配到 3 个设备上，使用 solve()函数得到的结果是[[1, 2, 3], [4, 5], [6]]，可以看到，此 6 层被比较均匀地按照运行时间分成了 3 个分区。

```
# [1, 2, 3, 4, 5, 6]表示第一层运行时间是一个单位，第二层运行时间是两个单位，以此类推
partitioned = blockpartition.solve([1, 2, 3, 4, 5, 6], partitions=3)

# partitioned 的结果是[[1, 2, 3], [4, 5], [6]]，即 3 个分区的具体层数
```

9.1.3 模型划分

前面我们得到了 profile 的结果，下面对模型的各个层进行分割。GPipe 类的_init_()函数会使用 split_module()函数进行分割，所以我们分析 split_module()函数，split_module()主要逻辑如下。

- 遍历模型包含的层：
  - 把新的层加入到数组 layers 中。
  - 如果数组大小等于 balance[j]，即达到了设备 j 应该包含的层数，则做如下操作：①把分区数组构建成一个 sequential 模块，得到变量 partition；②利用 partition.to(device) 函数把变量 partition 放置到相关设备上，这就是前文提到的用

户不需要自己将模块移动到 GPU，torchgpipe.GPipe 会自动把每个分区移动到不同的设备上；③把此 partition 变量加入到分区数组中；④去下一个设备继续处理。

- 返回 partitions、balance 和 devices 这 3 个变量。

split_module()函数具体代码如下。

```python
def split_module(module: nn.Sequential,
                 balance: Iterable[int],
                 devices: List[torch.device],
                 ) -> Tuple[List[nn.Sequential], List[int], List[torch.device]]:
    balance = list(balance)

    j = 0
    partitions = []
    layers: NamedModules = OrderedDict()

    for name, layer in module.named_children(): # 遍历模型包含的层
        layers[name] = layer # 把新的层加入到数组中

        if len(layers) == balance[j]: # 如果数组大小等于 balance[j]，就是达到了设备 j 应该包含的层数
            partition = nn.Sequential(layers) # 把分区数组构建成一个 Sequential 模块

            device = devices[j]
            partition.to(device) # 把层放置到相关设备之上
            partitions.append(partition) # 这个新模块加入到分区数组中

            # 为下一个分区做准备
            layers.clear()
            j += 1 # 去下一个设备继续处理

    partitions = cast(List[nn.Sequential], nn.ModuleList(partitions))
    del devices[j:]

    return partitions, balance, devices
```

结合上面例子，balance 变量为[3,2,1]，即前 3 个层[1, 2, 3]组合成一个模块，中间两个层[4, 5]组合成一个模块，最后层[6]为一个模块，得到分区数组如下。

```
[ module([1, 2, 3]), module([4, 5]), module([6]) ]
```

需要注意一点：GPipe 的 partitions 成员变量是 nn.ModuleList 类型。nn.ModuleList 是一个容器，用于存储不同模块，并自动将每个模块的 parameters 成员变量添加到模型网络中。nn.ModuleList 并没有定义一个网络，只是将不同的模块存储在一起，这些模块之间并没有先后顺序，网络的执行顺序根据 forward()函数来决定。随之而来的问题就是：分区内部可以用

nn.Sequential()函数进行一系列的前向操作,但是如何配置分区之间的执行顺序?我们会在后文对此进行分析。

总结一下自动平衡的具体逻辑,如图 9-2 所示,流程自上而下:首先使用 balance_by_size()函数或者 balance_by_time()函数运行系统,得到 profile 结果;然后使用 split_module()函数对模型进行分割,得到一个相对平衡的分区结果;最后把这些分区分配到不同的设备上。

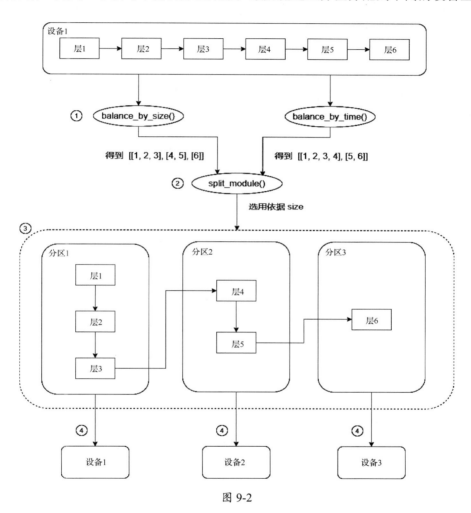

图 9-2

9.2 切分数据和 Runtime 系统

本节我们介绍如何切分数据和 Runtime 系统。

9.2.1 分发小批量

首先我们分析如何把一个小批量分发为多个微批量。

PyTorch 首先使用 microbatch.scatter()函数对数据进行分发,流水线在处理完这些分发的数据之后，再使用 microbatch.gather()函数进行聚集，具体参见如下代码。

```
# 把一个小批量分发为微批量
batches = microbatch.scatter(input, self.chunks)
pipeline = Pipeline(batches,self.partitions,self.devices,
                    copy_streams,self._skip_layout, checkpoint_stop)
pipeline.run() # 运行流水线并行机制
# 把微批量归约为一个小批量
output = microbatch.gather(batches)
```

scatter()函数使用 tensor.chunk(chunks)对每一个张量进行分割，把分割结果映射为 Tuple list，最终把 list 中的 Tuple 分别聚集并映射成 Batch 列表返回。比如，在图 9-3 中，ab 张量列表被 scatter()函数打散成两个块。

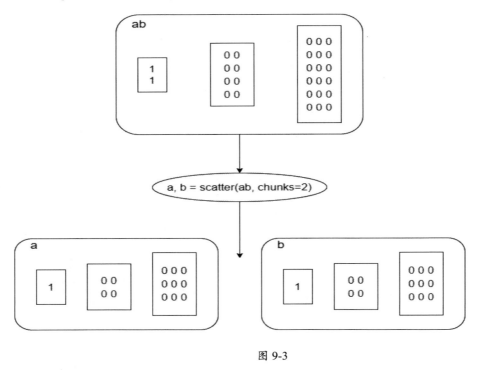

图 9-3

gather()函数使用 torch.cat()把 scatter()函数的结果重新聚集起来，这就是一个逆向操作。

9.2.2　Runtime

接下来我们分析 Runtime 的一些基础设施，包括 Stream 类、Task 类和 worker()函数。

1. Stream 类

Stream 类用来封装 CUDA 流和 CPU 流。CUDA 流表示一个 GPU 操作队列，即某个设备绑定的、按照顺序执行的核序列。我们可以把一个流看作 GPU 上的一个任务。用户向流的队列上添加一系列操作，GPU 会按照添加到流中的先后顺序依次执行这一系列操作。在同一个流中，由于所有操作都是串行序列化，因此这些操作永远不会并行；要想并行，两个操作必须位于不同流中，不同流中的核函数可以交错或者重叠。

本章用到的流相关操作为 use_stream()函数，该函数使用 torch.cuda.stream(stream)函数来选择给定流的上下文管理器。

2. Task 类

Task 类表示在一个分区上计算微批量数据（对应后文的任务概念）。它主要由两部分组成：compute()函数在工作线程中并发执行；finalize()函数在工作线程完成后执行。

Task 类可以理解为一个业务处理逻辑，有安卓开发经验的读者可以将其理解为业务 Message 在构建 Task 类的时候传入了 compute()和 finalize()这两个业务函数，举例如下。

```
task = Task(streams[j], compute=chk.checkpoint, finalize=chk.recompute)
```

Task 类绑定在流上，即可以运行在任何设备上，这就用到了上面的 use_stream()函数。

3. worker()函数

worker()函数被用来运行 Task 类，每个设备有一个 worker()函数负责执行此设备上的 Task，有安卓开发经验的读者可以将其理解为 Looper。需要注意，worker()只是一个函数，如果运行则需要一个线程作为寄托，这就是后续 spawn_workers()函数的工作，worker()函数具体代码如下。

```python
def worker(in_queue: InQueue, out_queue: OutQueue,
        device: torch.device, grad_mode: bool, ) -> None:
    """worker 线程的主循环"""
    torch.set_grad_enabled(grad_mode)

    with use_device(device):
        while True:
            task = in_queue.get()  # 从输入队列中获取 Task
            try:
                batch = task.compute()  # 计算 Task
            except Exception:
                exc_info = cast(ExcInfo, sys.exc_info())
                out_queue.put((False, exc_info))
                continue
            out_queue.put((True, (task, batch)))  # 把 Task 和计算结果放到输出队列

    done = (False, None)
    out_queue.put(done)
```

spawn_workers()函数为每个设备生成一个线程，此线程的执行函数是 worker()。spawn_workers()函数不仅生成了若干 worker 线程，还生成了一对消息队列(in_queues, out_queues)，此消息队列在 Pipeline 类生命周期内全程都存在。spawn_workers()函数的执行逻辑大致如下。

- 针对每一个设备生成一对 in_queue, out_queue 消息队列，可保证在每个设备之上串行执行业务操作。
- 这些队列分别被添加到(in_queues, out_queues)中。
- 使用(in_queues, out_queues)作为各个 Task 之间传递信息的上下文。
- in_queues 里面的顺序就是设备的顺序，也就是分区的顺序，out_queues 亦然。

spawn_workers()函数的具体代码如下。

```python
@contextmanager
def spawn_workers(devices: List[torch.device],
            ) -> Generator[Tuple[List[InQueue], List[OutQueue]], None, None]:
    """产生 worker 线程，一个 worker 线程绑定到一个设备上"""
    in_queues: List[InQueue] = []
    out_queues: List[OutQueue] = []

    # 产生线程
    workers: Dict[torch.device, Tuple[InQueue, OutQueue]] = {}

    for device in devices:
        device = normalize_device(device)  # 得到使用的设备
        try:
            in_queue, out_queue = workers[device]  # 临时放置队列
        except KeyError:  # 如果设备还没有生成对应的队列，则生成新的队列
            in_queue = Queue()  # 生成新的队列
            out_queue = Queue()

            # 取出 queue
            workers[device] = (in_queue, out_queue)  # 赋值给 workers

            t = Thread(
                target=worker,  # 线程的执行程序是 worker()函数
                args=(in_queue, out_queue, device, torch.is_grad_enabled()),
                daemon=True,
            )
            t.start()  # 启动工作线程

        in_queues.append(in_queue)  # 插入队列
        out_queues.append(out_queue)  # 插入队列

    try:
        yield (in_queues, out_queues)  # 返回给调用者
    finally:
```

```
# 关闭worker线程.
# 对运行的worker线程执行Join操作
# 省略
```

4. 使用

Pipeline 类中的 run() 函数会调用 spawn_workers() 函数生成 worker 线程。我们可以看到，对于 Pipeline 类来说，最有意义的就是起到了串联作用的(in_queues, out_queues)，具体代码如下。

```
def run(self) -> None:
    batches = self.batches
    partitions = self.partitions
    devices = self.devices
    m = len(batches)
    n = len(partitions)
    skip_trackers = [SkipTrackerThroughPotals(skip_layout) for _ in batches]
    with spawn_workers(devices) as (in_queues, out_queues): # 生成worker线程，并且得到队列
        for schedule in clock_cycles(m, n): # 此处按照算法有次序地运行多个 fence, compute
            self.fence(schedule, skip_trackers)
            # 把队列传递进去
            self.compute(schedule, skip_trackers, in_queues, out_queues)
```

torchgpipe 使用了 Python 的 Queue 类。Queue 类实现了一个基础的先进先出（FIFO）容器。我们先来看一下 torchgpipe 论文的内容：对于这种细粒度的顺序控制，torchgpipe 通过把 Checkpointing 拆分成两个单独的 torch.autograd.Function 派生类 Checkpoint 和 Recompute 来实现，在任务 $F'_{i,j}$ 的执行时间内，生成具有共享内存的 Checkpoint 和 Recompute。该共享内存在反向传播过程中被使用，用于将通过执行 Recompute 生成的本地计算图传输到 Checkpoint，以进行反向传播。

于是，Pipeline 类就有了很多并行处理的需求，我们可以看到 Pipeline 类的 compute 方法（省略部分代码）中有如下功能：向 in_queues 放入 Task，从 out_queues 中去除 Task 的执行结果，具体代码如下。

```
def compute(self, schedule: List[Tuple[int, int]],
            skip_trackers: List[SkipTrackerThroughPotals],
            in_queues: List[InQueue], out_queues: List[OutQueue],
            ) -> None:
    for i, j in schedule: # 并行执行
        batch = batches[i]
        partition = partitions[j]
        if checkpoint:
            # 省略，前文介绍过
```

```
            else:
                def compute(batch: Batch = batch,
                            partition: nn.Sequential = partition,
                            skip_tracker: SkipTrackerThroughPotals = skip_trackers[i],
                            ) -> Batch:
                    with use_skip_tracker(skip_tracker):
                        return batch.call(partition)
                # 生成一个 Task
                task = Task(streams[j], compute=compute, finalize=None)
                del compute
            # 并行执行 Compute Task
            in_queues[j].put(task) # 在第 j 个分区放入一个新的 Task。因为 i, j 已经在
clock 算法中设定，所以前向传播就据此执行

        for i, j in schedule:
            ok, payload = out_queues[j].get() # 取出第 j 个分区的运行结果
        # 省略后续代码
```

5．总结

我们总结梳理 torchgpipe 流水线的基本业务逻辑如下。

① 系统调用 spawn_workers()函数生成若干 worker 变量，其类型为 Dict[torch.device, Tuple[InQueue, OutQueue]]。

② spawn_workers()函数为每个设备生成一个 worker 线程，此 worker 线程的执行函数是 worker()。spawn_workers()函数内部也会针对每一个设备生成一个（in_queue, out_queue），可保证在每个设备上串行执行业务操作。

③ 这些队列首先被添加到 (in_queues, out_queues)中，然后把 (in_queues, out_queues) 返回给 Pipeline 类的主线程，最后将(in_queues, out_queues)作为各个 Task 间传递信息的上下文。

④ Pipeline 主线程得到 (in_queues, out_queues)后，如果要通过 compute()函数运行一个 Task，就找到该设备对应的 in_queue，把 Task 插进去。

⑤ worker 线程阻塞在 in_queue 上，如果发现有内容，就读取并运行 Task。

⑥ worker 线程把运行结果插入到 out_queue 中。

⑦ Pipeline 的 compute()函数会取出 out_queue 中的运行结果，并进行后续处理。

业务逻辑如图 9-4 所示。

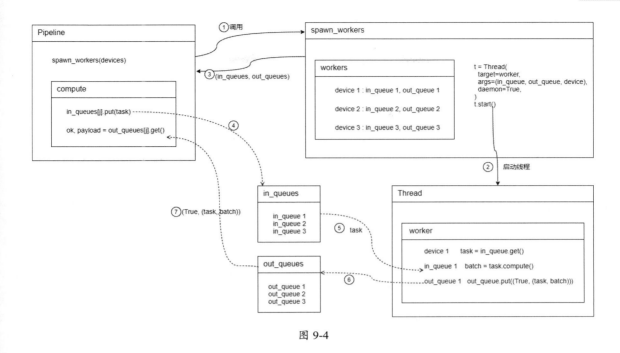

图 9-4

9.3 前向计算

本节我们结合论文内容分析如何保证前向计算的执行顺序。

9.3.1 设计

KaKao Brain 的作者发表了一篇论文 *torchgpipe: On-the-fly Pipeline Parallelism for Training Giant Models*，接下来我们就围绕这篇论文进行分析。

1. 问题所在

并行训练的一个障碍是：训练神经网络的常用优化技术本质上是按顺序执行的。这些算法反复执行如下操作：对于给定的小批量数据，计算其针对损失函数的梯度，并使用这些梯度来更新模型参数。

模型并行是将模型分成若干部分，并将若干部分放在不同的设备上，每个设备只计算一部分，并且只更新该部分中的参数。然而，模型并行受到其"无法充分利用"行为的影响，大多数神经网络由一系列层组成，持有模型后期部分的设备必须等待，直到持有模型早期部分的设备计算结束。

后文我们将讨论如何把前向和反向传播过程分解为子任务（在某些假设下），描述微批量流水线并行的设备分配策略，并演示每个设备所需的执行顺序；也会讨论在 PyTorch 中实现流水线并行最佳时间线的复杂之处，并阐释 torchgpipe 如何解决这些问题。

2. 模型定义

假定一个神经网络由一系列子网络构成,这些子网络分别为 $f^1,...,f^n$,其参数分别为 $\theta^1,...,\theta^n$,则整个网络用公式表达如下。

$$f = f^n \circ f^{n-1} \circ \cdots \circ f^1$$

参数 $\theta = (\theta^1,...,\theta^n)$,为了清楚起见,我们称 f^j 表示 f 的第 j 个分区,并假设分区的参数是互不相交的。

当训练网络时,基于梯度的方法(如随机梯度下降法)需要在给定小批量训练数据 x 之后,计算网络的输出结果 $f(x)$ 和相应损失,进而计算损失相对于网络参数 θ 的梯度。这两个阶段分别称为前向传播和反向传播。既然 f 由其 L 层子模块 $(f^L, f^{L-1},...,f^1)$ 顺序组成,那么前向传播 $f(x)$ 可以通过如下方式计算:首先让 $x^0 = x$(就是输入 x),然后顺序应用每一个分区,即 $x^j = f^j(x^{j-1})$,此处 $j = 1,...,L$。$f(x)$ 可以表示为:

$$f(x) = f^L\left(f^{L-1}\left(f^{L-2}\left(...f^1(x)\right)\right)\right)$$

再进一步,令 x 由 m 个更小的批量 $x_1,...,x_m$ 组成,这些更小的批量叫作微批量。$f(x)$ 的计算可以进一步分割为小的任务 $F_{i,j}$,此处 $x_i^0 = x_i$,所以得到 $F_{i,j}$ 的定义如下。

$$x_i^j \leftarrow f^j(x_i^{j-1}) \qquad (F_{i,j})$$

此处 $i = 1,..,m$ 和 $j = 1,...,n$,假定 f 不参与任何批量内的计算。

运用同样的方式,反向传播也被分割为任务 $B_{i,j}$,此处 $\mathrm{d}x_j^n$ 是损失对于 x_j^n 的梯度。$B_{i,j}$ 公式具体如下。

$$\mathrm{d}x_i^{j-1} \leftarrow \partial_x f^j\left(\mathrm{d}x_j^j\right)$$

$$g_i^j \leftarrow \partial_{\theta^j} f^j\left(\mathrm{d}x_j^j\right)$$

我们得到通过分区 f^j 计算反向传播(也叫 Vector-Jacobian Product)的函数,具体如下。

$$\partial_x f^j : v \mapsto v^T \cdot \left.\frac{\mathrm{d}f^j}{\mathrm{d}x}\right|_{x=x_i^{j-1}}$$

最终,把 g_i^j 通过 i 下标求和,我们可以得到损失针对 θ^j 的梯度。需要注意的是,在任务之间有数据依赖,比如,由于 $F_{i,j}$ 需要 x_i^{j-1},而 x_i^{j-1} 只有在 $F_{i,j-1}$ 计算完成之后才有效,因此 $F_{i,j-1}$ 必须在 $F_{i,j}$ 开始之前结束;同理,$B_{i,j+1}$ 必须在 $B_{i,j}$ 开始之前结束。

图 9-5 是一个依赖图,此处 $m = 4$、$n = 3$,即小批量被分成 4 个微批量,模型被分成 3 个子网络。以图 9-5 中第一行为例,前面 3 个 F 是 3 个子网络的前向传播,后面 3 个 B 是 3 个子网络的反向传播。所以第一行表示第一个微批量会顺序完成 3 个子网的前向传播和反向传播。

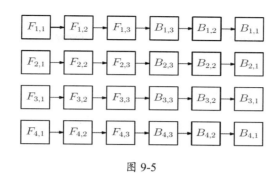

图 9-5

图片来源：论文 *torchgpipe: On-the-fly Pipeline Parallelism for Training Giant Models*

在给定任务的集合 $F_{i,j}$ 和 $B_{i,j}$，以及一个可以并行工作的设备池之后，不同的并行化策略有自己分配任务给设备的规则。在解决了依赖关系之后，每个设备会计算一个或多个分配的任务。在上面的设置中，任务的所有依赖项都具有相同的微批量索引 i。因此，将具有不同微批量索引的任务分配给不同的设备，可以有效地并行化任务，这就是数据并行。

3. GPipe 计算图

流水线并行的策略是根据分区索引 j 分配任务，以便第 j 个分区完全位于第 j 个设备中。除此之外，策略还强制要求 $F_{i,j}$ 必须在执行 $F_{i+1,j}$ 之前完成，以及 $B_{i,j}$ 必须在执行 $B_{i-1,j}$ 之前完成。

除了微批量流水线之外，GPipe 还通过对每个 $B_{i,j}$ 使用梯度检查点来进一步降低内存需求。因为第 j 个设备每次只执行 $B_{i,j}$，所以当计算 $B_{i,j}$ 的时候，只需要拿到 $F_{i,j}$ 的激活。因为在执行 $B_{i,j}$ 之前计算前向传播，所以我们内存消耗到之前的 $\frac{1}{m}$。此外，当设备等待 $B_{i,j}$ 时，可以进行重计算，这些信息如图 9-6 所示（见彩插）。

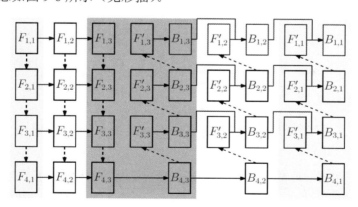

图 9-6

图片来源：论文 *torchgpipe: On-the-fly Pipeline Parallelism for Training Giant Models*

图中的虚线箭头表示由于引入了微批量顺序而带来的独立任务之间的执行顺序；不同底色表示不同的设备。我们注意到最后一个微批量的重计算，即 $F'_{m,j}$，此处 $j=1,...,n$ 是不必要的，这是因为在第 j 台设备上，前向传播中的最后一个任务是 $F_{m,j}$，所以在前向传播过程中放弃中间激活,并在反向传播开始时重新计算它们。这样不会减少内存,只会减慢流水线速度,因此图中省略了 $F'_{m,j}$。

4. 设备执行顺序

在流水线并行(带有检查点)中,每个设备都被分配了一组具有指定顺序的任务。一旦系统满足跨设备依赖关系,每个设备就将逐个执行给定的任务。然而,系统目前缺少一个组件——设备之间的数据传输。设备 j 必须遵循完整的执行顺序,如图 9-7 所示。

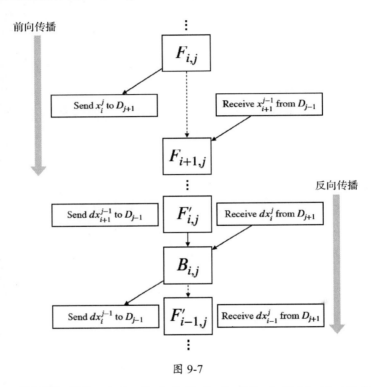

图 9-7

图片来源:论文 torchgpipe: On-the-fly Pipeline Parallelism for Training Giant Models

5. PyTorch 实现难点

为了使流水线并行按预期工作,必须以正确的顺序将任务分配到每个设备。在 PyTorch 中实现这一点有几个复杂之处。

- 第一,由于 PyTorch 的 define by run(先定义后执行)风格,核(kernel,算子在特定硬件上的实现)被动态地发布到每个设备,因此必须仔细设计主机代码,这样不仅可以在每个设备中以正确的顺序发布那些绑定到设备的任务,而且可以避免由于 Python 解释器未能提前请求而在设备上(与 CPU 异步)延迟执行任务。当某些任务是 CPU 密集型任务或涉及大量廉价核调用时,可能会发生这种延迟。为此 torchgpipe 引入了确定性时钟周期(Deterministic Clock-cycle)的概念,它给出了任务的总体执行顺序。
- 第二,反向传播的计算图在前向传播过程中动态构造,避免了前向传播计算图的物化,只记录微分计算所需的内容。PyTorch 既不记录前向计算图,也不维护一个梯度磁带

（Gradient Tape）。这意味着 PyTorch 自动求导引擎可能不会完全按照与前向过程相反的执行顺序来运行，除非依据计算图的结构来强制执行。为了解决此问题，torchgpipe 开发了名为 Fork 和 Join 的基本函数，在反向传播的计算图中动态创建显式依赖关系。

- 第三，多个设备之间的通信可能会出现双向同步问题。这会导致设备利用率不足，因为即使在复制操作和队列中的下一个任务之间没有显式依赖关系，发送方也可能等待与接收方同步，反之亦然。torchgpipe 通过使用非默认 CUDA 流避免了此问题，这样复制操作就不会阻止计算，除非计算必须等待数据。

- 第四，torchgpipe 试图放宽微批量处理流水线并行性的限制（模型必须是顺序的）。尽管原则上任何神经网络都可以按顺序形式编写，但这需要提前知道整个计算图。而在 PyTorch 中不是这样的，特别是如果有一个张量从设备 j' 中的一层直接跳跃（skip）到设备 $j > j'+1$ 中的另一层，因为 torchgpipe 无法提前知道这种跳跃关系，该张量将被复制到两层之间的所有设备。为了避免此问题，torchgpipe 设计了一个接口来表示训练跳过了哪些中间张量，以及哪些层使用了它们。

6. 总结

在图 9-8 中左侧，具有多个有序层的神经网络的 GPipe 模型被划分到 4 个加速器上。F_k 是第 k 个分区的复合正向计算函数，B_k 是其相对应的反向传播函数。朴素流水线状态如图 9-8 右侧所示。流水线并行的策略是根据分区索引 j 分配任务，以保证第 j 个分区完全位于第 j 个设备中。持有模型后期部分的设备必须等待，直到持有模型早期部分的设备计算结束。我们可以看到网络的顺序性会导致资源利用率不足，因为每个时刻只有一个设备处于活动状态。

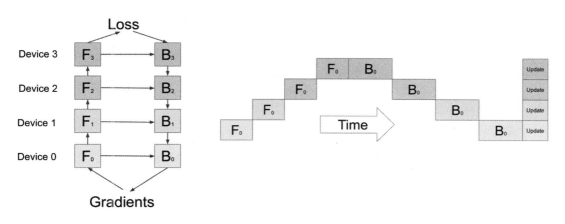

图 9-8

图片来源：论文 *GPipe: Easy Scaling with Micro-Batch Pipeline Parallelism*

目标流水线状态如图 9-9 所示（见彩插）。输入的小批量数据被划分为更小的微批量数据，这些微批量数据可以由多个 TPU 同时处理。

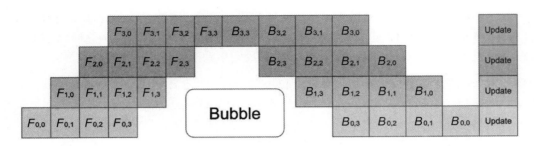

图 9-9

图片来源：论文 *GPipe: Easy Scaling with Micro-Batch Pipeline Parallelism*

因此可知，如果分成若干个微批量，则需要 $F_{i,j}$ 必须在执行 $F_{i+1,j}$ 之前完成，以及 $B_{i,j}$ 必须在执行 $B_{i-1,j}$ 之前完成，这就引出来目前的问题。

- 如何在每个设备中以正确的顺序发布那些绑定到设备的任务，以避免由于 Python 解释器未能提前请求而在设备上（与 CPU 异步）延迟执行任务？
- 如何建立这些小批量之间的跨设备依赖关系或者动态显式依赖关系？

上述问题的解决方案如下。

- 对于如何保证正确执行顺序，torchgpipe 引入了确定性时钟周期算法，它给出了任务的总体顺序。
- 对于如何保证计算图中的动态显式依赖关系，torchgpipe 针对时钟周期（Clock-cycle）产生的每一个 schedule（调度/计划）都会进行如下操作：利用 fence()函数调用 fork()函数和 join()函数，以此在反向传播的计算图中动态创建显式反向传播依赖关系；利用 compute(schedule, skip_trackers, in_queues, out_queues)函数进行计算。

我们接下来就分析在前向计算过程中如何保证正确的执行顺序。

9.3.2 执行顺序

下面我们分析确定性时钟周期算法，该算法专门在前向传播过程中使用。一般来说，前向传播按照模型结构来确定计算顺序，但是因为在流水线并行过程中模型已经被分割开，无法依靠自身提供一个统一的前向传播计算顺序，所以 torchgpipe 需要提供一个前向传播执行顺序以执行各个微批量。

1. 思路

任务的执行顺序由前向传播中的主机代码决定。每个设备通过 CPU 分配的顺序隐式地理解任务之间的依赖关系。在理想的情况下，如果 CPU 可以无代价地将任务分配给设备，只要设备内的顺序正确，CPU 就可以按任何顺序将任务分配给设备。然而，这种假设并不现实，因为在 GPU 上启动核函数对 CPU 来说不是毫无代价的，比如 GPU 之间的内存传输可能需要同步，或者任务是 CPU 密集型的，torchgpipe 依据"某节点到 $F_{1,1}$ 的距离"对所有任务进行排序。

这种方案就是确定性时钟周期算法，如图 9-10 所示。在该算法中，CPU 在计数器 $k = 1$ 到 $k = m + n - 1$ 的时钟周期内执行。在第 k 个时钟周期内，对于 $i + j - 1 = k$，index 会执行如下操作。

- 执行任务 $F_{i,j}$ 所需数据的所有复制核函数。
- 将用于执行任务的计算核函数注册到相应的设备（由于同一时钟周期中的任务是独立的，因此可以安全地进行多线程处理）。

```
Algorithm 1: Deterministic clock-cycle
for k from 1 to m + n − 1 do
    for i, j such that i + j − 1 = k do
        if j > 1 then
            Copy x_i^{j-1} to device j.
    for i, j such that i + j − 1 = k do
        Execute F_{i,j}.
```

图 9-10

图片来源：论文 *torchgpipe: On-the-fly Pipeline Parallelism for Training Giant Models*

2. 解析

下面我们结合图 9-6 分析该算法的具体流程。

- 在 clock 1 时，运行图中的 $F_{1,1}$。
- 在 clock 2 时，运行图中的 $F_{2,1}$、$F_{1,2}$，就是向右运行一格到 $F_{1,2}$，同时第二个微批量进入训练，即运行 $F_{2,1}$。
- 在 clock 3 时，运行图中的 $F_{3,1}$、$F_{2,2}$、$F_{1,3}$，就是 $F_{1,2}$ 向右运行一格到 $F_{1,3}$，$F_{2,1}$ 向右运行一格到 $F_{2,2}$，同时第三个微批量进入训练流程，即运行 $F_{3,1}$。
- 在 clock 4 时，运行图中的 $F_{4,1}$、$F_{3,2}$、$F_{2,3}$，就是 $F_{2,2}$ 向右运行一格到 $F_{2,3}$，$F_{3,1}$ 向右运行一格到 $F_{3,2}$，同时第四个微批量进入训练流程，即运行 $F_{4,1}$，以此类推。

对应图 9-6 我们可以看到，$F_{2,1}$、$F_{1,2}$ 到 $F_{1,1}$ 的步进距离是 1，走一步可到；$F_{3,1}$、$F_{2,2}$、$F_{1,3}$ 到 $F_{1,1}$ 的步进距离是 2，分别走两步可到。

此逻辑从图 9-11 可以清晰地看到（见彩插）。确定性时钟周期算法就是利用任务到 $F_{1,1}$ 的距离对所有任务进行排序。此处很像把一块石头投入水中，泛起的水波纹一样，从落水点一层一层地从近处向远处传播。图 9-11 中不同底色代表不同的设备，数字表示任务顺序。

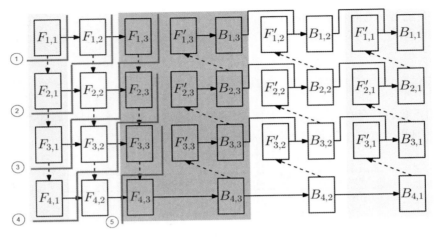

图 9-11

3. 代码

我们再来分析确定性时钟周期算法的代码。首先是生成时钟周期,此处有两点需要说明:$\min(1+k, n)$就是在k时钟的时候可以启动的最大设备数目,也就是分区数目;$\max(1+k-m, 0)$就是在k时钟的时候可以启动的最小微批量数目。

最终返回的序列就是在k时钟时可以启动(微批量索引、分区索引)的序列,具体代码如下。

```
def clock_cycles(m: int, n: int) -> Iterable[List[Tuple[int, int]]]:
    """为每个时钟周期产生 schedules"""
    # m: 微批量数目
    # n: 分区数目
    # i: 微批量索引
    # j: 分区索引
    # k: 时钟序号 (clock number)
    #
    # k  (i,j)  (i,j)  (i,j)
    # -  -----  -----  -----
    # 0  (0,0)
    # 1  (1,0)  (0,1)
    # 2  (2,0)  (1,1)  (0,2)
    # 3         (2,1)  (1,2)
    # 4                (2,2)
    # 此处 k 是时的钟数,从 1 开始,最大时钟序号是 m+n-1。
    # min(1+k, n) 是在 k 时钟的时候,可以启动的最大设备数目
    # max(1+k-m, 0) 是在 k 时钟的时候,可以启动的最小微批量
    for k in range(m+n-1):
        yield [(k-j, j) for j in range(max(1+k-m, 0), min(1+k, n))]
```

设定 $m = 4$，$n = 3$，solve(4,3)的输出为：

```
[(0, 0)]
[(1, 0), (0, 1)]
[(2, 0), (1, 1), (0, 2)]
[(3, 0), (2, 1), (1, 2)]
[(3, 1), (2, 2)]
[(3, 2)]
```

图 9-11 中的标识和源码的"注释和代码"不完全一致，为了便于大家理解，我们按照图 9-11 上的标识来说明。因为在图 9-11 中是从 $F_{1,1}$ 开始的，所以我们把上面的注释修正如下。

```
# 0 (0,0)                    ----> 应该对应：clock 1 运行图上的 (1,1)
# 1 (1,0) (0,1)              ----> 应该对应：clock 2 运行图上的 (2,1) (1,2)
# 2 (2,0) (1,1) (0,2)        ----> 应该对应：clock 3 运行图上的 (3,1) (2,2) (1,3)
# 3       (2,1) (1,2)        ----> 应该对应：clock 4 运行图上的 (3,2) (2,3)
# 4             (2,2)        ----> 应该对应：clock 5 运行图上的 (3,3)
```

为了打印正确的索引，我们把 clock_cycles() 代码修改一下，这样大家就可以更好地把代码和图对应起来了。

```
m=4 # m: 微批量数目
n=3 # n: 分区数目
for k in range(m + n - 1):
    print( [(k - j + 1 , j +1 ) for j in range(max(1 + k - m, 0), min(1 + k, n))] )

打印结果是：
[(1, 1)]  # 第 1 轮训练 schedule & 数据
[(2, 1), (1, 2)] # 第 2 轮训练 schedule & 数据
[(3, 1), (2, 2), (1, 3)] # 第 3 轮训练 schedule & 数据
[(4, 1), (3, 2), (2, 3)] # 第 4 轮训练 schedule & 数据
[(4, 2), (3, 3)] # 第 5 轮训练 schedule & 数据
[(4, 3)] # 第 6 轮训练 schedule & 数据
```

我们把上面的输出按照流水线的图绘制一下得到图 9-12 所示的结果。从图 9-12 中可以看到，在前 4 个时钟周期内，分别有 4 个微批量进入 cuda:0，分别是(1,1) (2,1) (3,1) (4,1)。按照 clock_cycles() 算法给出的顺序，每次迭代（时钟周期）执行不同的 schedule，在经过 6 个时钟周期之后完成了第一轮前向操作，具体数据的批量流向如图 9-13 所示。这就形成了 GPipe 流水线，此流水线优势在于，如果微批量的数目配置合适，就可以在每个时钟周期内最大程度地让所有设备都运行起来。与之相比，朴素的流水线同一时间只能让一个设备运行。

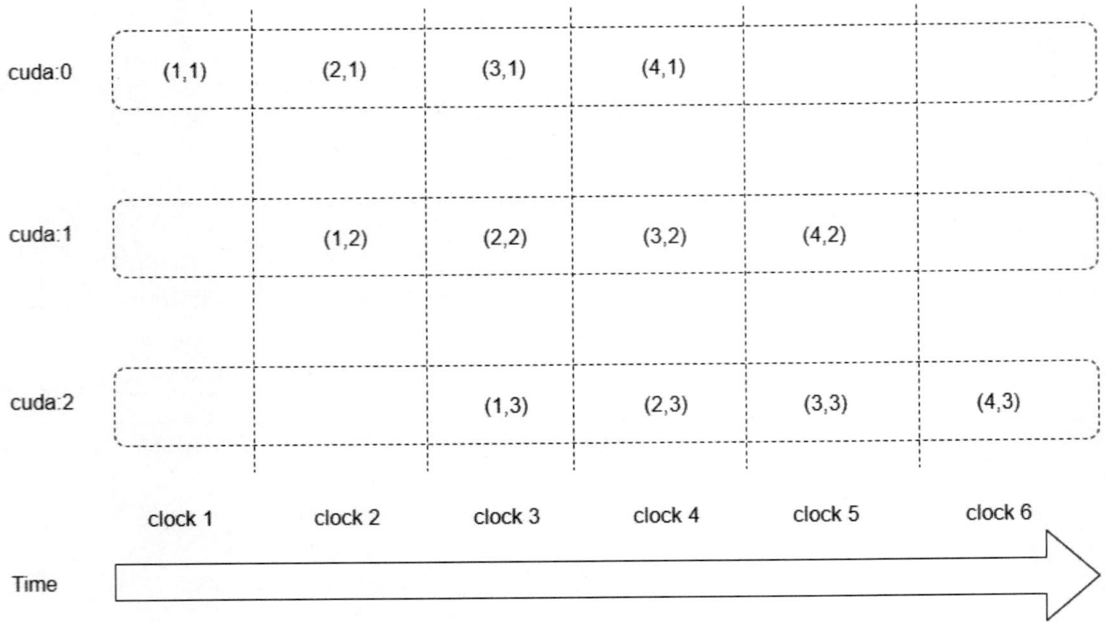

图 9-12

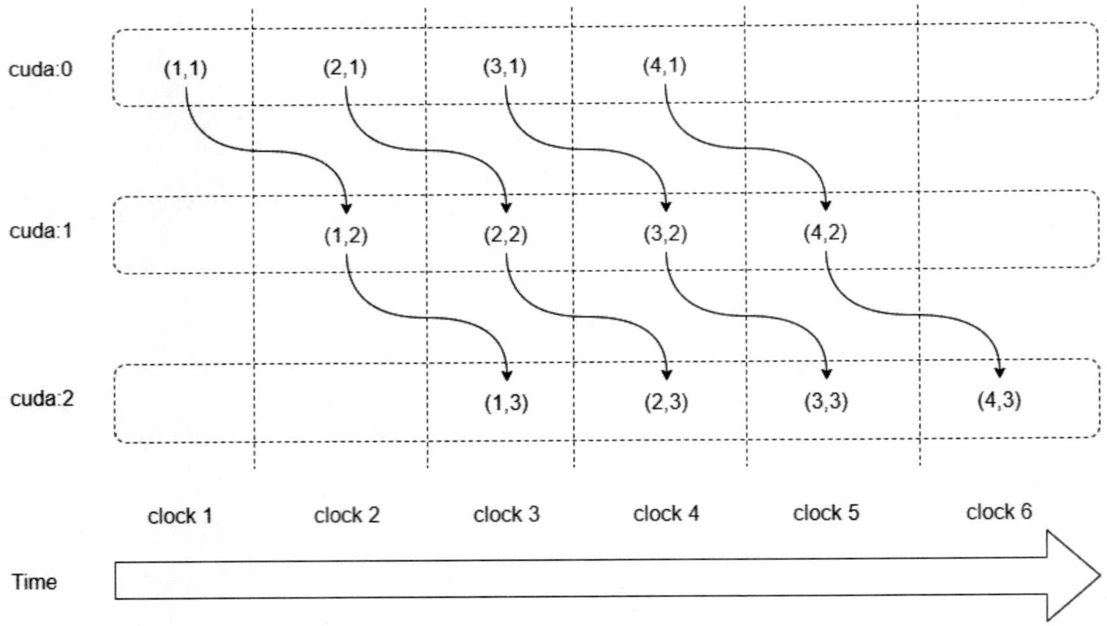

图 9-13

4. 使用

在 Pipeline 类中按照时钟周期来启动计算,这样在前向传播过程中就按照此序列,像水波纹一样把计算扩散出去,具体代码如下。

```
def run(self) -> None:
```

```
batches = self.batches
partitions = self.partitions
devices = self.devices
m = len(batches)
n = len(partitions)
skip_trackers = [SkipTrackerThroughPotals(skip_layout) for _ in batches]
with spawn_workers(devices) as (in_queues, out_queues):
    for schedule in clock_cycles(m, n): # 此处使用确定性时钟周期算法给出了 schedule, 后续据此来执行
        self.fence(schedule, skip_trackers) # 构建反向传播依赖关系
        self.compute(schedule, skip_trackers, in_queues, out_queues) # 进行计算
```

至此，对前向传播过程的分析完毕。

9.4 计算依赖

本节我们结合论文内容分析如何实现流水线依赖，其核心就是建立这些小批量之间的跨设备依赖关系。

首先来分析为什么需要计算依赖，具体原因如下。

- 由于模型已经被分层，我们将模型的不同部分拆开放到不同设备上，将数据分成微批量。因此本来模型内部是线性依赖关系，现在需要变成流水线依赖关系。由于原始计算图不能满足需求，所以需要进行有针对性的补充，如图 9-1 所示，6 个层被分成了 3 个分区，这 3 个分区之间的依赖如何构建？
- 线性依赖关系在模型定义的时候就已基本确定，而现在需要在每次运行的时候建立一个动态的流水线依赖关系。

针对流水线并行，torchgpipe 需要自己补充一个本机跨设备伪分布式依赖关系。

我们回忆一下图 9-5 和图 9-6。针对这两个图，torchgpipe 需要完成两种依赖（需要注意的是，$F'_{m,j}$ 代表了重计算）。

- 行间依赖，就是数据批量之间的依赖，也是设备内的依赖。从图 9-6 上看是虚线，就是蓝色列内的 $F_{1,1}$ 必须在 $F_{2,1}$ 之前完成，$B_{2,1}$ 必须在 $B_{1,1}$ 之前完成。
- 列间依赖，就是分区（设备）之间的依赖。从图 9-6 上看是实线，就是蓝色 $F_{1,1}$ 必须在黄色 $F_{1,2}$ 之前完成，即第一个设备必须在第二个设备之前完成，而且第一个设备的输出是第二个设备的输入。

计算图意味着各种依赖逻辑，torchgpipe 通过在前向计算图和反向计算图做各种调整来达到目的，依赖逻辑的补足依靠 Fork() 和 Join() 等函数来完成，或者可以认为：在构建流水线前向传播和反向传播依赖的同时，torchgpipe 也完成了对流水线行、列依赖关系的构建。通过构

建反向传播依赖，torchgpipe 完成了行之间的依赖；通过构建前向传播依赖，torchgpipe 完成了列之间的依赖。

9.4.1 反向传播依赖

我们先来分析反向传播依赖。

1. 思路

回到图 9-5 和图 9-6，假定我们通过确定性时钟周期算法来运行一个前向传播。即使前向传播按照在第 j 个设备上应该执行的顺序来执行任务 $F_{1,j},...,F_{m,j}$，得到的反向传播结果计算图看起来也更像图 9-5 而非图 9-6。

从图 9-5 来看，PyTorch 的自动求导引擎不知道 $B_{i+1,j}$ 必须在 $B_{i,j}$ 之前运行，这可能会打乱反向传播的时间流。因此，虚拟依赖（图 9-6 中的虚线箭头）必须在前向传播中被显式绘制出来。

我们再仔细分析一下图 9-6。在图 9-6 中每一行都表示一个微批量在训练中的运行流，此流的前向是由确定性时钟周期算法确定的，反向关系在前向传播中自动完成确定。

现在的问题是：一个小批量被分成了 4 个微批量，分别在不同时钟周期进入训练，就是每一列。这一列由上到下的传播也是由确定性时钟周期算法确定的，但是反向传播（自下而上）目前是不确定的。比如在最后一列中，反向传播的顺序应该是：$B_{4,1},B_{3,1},B_{2,1},B_{1,1}$，但目前无法确定此顺序。

所以需要依靠本节介绍的 Fork() 函数和 Join() 函数完成此依赖关系。图 9-6 中的斜线表示 Checkpoint 中需要先有一个重计算，然后才能由下往上走。因此，torchgpipe 定义两个自动求导函数 Fork() 和 Join() 来表达这种依赖关系。

- Fork() 把一个张量 x 映射到 pair(x,ϕ)，此处 ϕ 是一个空张量。
- Join() 把 pair(x,ϕ) 映射到一个张量 x，此处 ϕ 是一个空张量。

$F_{i+1,j}$ 对 $F_{i,j}$ 的依赖（该依赖关系在反向传播计算图中被转换为 $B_{i,j}$ 对 $B_{i+1,j}$ 的依赖关系）可以通过如下公式表示。

$$\left(x_i^j,\phi\right) \leftarrow \text{Fork}\left(x_i^j\right)$$

$$x_{i+1}^{j-1} \leftarrow \text{Join}\left(x_{i+1}^{j-1},\phi\right)$$

原则上，表示虚拟依赖关系的张量可以是任意的。然而，torchgpipe 选择使用空张量以消除由张量引起的任何不必要的计算（比如 PyTorch 中的梯度累积）。图 9-14 就是使用 Fork() 函数和 Join() 函数构建的反向计算图。箭头依据反向传播计算图的方向绘制，这些联系是在前向传播过程中构建的。因此，$F'_{i,j}$ 对 $B_{i+1,j}$ 的虚拟依赖通过 Fork() 函数和 Join() 函数构建出来，用虚线表示，实线则在前向传播的时候构建（见彩插）。

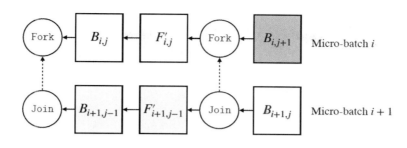

图 9-14

图片来源：论文 *torchgpipe: On-the-fly Pipeline Parallelism for Training Giant Models*

2. 实现

接下来我们分析如何实现计算依赖。

（1）Function

我们先分析 torch.autograd.Function 类的作用。torch.autograd.Function 类实际上是一个操作函数的基础父类，这样的操作函数必须具备两个基本的过程，即前向的运算过程和反向的求导过程。

如果某些操作无法通过 PyTorch 已有的层或者已有的方法实现，就需要一个新的方法对 PyTorch 进行拓展。当需要自定义求导规则的时候，就应该拓展 torch.autograd.Function 类，用户自己定义实现前向传播和反向传播的计算过程，这就是 "Extending torch.autograd"。

我们接下来介绍反向依赖（Backward Dependency）的关键算法：Fork 类和 Join 类，这两个类拓展了 torch.autograd.Function。

（2）关键算法

Fork 自动求导 Function，拓展了 torch.autograd.Function，把一个张量 x 映射到 pair(x, ϕ)，此处 ϕ 是一个空张量。detach() 函数把张量从反向计算图分离出来，新张量不参与反向计算图拓扑，但是与原张量共享内存，原张量梯度相关属性不变。

```python
def fork(input: Tensor) -> Tuple[Tensor, Tensor]:
    if torch.is_grad_enabled() and input.requires_grad:
        input, phony = Fork.apply(input)
    else:
        phony = get_phony(input.device, requires_grad=False)
    return input, phony


class Fork(torch.autograd.Function):
    @staticmethod
    def forward(ctx: 'Fork', input: Tensor) -> Tuple[Tensor, Tensor]:
        phony = get_phony(input.device, requires_grad=False)
        return input.detach(), phony.detach()
```

```python
@staticmethod
def backward(ctx: 'Fork', grad_input: Tensor, grad_grad: Tensor) -> Tensor:
    return grad_input
```

Join()函数也拓展了 torch.autograd.Function，具体代码如下。

```python
def join(input: Tensor, phony: Tensor) -> Tensor:
    if torch.is_grad_enabled() and (input.requires_grad or phony.requires_grad):
        input = Join.apply(input, phony)
    return input


class Join(torch.autograd.Function):
    @staticmethod
    def forward(ctx: 'Join', input: Tensor, phony: Tensor) -> Tensor:
        return input.detach()

    @staticmethod
    def backward(ctx: 'Join', grad_input: Tensor) -> Tuple[Tensor, None]:
        return grad_input, None
```

上面两段代码都使用了 Phony 类，这是没有空间的张量，因为它不需要任何梯度累积，所以可在自动求导图中构建任意的依赖，Phony 类具体构建方式如下。

```python
def get_phony(device: torch.device, *, requires_grad: bool) -> Tensor:
    key = (device, requires_grad)
    try:
        phony = _phonies[key]
    except KeyError:
        with use_stream(default_stream(device)):
            phony = torch.empty(0, device=device, requires_grad=requires_grad)
        _phonies[key] = phony
    return phony
```

3. 使用

在 Pipeline 类中我们可以看到"计算依赖"具体的使用方法，fence()函数（省略部分代码）利用 depend()函数构建反向传播的依赖关系，确保在反向传播过程中，batches[i-1]在 batches[i]之后完成，具体代码如下。

```python
def fence(self,
          schedule: List[Tuple[int, int]],
          skip_trackers: List[SkipTrackerThroughPotals],
          ) -> None:
    """在前一个微批量计算之后复制下一个微批量"""
```

```
batches = self.batches
copy_streams = self.copy_streams
skip_layout = self.skip_layout

for i, j in schedule:
    # 确保在反向传播过程中,batches[i-1]在batches[i]之后以一个明确的依赖关系来运行
    if i != 0:
        depend(batches[i-1], batches[i])  # 在此处建立了反向传播依赖关系
```

depend()函数的具体代码如下。

```
def depend(fork_from: Batch, join_to: Batch) -> None:
    fork_from[0], phony = fork(fork_from[0])
    join_to[0] = join(join_to[0], phony)
```

下面我们结合示例代码将传入的参数赋值,重新把depend()函数解释如下。

```
def depend(batches[i-1]: Batch, batches[i]: Batch) -> None:
    batches[i-1][0], phony = fork(batches[i-1][0])  # 把batches[i-1]传入进来
    batches[i][0] = join(batches[i][0], phony)  # 把batches[i]传入进来
```

具体逻辑如图 9-15 所示,通过 phony 变量完成了一个桥接,即在前向传播过程中,batches[i] 依赖 batches[i-1]的执行结果。图 9-15 中的虚线方框表示变量,实线方框表示类或者方法,箭头表示数据流。

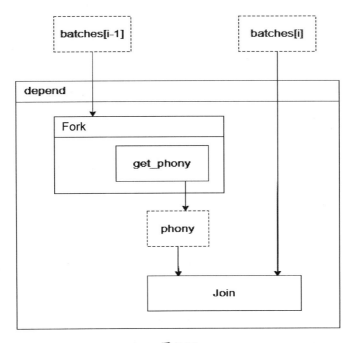

图 9-15

于是在反向传播过程中，batches[i]就必须在 batches[i-1]之前完成。

我们再结合论文的图（即图 9-16）来分析，本来示例代码中是：

```
depend(batches[i-1], batches[i])
```

为了和论文中的图对应，我们修改为：

```
depend(batches[i], batches[i+1])
```

depend()函数代码也变化为：

```
def depend(batches[i]: Batch, batches[i+1]: Batch) -> None:
    batches[i][0], phony = fork(batches[i][0])
    batches[i+1][0] = join(batches[i+1][0], phony)
```

上面代码对应图 9-16，在反向传播计算图中，batches[i+1]通过一个 Join()函数和一个 Fork()函数，排在了 batches[i]前面，就是图 9-16 大箭头所示的过程（见彩插）。具体细化此逻辑如下。

- 图 9-16 上的实线箭头依据反向传播图计算的方向来绘制，这些联系是在前向传播中构建的。就是说，对于 batch[i]来说，其反向传播的顺序是固定的。
- 从图 9-16 中可知，由于 PyTorch 的自动求导引擎不知道 $B_{i+1,j}$ 必须在 $B_{i,j}$ 之前运行，会打乱反向传播的时间流。因此，虚拟依赖（图 9-14 中的虚线箭头）必须在前向传播中被显式绘制出来。
- 图中上下两行之间的运行顺序不可知，需要用虚线来保证，即通过调用 Join()函数和 Fork()函数来保证。

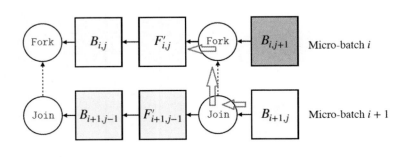

图 9-16

9.4.2 前向传播依赖

我们回头来看前向传播依赖。目前，通过构建反向传播依赖，torchgpipe 只完成了行之间的依赖，没有完成列之间的依赖，列之间的依赖就是设备之间的依赖，即前一个设备的输出是后一个设备的输入。我们现在进行补全，分析 torchgpipe 如何在构建前向传播依赖的同时完成列之间的依赖。

1. 分割模型

我们来回顾一下如何分割模型。GPipe 的成员变量 Partitions 是 nn.ModuleList 类型，但是 nn.ModuleList 并没有定义一个网络，而只是将不同的模块存储在一起，这些模块之间并没有先后顺序，网络的执行顺序由 forward() 函数决定。随之而来的问题就是，分区内部可以用 Sequential() 函数进行一系列前向操作，但是如何配置分区之间的执行顺序？比如怎样确定图 9-16 下方的 3 个矩形之间的执行顺序。

2. 确定依赖

我们还是从论文入手。假定一个神经网络由一系列子网络构成，这些子网络是 $f^1,...,f^n$，则整个网络可以表述为如下公式。

$$f = f^n \circ f^{n-1} \circ \cdots \circ f^1,$$

既然 f 由 L 层子模块 $(f^L, f^{L-1},...,f^1)$ 顺序组成，那么前向传播 $f(x)$ 可以通过如下方式计算：让 $x^0 = x$（输入 x），然后顺序应用每一个分层，即 $x^j = f^j(x^{j-1})$，此处 $j = 1,...,L$。$f(x)$ 可以表示为如下公式。

$$f(x) = f^L\left(f^{L-1}\left(f^{L-2}\left(...f^1(x)\right)\right)\right)$$

于是我们知道前向传播的顺序是由 $f(x)$ 确定的，可以通过代码进一步解析，看看如何实现分区之间的顺序依赖。

```
def run(self) -> None:
    # 省略其他代码
    with spawn_workers(devices) as (in_queues, out_queues):
        for schedule in clock_cycles(m, n): # 此处给出了schedule，后续据此执行
            self.fence(schedule, skip_trackers)
            self.compute(schedule, skip_trackers, in_queues, out_queues)
```

解析的目标是 for schedule in clock_cycles(m, n)，此 for 循环针对 clock_cycles() 函数产生的每一个 schedule 会做如下操作：利用 fence(schedule, skip_trackers) 函数构建反向传播依赖关系；利用 compute(schedule, skip_trackers, in_queues, out_queues) 函数进行计算。

现在我们完成了两步：第一步，确定性时钟周期算法给定了前向传播的执行顺序，我们只要按照该算法提供的 schedule 一一运行即可；第二步，调用 Join() 函数和 Fork() 函数，fence() 函数保证了在反向传播过程中，batches[i] 必须在 batches[i-1] 之前完成，即 $B_{i+1,j}$ 必须在 $B_{i,j}$ 之前运行。这第二步就完成了图 9-16 中的列依赖。

我们接下来的问题是：如何通过此 for 循环来保证 $B_{i,j+1}$ 必须在 $B_{i,j}$ 之前运行？如何安排反向传播逐次运行？如何完成行内（列间）的依赖？事实上，前向传播通过自定义的 Copy 和 Wait 这两个 torch.autograd.Function 确定设备之间的依赖。

3. 论文思路

我们首先来看论文内容。

(1) 设备级执行顺序

论文内容如下：在流水线并行性（带有检查点）中，每个设备都被分配了一组具有指定顺序的任务。一旦满足跨设备依赖关系，每个设备就将逐个执行给定的任务。但是，在论文图 2 中（请参见图 9-6），设备之间的数据传输过程中缺少一个组件。为了便于说明，设备 j 必须遵循完整执行顺序（如论文图 3 所示，请参见图 9-7）。为了更好地说明，此处数据传输操作被明确表示为"接收"和"发送"。

(2) 并行计算与复制

论文中还论述了流的使用：PyTorch 将每个绑定到设备的核发布到默认流（除非另有规定）。流按顺序执行这些绑定到设备的核序列，同一个流中的核需要保证按预先指定的顺序执行，不同流中的核可以相互交错或者重叠。特别是，几乎所有具有计算能力及更高版本的 CUDA 设备都支持并发复制和执行，即设备之间的数据传输可以与核执行重叠。

torchgpipe 将每个复制核注册到非默认流中，同时将计算内核保留在默认流中。这允许设备 j 可以并行处理多个操作，即① $F_{i,j}$，②"发送到设备 $j+1$ 的 x_{i-1}^{j}"，③"从设备 $j-1$ 接收 x_i^{j-1}"这 3 个操作可以被设备 j 并行处理。此外，每个设备对每个微批量使用不同的流，由于不同的微批量之间没有真正的依赖关系，因此流的使用是安全的，并允许进行快速复制。

可见，数据传输通过流来完成，这样既构成了实际上的设备间依赖关系，又可以达到数据和复制并行的目的。

4. 实现

接下来分析具体实现，依次验证我们的推论。

(1) 建立专用流

在 GPipe 类的 forward() 方法中会生成复制专用流，专用流的成员变量 _copy_streams 定义如下。

```
self._copy_streams: List[List[AbstractStream]] = []
```

其初始化代码如下。

```
def _ensure_copy_streams(self) -> List[List[AbstractStream]]:
    if not self._copy_streams:
        for device in self.devices:
            self._copy_streams.append([new_stream(device) for _ in range(self.chunks)])
    return self._copy_streams
```

其中，chunks 是微批量的数目；_ensure_copy_streams()函数针对每一个设备的每一个微批量都生成了一个专用流。

（2）建立依赖关系

这里介绍两个算子：Copy 算子完成不同流之间的复制操作；Wait 算子进行同步，等待复制操作的完成。以下函数对算子进行了封装。

```
def copy(batch: Batch, prev_stream: AbstractStream, next_stream: AbstractStream) -> None:
    batch[:] = Copy.apply(prev_stream, next_stream, *batch)

def wait(batch: Batch, prev_stream: AbstractStream, next_stream: AbstractStream) -> None:
    batch[:] = Wait.apply(prev_stream, next_stream, *batch)
```

fence()函数的简化代码如下，其使用 depend()函数和 copy()函数建立了图 9-6 中的行、列两种依赖关系。

```
def fence(self,
        schedule: List[Tuple[int, int]],
        skip_trackers: List[SkipTrackerThroughPotals],
        ) -> None:
    batches = self.batches
    copy_streams = self.copy_streams
    skip_layout = self.skip_layout

    for i, j in schedule:
        # 确保在反向传播过程中，batches[i-1]在batches[i]之后以一个明确的依赖关系来运行
        if i != 0:
            depend(batches[i-1], batches[i])  # 此处建立了反向传播依赖关系

        # 拿到 dst 设备的复制流
        next_stream = copy_streams[j][i]
        # 建立跨设备依赖关系，指定 device[j-1] 的输出是 device[i] 的输入
        if j != 0:
            prev_stream = copy_streams[j-1][i]  # 拿到 src 设备的复制流，即得到上一个设备的复制流
            copy(batches[i], prev_stream, next_stream)  # 建立跨设备依赖关系，即把数据从前面流复制到后续流
```

wait()函数操作则是在 compute()函数中调用的，下面我们给出部分代码。

```
def compute(self, schedule: List[Tuple[int, int]],
            skip_trackers: List[SkipTrackerThroughPotals],
            in_queues: List[InQueue], out_queues: List[OutQueue],
            ) -> None:
    batches = self.batches
    partitions = self.partitions
    devices = self.devices
    copy_streams = self.copy_streams
    for i, j in schedule:
        batch = batches[i]
        partition = partitions[j]

        # 与复制的输入进行同步，对应了图 8-11 上的[1]
        if j != 0:
            wait(batch, copy_streams[j][i], streams[j])  # 此处保证了同步完成
```

5. 总结

GPipe 需要完成两种依赖：行间依赖和列间依赖，如图 9-6 所示。torchgpipe 通过下面的方式完成了行、列两方面的依赖。

- 行间依赖：用 Join 类和 Fork 类来保证，利用空张量完成了依赖关系的设定，确保 batches[i-1]在 batches[i]之后完成。PermuteBackward 协助完成了此依赖操作。
- 列间依赖：通过 Copy 和 Wait 两个派生的算子完成设备之间的依赖。

9.5 并行计算

本节介绍 torchgpipe 如何实现并行计算。

9.5.1 总体架构

我们先整体梳理一下 torchgpipe。

1. 使用

一个 Sequential 模型被 GPipe 封装之后会进行前向传播和反向传播。GPipe 类在前向传播过程中做了如下操作。

- 利用 scatter()函数把输入分发，就是把小批量分割为微批量，然后进行分发。
- 利用_ensure_copy_streams()函数针对每个设备生成新的 CUDA 流。
- 生成一个 Pipeline 类，并运行。

- 在运行结束之后，利用 gather()函数把微批量合并成一个小批量。

我们可以看到，每次迭代的前向操作都会生成一个 Pipeline 类进行操作。

2. Pipeline 类

Pipeline 类的 run()函数会按照时钟周期来启动计算，这样在前向传播中就按照此序列像水波纹一样扩散。fence()函数利用 depend()函数构建反向传播的依赖关系。具体训练通过 compute()函数完成。

worker 线程和主线程之间使用了 Python 的 Queue 数据结构进行交互。Queue 类实现了一个基本的先进先出（FIFO）容器，Queue 提供 put()函数将元素添加到序列尾端，提供 get()函数从队列尾部移除元素。这两个关键函数具体为：get([block, [timeout]])读队列，其中 timeout 为等待时间，如果队列满，则阻塞；put(item, [block, [timeout]]) 写队列，如果队列空，则阻塞。

在 9.2.2 节，我们梳理了 torchgpipe 流水线的基本业务逻辑。下面，我们从并发角度再总结一下业务逻辑。

① 系统调用 spawn_workers()函数生成若干 worker 线程。spawn_workers()函数为每个设备生成了一个线程，此线程的执行函数是 worker()。spawn_workers()函数内部会针对每一个设备生成两个队列 in_queue 和 out_queue，可保证每个设备是串行执行业务操作的。这些队列首先被添加到(in_queues, out_queues)中，然后 spawn_workers()函数把(in_queues, out_queues) 返回给 Pipeline 主线程，Pipeline 使用(in_queues, out_queues)作为各个 Task 之间传递信息的上下文。

② 在 Pipeline 主线程得到(in_queues, out_queues)之后，使用时钟周期算法生成一系列迭代，每个迭代是一个 schedule。

③ 对于每个 schedule，先调用 fence()函数复制流和设定依赖，然后调用 compute()函数进行训练，这就顺序启动了多个 compute()函数。

④ 在每个 compute()函数的执行中会遍历此 schedule，其中(*i*, *j*)运行一个 Task，即找到该设备对应的 in_queue，把 Task 插进去。

⑤ worker 线程阻塞在 in_queue 上，如果发现队列中有 Task，就读取 Task 并运行。虽然多个 compute()函数是顺序执行的，但是由于 compute()函数只是一个插入队列操作，所以可以立即返回。而多个 worker 线程分别阻塞在队列上，所以这些 worker 线程后续可以并行训练。

⑥ worker 线程把运行结果插入到 out_queue 中。

⑦ compute()函数会取出 out_queue 中的运行结果，并进行后续处理。

并行逻辑如图 9-17 所示。

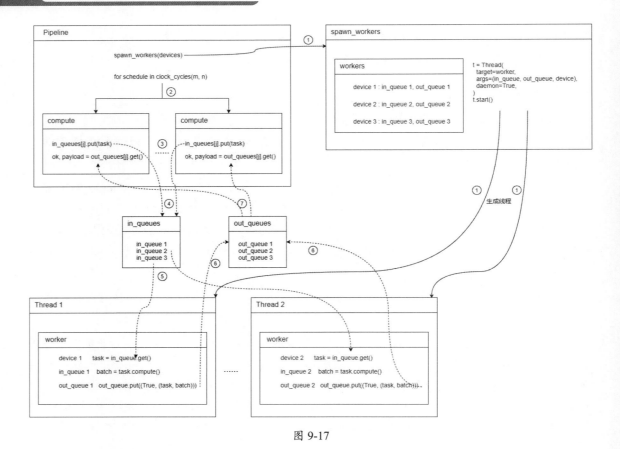

图 9-17

9.5.2 并行复制和计算

接下来我们分析并行复制和计算。并行的主要思路是：上一个批量数据的通信和下一个批量数据的计算，这两者之间没有数据依赖，可以并行操作，两者可耗时重叠、互相掩盖，并通过将通信（复制）算子和计算算子调度到不同的流上来实现并行发射、执行。

1. 思路

在 9.2.2 节，我们提到了 GPU 提供了并行操作功能（除非另有指定），PyTorch 将每个绑定到设备的核函数发布到默认流（Default Stream）。因为前向传播位于默认流中，所以要想并行处理"下一个批量数据的预读取（复制 CPU 到 GPU）"和"当前批量的前向传播"，就必须做到以下几点。

- CPU 上的批量数据必须是锁页内存。将数据锁在系统内存之中，可以避免在某些环境切换时，数据被交换到硬盘中。否则在执行 H2D 时，可能需要经历磁盘→内存→显存这一复制过程。在 GPU 上分配的内存默认都是锁页内存。
- 预读取操作必须在另一个流上进行。

torchgpipe 将每个复制核注册到非默认流中，同时将计算核保留在默认流中。这允许设备 j 在处理 $F_{i,j}$ 的同时，也会发送 x_{i-1}^j 到设备 $j+1$ 上和/或从设备 $j-1$ 接收 x_i^{j-1}。

此外，每个设备对每个微批量使用不同的流。由于不同的微批量之间没有真正的依赖关系，因此流的使用是安全的，可以尽可能快地进行复制，如图 9-18 所示。

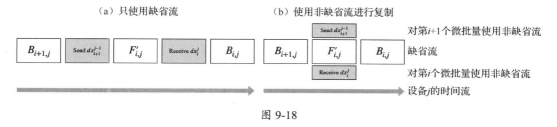

图 9-18

图片来源：论文 *torchgpipe: On-the-fly Pipeline Parallelism for Training Giant Models*

图 9-18 上箭头表示的是设备 j 的时间流，按照"是否使用非默认流进行复制"分成了（a）和（b）两部分。

- 图 9-18（a）"只使用缺省流"部分的意思是：仅使用默认流，复制核可能会阻塞计算核（反之亦然），直到复制全部完成。
- 图 9-18（b）"使用非缺省流进行复制"部分的意思是：使用复制流，计算可以与从其他设备发送或接收数据同时进行。

2. 复制

由上述分析可知，PyTorch 将通信算子调度到通信流（复制流），同时将计算算子调度到计算流，借此完成并行操作。接下来我们通过实例来分析如何并行操作以及流的使用。在 Pipeline 类的 run() 函数中，有如下代码保证并行操作。

```
def run(self) -> None:
    with spawn_workers(devices) as (in_queues, out_queues):
        for schedule in clock_cycles(m, n):
            self.fence(schedule, skip_trackers)
            self.compute(schedule, skip_trackers, in_queues, out_queues)
```

在每次计算之前，都会用 fence() 函数把数据从前一个设备复制到后一个设备。fence() 函数做了预先复制，其中会做如下操作：设定依赖关系；得到上一个和下一个设备的复制流；复制前面流到后续流。

我们以图 9-12 为例，重点是第 3 个时钟周期完成的任务。

第 2 个时钟周期完成了如下操作。

```
[(2, 1), (1, 2)]        # 第 2 轮 schedule & 数据
```

第 3 个时钟周期的 schedule 如下。

```
[(3, 1), (2, 2), (1, 3)] # 第 3 轮 schedule & 数据
```

就是对 schedule 的每个 i, j 分别复制 copy_streams[j-1][i] 到 copy_streams[j][i]。注意，在 _copy_streams[i][j] 中，i 表示 device 的序列，j 表示 batch 序列，这与 schedule 的 i, j 恰好相反。对于这个例子，在第 3 个时钟周期内的复制操作如下所示（此处 i 和 j 在循环和后续数组提取

的时候是相反的,恰好与 schedule 对应,于是负负得正,最终 i, j 可以对应上):

- 对于 (3, 1),此处是新数据进入了 cuda:0,不需要复制。
- 对于 (2, 2),复制(2,1) 到 (2,2)。
- 对于 (1, 3),复制(1,2) 到 (1,3)。

具体如图 9-19 所示,这几个复制可以并行操作,因为复制流不是运行计算的缺省流,所以也可以和计算并行。

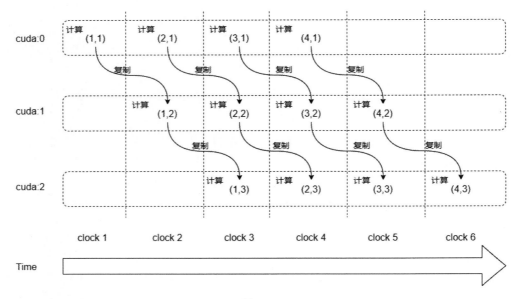

图 9-19

3. 计算

compute()函数进行了如下操作。

- 使用 wait(batch, copy_streams[j][i], streams[j])函数把输入从"复制流"同步到"计算流",此操作可以确保复制操作完成。
- 进行计算。
- 使用 wait(batch, streams[j], copy_streams[j][i])函数把计算结果从"计算流"同步到"复制流",此操作可以确保计算操作完成。

计算过程如图 9-18(b)所示。

9.5.3 重计算

接下来我们分析重计算,因为之前在第 8 章 GPipe 中我们介绍过重计算,所以分析过程相对简略,大家可以重点关注代码和论文之间的印证。

到目前为止,我们没有讨论在使用 Checkpointing 时,torchgipe 如何安排重计算任务 $F'_{i,j}$。

当使用 Checkpointing 时，$F'_{i,j}$ 必须在反向传播任务 $B_{i,j}$ 之前和完成 $B_{i+1,j}$ 之后被调度，这就要求必须在自动求导引擎和计算图中对该调度进行显式编码。PyTorch 通过检查点的内部自动求导方法来支持此功能。

PyTorch 中的检查点通过定义一个 torch.autograd.Function 类来实现，该函数在前向传播过程中像普通函数一样计算，不存储中间激活值，而存储输入。在反向传播中，该函数通过使用存储的输入重计算来构造反向传播的局部计算图，并通过在局部计算图中反向传播来计算梯度。

然而，这个检查点把 $F'_{i,j}$ 和 $B_{i,j}$ 紧密地结合在一起，因此 PyTorch 又做了进一步处理，这就对应了论文中的如下论述：我们希望在 $F'_{i,j}$ 和 $B_{i,j}$ 中间插入一些指令，从而实现一个等待操作，等待把数据 $B_{i,j+1}$ 的处理结果 dx_j^j 从设备 $j+1$ 复制到设备 j，这样可以允许 $F'_{i,j}$ 和复制同时发生。

对于这种细粒度的顺序控制，torchgpipe 把 Checkpointing 操作改为使用两个单独的 torch.autograd.Function 派生类 Checkpoint 类和 Recompute 类来实现。在任务 $F'_{i,j}$ 的执行时间内，生成具有共享内存的 Checkpoint 和 Recompute 实例。该共享内存在反向传播过程中被使用，用于将通过执行 Recompute 生成的本地计算图传输到 Checkpoint，并进行反向传播。

从 PyTorch 源码来看，Checkpoint 类和 Recompute 类（代码请参见 GPipe 章节相关部分）就是把普通模式下的 checkpoint()函数代码分离成两个阶段（forward()函数被分成两段，backward()函数也被分成两段），从而可以更好地利用流水线。

至此，PyTorch 流水线并行分析完毕。

第 10 章 PipeDream 之基础架构

GPipe 流水线存在两个问题：硬件利用率低、内存占用大。于是，微软 PipeDream 提出了改进方法：使用 1F1B（One Forward pass followed by One Backward pass）策略。这种策略可以解决激活缓存的数量问题，使激活的缓存数量只跟 stage 数量相关，从而进一步节省显存占用空间，可以训练更大的模型。

PipeDream 可以分为以下四个阶段。

- profile 阶段：通过对小批量数据进行 profile 来推理出模型训练时间。
- 计算分区（Compute Partition）阶段：依据 profile 结果使用动态规划算法把模型划分为不同的分区。即先依据 profile 结果来确定模型所有层的运行时间，然后进行优化，优化器返回一个带注释的算子图（Annotated Operator Graph），把每个层映射到一个 stage id 上。
- 模型转换（Convert Model）阶段：对算子图执行 BFS（广度优先搜索算法）遍历，为每个 stage 生成一段独立的 torch.nn.Module 代码。PipeDream 对每个 stage 中的算子进行排序，以确保它们保持与原始 PyTorch 模型图的输入/输出依赖关系一致。
- Runtime 阶段：当 PipeDream 执行时，根据 1F1B-RR（One-Forward-One-Backward-Round-Robin）策略将每个 stage 分配给单个工作进程。

本章就结合原始论文[①]对 PipeDream 这几个部分进行分析。

10.1 总体思路

本节会分析 PipeDream 总体思路、架构和 profile 部分。

10.1.1 目前问题

下面通过普通流水线和 GPipe 流水线来分析目前流水线并行面临的问题。

1. 普通流水线

DNN 模型组成的基本单位是层。在最简单的情况下，和传统的模型并行训练一样，系统中只有一个小批量是活动的。图 10-1 是一个计算时间线示例，该示例有四台机器和一个流水线，可以认为是一个最朴素的流水线。

- 在前向传播时，每个 stage 对本 stage 中层接收到的小批量执行前向传播，并将结果发送到下一个 stage。输出 stage 在完成自己的前向传播后会计算小批量的损失。

---

① 论文 *PipeDream: Generalized Pipeline Parallelism for DNN Training*。

- 在反向传播时，每个 stage 形成反向通道，逐一将损失传播到上一个 stage。Worker 之间只能同时处理一个小批量，系统中只有一个小批量是活动的，这极大地限制了硬件的利用率。
- 模型并行化需要由程序员决定怎样按照给定的硬件资源分割特定的模型，这在无形中加重了程序员的负担。

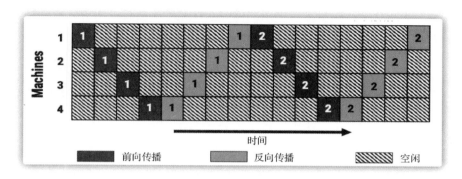

图 10-1

图片来源：论文 *PipeDream: Generalized Pipeline Parallelism for DNN Training*

2. GPipe 流水线

因为 PipeDream 是基于 GPipe 进行改进的，所以我们也要分析 GPipe 的问题所在。GPipe 的流水线并行训练如图 10-2 所示。

- 在朴素流水线（图 10-1）中，如果只有一个活动的小批量，那么系统在任何给定的时间点最多都只有一个 GPU 处于活动状态。由于我们希望所有 GPU 都处于活动状态，因此，GPipe 把输入数据小批量进行分片，分成 m 个微批量，逐一注入流水线中，从而通过流水线来增强模型并行训练。
- GPipe 使用现有的技术（如梯度累积）来优化内存效率，通过丢弃前向传播和反向传播之间的激活存储来降低内存，在反向传播需要激活时再重新计算它们。

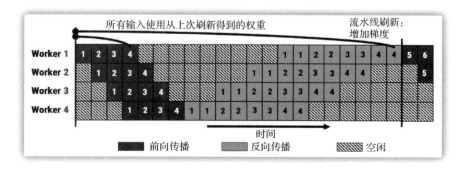

图 10-2

图片来源：论文 *PipeDream: Generalized Pipeline Parallelism for DNN Training*

GPipe 的流水线有几个问题：

- 过多流水线刷新会导致空闲时间的增加。如果 m 值很小，则 GPipe 可能会由于重新计算开销和频繁的流水线刷新而降低硬件工作效率，所以 m 值一般都设置得比较大。
- 需要缓存 m 份激活会导致内存增加。原因是 GPipe 在执行这 m 个前向计算之后才统一进行反向计算，每个微批量前向计算的中间激活都要被其反向计算所使用，即便使用了 Checkpointing 技术，每个微批量前向计算的激活也需要等到对应的反向计算完成之后才能释放。比如图 10-2 最下方一行的 Worker 4，其必须先整体进行前向计算（深色 1、2、3、4），再进行反向计算（浅色 1、1、2、2、3、3、4、4），所以必须缓存这 4 个微批量的中间变量和梯度。为了尽可能提高流水线并行度，通常 m 值都比较大，一般大于两倍的 stage 数量。即使只缓存少数张量，这种策略也依然需要较多显存。

10.1.2　1F1B 策略概述

PipeDream 针对上述问题提出了改进方法——1F1B 策略，即从 F-then-B 进化到 1F1B。PipeDream 是第一个以自动化和通用的方式将流水线并行、模型并行和数据并行结合起来的系统。PipeDream 使用模型并行对 DNN 进行划分，并将每层的子集分配给每个 Worker。与传统的模型并行不同，PipeDream 对小批量数据进行流水线处理，实现了潜在的流水线并行设计。不同的 Worker 处理不同的输入，从而保证了流水线的满负荷及并行 BSP。接下来基于微软公司的原始论文进行分析。

PipeDream 模型的基本单位是层，PipeDream 将 DNN 的这些层划分为多个 stage，每个 stage 由模型中的一组连续层组成。PipeDream 的主要并行方式就是把模型的不同层放到不同的 stage 上，把不同的 stage 部署在不同的机器上，然后顺序地进行前向和反向计算，形成一个流水线。每个 stage 对该 stage 中的所有层都执行前向和反向传播。PipeDream 将包含输入层的 stage 称为输入 stage，将包含输出层的 stage 称为输出 stage。但是每个 stage 可能有不同的副本，这就是数据并行。对于使用数据并行的 stage，PipeDream 采用 Round-Robin 方式将任务分配到各个设备上，因此需要保证同一个批量数据的前向和反向传播发生在同一台机器上。

由于前向计算的激活需要等到对应的反向计算完成后才能释放，因此在流水线并行下，如果想尽可能节省缓存激活的份数，就要尽量缩短每份激活保存的时间，也就是让每份激活都尽可能早地释放。要让每个微批量的数据尽可能早地完成反向计算，则需要把反向计算的优先级提高，让微批量标号小的反向计算比微批量标号大的前向计算先做。如果我们让最后一个 stage 在做完一次微批量的前向计算后，立马就做本微批量的反向计算，那么我们就能让其他 stage 尽可能早地开始反向计算，这就是 1F1B 策略。

1F1B 的调度模式会在每台 Worker 机器上交替进行微批量数据的前向和反向计算，同时确保这些微批量数据在反向传播时可以路由到前向传播的相同 Worker。这种方案可以使得每个 GPU 上都会有一个微批量的数据正在被处理，使所有 Worker 都保持忙碌，不会出现流水线暂停的情况，整个流水线处于均衡的状态；同时能确保以固定周期执行每个 stage 上的参数更新，有助于防止出现同时处理过多的微批量的情况，同时可确保模型收敛。

图 10-3 为实施了 1F1B 的流水线。Machine 1 先计算深色 1，然后把深色 1 发送给 Machine 2 继续计算；Machine 1 接着计算深色 2。Machine 1 和 Machine 2 之间只传送模型激活的一个子集，计算和通信可以并行。另外，1F1B 也会降低内存峰值。我们以图 10-3 中最后一行的 Machine 4 为例，在计算深色 2（Machine 4 上第 2 个微批量的前向计算）的时候，浅色 1（Machine 4 上第 1 个微批量的反向计算）已经计算结束，因此可以释放深色 1 的中间变量，从而其内存可以被复用。

对比图 10-2 和图 10-3 可以看出，GPipe 在每个 Worker 上进行连续的前向传播或者反向传播，最后才同步聚合多个微批量的梯度。PipeDream 则是在每个 Worker 上交替进行前向传播和反向传播。

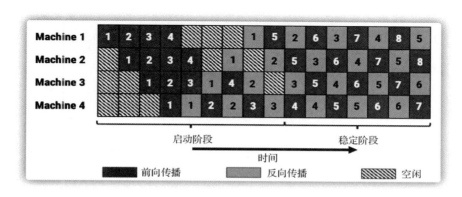

图 10-3

图片来源：论文 *PipeDream: Generalized Pipeline Parallelism for DNN Training*

10.1.3 流水线方案

1F1B 策略只是 PipeDream 流水线并行方案的一部分，PipeDream 的流水线并行是一种新的并行化策略，它将批内并行与批间并行结合起来。本小节我们就分析 PipeDream 面对的挑战及应对方法。

1. 挑战

PipeDream 的目标是以最小化总体训练时间的方式将流水线并行、模型并行和数据并行结合起来。然而，要使这种方法对大型 DNN 模型有效，获得流水线并行化训练的潜在收益，PipeDream 就必须克服几个主要挑战，具体如下。

- 如何高效划分流水线。PipeDream 需要将 DNN 模型高效正确地划分为若干 stage，每个 stage 被部署在不同的 Worker 上执行。如何划分流水线取决于模型体系结构和硬件部署。因为不好的划分方式可能会带来工作量大范围倾斜，导致 Worker 长时间闲置，所以需要依据一定原则（通信和资源利用率）来划分，分配算法必须考虑模型特质和硬件拓扑。比如，彼此有通信的层应该被分配到相邻的处理器；如果多个层操作同一数据结构，则它们应该被分配到同一个处理器上；彼此独立的层可以被映射到不同处理器上。机器间的过度通信会降低硬件效率，应在确保训练任务向前推进的同时，进行合理调度计算以最大化吞吐量。

- 如何防止流水线瓶颈。在稳定状态下，一个流水线的吞吐量由此流水线上最慢环节的吞吐量决定。如果各个环节的处理能力彼此差距很大，那么会导致流水线中出现空闲时间（气泡），使得处理最快的环节必须停下来等待其他环节，从而造成"饥饿"现象，导致资源利用率不高。因此需要确保流水线中所有 stage 都大致花费相同的计算时间，否则最慢的 stage 将会成为整个流水线的瓶颈。
- 如何在不同的输入数据之间做好调度工作以均衡流水线。与传统的单向流水线不同，DNN 模型训练是双向的：前向传播和反向传播以相反的顺序穿过相同层，因此如何协调流水线工作是一个问题。
- 面对流水线带来的异步性，如何确保训练有效。流水线带来的一个问题就是权重版本众多。在反向传播的时候如果使用比在前向传播时的更低版本权重来计算，则会造成训练模型质量降低。

2. 流水线划分算法

PipeDream 基于一个短期运行分析结果来自动划分 DNN 模型的层，即使用算法对不同 stage 之间的计算负载进行平衡，同时最小化通信。PipeDream 自动划分算法的总体目标是依据链路带宽、节点内存、节点算力和模型结构等限制在有效的并行搜索空间内建模，从而输出一个平衡的流水线，确保每个 stage 大致执行相同的工作量，同时也确保各 stage 之间通信的数据量尽可能小，以避免通信中断，具体算法如下。

- 将 DNN 模型的层划分为多个 stage，使每个 stage 以大致相同的速率完成，即花费大致相同的计算时间。
- 尝试以拓扑感知的方式尽量减少 Worker 之间的通信（如果可能，向更高带宽的链路发送较大的输出）。
- 由于并不总是能够把 DNN 模型在可用的 Worker 之间做平均分配，因此为了进一步改进负载平衡，PipeDream 允许复制一个 stage 到多个 Worker，在此 stage 上使用多个 Worker 进行数据并行。这样多个 Worker 就可以被分配到流水线的同一个 stage，并行处理一个批量的不同的小批量，提高处理效率。因为数据并行采用了 RR（Round-Robin）策略，所以这套策略也被称为 1F1B-RR。

此划分问题等价于最小化流水线的最慢 stage 所花费的时间，并且具有最优子问题属性：在给定 Worker 数量的前提下，吞吐量最大化的流水线由一系列子流水线构成，其中每一个子流水线针对较少的 Worker 数量来最大化自己的输出，因此 PipeDream 使用动态规划算法来寻找最优解。

3. profile

DNN 模型训练有一个特点：对于不同输入，DNN 模型的计算时间变化很小。PipeDream 充分利用了这一特点，通过对小批量数据进行 profile 来推理出 DNN 模型训练时间。给定一个具有 n 层和 m 台可用机器的 DNN 模型，PipeDream 首先在一台机器上分析模型，然后记录前向和反向传播过程所花费的计算时间、层输出的大小，以及每个层相关参数的大小，最后输出一个结果文件。

分区算法使用 profile 结果文件作为输入，而且还考虑了其他限制，如硬件拓扑、带宽、Worker 数量和计算设备的内存容量。分区算法将层分为多个 stage，确定每个 stage 的复制因子（Worker 数）及最小化模型的总训练时间。总体算法大致如图 10-4 所示。

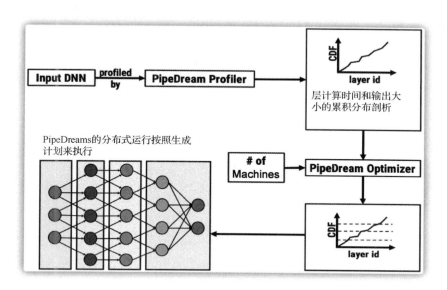

图 10-4

图片来源：论文 *PipeDream: Generalized Pipeline Parallelism for DNN Training*

10.2 profile 阶段

profile 是 PipeDream 工作的第一个阶段，是分区算法的基础。PipeDream 根据 profile 的结果对模型使用动态规划进行划分，将模型划分为不同的 stage，每个 stage 可能拥有若干副本。这是 PipeDream 针对 GPipe 的改进，两者先对每层的运行时间进行预估，然后对模型进行划分，但实现上略有不同，具体如下。

- GPipe（特指微软的原始版本）利用经验或者数学的方法，先在代码中对运行时间进行预估，然后进行流水线平衡。
- PipeDream 根据 profile 的结果对运行时间进行预估。

因为有实际数据作为支持，所以 PipeDream 更加准确和先进。

1. 思路

为了确定所有层的运行时间，PipeDream 在一台机器上使用 1000 个小批量数据对 DNN 模型进行短期（几分钟）运行来 profile。对于每一层的运行时间，我们可以通过公式"运行时间 = 计算时间 + 通信时间"来得到，具体如下。

- 计算时间就是每层前向和反向的计算时间，可以通过 profile 得出。

- 通信时间需要根据模型大小进行估算，PipeDream 估计通信所需的时间为需要传输的数据量除以通信链路上的带宽。

我们对通信时间再详细分析一下。在流水线上，大多数通信都有三个步骤：① 在发送端机器会把数据从 GPU 传输到 CPU；② 发送端机器通过网络把数据发给接收端机器；③ 在接收端机器会把数据从 CPU 移动到 GPU。

因为发送端机器通过网络把数据发给接收端机器是最耗时的，所以 PipeDream 细化此步骤，则得到如下计算时间的途径。

- PipeDream 基于激活值来估计从层 i 到层 $i+1$ 传输激活值的时间。
- 如果配置成了数据并行（对于层 i 使用 m 个 Worker 做数据并行），则 PipeDream 使用权重来估计权重同步的时间：如果使用分布式参数服务器，则需要同步的权重数量被预估为 $4\frac{m-1}{m}.|w_i|$；如果使用 All-Reduce，则每个 Worker 给其他 Worker 发送 $\frac{m-1}{m}.|w_i|$ 个字节，也接收到同样数量的字节。

综上所述，PipeDream 在 profile 中为每个层 i 记录三个数量，具体如下。

- T_i：层 i 在 GPU 上的前向和反向计算时间之和，即每层前向和反向的计算时间。
- a_i：层 i 输出激活的大小（以及在反向传播过程中输入梯度的大小），即每层输出的大小（以字节为单位）。
- w_i：层 i 权重参数的大小，即每层参数的大小（以字节为单位）。

2. 实现

不同模型或者不同领域有不同的 profile 文件。下面以 profiler/translation/train.py 为入口来分析 profile 如何实现。

下面给出一个训练过程如下，torchsummary 类的作用是计算网络的计算参数等信息。

```
class Seq2SeqTrainer:
    def feed_data(self, data_loader, training=True):
        # 样本集
        for i, (src, tgt) in enumerate(data_loader):
            break
        model_input = (src, src_length, tgt[:-1])
        # 使用 torchsummary 计算网络的计算参数等信息
        summary = torchsummary.summary(model=self.model,
module_whitelist=module_whitelist,
                                      model_input=model_input, verbose=True)

        for i, (src, tgt) in enumerate(data_loader):
            if training and i in eval_iters:
```

```
            # 训练模型
            self.model.train()
            self.preallocate(data_loader, training=True)

        # 从模型建立图
        if training:
            create_graph(self.model, module_whitelist, (src, tgt), summary,
                         os.path.join("profiles", self.arch))
```

create_graph()函数使用 torchgraph.GraphCreator 类创建一个图，此图可以被理解为是模型内部的 DAG 图，其中每个节点记录类似如下信息。

```
node10 -- Dropout(p=0.2) -- forward_compute_time=0.064,
backward_compute_time=0.128, activation_size=6291456.0, parameter_size=0.000
```

创建图的工作的主要逻辑是给模型的 forward()函数设置一个 Wrapper（封装器），并且遍历模型的子模块，为每个子模块设置此 Wrapper。这样在模型运行的时候可以通过此 Wrapper 跟踪模型之间的联系，比如 TensorWrapper 类就实现了 Wrapper 功能，TensorWrapper 类会利用之前 torchsummary.summary()函数得到的网络等信息，赋值到 graph_creator.summary 变量中，然后遍历 graph_creator.summary 来计算 forward_compute_time 等信息，最终根据这些信息构建了一个节点。

profile 完成之后，PipeDream 会调用 persist_graph()函数把 profile 结果输出到文件。下面以使用源码中（pipedream-pipedream/profiler/translation/profiles/gnmt/graph.txt）的结果为例，给大家展示一下。

```
node1 -- Input0 -- forward_compute_time=0.000, backward_compute_time=0.000,
activation_size=0.0, parameter_size=0.000
node4 -- Embedding(32320, 1024, padding_idx=0) -- forward_compute_time=0.073,
backward_compute_time=6.949, activation_size=6291456.0,
parameter_size=132382720.000
node5 -- EmuBidirLSTM(  (bidir): LSTM(1024, 1024, bidirectional=True)
(layer1): LSTM(1024, 1024)  (layer2): LSTM(1024, 1024)) --
forward_compute_time=5.247, backward_compute_time=0.016,
activation_size=12582912.0, parameter_size=67174400.000
......
    node1 -- node4
    node4 -- node5
    node2 -- node5
    node5 -- node6
    ......
```

至此，我们知道了 profile 阶段的工作：运行训练脚本，依据运行结果计算参数，建立一个模型内部的 DAG 图，把参数和 DAG 图持久化到文件中，后续阶段会使用此文件的内容继续展示。

10.3 计算分区阶段

本节介绍计算分区阶段,其功能是先依据 profile 结果确定所有层的运行时间,然后使用动态规划对模型进行划分,将模型被划分为不同的 stage,并得到每个 stage 的副本数。计算结果具体如图 10-5 所示,此处模型被划分为两个 stage,由 3 个 Worker 执行,其中 Worker 1 和 Worker 2 属于同一个 stage。

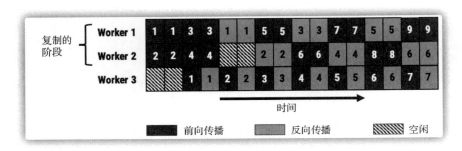

图 10-5

图片来源:论文 *PipeDream: Generalized Pipeline Parallelism for DNN Training*

下面先分析计算分区之前的准备工作:构建图和构建反链。

10.3.1 构建图

图主要数据结构有两个:Graph 和 Node。

1. Graph 和 Node

Graph 是图的数据结构,其主要成员包括:nodes(图内节点)、edges(图内每个节点的输出边)、in_edges(图内每个节点的输入边)、_predecessors(图内每个节点的前序节点)、_successors(图内每个节点的后序节点)、_antichain_dag(反链 DAG)。

Node 从 profile 获取到信息,比如 forward_compute_time(前向传播时间)、backward_compute_time(反向传播时间)、activation_size(激活值大小)、parameter_size(参数值大小)。

2. 构建图介绍

图依据 profile 文件的字符串来构建,具体是针对文件的每行进行不同处理,代码如下。

```
@staticmethod
def from_str(graph_str):
    gr = Graph()
    graph_str_lines = graph_str.strip().split('\n')
    for graph_str_line in graph_str_lines: # 逐行处理
        if not graph_str_line.startswith('\t'):
```

```python
            node = Node.from_str(graph_str_line.strip()) # 构建节点
            gr.nodes[node.node_id] = node
        else:
            # 构建边
            [in_node_id, node_id] = graph_str_line.strip().split(" -- ")
            if node_id not in gr.in_edges: # 每个节点的输入边
                gr.in_edges[node_id] = [gr.nodes[in_node_id]]
            else:
                gr.in_edges[node_id].append(gr.nodes[in_node_id])
            if in_node_id not in gr.edges: # 每个节点的输出边
                gr.edges[in_node_id] = [gr.nodes[node_id]]
            else:
                gr.edges[in_node_id].append(gr.nodes[node_id])
    return gr
```

3. 反链

在有向无环图中有如下概念。

- 链是一些点的集合，在链上的任意两个点 x、y 满足以下条件：x 能到达 y，或者 y 能到达 x，链也可以认为是某一个偏序集 S 的全序子集（所谓全序是指其中任意两个元素可以进行比较）。
- 反链也是一些点的集合，在反链上任意两个点 x、y 满足以下条件：x 不能到达 y，且 y 也不能到达 x，反链也可以认为是某一个偏序集 S 的子集（其中任意两个元素不可进行比较）。

在 PipeDream 的图数据结构中也有反链的概念。反链节点的定义如下。

```python
class AntichainNode(Node):
    def __init__(self, node_id, antichain, node_desc=""):
        self.antichain = antichain
        self.output_activation_size = 0.0
        super(AntichainNode, self).__init__(node_id, node_desc)
```

10.3.2 构建反链

PipeDream 包含两个反链概念：后续反链和增强反链。PipeDream 通过后续反链和增强反链可以构建出一个反链 DAG。寻找某个节点后续反链的目的是找到 DAG 中的下一个图分割点 A（可能是若干节点的组合），从而把图分成不同 stage，而为了确定 A 的运行时间（或者其他信息），我们又需要找到 A 的增强反链。下面逐一进行分析。

1. main() 函数

先从 main() 函数说起。main() 函数业务逻辑的第一部分是构建反链和拓扑排序，具体步骤如下。

- 从图中移除源节点，此步骤的目的是排除干扰，因为输入必然在第一层，没必要让优化器再来选择把输入放在哪里，所以先去除源节点，后续在转换模型时再加上。
- 对图的输出进行处理，移除没有用到的输出。
- 调用 gr.antichain_dag() 函数得到反链 DAG。
- 调用 antichain_gr.topological_sort() 函数对反链 DAG 进行拓扑排序，得到一个排序好的节点列表。

因为反链 DAG 涉及两种具体的反链概念，所以这里需要逐一进行分析。

2. 增强反链

下面分析增强反链的概念。每个节点的增强反链包括本节点和部分前序节点。选取前序节点算法是：获取本节点的全部前序节点列表；如果一个前序节点的出边目的节点不在全部前序节点列表中，且出边目的节点不为本节点，则选取此前序节点为增强反链的一部分。

从图 10-6 可以看出，节点 A 的前序节点中有一个分叉节点 Z，在此分叉节点中有一个分叉绕过了节点 A，则节点 A 的增强反链就是[A, Z]。

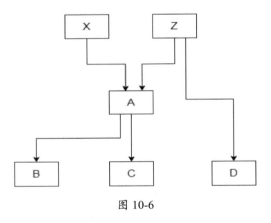

图 10-6

对于增强反链的概念可以理解为：只有将节点 A 与节点 Z 一起进行考虑，才能唯一确定自己节点的运行时间。节点 A 运行时间的计算思路如下。

- 因为各个 stage 都可以流水线并行，所以 A 的运行时间应该是以下三个时间的最大值：A 的计算时间、A 的输入时间、A 的输出时间。
- A 的输入时间是以下两个时间的最大值：X→A 节点输出时间、Z→A 节点输出时间。
- 因为不清楚 Z 的内部运行机制，所以不能确定 Z 的两个输出之间是否有依赖关系，因此，需要把[A, Z]放在一起考虑。

事实上 PipeDream 就是这么处理的：用[A, Z]作为一个状态来统一计算。给节点 A 计算输出激活值大小就是通过遍历其反链（增强反链）来计算的，即把增强反链上的前序节点给节点 A 的输出叠加起来作为激活值。

增强反链的实现位于 augment_antichain()函数中，augment_antichain()会对函数输入中的每个节点找到其增强反链，放入_augmented_antichains 中。_augmented_antichains 变量是增强反链组合，也是一个字典类，key 值是节点名称，value 值是 key 节点的增强反链。augment_antichain()函数代码如下。

```
def augment_antichain(self, antichain):
    # 参数 antichain 是一个节点列表
    antichain_key = tuple(sorted(antichain))
    # 如果 key 已经在增强反链中，就直接返回对应 key 的增强反链
    if antichain_key in self._augmented_antichains:
        return self._augmented_antichains[antichain_key]
    extra_nodes = set()
    all_predecessors = set()
    # 遍历参数 list 中的反链节点，获取每个节点的前序节点，归并在 all_predecessors 中
    for antichain_node in antichain:
        predecessors = self.predecessors(antichain_node)
        all_predecessors = all_predecessors.union(predecessors)
    # 遍历参数 list 中的反链节点
    for antichain_node in antichain:
        # 获取每个反链节点的前序节点列表
        predecessors = self.predecessors(antichain_node)
        # 遍历每个前序节点
        for predecessor in predecessors:
            # 看每个前序节点的出边是否在前序节点列表中，且出边节点是否等于本反链节点
            for out_node in self.edges[predecessor.node_id]:
                if out_node not in predecessors and out_node.node_id != antichain_node:
                    # 把这个前序节点插入附加节点列表中
                    extra_nodes.add(predecessor.node_id)
    # 最终把附加节点列表插入增强节点中
    self._augmented_antichains[antichain_key] = list(extra_nodes) + antichain
    return self._augmented_antichains[antichain_key]
```

从图 10-7 可以看出，因为有 node 8 的出边[node 8, node 14]存在，所以对于 node 10、node 11、node 12，它们必须把 node 8 加入自己的增强反链中。对于 node 10，它必须在结合 node 8 之后才能确定自己的运行时间，即 node 10 的增强反链是[node 8, node 10]。图 10-7 中也用"augmented"标记出了 node 10 的 augmented 反链（本身节点 + 部分前序节点）。

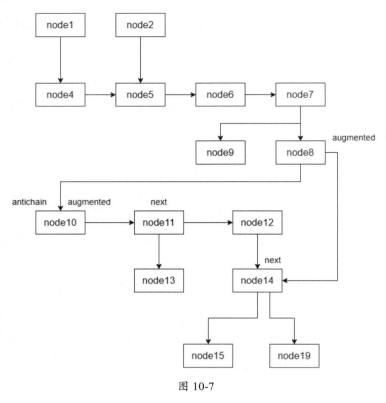

图 10-7

3. 后续反链

后续反链可以在 next_antichains()函数中实现，该函数对函数输入中的每个节点都找到其后续反链，并放入_next_antichains 中。_next_antichains 变量是一个字典类，key 值是节点名称，value 值是 key 节点的后续反链。寻找后续反链的目的是找到下一个图分割点。

```
def next_antichains(self, antichain):
    # 构建 antichain 的反链 key, 其实就是 antichain 自己作为 key
    antichain_key = tuple(sorted(antichain))
    # 如果 key 已经在后续反链之中，则返回这个后续反链
    if antichain_key in self._next_antichains:
        return self._next_antichains[antichain_key]

    next_antichains = []
    antichain_set = set(antichain)
    # 获取 antichain 的增强反链
    augmented_antichain = self.augment_antichain(antichain)
    # 遍历增强反链
    for augmented_antichain_node in augmented_antichain:
        # 遍历增强反链某节点的出边
        next_nodes = self.edges[augmented_antichain_node] if augmented_antichain_node in self.edges else []
        # 遍历增强反链某节点的出边
        for next_node in next_nodes:
            # 如果出边节点已经在反链集合中，则跳过，并进入下一循环
```

```python
        if next_node.node_id in antichain_set:
            continue
        # 如果出边节点是后续反链，则加入反链列表中
        if self.is_next_antichain(augmented_antichain, next_node.node_id):
            next_antichain = self.construct_antichain(augmented_antichain,
                                                     augmented_antichain_node,
                                                     next_node.node_id)
            next_antichains.append(next_antichain)
    # 最终把反链列表设置为 key 对应的反链
    self._next_antichains[antichain_key] = next_antichains
    return self._next_antichains[antichain_key]
```

next_antichains()用到的 is_next_antichain()函数代码如下。

```python
def is_next_antichain(self, augmented_antichain, new_node):
    successors = self.successors(new_node)
    augmented_antichain_set = set(augmented_antichain)
    for successor in successors:
        if successor.node_id in augmented_antichain_set:
            return False
    return True
```

_next_antichains 变量举例如下，大家可以结合之前的增强反链进行对比分析。

- 以 node 10 为例，其增强节点为[node 8, node 10]。
- 遍历这些增强节点找出每一个增强节点的出边，比如 8 的出边是[node 10, node 14]。
- 目前有三个节点 node 10、node 11、node 14 可以继续处理，因为 node 10 已经在[node 8，node 10]中，所以不再考虑 node 10。
- 用 node 14 调用 is_next_antichain()函数来判断 node 14 是否为后续反链。在 is_next_antichain()函数中，augmented_antichain 变量为 [node 8, node 10]，new_node 变量为 node 14，得到变量 successors 集合为[node31, node16, node23, node44, node48, …]，共计 22 个节点，因为这些节点都不在 [node 8, node 10]中，所以 is_next_antichain()函数返回为 True，node 14 是后续反链节点之一。
- 用 node 11 调用 is_next_antichain()函数。在 is_next_antichain()函数中，augmented_antichain 变量为[node 8, node 10]，new_node 变量是 node 11，得到变量 successors 集合为[node16, node40, node23, …]，因为这些节点都不在[node 8, node 10]中，所以 is_next_antichain()函数的返回为 True，node 11 是后续反链节点之一。

最后得到 node 10 的后续反链是 [['node11'], ['node14']]，具体如图 10-7 所示。在图上用"Next"来标识 node 11 和 node 14，在这两个节点上可以对图进行分割。

4. 总体构建

分析完两种反链概念，下面再返回来分析如何构建 DAG 反链。antichain_dag()函数的目的是依据增强反链列表和后续反链列表构建一个反链 DAG。antichain_dag()函数的具体代码如下，接下来以 node 8 为例来对图 10-7 进行讲解。

```python
def antichain_dag(self):
    if self._antichain_dag is not None:
        return self._antichain_dag

    antichain_dag = Graph()
    antichain_id = 0
    antichain = [self.sources()[0].node_id] # 获取 source 的第一个节点
    # 构建首节点，同时利用 augment_antichain()往_augmented_antichains 中添加首节点
    source_node = AntichainNode("antichain_%d" % antichain_id,
self.augment_antichain(antichain))
    antichain_dag.source = source_node
    antichain_queue = [antichain] # 把第一个节点插入队列
    antichain_mapping = {tuple(sorted(antichain)): source_node}

    # 假设队列中还有节点
    while len(antichain_queue) > 0:
        antichain = antichain_queue.pop(0) # 弹出第一个节点，赋值为 antichain, 此处为 node 8
        # key 由 antichain 节点名字构建，比如 antichain_key = {tuple: 1} node8
        antichain_key = tuple(sorted(antichain))
        # 如果 antichain_key 已经位于 self._next_antichains 中，即 antichain_key 的后续反链已经被记录，就跳过
        if antichain_key in self._next_antichains:
            continue
        # 获取 antichain 的后续反链，对于 node 8, 此处是[[10],[14]]
        next_antichains = self.next_antichains(antichain)
        # 遍历后续反链[10,14]
        for next_antichain in next_antichains:
            # 假设下一个反链节点的 key 为 10
            next_antichain_key = tuple(sorted(next_antichain))
            if next_antichain_key not in antichain_mapping: # 如果存在，就跳过
                antichain_id += 1
                # 下一个反链节点的 value 被设置为 node 10 的增强节点 [ 8, 10 ]
                next_antichain_node = AntichainNode("antichain_%d" %
antichain_id, self.augment_antichain(next_antichain))
                # 设置 antichain_mapping
                antichain_mapping[next_antichain_key] = next_antichain_node
            # 向反链 DAG 插入边
            antichain_dag.add_edge(antichain_mapping[antichain_key],
                                   antichain_mapping[next_antichain_key])
            # 把最新反链节点插入队列，供下次迭代使用
            antichain_queue.append(next_antichain)
```

```
    self._antichain_dag = antichain_dag
    return antichain_dag
```

antichain_dag()函数的主要作用是设置变量 antichain_mapping，具体流程如下。

- 从变量 antichain_queue 中弹出第一个节点，赋值为变量 antichain，此处为 node 8。
- 获取变量 antichain 的后续反链。node 8 的后续反链是[[node 10],[node 14]]。
- 遍历后续反链[node 10, node 14]。以 node 10 为例，设置 antichain_mapping 的下一个反链节点的 key 值为 10。下一个反链节点的 value 值被设置为 node 10 的增强节点[node 8, node 10]。

可以看到，寻找某节点的后续反链的目的是找到下一个图分割点 A，为了确定 A 的运行时间（或者其他信息），需要找到 A 的增强反链（一些增强反链就是一些状态），antichain_mapping 变量就是 A 的增强反链。

在得到反链之后，需要进行拓扑排序才能使用如下代码。

```
antichain_gr = gr.antichain_dag()
states = antichain_gr.topological_sort()
```

拓扑排序的目的是，按照拓扑序列的顶点次序，在到达某节点之前，可以保证它的所有前序活动都已经完成，使整个工程可以顺序执行，而不发生冲突。PipeDream 使用深度优化排序算法进行的拓扑排序。

5. 小结

因为目前的算法比较复杂，所以这里总结一下到目前为止的工作。

- 计算出每个节点的增强反链，得到增强反链组合_augmented_antichains 变量。
- 计算出每个节点的后续反链，寻找某个节点后续反链的目的是找到下一个图分割点 A。为了确定 A 的运行时间（或者其他信息），需要找到 A 的增强反链（一些增强反链就是一些状态）。_next_antichains 变量是后续反链组合。
- antichain_dag()函数会依据 _next_antichains 和 _augmented_antichains 变量进行处理，构建一个反链 DAG，即变量 antichain_dag。
- 在得到反链 DAG 之后，需要进行拓扑排序后才能使用。拓扑排序的目的是：如果按照拓扑序列的顶点次序排序，那么整个工程可以顺序执行。
- states 变量是对反链 DAG 进行拓扑排序后的结果，按照此顺序进行训练是符合逻辑的，后续工作在 states 变量的基础上进行。

10.3.3 计算分区

至此，图已经依据后续反链被分割成若干状态（states），每个状态很重要的一个属性是其增强反链。自动分区算法具体分为以下两部分。

- compute_partitioning()函数使用动态规划算法让这些状态得出一个最优化结果，但是没有做具体分区。

- analyze_partitioning()函数利用最优化结果做具体分区,排序后得到一个偏序结果。

下面逐一分析。

1. main()函数

main()函数代码中与计算分区相关的逻辑如下。

- 为每个状态设置序号。
- 通过遍历每个状态的增强反链给每个状态计算输出激活值,激活值就是该状态必要前序节点给自己的输出。
- 依据前序节点计算出每个状态的关键信息,比如计算时间、激活值、参数值等。
- 得到总体输出值 output_activation_sizes 和所有前序节点 id,后面在计算分区时需要用到这两者。
- 依据 profile 估计出系统内部的计算时间 compute_times_row,即 i 节点到后续节点($i+1$, $i+2$,…)的计算时间。
- 依据 profile 估计出系统内部的激活值和参数值,计算逻辑与上面类似。
- 遍历机器集和网络带宽组合。依据目前的信息、机器数量、网络带宽等使用动态规划算法计算分区。如果机器集和网络带宽组合有两个,则会用每个组合进行一次动态规划算法,最后调用 all_As.append(A)函数得到两个动态规划的结果,该结果是考虑到各种必要因素之后的最优结果。

最后得到的 compute_times 变量是一个计算时间的二维数组,也可以认为是矩阵,具体举例如下。

```
[w12,w13,w14,w15],  // 第一个节点到后续节点的计算时间
[None,w23,w24,w25],  // 第二个节点到后续节点的计算时间
[None,None, w34, w35],  // 第三个节点到后续节点的计算时间
[None,None, None, w45],  // 第四个节点到后续节点的计算时间
```

activation_sizes 变量和 parameter_sizes 变量与 compute_times 变量的结构类似。

2. 动态规划

main()函数使用了动态规划算法进行计算分区,接下来进行具体分析。

(1)总体思路

分割算法的目的是减少模型的整体训练时间。对于流水线系统,此问题等价于最小化流水线最慢 stage 所花费的时间。该问题具有最优化子问题性质,在给定机器数量的情况下,使吞吐量最大化的流水线由子流水线组成,这些子流水线各自做到吞吐量最大化。因此,我们可以用动态规划来寻找此问题的最优解。分区算法依据 profile 步骤的输出做如下操作:将层划分为多个 stage;计算出每个 stage 的复制因子;计算出保持训练流水线繁忙的最佳动态小

批量数。

PipeDream 的优化器假设机器拓扑是分层的，并且可以被组织成多个级别，如图 10-8 所示。同一个级别内的带宽是相同的，而跨级别的带宽是不同的。假设 k 级由 m_k 个 k-1 层组件构成，这些组件通过带宽为 B_k 的链路连接。在图 10-8 中，$m_2 = 2$、$m_1 = 4$。此外，我们定义 m_0 为 1，即 4 个 m_0 构成一个 m_1，2 个 m_1 构成一个 m_2。在图 10-8 中，层 0 为深色实线矩形，代表最低层的计算设备，比如 GPU，4 个 GPU 构成了一个层 1（虚线矩形，代表一个服务器），2 个层 1 构成了一个层 2（就是图 10-8 中的全部模块）。

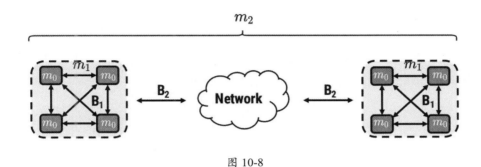

图 10-8

图片来源：论文 *PipeDream: Generalized Pipeline Parallelism for DNN Training*

PipeDream 的优化器从最低层到最高层逐步解决动态规划问题。直观地说，此过程先在服务器中找到最佳分区，然后使用这些分区在服务器之间最优地分割模型。

（2）具体分析

接下来分析动态规划的具体逻辑。

首先要考虑代价模型。这里针对每个 stage，都使用 stage 的计算时间和通信时间之和来作为该 stage 贡献的执行时间。计算图的整体执行时间为其所有子 stage 的执行时间总和。

其次，让 $A(i \rightarrow j, m)$ 表示最佳流水线中最慢 stage 所用的时间，该 stage 包含层 i 到层 j，并且在 m 台机器上数据并行。让 $T(i \rightarrow j, m)$ 表示一个 stage 所需要的时间，该 stage 包含层 i 到层 j，并且在 m 台机器上数据并行。我们的目标是找到 $A(N,M)$ 和相应的划分。

当最佳流水线包含多个 stage 时，它可以被分解成一个最优的子流水线（从 i 层到 s 层，由 $m - m'$ 个机器组成）和后续的一个单独 stage。因此，利用最优子问题的性质可以得到如下公式，即计算包含多个 stage 的最佳流水线。

$$T(i \rightarrow j, m) = \frac{1}{m} \max \begin{cases} A^{k-1}(i \rightarrow j, m_{k-1}) & ① \\ \dfrac{2(m-1)\sum_{l=i}^{j}|w_l|}{B_k} & ② \end{cases}$$

$$A^k(i \rightarrow j, m) = \min_{i \leq s < j} \min_{1 \leq m' < m} \max \begin{cases} A^k(i \rightarrow s, m - m') & ① \\ 2a_s / B_k & ② \\ T^k(s+1 \rightarrow j, m') & ③ \end{cases}$$

在 T 相关公式之中，max 的意义具体如下。

- 第①项是在此 stage 中所有层的总计算时间。
- 第②项是此 stage 中所有层的总通信时间。
- 因为计算和通信可以重叠，所以不需要相加，直接取最大数值即可。

在 A 相关公式之中，max 的意义具体如下。

- 第①项是第 i 层和第 s 层之间的最优子流水线（由 $m - m'$ 个机器组成）中，最慢 stage 所用的时间。
- 第②项是在层 s 和层 $s + 1$ 之间传递激活和梯度所用的时间，B 表示带宽。
- 第③项是最后单个 stage 的时间（包含 $s+1$ 层到 j 层，由 m' 个数据并行的机器组成）。

下面具体分析如何计算，假设一个图逻辑如图 10-9 所示。

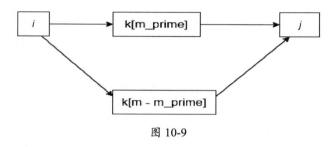

图 10-9

上述算法的逻辑是：由于传输和计算是可以重叠的，因此可以在 A [i] [k] [m-m_prime] [0]，last_stage_time，output_transfer_time，input_transfer_time 这几项之中选一个最大的数值。具体解释如下。

- A [i] [k] [m-m_prime] [0]：i 到 k 之间的计算时间，是已经计算好的子问题。
- last_stage_time：last_stage_time 是 "k 到 j 的计算时间" +通信时间。其中，compute_times[k + 1] [j] 是 k 到 j 的计算时间，compute_times[k + 1] 对应了 k 的输出。通信时间依据 k 到 j 的下一个 stage 参数值（parameter_sizes[k + 1] [j]）计算得出，即 last_stage_time = compute_times[k + 1][j] + (parameter_sizes[k + 1] [j])。
- input_transfer_time：使用 k 的输出激活值计算出来的通信时间（就是 j 的输入）。
- output_transfer_time：使用 j 的输出激活值计算出来的通信时间。
- 结合 input_transfer_time 和 output_transfer_time 可以知道，数据并行通信时间是依据通信量（参数尺寸）、带宽、下一个 stage 机器数量计算出来的。

最后得到的 A 就是动态规划优化的结果，其中每一个元素 A[i][j][m]是一个三元组（min_pipeline_time, optimal_split, optimal_num_machines）。三元组中的这三个项的含义是（最小流水线时间，i 到 j 之间的最佳分割点，最优机器数目），A[i][j][m]表示节点 i 到节点 j 之间的计算结果，大致阶段如图 10-10 所示。

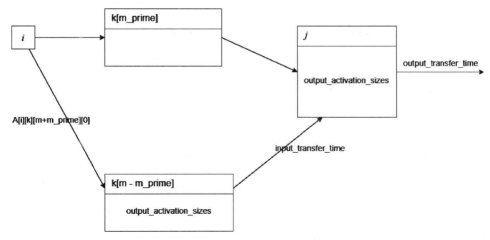

图 10-10

算法的具体代码如下。

```python
def compute_partitioning(compute_times, activation_sizes, parameter_sizes,
                output_activation_sizes, all_predecessor_ids,
                num_machines, num_machines_within_machine,
                bandwidth, final_level=True):
    # 初始化
    A = []
    for i in range(len(compute_times)): # 遍历所有节点
        row_A = []
        for j in range(len(compute_times[0])): # 所有后续节点（即第一个节点的所有后续节点）
            row_row_A = []
            for m in range(num_machines): # 机器数目
                row_row_A.append((None, None, None))
            row_A.append(row_row_A)
        A.append(row_A)

    # 得到计算时间
    for i in range(len(compute_times)): # 遍历所有节点
        for j in range(i, len(compute_times[0])): # 所有后续节点
            cum_compute_time = compute_times[i][j] # i --> j 的计算时间
            cum_activation_size = activation_sizes[i][j] # i --> j 的激活大小
            cum_parameter_size = parameter_sizes[i][j] # i --> j 的参数大小
            max_m = 1 if straight_pipeline else num_machines # 线性还是并行流水线
            for m in range(max_m): # 遍历流水线下一个 stage 的机器
                # 存储的数据大小
                stashed_data_size = math.ceil((num_machines - (m+1)) / (m+1)) * \
                                    (cum_activation_size + cum_parameter_size)
```

```python
            # memory_size 是用户传进来的参数,为每个机器的有效内存
            # use_memory_constraint 也是用户传进来的参数,为使用的内存限制
            if use_memory_constraint and stashed_data_size > memory_size:
                continue
            # 数据并行通信时间依据参数尺寸、带宽,以及下一个 stage 机器数量来计算
            data_parallel_communication_time = (4 * m * cum_parameter_size) / (bandwidth * (m+1))
            # 除以本 stage 机器数量,如果本 stage 机器数量多,就分开计算
            data_parallel_communication_time /= num_machines_within_machine

            if cum_compute_time is None:
                # 因为需要计算下一个 stage 中每个机器的计算时间,所以还要除以(m+1)
                A[i][j][m] = (None, None, None)  # 直接赋值
            else:
                # 三元组,分别是[(计算时间 + 通信时间),None,(m+1)],对应的意义是
# min_pipeline_time、optimal_split、optimal_num_machines
                A[i][j][m] = (sum([cum_compute_time,
                                   data_parallel_communication_time]) / (m+1),
None, (m+1))

    # 需要得到最小计算时间
    min_machines = 1
    max_i = len(compute_times) if not final_level else 1
    for i in range(max_i):  # 遍历节点
        for m in range(min_machines, num_machines):  # 遍历下一个 stage 机器的可能选择
            for j in range(i+1, len(compute_times[0])):  # 遍历 i 的后续节点
                (min_pipeline_time, optimal_split, optimal_num_machines) = A[i][j][m]
                if use_fewer_machines and m > 0 and (  # 如果设置了用尽量少的机器,并
# 且为小于 min_pipeline_time,就设置新的 min_pipeline_time
                    min_pipeline_time is None or A[i][j][m-1][0] < min_pipeline_time):
                    (min_pipeline_time, optimal_split, optimal_num_machines) = A[i][j][m-1]
                # 遍历 j 节点的前序机器 k,注意,j 是 i 的后续节点之一
                # 就是在 i --> k --> j 之间找到一个计算时间最小的,其中
# A[i][k][m-m_prime][0]已经是一个最优子问题
                for k in all_predecessor_ids[j]:
                    # 如果 k 已经在之前计算过了,就跳过
                    if i > 0 and k in all_predecessor_ids[i-1]:
                        continue
                    # 设置质数
                    max_m_prime = 2 if straight_pipeline else (m+1)
                    for m_prime in range(1, max_m_prime):  # prime 用来处理分割
```

```python
                    # 输入通信时间 input_transfer_time，使用 k 的输出激活尺寸计算
                    input_transfer_time = (2.0 * output_activation_sizes[k]) / \
                        (bandwidth * m_prime)
                    # 输出通信时间 output_transfer_time，使用 j 的输出激活尺寸计算
                    output_transfer_time = None
                    if j < len(output_activation_sizes) -1:
                        output_transfer_time = (2.0 *
                            output_activation_sizes[j]) / (bandwidth * m_prime)
                    # last_stage_time 设置为 k 到 j 的计算时间,
compute_times[k+1][i] 对应 k 的输出
                    last_stage_time = compute_times[k+1][j]
                    if last_stage_time is None:
                        continue
                    # 设置为 k 到 j 的下一个 stage 参数尺寸
                    last_stage_parameter_size = parameter_sizes[k+1][j]
                    # 设置为 k 到 j 的存储数据尺寸
                    stashed_data_size = (activation_sizes[k+1][j]) +
last_stage_parameter_size
                    # 依据机器数据计算
                    stashed_data_size *= math.ceil((num_machines - (m+1)) /
m_prime)
                    # 超过机器内存就跳过
                    if use_memory_constraint and stashed_data_size >
memory_size:
                        continue
                    # last_stage_time 目前是计算时间，还需要加上通信时间，所以
last_stage_time 是 k 到 j 的计算时间 + 通信时间
                    last_stage_time = sum([last_stage_time,
                                          ((4 * (m_prime - 1) *
                                          last_stage_parameter_size) /
(bandwidth * m_prime))])
                    last_stage_time /= m_prime

                    # 如果从 i 到 k 没有边，则跳过
                    if A[i][k][m-m_prime][0] is None:
                        continue
                    # 如果 i 到 k 已经有计算时间，则选一个较大的
                    pipeline_time = max(A[i][k][m-m_prime][0],
last_stage_time)
                    if activation_compression_ratio is not None: # 如果压缩
                        # 则在 A[i][k][m-m_prime][0], last_stage_time,
output_transfer_time, input_transfer_time 之中选一个最大的
                        input_transfer_time /= activation_compression_ratio
                        # output_transfer_time 也压缩
```

```
                            if output_transfer_time is not None:
                                output_transfer_time /=
activation_compression_ratio
                            # 选一个大的
                            pipeline_time = max(pipeline_time,
input_transfer_time)
                            if output_transfer_time is not None:
                                pipeline_time = max(pipeline_time,
output_transfer_time)

                            # 如果比 min_pipeline_time 小,则设定 min_pipeline_time,为下一
次循环做准备
                            if min_pipeline_time is None or min_pipeline_time >
pipeline_time:
                                optimal_split = (k, m-m_prime) # 选一个优化分割点
                                optimal_num_machines = m_prime
                                min_pipeline_time = pipeline_time
                # 设置
                A[i][j][m] = (min_pipeline_time, optimal_split,
optimal_num_machines)

    return A
```

其中,all_As 就是动态规划的结果。

10.3.4 分析分区

接下来介绍 main() 函数分析阶段的逻辑。前面计算分区只是得到了一个动态规划优化结果,需要在 analyze_partitioning() 函数中进行分析划分之后,再赋予各个 stage。main() 函数与计算分区相关的变量和逻辑如下。

- states 变量是反链 DAG 的结果;all_As 变量是动态规划得到的优化结果,可能有多个。
- splits 变量初始化时只包含一个二元组元素:最初的划分(0, len(states))。
- 遍历 all_As 变量中的动态优化结果,对每个动态优化结果遍历其各个逻辑关系,调用 analyze_partitioning() 函数对分区进行分析。该函数会对 splits 变量进行分割、遍历,对 splits 变量进行逐步更新(对分割点逐步、逐阶段地细化)。analyze_partitioning() 函数最终返回一个 partial_splits 变量,这是一个理想分割序列。
- 目前,我们得到了一个理想的分割序列,但是事情并没有结束,我们回忆一下分区算法的目的:先依据 profile 结果确定所有层的运行时间,然后使用动态规划对模型进行划分,将模型划分为不同的 stage 并得到每个 stage 的副本数。分析的最终目的是给模型的每一个子层分配一个 stage,如果某些子层属于同一个 stage,那么这些子层最终会被分配到同一个 Worker 上执行。于是接下来的操作就是遍历 partial_splits 变量,对于每一个分割点,获取其增强反链(states)的所有前序节点,给这些节点打上 stage_id。

此处是从前往后遍历，所以 stage_id 数值逐步增加。
- 把图写到文件中，后续 convert_graph_to_model.py 会把此文件转换成模型。
- 做分析对比。

最后，我们总结一下计算分区和分析分区所做的工作。

- 反链 DAG 图已经被分割成若干 states，每个状态很重要的一个属性是增强反链。states 就是对增强反链进行拓扑排序之后的结果，按照此顺序进行训练是符合逻辑的。
- compute_partitioning() 函数使用动态规划算法让这些 states 得出一个最优化结果，但是此计算分区只是得到了一个动态规划优化结果，需要在 analyze_partitioning() 函数中进行分析划分后，再赋予各个 stage。
- analyze_partitioning() 函数利用动态规划算法的最优化结果做具体分区，排序后得到了一个偏序结果，就是理想分割序列。
- 依据 analyze_partitioning() 函数的结果，给模型的每一个子层分配一个 stage，如果某些子层属于同一个 stage，那么这些子层最终会被分配到同一个 Worker 节点上执行。

analyze_partitioning() 函数代码如下。

```
def analyze_partitioning(A, states, start, end, network_bandwidth,
num_machines,
                        activation_compression_ratio, print_configuration,
verbose):
    # start 和 end 分别是本组节点的起始点和终止点
    metadata = A[start][end-1][num_machines-1] # 这是一个三元组
(min_pipeline_time, optimal_split, optimal_num_machines)
    next_split = metadata[1] # metadata[1] 是 optimal_split, 即 (k, m-m_prime)
    remaining_machines_left = num_machines
    splits = []
    replication_factors = []
    prev_split = end - 1 # 前一个分割点

    while next_split is not None: #是否继续分割
        num_machines_used = metadata[2] # optimal_num_machines
        splits.append(next_split[0]+1) # 得到了 k + 1, 这是关键点, 因为最后返回的是 splits
        compute_time = states[prev_split-1].compute_time - \
            states[next_split[0]].compute_time
        parameter_size = states[prev_split-1].parameter_size - \
            states[next_split[0]].parameter_size

        dp_communication_time = (4 * (num_machines_used - 1) * parameter_size) \
            / (network_bandwidth * num_machines_used)
```

```python
            pp_communication_time_input = (  # 下一个 stage 的数据输入时间
                2.0 * states[next_split[0]].output_activation_size *
                (1.0 / float(num_machines_used))) / network_bandwidth
            pp_communication_time_output = (  # 上一个 stage 的数据输出时间
                2.0 * states[prev_split-1].output_activation_size *
                (1.0 / float(num_machines_used))) / network_bandwidth
            # 如果需要压缩，就进行压缩
            if activation_compression_ratio is not None:
                pp_communication_time_input /= activation_compression_ratio
                pp_communication_time_output /= activation_compression_ratio
            if activation_compression_ratio is None:
                pp_communication_time_input = 0.0
                pp_communication_time_output = 0.0

            compute_time /= num_machines_used  # 本 stage 计算时间
            dp_communication_time /= num_machines_used  # 数据并行时间

            prev_split = splits[-1]  # 设定新的前一分割点
            # next_split 格式是 (k, m-m_prime)，就是 optimal_split 的格式
            # A[i][j][m] 格式是 (min_pipeline_time, optimal_split, optimal_num_machines)
            metadata = A[start][next_split[0]][next_split[1]]
            next_split = metadata[1]  # 设定新的下一次分割点，就是 optimal_split
            replication_factors.append(num_machines_used)  # 每个 stage 的 replication factor
            remaining_machines_left -= num_machines_used  # 剩余机器

    num_machines_used = metadata[2]
    remaining_machines_left -= num_machines_used  # 剩余机器
    compute_time = states[prev_split-1].compute_time
    parameter_size = states[prev_split-1].parameter_size
    dp_communication_time = ((4 * (num_machines_used - 1) * parameter_size) /
                             (network_bandwidth * num_machines_used))
    compute_time /= num_machines_used  # 计算时间
    dp_communication_time /= num_machines_used  # 数据并行通信时间

    splits.reverse()
    splits.append(end)
    return splits[:-1]  # 最后一个不返回
```

10.3.5　输出

计算分区阶段的输出模型文件内容也是一个图，和 profile 输出文件内容类似，其关键之处在于给每一个节点加上了 stage，具体如何使用将在后文进行分析，大致就是可以得到每个 stage 对应哪些节点，比如 stage_id=0 对应的是 node 4，stage_id=1 对应的是 node 5、node 6。接下来的转换模型阶段就要把此输出模型文件换成一个 PyTorch 模型，或者说换成一套 Python 文件。

10.4　转换模型阶段

模型转换阶段是 PipeDream 相对于 GPipe 的一个改进，下面具体分析一下。

- GPipe 的流水线划分（模型具体层的分配）可以理解为是一个程序运行前的、介于静态和动态之间的预处理，这对于用户来说并不透明。
- PipeDream 的模型层分配则是依据 profile 结果把同一个 stage 的所有层统一打包生成一个 PyTorch 模型的 Python 文件。这也属于预处理阶段，但是无疑比 GPipe 更方便清晰，用户可以进行二次手动调整。

PipeDream 模型转换的基本思路如下。

- 加载：从模型的图文件中加载模型 DAG 图进入内存。
- 分离子图：按照 stage 对图进行处理，把整体 DAG 图分离成多个子图。因为在前文中已经把模型的层分配到了各个 stage 上，所以本阶段就是使用 partition_graph() 函数把每个 stage 包含的层分离出来。
- 转换模型：对每个 stage 的子图应用模板（Template），把每个 stage 子图生成一个 Python 文件。对应到代码，即在 main() 函数中，把每个子图转换为一个 PyTorch Module，每个 Module 对应着一个 Python 文件，stage 的每一层是此 Module 的一个子模块。
- 融合模型：把各个 stage 的子图合并起来，生成总体的模型文件。在应用模板部分已经生成了若干 torch.nn.Module 的 Python 文件，每个文件对应一个子图。本阶段的作用就是把这些子图合并成一个大图。对应到 Python 代码，就是生成一个新 Python 文件，里面引入各个子图的 Python 文件，生成一个总的 torch.nn.Module 文件。
- 输出：输出一个 __init__ 文件，这样更容易处理。
- 生成配置：生成相关配置文件，比如数据并行配置文件、模型并行配置文件。

转换模型的总体流程如图 10-11 所示。

具体合成模型代码在 optimizer/convert_graph_to_model.py 中，接下来分析其中一些关键技术点。

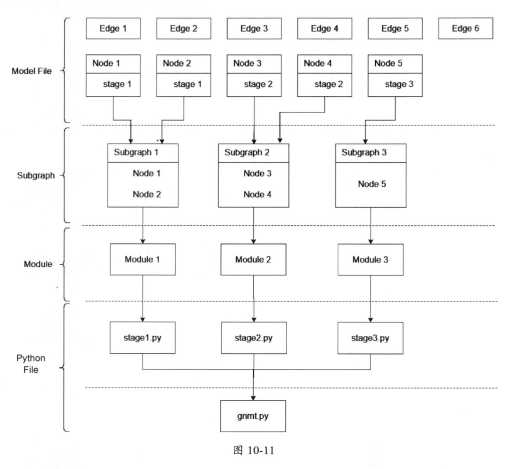

图 10-11

10.4.1 分离子图

convert_graph_to_model.py 的 main()函数按照 stage 来分离子图。因为在前文中已经把模型的层分配到了各个 stage 上，所以 main()函数需要使用 partition_graph()函数把每个 stage 所包含的层分离出来。partition_graph()函数对应的代码逻辑为：遍历节点，找到所有的 stage；在得到所有 stage id 之后，按照 stage id 构建子图，即针对给定的 stage，在所有节点中查找对应 stage 的节点来构建一个子图，具体代码如下。

```
def partition_graph(self):
    stage_ids = set()
    # 遍历节点，找到所有的 stage
    for node_id in self.nodes:
        stage_ids.add(self.nodes[node_id].stage_id)
    # 假设 stage_ids 为 {0, 1, 2, 3, 4, 5, 6, 7, 8, 9}
    if len(stage_ids) == 1:
        return [self.copy()]
    subgraphs = []
    # 按照 stage 构建子图
    for stage_id in stage_ids:
```

```
        subgraphs.append(self.partition_graph_helper(stage_id))
    return subgraphs

# 针对给定的 stage，在所有节点中查找对应 stage 的节点，构建一个子图
def partition_graph_helper(self, stage_id):
    subgraph = Graph()
    for node1_id in self.nodes:
        if self.nodes[node1_id].stage_id == stage_id:
            subgraph.add_node(self.nodes[node1_id])
            if node1_id not in self.edges: continue
            for node2 in self.edges[node1_id]:
                if node2.stage_id == stage_id:
                    subgraph.add_edge(self.nodes[node1_id], node2)
    return subgraph
```

10.4.2 转换模型

在 main() 函数中，将每个子图转换为一个 PyTorch Module，每个 Module 对应着一个 Python 文件，转换模型的逻辑为：假如输入为一个包含了若干节点的图，convert_subgraph_to_module() 函数会把此图转换成为一个 torch.nn.Module。

convert_subgraph_to_module() 函数转换 torch.nn.Module 的逻辑如下。

- 调用 get_input_names() 函数遍历图，找到此图的输入。
- 如果节点在输入中，则构建 forward() 函数定义部分，为后续生成代码做准备。
- 遍历图中的节点，依据节点性质生成各种 Python 语句。具体操作为：得到每一层的相关信息，比如名字、输出；如果某节点需要特殊定义，就进行特殊转换，比如 import、层定义等；归并 import 语句；如果节点描述不在声明白名单中，则记录，后续会在生成 __init__() 方法时对这些节点生成构建语句；得到节点入边；如果节点在内置运算符中，则直接构造 Python 语句；如果不是内置运算，就直接设置，比如设置为 'out2 = self.layer2(out0, out1)'。
- 确保模块按照原始模型的顺序输出。
- 如果需要初始化权重，则进行初始化。
- 应用模板文件生成模型，就是把前面生成的各种 Python 语句填充到模板文件中。
- 写入模型 Python 文件。

在转换 torch.nn.Module 的过程中会依据应用模板文件生成模型，模板文件内容如下，PipeDream 会使用转换过程中生成的 Python 语句对模板文件进行填充。

```
import torch
%(import_statements)s
```

```
class %(module_name)s(torch.nn.Module):
    def __init__(self):
        super(%(module_name)s, self).__init__()
        %(layer_declarations)s

    %(module_methods)s
    # function definition 类似为['out0 = input0.clone()','out1 = input1.clone()']
    def forward(self, %(inputs)s):
        %(function_definition)s
```

最终如下语句会生成若干模型文件,每一个子图会生成一个 Python 文件。

```
# 写入模型 Python 文件
with open(output_filename, 'w') as f:
    f.write(model)
return num_inputs, num_outputs
```

生成的模型文件示例如下。

```
import torch
class Stage0(torch.nn.Module):
    def __init__(self):
        super(Stage0, self).__init__()
        self.layer6 = torch.nn.Embedding(32320, 1024, padding_idx=0)

    def forward(self, input0, input1, input2):
        out0 = input0.clone()
        out1 = input1.clone()
        out2 = input2.clone()
        out6 = self.layer6(out0)
        return (out1, out2, out6)
```

10.4.3 融合模型

目前为止已经生成了若干包含 torch.nn.Module 的 Python 文件,每个文件都对应了一个子图,融合模型的作用就是把这些子图合并成一个大图,对应到 Python 代码,就是生成一个新 Python 文件,其中把各个子图的 Python 文件引入,生成一个总文件。具体是调用 fuse_subgraphs_to_module()函数生成一个 gnmt.py 文件,逻辑如下。

- 加载模板文件。
- 归并模块名称。
- 处理函数定义和层定义。
- 遍历子图,构建输出和输入。

- 添加输出/输入信息。
- 应用模板文件。
- 输出文件。

fuse_subgraphs_to_module()函数返回的结果之一是 PyTorch_modules 变量，里面包含了各个 stage 信息，举例如下。

```
PyTorch_modules = {list: 10} ['stage0', 'stage1', 'stage2', 'stage3', 'stage4', 'stage5', 'stage6', 'stage7', 'stage8', 'stage9']
```

最终融合结果举例如下。

```
import torch
from .stage0 import stage0
# 省略导入其他 stage 的语句
from .stage8 import stage8
from .stage9 import stage9

class pd(torch.nn.Module):
    def __init__(self):
        super(pd, self).__init__()
        self.stage0 = stage0()
        # 省略
        self.stage8 = stage8()
        self.stage9 = stage9()

    def forward(self, input0, input1, input2):
        (out2, out3, out0) = self.stage0(input0, input1, input2)
        out4 = self.stage1(out2, out0)
        out5 = self.stage2(out4)
        (out7, out6) = self.stage3(out5)
        (out8, out9) = self.stage4(out7, out6)
        (out10, out12, out11) = self.stage5(out8, out9, out2, out3)
        (out14, out15, out16) = self.stage6(out10, out12)
        (out17, out18, out19) = self.stage7(out14, out15, out16, out11)
        out20 = self.stage8(out14, out17, out18, out19)
        out21 = self.stage9(out20)
        return out21
```

为了便于使用，系统又生成了__init__文件。就是依据之前的 import_statements、Model 等变量进行生成，得到的__init__文件举例如下。

```
from .gnmt import pd
from .stage0 import stage0
# 省略
```

```
from .stage8 import stage8
from .stage9 import stage9

def arch():
    return "gnmt"

def model(criterion):
    return [
        (stage0(), ["input0", "input1", "input2"], ["out2", "out3", "out0"]),
        (stage1(), ["out2", "out0"], ["out4"]),
        (stage2(), ["out4"], ["out5"]),
        (stage3(), ["out5"], ["out7", "out6"]),
        (stage4(), ["out7", "out6"], ["out8", "out9"]),
        (stage5(), ["out8", "out9", "out2", "out3"], ["out10", "out12", "out11"]),
        (stage6(), ["out10", "out12"], ["out14", "out15", "out16"]),
        (stage7(), ["out14", "out15", "out16", "out11"], ["out17", "out18", "out19"]),
        (stage8(), ["out14", "out17", "out18", "out19"], ["out20"]),
        (stage9(), ["out20"], ["out21"]),
        (criterion, ["out21"], ["loss"])
    ]
def full_model():
    return pd()
```

model()函数返回的每个元素（item）的格式如下。

```
(stage, inputs, outputs)
```

convert_graph_to_model.py 接下来会生成配置文件，为后续程序运行做准备，具体可能会生成"dp_conf.json""mp_conf.json""hybrid_conf.json"这几个配置文件。文件内容大致是：将哪个 torch.nn.Module 配置到哪个 stage 上，将哪个 stage 配置到哪个 rank 上。此处的主要逻辑如下。

- 如果在程序输入中已经指定了如何把 stage 配置到 rank 上，就进行相关设置。
- 依据 PyTorch_modules 设置 stage 数目和 torch.nn.Module 数目。
- 对具体 rank、stage、torch.nn.Module 的分配进行设置。
- 写入配置文件。

dp_config.json 是专门为数据并行生成的配置文件，举例如下。

```
{
    "module_to_stage_map": [0, 0, 0, 0, 0, 0, 0, 0, 0, 0, 0],
    "stage_to_rank_map": {"0": [0, 1, 2, 3, 4, 5, 6, 7, 8, 9]}
}
```

mp_config.json 是专门为模型并行生成的配置文件，举例如下。

```
{
    "module_to_stage_map": [0, 1, 2, 3, 4, 5, 6, 7, 8, 9, 9],
    "stage_to_rank_map": {"0": [0], "1": [1], "2": [2], "3": [3], "4": [4], "5": [5], "6": [6], "7": [7], "8": [8], "9": [9]}
}
```

最终结果如图 10-11 所示，图内逻辑是，先把模型图的每个 stage 转换成一个对应的 Python 文件，再把这些 Python 文件汇总打包成一个总的 Python 文件，这样用户可以直接使用。

第 11 章　PipeDream 之动态逻辑

目前我们经历了三个阶段：profile、计算分区和模型转换，得到了若干 Python 文件和配置文件。PipeDream 在加载这些文件之后就可以进行训练。本章会分析 PipeDream 的动态逻辑。

11.1　Runtime 引擎

介绍 Runtime 引擎的主要目的是让我们了解一个深度学习（流水线并行）训练 Runtime 应该包括什么功能。

11.1.1　功能

我们先思考为何要实现一个 Runtime，以及其需要实现什么功能。

PyTorch 分布式相关信息如下。

- 在分布式数据并行实现方面，PyTorch 实现了 DDP 功能。
- 在分布式模型并行等方面，PyTorch 提供了 RPC 功能作为支撑基础，RPC 功能在 PyTorch 1.5 版本中被引入，时间是 2020 年 6 月 12 日。
- 针对 DDP 和 RPC，PyTorch 也相应实现了 distributed.autograd 功能，对用户屏蔽了大量分布式细节，让用户对分布式训练尽量无感。

需要注意，关于 PipeDream 的论文是在 2019 年发布的，这就意味着 PipeDream 无法精准利用 PyTorch RPC 功能，只能自己实现通信逻辑，即自行实现对计算图的支撑。

下面分析一下 PipeDream 的特性。

- PipeDream 把模型并行和数据并行结合在一起，实现了流水线并行。
- PipeDream 把一个完整的深度训练模型拆分开，将各个子模型（子图）分别放在不同的节点上。

对 PipeDream 来说，PyTorch 单一的 DDP、模型并行和自动求导功能无法满足其需求，必须将它们结合起来使用。PipeDream 需要自己进行如下处理。

- 多个 stage 间通信可能会使用到 PyTorch RPC 功能，但是由于 PyTorch RPC 在 2019 年没有稳定版本，PipeDream 只能自己实现一个分布式计算图，这样就用到了 PyTorch distributed 的 P2P 功能。
- 因为通信的需要，所以 PipeDream 自己管理每个 stage（可能包含若干节点）的发送、接收 rank，也就是配置和管理各个 stage 的生产者和消费者，这也意味着 PipeDream 需要找到每个 stage 的输入及输出。

- 由于 P2P 通信功能的需要，因此 PipeDream 要给每个张量配置一个唯一的标识（对应下文的 tag 概念）。
- 在单个 stage 上进行数据并行会用到 PyTorch DDP 功能。因为用到数据并行，所以 PipeDream 需要自己管理每个 stage 的并行数目。
- 因为需要结合模型并行和数据并行，所以 PipeDream 需要自己管理进程工作组。
- 因为在不同机器上运行，所以每个机器在独立运行训练脚本时需要对自己的训练 Job 进行独立配置。

下面结合这些功能做具体分析。

11.1.2 总体逻辑

先分析一下 PipeDream Runtime 的总体逻辑。main_with_runtime.py 脚本是 PipeDream 的入口，我们可以在多个节点上分别运行 main_with_runtime.py 脚本，由于每个脚本启动参数不同，因此在各个节点上就运行了不同的 stage 所对应的模型，示例启动命令如下。

```
python main_with_runtime.py --module models.vgg16.gpus=4 -b 64 --data_dir <path to ImageNet> --rank 0 --local_rank 0 --master_addr <master IP address> --config_path models/vgg16/gpus=4/hybrid_conf.json --distributed_backend gloo
python main_with_runtime.py --module models.vgg16.gpus=4 -b 64 --data_dir <path to ImageNet> --rank 1 --local_rank 1 --master_addr <master IP address> --config_path models/vgg16/gpus=4/hybrid_conf.json --distributed_backend gloo
```

下面以 runtime/translation/main_with_runtime.py 为例进行分析，其总体逻辑如下。

- 解析输入参数。
- 加载文件。
- 依据模块构建模型。
- 依据参数进行配置，比如输入大小、批量大小等。
- 遍历模型的每个层（跳过最后损失层）进行如下操作。
  - 遍历每层的输入，构建输入张量。
  - 通过调用 stage 对应的 forward() 函数，构建输出张量。
  - 遍历每层的输出，设置其类型和形状。
- 构建输出值的张量类型。
- 加载配置文件。
- 构建一个 StageRuntime。
- 建立优化器。
- 加载数据集。

- 进行训练，保存检查点。

接下来分析其中一些关键之处。

11.1.3 加载模型

首先来分析如何加载模型。

模型文件在第 10 章中生成，__init__ 文件中 model() 函数返回值的每个元素的格式为（stage, inputs, outputs），我们需要按照此格式进行加载，具体加载方法如下。

```
# 建立模型的 stages
module = importlib.import_module(args.module)
args.arch = module.arch()
```

然后依据模块构建模型，具体代码如下。

```
model = module.model(criterion)
```

假设有 4 个 stage，则在 model(criterion) 的调用中会逐一调用 stage0() ~ stage3() 构建每个层。比如 stage3() 会调用到自己的 __init__() 函数进行自身的构建，具体代码如下。

```
class Stage3(torch.nn.Module):
    def __init__(self):
        super(stage3, self).__init__()
        self.layer5 = torch.nn.LSTM(2048, 1024)
        self.layer8 = Classifier(1024, 32320)
```

模型加载完成后会设置输入和输出，具体逻辑如下。

- 依据参数进行配置。
- 遍历模型的每个层（跳过最后损失层）做如下操作：遍历每层的输入，构建输入张量；通过调用节点对应的 forward() 函数构建输出；遍历每层的输出并设置类型，构建张量形状。

每个层的格式如下。

```
(
Stage0(), # 本 stage
["input0", "input1"], # 本 stage 的输入
["out2", "out1"] # 本 stage 的输出
)
```

最后加载配置文件。

11.1.4 实现

我们用如下参数启动 main_with_runtime.py，后文介绍的一些变量的数值依据这些参数而得到。

```
--module translation.models.gnmt.gpus=4 --data_dir=wmt16_ende_data_bpe_clean
--config_path pipedream-pipedream/runtime/translation/models/gnmt/gpus=4/mp_
conf.json --local_rank 3 --rank 3 --master_addr 127.0.0.1
```

当模型加载完成后，在 main()函数中用如下办法构建 Runtime。其中，StageRuntime 是执行引擎，提供一个统一的可扩展的基础设施层。

```
r = runtime.StageRuntime(省略参数)
```

1. StageRuntime 类

StageRuntime 类定义如下面的代码所示。

```
class StageRuntime:
    def __init__(self, model, distributed_backend, fp16, loss_scale,
                 training_tensor_shapes, eval_tensor_shapes,
                 training_tensor_dtypes, inputs_module_destinations,
                 target_tensor_names, configuration_maps, master_addr,
                 rank, local_rank, num_ranks_in_server, verbose_freq,
                 model_type, enable_recompute=False):
        self.tensors = []
        self.gradients = {}
        self.distributed_backend = distributed_backend
        self.fp16 = fp16
        self.loss_scale = loss_scale
        self.training_tensor_shapes = training_tensor_shapes
        self.eval_tensor_shapes = eval_tensor_shapes
        self.training_tensor_dtypes = training_tensor_dtypes
        self.model_type = model_type
        self.target_tensor_names = target_tensor_names
        self.initialize(model, inputs_module_destinations, configuration_maps,
                        master_addr, rank, local_rank, num_ranks_in_server)
        self.forward_only = False
        self.forward_stats = runtime_utilities.RuntimeStats(forward=True)
        self.backward_stats = runtime_utilities.RuntimeStats(forward=False)
        self.enable_recompute = enable_recompute
        if rank == num_ranks_in_server - 1:
            self.enable_recompute = False
```

StageRuntime 类主要成员变量为在此节点内部进行前向和反向操作所需要的元数据，如张量、梯度、分布式后端、训练数据的张量类型、输出值张量形状等。

2. 初始化

StageRuntime 类初始化函数代码很长，我们逐段进行分析。

（1）设置 tag（标签）

初始化函数会遍历模型每一层的输入和输出，设置 tensor_tag，就是给每个张量赋予一个独立且唯一的 tag。tensor_tag 经过层层传递，最终会在 distributed_c10d.py 的 recv(tensor=received_tensor_shape, src=src_rank, tag=tag) 函数中作为通信过程中的标签。设置 tensor_tag 的代码如下。

```python
def initialize(self, model, inputs_module_destinations,
               configuration_maps, master_addr, rank,
               local_rank, num_ranks_in_server):
    tensor_tag = 1
    # 遍历模型中每一层，每一层的格式是 (_, input_tensors, output_tensors)
    for (_, input_tensors, output_tensors) in model:
        # 遍历输入
        for input_tensor in input_tensors:
            if input_tensor not in self.tensor_tags:
                self.tensor_tags[input_tensor] = tensor_tag
                tensor_tag += 1 # 设置 tag
        # 遍历输出
        for output_tensor in output_tensors:
            if output_tensor not in self.tensor_tags:
                self.tensor_tags[output_tensor] = tensor_tag
                tensor_tag += 1 # 设置 tag

    for target_tensor_name in sorted(self.target_tensor_names):
        self.tensor_tags[target_tensor_name] = tensor_tag
        tensor_tag += 1 # 设置 tag
    self.tensor_tags["ack"] = tensor_tag
    tensor_tag += 1 # 设置 tag
```

（2）配置 map

下面回忆一下配置文件中的部分定义。

- module_to_stage_map：本模型被划分为哪些节点。
- stage_to_rank_map：每个节点对应了哪些 rank，rank 代表了具体的 Worker 进程，比如本节点被几个 rank 进行数据并行。

我们给出一个样例文件内容如下，模型分为 3 个 stage，每个 stage 有若干 rank。

```
{
    "module_to_stage_map": [0, 1, 2, 2],
    "stage_to_rank_map": {"0": [0, 1, 4, 5, 8, 9, 12, 13], "1": [2, 6, 10, 14], "2": [3, 7, 11, 15]}
}
```

针对本节的模型，mp_conf.json 配置文件内容如下，每个 stage 只有一个 rank。

```
{
    "module_to_stage_map": [0, 1, 2, 3, 3],
    "stage_to_rank_map": {"0": [0], "1": [1], "2": [2], "3": [3]}
}
```

mp_conf.json 配置文件被加载到内存中为：

```
module_to_stage_map = {list: 5} [0, 1, 2, 3, 3]
rank_to_stage_map = {dict: 4} {0: 0, 1: 1, 2: 2, 3: 3}
```

因为有时候也需要反过来查找，所以程序接下来进行反向配置，得到如下变量。

```
stage_to_module_map = {defaultdict: 4}
 0 = {list: 1} [0]
 1 = {list: 1} [1]
 2 = {list: 1} [2]
 3 = {list: 2} [3, 4]

stage_to_rank_map = {dict: 4}
 0 = {list: 1} [0]
 1 = {list: 1} [1]
 2 = {list: 1} [2]
 3 = {list: 1} [3]
```

（3）找到自己的配置

因为在命令行设置了 rank，所以接下来 Runtime 从配置文件中依据 rank 找到自己对应的 stage，做进一步配置。

```python
stage_to_module_map = collections.defaultdict(list)
for module in range(len(module_to_stage_map)):
    # 此处配置了哪个 stage 拥有哪些 Module
    stage_to_module_map[module_to_stage_map[module]].append(module)

rank_to_stage_map = {}
for stage in stage_to_rank_map:
    for rank in stage_to_rank_map[stage]:
        # 配置了哪个 rank 拥有哪些 stage
        rank_to_stage_map[rank] = stage

self.num_ranks = len(rank_to_stage_map) # 得到了 world_size，即总共有多少个 rank，
有多少个训练进程
self.num_stages = len(stage_to_module_map) # 多少个 stage
self.stage = rank_to_stage_map[self.rank] # 通过自己的 rank 得到自己的 stage
```

```
self.rank_in_stage = stage_to_rank_map[self.stage].index(self.rank)  # 本 rank
在 stage 中排在第几位
self.num_ranks_in_stage = len(stage_to_rank_map[self.stage])# 得到自己 stage 的
rank 数目，就是数据并行数
self.num_ranks_in_first_stage = len(stage_to_rank_map[0])
self.num_ranks_in_previous_stage = 0
self.ranks_in_previous_stage = []
if self.stage > 0:
    self.num_ranks_in_previous_stage = len(
        stage_to_rank_map[self.stage - 1])
    self.ranks_in_previous_stage = stage_to_rank_map[self.stage - 1]
self.num_ranks_in_next_stage = 0
self.ranks_in_next_stage = []
if self.stage < self.num_stages - 1:
    self.num_ranks_in_next_stage = len(
        stage_to_rank_map[self.stage + 1])
    self.ranks_in_next_stage = stage_to_rank_map[self.stage + 1]

modules = stage_to_module_map[self.stage] # 针对示例模型，此处得到[3,4]，后续会用
到

self.modules_with_dependencies = ModulesWithDependencies(
    [model[module] for module in modules])
self.is_criterion = self.stage == (self.num_stages - 1)
if stage_to_depth_map is not None:
    self.num_warmup_minibatches = stage_to_depth_map[
        str(self.stage)]
else:
    self.num_warmup_minibatches = self.num_ranks - 1
    for i in range(self.stage):
        self.num_warmup_minibatches -= len(
            stage_to_rank_map[i])
    self.num_warmup_minibatches = self.num_warmup_minibatches // \
        self.num_ranks_in_stage
```

下面分析几个变量如何使用。

首先是 num_ranks 变量，其在后续代码中会使用，比如：

```
world_size=self.num_ranks # 依据 num_ranks 得到 world_size
self.num_warmup_minibatches = self.num_ranks - 1 # 依据 num_ranks 得到热身批量数
目
```

其次是 rank_in_stage 变量，后续代码会依据此变量找到本 rank 在 stage 中排在第几位。

```
self.rank_in_stage = stage_to_rank_map[self.stage].index(self.rank)  #
```

最后，rank_in_stage 变量会传递给 Comm 模块，在通信过程中被使用。

```
self.comm_handler.initialize(
    …
    self.rank_in_stage, # 在此处作为参数传入，在函数里面代表本节点，后续会进行详细介绍
    …)
```

（4）设置通信模块

接下来对通信模块进行设置，构建了 CommunicationHandler。通信模块会为后续"设置生产者和消费者"提供服务。

```
else:
    ……
    self.comm_handler = communication.CommunicationHandler(
        master_addr=master_addr,
        master_port=master_port,
        rank=self.rank,
        local_rank=self.local_rank,
        num_ranks_in_server=num_ranks_in_server,
        world_size=self.num_ranks,
        fp16=self.fp16,
        backend=self.distributed_backend)

    # 设置生产者和消费者部分，后面会进行详细分析
```

（5）设置生产者和消费者

接下来对发送、接收的 rank 进行设置。receive_ranks 和 send_ranks 是本 stage 各个张量对应的发送、接收目标 rank。前面已经提到，在 PipeDream 开发的时候，因为 PyTorch 并没有发布稳定的 RPC，所以 PipeDream 只能自己实现一套通信逻辑关系，或者说是分布式计算图，生产者和消费者就是分布式计算图的重要组成部分。此处代码逻辑抽象如下。

- 遍历模型的 model 变量，假定是 model[i]，注意，此处的 model[i]是具体的层。一个 stage 可以包括多个层，比如[layer1, layer 2, layer3]，此 stage 又可以在多个 rank 上进行数据并行，比如 rank 1 和 rank 2 都会运行 [layer1, layer 2, layer3]。
- 对于每个 model[i]，假定遍历 model [i]之后的 model 是 model[j]。
- 对 model[i]的输出进行遍历，假定是 tensor_name。
- 如果 tensor_name 也在 model[j]的输入中，即 tensor_name 既在 model[i]的输出中，也在 module[j]的输入中，就说明这两个层之间可以建立联系。如果一个张量只有输入或者只有输出，就不需要为此张量建立任何通信机制。
- 如果 model[i]和 model[j] 在同一个 stage 中，即同一个节点或者若干节点使用 DDP 控制，那么就用不到通信机制。

- 如果 tensor_name 是 model[j]的输入，且 model[j] 位于本节点上，则说明本节点的 receive_ranks 包括 model[j]的输入（当然也可能包括其他模型的输入）。所以 tensor_name 的输入 rank 包括 model[j]对应的 rank。
- 如果 tensor_name 是 model[i]的输出，且 model[i]位于本节点上，则说明本节点的 send_ranks 包括 model[i]的输出（当然也可能包括其他模型的输出）。所以 tensor_name 的输出 rank 包括 model[i]对应的 rank。

具体代码如下。

```
for i in range(len(model)): # 遍历层，model 格式是(_, input_tensors, output_tensors)
    for j in range(i+1, len(model)): # 遍历 i 层之后的若干层
        for tensor_name in model[i][2]: # 找出前面层的输出张量
            if tensor_name in model[j][1]: # 分析 tensor_name 在不在输入中，即 tensor_name 是不是 model[j]的输入
                # 如果 tensor_name 既在 model[i]的输出，也在 model[j]的输入，那么说明它们之间可以建立联系
                if module_to_stage_map[i] == \
                    module_to_stage_map[j]: # 两个 module 在一个 node 上，不用通信机制
                    continue
                # 假设每个 stage 只包括一个机器
                # 如果 tensor_name 是 model[j]的输入，且 model[j]位于本节点上，那么说明 tensor_name 可以和本节点的 receive_ranks 建立联系
                if module_to_stage_map[j] == self.stage:
                    # tensor_name 的输入 rank 包括 rank i
                    self.receive_ranks[tensor_name] = \
                        stage_to_rank_map[module_to_stage_map[i]]
                # 如果 tensor_name 是 model[i]的输出，且 model[i]位于本节点上，那么说明 tensor_name 可以和本节点的 send_ranks 建立联系
                if module_to_stage_map[i] == self.stage:
                    # tensor_name 的输出 rank 包括 rank j
                    self.send_ranks[tensor_name] = \
                        stage_to_rank_map[module_to_stage_map[j]]

for model_inputs in inputs_module_destinations.keys():
    destination_stage = module_to_stage_map[
        inputs_module_destinations[model_inputs]]
    if destination_stage > self.stage:
        self.send_ranks[model_inputs] = \
            self.ranks_in_next_stage

    if 0 < self.stage <= destination_stage:
        self.receive_ranks[model_inputs] = \
            self.ranks_in_previous_stage
```

第 11 章　PipeDream 之动态逻辑

```
            if destination_stage > 0:
                if model_inputs not in self.tensor_tags:
                    self.tensor_tags[model_inputs] = tensor_tag
                    tensor_tag += 1
```

（6）设置模块（类型为 torch.nn. Module）

接下来会设置模块，具体会做如下操作。

- 使用 ModulesWithDependencies 类继续对模型进行处理，配置输入和输出。
- 调用 CUDA 把模型和参数移动到 GPU 上。
- 如果需要进行处理，则针对 FP16 进行转换。

关于 ModulesWithDependencies 部分，我们需要重点说明。之前的代码中有如下语句，就是得到本 stage 对应的模块索引。

```
modules = stage_to_module_map[self.stage] # 此处得到 [3,4]，后续会用到
```

stage_to_module_map 会设置从 stage 到 modules 的关系，目的是为了得到本 stage 所对应的模块。回忆一下配置文件，本 stage（数值为 3）对应的是索引为 3 和 4 的两个模块，就是下面的 "3,3"。

```
module_to_stage_map = {list: 5} [0, 1, 2, 3, 3]
```

接下来要通过如下代码拿到本 stage 具体包含的模块，也拿到每个模块的输入和输出。

```
modules = self.modules_with_dependencies.modules() # 拿到本 stage 包含的模块
for i in range(len(modules)):
    modules[i] = modules[i].cuda()
    if self.fp16:
        import apex.fp16_utils as fp16_utils
        modules[i] = fp16_utils.BN_convert_float(modules[i].half())
```

把运行中的 modules 变量打印出来，得到如下内容。

```
modules = {list: 2}
 0 = {Stage3} Stage3(\n  (layer5): LSTM(2048, 1024)\n  (layer8): Classifier(\n    (classifier): Linear(in_features=1024, out_features=32320, bias=True)\n  )\n)
 1 = {LabelSmoothing} LabelSmoothing()
```

（7）设置进程组

接下来针对每个 stage 的并行数目建立并行组。并行组就是每个 stage 的并行 rank，比如在如下代码中，stage0 对应的 rank 就是 [0, 1, 2]。

```
{
    "module_to_stage_map": [0, 1, 1],
    "stage_to_rank_map": {"0": [0, 1, 2], "1": [3]} # 每个 stage 的 rank，此处目的是得到并行的机器
}
```

遍历 stage，针对每个 stage 调用 new_group() 函数建立进程组。new_group() 函数使用所有进程的任意子集创建新的进程组。该方法返回一个分组句柄，可作为 PyTorch 分布式函数的 group 参数。此处就是本章一开始提到的：为了数据并行，每个 stage 都需要建立并且管理自己的进程组，具体代码如下。

```python
# 在每个 Worker 上按照同样顺序初始化所有进程组
if stage_to_rank_map is not None:
    groups = []
    for stage in range(self.num_stages): # 遍历 stage
        ranks = stage_to_rank_map[stage] # 与 stage 的数据并行对应，比如得到 [0, 1, 2]
        if len(ranks) > 1: # 与后面的 DDP 相对应
            groups.append(dist.new_group(ranks=ranks))
        else:
            groups.append(None)
    group = groups[self.stage]
else:
    group = None
```

（8）设置数据并行

调用 DDP 进行处理。此处参数 process_group=group 就是前面"设置进程组"返回的针对每个进程组建立的一套 DDP。

```python
num_parameters = 0
for i in range(len(modules)):
    if group is not None:
        if ((i < (len(modules)-1) and self.is_criterion)
            or not self.is_criterion):
            # 建立分布式数据并行
            modules[i] = torch.nn.parallel.DistributedDataParallel(
                modules[i], process_group=group,
                device_ids=[local_rank], output_device=local_rank)
```

（9）初始化通信函数

针对此通信模块进行初始化，具体代码如下。

```python
if self.comm_handler is not None:
    self.comm_handler.initialize(
        self.receive_ranks, self.send_ranks,
        self.tensor_tags, self.target_tensor_names,
        self.training_tensor_dtypes, self.rank_in_stage,
        self.num_ranks_in_stage, self.ranks_in_previous_stage,
        self.ranks_in_next_stage)
```

引擎初始化之后的结果如图 11-1 所示。

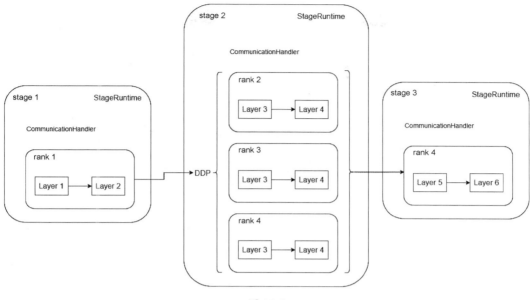

图 11-1

3. 功能函数

当初始化完成之后，我们再来分析一些基础功能函数。以下几个函数都会调用通信模块完成功能。

- receive_tensors_forward()函数：作用是在前向传播过程中，从前面层获取张量。在前向传播过程中，张量记录在本实例的 self.tensors 中。
- send_tensors_forward()函数：作用是在前向传播过程中，向后面层发送张量。
- receive_tensors_backward()函数：作用是在反向传播过程中从前面层获取张量。注意，此处操作的是 self.send_ranks，在前向传播过程中的发送 rank 在反向传播过程中就是接收 rank。在反向传播过程中，梯度保存在 self.gradients 中。
- send_tensors_backward()函数：作用是在反向传播过程中向后面层发送梯度张量。注意，此处操作的是 self.receive_ranks，在前向传播过程中的接收 rank 在反向传播过程中就是发送 rank。
- run_ack()函数：作用是在传播过程中给前面层和后面层回应一个确认。

11.2 通信模块

本节介绍 PipeDream 的通信模块，通信模块是引擎的基础，也是如何使用 PyTorch DDP 和 P2P 的一个完美示例。

11.2.1 类定义

我们先来思考一下,通信模块需要哪些功能?

- stage 之间的通信。stage 在不同机器上如何通信?在同一个机器上又该如何通信?
- 深度学习的参数众多,涉及的张量和梯度众多,层数众多,每层的数据并行数目也不同。在此情况下,前向传播和反向传播如何保证按照确定次序运行?
- 因为节点上会进行前向传播、反向传播,所以需要建立多个线程分别传输。

我们在下面分析时就结合这些问题进行思考。

在 PipeDream 中,CommunicationHandler 负责 stage 之间的通信。

- 如果 stage 位于不同机器上,就使用 PyTorch p2p 的 send/recv()函数。
- 如果 stage 位于同一机器上,就使用 PyTorch p2p 的 broadcast()函数。

下面代码的主要目的是初始化各种成员变量,我们目前最熟悉的是和 DDP 相关的函数,比如 init_process_group()函数。

```python
class CommunicationHandler(object):
    def __init__(self, master_addr, master_port, rank,
                 local_rank, num_ranks_in_server,
                 world_size, fp16, backend):
        """ 设置进程组 """
        self.rank = rank
        self.local_rank = local_rank
        self.backend = backend
        self.num_ranks_in_server = num_ranks_in_server
        self.world_size = world_size
        self.fp16 = fp16

        # 初始化并行环境
        # 以下是为了 DDP
        os.environ['MASTER_ADDR'] = master_addr
        os.environ['MASTER_PORT'] = str(master_port)
        dist.init_process_group(backend, rank=rank, world_size=world_size)

        # 保存同一个服务器上 GPU 的 rank 列表
        self.ranks_in_server = []

        # 保存 GPU 之间直接发送的张量信息
        self.connection_list = []
```

```
# 保存进程组（为了broadcast()函数操作的连接）
self.process_groups = {}

rank_of_first_gpu_in_server = rank - rank % num_ranks_in_server
for connected_rank in range(
    rank_of_first_gpu_in_server,
    rank_of_first_gpu_in_server + num_ranks_in_server):
    if connected_rank == rank:
        continue
    self.ranks_in_server.append(connected_rank)
```

11.2.2 构建

前文提到，当生成了 CommunicationHandler 后，会调用 initialize() 函数进行初始化。在初始化代码中，完成如下操作。

- 构建通信需要的队列。
- 构建发送消息的顺序。
- 构建进程组。

具体分析如下。

1. 构建队列

队列是发送和接收的基础，系统先通过索引找到队列，然后进行相应操作。

initialize() 函数传入了两个 rank 列表，具体如下。

- receive_ranks 是本节点的输入 rank。
- send_ranks 是本节点的输出 rank。

setup_queues() 函数一共建立了 4 个队列的列表，具体如下。

- forward_receive_queues：在前向传播过程中接收张量的队列，对应了 receive_ranks。
- backward_send_queues：在反向传播过程中发送张量的队列，对应了 receive_ranks（前向传播中接收的对象就是反向传播中发送的目标）。
- forward_send_queues：在前向传播过程中发送张量的队列，对应了 send_ranks。
- backward_receive_queues：在反向传播过程中接收张量的队列，对应了 send_ranks（前向传播中发送的目标就是反向传播中接收的对象）。

这几个队列的大致逻辑如图 11-2 所示。

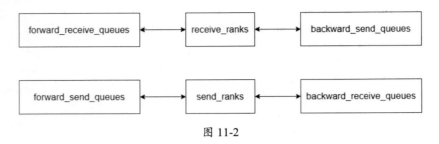

图 11-2

下面以 forward_receive_queues 为例来分析一下。

- forward_receive_queues 列表包含多个队列。
- receive_ranks 列表包含多个 rank，由于每一个 rank 在通信过程中对应了一个张量，因此可以认为 receive_ranks 包含多个张量，每个张量由一个张量名字来对应。
- 在 forward_receive_queues 列表中，每一个队列对应了 receive_ranks 中的一个张量。
- 每个张量对应唯一的 tag，PipeDream 的目的是让每一个 tag 都有自己的进程组，因为任何一个 stage 都有可能并行。
- 针对此张量和此唯一的 tag，注册[tag, rank]到 connection_list 变量。

2. 前向/反向顺序

接下来，initialize()函数会建立消息传递的前向/反向顺序，其目的是让每个 Worker 记录处理由前向/反向层传来的 rank。

（1）设置顺序

setup_messaging_schedule()函数会建立"前向传播时接收的顺序"和"反向传播时发送的顺序"。此处的重点是：如果前一层 rank 数目比本层（假定是层 i）的 rank 数目多，就把"i 对应的前一层 rank"和"(i + (本层 rank 数目) * n)所对应的前一层 rank"都加入到本层 i 的索引映射之中，其中 n 等于 num_ranks_in_stage，即把传播顺序放入 self.messaging_schedule 成员变量。假如本 stage 拥有 3 个 rank，则 self.messaging_schedule 就是这 3 个 rank 分别的 message_schedule，每个 message_schedule 里面对应上一层某些 rank。

我们将上述逻辑细化如下。

- self.messaging_schedule 是一个列表。
- self.messaging_schedule 中的每个元素又是一个列表，即 message_schedule。self.messaging_schedule[i]表示本层第 i 个 rank 对应的上一层的 rank 列表。反向传播的发送会与正向传播的接收相匹配。
- message_schedule 其实是本 stage 包括 rank 的一个索引映射。因为是在内部使用的，所以不需要真正的 rank 数值，只要能和内部的队列等其他内部数据结构映射上即可。

具体逻辑如图 11-3 所示。

第 11 章　PipeDream 之动态逻辑　327

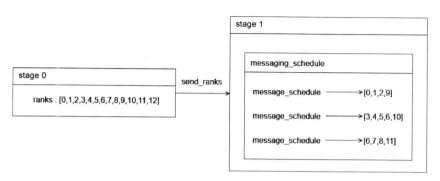

图 11-3

（2）使用顺序

对顺序的使用是在 get_messaging_index() 和 increment_messaging_index() 函数中完成的。

get_messaging_index() 函数用来获取本次传递的对象，就是明确应该和哪个 rank 进行交互。

```
def get_messaging_index(self, sending):
    if sending:
        connection_rank = self.messaging_schedule[
            self.bwd_messaging_scheduling_row][
                self.bwd_messaging_scheduling_col]
    else:
        connection_rank = self.messaging_schedule[
            self.fwd_messaging_scheduling_row][
                self.fwd_messaging_scheduling_col]

return connection_rank
```

在哪里可以用到 get_messaging_index() 函数？send() 函数和 recv() 函数在和其他层打交道的时候会用到，比如以下代码。

```
def recv(self, tensor_name, forward_minibatch_id,
         backward_minibatch_id, backward=False):
    if backward:
        index = (backward_minibatch_id + self.rank_in_stage) % \
            len(self.backward_receive_queues[tensor_name])
        tensor = self.backward_receive_queues[tensor_name][
            index].remove()
        return tensor
    else:
        # 此处使用 get_messaging_index() 函数获取与哪一个 rank 进行交互
        index = self.get_messaging_index(sending=False)
        # 得到使用哪个张量，从队列中提取对应的最新张量
        tensor = self.forward_receive_queues[tensor_name][
            index].remove()
```

```
        if tensor.dtype == torch.float32:
            tensor = tensor.requires_grad_()
        return tensor
```

increment_messaging_index()函数用来增加消息序列，就是得到下一次处理应该使用哪个消息。该函数的两个参数需要说明：bwd_messaging_scheduling_col 表示对应上游的哪一个 rank 索引；bwd_messaging_scheduling_row 表示自己的 rank 索引。

receive_tensors_forward()函数、send_tensors_backward()函数和 run_ack()函数都会用到 increment_messaging_index()函数。

3. 构建进程组

接下来建立进程组，目的是针对每个张量设置两个进程组，一个用于前向传播，一个用于反向传播，任何一个 stage 都有可能并行。

我们先了解一下为什么这样设计。

create_process_groups()函数在所有 rank 中都以同样的顺序建立进程组。为了以同样顺序建立进程组，每个 Worker 都会收集所有 Worker 的连接列表（GPU to GPU）。为了做到这一点，首先每个 Worker 收集所有 Worker 连接列表 connection_list 的最大尺寸，假设这个最大尺寸为 L，然后每个 Worker 创建一个大小为 $L\times 2$ 的张量，其中每行表示一个连接，并根据"它本身连接列表大小"来填充此张量。拥有最大连接列表的 Worker 将填充整个张量。

构建此列表后，将执行 All-Gather 操作，之后每个 Worker 都拥有一个相同的 $N\times L\times 2$ 输出，其中 N 是 Worker 数量（world_size），输出的每个索引代表一个 Worker 的连接列表。对于 i = self.rank，输出将与本 Worker 的本地连接列表相同。

每个 Worker 以相同的顺序在连接列表上迭代，检查是否已创建每个连接（每个连接都将在输出中出现两次），如果连接不存在，则对于前向和反向传播都创建一个新的进程组，因为在进程组中 rank 永远是一致的，所以小的 rank 排在前面，大的 rank 排在后面。

返回到代码中，使用 connection_list_size 的具体逻辑如下。

- 找到 Worker 中最大的连接列表。
- 获取连接列表的大小，即 connection_list_size。
- 采用集合通信的方式来对 connection_list_size 进行聚集，得到的 gathered_connection_list_sizes 就是所有节点上的 connection_list_size 集合。
- 得到连接列表的最大数值。
- 利用最大数值构建张量列表 connection_list_tensor。
- 把张量移动到 GPU 上。
- 采用集合通信的方式对 connection_list_tensor 进行聚集，得到 aggregated_connection_list。
- 在每个 Worker 上利用 dist.new_group()建立同样的进程组。

- 遍历 aggregated_connection_list 中的每一个连接，得到张量对应的 tag，针对每个张量设置两个进程组，一个前向，另一个反向。

连接列表的作用是在每个 Worker 中建立同样的进程组。

在 recv_helper_thread_args() 等函数中会使用进程组，其逻辑是：先获取张量 tensor_name 对应的 tag；然后获取 tag 对应的进程组供调用者后续使用。

4. 启动助手线程

构建函数接下来使用 start_helper_threads() 函数启动助手线程，这些助手线程是为 P2P 所建立的。用到的 rank 字典举例如下，其中键是张量名字，值是 rank 列表。

```
receive_ranks = {dict: 3}    # 此处就是每个 tensor 对应的接收目标 rank
 'out8' = {list: 1} [2]
 'out9' = {list: 1} [2]
 'out10' = {list: 1} [2]
```

回忆一下之前建立的 4 个队列：forward_receive_queues、backward_send_queues、forward_send_queues 和 backward_receive_queues。这 4 个队列其实就对应了 4 个不同的助手线程，具体逻辑如下。

- 针对接收 rank 进行处理，即遍历 receive_ranks 中的张量，然后遍历张量对应的 rank，对于每个 rank：如果需要反向处理，则使用 start_helper_thread(self.send_helper_thread_args, send_helper_thread) 建立反向发送线程。使用 start_helper_thread(self.recv_helper_thread_args, recv_helper_thread) 建立接收助手线程。
- 针对发送 rank 进行处理，即遍历 send_ranks 中的张量，然后遍历张量对应的 ranks，对于每个 rank：如果需要反向处理，则使用 start_helper_thread(self.recv_helper_thread_args, recv_helper_thread) 建立反向接收线程。使用 start_helper_thread(self.send_helper_thread_args, send_helper_thread) 建立发送助手线程。
- 针对目标张量进行处理。
- 如果只有前向传播，则需要补齐确认（ack）。

start_helper_threads() 函数的部分代码如下。

```
# 为接收和发送的每个张量建立队列
for input_name in self.receive_ranks:
    if input_name in self.target_tensor_names or input_name == "ack":
        continue

    for i in range(len(self.receive_ranks[input_name])):
        if not forward_only:
            self.start_helper_thread(
                self.send_helper_thread_args,
                send_helper_thread,
```

```
            [input_name, i, True],
            num_iterations_for_backward_threads)
    self.start_helper_thread(
        self.recv_helper_thread_args,
        recv_helper_thread,
        [input_name,
         i,
         self.training_tensor_dtypes[input_name],
         False],
        num_iterations_for_backward_threads)
```

具体线程建立函数如下（注意，此处函数名称与start_helper_threads()不同）。

```
def start_helper_thread(self, args_func, func, args_func_args, num_iterations):
    args_func_args += [num_iterations]
    args = args_func(*args_func_args)  # 使用函数来获取对应的参数
    helper_thread = threading.Thread(target=func,  # 用线程主函数来执行线程
                                     args=args)
    helper_thread.start()
```

recv_helper_thread 和 send_helper_thread 是接收助手线程和发送助手线程，分别调用 recv() 函数和 send() 函数完成具体工作，具体代码如下。

```
def recv_helper_thread(queue, counter, local_rank, tensor_name,
                       src_rank, tag, tensor_shape, dtype,
                       sub_process_group, num_iterations):
    torch.cuda.set_device(local_rank)
    # 本方法将在一个daemon助手线程中运行
    for i in range(num_iterations):
        tensor = _recv(
            tensor_name, src_rank, tensor_shape=tensor_shape,
            dtype=dtype, tag=tag,
            sub_process_group=sub_process_group)
        queue.add(tensor)
    counter.decrement()

def send_helper_thread(queue, counter, local_rank, tensor_name,
                       src_rank, dst_rank, tag,
                       sub_process_group, num_iterations):
    torch.cuda.set_device(local_rank)
    # 本方法将在一个daemon助手线程中运行
    for i in range(num_iterations):
        tensor = queue.remove()
        _send(tensor, tensor_name, src_rank, dst_rank,
              tag=tag,
```

```
            sub_process_group=sub_process_group)
counter.decrement()
```

回忆一下，在 create_process_groups()函数中有如下代码（此处给每一个 tag 设定了进程组，在助手线程中要利用这些进程组来完成逻辑）。

```
if tag not in self.process_groups[min_rank][max_rank]:
    sub_process_group_fwd = dist.new_group(ranks=[min_rank, max_rank])
    sub_process_group_bwd = dist.new_group(ranks=[min_rank, max_rank])
    self.process_groups[min_rank][max_rank][tag] = {
        'forward': sub_process_group_fwd,
        'backward': sub_process_group_bwd
    }
```

对线程主函数参数的获取是通过 recv_helper_thread_args()函数和 send_helper_thread_args()函数来完成的。下面用 send_helper_thread_args()函数举例，基本逻辑如下。

- 利用张量名字获取到对应的 rank。
- 利用张量名字获取到对应的 tag。
- 使用 tag 获取对应的进程组。
- 利用张量名字和索引得到对应的队列。
- 返回参数。

11.2.3 发送和接收

send()和 recv()这两个功能函数用来完成流水线 RPC 逻辑。此处有一个通过队列完成的解耦合，具体如下。

- send()函数和 recv()函数会往队列里面添加或者提取张量。
- 助手线程会调用_recv()函数和_send()函数向队列添加或者提取张量。

在队列的实现过程中，无论是 add()函数还是 remove()函数都使用了 threading.Condition，这说明几个线程可以在队列上通过 add()函数和 remove()函数实现等待。

发送功能的逻辑如下。

① 训练代码调用 StageRuntime.run_backward()函数。

② StageRuntime.run_backward()函数调用 StageRuntime.send_tensors_backward()函数发送张量 tensor_name。

③ send_tensors_backward()函数调用 CommunicationHandler.send()函数向 CommunicationHandler 的成员变量 backward_send_queues[tensor_name][index]添加张量，每个张量对应了若干个队列。

④ send()函数调用 backward_send_queues.add()函数，此处会通知阻塞在 backward_send_queues[tensor_name][index]队列上的 send_helper_thread()函数进行工作。

⑤ CommunicationHandler 的线程主函数 send_helper_thread() 之前就阻塞在 backward_send_queues[tensor_name][index]队列，此时 send_helper_thread()会调用 queue.remove() 函数从 backward_send_queues[tensor_name][index]中提取张量。

⑥ send_helper_thread()函数调用_send()函数发送张量。

⑦ _send 函数调用 dist.send()函数，dist.send()函数是 PyTorch 的 P2P API。

发送功能的逻辑如图 11-4 所示。

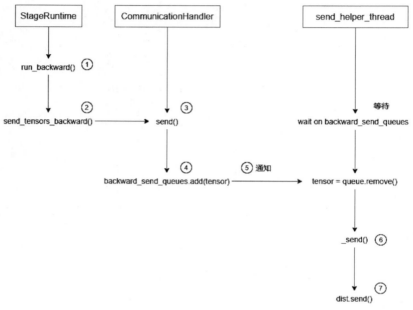

图 11-4

接收功能的逻辑如下。

① 在 StageRuntime 训练代码中调用 run_backward()函数。

② run_backward()函数调用 receive_tensors_backward()函数。

③ receive_tensors_backward()函数调用 self.gradients[output_name] = self.comm_handler.recv 获取梯度。CommunicationHandler 的 recv()成员函数会阻塞在 backward_receive_queues[tensor_name][index]上。

④ CommunicationHandler 的 recv_helper_thread 线程调用 recv()函数接收其他 stage 传来的张量。

⑤ _recv()函数调用 dist.recv()函数或者 dist.broadcast()函数接收张量。

⑥ _recv()函数向 backward_receive_queues[tensor_name] [index] 添加张量，这样就通知阻塞的 CommunicationHandler 的 recv()函数恢复工作。

⑦ CommunicationHandler 的 recv()函数会先从 backward_receive_queues[tensor_name] [index]中提取梯度，然后返回给 StageRuntime。

接收功能的逻辑如图 11-5 所示。

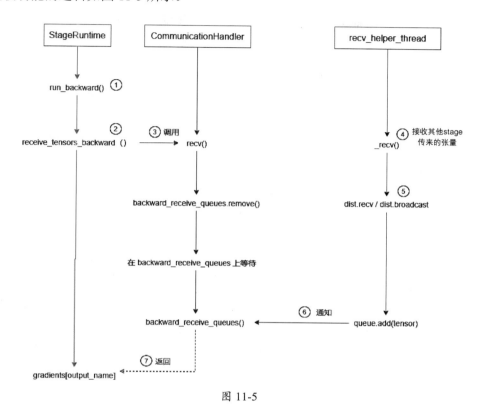

图 11-5

11.3 1F1B 策略

本节介绍 1F1B 策略，这是 PipeDream 最大的贡献之一。

11.3.1 设计思路

1. 挑战

PipeDream 的目标是以最小化总体训练时间的方式将流水线并行性、模型并行性和数据并行性结合起来。要使这种方法对大型 DNN 模型有效，获得流水线并行化训练的潜在收益，PipeDream 就必须克服以下几个主要挑战。

（1）如何跨可用计算资源自动划分工作，即如何把模型的层分配到不同计算资源上。

（2）在确保训练任务向前推进的同时，如何调度计算以达到最大化吞吐量的目的。

（3）面对流水线带来的异步性，如何确保训练有效。

1F1B 就对应了（2）（3）两个挑战，该策略可以解决缓存激活的份数问题，使得激活的缓存数量只跟 stage 数量相关，从而进一步节省显存数量。

2. 思路

下面剖析一下 1F1B 策略的思路。

1F1B 策略的终极目的是减少激活的缓存数量，降低显存占用率，从而可以训练更大的模型。1F1B 策略需要解决的问题是：即便使用了 Checkpointing 技术，前向计算的激活也需要等到对应的反向计算完成之后才能释放。1F1B 策略的解决思路是尽量减少每个激活的保存时间，这就需要每个小批量数据尽可能早地完成反向计算，从而让每个激活尽早释放。注意，PipeDream 中使用的术语是小批量，这与其他框架不同（其他框架使用"微批量"这个术语）。

1F1B 策略的解决方案如下。

- 让最后一个 stage 在做完一次小批量数据的前向传播之后立即做该小批量数据的反向传播，这样就可以让其他 stage 尽可能早地开始反向传播计算。1F1B 策略类似于把整体同步操作变成在众多小数据块上的异步操作，众多小数据块都是独立更新的。
- 在稳定状态下，1F1B 策略会在每台机器上严格交替进行前向计算和反向计算，这样使得每个 GPU 上都会有一个小批量数据正在处理，从而保证资源的高利用率。
- 面对流水线带来的异步性，1F1B 策略使用不同版本的权重来确保训练的有效性。
- PipeDream 又扩展了 1F1B 策略，对于使用数据并行的 stage，采用 Round-Robin 的调度模式将任务分配在同一个 stage 的各个设备上，保证了一个批量数据的前向传播计算和反向传播计算发生在同一台机器上，这就是 1F1B-RR。

实际上，1F1B 策略就是把一个小批量数据的同步操作变为了众多微批量数据的异步操作，计算完一个微批量数据立刻进行反向计算，在一个微批量数据的反向计算结束之后就更新对应 Worker 的梯度。所有 Worker 都一起运行起来，可以理解为从 BSP 执行变成了 ASP 执行，即 GPipe 是同步更新梯度，PipeDream 是异步更新梯度。图 11-6 是实施了 1F1B 的流水线（见彩插）。

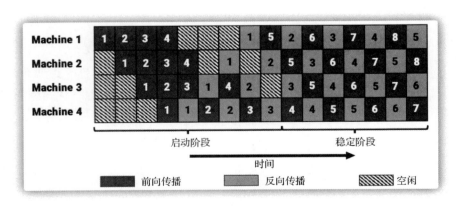

图 11-6

图片来源：论文 *PipeDream: Generalized Pipeline Parallelism for DNN Training*

- 把一个小批量数据分成多个微批量数据，比如把一个小批量数据分成 1、2、3、4 这 4 个微批量数据。把多个微批量数据逐一插入流水线。
- Machine 1 先计算蓝色 1 的前向传播，然后把蓝色 1 发送给 Machine 2 继续计算。
- Machine 2 先计算蓝色 1 的前向传播，然后把蓝色 1 发给 Machine 3 继续计算。
- 当蓝色 1 由上至下遍历了 Machine 1~Machine 4 时，就完成了全部前向传播，于是开始进行反向传播，对应了第一个绿色 1，然后做反向传播到 Machine 3~Machine 1。
- 当数据 1 完成了全部反向传播时，绿色 1 就来到了 Machine 1。
- 当每个 Machine 都完成自己微批量数据的反向传播之后，会在本地进行梯度更新。
- 由于 Machine 之间只传送梯度和激活的一个子集，因此通信量较小。

图 11-6 给出了流水线的启动阶段和稳定阶段，接下来以一次训练为例进行说明。下面介绍一个名词——NOAM（活动小批量数目），其是基于算法生成的分区，为了在稳定状态下保持流水线满负荷，每个输入级副本所允许的最小批处理数是 NUM_OPT_ACTIVE_MINIBATCHES (NOAM) = ⌈ (# machines) / (# machines in the input stage) ⌉。

图 11-6 也显示了流水线的相应计算时间线，因为每个流水线有 4 个 stage 在不同机器上运行，所以此配置的 NOAM 为 4。下面具体分析一下运行步骤。

- 在训练的启动阶段，输入 stage 先读入足够多小批量的数据（就是 NOAM 个数据），以保证流水线在稳定 stage 时各个设备上都有相应的工作在处理。对于图 11-6，就是输入 stage 发送 4 个小批量数据传播到输出 stage。
- 一旦输出 stage 完成第一个小批量数据的前向传播（Machine 4 第一个蓝色 1），就开始对同一个小批量数据执行反向传播（Machine 4 的第一个绿色 1）。
- 开始交替执行后续小批量数据的前向传播和反向传播（Machine 4 的 2 前、2 后、3 前、3 后……）。
- 当反向传播过程开始传播到流水线中的早期 stage 时（就是 Machine 3~Machine 1），每个 stage 开始在不同小批量的前向和反向传播过程之间交替进行。

在稳定状态下，每台机器都对一个小批量进行前向传播或反向传播。

11.3.2 权重问题

流水线训练模式会造成几种参数不一致，因为 1F1B 流水线实际上是 ASP 计算，没有协调会导致运行混乱。接下来分析流水线的几个问题。

流水线第一个问题是，在单机执行情况下，当计算第二个小批量的时候，需要基于第一个小批量更新之后的模型来计算。但是在流水线情况下，如图 11-7 所示（见彩插），对于 Machine 1，当第二个小批量开始的时候（红色圆圈的深蓝色 2 号），第一个小批量的反向传播（最下面一行的绿色 1 号格）还没有开始。

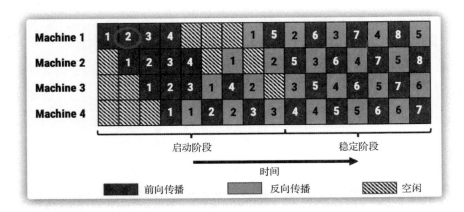

图 11-7

流水线第二个问题如图 11-8 所示（见彩插）。对于 Machine 2，当它进行第 5 个小批量数据的前向传播时（第二行蓝色 5），会基于更新两次的权重进行前向计算（第二行蓝色 5 之前有两个绿色格子，意味着权重被更新了两次）。

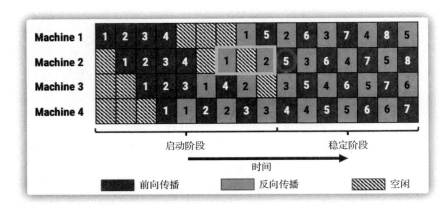

图 11-8

在进行第 5 个小批量数据的反向传播（第二行浅绿色 5）时，用到的权重是更新了 4 次的（第二行前面浅绿色的 1、2、3、4，一共会更新 4 次权重），具体如图 11-9 所示（见彩插）。前向基于两次更新，反向基于 4 次更新，这与单节点深度学习假设冲突，会导致训练效果下降。

上述两个问题的根本原因在于，在一个 PipeDream 原生流水线中，每个 stage 的前向传播都使用某一个版本的参数来执行，而反向传播则使用另一个不同版本的参数来执行，即同一个小批量数据的前向传播和反向传播使用的参数不一致。

第三个问题是在前向传播过程中，当每个机器计算的时候，其基于权重被更新的次数不同，或者说同一个小批量数据在不同 stage 做同样操作（同样做前向传播或者同样做反向传播）使用的参数版本不一致。比如图 11-10 中（见彩插）的第 5 个小批量数据（深蓝色的 5），在 Machine 1 计算 5 的时候，基于权重是更新一次的（其前面有一个绿色），但是在 Machine 2 计算 5 的时候，基于权重是更新两次的（其前面有两个绿色）。

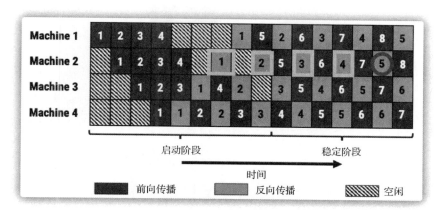

图 11-9

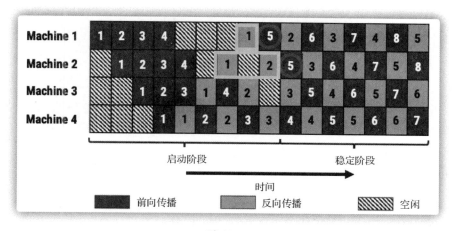

图 11-10

为解决上述三个问题，PipeDream 采用了 Weight Stashing（针对前两个问题）和 Vertical Sync（针对第三个问题）两种技术，分别介绍如下。

- Weight Stashing。此技术确保相同输入的前向和反向传播中使用相同的权重版本。每个机器多备份几个版本的权重，前向传播用哪个版本的权重计算，反向传播也用该版本的权重计算。具体来说就是在计算前向传播之后，会将该计算参数保存下来用于同一个小批量数据的反向计算。Weight Stashing 虽然可以确保在一个 stage 内，相同版本的模型参数被用于给定小批量数据的向前和向后传播，但是不能保证跨 stage 之间的、一个给定的小批量数据使用模型参数的一致性。

- Vertical Sync。每次进行前向传播的时候，每个机器基于更新最少的权重来计算。具体来说，在每个小批量数据进入流水线时都使用输入 stage 最新版本的参数，并且参数的版本号会伴随该小批量数据整个生命周期，各个 stage 都使用同一个版本的参数做前向和反向传播（而不像 Weight Stashing 那样都使用最新版本的参数），从而实现了 stage 间的参数一致性。

1. Weight Stashing

我们以图 11-11 为例来对 Weight Stashing 进行说明（见彩插）。

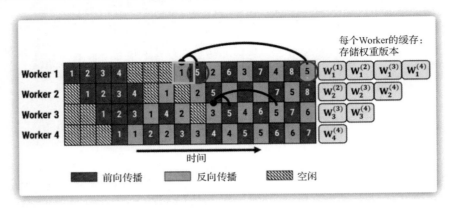

图 11-11

Worker 1、Worker 2……各自有自己的权重，记为 W_1、W_2……即图 11-11 中的 $W_i^{(j)}$，下标 i 表示第 i 个 Worker，上标（j）表示第 j 个小批量数据。在一个 stage（每一个 Worker）中：

- 每一次反向传播都会导致权重更新，下一次的前向传播使用最新版本的可用权重。即每个 Worker 的权重在出现一个新的绿色反向传播之后会被更新。接下来的新操作应该基于此新权重。
- 在计算前向传播之后，会将该前向传播使用的权重保存下来用于同一个小批量数据的反向计算。
- Weight Stashing 确保在一个 stage 内，相同版本的模型参数被用于给定小批量数据的前向和反向传播。

在图 11-11 中，Worker 1 第一行的蓝色 5 依赖于它前面同一行的绿色 1。当 Worker 1 所在行的第一个绿色 1 结束时，代表了小批量 1 完成了本次流水线的 4 次前向传播和 4 次反向传播，Worker 得到了一个新版本的权重，即 $W_1^{(1)}$。由于 Worker 1 的两个小批量 5（蓝色前向和绿色反向）都应该基于新版本 $W_1^{(1)}$ 计算，因此需要记录下来新版本 $W_1^{(1)}$。

当 Worker 1 的第一行绿色 2 结束时，意味着小批量 2 完成了本次流水线的 4 次前向传播和 4 次反向传播，Worker 1 又得到了一个新版本的权重。此时由于新进入流水线的第一行的小批量 6 的前向传播和图 11-11 中未标出的绿色反向传播都应该基于新版本的权重计算，因此 Worker 1 需要记录下来新版本权重 $W_1^{(2)}$。同理，Worker 2 第二行的蓝色 5 依赖于它前面同一行的绿色 2，因此 Worker 2 需要记录下来新版本权重 $W_2^{(2)}$。

我们再来看 Worker 3。当运行第三行的蓝色 5 时，Worker 3 应该执行过 4 次前向传播（Worker 3 上的蓝色 1、2、3、4）和 3 次反向传播（Worker 3 上绿色的 1、2、3）。因此当执行小批量 5 的前向传播的时候，Worker 3 的权重已经更新（被小批量 3 的绿色更新），得到 $W_3^{(3)}$，所以 Worker 3 需要记录下来即得到 $W_3^{(3)}$，为以后小批量 5 的反向传播更新使用。

于是我们得到：Worker 1 需要记录 $W_1^{(1)}, W_1^{(2)}, W_1^{(3)}, W_1^{(4)}, \cdots$ 就是 Worker 1 对应小批量 1、2、3、4 的各个权重，其他 Worker 以此类推。

2. Vertical Sync

接下来我们分析 Vertical Sync。

目前的问题是 Worker 1 上计算小批量 5 的前向传播用的是 Worker 1 反向传播之后的参数，但 Worker 2 上计算小批量 5 使用 Worker 2 反向传播之后的参数，这样在最后汇总的时候会造成混乱。

Vertical Sync 的工作机制是：每个进入流水线的小批量(b_i) 都与其进入流水线输入 stage 时的最新权重版本 $w^{(i-x)}$ 相联系。当小批量数据在流水线前向传播 stage 前进的时候，此版本信息随着激活值和梯度一起流动。在所有 stage 中，b_i 的前向传播使用保存的 $w^{(i-x)}$ 来计算，而不是像 Weight Stashing 那样都使用最新版本的参数。在使用保存的 $w^{(i-x)}$ 计算反向传播之后，每个 stage 独立应用权重更新，先创建最新权重 $w^{(i)}$，再删除 $w^{(i-x)}$。

下面用图 11-12（见彩插）来说明。Vertical Sync 强制所有 Worker 在计算小批量 5 的时候都用本 Worker 做小批量 1 反向传播之后的参数。具体来说就是：对于 Worker 2，忽略绿色 2 更新的权重，使用本 stage 绿色 1 来做 5 的前向传播。

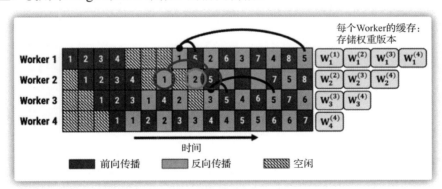

图 11-12

同理，对于 Worker 3，Vertical Sync 忽略绿色 2、3 两次更新之后的权重，使用本 stage 绿色 1（1 反向传播之后，更新的本 stage 权重）的权重来做蓝色 5 的前向传播。对于 Worker 4，Vertical Sync 使用本 stage 绿色 1（1 反向传播之后，更新的本 stage 权重）的权重来做蓝色 5 的前向传播，即所有 Worker 都使用绿色 1 更新一次之后的权重，具体得到了图 11-13（见彩插）。

但是，这样的同步方式会导致很多计算资源浪费。比如蓝色 5 更新时用绿色 1 的权重，导致 2、3、4 反向传播的权重都是无效计算，所以默认不使用 Vertical Sync。这样虽然每层不完全一致，但是由于 Weight Stashing 的存在，所以也可以保证所有的参数都是有效的。

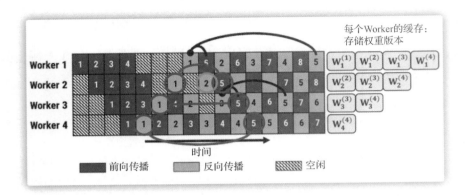

图 11-13

11.3.3 实现

下面依然用 runtime/translation/main_with_runtime.py 来分析,其 main() 函数会调用 train(train_loader, r, optimizer, epoch) 函数来完成训练。

我们分析训练函数 train() 如何实现。

- 首先进入启动热身阶段,此处需要一直执行到完成第一个小批量数据的所有前向传播,对应图 11-6 的启动阶段。
- 然后开始交替执行后续小批量数据的前向传播和反向传播,从此时开始,进入稳定阶段,在每个 stage 中,对于每一个小批量数据进行如下操作:①实施前向传播,即 1F1B 之中的 1F,目的是把小批量推送到下游 Worker;②如果是最后 stage,则更新损失;③梯度清零;④加载保存的隐藏权重;⑤实施反向传播,即 1F1B 中的 1B;⑥恢复最新权重,即在本 step 内完成了 1F1B;⑦进行下一次 step。
- 最后进行剩余的反向传播,对应图 11-6 中热身阶段的前向传播。

```
def train(train_loader, r, optimizer, epoch):

    # switch to train mode
    n = r.num_iterations(loader_size=len(train_loader))
    if args.num_minibatches is not None:
        n = min(n, args.num_minibatches)
    r.train(n)
    if not is_first_stage(): train_loader = None
    r.set_loader(train_loader)

    end = time.time()
    epoch_start_time = time.time()

    if args.no_input_pipelining:
        num_warmup_minibatches = 0
    else:
```

```
        num_warmup_minibatches = r.num_warmup_minibatches

    # 启动热身 stage，需要一直执行到完成第一个小批量数据的所有前向传播，对应图 11-6 的启动状态
    for i in range(num_warmup_minibatches):
        r.run_forward() # 前向传播，就是 1F1B 中的 1F

    # 开始交替执行后续小批量的前向传播和反向传播，从此时开始，进入到图 11-6 的稳定状态
    for i in range(n - num_warmup_minibatches):
        r.run_forward() # 前向传播，就是 1F1B 中的 1F

        if is_last_stage(): # 最后 stage
            output, target, loss, num_tokens = r.output, r.target, r.loss.item(), r.num_tokens()
            losses.update(loss, num_tokens) # 更新损失
        else:
            # 省略度量信息

        # 进行反向传播
        if args.fp16:
            r.zero_grad() # 梯度清零
        else:
            optimizer.zero_grad() # 梯度清零

        optimizer.load_old_params() # 加载隐藏权重 (stash weight)

        r.run_backward() # 反向传播，就是 1B

        optimizer.load_new_params() # 恢复新的权重

        optimizer.step() # 下一次训练，同时更新参数

    # 最后剩余的反向传播，对应着热身阶段的前向传播
    for i in range(num_warmup_minibatches):
        optimizer.zero_grad()
        optimizer.load_old_params() # 加载隐藏权重
        r.run_backward() # 反向传播，就是 1B
        optimizer.load_new_params() # 恢复新的权重
        optimizer.step() # 下一次训练

    # 等待所有助手线程结束
    r.wait()
```

此处只给出前向传播代码示例，具体如下。

```
def run_forward(self, recompute_step=False):
    # Receive tensors from previous worker.
```

```python
    self.receive_tensors_forward() # 接收上一阶段的张量
    tensors = self.tensors[-1]

    self._run_forward(tensors) # 进行本阶段前向传播计算

    self.send_tensors_forward() # 发送给下一阶段
    self.forward_stats.reset_stats()
    self.forward_minibatch_id += 1

def _run_forward(self, tensors):
    # 得到 module 和对应的输入、输出
    modules = self.modules_with_dependencies.modules()
    all_input_names = self.modules_with_dependencies.all_input_names()
    all_output_names = self.modules_with_dependencies.all_output_names()

    # 遍历模块
    for i, (module, input_names, output_names) in \
            enumerate(zip(modules, all_input_names, all_output_names)):
        if i == (len(modules) - 1) and self.is_criterion:
            if self.model_type == SPEECH_TO_TEXT:
                output = tensors["output"].transpose(0, 1).float()
                output_sizes = tensors["output_sizes"].cpu()
                target = tensors["target"].cpu()
                target_sizes = tensors["target_length"].cpu()
                input0_size = tensors["input0_size"].cpu()
                module_outputs = [module(output, target, output_sizes,
target_sizes) / input0_size[0]]
            else:
                module_outputs = [module(tensors[input_name],
                                        tensors["target"])
                                for input_name in input_names]
                module_outputs = [sum(module_outputs)]
        else:
            module_outputs = module(*[tensors[input_name]
                                for input_name in input_names])
            if not isinstance(module_outputs, tuple):
                module_outputs = (module_outputs,)
            module_outputs = list(module_outputs)

        # 把计算结果放入 tensors 之中，这样后续就知道如何发送
        for (output_name, module_output) in zip(output_names, module_outputs):
            tensors[output_name] = module_output

    self.output = tensors[input_names[0]]
```

```python
    # 如果是最后阶段，则做处理
    if self.is_criterion and self.model_type == TRANSLATION:
        loss_per_batch = tensors[output_names[0]] * 
tensors[self.criterion_input_name].size(1)
        loss_per_token = loss_per_batch / tensors["target_length"][0].item()
        self.loss = loss_per_token
    elif self.is_criterion:
        self.loss = tensors[output_names[0]]
    else:
        self.loss = 1
```

Weight Stashing 具体逻辑由 OptimizerWithWeightStashing 类实现，即训练时调用了 load_old_params() 函数和 load_new_params() 函数，具体代码如下。

```python
class OptimizerWithWeightStashing(torch.optim.Optimizer):
    def __init__(self, optim_name, modules, master_parameters, model_parameters,
                 loss_scale, num_versions, verbose_freq=0, macrobatch=False,
                 **optimizer_args):
        self.modules = modules
        self.master_parameters = master_parameters
        self.model_parameters = model_parameters
        self.loss_scale = loss_scale

        if macrobatch:
            num_versions = min(2, num_versions)
        self.num_versions = num_versions
        self.base_optimizer = getattr(torch.optim, optim_name)(
            master_parameters, **optimizer_args)
        self.latest_version = Version()
        self.current_version = Version()
        self.initialize_queue()
        self.verbose_freq = verbose_freq
        self.batch_counter = 0

        if macrobatch:
            self.update_interval = self.num_versions
        else:
            self.update_interval = 1

    def initialize_queue(self):
        self.queue = deque(maxlen=self.num_versions)
        for i in range(self.num_versions):
            self.queue.append(self.get_params(clone=True))
        self.buffered_state_dicts = self.queue[0][0]  # 隐藏权重变量

    def load_old_params(self):
```

```python
        if self.num_versions > 1:
            self.set_params(*self.queue[0])  #找到最初的旧权重

    def load_new_params(self):
        if self.num_versions > 1:
            self.set_params(*self.queue[-1])  # 加载最新的权重

    def zero_grad(self):  # 用来 reset
        if self.batch_counter % self.update_interval == 0:
            self.base_optimizer.zero_grad()

    def step(self, closure=None):
        # 每 update_interval 个 steps 更新一次梯度
        if self.batch_counter % self.update_interval != self.update_interval - 1:
            self.batch_counter += 1
            return None

        # 省略代码

        self.latest_version = self.latest_version.incr()  # 因为多训练了一步，所以
增加版本号
        if self.num_versions > 1:
            self.buffered_state_dicts = self.queue[0][0]
            self.queue.append(self.get_params(clone=False))  # 把新的变量存进去

        self.batch_counter += 1
        return loss
```

模型并行

第 12 章 Megatron

NVIDIA Megatron 是一个基于 PyTorch 的分布式训练框架，用来训练超大规模语言模型，它通过综合应用数据并行、张量模型并行和流水线并行来复现 GPT3，值得我们深入分析其背后机理。本章通过对 NVIDIA Megatron 的分析讲解如何进行层内切分模型并行。

12.1 设计思路

本节对 Megatron 相关的两篇论文、一篇官方 PPT[①]进行分析学习，希望大家可以通过本节内容对 Megatron 设计思路有一个基本了解。

12.1.1 背景

训练大模型需要采用并行化来加速。使用硬件加速器来横向扩展（Scale Out）深度神经网络训练主要有两种模式：数据并行和模型并行。

1. 数据并行

数据并行扩展通常效果很好，但有两个限制：

- 超过某一个点之后，每个 GPU 的数据批量大小变得太小，这降低了 GPU 的利用率，增加了通信成本。
- 可使用的最大设备数就是批量大小数量，这限制了可用于训练的加速器数量。

人们会使用一些内存管理技术［如激活检查点（Activation Checkpointing）］来克服数据并行的这种限制，也会通过使用模型并行对模型进行分区来消除这两个限制，使得权重及其关联的优化器状态不需要同时驻留在处理器上。

2. 模型并行

如果可以先对模型进行有意义的切分，然后分段加载并且传送到参数服务器上，同时算法也支持分段并行处理，那么理论上就可以进行模型并行。我们可以把模型分为线性模型和非线性模型（神经网络）。

（1）线性模型

针对线性模型，我们可以把模型和数据按照特征维度进行划分，将其分配到不同的计算节点上。每个节点的局部模型参数计算都不依赖于其他维度的特征，彼此相对独立，不需要与其他节点进行参数交换。这样就可以在每个计算节点上分别采用梯度下降优化算法来优化，

[①] *Megatron-LM: Training Multi-Billion Parameter Language Models Using Model Parallelism*。
Efficient Large-Scale Language Model Training on GPU Clusters Using Megatron-LM。
Training Multi-Billion Parameter Language Models with Megatron。

进行模型并行处理。某些机器学习问题,如矩阵因子化、主题建模和线性回归,由于使用的批量大小不是非常大,从而提高了统计效率,因此模型并行通常可以实现比数据并行更快的训练。

(2)非线性模型(神经网络)

神经网络模型与传统机器学习模型不同,具有如下特点:

- 深度学习的计算本质上是矩阵运算,这些矩阵保存在 GPU 显存之中。
- 神经网络具有很强的非线性,参数之间有较强的关联依赖。
- 因为过于复杂,所以神经网络需要较高的网络带宽来完成节点之间的通信。

神经网络可以分为层间切分和层内切分。

- 层间切分:可以对神经网络进行横向按层划分。每个计算节点只先计算本节点分配到的层,然后通过 RPC 将参数传递到其他节点上进行参数的合并。
- 层内切分:如果矩阵过大,一张显卡无法加载整个矩阵,就需要把一个大矩阵拆分放置到不同的 GPU 上计算,每个 GPU 只负责模型的一部分。从计算角度来看,这就是对矩阵进行分块拆分处理。

神经网络这两种切分方式对应的就是两种模型并行方式(模型切分的方式):流水线并行和张量模型并行。①

- 流水线并行(也叫层间并行):把模型不同的层放到不同的设备上,比如把前面几层放到第一个设备上,把中间几层放到第二个设备上,把最后几层放到第三个设备上。
- 张量模型并行(也叫层内并行):张量模型并行是层内切分,即切分某一层,并放到不同的设备上。也可以理解为把矩阵运算分配到不同的设备上,比如把某个矩阵乘法切分成多个矩阵乘法,从而放到不同的设备上。

具体如图 12-1 所示(见彩插),上面是层间并行,纵向切一刀,把前面三层放到第一个 GPU 上,把后面三层放到第二个 GPU 上;下面是层内并行,横向切一刀,把每个张量分成两块,放到不同的 GPU 上。

层间切分与层内切分同时存在,是正交和互补的(Orthogonal and Complimentary),如图 12-2 所示(见彩插)。

(3)通信

接下来分析模型并行的通信状况。

- 流水线并行:通信发生在流水线 stage 相邻的切分点上,类型是 P2P 通信,单次通信数据量较少但是比较频繁。
- 张量模型并行:通信发生在每层的前向传播和反向传播过程之中,通信类型是 All-Reduce 或者 All-Gather,不但单次通信数据量大,而且通信频繁。

---

① Megatron 团队在论文 *Reducing Activation Recomputation in Large Transformer Models* 中提出了模型并行的新方式:序列并行(Sequence Parallelism),有兴趣的读者可以深入研究。

由于张量模型并行一般都在同一个机器之上进行，因此可以通过 NVLink 来加速，流水线并行则一般通过 Infiniband 交换机进行连接。

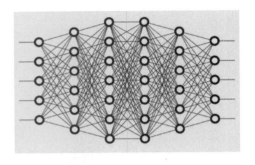

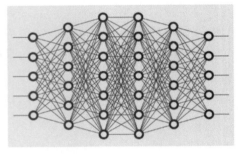

图 12-1

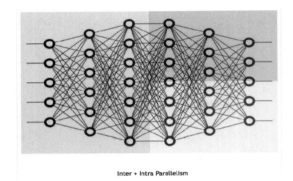

图 12-2

12.1.2 张量模型并行

1. 原理

我们用 GEMM 来分析如何进行模型并行，假设此处要进行的是 $XA = Y$，对于模型来说，X 是输入，A 是权重，Y 是输出。从数学原理上来看，对于线性层就是先把矩阵分块进行计算，然后把结果合并，对于非线性层则不做额外设计。

（1）行间并行（Row Parallelism）

Row Parallelism 把 A 按照行切分为两部分。为了保证运算，我们也把 X 按照列切分为两部分，此处 X_1 的最后一个维度等于 A_1 的第一个维度，理论上的计算公式如下：

$$XA = \begin{bmatrix} X_1 & X_2 \end{bmatrix} \begin{bmatrix} A_1 \\ A_2 \end{bmatrix} = X_1 A_1 + X_2 A_2 = Y_1 + Y_2 = Y$$

所以，X_1 和 A_1 就可以被放到第一个 GPU 上计算，X_2 和 A_2 可以被放到第二个 GPU 上计算，然后把结果相加，如图 12-3 所示（见彩插）。

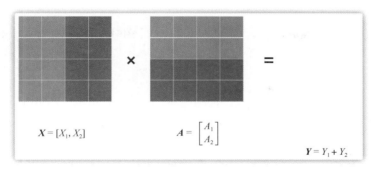

图 12-3

行间并行计算分别得出绿色的 Y_1 和蓝色的 Y_2，此时可以把 Y_1 和 Y_2 加起来得到最终输出 Y，具体如图 12-4 所示（见彩插）。

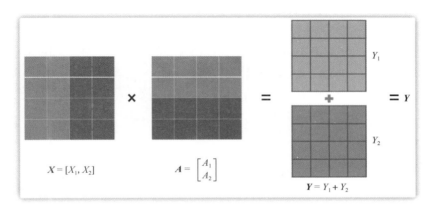

图 12-4

（2）列间并行（Column Parallelism）

我们接下来分析另外一种并行方式 Column Parallelism，就是把 A 按照列来切分，具体如图 12-5 所示（见彩插）。

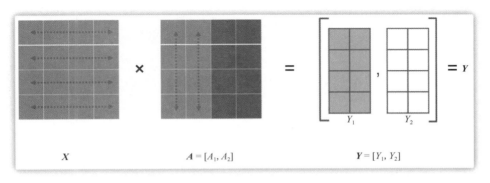

图 12-5

最终计算结果如图 12-6 所示（见彩插）。注意，列并行是将 Y_1, Y_2 进行拼接，行并行则是把 Y_1, Y_2 相加。

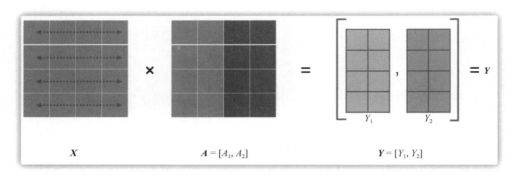

图 12-6

2. 模型并行 Transformer

我们接下来分析如何对 Transformer 进行模型并行。此处模型并行特指层内切分，即张量模型并行（Tensor Model Parallel）。

Transformer 本质上是大量的矩阵计算，所以适合 GPU 并行操作。Transformer 层由一个掩码多头自注意力块（Masked Multi-head Self Attention）和前馈网络（Feed Forward）两部分构成，前馈网络是一个两层的多层感知机（MLP），第一层是从 H 变成 4H，第二层是从 4H 变回到 H。

（1）切分 Transformer

分布式张量计算是一种正交且通用的方法，将张量操作划分到多个设备上以加速计算或增加模型大小。Megatron 采用了与 Mesh TensorFlow 相似的见解，并利用 Transformer 注意力头（Attention Head）的计算并行性来并行化 Transformer 模型。然而，Megatron 没有实现模型并行性的框架和编译器，而是对现有的 PyTorch Transformer 实现进行了一些有针对性的修改。Megatron 的方法很简单，不需要任何新的编译器或代码重写，只是通过插入一些简单的原语来实现，即 Megatron 把掩码多头自注意力块和前馈部分都进行切分以并行化，利用 Transformer 网络的结构，通过添加一些同步原语来创建一个简单的模型并行实现。

（2）切分 MLP

我们从 MLP 块开始分析。MLP 块的第一部分是 GEMM，后面是 GeLU：

$$Y = \text{GeLU}(XA)$$

并行化 GEMM 的一个选项是沿行方向切分权重矩阵 A，沿列切分输入 X：

$$X = [X_1 \quad X_2], A = \begin{bmatrix} A_1 \\ A_2 \end{bmatrix}$$

于是分区的结果就变成 $Y = \text{GeLU}(X_1 A_1 + X_2 A_2)$，括号中的每一项都可以在一个独立的 GPU 上计算，然后通过 All-Reduce 操作完成求和操作。既然 GeLU 是一个非线性函数，那么就有 $\text{GeLU}(X_1 A_1 + X_2 A_2) \neq \text{GeLU}(X_1 A_1) + \text{GeLH}(X_2 A_2)$，所以这种方案需要在 GeLU 函数之前加上一个同步点，此同步点可以让不同的 GPU 之间交换信息。

另一个选项是沿列拆分 A，得到 $A=[A_1, A_2]$。该分区允许 GeLU 非线性独立应用于每个分区 GEMM 的输出：

$$[Y_1 \quad Y_2] = [\text{GeLU}(XA_1), \text{GeLU}(XA_2)]$$

此方法更好，因为它删除了同步点，直接把两个 GeLU 的输出拼接在一起。因此，我们以列并行方式来划分第一个 GEMM，并沿其行切分第二个 GEMM，以便它直接获取 GeLU 层的输出，而不需要任何其他通信（比如不再需要 All-Reduce），如图 12-7 所示（见彩插）。

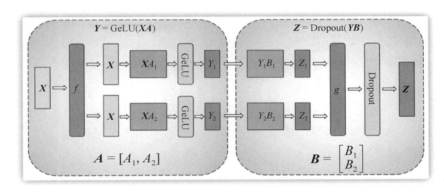

图 12-7

图 12-7 中的第一个部分是 GeLU 操作，第二个部分是 Dropout 操作，具体逻辑如下。

1. MLP 的整个输入 X 通过 f 算子放置到每一块 GPU 上。

2. 对于第一个全连接层做如下操作。

（1）使用列切分，把权重矩阵切分到两块 GPU 上，得到 A_1, A_2。

（2）在每一块 GPU 上进行矩阵乘法运算得到第一个全连接层的输出 Y_1 和 Y_2。

3. 对于第二个全连接层做如下操作。

（1）使用行切分，把权重矩阵切分到两个 GPU 上，得到 B_1, B_2。

（2）前面输出 Y_1 和 Y_2 正好满足需求，直接可以和 B 的相关部分（B_1, B_2）做相关计算，不需要通信或者其他操作，就得到了 Z_1, Z_2，分别位于两个 GPU 上。

4. Z_1, Z_2 通过 g 算子做 All-Reduce（这是一个同步点），再通过 Dropout 得到了最终的输出 Z。

在 GPU 上，第二个 GEMM 的输出在传递到 Dropout 层之前进行归约。这种方法将 MLP 块中的两个 GEMM 跨 GPU 进行拆分，并且只需要在前向过程中进行一次 All-Reduce 操作（g 算子）和在反向过程中进行一次 All-Reduce 操作（f 算子）。这两个操作符是彼此共轭体，只需几行代码就可以在 PyTorch 中实现。作为示例，f 算子的实现如图 12-8 所示，g 算子类似于 f 算子，在反向函数中使用 Identity 算子，在前向函数中使用 All-Reduce 操作。

```
class f(torch.autograd.Function):
    def forward(ctx, x):
        return x
    def backward(ctx, gradient):
        all_reduce(gradient)
        return gradient
```

图 12-8

（4）切分自注意力块（Self-Attention）

此部分的切分如图 12-9 所示（见彩插），这是具有模型并行性的 Transformer 块。f 算子和 g 算子是共轭的。f 算子在前向传播中使用一个 Identity 算子，在反向传播之中使用了 All-Reduce，而 g 算子在前向传播之中使用了 All-Reduce，在反向传播中使用了 Identity 操作。

- 对于自注意力块，Megatron 利用了多头注意力操作中固有的并行性，以列并行方式对与键（K）、查询（Q）和值（V）相关联的 GEMM 进行分区，从而在一个 GPU 上本地完成与每个注意力头对应的矩阵乘法。这使我们能够在 GPU 中切分每个注意力头的参数和工作负载，让每个 GPU 得到部分输出。

- 对于后续的全连接层，因为每个 GPU 上有了部分输出，所以对于权重矩阵 B 就按行切分，与输入的 Y_1, Y_2 进行直接计算，然后通过 g 算子之中的 All-Reduce 操作和 Dropout 得到最终结果 Z。

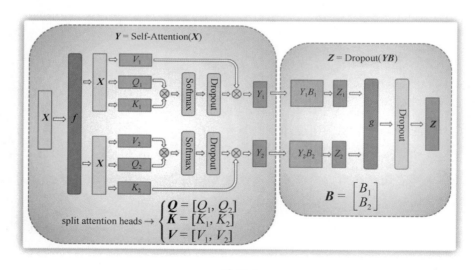

图 12-9

（5）通信

来自线性层（在自注意力层之后）输出的后续 GEMM 会沿着其行实施并行化，并直接获取并行注意力层的输出，而不需要 GPU 之间的通信。这种用于 MLP 和自注意层的方法融合了两个 GEMM 组，消除了中间的同步点，从而产生更好的伸缩性。这使我们只需在前向路径中使用两个 All-Reduce，在反向路径中使用两个 All-Reduce，就能够在一个简单的 Transformer

层中执行所有 GEMM。图 12-10 给出了 Transformer 层中的通信操作，在一个单模型并行 Transformer 层的前向和反向传播中总共有 4 个通信操作（见彩插）。

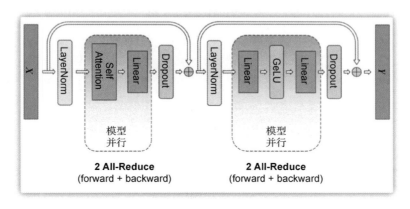

图 12-10

（6）小结

Megatron 的模型并行方法旨在减少通信和控制 GPU 计算范围。我们不是让一个 GPU 计算 Dropout（暂退法）、Layer Normalization（层规范化）或 Residual Connection（残差连接），并将结果广播给其他 GPU，而是选择跨 GPU 复制计算。由于模型并行性与数据并行性是正交的，因此 Megatron 可以同时使用二者来训练大型模型。图 12-11 显示了一组用于混合模型并行和数据并行性的 GPU。这是混合模型和数据并行的 GPU 分组，具体是 8 路模型并行和 64 路数据并行（见彩插）。

- 一个模型需要占据 8 张卡，模型被复制了 64 份，一共启动了 512 个进程。
- 模型并行。同一服务器内的多个 GPU 形成模型并行组（Model Parallel Group），例如图中的 GPU 1 到 GPU 8，并包含分布在这些 GPU 上的模型实例。其余的 GPU 可能位于同一台服务器内，也可能位于其他服务器内，它们运行其他模型并行组。每个模型并行组内的 GPU 执行组内所有 GPU 之间的 All-Reduce。
- 数据并行。在每个模型并行组中具有相同位置的 GPU（例如图中的 GPU 1，9，…，505）形成数据并行组（Data Parallel Group），即具有相同模型参数的进程被分配到同一个数据并行组之中。对于数据并行，All-Reduce 操作在每个模型并行组中选取一个特定 GPU 来执行。
- 所有通信都是通过 PyTorch 调用 NCCL 来实现的。

在反向传播过程中，Megatron 并行运行多个梯度 All-Reduce 操作，以归约每个不同数据并行组中的权重梯度。所需 GPU 的总数是模型和数据并行组数量的乘积。

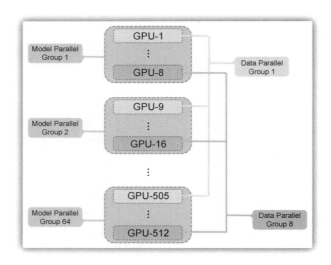

图 12-11

12.1.3 并行配置

我们接着看 Megatron 混合使用各种并行的经验。

- 经验 1：对于模型并行，如果使用 g 个 GPU 服务器，则通常应该先把张量模型并行度控制在 g 之内，然后使用流水线模型并行来跨服务器扩展到更大的模型。
- 经验 2：当使用数据和模型并行，总的模型并行大小应该为 $M = t \cdot d$（t 是张量模型并行度，d 是数据并行度），这样模型参数和中间元数据可以放入 GPU 内存。数据并行性可用于将训练扩展到更多 GPU。
- 经验 3：最佳微批量大小 b 取决于模型的吞吐量和内存占用特性，以及流水线深度 p、数据并行度 d 和批量大小 B。

12.1.4 结论

Megatron 使用了 PTD-P（节点间流水线并行、节点内张量模型并行和数据并行）来训练大小模型。

- 张量模型并行被用于节点内（intra-node）的 Transformer 层，这样在 HGX based 系统上可以高效运行。
- 流水线模型并行被用于节点间（inter-node）的 Transformer 层，这样可以有效利用集群中多网卡设计。
- 数据并行则在前两者基础之上进行加持，使得训练可以扩展到更大规模和更快的速度。

12.2 模型并行实现

本节分析 Megatron 如何实现模型并行。模型并行通过对模型进行各种分片来克服单个处理器内存限制，这样模型权重和其关联的优化器状态可以被分发到多个设备之上。

ParallelTransformerLayer 类就是对 Transformer 层的并行实现。

12.2.1 并行 MLP

ParallelTransformerLayer 类中包含了 Attention 和 MLP,由于篇幅所限,本书主要对 MLP 进行分析,即分析 ParallelMLP 类。

1. 问题

首先分析 ParallelMLP 类遇到的问题。

Megatron 的并行 MLP 包含了两个线性层,第一个线性层实现了 hidden size 到 4 乘以 hidden size 的转换,第二个线性层实现了从 4 乘以 hidden size 转换回 hidden size。具体 MLP 的逻辑如图 12-12 所示。

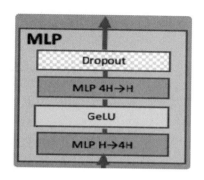

图 12-12

于是实现中的焦点问题是:如何把这两种线性层切开到不同的 GPU 卡上?

ParallelMLP 类采用了论文中的第二种方案:沿列拆分 A,得到 $A=[A_1,A_2]$。该分区允许非线性的 GeLU 独立应用于每个分区 GEMM 的输出:

$$[Y_1 \quad Y_2] = [\text{GeLU}(XA_1), \text{GeLU}(XA_2)]$$

然后我们再深入分析一下为何选择此方案。按照常规逻辑,MLP 的前向传播应该分为两个阶段,分别对应了图 12-13 中最上面两行:

- 第一行先把参数 A 按照列切分,然后把结果按照列拼接起来,得到的就是与不使用并行策略完全等价的结果。
- 第二行在第一行的基础上继续工作,把激活 Y 按照列切分,参数 B 按照行切分做并行,最后把输出做加法,得到 Z。

但是每个切分都会导致两次额外的通信(前向传播和反向传播各一次,下面只针对前向传播进行说明)。因为对于第二行来说,由于其输入 Y 的本质是由 XA_1、XA_2 并行聚集完成的,所以为了降低通信量,我们可以把数据通信延后或者干脆取消通信,就是把第一行最后的 All-Gather 和第二行最初的切分省略,这其实就是数学上的传递性和结合律(局部之和为全局和）。于是我们就得到了图 12-13 的下半部分，也就是论文之中的第二种方案。

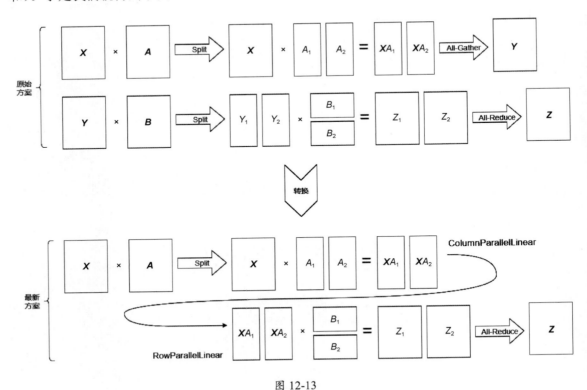

图 12-13

结合代码，就是：

- ColumnParallelLinear 类实现了 MLP 的前半部分或者考虑了此线性层独立使用的情况。可以认为是图 12-13 中"最新方案"的第一行。
- RowParallelLinear 类实现了 MLP 的后半部分或者考虑了此线性层独立使用的情况。可以认为是图 12-13 中"最新方案"的第二行。

ParallelMLP 类的主要作用是把 ColumnParallelLinear 和 RowParallelLinear 这两个类结合起来。

2. 初始化

megatron/model/transformer.py 之中 ParallelMLP 类的初始化代码如下：

- 首先定义了一个 ColumnParallelLinear 类用来进行第一个 H 到 4 H 的转换。
- 然后接一个 GeLU 层。
- 接着用 RowParallelLinear 执行 4H 到 H 的转换。

Dropout 操作在上面 ParallelTransformerLayer 类的前向操作中进行。所以，MLP 大致如图 12-14 所示，此处 A 和 B 是各自的权重矩阵。

图 12-14 也对应了前面的图 12-7，大家可以对照一下两张图。

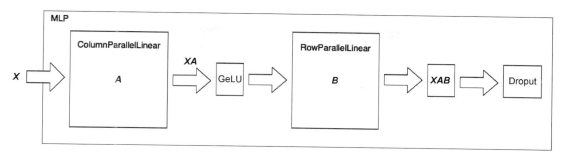

图 12-14

3. 前向操作

ParallelMLP 类的 forward() 函数分别调用了 ColumnParallelLinear 完成了 H 到 4H 的转换，RowParallelLinear 完成了 4H 到 H 的转换，具体代码如下。

```python
class ParallelMLP(MegatronModule):

    def __init__(self, init_method, output_layer_init_method):
        super(ParallelMLP, self).__init__()
        args = get_args()

        # Project to 4h.
        self.dense_h_to_4h = mpu.ColumnParallelLinear(  # 列切分
            args.hidden_size,
            args.ffn_hidden_size,
            gather_output=False,  # 这里是 False，采用第二种方案
            init_method=init_method,
            skip_bias_add=True)

        self.bias_gelu_fusion = args.bias_gelu_fusion
        self.activation_func = F.gelu
        if args.openai_gelu:
            self.activation_func = openai_gelu
        elif args.onnx_safe:
            self.activation_func = erf_gelu

        # Project back to h.
        self.dense_4h_to_h = mpu.RowParallelLinear(  # 行切分
            args.ffn_hidden_size,
            args.hidden_size,
            input_is_parallel=True,
            init_method=output_layer_init_method,
            skip_bias_add=True)

    def forward(self, hidden_states):
```

```
        # [s, b, 4hp]
        intermediate_parallel, bias_parallel = 
self.dense_h_to_4h(hidden_states) # 纵向切分

        if self.bias_gelu_fusion:
            intermediate_parallel = \
                    bias_gelu_impl(intermediate_parallel, bias_parallel)
        else:
            intermediate_parallel = \
                self.activation_func(intermediate_parallel + bias_parallel)

        # [s, b, h]
        output, output_bias = self.dense_4h_to_h(intermediate_parallel) # 横向切分
        return output, output_bias
```

我们接下来分别介绍 ColumnParallelLinear 和 RowParallelLinear。ColumnParallelLinear 可以独立使用或者作为 ParallelMLP 的前半段，RowParallelLinear 也可以独立使用或者作为 ParallelMLP 的后半段。

12.2.2 ColumnParallelLinear

ColumnParallelLinear 就是按列进行切分，也就是纵刀流。注意，此处是对权重 A 进行列切分，具体如下面公式所示。

$$Y = XA = X[A_1, A_2] = [XA_1, XA_2]$$

切分如图 12-15 所示。

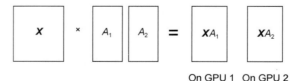

图 12-15

1. 定义

因为 Python 语言特性，此处有用的只是注释，从注释中可以看出来，对于 $Y = XA + b$，A 被以如下方式进行并行化：$A = [A_1, \cdots, A_p]$。

```
class ColumnParallelLinear(torch.nn.Module):
    """实施列并行（column parallelism）的 Linear 层
    linear 层定义为 Y = XA + b。A 沿着其第二个维度（dimension）进行并行，具体如下：A =
[A_1, ..., A_p].
    """
```

ColumnParallelLinear 的初始化代码中操作为：

- 获得本张量模型并行组参与训练的进程数。
- 获得本子模型应输出的大小。
- 用切分信息来初始化权重。

2. 逻辑梳理

为了更好地进行分析，我们引入图 12-16，此图对应了 ColumnParallelLinear 类的前向传播和反向传播过程（见彩插）。f 和 g 算子其实是从代码之中抽象出来的，可以理解为 f 算子是对输入的处理，g 算子构建最终输出。此处对应了论文 *Megatron-LM: Training Multi-Billion Parameter Language Models Using Model Parallelism* 中如下粗体英文：

> Blocks of Transformer with Model Parallelism. f and g are conjugate. **f is an identity operator in the forward pass and all reduce in the backward pass while g is an all reduce in the forward pass and identity in the backward pass**.

我们梳理一下逻辑。

（1）前向传播

首先，总体语义为：$Y = XA + b$。

其次，前向传播逻辑如下。

- 输入：此处 A 沿着列做切分，X 是全部的输入（每个 GPU 都拥有相同的 X）。因为每个 GPU 需要拿到一个完整的输入 X，所以前向操作过程中需要把 X 分发到每个 GPU，这样就使用了 Identity 操作。
- 计算：经过计算之后，输出的 Y_1, Y_2 也是按照列被切分过的。每个 GPU 只有自己对应的分区。
- 输出：Y_1, Y_2 只有合并在一起，才能得到最终输出的 Y。因为 Y_1, Y_2 需要合并在一起，才能得到最终输出的 Y，所以需要有一个 All-Gather 操作来进行聚集，即得到 $Y = [Y_1, Y_2]$。

这些逻辑点在图 12-16 上方框标识，输入 X 先经过 f 算子来处理，输出 Y 是 g 算子整合之后的结果。

（2）反向传播

我们接下来分析反向传播，对于图 12-16 来说，反向传播是从上至下的，梯度先经过 g 算子，最后被 f 算子处理。反向传播的逻辑如下。

- 得到了反向传播上游传过来的梯度 $\frac{\partial L}{\partial Y}$，需要对其进行切分，保证每个 GPU 上都有一份梯度 $\frac{\partial L}{\partial Y_i}$。操作是 $\frac{\partial L}{\partial Y_i}(\text{split})$。

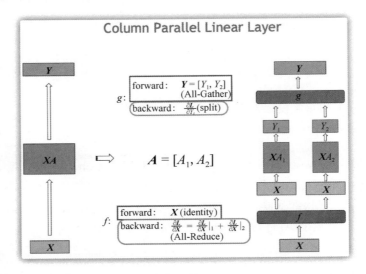

图 12-16

- 每个 GPU 上会进行关于 X 的梯度计算，于是每个 GPU 都有一份对 X 的梯度（但是其内容不一样）。
- 最后需要把各个 GPU 上关于 X 的梯度进行相加，得到完整梯度，这就需要一个 All-Reduce 操作，即 $\frac{\partial L}{\partial X} = \frac{\partial L}{\partial X}\Big|_1 + \frac{\partial L}{\partial X}\Big|_2$。

反向传播对应的算子在图 12-16 中用圆角矩形标识。

3. 实现

我们接下来结合代码来分析。

（1）ColumnParallelLinear

ColumnParallelLinear 的 forward() 函数完成了 f 算子和 g 算子的 forward() 操作，同时把 f 算子和 g 算子的 backward() 操作搭建起来，具体如下：

- 如果配置了异步操作，则使用 ColumnParallelLinearWithAsyncAllreduce.apply() 完成 f 算子的功能，此函数包括了 Identity 操作、矩阵乘法和搭建反向传播操作。
- 如果是同步操作，则做如下操作。
  - 使用 copy_to_tensor_model_parallel_region() 完成前向传播 Identity 操作，建立反向传播 All-Reduce（即图 12-16 中 f 算子的 backward()）。Identity 操作就是把输入 X 完整地复制到多个 GPU 上，类似 X 通过 f 算子的前向操作，变成了 $[X, X, \cdots, X]$。
  - 使用 linear() 对 $[X, X, \cdots, X]$ 和权重 A 完成矩阵乘法操作。

- 如果 gather_output 成员变量为 True，则在前向传播时把 Y_i 做 All-Gather，因为反向传播时需要把完整梯度分发到对应的 GPU 上，所以要搭建对应的切分操作。如果将 gather_output 设置为 False，则每个 GPU 把自己分区的 4h/p 输出直接传送给下一个线性层。

```python
def forward(self, input_):
    # 如果选择忽略 bias，就会设置为 None，后续就不用处理
    bias = self.bias if not self.skip_bias_add else None

    if self.async_tensor_model_parallel_allreduce: # 异步处理
        # 建立反向传播时的异步 All-Reduce
        input_shape = input_.shape
        input_ = input_.view(input_shape[0] * input_shape[1],input_shape[2])
        # 使用异步 All-Reduce 的矩阵乘法
        output_parallel = ColumnParallelLinearWithAsyncAllreduce.apply(
            input_, self.weight, bias)
        output_parallel = output_parallel.view(
            input_shape[0], input_shape[1], output_parallel.shape[1])
    else: # 同步处理
        # 进行前向传播操作，主要是图 12-16 中的 f 操作
        # 也会建立反向传播 All-Reduce，就是图 12-16 中 f 算子的 backward()
        input_parallel = copy_to_tensor_model_parallel_region(input_)

        # 矩阵乘法
        output_parallel = F.linear(input_parallel, self.weight, bias)

    # 下面就是图 12-16 中的 g 操作
    if self.gather_output: # 是否需要聚集操作
        # 聚集输出，就是图 12-16 中 g 算子的 forward()，张量并行组中的进程都有相同的 output
        output = gather_from_tensor_model_parallel_region(output_parallel) #
    else:
        output = output_parallel # 张量并行组中的进程持有不同的 output

    output_bias = self.bias if self.skip_bias_add else None # 如果不忽略 bias，则还得传出去
    return output, output_bias
```

（2）f 算子

f 算子对输入进行初步处理，具体操作如下：

- 前向传播时直接复制。
- 反向传播做 All-Reduce。

代码主要对应了 copy_to_tensor_model_parallel_region() 函数，该函数做了前向赋值操作，

同时构建了反向 All-Reduce。

```
def copy_to_tensor_model_parallel_region(input_):
    return _CopyToModelParallelRegion.apply(input_)
```

我们需要分析 _CopyToModelParallelRegion 类，其 forward() 就是简单地把输入转移到输出，对应了前向复制 Identity 操作。

```
class _CopyToModelParallelRegion(torch.autograd.Function):
    """把输入传递到模型并行区域（region）"""

    @staticmethod
    def forward(ctx, input_):
        return input_   # 简单地把输入转移到输出，对应了前向复制 Identity 操作

    @staticmethod
    def backward(ctx, grad_output):
        return _reduce(grad_output)   # 当反向传播时，输入多个 GPU 上的整体梯度，通过 All-Reduce 合并
```

对应的反向传播就使用了 All-Reduce，当反向传播时，输入多个 GPU 上的整体梯度，通过 All-Reduce 合并。

```
def _reduce(input_):
    """对模型并行组的输入张量执行 All-Reduce"""

    # 如果只使用一个 GPU，则直接返回
    if get_tensor_model_parallel_world_size()==1:
        return input_

    # All-Reduce
    torch.distributed.all_reduce(input_, group=get_tensor_model_parallel_group())

    return input_
```

（3）g 算子

g 算子最终生成输出 Y，具体逻辑是：

- 前向传播时做 All-Gather。
- 反向传播需要执行切分操作，把梯度分发到不同的 GPU 上。

g 算子代码如下，调用了 _GatherFromModelParallelRegion 类完成业务逻辑：

```
def gather_from_tensor_model_parallel_region(input_):
    return _GatherFromModelParallelRegion.apply(input_)
```

_GatherFromModelParallelRegion 类具体代码如下：

```
class _GatherFromModelParallelRegion(torch.autograd.Function):
    """从模型并行区域聚集输入，然后做拼接（Concatinate）"""

    @staticmethod
    def forward(ctx, input_):
        return _gather(input_)

    @staticmethod
    def backward(ctx, grad_output):
        return _split(grad_output)
```

12.2.3 RowParallelLinear

RowParallelLinear 按照行进行切分，是横刀流，注意，此处对权重 A 实施行切分。比如公式为 $Y = XA$，X 是输入，A 是权重，Y 是输出，行切分就是针对 A 的第一个维度进行切分，此处 X_1 最后一个维度等于 A_1 第一个维度。

$$XA = \begin{bmatrix} X_1, X_2 \end{bmatrix} \begin{bmatrix} A_1 \\ A_2 \end{bmatrix} = X_1 A_1 + X_2 A_2 = Y_1 + Y_2 = Y$$

具体如图 12-17 所示。

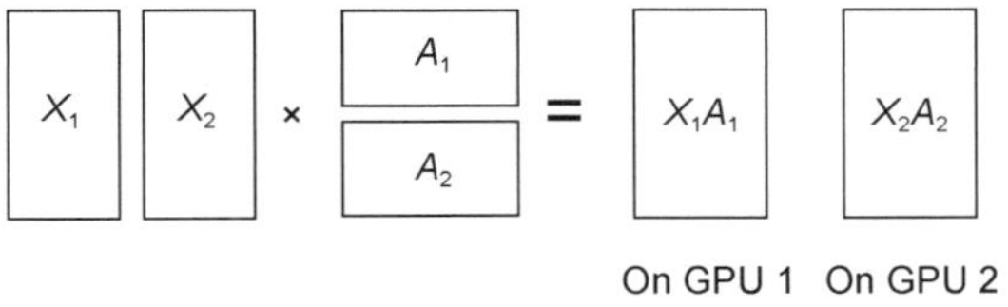

图 12-17

1. 定义

RowParallelLinear 定义中只有注释有用，可以看出来如何切分。

```
class RowParallelLinear(torch.nn.Module):
    """使用行并行（row parallelism）的 Linear 层。
    Linear 层定义为 Y = XA + b。A 被沿着第一维进行并行，X 沿着第二维进行并行，具体如下：
               -   -
              | A_1 |
              |  .  |
        A  =  |  .  |         X = [X_1, ..., X_p]
              |  .  |
              | A_p |
               -   -
    """
```

和列切分类似，初始化时主要获取每个权重分区的大小，并据此切分权重。

2. 逻辑梳理

为了更好地进行分析，我们引入图 12-18，它对应了 RowParallelLinear 类的前向传播和反向传播过程。此处的 f 算子和 g 算子其实是从代码中抽象出来的，可以理解为 f 算子是对输入的处理，g 算子得到最终输出（见彩插）。

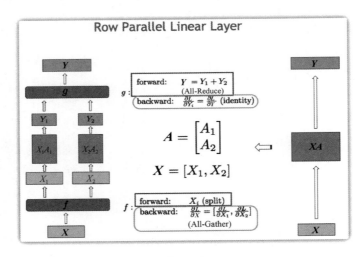

图 12-18

（1）前向传播

首先，总体语义为：$Y = XA + b$。

其次，前向传播时的逻辑如下。

- 输入：此处 A 沿着行做切分，因为 A 的维度发生了变化，所以 X 也需要做相应变化，X 就必须按照列做切分，这样 X 的每个分块才能与 A 的每个分块相乘，于是得到了 $[X_1, X_2]$，这两个分区要分别放到两个 GPU 上。此处如果输入是已经切分过的 (input_is_parallel 为 True)，则不需要再进行切分。
- 计算：$Y_1 = X_1 A_1$ 和 $Y_2 = X_2 A_2$。经过计算之后，输出的 Y_1, Y_2 的形状（shape）就是最终 Y 的形状。经过计算之后，每个 GPU 只有自己对应的分区。
- 输出：Y_1, Y_2 只有合并在一起才能得到最终输出的 Y。但是因为 Y_1, Y_2 形状相同，都等于 Y 的形状，所以只要进行简单的矩阵相加（因为是两个 GPU，所以其间还有等待操作）即可，这就是 All-Reduce 操作。

这些逻辑点在图 12-18 中用方框标识，输入 X 先经过 f 算子来处理，输出 Y 是 g 算子整合之后的结果。

（2）反向传播

我们接下来分析反向传播，对于图 12-18 来说，反向传播是从上至下的，梯度先经过 g 算子，最后被 f 算子处理。反向传播的逻辑如下：

- 得到了反向传播上游传过来的梯度 $\dfrac{\partial L}{\partial Y}$，因为 Y_1, Y_2 的形状相同，所以直接把梯度 $\dfrac{\partial L}{\partial Y}$ 传给每个 GPU 即可，操作是 $\dfrac{\partial L}{\partial Y_i} = \dfrac{\partial L}{\partial Y}$（identity）。此处解释一下，在前向传播时，因为 **XA** 的结果需要 All-Reduce，可以理解为求和（sum）算子，所以反向传播时直接复制梯度即可。

- 每个 GPU 上会进行关于 **X** 的梯度计算，于是每个 GPU 都有一份对 **X** 的梯度（但是其内容不一样）。

- 最后需要把各个 GPU 上关于 **X** 的梯度进行聚集，得到完整梯度，就是 forward() 中切分操作对应的反向操作，按照最后一列对梯度进行拼接，即 All-Gather 操作。

反向传播对应的算子在图 12-18 中用圆角矩形标识。

3. 实现

我们接下来分析代码如何实现。

（1）RowParallelLinear

RowParallelLinear 的 forward() 函数完成了 *f* 算子和 *g* 算子的 forward() 操作，同时把 *f* 算子和 *g* 算子的 backward() 操作搭建起来，具体如下：

```python
def forward(self, input_):
    # 此处，输入的张量已经被切分到每个GPU，输出张量是All-Reduce之后的整体
    if self.input_is_parallel:  # 是否已经是切分的输入
        # Transformer's MLP 到达此处，因为输入已经切分，所以不会做分发
        input_parallel = input_
    else:
        # 独立的行并行（row parallel）线性层到达此处，会进行前向切分和反向拼接
        input_parallel = scatter_to_tensor_model_parallel_region(input_)

    # 矩阵乘法，比如 X_i 和 A_i 进行乘法操作
    output_parallel = F.linear(input_parallel, self.weight)

    # 进行前向All-Reduce操作,这样每个GPU上都是完整的最新结果,同时搭建了反向的Identity操作
    output_ = reduce_from_tensor_model_parallel_region(output_parallel)
    if not self.skip_bias_add:
        # 加上偏置
        output = output_ + self.bias if self.bias is not None else output_
        output_bias = None
    else:
        output = output_
        output_bias = self.bias
    return output, output_bias
```

(2) f 算子

scatter_to_tensor_model_parallel_region()对应了 f 算子,其作用是:

- 前向时切分输入,同时搭建反向的 All-Gather 操作。
- 反向时进行 All-Gather 操作。

f 算子代码为:

```python
def scatter_to_tensor_model_parallel_region(input_):
    return _ScatterToModelParallelRegion.apply(input_)
```

具体 _ScatterToModelParallelRegion 完成了实际业务:

```python
class _ScatterToModelParallelRegion(torch.autograd.Function):
    """切分输入,只保留本 rank 对应的小块(chuck)"""

    @staticmethod
    def forward(ctx, input_):
        return _split(input_)

    @staticmethod
    def backward(ctx, grad_output):
        return _gather(grad_output)
```

(3) g 算子

reduce_from_tensor_model_parallel_region()对应了 g 算子,作用是:

- 前向时进行 All-Reduce,得到最终输出。
- 反向时直接执行复制操作。

g 算子代码为:

```python
def reduce_from_tensor_model_parallel_region(input_):
    return _ReduceFromModelParallelRegion.apply(input_)
```

具体业务如下:

```python
class _ReduceFromModelParallelRegion(torch.autograd.Function):
    """对模型并行区域的输入进行 All-Reduce 操作"""

    @staticmethod
    def forward(ctx, input_):
        return _reduce(input_) # 前面有介绍

    @staticmethod
    def backward(ctx, grad_output):
        return grad_output # Indentity 操作,直接把输入复制到两个 GPU 上
```

12.2.4 总结

我们总结一下 MLP 的并行实现，如图 12-19 所示（见彩插），其中逻辑如下：

- 中间灰色底的是论文中的概念图。
- 联系代码可知，并行操作由一个 ColumnParallelLinear 接上一个 RowParallelLinear 来共同完成，我们把概念图转化为图中左侧①和②两个大方框。
- ColumnParallelLinear 对权重进行列切分，RowParallelLinear 对权重进行行切分。
- 其中 ColumnParallelLinear 的 Y_1, Y_2 没有经过 All-Gather 操作（即略过 g 算子），而是直接输入到 RowParallelLinear 中，接到 RowParallelLinear 的 X_1, X_2，即 RowParallelLinear 没有 f 算子。所以概念图中的 f 算子就是 ColumnParallelLinear 的 f 算子，g 算子就是 RowParallelLinear 的 g 算子。

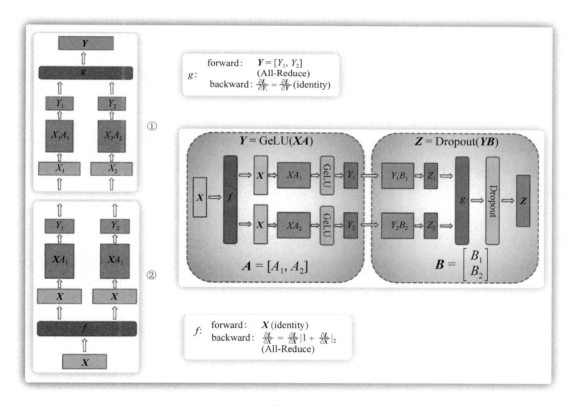

图 12-19

12.3 如何设置各种并行

对于给定的模型，现在还需要解决两个问题：

- 如何把模型切分给节点？比如哪个节点负责哪些层。
- 在数据并行、模型并行、流水线并行这几种并行中，每个节点分别属于哪个层？

我们接下来进行仔细分析。

12.3.1 初始化

initialize_model_parallel()函数会设置模型并行，所以接下来分析该函数。

我们首先把 initialize_model_parallel()函数代码摘录出来（此函数的作用是对模型进行分组），初始化进程组相关的各种全局变量。此处注释非常详尽，后续会依据这些原始注释来进行深入分析。

```python
def initialize_model_parallel(tensor_model_parallel_size_=1,
                              pipeline_model_parallel_size_=1,
                              virtual_pipeline_model_parallel_size_=None,
                              pipeline_model_parallel_split_rank_=None):
    """
    Initialize model data parallel groups.

    Arguments:
        tensor_model_parallel_size: number of GPUs used for tensor model parallelism.
        pipeline_model_parallel_size: number of GPUs used for pipeline model parallelism.
        virtual_pipeline_model_parallel_size: number of virtual stages (interleaved
                                              pipeline).
        pipeline_model_parallel_split_rank: for models with both encoder and decoder,
                                            rank in pipeline with split point.


    Let's say we have a total of 16 GPUs denoted by g0 ... g15 and we
    use 2 GPUs to parallelize the model tensor, and 4 GPUs to parallelize
    the model pipeline. The present function will
    create 8 tensor model-parallel groups, 4 pipeline model-parallel groups
    and 8 data-parallel groups as:
        8 data_parallel groups:
            [g0, g2], [g1, g3], [g4, g6], [g5, g7], [g8, g10], [g9, g11], [g12, g14], [g13, g15]
        8 tensor model-parallel groups:
            [g0, g1], [g2, g3], [g4, g5], [g6, g7], [g8, g9], [g10, g11], [g12, g13], [g14, g15]
        4 pipeline model-parallel groups:
            [g0, g4, g8, g12], [g1, g5, g9, g13], [g2, g6, g10, g14], [g3, g7, g11, g15]
    Note that for efficiency, the caller should make sure adjacent ranks
```

```
    are on the same DGX box. For example if we are using 2 DGX-1 boxes
    with a total of 16 GPUs, rank 0 to 7 belong to the first box and
    ranks 8 to 15 belong to the second box.
    """
    # Get world size and rank. Ensure some consistencies.
    world_size = torch.distributed.get_world_size()
    tensor_model_parallel_size = min(tensor_model_parallel_size_, world_size)
    pipeline_model_parallel_size = min(pipeline_model_parallel_size_,
world_size)
    ensure_divisibility(world_size,
                        tensor_model_parallel_size *
pipeline_model_parallel_size)
    data_parallel_size = world_size // (tensor_model_parallel_size *
                                        pipeline_model_parallel_size)

    num_tensor_model_parallel_groups = world_size // tensor_model_parallel_size
    num_pipeline_model_parallel_groups = world_size //
pipeline_model_parallel_size
    num_data_parallel_groups = world_size // data_parallel_size

    if virtual_pipeline_model_parallel_size_ is not None:
        _VIRTUAL_PIPELINE_MODEL_PARALLEL_RANK = 0
        _VIRTUAL_PIPELINE_MODEL_PARALLEL_WORLD_SIZE =
virtual_pipeline_model_parallel_size_

    if pipeline_model_parallel_split_rank_ is not None:
        _PIPELINE_MODEL_PARALLEL_SPLIT_RANK =
pipeline_model_parallel_split_rank_

    rank = torch.distributed.get_rank()

    # Build the data-parallel groups.
    all_data_parallel_group_ranks = []
    for i in range(pipeline_model_parallel_size):
        start_rank = i * num_pipeline_model_parallel_groups
        end_rank = (i + 1) * num_pipeline_model_parallel_groups
        for j in range(tensor_model_parallel_size):
            ranks = range(start_rank + j, end_rank,
                          tensor_model_parallel_size)
            all_data_parallel_group_ranks.append(list(ranks))
            group = torch.distributed.new_group(ranks)
            if rank in ranks:
                _DATA_PARALLEL_GROUP = group
```

```
    # Build the model-parallel groups.
    for i in range(data_parallel_size):
        ranks = [data_parallel_group_ranks[i]
                for data_parallel_group_ranks in all_data_parallel_group_ranks]
        group = torch.distributed.new_group(ranks)
        if rank in ranks:
            _MODEL_PARALLEL_GROUP = group

# Build the tensor model-parallel groups.
    for i in range(num_tensor_model_parallel_groups):
        ranks = range(i * tensor_model_parallel_size,
                    (i + 1) * tensor_model_parallel_size)
        group = torch.distributed.new_group(ranks)
        if rank in ranks:
            _TENSOR_MODEL_PARALLEL_GROUP = group

# Build the pipeline model-parallel groups and embedding groups
# (first and last rank in each pipeline model-parallel group).
    for i in range(num_pipeline_model_parallel_groups):
        ranks = range(i, world_size,
                    num_pipeline_model_parallel_groups)
        group = torch.distributed.new_group(ranks)
        if rank in ranks:
            _PIPELINE_MODEL_PARALLEL_GROUP = group
            _PIPELINE_GLOBAL_RANKS = ranks
        group = torch.distributed.new_group(embedding_ranks)
```

其次，代码中提到了全局变量初始化，对于 Megatron，每个进程都有自己的全局 rank、本地 rank 和全局变量。主要变量如下：

- _TENSOR_MODEL_PARALLEL_GROUP：当前 rank 所属的 Intra-layer model parallel group，即张量模型并行进程组。

- _PIPELINE_MODEL_PARALLEL_GROUP：当前 rank 所属的 Inter-layer model parallel group，即流水线并行进程组。

- _MODEL_PARALLEL_GROUP：当前 rank 所属的模型并行进程组，其涵盖以上两组。

- _DATA_PARALLEL_GROUP：当前 rank 所属的数据并行进程组。

接下来，initialize_model_parallel() 的注释值得我们深入学习。从注释中可以知道如下信息。

- 假定目前有 16 个 GPU，属于两个节点，rank 0~7 属于第一个节点，rank 8~15 属于第二个节点。

- "create 8 tensor model-parallel groups, 4 pipeline model-parallel groups" 这句说明将一个完整模型切分成 8 个张量模型并行组和 4 个流水线并行组。接下来以图 12-1 中下

面的模型为例进行分析。

- 沿着行横向切了一刀：tensor_model_parallel_size = 16/8 = 2，即 2 个 GPU 进行张量模型并行。
- 沿着列纵向切了三刀：pipeline_model_parallel_size = 16/4 = 4，即 4 个 GPU 进行流水线并行。
- 因此，一个模型分为 8 块，每一块放在一个 GPU 上，即模型被切分到 8 个 GPU。通过计算可知 16 GPUs / 8 GPUs = 2 模型，即 16 张卡可以放置两个完整模型。

• 因为张量模型并行组大小是 2，即 16 个 GPU 被分成 8 组（张量模型并行组），所以这 8 组内容是 [g0, g1], [g2, g3], [g4, g5], [g6, g7], [g8, g9], [g10, g11], [g12, g13], [g14, g15]。

• 因为流水线并行组大小是 4，即 16 个 GPU 被分成 4 组（流水线并行组），所以这 4 组内容是[g0, g4, g8, g12], [g1, g5, g9, g13], [g2, g6, g10, g14], [g3, g7, g11, g15]。

• 因为数据并行组大小是 2，即 16 个 GPU 被分成 8 组（数据并行组），所以这 8 组内容是[g0, g2], [g1, g3], [g4, g6], [g5, g7], [g8, g10], [g9, g11], [g12, g14], [g13, g15]。

• 以上这些进程组都通过 torch.distributed.new_group()来设置，这样组内进程之间就知道哪些进程在同一个组内，也知道怎么互相通信。

最后，我们把本章最开始的模型切分，如图 12-20 所示，模型一共被分成 8 块（见彩插）。其中，第一层被切分为 A 和 B，所以 A 与 B 之间就是张量模型并行，后面 C 与 D 之间也是张量模型并行，以此类推。

我们接下来的目标就是用代码来分析如何生成注释里面的各种模型组，或者说从注释入手，分析 Megatron 如何把多种并行模式组合在一起。

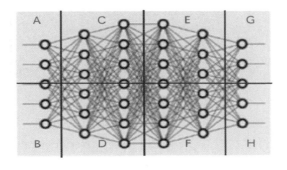

图 12-20

12.3.2 起始状态

我们回忆一下具体切分的策略，也就是 GPU 分配策略。从代码中可以看到如下注释：

```
Note that for efficiency, the caller should make sure adjacent ranks are on the
same DGX box. For example if we are using 2 DGX-1 boxes with a total of 16 GPUs,
rank 0 to 7 belong to the first box and ranks 8 to 15 belong to the second box.
```

这句话的意思是：调用者需要确保相邻的 rank 在同一个节点上。我们的例子中有两个节点，其中第一个节点拥有 GPU 0～7，就是 rank 0～7，第二个节点是 GPU 8～15，就是 rank 8～15，具体如图 12-21 所示。此处每行是 4 个 GPU，因为 "4 GPUs to parallelize the model pipeline"，对应流水线的每 stage 是 16/4=4 个 GPU。

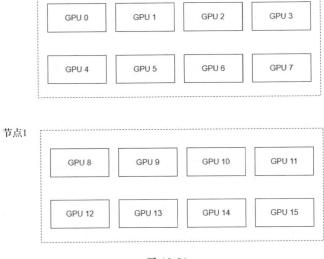

图 12-21

依据注释，我们得出目前分组情况和一些全局信息。

- 论文之中的 Notation 部分指出了符号使用情况，具体如下。
    - p 是流水线并行度，t 是张量模型并行度，d 是数据并行度。
    - n 是 GPU 数目，Megatron 要求 $p \cdot t \cdot d = n$。
- 一共有 16 个 GPU，所以 world_size 为 16，即 Notation 中的 n。
- 使用两个 GPU 进行张量模型并行，所以 tensor_model_parallel_size = 2，即 Notation 中的 t。
- 使用四个 GPU 进行流水线并行，所以 pipeline_model_parallel_size = 4，即 Notation 中的 p。这意味着流水线深度为 4，即 4 个 GPU 是串行的。
- 依据上面规定，$d = n / (t \cdot p) = 2$，即 data_parallel_size = 2。因为 $t \cdot p$ 是训练一个模型所需要的 GPU 数量，d = 总 GPU 数量 / 训练一个模型需要的 GPU 数量，因此这些 GPU 可以训练 d 个模型，即此 d 个模型可以用 d 个微批量一起训练，所以数据并行度为 d。

接下来结合代码分析需要分成多少个进程组，以及它们在代码中的变量是什么。

- num_tensor_model_parallel_groups：从张量模型并行角度分成 8 个进程组。
- num_pipeline_model_parallel_groups = world_size // pipeline_model_parallel_size：从模型并行角度分成 4 个进程组。
- num_data_parallel_groups = world_size // data_parallel_size：从模型并行角度分成 8 个进程组，即会有 8 个 DDP，每个 DDP 包括 2 个 rank。

具体变量如下。

```
world_size = 16
tensor_model_parallel_size = 2 # 张量模型并行度是 2
GPUspipeline_model_parallel_size = 4 # 流水线模型并行度是 4
data_parallel_size = world_size // (tensor_model_parallel_size *
                            pipeline_model_parallel_size) # 2
num_tensor_model_parallel_groups = world_size // tensor_model_parallel_size #
8
num_pipeline_model_parallel_groups = world_size //
pipeline_model_parallel_size # 4
num_data_parallel_groups = world_size // data_parallel_size # 8
```

12.3.3　设置张量模型并行

我们接下来分析如何将节点上的 GPU 分给张量模型并行组。

对于上面的例子，16 / 2 = 8，即分成 8 个进程组，每个组 2 个 rank。这些分组分别是：[g0, g1], [g2, g3], [g4, g5], [g6, g7], [g8, g9], [g10, g11], [g12, g13], [g14, g15]，我们得到了如下信息：

- [g0, g1]的意义是：模型某一层被分切为两半，这两半分别被 g0 和 g1 执行。[g2, g3] 表示另一层被分为两半，这两半分别被 g2, g3 执行。
- 每一个张量模型并行组（_TENSOR_MODEL_PARALLEL_GROUP）的 rank 一定是相邻的，比如 [g0, g1], [g2, g3]。
- 注意，0 ~ 7 不代表同一个模型。0 ~ 7 代表同一个节点上的 GPU。
- 本进程需要查看自己的 rank 在分组中的哪一个，才能确定自己的分组，比如 rank 2 发现自己在[g2, g3]中，就能确定自己的_TENSOR_MODEL_PARALLEL_GROUP 是 [g2, g3]。所以_TENSOR_MODEL_PARALLEL_GROUP = group 就记录了本 rank 的进程组信息。

我们再来看代码：

```
# 建立张量模型并行组
for i in range(num_tensor_model_parallel_groups): # 8
    ranks = range(i * tensor_model_parallel_size,
                  (i + 1) * tensor_model_parallel_size)
```

```
group = torch.distributed.new_group(ranks) # 生成 8 组
if rank in ranks:
    # 如果本 rank 在某一 list 中，比如 1 在[0,1]中，则本 rank 就属于 new_group([0,1])
    _TENSOR_MODEL_PARALLEL_GROUP = group
```

如图 12-22 所示，每个张量模型组用一个虚线小矩形框标识，一共 8 个。

我们接下来分析如何使用。

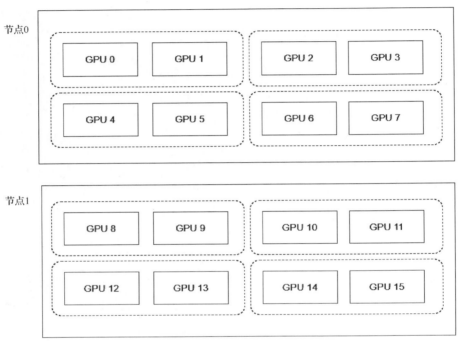

图 12-22

get_tensor_model_parallel_group()返回了自己 rank 对应的张量模型组。

```
def get_tensor_model_parallel_group():
    """获取调用者 rank 所在的张量模型并行组"""
    return _TENSOR_MODEL_PARALLEL_GROUP
```

在 megatron/mpu/mappings.py 中有对张量模型组的使用，就是当流水线反向传播时利用 _TENSOR_MODEL_PARALLEL_GROUP 在组内进行集合通信。

```
def _reduce(input_):
    """对跨模型并行组的输入张量执行 All-Reduce"""
    torch.distributed.all_reduce(input_,
group=get_tensor_model_parallel_group())
    return input_
```

12.3.4 设置流水线并行

我们接下来分析如何将节点上的 GPU 分给流水线模型并行组。

从注释中可以看到，流水线分组是把此 16 个 GPU 分成 4 组，每组 4 个 GPU，得到 [g0, g4, g8, g12], [g1, g5, g9, g13], [g2, g6, g10, g14], [g3, g7, g11, g15]。由此得到如下信息。

- 因为每组有 4 个 GPU 进行模型流水线并行，所以 pipeline_model_parallel_size = 4。这意味着流水线深度为 4，每组内 4 个 GPU 串行，即[g0, g4, g8, g12]，这 4 个 GPU 是串行的。
- 流水线的每一层含有 16 / 4 = 4 个 GPU，第一层是 0~3，第二层是 5~8，以此类推。
- 流水线组是隔 n // p 个取一个，比如[0, 4, 8, 12]。
- 流水线每个 stage i 的 rank 范围是：[(i-1) • //p, (i) • n//p]。
- _PIPELINE_MODEL_PARALLEL_GROUP 代表本 rank 对应的流水线进程组。
- _PIPELINE_GLOBAL_RANKS 代表进程组的 rank。
- 本进程需要查看自己的 rank 在分组中的哪一个，据此才能确定自己的分组。假如本进程是 rank 2，则可以确定本进程的流水线进程组_PIPELINE_MODEL_PARALLEL_GROUP 是 [g2, g6, g10, g14]。

具体代码如下：

```
# 建立流水线模型并行组和嵌入组(embedding groups)
for i in range(num_pipeline_model_parallel_groups): # 4
    ranks = range(i, world_size, # 每隔 n // p 个取一个
                  num_pipeline_model_parallel_groups)
    group = torch.distributed.new_group(ranks)
    if rank in ranks:
        _PIPELINE_MODEL_PARALLEL_GROUP = group
        _PIPELINE_GLOBAL_RANKS = ranks
```

拓展后如图 12-23 所示，现在看到增加了 4 个从上到下的虚线箭头，分别对应了 4 组流水线串行，横向层是 stage 0 ~ stage 3。

我们接下来分析如何使用。

get_pipeline_model_parallel_group 返回了自己 rank 对应的流水线模型组。

```
def get_pipeline_model_parallel_group():
    """获取调用者 rank 所在的流水线模型并行组"""
    return _PIPELINE_MODEL_PARALLEL_GROUP # 得到本 rank 的进程组
```

流水线并行需要做 stage 之间（inter-stage）的双向 P2P 通信，此功能主要依赖_communicate()函数，_communicate()函数封装了 PyTorch 的基础通信函数，在此基础之上又构建了一些 API 方法。为了通信，_communicate()需要获取到流水线中本 rank 的上下游 rank。

如何知道？使用流水线组信息就可以。具体通过 get_pipeline_model_parallel_next_rank()和get_pipeline_model_parallel_prev_rank()来完成。假如本进程是 rank 6，则流水线进程组 ranks 是 [g2, g6, g10, g14]，就可知本 rank 的上下游 rank 分别是 2 和 10。

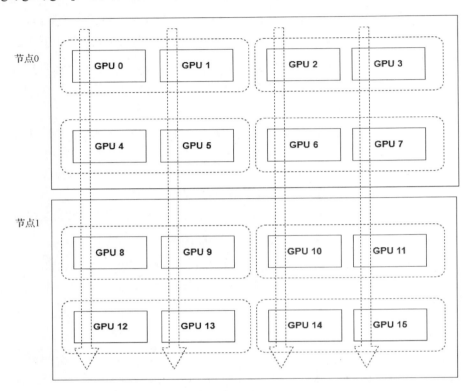

图 12-23

_communnicate()的摘要代码如下。

```
def _communicate(tensor_send_next, tensor_send_prev, recv_prev, recv_next,
            tensor_shape, use_ring_exchange=False, dtype_=None):
    args = get_args()
    tensor_recv_prev = None
    tensor_recv_next = None

    # 如果需要接受张量，则先分配空张量，接受的张量会存在此处
    if recv_prev:
        tensor_recv_prev = torch.empty(tensor_chunk_shape,
                                    requires_grad=requires_grad,
                                    device=torch.cuda.current_device(),
                                    dtype=dtype)
    if recv_next:
        tensor_recv_next = torch.empty(tensor_chunk_shape,
                                    requires_grad=requires_grad,
                                    device=torch.cuda.current_device(),
```

```
                         dtype=dtype)

    if not override_scatter_gather_tensors_in_pipeline and \
            args.scatter_gather_tensors_in_pipeline:
        if tensor_send_next is not None:
            tensor_send_next = \
mpu.split_tensor_into_1d_equal_chunks(tensor_send_next)

        if tensor_send_prev is not None:
            tensor_send_prev = \
mpu.split_tensor_into_1d_equal_chunks(tensor_send_prev)

    # 向"前向"和"反向"两个反向都发送张量
    if use_ring_exchange:
        # 如果需要,则使用 ring exchange,这个是新版本 PyTorch 才有的
        torch.distributed.ring_exchange(tensor_send_prev=tensor_send_prev,
                                        tensor_recv_prev=tensor_recv_prev,
                                        tensor_send_next=tensor_send_next,
                                        tensor_recv_next=tensor_recv_next,
group=mpu.get_pipeline_model_parallel_group())
    else:
        # 先根据目标 rank 生成对应的 torch.distributed.P2POp,放入列表
        ops = []
        if tensor_send_prev is not None:
            send_prev_op = torch.distributed.P2POp(
                torch.distributed.isend, tensor_send_prev,
                mpu.get_pipeline_model_parallel_prev_rank())
            ops.append(send_prev_op)
        if tensor_recv_prev is not None:
            recv_prev_op = torch.distributed.P2POp(
                torch.distributed.irecv, tensor_recv_prev,
                mpu.get_pipeline_model_parallel_prev_rank())
            ops.append(recv_prev_op)
        if tensor_send_next is not None:
            send_next_op = torch.distributed.P2POp(
                torch.distributed.isend, tensor_send_next,
                mpu.get_pipeline_model_parallel_next_rank())
            ops.append(send_next_op)
        if tensor_recv_next is not None:
            recv_next_op = torch.distributed.P2POp(
                torch.distributed.irecv, tensor_recv_next,
                mpu.get_pipeline_model_parallel_next_rank())
            ops.append(recv_next_op)
```

```
        # 然后做批量异步 send/recv
        if len(ops) > 0:
            reqs = torch.distributed.batch_isend_irecv(ops)
            for req in reqs:
                req.wait()  # 用 wait 来同步

        # 省略其他代码

        return tensor_recv_prev, tensor_recv_next
```

get_pipeline_model_parallel_next_rank()和 get_pipeline_model_parallel_prev_rank()的代码如下：

```
def get_pipeline_model_parallel_next_rank():
    rank_in_pipeline = get_pipeline_model_parallel_rank()
    world_size = get_pipeline_model_parallel_world_size()
    return _PIPELINE_GLOBAL_RANKS[(rank_in_pipeline + 1) % world_size]

def get_pipeline_model_parallel_prev_rank():
    rank_in_pipeline = get_pipeline_model_parallel_rank()
    world_size = get_pipeline_model_parallel_world_size()
    return _PIPELINE_GLOBAL_RANKS[(rank_in_pipeline - 1) % world_size]
```

其中 get_pipeline_model_parallel_world_size()函数获取到本进程组的 world size：

```
def get_pipeline_model_parallel_world_size():
    """返回被流水线模型进程组的 world size"""
    global _MPU_PIPELINE_MODEL_PARALLEL_WORLD_SIZE
    if _MPU_PIPELINE_MODEL_PARALLEL_WORLD_SIZE is not None:
        return _MPU_PIPELINE_MODEL_PARALLEL_WORLD_SIZE
    return
torch.distributed.get_world_size(group=get_pipeline_model_parallel_group())
```

12.3.5 设置数据并行

我们接下来分析如何设置数据并行。

对于注释例子，16 / 2 = 8 说明分成 8 个进程组，每个组 2 个 rank。这些分组分别是：[g0, g2], [g1, g3], [g4, g6], [g5, g7], [g8, g10], [g9, g11], [g12, g14], [g13, g15]，据此得到如下信息。

- 由于 $t \cdot p$ 是训练一个模型所需要的 GPU 数量，因此 d = 总 GPU 数目/一个模型需要的 GPU 数目 = $n / (t \cdot p)$，即目前提供的这 n 个 GPU 可以同时训练 d 个模型，可以把 d 个微批量数据输入到这 d 个模型一起训练，所以数据并行度为 d。

- 得到 data_paralle_size = 16 / (2 × 4) = 2。
- 本进程需要通过查看自身 rank，才能确定自己属于哪个分组，rank 2 对应的数据并行进程组是[g0, g2]。

我们再用实验代码来确定有哪些组，以及每个组里面包含什么。

- 流水线被分成了 p 个 stage，每个 stage 有 $n // p$ 个 GPU，stage i 的 rank 范围是[$i \cdot n//p$, $(i+1) \cdot n//p$]，即 rank 2 所在的 stage 的 rank 是 [0,1,2,3]。
- 在每一个 stage 之中，ranks = range(start_rank + j, end_rank, tensor_model_parallel_size)，即该 stage 的 $n//p$ 个 GPU 中，每隔 t 个取一个作为数据并行组之中的一份，因此每个数据并行组大小为 $n // p // t = d$。

具体代码如下：

```
# 建立数据并行组
all_data_parallel_group_ranks = []
for i in range(pipeline_model_parallel_size): # 遍历流水线深度
    start_rank = i * num_pipeline_model_parallel_groups # 找到每个 stage 的起始 rank
    end_rank = (i + 1) * num_pipeline_model_parallel_groups # 找到每个 stage 的终止 rank
    for j in range(tensor_model_parallel_size): # 遍历张量模型分组大小
        ranks = range(start_rank + j, end_rank, # 每隔 t 个取一个作为数据并行组中的一份
                      tensor_model_parallel_size)
        all_data_parallel_group_ranks.append(list(ranks))
        group = torch.distributed.new_group(ranks)
        if rank in ranks:
            _DATA_PARALLEL_GROUP = group
```

打印输出如下信息，和注释一致。

```
[[0, 2], [1, 3], [4, 6], [5, 7], [8, 10], [9, 11], [12, 14], [13, 15]]
```

对应图片拓展如图 12-24 所示，其中，每个新增的双向箭头对应一个 DDP（两个 rank），比如 [2, 3] 对应一个 DDP。

我们接下来分析如何使用。get_data_parallel_group() 会得到本 rank 对应的 _DATA_PARALLEL_GROUP。

```
def get_data_parallel_group():
    """获取调用者 rank 所在的数据并行组"""
    return _DATA_PARALLEL_GROUP
```

在 allreduce_gradients() 之中，会利用 get_data_parallel_group() 对本数据并行组进行 All-Reduce 操作。

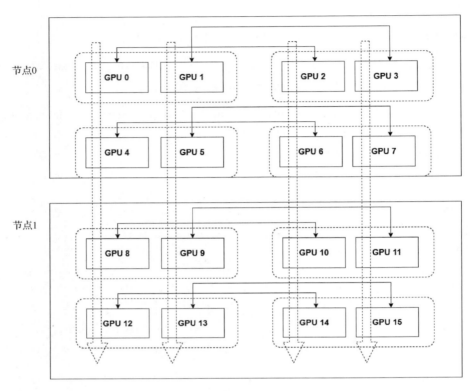

图 12-24

12.3.6 模型并行组

Megatron 的模型并行组生成代码如下：

```
# 建立模型并行组
for i in range(data_parallel_size):
    ranks = [data_parallel_group_ranks[i]
            for data_parallel_group_ranks in all_data_parallel_group_ranks]
    group = torch.distributed.new_group(ranks)
    if rank in ranks:
        _MODEL_PARALLEL_GROUP = group
```

_MODEL_PARALLEL_GROUP 就是本 rank 对应的模型并行组，具体使用方法如下：

```
def get_model_parallel_group():
    """获取调用者 rank 所在的模型并行组"""
    return _MODEL_PARALLEL_GROUP
```

在裁剪梯度操作中会用到 get_model_parallel_group()，就是在本模型的全部 rank 之中进行梯度裁剪相关操作。

针对本节实例可以得到模型并行组如下：[0, 1, 4, 5, 8, 9, 12, 13] [2, 3, 6, 7, 10, 11, 14, 15]。于是目前逻辑如图 12-25 所示，总体分成两组，左边是模型 0 对应的全部 rank，右面是模型 1 的 rank。

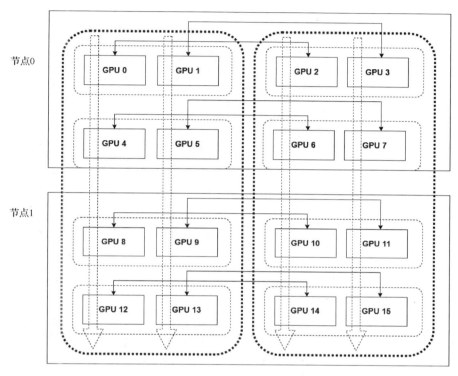

图 12-25

12.3.7 如何把模型分块到 GPU 上

我们最后还有一个问题没有涉及，即如何把模型分块放到对应的 GPU 上，也就是如何与最初分成 A, B, …, H 的图 12-20 对应起来。答案为：不是根据模型来把模型部分复制到对应的 rank 或者 GPU，而是 rank 或者 GPU 主动过来复制自己对应的层，具体如下。

- 因为调用了 mpu.initialize_model_parallel()函数来设置模型并行、数据并行等各种进程组，所以每个 rank 对应的进程都有自己的全局变量，即进程自动被映射到 GPU 上。比如 rank 1 对应的进程在启动之后才知道自己是 rank 1，然后从初始化的全局变量中知道自己的数据并行组是 [g1, g3]，张量模型并行组是[g0, g1]，流水线模型并行组是 [g1, g5, g9, g13]。

- 在 ParallelTransformer 的初始化过程中，rank 根据 offset 变量来知道自己应该生成模型的哪些层，然后通过 self.layers = torch.nn.ModuleList([build_layer(i + 1 + offset) for i in range(self.num_layers)]) 来生成对应的层。

- 在调用 pretrain() 进行预训练时，get_model() 函数会根据自己的 pipeline rank 和 is_pipeline_first_stage 知道本 rank 是不是第一层或者最后一层，然后做相应处理。
- 最后 rank 把模型参数复制到自己对应的 GPU 上。

具体 ParallelTransformer 初始化代码如下：

```python
class ParallelTransformer(MegatronModule):

    def __init__(self, init_method, output_layer_init_method,
                 layer_type=LayerType.encoder,
                 self_attn_mask_type=AttnMaskType.padding,
                 pre_process=True, post_process=True):
        # 省略代码

        # Transformer 层
        def build_layer(layer_number):
            return ParallelTransformerLayer(
                init_method, output_layer_init_method,
                layer_number, layer_type=layer_type,
                self_attn_mask_type=self_attn_mask_type)

        # 下面 offset 就是根据 rank 知道自己应该生成模型的哪些层
        if args.virtual_pipeline_model_parallel_size is not None:
            self.num_layers = self.num_layers // args.virtual_pipeline_model_parallel_size
            offset = mpu.get_virtual_pipeline_model_parallel_rank() * (
                args.num_layers // args.virtual_pipeline_model_parallel_size) + \
                (mpu.get_pipeline_model_parallel_rank() * self.num_layers)
        else:
            offset = mpu.get_pipeline_model_parallel_rank() * self.num_layers

        self.layers = torch.nn.ModuleList(
            [build_layer(i + 1 + offset) for i in range(self.num_layers)])
```

最终效果如图 12-26 所示，其中同名子模块具有同样的参数，可以数据并行，即两个 A 可以数据并行。一列上的层之间可以流水线串行，比如 A→C→E→G 就是串行，图中每一行 4 个 GPU 代表流水线的一个 stage。每个虚线圆角小矩形框标识的两个横向相邻 GPU 是张量模型并行。深色的 A~H 代表模型 1，浅色的 A~H 代表模型 2。

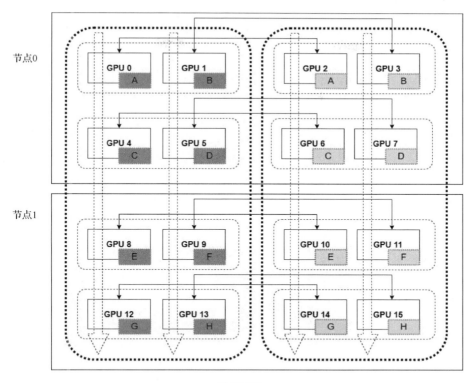

图 12-26

12.4 Pipedream 的流水线刷新

在流水线训练过程中，如何给流水线各个 stage 安排执行序列是关键，所以此处我们分析如何做调度。概括来说，Megatron 基于 PipeDream-2BW（Megatron 和 Pipedream 有共同主要作者）实现了定期刷新（PipeDream-Flush），要点如下。

- PipeDream-2BW 在流水线中维护了两个版本的模型权重，2BW 是双缓冲权重（Double-Buffered Weights），PipeDream-2BW 会为每个微批量生成一个新的权重版本，因为有些剩余反向传播仍然依赖于旧版本，所以新的权重版本无法立即取代旧版本，但是由于只保存了两个版本，因此极大降低了内存占用。
- PipeDream-Flush 则在 PipeDream-2BW 上添加了一个全局同步的流水线刷新操作，思路类似于 GPipe。这种方法通过以吞吐量的部分能力下降为代价来减少内存占用（即只维护一个版本的模型权重）。

我们接下来分析 PipeDream-2BW 和 PipeDream-Flush 的具体设计思路。

PipeDream-2BW 使用内存高效的流水线并行来训练不适合单个加速器的大型模型。它的双缓冲权重更新和刷新机制确保了高吞吐量、低内存占用率和类似于数据并行的权重更新语义。PipeDream-2BW 将模型拆分为多个 Worker 上的多个 stage，并对每个 stage 进行相同次数的复制（在同一 stage 的副本间进行数据并行）。这种流水线并行适用于堆叠结构的模型（例如 Transformer 模型）。为了更好地说明来龙去脉，我们从 GPipe 开始分析。

（1）GPipe

GPipe 维护模型权重的单一版本。输入批量被分成更小的微批量。权重梯度是累积的，不会立即应用，并且定期刷新流水线以确保不需要保持多个权重版本。GPipe 提供了类似于数据并行的权重更新语义。图 12-27 显示了 GPipe 执行的时间线。周期性流水线刷新可能会很昂贵，从而限制吞吐量。缓解此开销的一种方法是在流水线内进行额外的累积，但这并不总是切实可行的，原因在于：a）在巨大的规模因子（scale factor）下，能支持的最小批量大小较大（与 scale factor 成比例），且大批量会影响模型的收敛性；b）GPipe 需要保持与批量大小成比例的激活存储。

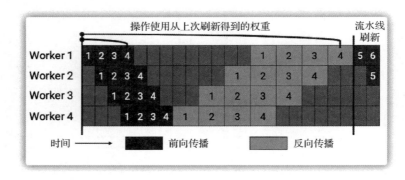

图 12-27

图片来源：论文 *Memory-Efficient Pipeline-Parallel DNN Training*

（2）Double-Buffered Weight Updates（双缓冲权重更新，2BW）

PipeDream-2BW 结合 1F1B 调度使用一种新颖的 2BW 方案，其中每个 Worker 在不同输入的前向和反向传播之间交替，以确保在特定输入的前向和反向传播中使用相同的权重版本。2BW 的内存占用比 PipeDream 和 GPipe 低，并且避免了 GPipe 昂贵的流水线刷新。[①]

梯度以较小的微批量粒度来计算。对于任何输入微批量，PipeDream-2BW 对输入的前向和反向传播都使用相同的权重版本。在以批量粒度应用梯度更新之前，PipeDream-2BW 会在多个微批量上累积梯度更新，从而限制权重版本的数量（否则需要维护多个版本的权重）。

PipeDream-2BW 为每 m 个微批量生成一个新的权重版本（$m \geqslant d$，d 是流水线深度）。为了简单起见，首先假设 $m=d$（图 12-28 中 $d=4$）。行进中（in-flight）的输入不能使用最新的权重版本进行反向传播（例如，在 $t=21$ 时，Worker 3 上的输入 7），因为在其他 stage 上，这些输入已在使用较旧的权重版本进行前向传播。因此，需要缓冲新生成的权重版本以备将来之需。但是因为用于生成新权重版本的权重版本可以立即丢弃（后续通过该 stage 的输入不再使用旧权重版本），所以需要维护的权重版本总数最多为 2。例如，在图 12-28 中，每个 Worker 在处理完输入 8 的反向传播后都可以丢弃 $W^{(0)}$，因为所有后续输入都将使用更高的权重版本

[①] 参考论文 *Memory-Efficient Pipeline-Parallel DNN Training*。

进行前向和反向传播(见彩插)。

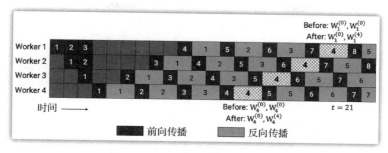

图 12-28

图片来源:论文 *Memory-Efficient Pipeline-Parallel DNN Training*

给定输入微批量 k(基于 1 开始的索引)使用的权重版本为 $\max(\lfloor(k-1)/m\rfloor-1, 0)$,其中 m 是批量中的微批量数(图 12-28 中为 4)。对于输入 k 的前向和反向传播,此权重版本相同。m 可以是任何大于或等于 d 的数字,额外的梯度累积(较大的 m)会增大全局批量大小。

图 12-28 的时间轴显示了 PipeDream-2BW 的双缓冲权重更新方案,时间轴是 x 轴。在不丧失通用性的情况下,假设反向传播的时间是前向传播的两倍。PipeDream-2BW 在每个 Worker 上只存储两个权重版本,减少了总内存占用,同时不再需要昂贵的流水线暂停。$W_i^{(v)}$ 表示 Worker i 上具有版本 v 的权重(包含从输入 v 生成的权重梯度)。在方格绿色框中会生成新的权重版本。$W_4^{(4)}$ 首先用在新输入 9 的前向传播之中。

图 12-28 的 Before 意为做丢弃动作之前,系统的两个权重缓冲,After 意为做丢弃动作之后,系统的两个权重缓冲。

(3) Weight Updates with Flushes (PipeDream-Flush)

PipeDream-Flush 的内存占用比 2BW 和原生(Vanilla)优化器更低,但其代价是较低的吞吐量。该 schedule 重用了 PipeDream 的 1F1B schedule,但保持单一权重版本,并引入定期流水线刷新,以确保权重更新期间的权重版本一致性。在假定具有两个流水线 stage 的情况下,PipeDream-Flush 和 GPipe 的时间流如图 12-29 所示(见彩插)。

为何要选择 1F1B?因为它将行进中的微批量数量缩减到流水线深度 d,而不是 GPipe 的微批量数量 m,所以 1F1B 是内存高效(memory-efficient)的。为了降低气泡时间,一般来说设置 $m \gg d$。

内存占用小。在使用 PipeDream-Flush 时,行进中的输入激活总数小于或等于流水线深度,这使其内存占用比 GPipe 低,GPipe 必须保持输入激活与微批量数量(m)成比例。PipeDream-Flush 的内存占用也低于 PipeDream-2BW,因为它只需要维护一个权重版本。

从语义学(Semantics)角度可以保证正确性。定期流水线刷新确保可以使用最新权重版本计算的梯度来执行权重更新。这将使权重更新用如下方式进行:$W^{(t+1)} = W^{(t)} - v \cdot \nabla f(W^{(t)})$。

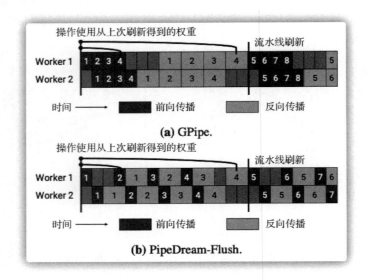

图 12-29

图片来源：论文 *Memory-Efficient Pipeline-Parallel DNN Training*

GPipe 和 PipeDream Flush 都使用流水线刷新；PipeDream-Flush 在稳定状态下交替进行前向和反向传播，通过仅保留行进中微批量的激活来保持较低的内存占用。

PipeDream-Flush 把一次迭代分成三个阶段，具体如下。

- 预热前向传播阶段（Warmup Forward Passes）：在这里，除了最后一个 stage，每个 Worker 都会做不同数目的前向计算，并且向其下游发送激活，直到最后一个 stage 被激发。该阶段将行进中的批次数量（未完成反向传播且需要保持激活的微批次数量）限制在流水线深度之内，而不是一个批次中的微批次数量。

- 稳定 1F1B 阶段（Run 1F1B in Steady State）：在进入稳定状态之后，每个 Worker 都进行 1F1B 操作。

- 冷却反向传播阶段（Cooldown Backward Passes）：此阶段会把行进中的微批次执行完毕，且只是执行反向计算和向反向计算下游发送梯度。

具体刷新会在每一次训练 step 时调用 optimizer.step()完成，此时内部两个激活值队列全部清空过，也就完成了定期刷新操作。

第 13 章　PyTorch 如何实现模型并行

PyTorch 分布式支持两种强大的范式：DDP 用于完全同步的数据并行训练，RPC 框架支持分布式模型并行。本章我们结合 PyTorch 设计文档来分析 PyTorch 如何支持模型并行，即看看 PyTorch 如何通过 RPC 框架来把任意计算放到远程设备上执行。

13.1　PyTorch 模型并行

13.1.1　PyTorch 特点

我们首先来看 PyTorch 本身的特点，以及这些特点如何影响模型并行的实现。

- PyTorch 以张量为基本单元，符合算法工程师写 Python 脚本的直觉，工程师可以用面向对象的方式进行模型搭建和训练，对张量进行赋值、切片，非常方便。
- PyTorch 是单卡视角，每个设备上的张量、模型脚本都是独立的，模型脚本完全对称（Mirror）。对于最简单的数据并行来说，PyTorch 的设计是合理的。当每个设备上的脚本运行到相同数据批量的模型更新部分时，大家统一做一次模型同步就完成了数据并行，这就是 PyTorch 的 DDP 模块所完成的工作。

以上两个特点适合于数据并行，但对模型并行而言则有问题。对于 PyTorch 来说，实现模型并行就需要相应地实现前向传播函数以便跨设备移动中间输出。但是在分布式情况下，如果用户想要将模型参数分配到不同设备上，往往就会遇到需要人工指定模型切分方式、手工编写数据通信逻辑代码等问题，相当于直接对物理设备进行编程，所以分布式使用的门槛比较高。

13.1.2　示例

接下来，笔者使用官方示例来展示如何使用 PyTorch 进行单机上的模型并行，其中加入了一些自己的思考和理解。

1. 基本用法

让我们从一个包含两个线性层的简单模型（ToyModel）开始。要在两个 GPU 上运行此模型，只需将每个线性层放在不同的 GPU 上，并相应地移动输入数据和中间层的输出以便和层的设备进行匹配。

```
import torch
import torch.nn as nn
import torch.optim as optim


class ToyModel(nn.Module):
    def __init__(self):
        super(ToyModel, self).__init__()
```

```
        self.net1 = torch.nn.Linear(10, 10).to('cuda:0')
        self.relu = torch.nn.ReLU()
        self.net2 = torch.nn.Linear(10, 5).to('cuda:1')

    def forward(self, x):
        x = self.relu(self.net1(x.to('cuda:0')))
        return self.net2(x.to('cuda:1'))
```

ToyModel 的代码与在单个 GPU 上的实现方式非常相似，只是修改了两个部分：网络构造部分和 forward()部分。

- __init__()函数使用了两个 to(device)语句在相关设备上放置线性层，这样把整个网络拆分成两个部分，这两部分可以分别运行在不同 GPU 之上。
- forward()函数使用了两个 to(device)语句在相关设备上放置张量，这样可以把一个层的输出结果通过 tensor.to()复制到另一个层所在的 GPU 上。

以上就是模型中需要更改的地方。backward()函数和 torch.optim()函数不需要修改，它们自动接管梯度，仿佛模型依然在一个 GPU 之上运行。在调用损失函数时，用户只需要确保标签与网络的输出在同一设备上。

```
model = ToyModel()
loss_fn = nn.MSELoss()
optimizer = optim.SGD(model.parameters(), lr=0.001)

optimizer.zero_grad()
outputs = model(torch.randn(20, 10))
labels = torch.randn(20, 5).to('cuda:1')
loss_fn(outputs, labels).backward()
optimizer.step()
```

此处最重要的是 labels = torch.randn(20, 5).to('cuda:1')，这保证了标签在 cuda:1 之上。回忆一下之前 forward()函数的代码：self.net2(x.to('cuda:1'))。这两行代码确保标签与输出在同一设备 cuda:1 上。

forward 操作和设定标签之后的结果如图 13-1 所示，现在输出和标签都在 GPU 1 之上。

2. 问题与方案

总结一下目前状况，发现存在两个问题：

- 虽然有多块 GPU，但是在整个执行过程中的每一个时刻，只有一个 GPU 在计算，其他 GPU 处于空闲状态。
- 中间计算结果需要在 GPU 之间做复制工作，这会使性能恶化。

因此我们需要针对这两个问题进行处理，具体而言就是：①让所有 GPU 都活跃起来。②减少复制传输时间。

第 13 章 PyTorch 如何实现模型并行

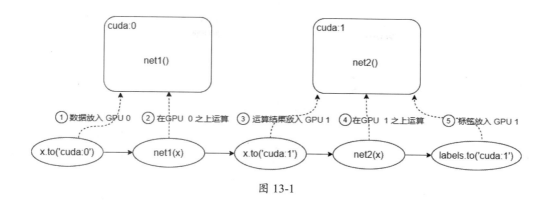

图 13-1

两个问题解决方案如下。

（1）让所有 GPU 都活跃起来：加入流水线机制，即将每个批次做进一步划分，组成一个切分流水线，这样当一个切分数据到达第二个子网络时，可以将接下来的切分数据送入第一个子网络。这样两个连续的切分数据就可以在两个 GPU 上同时运行。

（2）复制传输时间：使用一些硬件和软件的结合方法来增加带宽减少延迟，比如：

- 硬件层面包括单机内部的 PCIe（PCI-Express）、NVlink、NVSwitch；多机之间的 RDMA（Remote Direct Memory Access）网络。
- 软件堆栈包括 GPUDirect 的一系列技术，比如 P2P（Peer-to-Peer）、RDMA、Async、Storage 等。

接下来我们分析为了支持模型并行，PyTorch 做了哪些基础工作。

13.2 分布式自动求导之设计

我们首先分析一下分布式自动求导的设计和内部结构，因为基础是自动求导机制和分布式 RPC 框架，所以我们先研究一下分布式 RPC 框架，然后对上下文、传播算法、优化器等一一进行研究。

13.2.1 分布式 RPC 框架

RPC 是一种设计或者技术思想，而不是协议或者规范。对 RPC 最简单的理解就是一个节点请求另外一个节点所提供的服务，但对于用户代码来说需要维护一个本地调用的感觉，即调用远程函数要像调用本地函数一样，使远程服务或者代码看起来像运行在本地。

PyTorch 的分布式 RPC 框架可以让用户很方便地远程运行函数；允许远程通信；提供一个高级 API 来自动区分拆分到多台机器上的模型；支持引用远程对象而无须复制真实数据；提供自动求导和优化器 API 来运行反向传播和跨 RPC 边界更新参数。这些功能可以分为四组 API，是 PyTorch 分布式的四大支柱。

1. 远程过程调用（RPC）

RPC 支持使用给定的参数在指定的 Worker 上运行函数并获取返回值或创建对返回值的引用。有三个主要的 RPC API：同步调用 rpc_sync()、异步调用 rpc_async() 和 remote()（异步运行并返回对远程返回值的引用）。

2. 远程引用（RRef）

RRef 是指向本地或远程对象的分布式共享指针。RRef 可以与其他 Worker 共享，并且引用计数将被透明处理。每个 RRef 只有一个所有者，该 RRef 只存在于该所有者之中。持有 RRef 的非所有者 Worker 可以通过明确请求来从所有者那里获取对象的副本。当 Worker 需要访问某个数据对象，但该 Worker 既不是对象的创建者（remote() 函数的调用者）也不是对象的所有者时，RRef 就很有用。分布式优化器就是此类的一个示例用法。

3. 分布式自动求导（Distributed Autograd）

分布式自动求导将所有参与前向传播 Worker 的本地自动求导引擎捏合在一起，并在反向传播期间自动关联它们以计算梯度。如果前向传播需要跨越多台机器，分布式自动求导尤其有用，例如分布式模型并行训练、参数服务器训练等。有了此特性，用户代码不再需要担心如何跨 RPC 边界发送梯度，以及应该以什么顺序启动本地自动求导引擎。

4. 分布式优化器（Distributed Optimizer）

构造分布式优化器需要一个 PyTorch 原生优化器（例如，SGD、Adagrad 等）和一个 RRef 的参数列表，即首先在每个不同的 RRef 所有者之上创建一个原生优化器实例，然后运行 step() 函数更新相应参数。当用户进行分布式前向和反向传播时，参数和梯度将分散在多个 Worker 中，因此需要让每个相关 Worker 进行优化。分布式优化器将所有这些本地优化器整合为一，并提供了简洁的构造函数和 step() API。

PyTorch 为什么使用 RPC？其中一个原因是：无论是前向传播还是反向传播，都有可能传输巨大的张量，其序列化/反序列的开销和耗时都太大，而 PyTorch RPC 可以很好地解决此问题（有兴趣的读者可以深入研究其代码）。

13.2.2 自动求导记录

在原生（非分布式）前向传播期间，PyTorch 并没有显式构造出一个用于执行反向传播的自动求导图，而是建立了若干反向传播所需的数据结构，这些数据结构形成了一个虚拟图关系。我们以 $Q = X - Z$ 为例，在前向计算时会做如下操作。

- 执行减法操作。减法操作会派发到某一个设备之上，接下来会进行 Q 的构建，即得到前向计算结果 Q。
- 构建如何进行反向传播：
  - 构建一个减法的反向计算函数 SubBackward0 实例。

- 初始化 SubBackward0 实例的输出边 next_edges_（就是反向传播的下游），next_edges_ 成员的值来自前向传播的输入参数 X 和 Z。
- 把 Q 设置为 SubBackward0 实例的输入。此时得到了反向传播的输入和输出。
- 将前向计算结果 Q 与反向传播方法（SubBackward0）联系起来。使用 SubBackward0 实例初始化 Q 的成员变量 autograd_meta->grad_fn。当对 Q 进行反向计算时，会使用 Q 的 autograd_meta->grad_fn 成员进行反向计算，即执行 SubBackward0 操作。

对于分布式自动求导，除了普通引擎要考虑的因素之外，还要考虑节点之间的交互，因此我们需要在前向传播期间跟踪所有 RPC，以确保正确执行反向传播。为此，当执行 RPC 时，我们把 send function（以下称为 send 自动求导函数）和 recv function（以下称为 recv 自动求导函数）附加到自动求导图之上，具体操作如下。

- 将 send 自动求导函数附加到 RPC 的发起源节点之上，send 自动求导函数的输出边指向 RPC 输入张量的自动求导函数。在反向传播期间，send 自动求导函数从 RPC 目标节点接收到自己的输入，此输入对应 recv 自动求导函数的输出。
- 将 recv 自动求导函数附加到 RPC 的接收目标节点之上，recv 自动求导函数的输入从某些算子得到，这些算子使用输入张量在 RPC 接收目标节点上执行操作。在反向传播期间，recv 自动求导函数的输出梯度将被发送到 RPC 的源节点之上，并且作为 send 自动求导函数的输入。
- PyTorch 会为每个 send-recv 对分配一个全局唯一的 autograd_message_id 以标识该 send-recv 对。在反向传播期间，此 autograd_message_id 被用来查找远程节点上的相应自动求导函数。
- 当调用 torch.distributed.rpc.RRef.to_here() 函数时，PyTorch 为涉及的 RRef 张量添加一个 send-recv 对。

13.2.3 分布式自动求导上下文

分布式自动求导的每个前向和反向传播都被分配唯一的上下文（类型为 torch.distributed.autograd.context），此上下文具有全局唯一的 autograd_context_id。每个节点都会根据需要来决定是否创建上下文。上下文的作用如下。

1. 运行分布式反向传播的多个节点可能会在同一个张量上累积梯度并且把梯度存储在张量的 grad 成员变量之上。在运行优化器之前，张量的 grad 可能累积了来自各种分布式反向传播的梯度，该效果类似于在本地进行多次调用 torch.autograd.backward()。因此，在每个反向传播过程里，梯度将被累积在上下文之中，这样就可以把每个反向传播梯度分离开。在 DistAutogradContext 类之中，对应的成员变量是 c10::Dict<torch::Tensor, torch::Tensor> accumulatedGrads_。

2. 在前向传播期间，我们在上下文中存储每个自动求导传播的 send 和 recv 自动求导函数，这确保我们在自动求导图中保存对相应节点的引用以使节点保持活动状态。除此之外，这也使 PyTorch 在反向传播期间很容易查找到对应的 send 和 recv 自动求导函数。

3. 在一般情况下,我们也使用此上下文来存储每个分布式自动求导传播的一些元数据。

用户可以采用如下方法来设置自动求导上下文:

```
import torch.distributed.autograd as dist_autograd
with dist_autograd.context() as context_id:
  loss = model.forward()
  dist_autograd.backward(context_id, loss)
```

需要注意,模型的前向传播必须在分布式自动求导上下文管理器中调用,因为需要一个有效的上下文来确保所有的 send 和 recv 自动求导函数被存储起来,并且在所有参与节点之上执行反向传播。

13.2.4 分布式反向传播算法

在本节中,我们将概述在分布式反向传播期间准确计算依赖关系所遇到的挑战,并且讲述分布式反向传播的算法。

1. 计算依赖关系

首先,考虑在单台机器上运行以下代码:

```
a = torch.rand((3, 3), requires_grad=True)
b = torch.rand((3, 3), requires_grad=True)
c = torch.rand((3, 3), requires_grad=True)
d = a + b
e = b * c
d.sum().backward()
```

图 13-2 就是上面的代码对应的自动求导图(见彩插)。

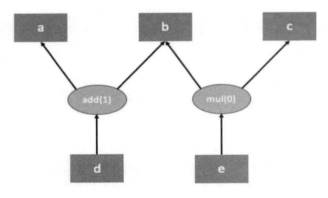

图 13-2

作为反向传播的一部分,自动求导引擎执行的第一步是计算自动求导图中每个节点的依赖项数量,这有助于自动求导引擎知道图中的节点何时就绪并可以执行。add(1)和 mul(0)的括号内数字表示依赖关系的数量,这意味着在反向传播期间,add 节点需要 1 个输入,mul 节点不需要任何输入(即 mul 节点不需要执行)。本地自动求导引擎通过从根节点(在本例中是 d)

遍历图来计算这些依赖关系。在现实中，自动求导图中的某些节点可能不会在反向传播中执行。

下面代码使用 RPC 完成加法和乘法操作，该代码的关联自动求导图如图 13-3 所示（见彩插）。

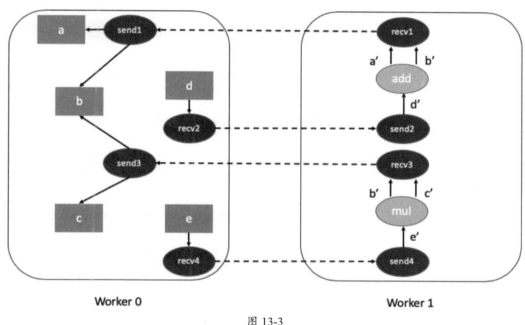

图 13-3

```
a = torch.rand((3, 3), requires_grad=True)
b = torch.rand((3, 3), requires_grad=True)
c = torch.rand((3, 3), requires_grad=True)
d = rpc.rpc_sync("worker1", torch.add, args=(a, b))
e = rpc.rpc_sync("worker1", torch.mul, args=(b, c))
loss = d.sum()
```

计算此分布式自动求导图的依赖项非常具有挑战性，而且开销（在计算或网络通信方面）较大。为了避免大量开销，可以假设每个 send 和 recv 自动求导函数都是反向传播的有效部分（大多数应用不会执行未使用的 RPC）。这可以简化分布式自动求导算法并且算法效率更高，但缺点是应用程序需要了解这些限制。此简化算法就是 FAST 模式算法。

2. FAST 模式算法

该算法的关键假设是：当我们运行反向传播时，每个 send 自动求导函数的依赖为 1。换句话说，我们假设 send 自动求导函数会通过 RPC 从另一个节点接收梯度。FAST 算法如下：

（1）从具有反向传播根（root）的 Worker（这个 Worker 的所有根都必须存在于本地）开始执行。

（2）查找当前分布式自动求导上下文（Distributed Autograd Context）的所有 send 自动求导函数。

（3）用得到的根和检索到的所有 send 自动求导函数在本地开始计算依赖。

（4）计算完依赖后，使用得到的根来启动本地自动求导引擎。

（5）当自动求导引擎执行某个 recv 自动求导函数时，因为每个 recv 自动求导函数都知道目标 Worker 的 id（其被记录为前向传播的一部分），所以该 recv 自动求导函数通过 RPC 将输入梯度发送到相关的目标 Worker。该 recv 自动求导函数还将 autograd_context_id 和 autograd_message_id 也发送到远程主机。

（6）当远程主机收到此请求时，使用 autograd_context_id 和 autograd_message_id 来查找相应的 send 自动求导函数。

（7）如果这是目标 Worker 第一次收到对某个 autograd_context_id 的请求，那么它将按照上面的第 1~3 点所述在本地计算依赖。

（8）将在第 6 点查找到的 send 自动求导函数插入队列，这样后续可以在目标 Worker 的本地自动求导引擎上继续执行。

（9）我们并不是在张量的 grad 成员变量之上累积梯度，而是在每个分布式自动求导上下文之上分别累积梯度。梯度存储在 Dict[Tensor, Tensor] 之中，Dict[Tensor, Tensor] 是从张量到其关联梯度的映射，可以使用 get_gradients() API 检索该映射。

分布式自动求导的完整示例代码如下：

```python
def my_add(t1, t2):
    return torch.add(t1, t2)

# 在 Worker 0 上
# 建立自动求导上下文。参与分布式反向传播的计算必须在分布式自动求导上下文管理器之中完成
with dist_autograd.context() as context_id:
    t1 = torch.rand((3, 3), requires_grad=True)
    t2 = torch.rand((3, 3), requires_grad=True)

    # 在远端执行计算
    t3 = rpc.rpc_sync("Worker1", my_add, args=(t1, t2))

    # 基于远端计算结果在本地执行计算
    t4 = torch.rand((3, 3), requires_grad=True)
    t5 = torch.mul(t3, t4)

    # 计算损失
    loss = t5.sum()

    # 运行反向传播
```

```
dist_autograd.backward(context_id, [loss])

# 从上下文获取梯度
dist_autograd.get_gradients(context_id)
```

具有依赖关系的分布式自动求导图如图 13-4 所示（简单起见，t5.sum()被排除在外）（见彩插）。

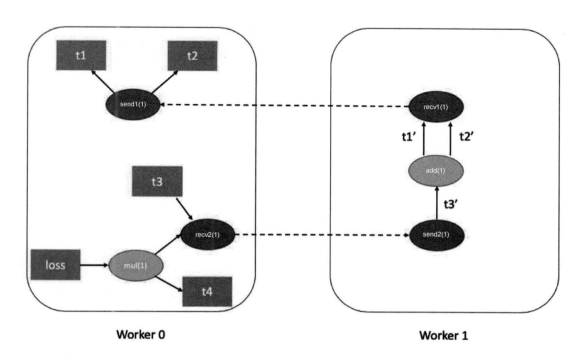

图 13-4

针对上述示例，我们解析 FAST 模式算法的执行流程如下：

（1）从位于 Worker 0 的根 loss 和 send1 开始计算依赖关系，得到 send1 的依赖数为 1，mul 的依赖数为 1。

（2）在 Worker 0 上启动本地自动求导引擎。首先执行 mul 函数，将其输出作为 t4 的梯度，累积存储在自动求导上下文中，然后执行 recv2，它将这些梯度发送到 Worker 1。

（3）由于这是 Worker 1 第一次知道此反向传播，因此它将计算依赖关系，并且相应地把 send2、add 和 recv1 的依赖关系标记出来。

（4）在 Worker 1 的本地自动求导引擎上将 send2 插入队列，该引擎将依次执行 add 和 recv1。

（5）当执行 recv1 时，recv1 将梯度发送到 Worker 0。

（6）由于 Worker 0 已经计算了此反向传播的依赖关系，因此它在本地仅将 send1 插入队列并且执行。

（7）t1、t2 和 t4 的梯度会累积到分布式自动求导上下文中。

13.2.5　分布式优化器

分布式优化器（DistributedOptimizer）将所有的本地优化器合而为一，分布式优化器的具体操作如下：

（1）得到要优化的参数列表，这些参数可以是远程参数 RRef，也可以是包含在本地 RRef 的本地参数。

（2）配置本地优化器类，该优化器类的实例将在所有的 RRef 拥有者之上运行。

（3）分布式优化器在每个工作节点上创建一个本地优化器实例，对于每一个本地优化器实例，分布式优化器都保持一个指向该实例的 RRef。

（4）当调用 DistributedOptimizer.step() 函数时，分布式优化器使用 RPC 在相应的远端 Worker 上远程执行远端 Worker 的本地优化器。需要注意的是，必须为 DistributedOptimizer.step() 函数提供一个分布式自动求导 context_id。本地优化器将使用此 context_id 在相应上下文中存储梯度。

13.3　RPC 基础

因为无论是前向传播还是反向传播都需要依赖 RPC 来完成，所以我们先分析封装于 RPC 之上的一些基本功能，比如代理、消息接收、发送等。

13.3.1　RPC 代理

因为 dist.autograd 包的相关功能基于 RPC 代理来完成，所以我们需要仔细分析代理。RpcAgent 是收发 RPC 消息的代理基类，其功能如下：

- 提供了 send API 来处理请求和应答。
- 配置了回调函数 cb_ 来处理接收到的请求。
- cb_ 会调用到 RequestCallbackImpl，RequestCallbackImpl 实现了回调逻辑。

TensorPipeAgent 是 PyTorch 目前和后续会使用的版本。TensorPipeAgent 利用 TensorPipe 在可用传输或通道之中移动张量和数据。它就像一个混合的 RPC 传输，提供共享内存（Linux）和 TCP（Linux 和 Mac）支持。TensorPipe 的好处之一是可以根据底层硬件配置来选择最合适的通道（Channel），比如 GPU 到 GPU、GPU 到 CPU 都会选择不同的通道。

13.3.2　发送逻辑

我们来分析发送逻辑。Python 部分的样例代码如下：

第 13 章 PyTorch 如何实现模型并行

```python
# Perform some computation remotely.
t3 = rpc.rpc_sync("worker1", my_add, args=(t1, t2))
```

首先来到 rpc_sync()，其调用_invoke_rpc()函数。

```python
@_require_initialized
def rpc_sync(to, func, args=None, kwargs=None, timeout=UNSET_RPC_TIMEOUT):
    fut = _invoke_rpc(to, func, RPCExecMode.SYNC, args, kwargs, timeout)
    return fut.wait()
```

_invoke_rpc()函数依据调用类型不同（内置操作、script、udf 这三种），选择了不同路径。从此处开始进入 C++世界。

然后，我们忽略 udf 和 script，选用 _invoke_rpc_builtin（内置操作）对应的 pyRpcBuiltin() 来分析。pyRpcBuiltin()会调用到 sendMessageWithAutograd()函数。而 sendMessageWithAutograd() 函数会利用代理发送 FORWARD_AUTOGRAD_REQ。sendMessageWithAutograd()代码如下：

```cpp
c10::intrusive_ptr<JitFuture> sendMessageWithAutograd(RpcAgent& agent,
    const WorkerInfo& dst,
    torch::distributed::rpc::Message&& wrappedRpcMsg,
    bool forceGradRecording, const float rpcTimeoutSeconds,
    bool forceDisableProfiling) {
  auto msg = getMessageWithAutograd( // 与上下文交互，构建 FORWARD_AUTOGRAD_REQ
      dst.id_, std::move(wrappedRpcMsg),
      MessageType::FORWARD_AUTOGRAD_REQ,
      forceGradRecording, agent.getDeviceMap(dst));

  c10::intrusive_ptr<JitFuture> fut;
  if (!forceDisableProfiling && torch::autograd::profiler::profilerEnabled())
{
    auto profilerConfig = torch::autograd::profiler::getProfilerConfig();
    auto msgWithProfiling = getMessageWithProfiling(
        std::move(msg),
        rpc::MessageType::RUN_WITH_PROFILING_REQ, // 构建消息
        std::move(profilerConfig));
    // 利用代理发送消息
    fut = agent.send(dst, std::move(msgWithProfiling), rpcTimeoutSeconds);
  } else {
    fut = agent.send(dst, std::move(msg), rpcTimeoutSeconds);
  }

  return fut;
}
```

发送流程如图 13-5 所示，sendMessageWithAutograd()使用 RpcAgent::getCurrentRpcAgent() 得到 RpcAgent::currentRpcAgent_成员变量，即得到了全局设置的代理，然后通过代理发送消息。

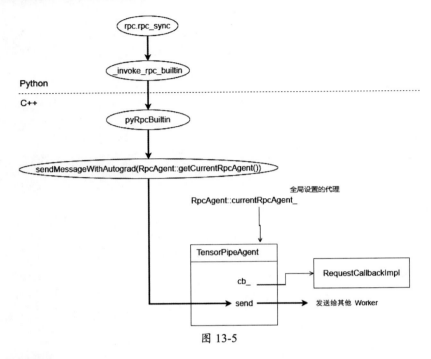

图 13-5

13.3.3 接收逻辑

我们接下来分析接收方的逻辑。当代理接收到消息之后，会调用 RequestCallback::operator() 函数，即我们前面所说的回调函数。operator() 函数会调用 processMessage() 函数来处理消息。这一系列调用逻辑如图 13-6 所示。

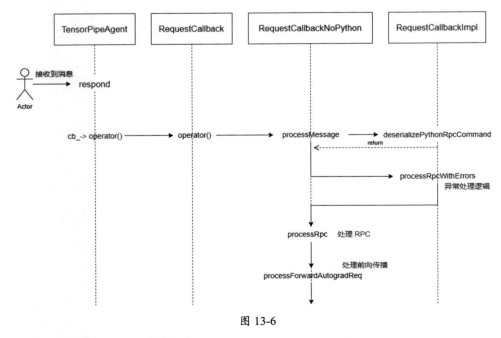

图 13-6

结合之前的发送，我们拓展图例如图 13-7 所示，具体操作如下。

第 13 章 PyTorch 如何实现模型并行

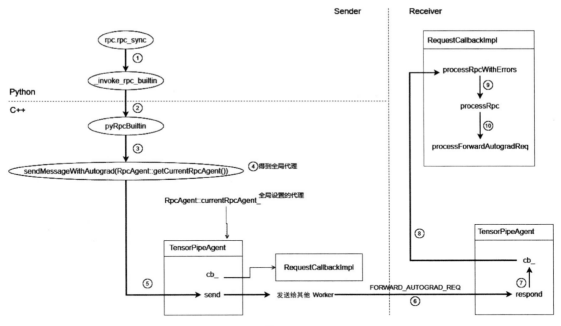

图 13-7

（1）当发送方需要在远端运行自动梯度计算时，会调用 rpc.rpc_sync() 函数。

（2）从 Python 调用到 C++ 世界，C++ 世界的入口函数为 pyRpcBuiltin。

（3）调用 sendMessageWithAutograd() 函数通知接收方。

（4）调用 RpcAgent::getCurrentRpcAgent() 函数得到本地代理。

（5）调用本地代理的 send() 函数。

（6）send() 函数发送 FORWARD_AUTOGRAD_REQ 给接收方 Worker。

（7）远端接收方的 respond() 函数会调用接收方 Agent 的回调函数 cb_。

（8）调用到 RequestCallbackImpl 的 processRpcWithErrors() 函数。

（9）调用 processRpc() 函数。

（10）调用到 processForwardAutogradReq() 函数，完成了基于 RPC 的分布式自动求导的启动过程。

13.4 上下文相关

前文我们已经知道 dist.autograd 包如何发送和接收消息，本节再来分析如何把发送和接收两个动作协调起来，如何确定每个发送/接收节点，以及如何确定每一个消息交互 Session（会话）。

13.4.1 设计脉络

在前文中，当发送消息时，我们在 sendMessageWithAutograd() 函数之中通过 getMessageWithAutograd() 函数获得了 FORWARD_AUTOGRAD_REQ 类型的消息。而 getMessageWithAutograd()函数会与上下文交互，其代码如下：

```cpp
Message getMessageWithAutograd(const rpc::worker_id_t dstId,
    torch::distributed::rpc::Message&& wrappedRpcMsg,
    MessageType msgType, bool forceGradRecording,
    const std::unordered_map<c10::Device, c10::Device>& deviceMap) {

  // 获取到 DistAutogradContainer
  auto& autogradContainer = DistAutogradContainer::getInstance();
  // 获取到上下文，每个 Worker 都有自己的上下文
  auto autogradContext = autogradContainer.currentContext();

  // 给原生 RPC 信息加上自动求导信息
  // newAutogradMessageId 会生成一个消息 id
  AutogradMetadata autogradMetadata( // 构建 AutogradMetadata
      autogradContext->contextId(),
  autogradContainer.newAutogradMessageId());
  auto rpcWithAutograd = std::make_unique<RpcWithAutograd>(
      RpcAgent::getCurrentRpcAgent()->getWorkerInfo().id_,
      msgType, autogradMetadata, std::move(wrappedRpcMsg),
      deviceMap);

  if (tensorsRequireGrad) {
    // 为'send'记录自动求导信息
    addSendRpcBackward( // 把本地上下文、自动求导引擎的元信息等一起打包
        autogradContext, autogradMetadata, rpcWithAutograd->tensors());
  }
  // 记录 worker id
  autogradContext->addKnownWorkerId(dstId);
  return std::move(*rpcWithAutograd).toMessage(); // 最终构建一个消息
}
```

于是就引出了 AutogradMetadata、DistAutogradContainer 和 DistAutogradContext 等一系列基础类，我们概括一下这些基础类的总体设计思路。

先分析问题：假如一套系统包括 a、b、c 三个节点，每个节点运行一个 Worker，当运行一个传播操作时，会在这三个节点之间互相传播信息。因此我们需要一个在这三个节点之中唯一标识此传播过程的机制。在此传播过程中，也要在每一个节点之上把每一对 send-recv 都标识出来，这样才能让节点支持多个并行操作。

针对这些问题，PyTorch 提供具体方案如下：

- 使用上下文来唯一标识一个传播过程。DistAutogradContext 类存储一个 Worker 上的每一个分布式自动求导的相关信息，该上下文在分布式自动求导之中封装前向和反向传播，并且累积梯度，这避免了多个 Worker 在彼此的梯度上互相影响。每个自动求导过程都被赋予一个唯一的 autograd_context_id，DistAutogradContainer 依据此 autograd_context_id 来唯一标识此求导过程的上下文。

- 使用 autogradMessageId 来标识一对 send-recv 自动求导函数。每个 send-recv 对被分配一个全局唯一的 autograd_message_id 以唯一地标识该 send-recv 对。这对于在反向传播期间查找远程节点上的相应自动求导函数很有用。

- 每个 Worker 都需要有一个地方来保存上下文和消息 id，这就是 DistAutogradContainer 类。每个 Worker 都拥有唯一一个单例 DistAutogradContainer，DistAutogradContainer 负责：
  - 存储每一个自动求导过程的分布式上下文。
  - 一旦此自动求导过程结束，就清除分布式上下文的数据。

这样在前向传播期间，PyTorch 可以在上下文中存储每个自动求导传播的 send 和 recv 自动求导函数，以确保我们在自动求导图中保存对相关节点的引用以使节点保持活动状态。在反向传播期间，在上下文之中也可以方便查找到对应的 send 和 recv 自动求导函数。

13.4.2 AutogradMetadata

1. 定义

AutogradMetadata 类用来在不同节点之间传递自动求导的元信息，即封装上下文等信息。发送方通知接收方自己的上下文信息，接收方会依据收到的这些上下文信息做相应处理，在处理过程中，接收方会使用 autogradContextId 和 autogradMessageId 分别作为上下文和消息的唯一标识。

- autogradContextId 是全局唯一整数，用来标识一个唯一的分布式自动求导传播过程（包括前向传播和反向传播）。一个传播过程包括在反向传播链条上的多对 send-recv 自动求导函数。

- autogradMessageId 是全局唯一整数，标识一对 send-recv 自动求导函数。每个 send-recv 对被分配一个全局唯一的 autograd_message_id 以唯一地标识该 send-recv 对。这对于在反向传播期间查找远程节点上的相应自动求导函数很有用。

```
struct TORCH_API AutogradMetadata {
  int64_t autogradContextId;
  int64_t autogradMessageId;
};
```

那么问题来了，在多个节点之间，autogradContextId 和 autogradMessageId 分别怎么做到全局唯一呢？

2. autogradMessageId

我们先概括一下：autogradMessageId 由 rank 间接生成，然后依靠在 newAutogradMessageId() 内部进行递增来保证唯一性。具体思路如下。

首先，在下面的代码中，因为每个 Worker 的 rank 唯一，就保证了 Worker id 唯一，也保证了 next_autograd_message_id_ 唯一。

```
// 使用rank来初始化worker id
worker_id = rank;
container.worker_id_ = worker_id;

// 依据worker_id来生成next_autograd_message_id_
container.next_autograd_message_id_ = static_cast<int64_t>(worker_id) <<
kAutoIncrementBits
```

其次，在构建消息时会使用 newAutogradMessageId() 得到 autogradMessageId。而 next_autograd_message_id_ 会在 newAutogradMessageId() 内部递增，所以 autogradMessageId 是全局唯一的。

```
int64_t DistAutogradContainer::newAutogradMessageId() {
  return next_autograd_message_id_++;
}
```

我们用图 13-8 来分析其逻辑。

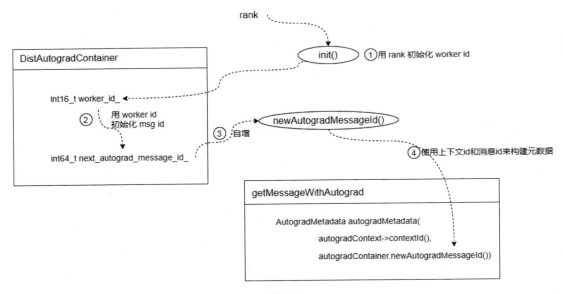

图 13-8

为了分析 autogradContextId 为什么可以保证唯一性，我们需要先分析 DistAutogradContainer 和 DistAutogradContext 这两个类。

13.4.3 DistAutogradContainer

每个 Worker 拥有一个单例 DistAutogradContainer（分布式自动求导容器），其负责：

- 存储每一个自动求导过程的分布式上下文。一个 Container 之中有多个上下文。
- 一旦此自动求导过程结束，就清除对应的分布式上下文数据。

每个自动求导过程被赋予一个唯一的 autograd_context_id。在每个 Container 中，此求导过程的上下文依据此 autograd_context_id 来唯一确认。autograd_context_id 是一个 64 位的全局唯一 id，前 16 位是 worker_id（即 rank id），后 48 位在每个 Worker 内部自动递增。

DistAutogradContainer 还负责维护全局唯一的消息 id，用来关联 send-recv 自动求导函数对。其格式类似于 autograd_context_id，是一个 64 位整数，前 16 位是 worker_id，后 48 位在 Worker 内部自动递增。

DistAutogradContainer 之中的关键变量如下。

- worker_id_：本 Worker 的 id，即本 Worker 的 rank。
- next_context_id_：自动递增的上下文 id，用来给每个自动求导过程赋予一个唯一的 autograd_context_id。在一个传播链条上，其实只有第一个节点的 DistAutogradContainer 用到了 next_context_id_ 来生成上下文，后续节点的 DistAutogradContainer 都依据第一个 DistAutogradContainer 的上下文 id 信息在本地生成对应此 id 的上下文。
- next_autograd_message_id_：全局唯一的消息 id，用来关联 send-recv 自动求导函数对。此变量在本节点发送时会使用到。
- std::vector<ContextsShard> autograd_contexts_ 存储了上下文列表。

init() 成员变量函数构建了 DistAutogradContainer，利用 worker_id 对本地成员变量进行相关赋值。

13.4.4 DistAutogradContext

DistAutogradContext 存储了在一个 Worker 上的每一个分布式自动求导的相关信息，其在分布式自动求导中封装前向和反向传播、累积梯度，这避免了多个 Worker 在彼此的梯度上互相影响。

1. 定义

DistAutogradContext 的主要成员变量有如下三个。

- contextId_：上下文 id。由前文可知，contextId_ 全局唯一。
- sendAutogradFunctions_：map 类型变量，收集所有发送请求对应的反向传播算子 SendRpcBackward。
- recvAutogradFunctions_：map 类型变量，收集所有接收请求对应的反向传播算子

RecvRpcBackward。

我们后续会结合引擎对 SendRpcBackward 和 RecvRpcBackward 进行分析。DistAutogradContext 的定义如下。

```
// DistAutogradContext 存储在一个 Worker 上的单次分布式自动求导传播的信息
class TORCH_API DistAutogradContext {
  const int64_t contextId_;
  std::unordered_set<rpc::worker_id_t> knownWorkerIds_;
  // 从 autograd_message_id 映射到相关的 send 自动求导函数
  std::unordered_map<int64_t, std::shared_ptr<SendRpcBackward>>
      sendAutogradFunctions_;
  // 从 autograd_message_id 映射到相关的 recv 自动求导函数
  std::unordered_map<int64_t, std::shared_ptr<RecvRpcBackward>>
      recvAutogradFunctions_;
  c10::Dict<torch::Tensor, torch::Tensor> accumulatedGrads_; // 梯度累积在此
  std::unordered_map<c10::Device, c10::Event> gradReadyEvents_;
  const c10::impl::VirtualGuardImpl impl_;
  std::shared_ptr<torch::autograd::GraphTask> graphTask_;
  std::vector<c10::intrusive_ptr<rpc::JitFuture>> outStandingRpcs_;
};
```

2. 构建

我们首先分析如何构建上下文，有 getOrCreateContext() 和 newContext() 两种途径。

getOrCreateContext() 函数用来得到上下文，如果已经有上下文，就直接获取，如果没有，就新构建一个。接收方会用到此方法，相当于被动调用，发送方则会调用 newContext() 方法来创建上下文，相当于主动调用。

我们以 newContext() 这个主动调用为例来分析。当分布式调用 newContext() 时，Python 世界会生成一个上下文。

```
with dist_autograd.context() as context_id:
    output = model(indices, offsets)
    loss = criterion(output, target)
    dist_autograd.backward(context_id, [loss])
    opt.step(context_id)
```

DistAutogradContext 的 __enter__ 方法会调用 _new_context() 函数在 C++ 世界生成一个上下文。C++ 世界之中对应的方法是 DistAutogradContainer::getInstance().newContext()，此处每一个线程都有一个 autograd_context_id。

```
static thread_local int64_t current_context_id_ = kInvalidContextId;
```

newContext() 生成一个 DistAutogradContext，并且通过 Container 的成员变量 next_context_id_ 的递增操作来指定下一个上下文的 id。

```
const ContextPtr DistAutogradContainer::newContext() {
 auto context_id = next_context_id_++; // 递增,指定下一个上下文 id
 current_context_id_ = context_id; // 在此处设置了本地线程的 current_context_id_
 auto& shard = getShard(context_id);
 auto& context = shard.contexts
        .emplace(std::piecewise_construct,
           std::forward_as_tuple(context_id),
           std::forward_as_tuple(
              std::make_shared<DistAutogradContext>(context_id)))
        .first->second;
 return context;
}
```

3. 如何共享上下文

with 语句中生成的 context_id 可以在所有 Worker 之上唯一标识一个分布式传播(包括前向传播和反向传播)。每个 Worker 存储与此 context_id 关联的元数据,这是正确执行分布式自动加载过程所必需的。

因为需要在多个 Worker 之中都存储此 context_id 关联的元数据,所以就需要一个封装发送/接收的机制在 Worker 之间传递此元数据,封装机制就是我们前面提到的 AutogradMetadata。接下来分析如何发送/接收上下文元信息。

(1)发送方

当发送消息时,getMessageWithAutograd()会使用 autogradContainer.currentContext()获取当前上下文,然后进行发送。于是现在可以拓展图 13-8 到图 13-9,其中加入了上下文 id。

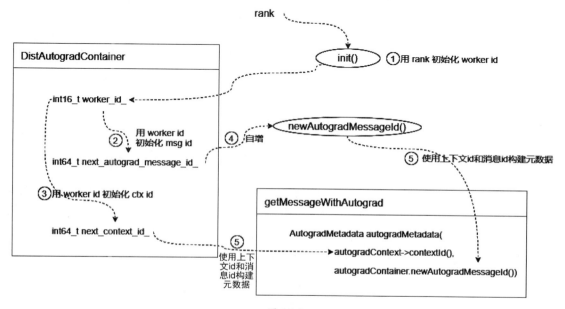

图 13-9

addSendRpcBackward()函数把 SendRpcBackward 传入当前上下文之中,后续反向传播时会取出此 SendRpcBackward。

```cpp
void addSendRpcBackward(const ContextPtr& autogradContext,
    const AutogradMetadata& autogradMetadata,
    std::vector<torch::Tensor>& tensors) {

  // 附加相关的自动求导边
  auto grad_fn = std::make_shared<SendRpcBackward>();
  grad_fn->set_next_edges(
      torch::autograd::collect_next_edges(tensors_with_grad));

  // 为 grad_fn 加上相关的输入元信息
  for (const auto& tensor : tensors_with_grad) {
    grad_fn->add_input_metadata(tensor);
  }

  // 在当前上下文之中记录 send 自动求导函数
  autogradContext->addSendFunction(grad_fn,
autogradMetadata.autogradMessageId);
}
```

(2)接收方

addRecvRpcBackward()中会依据传递过来的 autogradMetadata.autogradContextId 构建一个上下文。

```cpp
ContextPtr addRecvRpcBackward(const AutogradMetadata& autogradMetadata,
    std::vector<torch::Tensor>& tensors,
    rpc::worker_id_t fromWorkerId,
    const std::unordered_map<c10::Device, c10::Device>& deviceMap) {

  auto& autogradContainer = DistAutogradContainer::getInstance();
  // 生成或者得到一个上下文,把发送方的 autogradContextId 传入,利用 autogradContextId
  作为键,后续可以查找到此上下文
  auto autogradContext =
autogradContainer.getOrCreateContext(autogradMetadata.autogradContextId);

  if (!tensors.empty() && torch::autograd::compute_requires_grad(tensors)) {
    // 把张量作为输入附加到自动求导函数
    auto grad_fn = std::make_shared<RecvRpcBackward>(
        autogradMetadata, autogradContext, fromWorkerId, deviceMap);
    for (auto& tensor : tensors) {
      if (tensor.requires_grad()) {
```

```
    torch::autograd::set_history(tensor, grad_fn);
  }
}

// 用必须的信息来更新自动求导上下文
autogradContext->addRecvFunction(
    grad_fn, autogradMetadata.autogradMessageId);
}

return autogradContext;
}
```

这样，发送方和接收方就共享了一个上下文，而且此上下文的 id 是全局唯一的。具体逻辑如图 13-10 所示，上方是发送方，下方是接收方。

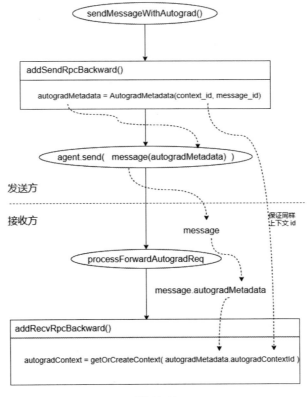

图 13-10

- 发送方操作如下：
  - 利用本地 context_id 构建 AutogradMetadata，AutogradMetadata 含有 ctx_id、msg_id。
  - 利用 AutogradMetadata 构建消息。
  - 利用 agent.send()发送消息。

- 接收方操作如下：
    - 收到消息。
    - 从消息之中解析出 AutogradMetadata。
    - 从 AutogradMetadata 提取出 context_id。
    - 利用 context_id 构建本地的 DistAutogradContext。
- 这样发送方和接收方就共享了一个上下文（此上下文的 id 全局唯一）。

13.4.5 前向传播交互过程

我们接下来把完整的发送/接收过程详细分析一下。

1. 发送

在前向传播期间，我们在上下文中存储每个自动求导传播的 send 和 recv 自动求导函数，这确保在自动求导图中保存对相关节点的引用，在反向传播期间也容易查找到对应的 send 和 recv 自动求导函数。

代码逻辑如下：

- 生成一个 grad_fn，其类型是 SendRpcBackward。
- 调用 collect_next_edges() 函数和 set_next_edges() 函数为 SendRpcBackward 添加后续边。
- 调用 add_input_metadata() 函数添加输入元数据。
- 调用 addSendFunction() 函数往 DistAutogradContext 的 sendAutogradFunctions_ 成员变量之中添加 SendRpcBackward，后续可以按照此消息 id 得到此 SendRpcBackward。

其中 addSendFunction() 函数代码如下：

```
void DistAutogradContext::addSendFunction(
    const std::shared_ptr<SendRpcBackward>& func,
    int64_t autograd_message_id) {
  TORCH_INTERNAL_ASSERT(
      sendAutogradFunctions_.find(autograd_message_id) ==
      sendAutogradFunctions_.end());
  sendAutogradFunctions_.emplace(autograd_message_id, func);
}
```

此时发送方逻辑如图 13-11 所示，里面已经设置了成员变量数值。

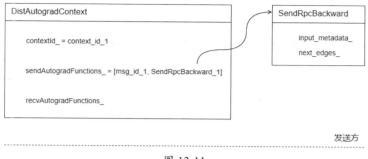

图 13-11

2. 接收

我们略过代理发送，转而分析接收方对 FORWARD_AUTOGRAD_REQ 的处理业务流程。

在接收方，TensorPipeAgent 会调用到 RequestCallbackNoPython::processRpc()函数。在 processRpc()中调用 processForwardAutogradReq()函数继续处理。

```
void RequestCallbackNoPython::processRpc(RpcCommandBase& rpc,
    const MessageType& messageType, const int64_t messageId,
    const c10::intrusive_ptr<JitFuture>& responseFuture,
    std::shared_ptr<LazyStreamContext> ctx) const {

    case MessageType::FORWARD_AUTOGRAD_REQ: {
      // 会来到此处
      processForwardAutogradReq(rpc, messageId, responseFuture,
std::move(ctx));
      return;
    }
}
```

processForwardAutogradReq()函数负责处理消息，其处理逻辑如下：

- 虽然 processForwardAutogradReq()收到了前向传播请求，但因为此处是接收方，后续需要进行反向传播，所以对 deviceMap 进行转置。
- 使用 addRecvRpcBackward()函数将 RPC 消息加入上下文。
- 因为可能会有嵌套（nested）命令，所以需要再一次调用 processRpc()函数。
- 设置最原始的消息为处理完毕状态，进行相关业务操作。

addRecvRpcBackward()函数会对上下文进行处理，此处设计思路与发送阶段相同，具体逻辑如下：

- 根据 RPC 信息中的 autogradContextId 拿到本地上下文。
- 生成一个 RecvRpcBackward 实例。
- 用 RPC 信息中的张量对 RecvRpcBackward 进行配置，包括调用 torch::autograd::set_history(tensor, grad_fn)函数。

- 调用 addRecvFunction()函数把 RecvRpcBackward 实例加入到上下文。

addRecvFunction()函数会查看recvAutogradFunctions_之中是否已经存在此消息 id 对应的算子，如果没有就添加。

```
void DistAutogradContext::addRecvFunction(
    std::shared_ptr<RecvRpcBackward>& func,int64_t autograd_message_id) {
  std::lock_guard<std::mutex> guard(lock_);
  TORCH_INTERNAL_ASSERT(
      recvAutogradFunctions_.find(autograd_message_id) ==
      recvAutogradFunctions_.end());
  recvAutogradFunctions_.emplace(autograd_message_id, func);
}
```

至此，在发送方和接收方都有一个 DistAutogradContext，假设其 id 都是 context_id_1。在每个 DistAutogradContext 之内，均以 msg_id_1 作为键存储了值，发送方存储的值是 SendRpcBackward，接收方存储的值是 RecvRpcBackward。

我们再加入 Container，拓展一下目前逻辑，结果如图 13-12 所示。

- 每个 Worker 包括一个 DistAutogradContainer。
- 每个 DistAutogradContainer 包括若干个 DistAutogradContext，依据上下文 id 提取 DistAutogradContext。
- 每个 DistAutogradContext 包括 sendAutogradFunctions_ 和 recvAutogradFunctions_，利用消息 id 来获取 SendRpcBackward 或者 RecvRpcBackward。

于是就构建出反向传播链条，也就维护了一个 Session。

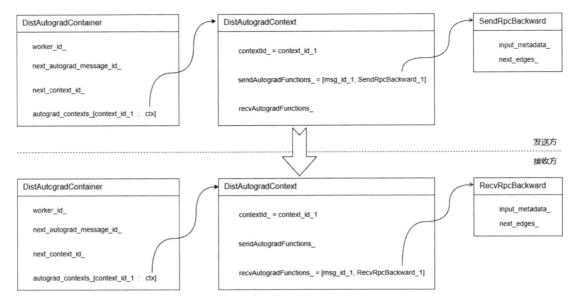

图 13-12

13.5 如何切入引擎

我们已经知道了分布式自动求导如何基于 RPC 进行传递，如何在节点之间交互，节点如何区分并维护这些 Session。基于这些知识，本节继续分析反向传播如何切入到引擎。

为了更好地前行，我们需要回忆一下前面几节的内容。

首先，对于分布式自动求导，我们需要在前向传播期间跟踪所有 RPC，以确保正确执行反向传播。为此，当执行 RPC 时，我们把 send 和 recv 自动求导函数附加到自动求导图之上。

其次，在前向传播的具体代码之中，我们在上下文中存储每个自动求导传播的 send 和 recv 自动求导函数。

至此，关于整体流程，我们就有了几个疑问：

- 分布式反向计算图的起始位置如何发起反向传播，怎么传递给反向传播的下一个环节？
- 反向传播的内部环节何时调用 BACKWARD_AUTOGRAD_REQ？recv 操作何时被调用？
- 以上两个环节分别如何进入分布式自动求导引擎？

我们接下来就围绕这些疑问进行分析，核心是如何进入分布式自动求导引擎。

13.5.1 反向传播

我们首先从计算图示例来分析，该计算图加上分布式相关算子之后如图 13-13 所示（见彩插）。

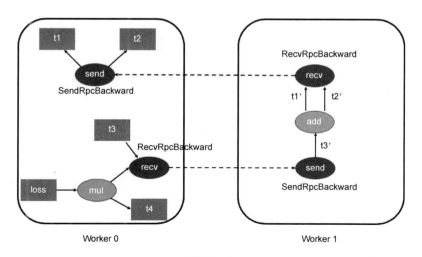

图 13-13

我们接下来分析如何进入分布式自动求导引擎，结合图例就是思考以下问题：

- Worker 0 如何主动发起反向传播，然后进入本地分布式引擎？
- Worker 0 在引擎内部如何发起对 Worker 1 的反向传播请求？
- Worker 1 如何被动接收反向传播消息，然后进入本地分布式引擎？

1. 发起反向传播

我们按照从下往上的顺序查找如何发起反向传播，发现有以下两种途径：

- 外部主动发起，如图 13-13 中 Worker 0 的 loss 主动调用 backward()函数。
- 内部隐式发起，如图 13-13 中 Worker 0 的 t3 通过 recv 告诉 Worker 1 启动反向传播。

我们接下来对以上两种途径进行分析。

（1）外部主动发起

此处我们自上而下分析。在示例中，用户会显式调用到 dist_autograd.backward(context_id, [loss])函数。

```
void backward(int64_t context_id, const variable_list& roots,
    bool retain_graph) {
  DistEngine::getInstance().execute(context_id, roots, retain_graph);
}
```

Python 代码会进入到 dist_autograd_init()函数。此处生成上下文，定义了 backward()函数、get_gradient() 函数等。最终调用到 DistEngine::getInstance().execute(context_id, roots, retain_graph) 完成反向传播，这就进入了引擎。

（2）内部隐式发起

接下来分析内部隐式发起。此处代码比较隐蔽，我们采用从下至上的方式来剥丝抽茧。我们知道，如果节点之间要求反向传播，则会发送 BACKWARD_AUTOGRAD_REQ，所以我们从 BACKWARD_AUTOGRAD_REQ 开始发起寻找。原来 RecvRpcBackward::apply()函数构建了 PropagateGradientsReq 类，PropagateGradientsReq 使用 toMessage() 来构建一个 BACKWARD_AUTOGRAD_REQ 消息。所以我们知道，在当前工作节点，RecvRpcBackward 的执行会发送 BACKWARD_AUTOGRAD_REQ 给下一个节点，具体如图 13-14 所示。

对应到图 13-13 上，就是 Worker 0 的 t3 给 Worker 1 发送 BACKWARD_AUTOGRAD_REQ 消息，于是我们拓展得到图 13-15（见彩插）。

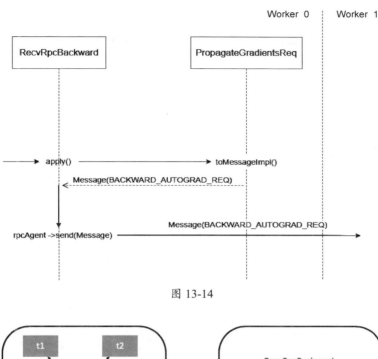

图 13-14

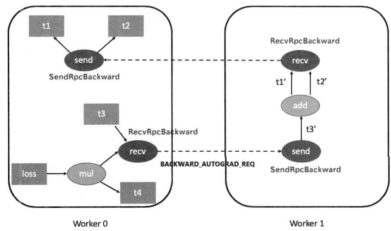

图 13-15

2. 接收反向传播

接下来分析接收方如何处理反向传播（从而进入引擎），我们回到图 13-15，看 Worker 1 上的 send 节点如何接收反向传播消息。

首先，在生成 TensorPipeAgent 时会把 RequestCallbackImpl 配置为回调函数，这是代理的统一应答函数。其次，前面介绍代理接收逻辑的时候，我们也提到了代理最终会进入 RequestCallbackNoPython:: processRpc()函数,该函数中有对 BACKWARD_AUTOGRAD_ REQ 的处理逻辑。

```
void RequestCallbackNoPython::processRpc(…) const {
  switch (messageType) {
    case MessageType::BACKWARD_AUTOGRAD_REQ: {
```

```
    processBackwardAutogradReq(rpc, messageId, responseFuture); // 此处调用
    return;
  };
```

于是在接收方收到 BACKWARD_AUTOGRAD_REQ 消息之后，RequestCallbackNoPython::processBackwardAutogradReq()函数会进行如下操作：

- 获取 DistAutogradContainer。
- 获取上下文。该上下文是之前在前向传播过程建立的，由前文可知，在图 13-15 中，Worker 0 和 Worker 1 的每个自动求导传播都共享同一个上下文 id。
- 依据发送方的上下文 id 从自己上下文中获取到对应的 SendRpcBackward，赋值到变量 sendFunction。
- 使用 sendFunction 为参数，调用 DistEngine:: getInstance().executeSendFunctionAsync() 函数进行引擎处理。

具体代码如下。

```
void RequestCallbackNoPython::processBackwardAutogradReq(
  RpcCommandBase& rpc,
  const int64_t messageId,
  const c10::intrusive_ptr<JitFuture>& responseFuture) const {
 auto& gradientsCall = static_cast<PropagateGradientsReq&>(rpc);
 const auto& autogradMetadata = gradientsCall.getAutogradMetadata();

 // 获取相关的自动求导上下文
 auto autogradContext = DistAutogradContainer::getInstance().retrieveContext(
    autogradMetadata.autogradContextId);

 // 查找相关的发送函数，后续会放入引擎的执行队列
 std::shared_ptr<SendRpcBackward> sendFunction =

autogradContext->retrieveSendFunction(autogradMetadata.autogradMessageId);

 // 设置梯度
 sendFunction->setGrads(gradientsCall.getGrads());

 // 调用分布式引擎来执行计算图
 auto execFuture = DistEngine::getInstance().executeSendFunctionAsync(
    autogradContext, sendFunction, gradientsCall.retainGraph());

 // 省略其他代码
}
```

Worker 1 的 DistEngine::getInstance().executeSendFunctionAsync()函数内部经过辗转处理，

最终又会发送 BACKWARD_AUTOGRAD_REQ 到反向传播链路上 Worker 1 的下游（即 Woker 0），我们继续在示例图之上修改拓展，增加一个新的 BACKWARD_AUTOGRAD_REQ，结果如图 13-16 所示（见彩插）。

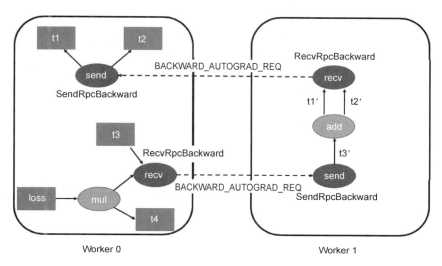

图 13-16

13.5.2 SendRpcBackward

我们顺着上面的被动调用进入引擎来继续深入。被动调用进入引擎从 SendRpcBackward 开始，SendRpcBackward 是前向传播之中发送行为对应的反向传播算子。DistAutogradContext 存储一个 Worker 之上的每一个分布式自动求导的相关信息。比如 DistAutogradContext 之中有一个成员变量 sendAutogradFunctions_，其记录了本 Worker 所有发送行为对应的反向传播算子。sendAutogradFunctions_ 中的内容都是 SendRpcBackward。于是我们就来分析 SendRpcBackward。

```
std::unordered_map<int64_t, std::shared_ptr<SendRpcBackward>> sendAutogradFunctions_;
```

1. 定义

SendRpcBackward 是 Node 的派生类，因为它是 Node，所以继承了 next_edges 成员变量，可以看到 SendRpcBackward 新增成员的变量是 grads_。

```
struct TORCH_API SendRpcBackward : public torch::autograd::Node {
  torch::autograd::variable_list apply(
      torch::autograd::variable_list&& inputs) override;
  torch::autograd::variable_list grads_;
};
```

SendRpcBackward 是分布式自动求导实现的一部分，每当我们将 RPC 从一个节点发送到另一个节点时，都会向自动求导图添加一个 SendRpcBackward 类型的自动求导函数，这是一个占位（placeholder）函数，用于在反向传播时启动当前 Worker 的自动求导引擎。

SendRpcBackward 实际上是本地节点上自动求导图的根，其特点如下。

- SendRpcBackward 不会接收任何输入，而是由 RPC 框架将梯度传递给该自动求导函数以启动局部自动求导计算。
- SendRpcBackward 的输入边是 RPC 方法的输入，就是梯度。
- 在反向传播过程中，此自动求导函数将在自动求导引擎中排队等待执行，引擎最终将运行自动求导图的其余部分。

在前向传播过程之中，addSendRpcBackward()会构建一个 SendRpcBackward，并把其前向传播输入边作为反向传播的输出边设置在 SendRpcBackward 中。

2. 梯度

SendRpcBackward 新增成员变量是 grads_，SendRpcBackward 提供了 set、get 操作来设置和使用 grads_。何时会使用 set 操作和 get 操作？在 RequestCallbackNoPython::processBackwardAutogradReq()中有如下操作：

（1）使用 sendFunction->setGrads(gradientsCall.getGrads())来设置远端传递来的梯度，此处是 set 操作。

（2）调用 DistEngine::getInstance().executeSendFunctionAsync()来执行引擎开始本地反向计算。

（3）executeSendFunctionAsync 会用 sendFunction->getGrads()提取梯度进行操作，此处是 get 操作。

具体如图 13-17 所示（见彩插）。

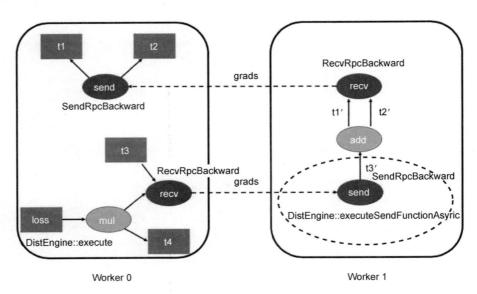

图 13-17

13.5.3 总结

我们可以看到有两种途径进入分布式自动求导引擎，启动反向传播：

- 示例代码主动（显式）调用 backward()函数，进而调用到 DistEngine::getInstance().execute() 函数进入引擎，即 Worker 0 上的操作，入口点对应本地的计算根节点 loss。
- 被动（隐式）调用 DistEngine::getInstance().executeSendFunctionAsync()进入引擎，就是 Worker 1 之上的 send（Worker 0 的 send 对应了另一个被动调用）操作。入口点对应本地的 SendRpcBackward 算子。

既然反向传播的发起源头都归结到了分布式引擎，下面就分析分布式引擎的基本静态架构和总体执行逻辑。

13.6 自动求导引擎

13.6.1 原生引擎

我们首先介绍 PyTorch 原生自动求导引擎。自动求导引擎的主要工作是面对反向传播 DAG 图，依据一定策略来决定下一步启动哪个算子，并且应该把该算子调度到哪一个合适的硬件设备上去计算。

PyTorch 的 Engine 类是自动求导的核心，实现了反向传播。反向传播方向是从根节点（即正向传播的输出）到输出（即正向传播的输入），在反向传播过程之中依据前向传播过程中设置的依赖关系生成了动态计算图，如何计算依赖关系是关键所在。

原生引擎的其他关键类如下。

- GraphTask：负责反向图的执行。GraphTask 代表一个动态图级别的资源管理对象，拥有一次反向传播执行所需要的全部元数据，比如计算图中所有 Node 的依赖关系，未就绪 Node 的等待队列。GraphTask 的关键成员变量 std::atomic<uint64_t> outstanding_tasks_{0} 会记录当前任务数目；std::unordered_map<Node*, int> dependencies_用来判断图中节点是否已经可以被执行。
- NodeTask：封装了可被执行的求导函数。因为 GraphTask 只包括本计算图的总体信息，但是 GraphTask 不清楚具体某一个节点应该如何计算梯度，所以引入了一个新类型 NodeTask。NodeTask 封装了一个可以被执行的求导函数。生产线程不停地向就绪队列（ReadyQueue）插入 NodeTask，消费线程则从就绪队列中提取 NodeTask 进行处理。

Engine 类的入口是 execute()函数，该函数主要逻辑如下。

- 根据根节点 roots 构建 GraphRoot。
- 根据 roots 之中的 Node 实例及各层之间的关系来构建计算图，遍历计算图所有节点进行计算。要点如下：1）通过 next_edge()函数不断找到可以执行的下一条边，最终完成整个计算图的计算；2）利用队列在多线程之间协调，从而完成反向计算工作。

多线程之间协调方式如图 13-18 所示，图中细实线表示数据结构之间的关系，粗实线表示调用流程，细虚线表示数据流，中间"Device ReadyQueues"代表所有设备的队列。具体逻辑如下。

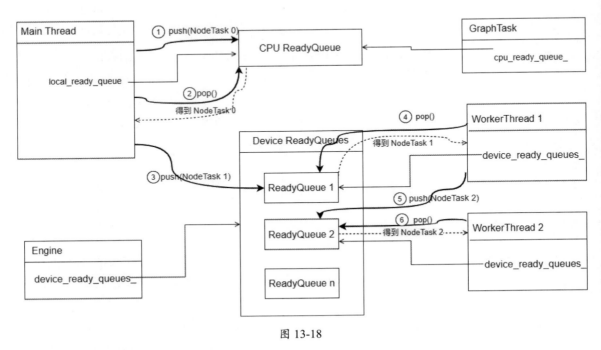

图 13-18

① 主线程使用 push(NodeTask) 往 GraphTask.cpu_ready_queue_ 插入 NodeTask 0。

② 主线程使用 pop()从 GraphTask.cpu_ready_queue_ 取出 NodeTask 0，假设这个 NodeTask 0 的设备 index 是 1。

③ 主线程使用 push(NodeTask)往 device 1 对应的 ReadyQueue 1 插入 NodeTask 1。

④ 设备线程 1 阻塞在 device 1 对应的 ReadyQueue 1，这时候被唤醒，取出 NodeTask 1。

⑤ 设备线程 1 处理 NodeTask 1，即调用 evaluate_function()函数对 NodeTask 所封装的求导函数执行反向计算。在 evaluate_function()函数中，当完成一个节点的反向计算后，会查找下一个可以计算的节点（也就是下一条可以计算的边），如果找到了，就取出下一条边，然后依据这个边构建一个 NodeTask，放入对应的工作线程（依据下一条边的 device 等信息找到该工作线程）的 ReadyQueue。对应图 13-18，假设这个边的设备是 device 2，则生成一个 NodeTask 2，这个 NodeTask 2 设备就是 2，然后把 NodeTask 2 插入 ReadyQueue 2。

⑥ 设备线程 2 阻塞在 device 2 对应的 ReadyQueue 2，此时设备线程 2 被唤醒，取出 NodeTask 2，继续处理。

原生引擎在单节点上运行良好，但是在分布式环境下就力有不逮。比如分布式叶子节点的操作可能是把梯度存储在当前上下文，或者把梯度发送给网络的下一个节点。因此 PyTorch 在原生引擎基础之上构建了分布式引擎。

13.6.2 分布式引擎

PyTorch 的分布式引擎实现类是 DistEngine，该类定义如下，引擎使用了单例模式，Worker 中只有一个单例在运行。

```
class TORCH_API DistEngine {
// 存储自动求导上下文 id 的 Set，这些上下文已经在此节点上被初始化，即已经计算好依赖关系
std::unordered_set<int64_t> initializedContextIds_;
// 本地自动求导引擎的引用
torch::autograd::Engine& engine_;
// 分布式引擎中的 CPU 线程使用的就绪队列
// See Note [GPU to CPU continuations]
// 每个 GraphTask 都把 global_cpu_ready_queue_ 设置为自己的 cpu_ready_queue_
std::shared_ptr<torch::autograd::ReadyQueue> global_cpu_ready_queue_;
// See Note [GPU to CPU continuations]
std::thread global_cpu_thread_;
};
```

在 DistEngine 之中，global_cpu_ready_queue_ 和 global_cpu_thread_ 是重要的 CPU 相关成员变量，需要重点说明。代码中定义这两个 CPU 全局相关成员变量时，均注明需要看 [GPU to CPU continuations]注释。这两个成员变量的具体初始化位置在构建函数之中：

```
DistEngine::DistEngine() : initializedContextIds_(),
    engine_(Engine::get_default_engine()),
    global_cpu_ready_queue_(std::make_shared<ReadyQueue>()),
    global_cpu_thread_( // 构建两个变量
        &DistEngine::globalCpuThread, this, global_cpu_ready_queue_) {
  global_cpu_thread_.detach(); // detach 之后就开始独立运行
}
```

以下是对"GPU to CPU continuations"注释的翻译和理解。

为了执行 GPU 任务的延续（continuations），需要初始化一个单独的 CPU 线程来处理。分布式引擎的多线程结构仅适用于 CPU 任务。如果我们有 CPU→GPU→CPU 这样的任务顺序，分布式自动求导就没有线程来执行最后一个 CPU 任务。为了解决此问题，PyTorch 引入了一个全局 CPU 线程来处理这种情况，它将负责执行这些 CPU 任务。

CPU 线程有自己的就绪队列（ready_queue），这是 DistEngine 所有 GraphTask 共有的 CPU 就绪队列（cpu_ready_queue），所有 GPU 到 CPU 的延续都在此线程上排队。全局 CPU 线程只需将任务从全局队列中取出，并在 JIT 线程上调用 execute_graph_task_until_ready_queue_empty()函数执行相应的任务。

在 DistEngine::computeDependencies()函数里会有设置 global_cpu_ready_queue_ 的操作。因为每个 GraphTask 都把 global_cpu_ready_queue_ 赋值给自己的成员变量 cpu_ready_queue_，所以如果 GraphTask 最后返回需要 CPU 运行时，会统一使用 global_cpu_ready_queue_。

```cpp
void DistEngine::computeDependencies(const ContextPtr& autogradContext,
    const edge_list& rootEdges, const variable_list& grads,
    const std::shared_ptr<Node>& graphRoot, edge_list& outputEdges,
    bool retainGraph) {

  // 构建 Graph Task 和 Graph Root.
  auto graphTask = std::make_shared<GraphTask>( // 调用 GraphTask 的构造函数
      /* keep_graph */ retainGraph,
      /* create_graph */ false,
      /* depth */ 0,
      /* cpu_ready_queue */ global_cpu_ready_queue_, // 传入
      /* exit_on_error */ true);

  // 省略其他 GraphTask 初始化操作

  // 上下文里面设置了 GraphTask
  autogradContext->setGraphTask(std::move(graphTask));
}
```

globalCpuThread 是工作线程，作用是先从就绪队列里面弹出 NodeTask，然后执行 NodeTask。

```cpp
void DistEngine::globalCpuThread(
    const std::shared_ptr<ReadyQueue>& ready_queue) {
  while (true) {
    NodeTask task = ready_queue->pop();
    auto graphTask = task.base_.lock();

    // 在 JIT 线程上执行
    at::launch([this, graphTask, graphRoot = task.fn_,
            variables =
                InputBuffer::variables(std::move(task.inputs_))]() mutable {
      InputBuffer inputs(variables.size());
      for (size_t i = 0; i < variables.size(); i++) {
        inputs.add(i, std::move(variables[i]), c10::nullopt, c10::nullopt);
      }
      execute_graph_task_until_ready_queue_empty(
          /*node_task*/ NodeTask(graphTask, graphRoot, std::move(inputs)),
          /*incrementOutstandingTasks*/ false);
    });
  }
}
```

13.6.3 总体执行

DistEngine 的总体执行逻辑在 DistEngine::execute() 之中完成，具体分为如下步骤：

- 使用 contextId 得到相关前向传播上下文。
- 使用 validateRootsAndRetrieveEdges() 函数进行验证。
- 构造一个 GraphRoot 来驱动反向传播，可以认为 GraphRoot 是一个虚拟根。
- 使用 computeDependencies() 函数计算依赖。
- 使用 runEngineAndAccumulateGradients() 函数进行反向传播计算。
- 使用 clearAndWaitForOutstandingRpcsAsync() 函数等待 RPC 完成。

与原生引擎（非分布式引擎）相比较，分布式引擎多了一个计算根节点（root）边和生成边上梯度信息的过程。在普通前向传播过程之中这些是已经配置好的，但是在分布式计算中，前向传播没有计算这些，所以需要在反向传播之前计算出来。

我们接下来对总体执行逻辑进行详细分析。

13.6.4 验证节点和边

validateRootsAndRetrieveEdges() 函数会验证节点和边的有效性，具体逻辑如下：

- 验证根节点的有效性，获取根节点的边。
- 判断根节点是否为空。
- 判断根节点是否需要计算梯度。
- 判断根节点是否有梯度函数。
- 计算梯度的边，生成相应的梯度。
- 调用 validate_outputs() 函数来验证输出。

原生引擎和分布式引擎都会调用 validate_outputs() 函数，其中包含了大量的验证代码，具体如下。

- 如果梯度数量与边数目不同，则退出。
- 遍历梯度，对于每个梯度：
  - 获取对应的边，如果边无效，则处理下一个梯度。
  - 使用 input_metadata 获取输入信息。
  - 如果梯度没有定义，则执行到下一个梯度。
  - 如果梯度尺寸与输入形状不同，则退出。
  - 对梯度的设备、元数据的设备进行一系列判断。

我们和原生引擎对比一下校验部分，发现原生引擎只调用了 validate_outputs() 函数。因此

DistEngine 校验部分功能可以总结为：

- 做校验（与原生引擎相比是新增部分）。
- 根据 roots 来计算根节点对应的边和生成对应梯度（与原生引擎相比是新增部分）。
- 调用 validate_outputs() 函数验证输出。

13.6.5 计算依赖

深度学习的求导引擎实际上是计算各个算子之间相互依赖关系的引擎，因为一个算子启动的时机依赖于该算子的输入是否就绪。

computeDependencies() 函数通过广度优先算法遍历反向计算图，统计计算图中每个节点的依赖。computeDependencies() 分为几个部分：①做准备工作；②计算依赖关系；③根据依赖关系得到需要计算哪些函数。我们回忆一下 13.2.4 小节中的 FAST 模式算法，本节对应了该算法的前三项，是分布式引擎和原生引擎的重大区别之一。

1. 第一部分 准备工作

因为此处是计算本地的依赖关系，所以需要从根节点和本地的 SendRpcBackward 开始遍历、计算。大家可以回忆一下图 13-17，以及 13.5.3 小节。根节点是本地主动反向求导的开始，SendRpcBackward 是本地被动反向求导的开始。

我们要先做一些准备工作才能进行后续计算，具体如下。

- 生成一个 GraphTask，但不需要给 GraphTask 传一个 cpu_ready_queue，因为后面将调用 execute_graph_task_until_ready_queue_empty() 函数，那里会给每一个调用者建立一个独立的 ReadyQueue。生成 GraphTask 的目的是：GraphTask 是反向计算的执行者。
- 用 seen 变量记录已经访问过的节点。
- 构建一个 Node 类型的队列 queue，把根节点插入队列 queue。
- sendFunctions() 函数会从上下文 DistAutogradContext 类的成员变量 sendAutogradFunctions_ 中拿到出边列表，列表每一项的类型是二元组(int64_t, std::shared_ptr<SendRpcBackward>)。
    - sendAutogradFunctions_ 之前在 addSendFunction() 之中被添加，参见 13.4.5 小节。
    - 在普通状态下，根节点在反向传播时已经有了后续边（next edges），但分布式模式下的出边在 sendAutogradFunctions_ 之中。
- 遍历 sendFunctions() 的返回值，对于每一条出边做如下操作：
    - GraphTask 出边数目增加，对应代码为 graphTask->outstanding_tasks_++。
    - 在队列 queue 之中插入该出边的 SendRpcBackward。
    - 最后，队列 queue 里面是根节点和每条出边的 SendRpcBackward，即需要执行的节点。

sendFunctions()的代码如下。

```
std::unordered_map<int64_t, std::shared_ptr<SendRpcBackward>>
DistAutogradContext::sendFunctions() const {
  std::lock_guard<std::mutex> guard(lock_);
  return sendAutogradFunctions_;
}
```

我们接下来分析 outstanding_tasks_。outstanding_tasks_ 是 GraphTask 的成员变量，用来记录当前任务数目。

（1）原生引擎

在原生引擎中，GraphTask 已经有 outstanding_tasks_ 成员变量，这是待处理 NodeTask 的数量，用来判断该 GrapTask 是否还需要执行，如果数目为 0，则说明任务结束了。

- 当 GraphTask 被创建出来时，此数值为 0。
- 如果有一个 NodeTask 被送入到就绪队列，则 outstanding_tasks_ 增加 1。
- 工作线程执行一次 evaluate_function(task) 后，outstanding_tasks_ 值减 1。
- 如果此数量不为 0，则此 GraphTask 依然需要运行。

（2）分布式引擎

分布式引擎在计算依赖时会遍历 sendFunctions() 的返回值（即出边列表），上下文中有几个 SendRpcBackward，就把 outstanding_tasks_ 加几，每多一条出边，就意味着多了一个计算过程。

执行时，void DistEngine::execute_graph_task_until_ready_queue_empty() 函数和 Engine::thread_main() 函数的调用都会减少 outstanding_tasks_。

2. 第二部分计算依赖

此部分会通过遍历图来计算依赖关系。

此时队列里面是根节点和若干 SendRpcBackward，这些是本地反向求导计算图的开始点，接下来从队列中不停地弹出这些节点，沿着反向传播计算图进行计算，具体逻辑如下：

- 建立变量 edge_list recvBackwardEdges，用来记录所有的 RecvRpcBackward。
- 遍历所有节点（从队列 queue 之中不停弹出节点），遍历每个节点（根节点或者 SendRpcBackward）的后续边，如果可以得到一个边 nextFn，则：
  - 该边对应的节点依赖度加 1，即 dependencies[nextFn] += 1。
  - 如果此边之前没有被访问过，就插入队列 queue。
  - 如果此边本身没有出边，则说明此边是叶子节点，叶子节点有 RecvRpcBackward 和 AccumulateGrad 两种。
  - 如果此边的类型是 RecvRpcBackward，则把此边放到 recvBackwardEdges 中。

- AccumulateGrad 被插入最终出边列表 outputEdges，注意，RecvRpcBackward 也插入此处。将 RecvRpcBackward 放在 outputEdges 中意味着需要执行此函数（与我们对 FAST 模式算法的假设一致，即所有 send-recv 自动求导函数在反向传播中都有效），因此也需要执行其所有祖先函数。

在执行以上操作之后，局部变量 recvBackwardEdges 里面是 RecvRpcBackward，outputEdges 里面是 AccumulateGrad 和 RecvRpcBackward，这是两种不同的叶子节点，所以需要分开处理。

- RecvRpcBackward：分布式叶子节点。在前向图中是 RPC 接收节点，在反向图中是本 Worker 向下游发送的出发点，参见图 13-19。RecvRpcBackward 需要执行。
- AccumulateGrad：普通叶子节点，就是本地叶子节点。AccumulateGrad 需要把反向计算图传播到当前节点的梯度累积起来。

PyTorch 设计文档之中有如下思路可以印证：叶子节点应该是 AccumulateGrad 或 RecvRpcBackward。对于 AccumulateGrad，我们不执行 AccumulateGrad，而是在自动求导上下文中累积梯度。对于 RecvRpcBackward，则没有在 RecvRpcBackward 上下文积累任何梯度。RecvRpcBackward 被添加为出边，以指示它是叶子节点，这有助于正确计算本地自动求导图的依赖关系。

比如，对于 Worker 1，recv 是叶子节点，是一个 RecvRpcBackward，它需要把梯度传递给 Worker 0；对于 Worker 0 上面的子图，t1、t2 也是叶子节点，都是 AccumulateGrad，如图 13-19 所示（见彩插）。

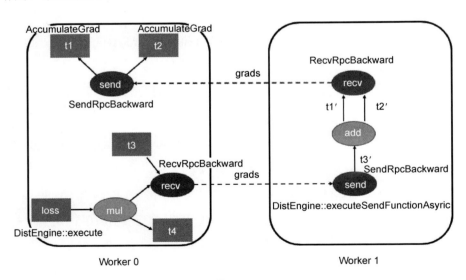

图 13-19

3. 第三部分获取自动求导函数

这部分会根据依赖关系找到需要计算哪些自动求导函数，此部分逻辑简述如下：

- 创建一个虚拟 GraphRoot，它指向上下文和原始 GraphRoot 的所有 send 自动求导函数。

然后使用 outputEdges 和虚拟 GraphRoot 来运行 init_to_execute()。这确保我们标记如下算子：只能从本地特定的 send 自动求导函数来访问，而不需要从提供的根来访问的算子。

- 因为 init_to_execute() 会把 RecvRpcBackward 标识成不需要执行，而 RecvRpcBackward 实际上需要执行。所以接下来把 outputEdges 中的所有 RecvRpcBackward 算子标记成需要执行。

我们具体来分析上述算法如何执行。此时，recvBackwardEdges 里面是 RecvRpcBackward，outputEdges 里面是 AccumulateGrad 和 RecvRpcBackward。我们需要根据这些信息来标识后续如何执行，具体逻辑如下。

- 如果 outputEdges 不为空，则把 outputEdges 的信息插入 GraphTask.exec_info_ 之中：
  - 构建一个 edge_list edges，就是出边列表。
  - 遍历 sendFunctions，得到输出列表，加入出边列表 edges。
  - 把根节点也加入 edges。
  - 使用 edges 建立一个虚拟根节点 dummyRoot。
  - 调用 init_to_execute(dummyRoot) 对 GraphTask 进行初始化。
  - 遍历 GraphTask 的 exec_info 进行处理。exec_info_ 的数据结构是 std::unordered_map<Node*, ExecInfo>。对于每一个 exec_info 做如下操作：①分析此张量是否在所求梯度的张量路径上。如果不在路径之上，就跳到下一个张量。②拿到 exec_info_ 的 Node。如果 Node 是叶子节点，则遍历张量路径上的节点，给张量插入钩子。此处是关键，就是给 AccumulateGrad 对应的张量加上了钩子，用于后续累积梯度。
- 遍历 recvBackwardEdges，对于每个 RecvRpcBackward，在 GraphTask.exec_info_ 中的对应项上都设置为"需要执行"。

至此，依赖项处理完毕，所有需要计算的函数信息都位于 GraphTask.exec_info_ 之上，AccumulateGrad 对应的张量被加上了钩子，RecvRpcBackward 对应项标识为"需要执行"。我们将在下一节分析如何执行 GraphTask。

computeDependencies() 函数代码如下：

```
void DistEngine::computeDependencies(const ContextPtr& autogradContext,
  const edge_list& rootEdges, const variable_list& grads,
  const std::shared_ptr<Node>& graphRoot,
  edge_list& outputEdges, bool retainGraph) {

// 第一部分，准备工作
// 1. 生成一个 GraphTask
auto graphTask = std::make_shared<GraphTask>(
```

```cpp
    /* keep_graph */ retainGraph,
    /* create_graph */ false,
    /* depth */ 0,
    /* cpu_ready_queue */ global_cpu_ready_queue_,
    /* exit_on_error */ true);

std::unordered_set<Node*> seen; // 记录已经访问过的节点
std::queue<Node*> queue; // 一个 Node 类型的 queue
queue.push(static_cast<Node*>(graphRoot.get())); // 插入根对应的 Node
auto sendFunctions = autogradContext->sendFunctions(); // 获取出边

// 2. 获取出边列表
// 在普通状态下，根节点内在反向传播时候，已经有了 next edges，但是在分布式模式下，出边在
sendFunctions 之中
for (const auto& mapEntry : sendFunctions) { // sendFunctions 就是出边，之前在
addSendFunction 之中被添加
  graphTask->outstanding_tasks_++; // 增加出边数目
  queue.push(mapEntry.second.get()); // 后续用 queue 来处理，插入的是
SendRpcBackward
}

// 第二部分，遍历图，计算依赖关系，此时 queue 里面是根节点和若干 SendRpcBackward
edge_list recvBackwardEdges; // 记录所有的 RecvRpcBackward
auto& dependencies = graphTask->dependencies_; // 获取依赖关系
while (!queue.empty()) { // 遍历所有出边
  auto fn = queue.front(); // 得到出边
  queue.pop();

  for (const auto& edge : fn->next_edges()) { // 遍历 Node（根节点或者
SendRpcBackward）的 next_edges
    if (auto nextFn = edge.function.get()) { // 得到一个边
      dependencies[nextFn] += 1; // 对应的节点依赖度加 1
      const bool wasInserted = seen.insert(nextFn).second; // 是否已经访问过
      if (wasInserted) { // 如果已经插入了，就说明之前没有访问过，否则插不进去
        queue.push(nextFn); // 既然之前没有访问过，就插入到 queue

        if (nextFn->next_edges().empty()) { // 如果这个边本身没有输出边，则说明是
叶子节点
          if (dynamic_cast<RecvRpcBackward*>(nextFn)) {
            recvBackwardEdges.emplace_back(edge); // 特殊处理
          }
          outputEdges.emplace_back(edge); // 最终输出边
        }
      }
```

```cpp
    }
  }
}

// 此时，recvBackwardEdges 里面是 RecvRpcBackward, outputEdges 里面是
AccumulateGrad 和 RecvRpcBackward

// 以下是第三部分，根据依赖关系找到需要计算哪些 functions
if (!outputEdges.empty()) {
  edge_list edges;
  for (const auto& mapEntry : sendFunctions) { // 遍历
    edges.emplace_back(mapEntry.second, 0); // 得到出边列表
  }

  edges.emplace_back(graphRoot, 0); // 把根节点也加入出边列表
  GraphRoot dummyRoot(edges, {}); // 建立一个虚拟 Root
  // 如果出边不为空，则会调用 init_to_execute()对 GraphTask 进行初始化
  graphTask->init_to_execute(dummyRoot, outputEdges,
/*accumulate_grad=*/false, /*min_topo_nr=*/0);
  // exec_info_ 的数据结构是 std::unordered_map<Node*, ExecInfo>
  for (auto& mapEntry : graphTask->exec_info_) {
    auto& execInfo = mapEntry.second;
    if (!execInfo.captures_) { // 看看此张量是否在所求梯度的张量路径上
      continue;// 如果不在路径之上，就跳到下一个张量
    }
    auto fn = mapEntry.first; // 拿到 Node
    if (auto accumulateGradFn = dynamic_cast<AccumulateGrad*>(fn)) {
      for (auto& capture : *execInfo.captures_) { // 遍历张量路径上的节点
        capture.hooks_.push_back(
            std::make_unique<DistAccumulateGradCaptureHook>( // 给张量插入 hook
                std::dynamic_pointer_cast<AccumulateGrad>(
                    accumulateGradFn->shared_from_this()),
                autogradContext));
      }
    }
  }

  // 标识 RecvRPCBackward 需要执行
  for (const auto& recvBackwardEdge : recvBackwardEdges) {
    graphTask->exec_info_[recvBackwardEdge.function.get()].needed_ = true;
  }
}

// 把 GraphTask 设定在上下文之中
```

```
autogradContext->setGraphTask(std::move(graphTask));
}
```

5. 小结

我们总结一下 computeDependencies() 计算依赖的逻辑。

1）从 DistAutogradContext 之中获取 sendAutogradFunctions_。在普通状态下，在反向传播时，根节点已经有了后续边，但是在分布式模式下，出边存储在 sendAutogradFunctions_ 之中，所以要提取出来。

2）遍历 sendAutogradFunctions_，把 Node（类型是 SendRpcBackward）加入队列，此时队列之中是根节点和一些 SendRpcBackward。遍历队列进行处理，处理结果是两个 edge_list 类型的局部变量：recvBackwardEdges 里面是 RecvRpcBackward，outputEdges 里面是 AccumulateGrad 和 RecvRpcBackward，我们需要根据这些信息来标识后续如何执行。

3）遍历 recvBackwardEdges 和 outputEdges，把相关信息加入 GraphTask.exec_info_。

4）至此，依赖项处理完毕，所有需要计算的函数信息都位于 GraphTask.exec_info_ 之上。

- AccumulateGrad 被加入了钩子，用来后续累积梯度。
- RecvRpcBackward 被设置了"需要执行"。

具体数据变化如图 13-20 所示。

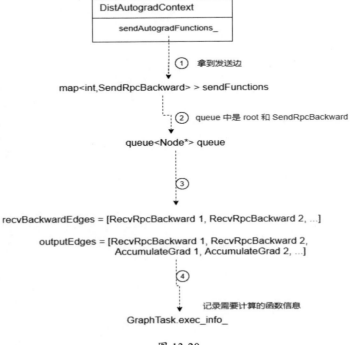

图 13-20

13.6.6 执行 GraphTask

目前引擎已经完成了反向计算图的依赖计算。依赖项已经在 computeDependencies()之中处理完毕，所有需要计算的函数信息都位于 GraphTask.exec_info_ 之上。我们接着分析引擎如何依据这些依赖进行反向传播，相关代码是 runEngineAndAccumulateGradients()。

1. runEngineAndAccumulateGradients()

引擎会调用 runEngineAndAccumulateGradients()函数进行反向传播计算、累积梯度。runEngineAndAccumulateGradients() 函数会先封装一个 NodeTask，然后以此调用 execute_graph_task_until_ready_queue_empty()函数，该函数会使用 at::launch()来启动线程。at::launch()会在线程之中调用传入的 func 参数。

```cpp
c10::intrusive_ptr<c10::ivalue::Future> DistEngine::
    runEngineAndAccumulateGradients(
        const ContextPtr& autogradContext,
        const std::shared_ptr<Node>& graphRoot,
        const edge_list& outputEdges, bool incrementOutstandingTasks) {
  // 得到 GraphTask
  auto graphTask = autogradContext->retrieveGraphTask();

  // 启动一个线程来运行 execute_graph_task_until_ready_queue_empty
  at::launch([this, graphTask, graphRoot, incrementOutstandingTasks]() {
    execute_graph_task_until_ready_queue_empty(
        /*node_task*/ NodeTask(graphTask, graphRoot, InputBuffer(0)),
        /*incrementOutstandingTasks*/ incrementOutstandingTasks);
  });

  // 处理结果
  auto& futureGrads = graphTask->future_result_;
  auto accumulateGradFuture =
      c10::make_intrusive<c10::ivalue::Future>(c10::NoneType::get());

  futureGrads->addCallback(
      [autogradContext, outputEdges,
  accumulateGradFuture](c10::ivalue::Future& futureGrads) {
        try {
          const variable_list& grads =
              futureGrads.constValue().toTensorVector();
          // 标识已经结束
          accumulateGradFuture->markCompleted(c10::IValue());
        } catch (std::exception& e) {
          accumulateGradFuture->setErrorIfNeeded(std::current_exception());
        }
```

```
        });

    return accumulateGradFuture;
}
```

2. execute_graph_task_until_ready_queue_empty()

execute_graph_task_until_ready_queue_empty()函数类似于 Engine::thread_main()，通过 NodeTask 来完成本 GraphTask 的执行，其中 evaluate_function()会不停地向 cpu_ready_queue 插入新的 NodeTask。execute_graph_task_until_ready_queue_empty()函数具体会做如下操作：

- 初始化原生引擎线程。
- 为每个调用者建立一个 cpu_ready_queue，用来从 root_to_execute 开始遍历 graph_task，这允许用不同的线程对 GraphTask 并行执行。cpu_ready_queue 是一个 CPU 相关的队列。
- 把传入的 node_task 插入 cpu_ready_queue。
- 沿着反向计算图从根部开始一直计算到叶子节点，即取出一个 NodeTask，利用 engine_.evaluate_function()调用具体 Node 对应的函数，以此类推，直到队列为空。

execute_graph_task_until_ready_queue_empty()代码如下。

```
void DistEngine::execute_graph_task_until_ready_queue_empty(
    NodeTask&& node_task, bool incrementOutstandingTasks) {

  engine_.initialize_device_threads_pool(); // 初始化原生引擎线程
  // 为每个调用者建立一个 cpu_ready_queue,用来从 root_to_execute 开始遍历 graph_task,
  这允许用不同的线程对 GraphTask 并行执行。cpu_ready_queue 是一个 CPU 相关的队列
  std::shared_ptr<ReadyQueue> cpu_ready_queue =
std::make_shared<ReadyQueue>();
  auto graph_task = node_task.base_.lock();

  // 把传入的 node_task 插入 cpu_ready_queue
  cpu_ready_queue->push(std::move(node_task), incrementOutstandingTasks);

  torch::autograd::set_device(torch::autograd::CPU_DEVICE);
  graph_task->owner_ = torch::autograd::CPU_DEVICE;
  while (!cpu_ready_queue->empty()) { // 沿着反向计算图从根部开始一直计算到叶子节点
    std::shared_ptr<GraphTask> local_graph_task;
    {
      NodeTask task = cpu_ready_queue->pop(); // 取出一个 NodeTask
      if (task.fn_ && !local_graph_task->has_error_.load()) {
        AutoGradMode grad_mode(local_graph_task->grad_mode_);
        try {
          GraphTaskGuard guard(local_graph_task);
          engine_.evaluate_function( // 调用具体 Node 对应的函数
```

```
            local_graph_task, task.fn_.get(), task.inputs_, cpu_ready_queue);
      } catch (std::exception& e) {
        engine_.thread_on_exception(local_graph_task, task.fn_, e);
        break;
      }
    }
  }
  // Decrement the outstanding task.
  --local_graph_task->outstanding_tasks_;   // 处理了一个 NodeTask
}
// 检查是否完成了计算
if (graph_task->completed()) {
  graph_task->mark_as_completed_and_run_post_processing();
}
}
```

另外，如下情形也会调用 execute_graph_task_until_ready_queue_empty() 函数，下面的序号对应图 13-21 中的数字。

① 在 runEngineAndAccumulateGradients() 函数中会调用。此处就是用户主动调用 backward() 的情形。

② 在 executeSendFunctionAsync() 函数中会调用。此处对应了某节点从反向传播上一节点接收到梯度之后的操作。

③ 在 globalCpuThread 中会调用。这是 CPU 工作专用线程，我们马上会介绍。

Engine.evaluate_function() 函数之中也有两种执行路径。

④ Engine.evaluate_function() 函数会针对 AccumulateGrad 来累积梯度。

⑤ Engine.evaluate_function() 函数会调用 RecvRpcBackward 来向反向传播下游发送消息。

我们总结一下几个计算梯度的流程，如图 13-21 所示。

3. evaluate_function()

上面的代码中会调用原生引擎的 Engine::evaluate_function() 函数来完成操作。evaluate_function() 函数会查看 exec_info_，如果没有设置为需要执行，则不处理。

在此处，我们也可以回忆上文提到的 recvBackwardEdges 如何与 exec_info_ 交互：遍历 recvBackwardEdges，对于每个 RecvRpcBackward，在 GraphTask.exec_info_ 之中的对应项上都设置为"需要执行"。

RecvRpcBackward 的具体执行就在 evaluate_function() 函数中完成。evaluate_function() 函数的主要逻辑是：

- 如果节点是中间节点，则正常计算。
- 如果节点是叶子节点 AccumulateGrad，则在上下文累积梯度。

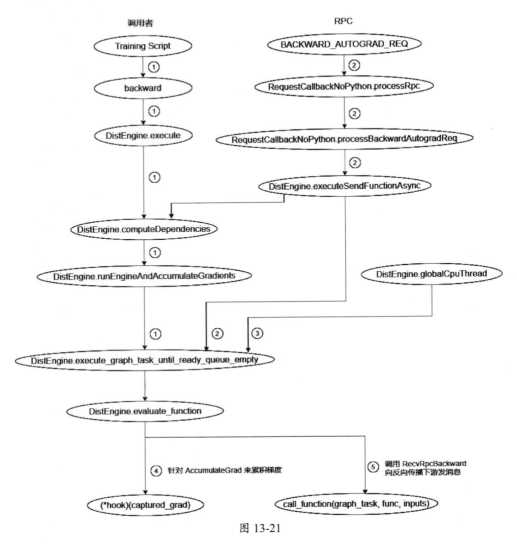

图 13-21

- 如果节点是叶子节点 RecvRpcBackward,则会给对应的反向传播下游节点发送 RPC 消息。

Engine::evaluate_function()具体代码如下所示:

```
void Engine::evaluate_function(std::shared_ptr<GraphTask>& graph_task,
    Node* func, InputBuffer& inputs,
    const std::shared_ptr<ReadyQueue>& cpu_ready_queue) {
  auto& exec_info_ = graph_task->exec_info_;
  if (!exec_info_.empty()) {
    auto& fn_info = exec_info_.at(func);
    if (auto* capture_vec = fn_info.captures_.get()) {
      std::lock_guard<std::mutex> lock(graph_task->mutex_);
      for (const auto& capture : *capture_vec) {
        auto& captured_grad = graph_task->captured_vars_[capture.output_idx_];
```

```cpp
        captured_grad = inputs[capture.input_idx_];
        for (auto& hook : capture.hooks_) {
          captured_grad = (*hook)(captured_grad); // 对应 AccumulateGrad，此处会
调用钩子，就是 DistAccumulateGradCaptureHook 的 operator()，captured_grad 就是累积的
梯度
        }
      }
    }
    if (!fn_info.needed_) {
      // 如果没有设置"需要执行"，则直接返回。RecvRpcBackward 会设置"需要执行"
      return;
    }
  }

  // 如果节点是中间节点，则正常计算；如果节点是 RecvRpcBackward，也会进行相关调用
  auto outputs = call_function(graph_task, func, inputs);

  // 后续代码省略，主要内容是从 outputs 之中寻找后续可以计算的 Node。找到一个 Node 之后，
  会依据是否就绪来处理这个 Node，比如放入哪一个 queue，是就绪队列，还是未就绪队列
```

4. globalCpuThread

globalCpuThread 是工作线程，该线程会从就绪队列里面弹出 NodeTask 执行。对于 globalCpuThread，其参数 ready_queue 是 global_cpu_ready_queue_。对于原生引擎也会设置一个 CPU 专用队列。

5. 小结

分布式引擎与原生引擎在计算部分的主要不同之处如下：

- 如果叶子节点是 RecvRpcBackward，则会给对应的下游节点发送 RPC 消息。
- 如果叶子节点是 AccumulateGrad，则在上下文累积梯度。

执行 RecvRpcBackward 涉及如何将 RPC 调用闭环，执行 AccumulateGrad 涉及如何把异地/本地的梯度累积到本地上下文，我们接下来分析这两部分如何处理。

13.6.7 RPC 调用闭环

前文我们介绍了接收方如何处理反向传播 RPC 调用，接下来分析引擎如何发起反向传播 RPC 调用，让此 RPC 流程可以闭环。此处适用于图 13-17 之中 Worker 0 调用 recv，让执行进入到 Worker 1 这种情况。其对应 PyTorch 设计文档中如下内容：当自动求导引擎执行该 recv 自动求导函数时，该函数通过 RPC 将输入梯度发送到相关的 Worker。每个 recv 自动求导函数都知道目标 Worker id，因为它被记录为前向传播的一部分。recv 自动求导函数通过 autograd_context_id 和 autograd_message_id 为依托与远程主机交互。

具体到分布式引擎，"执行 recv 自动求导函数"操作对应：当引擎发现某一个 Node 是

RecvRpcBackward 时，则调用其 apply() 函数。

注意，此处对应了 13.5.3 "被动（隐式）进入分布式引擎"。

```cpp
void Engine::evaluate_function(std::shared_ptr<GraphTask>& graph_task,
  Node* func, InputBuffer& inputs,
  const std::shared_ptr<ReadyQueue>& cpu_ready_queue) {
// 省略

// 调用 RecvRpcBackward.apply 函数
auto outputs = call_function(graph_task, func, inputs);

// 后续代码省略
```

于是我们来分析 RecvRpcBackward。

RecvRpcBackward 定义如下：

```cpp
class TORCH_API RecvRpcBackward : public torch::autograd::Node {
 torch::autograd::variable_list apply(
    torch::autograd::variable_list&& grads) override;
 const AutogradMetadata autogradMetadata_;

 std::weak_ptr<DistAutogradContext> autogradContext_;
 // RPC 发送方的 Worker id。反向传播时我们需要把梯度发送给此 Worker id.
 rpc::worker_id_t fromWorkerId_;
 // 对于通过 RPC 发送来的张量的设备映射
 const std::unordered_map<c10::Device, c10::Device> deviceMap_;
};
```

apply() 函数的作用是：

- 把传入的梯度 grads 放入 outputGrads，因为要输出给反向传播的下一环节。
- 利用 outputGrads 来构建 PropagateGradientsReq，对应 BACKWARD_AUTOGRAD_REQ 消息。
- 通过 RPC 发送 BACKWARD_AUTOGRAD_REQ 消息给反向传播的下一环节。

```cpp
variable_list RecvRpcBackward::apply(variable_list&& grads) {
  std::vector<Variable> outputGrads;
  for (size_t i = 0; i < grads.size(); i++) { //把传入的梯度 grads 放入 outputGrads
    const auto& grad = grads[i];
    if (grad.defined()) {
      outputGrads.emplace_back(grad);
    } else {
      // 没有梯度的张量就设置为 0
```

```cpp
    outputGrads.emplace_back(input_metadata(i).zeros_like());
  }
}

auto sharedContext = autogradContext_.lock();

PropagateGradientsReq gradCall( // 构建 PropagateGradientsReq
    autogradMetadata_, outputGrads,
    sharedContext->retrieveGraphTask()->keep_graph_);

// 给相关节点发送梯度
auto rpcAgent = rpc::RpcAgent::getCurrentRpcAgent();
auto jitFuture = rpcAgent->send( // 发送给反向传播过程的下一个节点
    rpcAgent->getWorkerInfo(fromWorkerId_),
    std::move(gradCall).toMessage(), // 调用了 toMessageImpl
    rpc::kUnsetRpcTimeout,
    deviceMap_);

// 在上下文之中记录 future
sharedContext->addOutstandingRpc(jitFuture);

return variable_list();
}
```

为了论述完整，我们接下来分析接收方如何处理反向传播。

在生成 TensorPipeAgent 时会把 RequestCallbackImpl 配置为回调函数。这是代理的统一应答函数。前面分析代理接收逻辑时我们也提到了，接收方会进入 RequestCallbackNoPython::processRpc() 函数。其中可以看到有对 BACKWARD_AUTOGRAD_REQ 的处理逻辑。接收方接下来会调用 processBackwardAutogradReq() 函数，在 processBackwardAutogradReq() 函数之中会做如下操作：

- 获取 DistAutogradContainer。
- 获取上下文。
- 调用 executeSendFunctionAsync() 函数进入引擎。

由此，我们可以印证前面提到的，有两种途径进入引擎：

- 一个是示例代码（显式）主动调用 backward() 函数，进而调用到 DistEngine::getInstance().execute，就是图 13-17 中的 Worker 0。
- 一个是被动调用 DistEngine::getInstance().executeSendFunctionAsync() 函数，就是

图 13-17 中的 Worker 1。

executeSendFunctionAsync()函数开始进入引擎，注意，此处接收方也进入了引擎，在接收方进行计算。executeSendFunctionAsync() 会直接调用 execute_graph_task_until_ready_queue_empty()函数在引擎中继续处理。此处可以参考 13.2.4 小节中的 FAST 算法步骤的 6~8 项。

发送和接收的逻辑具体如图 13-22 所示。

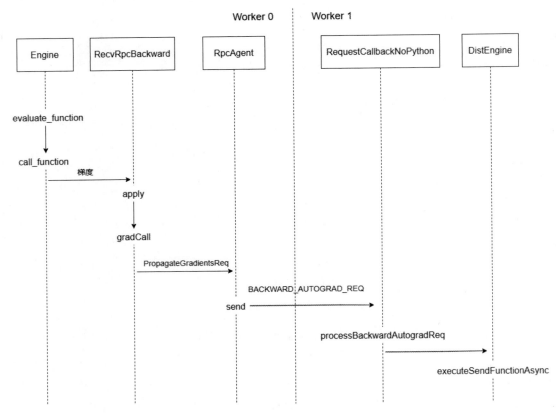

图 13-22

13.6.8 DistAccumulateGradCaptureHook

目前看起来总体逻辑已经完成，但实际上缺了一块，即对应了 PyTorch 设计文档中的：我们不是在张量的 grad 成员变量之上累积梯度，而是在每个分布式自动求导上下文之上分别累积梯度。梯度存储在 Dict[Tensor, Tensor]之中。即如何把异地/本地的梯度累积到本地上下文。

我们分析思路是由下往上的，首先分析累积梯度的算子 AccumulateGrad 具体保存在哪里。简要来说，AccumulateGrad 保存在 DistAccumulateGradCaptureHook 之中。在计算依赖时，computeDependencies() 函数会生成 DistAccumulateGradCaptureHook，DistAccumulateGradCaptureHook 被记录在 capture.hooks_ 之中。

然后分析 DistAccumulateGradCaptureHook 类。DistAccumulateGradCaptureHook 有三个作用：

（1）调用原始 AccumulateGrad 的 pre hooks 来修改输入梯度。

（2）将梯度累积到上下文。

（3）调用原始 AccumulateGrad 的 post hooks 进行后续操作。

其定义如下：

```cpp
class DistAccumulateGradCaptureHook
    : public GraphTask::ExecInfo::Capture::GradCaptureHook {

 at::Tensor operator()(const at::Tensor& grad) override {
   ThreadLocalDistAutogradContext
contextGuard{ContextPtr(autogradContext_)};
   variable_list inputGrads = {grad};

   for (const auto& hook : accumulateGrad_->pre_hooks()) {
     inputGrads = (*hook)(inputGrads); // 调用 pre-hooks
   }

   if (inputGrads[0].defined()) {
     autogradContext_->accumulateGrad( // 累积梯度
         accumulateGrad_->variable, inputGrads[0], 3 /* num_expected_refs */);
   }
   const variable_list kEmptyOuput;
   for (const auto& hook : accumulateGrad_->post_hooks()) {
     (*hook)(kEmptyOuput, inputGrads); // 调用 post-hooks
   }
   return inputGrads[0];
 }

 std::shared_ptr<AccumulateGrad> accumulateGrad_; //需要累积的目标向量，在其之上进行后续操作
 ContextPtr autogradContext_;
};
```

接下来分析累积梯度的一个完整流程。

首先，execute_graph_task_until_ready_queue_empty()会调用到原生引擎的 engine_.evaluate_function。

```cpp
void DistEngine::execute_graph_task_until_ready_queue_empty(
   NodeTask&& node_task, bool incrementOutstandingTasks) {
```

```cpp
  while (!cpu_ready_queue->empty()) {
    std::shared_ptr<GraphTask> local_graph_task;
    {
      NodeTask task = cpu_ready_queue->pop();

      if (task.fn_ && !local_graph_task->has_error_.load()) {
        AutoGradMode grad_mode(local_graph_task->grad_mode_);
        GraphTaskGuard guard(local_graph_task);
        engine_.evaluate_function( // 调用原生引擎
            local_graph_task, task.fn_.get(), task.inputs_, cpu_ready_queue);
      }
    }
    --local_graph_task->outstanding_tasks_;
  }
  // 省略其他代码
}
```

其次,在原生引擎代码之中,evaluate_function() 函数会调用钩子,即调用 DistAccumulateGradCaptureHook。

```cpp
void Engine::evaluate_function(std::shared_ptr<GraphTask>& graph_task,
    Node* func, InputBuffer& inputs,
    const std::shared_ptr<ReadyQueue>& cpu_ready_queue) {
  auto& exec_info_ = graph_task->exec_info_;
  if (!exec_info_.empty()) {
    auto& fn_info = exec_info_.at(func);
    if (auto* capture_vec = fn_info.captures_.get()) {
      for (const auto& capture : *capture_vec) {
        auto& captured_grad = graph_task->captured_vars_[capture.output_idx_];
        captured_grad = inputs[capture.input_idx_];
        for (auto& hook : capture.hooks_) {
          captured_grad = (*hook)(captured_grad); // 此处调用 hook,即
DistAccumulateGradCaptureHook 的 operator(), captured_grad 是累积的梯度
        }
      }
    }
  }

  // 后续省略
```

接下来,在 DistAccumulateGradCaptureHook 的 operator()方法中会调用下面代码来进行累积梯度操作。

```cpp
autogradContext_->accumulateGrad(
    accumulateGrad_->variable, inputGrads[0], 3 /* num_expected_refs */);
```

累积梯度会在上下文领域内进行。在 DistAutogradContext::accumulateGrad()中则会调用到 AccumulateGrad 算子进行累积。

```
void DistAutogradContext::accumulateGrad(
    const torch::autograd::Variable& variable, // variable 是目标变量
    const torch::Tensor& grad, // grad 是梯度，需要累积到 variable 之上
    size_t num_expected_refs) {

  AutoGradMode grad_mode(false);
  at::Tensor new_grad = AccumulateGrad::callHooks(variable, grad); // 计算

  AccumulateGrad::accumulateGrad( // 调用算子函数来累积梯度
      variable, old_grad, new_grad,
      num_expected_refs + 1,
      [this, &variable](at::Tensor&& grad_update) {
        auto device = grad_update.device();
        accumulatedGrads_.insert(variable, std::move(grad_update));
        recordGradEvent(device);
      });
}
```

AccumulateGrad 算子的定义如下：

```
struct TORCH_API AccumulateGrad : public Node {
  explicit AccumulateGrad(Variable variable_);

  variable_list apply(variable_list&& grads) override;

  static at::Tensor callHooks(
      const Variable& variable,
      at::Tensor new_grad) {
    for (auto& hook : impl::hooks(variable)) {
      new_grad = (*hook)({new_grad})[0];
    }
    return new_grad;
  }

  template <typename T>
  static void accumulateGrad( // 此处会进行具体的累积梯度操作
      const Variable& variable, at::Tensor& variable_grad,
      const at::Tensor& new_grad, size_t num_expected_refs,
      const T& update_grad) {
    if (!variable_grad.defined()) {
      if (!GradMode::is_enabled() &&
          !new_grad.is_sparse() &&
```

```cpp
          new_grad.use_count() <= num_expected_refs &&
          (new_grad.is_mkldnn() || utils::obeys_layout_contract(new_grad,
variable))) {

        update_grad(new_grad.detach()); // 梯度操作
      } else if (
          !GradMode::is_enabled() && new_grad.is_sparse() &&
          new_grad._indices().is_contiguous() &&
          new_grad._values().is_contiguous() &&
          new_grad._indices().use_count() <= 1 &&
          new_grad._values().use_count() <= 1 &&
          new_grad.use_count() <= num_expected_refs) {

        update_grad(at::_sparse_coo_tensor_unsafe(
            new_grad._indices(),
            new_grad._values(),
            new_grad.sizes(),
            new_grad.options()));
      } else {
        if (new_grad.is_sparse()) {
          update_grad(new_grad.clone()); // 梯度操作
        } else {
          if (new_grad.is_mkldnn()) {
            update_grad(new_grad.clone());
          } else {
            update_grad(utils::clone_obey_contract(new_grad, variable));
          }
        }
      }
    } else if (!GradMode::is_enabled()) {
      if (variable_grad.is_sparse() && !new_grad.is_sparse()) {
        auto result = new_grad + variable_grad;
          update_grad(std::move(result));
      } else if (!at::inplaceIsVmapCompatible(variable_grad, new_grad)) {
        auto result = variable_grad + new_grad;
        update_grad(std::move(result)); // 梯度操作
      } else {
        variable_grad += new_grad; // 梯度操作
      }
    } else {
      at::Tensor result;
      if (variable_grad.is_sparse() && !new_grad.is_sparse()) {
        result = new_grad + variable_grad;
      } else {
```

```
    result = variable_grad + new_grad;
  }
  update_grad(std::move(result)); // 梯度操作
  }
}

Variable variable;
};
```

累积梯度的总体逻辑如图 13-23 所示，左边是数据结构之间的关系，右边是算法流程，右边的序号和箭头表示算法执行是从上至下的。在执行过程中会用到左边的数据结构。算法与数据结构的调用关系由横向虚线箭头表示。

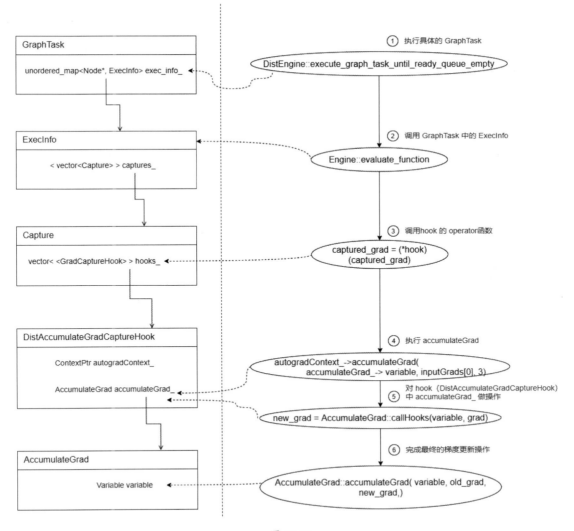

图 13-23

对于图 13-23 上的数字，具体解释如下。

① 分布式引擎调用 execute_graph_task_until_ready_queue_empty()函数来执行具体的 GraphTask。

② Engine::evaluate_function()调用 GraphTask 之中的 ExecInfo。

③ 会访问 GradCaptureHook，调用 hook。hook 的 operator()函数会调用到 autogradContext_->accumulateGrad()。

④ autogradContext_ 执行 accumulateGrad()。

⑤ 对 hook（DistAccumulateGradCaptureHook）之中保存的 accumulateGrad_ 做操作。

⑥ AccumulateGrad::accumulateGrad()会完成最终的梯度更新操作。

13.6.9 等待完成

最后，分布式引擎会调用 clearAndWaitForOutstandingRpcsAsync()函数来等待处理完成。至此，分布式自动求导分析完毕。

第 14 章　分布式优化器

本章重点介绍分布式环境下的优化器，包括数据并行和模型并行（包含流水线并行）优化器。DP 的优化器、DDP 的优化器和 Horovod 的优化器是数据并行优化器。PyTorch 分布式优化器和 Pipe Dream 分布式优化器是模型并行优化器。

14.1　原生优化器

因为分布式优化器是在原生优化器（非分布式优化器）上拓展的，所以我们先了解一下原生优化器，下面通过一个例子来看原生优化器在训练过程中起到的作用。

```python
class ToyModel(nn.Module):
    def __init__(self):
        super(ToyModel, self).__init__()
        self.net1 = nn.Linear(10, 10)
        self.relu = nn.ReLU()
        self.net2 = nn.Linear(10, 5)
    def forward(self, x):
        return self.net2(self.relu(self.net1(x)))

net = ToyModel()
optimizer = optim.SGD(params=net.parameters(), lr = 1)
optimizer.zero_grad()
input = torch.randn(10,10)
outputs = net(input)
outputs.backward(outputs)
optimizer.step()
```

接下来我们按照"模型参数构建优化器→引擎计算梯度→优化器优化参数→优化器更新模型"的顺序来介绍一下原生优化器逻辑，具体如图 14-1 所示。

- 根据模型参数构建优化器
    - 采用 optimizer = optim.SGD(params=net.parameters())构建优化器，params 被赋值到优化器的内部成员变量 param_groups 之上。此处对应图 14-1 中的①。
    - 模型包括两个 Linear，这些层如何更新参数？答案如下。
        ◆ Linear 里面的 weight、bias 成员变量都是 Parameter 类型。Parameter 构造函数参数 requires_grad=True。如此设置说明 Parameter 默认需要计算梯度。所以 Linear 的 weight、bias 需要引擎计算梯度。因此 weight、bias 被添加到 ToyModel 的_parameters 成员变量之中。

- 通过 parameters() 函数来获取 ToyModel 的 _parameters 成员变量，parameters() 函数返回的是一个迭代器（iterator）。接下来会用此迭代器作为参数构建 SGD 优化器。现在 SGD 优化器的 parameters 是一个指向 ToyModel._parameters 的迭代器。这说明优化器实际上直接优化 ToyModel 的 _parameters。
- 所以优化器直接优化更新 Linear 的 weight 和 bias。其实优化器就是一套代码而已，具体是优化一个模型的参数还是用户指定的其他变量，则需要在构建时指定。

- 引擎计算梯度
  - 如何保证 Linear 可以计算梯度？答案是：成员变量 weight、bias 都是 Parameter 类型，默认需要计算梯度，而 Linear 可以计算 weight、bias 梯度。此处对应图 14-1 中的②。
  - 对于模型来说，引擎计算出来的这些梯度累积在哪里？答案是：因为 Linear 实例都是用户显式定义的，所以都是叶子节点。叶子节点通过 AccumulateGrad 把梯度累积在模型参数张量 autogradmeta.grad_ 之中。此处对应图 14-1 中的③。

- 优化器优化参数
  - 调用 step() 函数进行优化，优化目标是优化器内部成员变量 self.parameters。此处对应图 14-1 中的④。
  - self.parameters 是一个指向 ToyModel._parameters 的迭代器。这说明优化器实际上直接优化 ToyModel 的 _parameters。

- 优化器更新模型
  - 优化目标（self.parameters）的更新直接作用到模型参数上。此处对应图 14-1 中的⑤。

原生优化的主要功能是使用梯度来进行优化，更新当前参数。数据并行之中的优化器则是另外一种情况，因为每个 Worker 自己计算梯度，所以分布式优化器主要技术难点问题如下：

- 是每个 Worker 都有自己的优化器，还是只有一个 Worker 有优化器，并由这个唯一优化器来统一做优化？
- 如果只有一个优化器，那么如何把各个 Worker 的梯度合并起来，让每个 Worker 都把梯度传给这唯一的优化器？
- 如果每个 Worker 都有自己的本地优化器，本地优化器优化本地模型，那么如何确保每个 Worker 之中的模型始终保持一致？

这些问题的答案根据具体框架方案的不同而不同，我们接下来就看一看在 DP/DDP/Horovod 之中分别如何实现。

第 14 章 分布式优化器

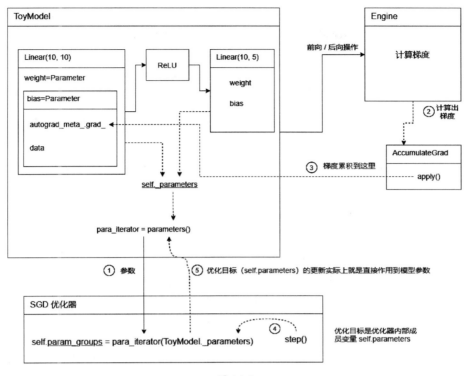

图 14-1

14.2 DP 的优化器

PyTorch 在 DP 中使用多线程并行，应用中只有一个优化器。DP 修改了 forward()和 backward()方法，把每个线程的梯度归约在一起然后做优化，所以虽然是数据并行，但是优化器不需要做修改。我们给出一个简化的图示，如图 14-2 所示，每个线程进行梯度计算，最后把梯度归约到 GPU 0，在 GPU 0 之上进行优化。

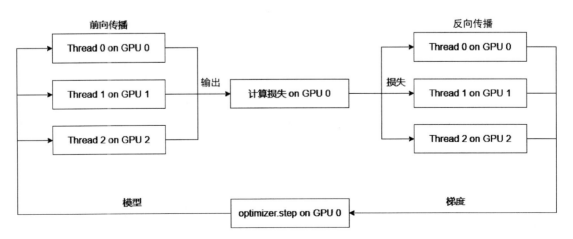

图 14-2

14.3　DDP 的优化器

前文中的图 6-10 来自快手 *BAGUA:Scalingup Distributed Learning* 论文，图中罗列了原生训练过程与 DDP/Horovod 的对比。

- 图 6-10 上面的 Vanilla 是原生训练过程，其中 U 部分对应的是优化器过程。原生优化器主要功能是根据梯度来更新模型当前参数：w.data -= w.grad * lr 。
- 图 6-10 下面部分是 DDP/Horovod 优化过程，其反向计算和归约梯度在一定程度上可以并行处理。

14.3.1　流程

在 DDP 中依然使用原生优化器，但采用多进程方式，每个进程都完成训练的全部流程，只是在反向计算时需要使用 All-Reduce 来归约梯度。DDP 有以下两个特点：

- 每个进程维护自己的原生优化器，并在每次迭代中执行一个完整的优化步骤。由于梯度已经聚集并跨进程平均，因此梯度对于每个进程都相同，这意味着不需要广播参数，减少了在节点之间传输张量所花费的时间。
- All-Reduce 操作在反向传播过程中完成。在 DDP 初始化时会生成一个 Reducer 类，其内部会注册 autograd_hook，autograd_hook 在反向传播时进行梯度同步。

DDP 选择了修改 PyTorch 内核来适应分布式需求。在 DistributedDataParallel 模型的初始化和前向操作中做相关处理，具体逻辑如下：

（1）DDP 使用多进程并行加载数据，不需要广播数据和拷贝模型。

（2）在每个 GPU 上运行前向传播，计算输出。每个 GPU 都执行同样的训练，不需要有主 GPU。

（3）在每个 GPU 上计算损失，运行反向传播来计算梯度，可以在计算某些梯度的同时对另外一些梯度执行 All-Reduce 操作。

（4）更新模型参数。因为每个 GPU 都从完全相同的模型开始训练，并且梯度被 All-Reduce，因此每个 GPU 在反向传播结束时最终得到平均梯度的相同副本，所有 GPU 上的权重更新都相同，这样所有 Worker 上的模型都一致，也就不需要模型同步。

因为在模型的前向传播和反向传播之中进行修改，所以优化器也不需要修改，每个 Worker 分别在自己本地进程中进行优化。

14.3.2　优化器状态

如何保证各个进程的优化器状态相同？因为 DDP 只是使用优化器，不负责同步优化器状态，DDP 不对此负责，所以需要用户协同操作来保证各进程间的优化器状态相同。这围绕着两个环节来进行。

- 如何保证优化器参数初始值相同？答案是：优化器初始值相同由"用户在 DDP 模型

创建后才初始化优化器"来确保。

- 如何保证优化器参数每次更新值相同？答案是：因为每次更新的梯度都是 All-Reduced 过的，所以各个优化器拿到相同的梯度变化数值。

此训练逻辑如图 14-3 所示。

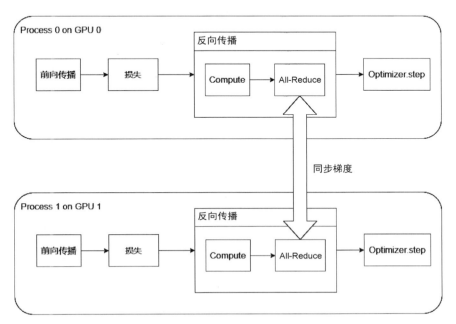

图 14-3

14.4 Horovod 的优化器

Horovod 并没有对模型的前向传播/反向传播进行修改，而是对优化器进行了修改，实现了一个 DistributedOptimizer。我们以 horovod/torch/optimizer.py 为例。

```
An optimizer that wraps another torch.optim.Optimizer, using an All-Reduce to
combine gradient values before applying gradients to model weights. All-Reduce
operations are executed after each gradient is computed by loss.backward() in
parallel with each other. The step() method ensures that all All-Reduce operations
are finished before applying gradients to the model.
```

DistributedOptimizer 的作用是：

- 在 Worker 并行执行 loss.backward() 函数计算出每个梯度之后，在"将梯度应用于模型权重之前"使用 All-Reduce 合并梯度。
- 调用 step() 函数确保所有 All-Reduce 操作在"将梯度应用于模型权重之前"完成。

具体工作由_DistributedOptimizer 类完成，而 _DistributedOptimizer 类对于梯度归约有两个途径，一个是通过钩子隐式调用，另一个是显式调用 step() 函数。

14.4.1 利用钩子同步梯度

钩子采用 PyTorch 的 hook 方法，这和 DDP 的思路非常类似，即在梯度计算函数之上注册钩子，目的是在计算完梯度之后立刻调用钩子，这样 All-Reduce 就会在计算梯度过程中自动完成，不需要等待 step() 函数显式调用来完成。具体如下：

- 在每个 GPU 之上计算损失，运行反向传播来计算梯度，在计算梯度的同时对梯度执行 All-Reduce 操作。
- 更新模型参数。因为每个 GPU 都从完全相同的模型开始训练，并且梯度被 All-Reduce，所以每个 GPU 在反向传播结束时最终得到平均梯度的相同副本，所有 GPU 上的权重更新都相同，也就不需要模型同步。

1. 注册钩子

Horovod 通过_register_hooks()函数来注册钩子，该函数内部调用到_make_hook()函数。

```python
def _register_hooks(self):
    # 注册 hooks
    for param_group in self.param_groups: # 遍历组
        for p in param_group['params']: # 遍历组中的参数
            if p.requires_grad: # 如果需要计算梯度
                p.grad = p.data.new(p.size()).zero_()
                self._requires_update.add(p)
                p_tmp = p.expand_as(p)
                grad_acc = p_tmp.grad_fn.next_functions[0][0] # 获取梯度函数
                grad_acc.register_hook(self._make_hook(p)) # 注册钩子到梯度函数之上
                self._grad_accs.append(grad_acc)
```

_make_hook()函数会构建并返回钩子函数，钩子函数会在反向传播时被调用，其内部执行了 All-Reduce。

```python
def _make_hook(self, p):
    def hook(*ignore):
        # 省略部分代码
        handle, ctx = None, None
        self._allreduce_delay[p] -= 1
        if self._allreduce_delay[p] == 0:
            if self._groups is not None: # 我们略过处理 groups 相关部分
            else:
                handle, ctx = self._allreduce_grad_async(p) # 被调用时会进行 All-Reduce
        self._handles[p] = (handle, ctx) # 把 handle 注册到本地

    return hook
```

2. 归约梯度

归约梯度就是在反向传播阶段调用钩子函数，进行 All-Reduce。

```python
def _allreduce_grad_async(self, p):
    name = self._parameter_names.get(p)
    tensor = p.grad
    tensor_compressed, ctx = self._compression.compress(tensor)
    # 调用 allreduce_async_ 完成 MPI 调用
    handle = allreduce_async_(tensor_compressed, name=name, op=self.op,
                     prescale_factor=prescale_factor,
                     postscale_factor=postscale_factor)
    return handle, ctx
```

14.4.2 利用 step() 函数同步梯度

step() 函数定义如下，如果需要强制同步，就调用 self.synchronize() 函数，否则调用基类的 step() 函数来更新参数。

```python
def step(self, closure=None):
    if self._should_synchronize:
        self.synchronize()
    self._synchronized = False
    return super(self.__class__, self).step(closure)
```

synchronize() 函数用来强制 All-Reduce 操作完成，这对于梯度裁剪（gradient clipping）或者其他有原地梯度修改的操作特别有用，这些操作需要在调用 step() 函数之前完成。

我们接下来看一下 synchronize() 函数。此处最重要的是 outputs = synchronize(handle) 调用 horovod.torch.mpi_ops.synchronize 完成了同步操作，此处因为两个函数名字相同，所以容易被误会成递归。

```python
from horovod.torch.mpi_ops import synchronize

def synchronize(self):
    completed = set()
    for x in self._handles.keys():
        completed.update(x) if isinstance(x, tuple) else completed.add(x)
    missing_p = self._requires_update - completed  # 找到目前没有计算完毕的梯度

    for p in missing_p:
        handle, ctx = self._allreduce_grad_async(p)  # 对于没有计算完毕的梯度，显式
                                                      # 进行 All-Reduce
        self._handles[p] = (handle, ctx)  # 记录下来本次计算的 handle 操作

    for p, (handle, ctx) in self._handles.items():
```

```
    if handle is None: # 如果没有记录调用过 All-Reduce
        handle, ctx = self._allreduce_grad_async(p) # 进行 All-Reduce
        self._handles[p] = (handle, ctx)

for p, (handle, ctx) in self._handles.items(): # 最后统一进行同步
    if isinstance(p, tuple):
        outputs = synchronize(handle) # 调用 MPI 同步操作
        for gp, output, gctx in zip(p, outputs, ctx):
            self._allreduce_delay[gp] = self.backward_passes_per_step
            gp.grad.set_(self._compression.decompress(output, gctx))
    else:
        output = synchronize(handle) # 调用 MPI 同步操作
        self._allreduce_delay[p] = self.backward_passes_per_step
        p.grad.set_(self._compression.decompress(output, ctx))

self._handles.clear()
self._synchronized = True
```

step() 函数逻辑如图 14-4 所示。

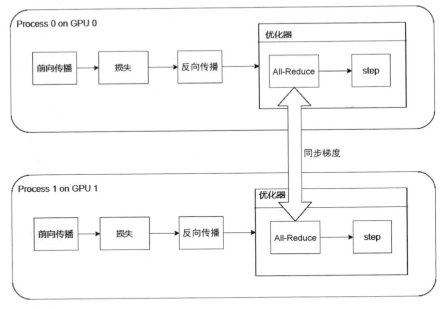

图 14-4

至此，数据并行优化器分析完毕。

14.5　模型并行的分布式问题

PyTorch 分布式优化器和 PipeDream 优化器主要涉及模型并行。目前无论是 DP、DDP 还是 Horovod，实质上都处理数据并行，而数据并行不适用于模型太大而无法放入单个 GPU 的

某些用例，于是人们引入了模型并行。与此对应，优化器也需要做不同的修改以适应模型并行的需求。

我们先设想一下，如果自己实现分布式优化器则应该如何处理。假如模型分为三个部分，有三个主机可以训练。我们会显式地把这三个部分分别部署到三个主机之上，在三个主机之上都有一套自己的训练代码，在每套训练代码之中都有自己的本地优化器负责优化本地子模型的参数。具体实现思路如图 14-5 所示，其中实线表示调用流程，虚线表示数据流。

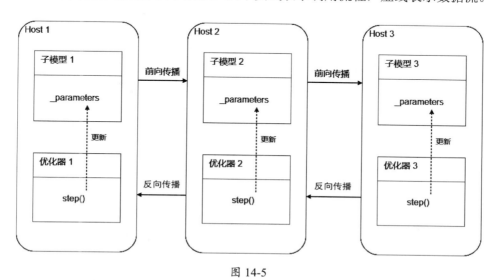

图 14-5

有几个问题需要我们解决：

- 如何划分模型到不同机器上？如何把代码分割到不同机器上？
- 如何跨机器把前向传播、反向传播连接在一起？
- 各个机器之间是同步运行的还是异步运行的？如果是同步运行的，如何让整个系统用同一个步骤运行？
- 如何把这些优化器结合在一起？还是优化器各做各的，彼此没有任何联系？

我们接下来看一看 PyTorch 和 PipeDream 如何解决上述问题。

14.6　PyTorch 分布式优化器

PyTorch 使用基于 RPC 的分布式训练组件来解决上述问题，该组件包括 RPC、RRef、分布式自动求导和分布式优化器。RPC、RRef 和分布式自动求导是分布式优化器的基础。

PyTorch 的 DistributedOptimizer 得到了分散在各个 Worker 上的参数的 RRef，然后对这些参数在本地运行优化器。对于单个 Worker 来说，如果它接收到来自相同或不同客户对 DistributedOptimizer.step() 函数的并发调用，则这些调用将会在此 Worker 上串行，因为每个 Worker 的优化器一次只能处理一组梯度。

14.6.1 初始化

分布式优化器在每个 Worker 节点上创建其本地优化器的实例,并将持有这些本地优化器的 RRef。可以理解为,DistributedOptimizer 是 Master,它拥有远端 Worker 节点上的优化器的代理。DistributedOptimizer 的初始化代码如下:

```python
def __init__(self, optimizer_class, params_rref, *args, **kwargs):
    per_worker_params_rref = defaultdict(list)
    for param in params_rref:
        per_worker_params_rref[param.owner()].append(param)

    # 拿到对应的本地优化器类
    if optimizer_class in DistributedOptimizer.functional_optim_map and jit._state._enabled:
        optim_ctor = DistributedOptimizer.functional_optim_map.get(optimizer_class)
    else:
        optim_ctor = optimizer_class
    self.is_functional_optim = (optim_ctor != optimizer_class)

    if self.is_functional_optim:
        optimizer_new_func = _new_script_local_optimizer
    else:
        optimizer_new_func = _new_local_optimizer

    remote_optim_futs = []
    for worker, param_rrefs in per_worker_params_rref.items():
        remote_optim_rref_fut = rpc.rpc_async(
            worker, # 在 worker 上生成其本地优化器
            optimizer_new_func, # rpc_async 调用
            args=(optim_ctor, param_rrefs) + args,
            kwargs=kwargs,
        )
        remote_optim_futs.append(remote_optim_rref_fut)

    # 本地保存的远端各个节点上的优化器
    self.remote_optimizers = _wait_for_all(remote_optim_futs)
```

以 _new_local_optimizer 为例,其生成了 _LocalOptimizer。_LocalOptimizer 是本地优化器,其运行在远端 worker 节点之上,Master 拥有这些本地优化器的代理。

```python
def _new_local_optimizer(optim_cls, local_params_rref, *args, **kwargs):
    return rpc.RRef(
        _LocalOptimizer(optim_cls, local_params_rref, *args, **kwargs))
```

分布式优化器对应的逻辑如图 14-6 所示。

- RRef1 和 RRef2 是远端待优化的参数，比如类型都是 torch.rand((3, 3))。
- optim_rref1 和 optim_rref2 分别是节点 1 上分布式优化器所持有的位于节点 2 和节点 3 上本地优化器的 RRef。

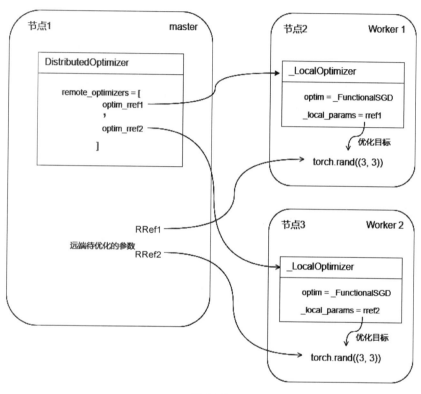

图 14-6

14.6.2 更新参数

DistributedOptimizer 在优化时，其成员函数 step() 会遍历保存的优化器，逐一调用 _local_optimizer_step() 函数进行优化。为什么可以在节点 1 之上统一调用这些远端优化器？因为只有在更新完所有参数之后，才能调用下一轮前向传播，因此可以统一调用，然后等待全部完成。

```
def step(self, context_id):
    if self.is_functional_optim:
        optimizer_step_func = _script_local_optimizer_step
    else:
        optimizer_step_func = _local_optimizer_step # 赋值

    rpc_futs = []
    for optimizer in self.remote_optimizers: # 遍历 _LocalOptimizer
```

```
        rpc_futs.append(rpc.rpc_async( # 异步异地调用
            optimizer.owner(),
            optimizer_step_func, # 逐一调用
            args=(optimizer, context_id),
        ))
    _wait_for_all(rpc_futs) #等待完成
```

1. 本地优化

_local_optimizer_step()的作用就是得到_LocalOptimizer,然后调用 step()函数。

```
def _local_optimizer_step(local_optim_rref, autograd_ctx_id):
    local_optim = local_optim_rref.local_value()
    local_optim.step(autograd_ctx_id)
```

_LocalOptimizer 的 step()函数首先获取分布式梯度,然后用此梯度进行参数优化。

```
class _LocalOptimizer(object):
    def __init__(self, optim_cls, local_params_rref, *args, **kwargs):
        self._local_params = [rref.local_value() for rref in local_params_rref]
        self.optim = optim_cls(
            self._local_params,
            *args,
            **kwargs)

    def step(self, autograd_ctx_id):
        # 获取到分布上下文里面计算好的梯度
        all_local_grads = dist_autograd.get_gradients(autograd_ctx_id)
        with _LocalOptimizer.global_lock:
            for param, grad in all_local_grads.items():
                param.grad = grad
            self.optim.step() # 参数优化
```

2. 获取分布式梯度

C++世界的 getGradients()代码如下,梯度已经累积到 DistAutogradContext 的成员变量 accumulatedGrads_之中。

```
const c10::Dict<torch::Tensor, torch::Tensor> DistAutogradContext::
    getGradients() const {
  std::lock_guard<std::mutex> guard(lock_);
  for (auto& entry : gradReadyEvents_) {
    auto& event = entry.second;
    event.block(impl_.getStream(event.device()));
  }
  // 分布式梯度已经累积在 DistAutogradContext 的成员变量 accumulatedGrads_之中
  return accumulatedGrads_;
}
```

所以我们进行逻辑拓展如下。

① DistributedOptimizer 调用 optim_rref1 和 optim_rref2 的 step() 函数在远端 Worker 之上进行优化。

② Worker 1 和 Worker 2 上的 _LocalOptimizer 分别对本地 _local_params 进行优化。

③ 优化结果会累积在节点的 DistAutogradContext 中的 accumulatedGrads_ 成员变量中。

这样，整个模型的各个子模型就在各个节点上以统一的步骤进行训练/优化，具体如图 14-7 所示，其中细实线表示数据结构之间的关系，粗实线表示调用流程。

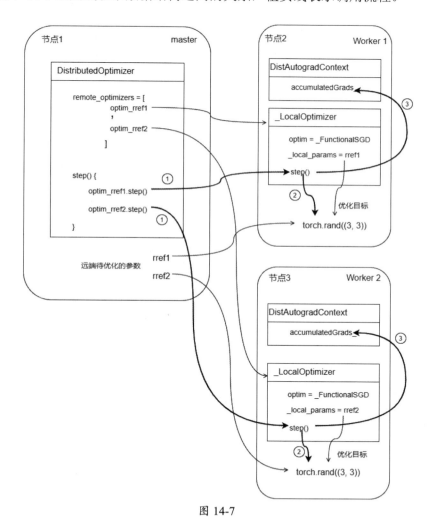

图 14-7

14.7 PipeDream 分布式优化器

最后我们来看 PipeDream 如何实现分布式优化器。其主要思路是：PipeDream 在每个 Worker 之上启动全部代码，因为每个节点的模块（类型为 torch.nn.Module）不同，所以每个本地优化器的待优化参数是本地模块的参数，每个节点优化自己负责的部分模块。

14.7.1 如何确定优化参数

StageRuntime 的 initialize()函数通过本节点的 stage 信息来构建自己的模块。比如图 14-8 的模型被分配到两个节点之上，每个节点两个层。每个节点的模型参数不同，节点 1 的待优化参数是 Layer 1、Layer 2 的参数；节点 2 的待优化参数是 Layer 3、Layer 4 的参数。

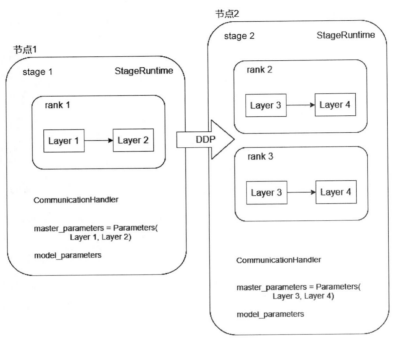

图 14-8

PipeDream 用 Runtime（StageRuntime）的 master_parameters 和 model_parameters 变量来构建本地优化器 SGDWithWeightStashing。

```
class SGDWithWeightStashing(OptimizerWithWeightStashing): # 基类
    def __init__(self, modules, master_parameters, model_parameters,
            loss_scale, num_versions, lr=required, momentum=0,
            dampening=0, weight_decay=0, nesterov=False, verbose_freq=0,
            macrobatch=False):
        super(SGDWithWeightStashing, self).__init__(
            optim_name='SGD',
            modules=modules, master_parameters=master_parameters,
            model_parameters=model_parameters, loss_scale=loss_scale,
            num_versions=num_versions, lr=lr, momentum=momentum,
            dampening=dampening, weight_decay=weight_decay,
            nesterov=nesterov, verbose_freq=verbose_freq,
            macrobatch=macrobatch,
        )
```

OptimizerWithWeightStashing 是 SGDWithWeightStashing 的基类。OptimizerWithWeightStashing 会生成一个原生优化器，赋值在 base_optimizer。

```python
class OptimizerWithWeightStashing(torch.optim.Optimizer):
    def __init__(self, optim_name, modules, master_parameters,
model_parameters,
                 loss_scale, num_versions, verbose_freq=0, macrobatch=False,
                 **optimizer_args):
        self.modules = modules
        self.master_parameters = master_parameters
        self.model_parameters = model_parameters
        self.loss_scale = loss_scale

        # 生成一个原生优化器
        self.base_optimizer = getattr(torch.optim, optim_name)(
            master_parameters, **optimizer_args)
```

此时逻辑拓展如图 14-9 所示，每个优化器使用自己节点的参数进行优化。

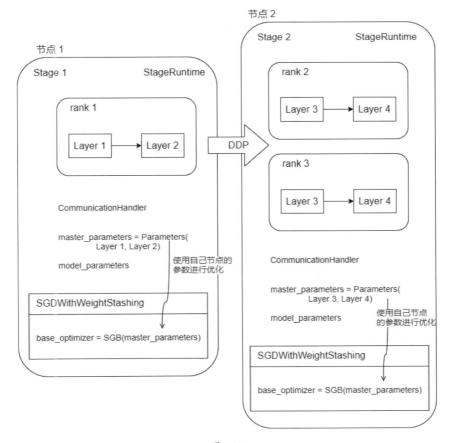

图 14-9

14.7.2 优化

1. 整体优化

因为 PipeDream 整体上是异步运行的,所以优化是异步优化,具体训练代码如下:

```python
def train(train_loader, r, optimizer, epoch):
    # 开始热身阶段的前向传播
    for i in range(num_warmup_minibatches):
        r.run_forward()

    for i in range(n - num_warmup_minibatches):
        # 执行前向传播
        r.run_forward()

        # 执行反向传播
        r.run_backward()
        optimizer.load_new_params()
        optimizer.step()

    # 执行剩余的反向传播
    for i in range(num_warmup_minibatches):
        optimizer.zero_grad()
        optimizer.load_old_params()
        r.run_backward()
        optimizer.load_new_params()
        optimizer.step()

    # 等待所有助手线程结束
    r.wait()
```

2. 优化器优化

直接使用 SGDWithWeightStashing 的 step() 函数进行优化,最后也调用 OptimizerWithWeightStashing(torch.optim.Optimizer)的 step()函数。

```python
def step(self, closure=None):
    """执行单次优化"""
    # 每 update_interval 个 step 之后更新梯度
    if self.model_parameters is not None:
        if self.loss_scale != 1.0:
            # 处理梯度
            for parameter in self.master_parameters:
                parameter.grad.data = parameter.grad.data / self.loss_scale

    for p in self.param_groups[0]['params']:
```

```
    if p.grad is not None: # 继续处理累积的梯度
        p.grad.div_(self.update_interval)

loss = self.base_optimizer.step() # 进行优化
return loss
```

最终逻辑如图 14-10 所示，其中细实线表示数据结构之间的关系，粗实线表示调用流程。

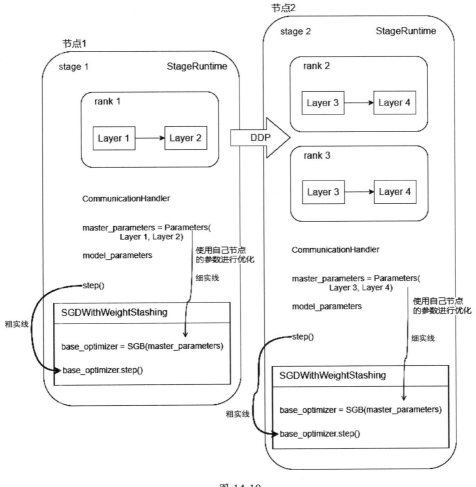

图 14-10

至此，分布式优化器分析完毕。

TensorFlow 分布式

第 15 章 分布式运行环境之静态架构

在具体介绍 TensorFlow 分布式的各种策略（Strategy）之前，我们先分析分布式的基础：分布式环境。只有把基础打扎实，才能在以后的分析工作中最大程度地扫清障碍，事半功倍。本章和第 16 章代码使用的部分 API 不是最新版本，因为我们的目的是了解 TensorFlow 分布式的设计思想，旧版本的 API 反而会更加清晰（目前业界很多公司依然基于较低版本的 TensroFlow，所以旧版本 API 更有分析意义），另外，这两章提到的很多概念在后续版本中依然在使用，只是换了一种对外呈现方式。[①]

15.1 总体架构

我们从几个不同角度对分布式模式进行拆分，如何拆分不是绝对的，这些角度可能会彼此有部分包含，只是笔者认为这么划分更容易理解。

15.1.1 集群角度

我们从集群和业务逻辑角度拆分分布式模式如下。

- Cluster：TensorFlow 集群。
  - 一个 TensorFlow 集群包含一个或者多个 TensorFlow 服务端，一个集群一般会专注于一个相对高层的目标，比如用多台机器并行地训练一个神经网络。
  - 训练被切分为一系列 Job，每个 Job 会负责一系列 Task。当集群有多个 Task 时，需要使用 tf.train.ClusterSpec 来指定每一个 Task 的机器。
- Job：一个 Job 包含一系列致力于完成某个相同目标的 Task，一个 Job 中的 Task 通常会运行在不同的机器中。一般存在如下两种 Job。
  - PS Job：PS 是 Parameter Server 的缩写，PS 负责处理与存储、更新变量等相关的工作。
  - Worker Job：用于承载那些计算密集型的无状态节点，负责数据计算。
- Task：一个 Task 完成一个具体任务，一般会关联到某个 TensorFlow 服务端的处理过程。
  - Task 属于一个特定的 Job，并且在该 Job 的任务列表中有唯一的索引 task_index。
  - Task 通常与一个具体的 tf.train.Server 相关联，运行在独立的进程中。
  - 可以在一个机器上运行一个或者多个 Task，比如单机多 GPU。

[①] 对于有深入学习 TensorFlow 框架意愿的读者，在此推荐刘光聪（horance-liu@github）的电子书《TensorFlow 内核剖析》，笔者从刘先生处借鉴、受益良多。

我们给出以上三者的关系，如图 15-1 所示，Cluster 包含多个 Job，Job 包含 1 个或多个 Task。

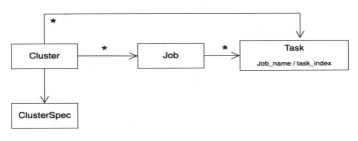

图 15-1

15.1.2 分布式角度

我们接下来从分布式业务逻辑和架构角度具体分析一下。大家知道，Master-Worker 架构是分布式系统中常见的一种架构，比如：GFS 中有 Master 和 ChunkServer，Spanner 中有 Zonemaster 和 Spanserver，Spark 中有 Driver 和 Executor，Flink 中有 JobManager 和 TaskManager。在此架构下，Master 通常负责维护集群元信息、调度任务，Workers 则负责具体计算或者维护具体数据分片。

TensorFlow 分布式也采用了 Master-Worker 架构，为了更好地进行说明，我们给出一个官方的分布式 TensorFlow 架构图（如图 15-2 所示），其中三个角色是从逻辑视角来审视的。

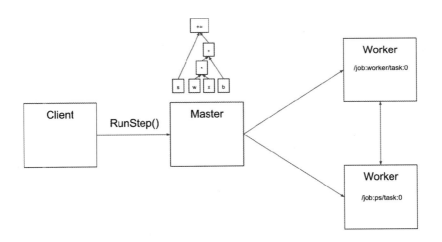

图 15-2

- Client：Client 利用分布式环境进行计算。一个 Client 通常是一段构造 TensorFlow 计算图的程序，Client 通过循环调用 RPC 让 Master 进行迭代计算（例如训练）。计算图通过 session.run() 交给 Runtime 系统，Runtime 系统分为一个 Master 和若干个 Worker。

- Master：当收到执行计算图的命令之后，Master 负责协调调度，比如对计算图进行编译、剪枝和优化，把计算图拆分成多个子图，将每个子图分配给不同的 Worker，触发各个 Worker 并发地执行子图。
- Worker：负责计算收到的子图。当接收到注册子图消息之后，Worker 会将计算子图依据本地计算设备进行二次切分，并把二次切分之后的子图分配各个设备，然后启动计算设备并发地执行子图。Worker 之间通过进程间通信完成数据交换。

图 15-2 上的集群包括三个节点，每个节点上都运行一个 TensorFlow Server。此处每一个 Master、Worker 都是 TensorFlow Server。其中下方的 Worker 的具体角色是参数服务器，负责维护参数、更新参数等，上方的 Worker 是 Worker Job，会把梯度发给参数服务器进行参数更新。

我们接下来以图 15-3 为例，分析如何从另外一个更高层次的视角审视 TensorFlow 的分布式的三种角色（见彩插）。

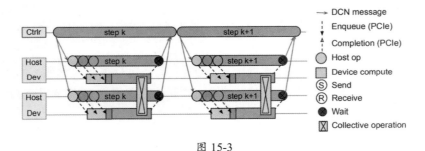

图 15-3

图片来源：论文 *Pathways: Asynchronous Distributed Dataflow for ML*

Pathway 是 Jeff Dean 提出的下一代 AI 架构，在 *Pathways:Asgnchronous Distributed Dataflowfor ML* 论文中把 Client 和 Master 归为一个实体：Controller。而 Worker 在图 15-3 上由 Host（CPU）和 Device（GPU）组成。使用 Controller 的一个最大好处是可以对计算图进行灵活的优化和调度。

在具体执行时，Controller 把每个 step 的子图发给 Worker 来执行。在 Worker 执行结束之后会通知 Controller。图 15-3 中的箭头代表消息发送。比如 Controller 会从上至下驱动 Worker。Worker 内部的 Host 会驱动 Device。Worker 也会向 Controller 发送消息来回报进度（对应图 15-3 中由下至上的箭头）。图中蓝色交叉方框为集合通信（在 RDMA 或者 NVLink 之上）。

作为对比，我们分析 PyTorch 和 Horovod。它们都采用一种简单且对称的方式，不需要外部控制器，只有内部控制器（就是代码本身），所以 PyTorch 在所有 Host 上都运行相同代码，即每个 Host 都在独立控制，具体如图 15-4 所示（见彩插）。

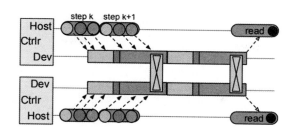

图 15-4

图片来源：*Pathways: Asynchronous Distributed Dataflow for ML*

15.1.3 系统角度

接下来从具体软件系统角度来剖析，TensorFlow 分布式系统在实现上有如下概念。

- TensorFlow Server：运行 tf.train.Server 实例的进程，是一个集群中的一员，通常包括 MasterService 与 WorkerService。Server 可以和集群中的其他 Server 进行通信。

- MasterService：一个 gRPC Service 用于与远端的分布式设备进行交互，协调调度多个 WorkerService。MasterService 的特点如下。

  - MasterService 对应于 //tensorflow/core/protobuf/master_service.proto，内部有 CreateSession、RunStep 等接口，所有的 TensorFlow Server 都实现了 MasterService。

  - Client 可以与 MasterService 交互以执行分布式计算。Client 一般会建立一个 ClientSession（客户会话），ClientSession 通常是一个 tensorflow::Session 实例，通过 RPC 形式与一个 Master 保持联系。该 Master 会相应地创建一个 MasterSession（主会话）。

  - 一个 MasterService 会包含多个 MasterSession 并且维护 MasterSession 的状态。每个 MasterSession 封装了一个计算图及其相关的状态，这些 MasterSession 通常对应同一个 ClientSession。

- MasterSession：它负责以下工作。

  - 建立 Client 与后端 Runtime 的通道，起到桥梁的作用，比如可以将 Protobuf 格式的 GraphDef 发送至分布式 Master。

  - 使用布局（Placement）算法将每个节点分配给一个设备（本地或远程）。布局算法可能会根据从系统中 Worker 收集到的统计数据（例如内存使用、带宽消耗等）做出决定。

- 为了支持跨设备和跨进程的数据流和资源管理，MasterSession 会在计算图中插入中间节点和边。

- 向 Worker 发出命令，让 Worker 执行与本 Worker 相关的子图。

• WorkerSession：Worker 通过 WorkerSession 来标识一个执行序列（注册计算图、执行命令等操作），WorkerSession 属于一个 MasterSession。

• WorkerService：一个 gRPC Service，代表 MasterService 在 Worker 的一组本地设备上执行数据流计算图。一个 WorkerService 会保持/跟踪客户计算图的多个子图，这些子图对应于应该在此 Worker 上执行的节点，也包括进程间通信所需的任何额外节点。WorkerService 对应于 worker_service.proto。所有的 TensorFlow Server 也都实现了 WorkerService。

我们现在知道，在每个 Server 上都会运行 MasterService 和 WorkerService 这两个服务，这意味着 Server 可能同时扮演 Master 和 Worker 这两个角色，比如在图 15-5 中，在集群的每个节点上都运行着一个 TensorFlow Server。每个 Server 上都有两种 Service（MasterService 和 WorkerService），只不过在此系统之中，目前有实际意义的分别是 MasterService（位于 Master 之上）和 WorkerService（位于两个 Worker 之上），在图 15-5 中用下画线标识。

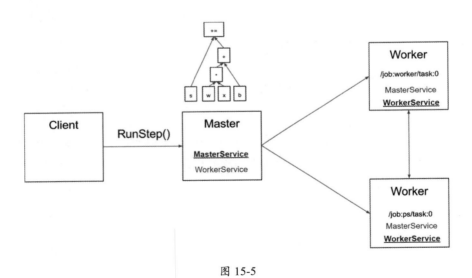

图 15-5

我们接着看其他一些可能。

• 如果 Client 被接入了集群中的一个 Server A，则此 Server A 就扮演了 Master 角色，集群中的其他 Server 就是 Worker，但是 Server A 同时也可以扮演 Worker 角色。

• Client 可以和 Master 位于同一个进程之内，此时 Client 和 Master 直接使用函数调用来交互，避免了 RPC 开销。

- Master 可以和 Worker 位于同一个进程之内，此时两者直接使用函数调用来进行交互，避免了 RPC 开销。
- 可以有多个 Client 同时接入一个集群，如图 15-6 所示，此时集群中有两个 Server 可以扮演 Master/Worker 角色，另外两个 Server 只可以扮演 Worker 角色。

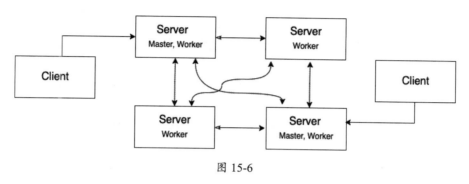

图 15-6

15.1.4 图操作角度

分布式运行的核心是如何操作计算图。计算功能被拆分为 Client、Master 和 Worker 这三个角色。Client 负责构造计算图，Worker 负责执行具体计算，但是 Worker 如何知道应该计算什么呢？TensorFlow 在两者之间插入了一个 Master 角色来负责协调、调度。

前文介绍过，在分布式模式下，PyTorch 会对计算图进行切分，并且执行操作，TensorFlow 与之类似。

- 从切分角度看，TensorFlow 对计算图执行了二级切分操作：
  - MasterSession 首先生成 ClientGraph（客户子图），然后通过 SplitByWorker() 函数完成一级切分，得到多个 PartitionGraph（分区子图），再把 PartitionGraph 列表注册到多个 Worker 上。
  - WorkerSession 通过 SplitByDevice() 函数把自己得到的计算图进行二级切分，把切分之后的 PartitionGraph 分配给本 Worker 的每个设备。
- 从执行角度来看，计算图的具体执行只发生在 Worker 上。
  - Master 启动各个 Worker 并发地执行 PartitionGraph 列表。
  - Worker 在每个设备上启动 Executor 来执行 PartitionGraph。

因为执行是按照切分后的维度进行的，所以此处只演示切分，如图 15-7 所示。

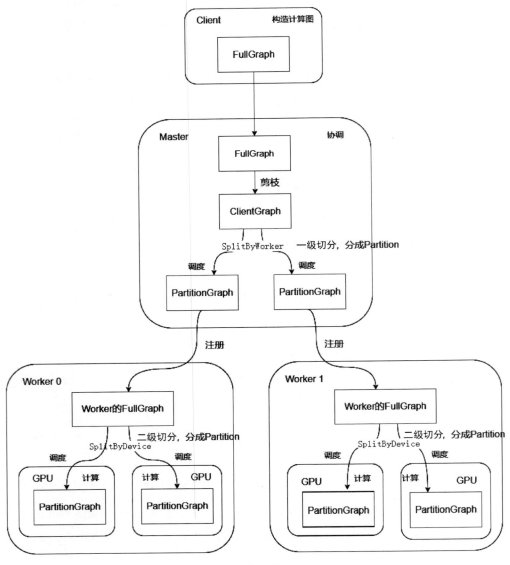

图 15-7

15.1.5 通信角度

下面我们从通信角度对分布式模式进行分析。TensorFlow 消息传输的通信组件被叫作 Rendezvous，这是一个从生产者向消费者传递张量的抽象。一个 Rendezvous 是一个通道的表（table）。生产者调用 Send()方法从一个指定的通道发送一个张量。消费者调用 Recv()方法从一个指定的通道接收一个张量。

在分布式模式中会对跨设备的边进行切分，在边的发送端和接收端会分别插入发送节点和接收节点。

- 进程内的发送节点和接收节点通过 IntraProcessRendezvous 类实现数据交换。
- 进程间的发送节点和接收节点通过 GrpcRemoteRendezvous 类实现数据交换。

比如图 15-8 中左侧是原始计算图，右侧是切分之后的计算图，5 个节点被分配到两个 Worker 上。

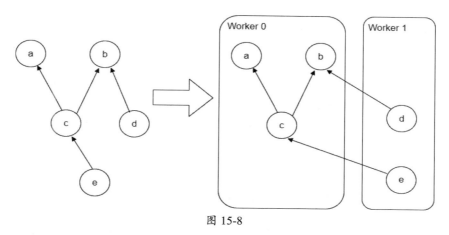

图 15-8

我们假设 Worker 0 有两个 GPU，当插入发送节点和接收节点后，效果如图 15-9 所示，其中，Worker 1 与 Worker 0 之间的实线粗箭头代表进程间通过 GrpcRemoteRendezvous 实现数据交换，Worker 0 内部两个 GPU 之间的虚线粗箭头代表进程内部通过 IntraProcessRendezvous 实现数据交换。

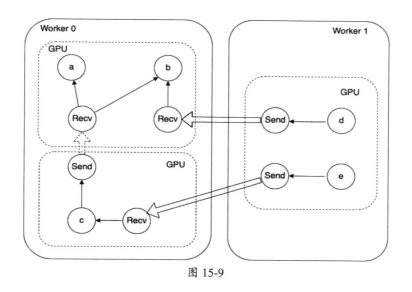

图 15-9

15.2 Server

15.2.1 逻辑概念

我们可以从多个角度来分析 Server，其特点如下。

- Server 是一个集群中的一员，负责管理本地设备集。

- Server 是基于 gRPC 的服务器,可以和集群中的其他 Server 进行通信。
- Server 是运行 tf.train.Server 实例的进程,tf.train.Server 内部通常包括 MasterService 与 WorkerService,这是 Master 和 Worker 这两种服务的对外接口。Server 可以同时扮演这两种角色。
- Server 的实现是 GrpcServer。
    - GrpcServer 内部有一个成员变量 grpc::Server server_,这是 gRPC 通信的 Server,Server 会监听消息,并且把命令发送到内部两个服务 MasterService 和 WorkerService 之中对应的那个。对应的服务会通过回调函数进行业务处理。
    - 当 GrpcServer 是 Master 角色时,对外服务是 MasterService。MasterService 为每一个接入的 Client 启动一个 MasterSession,MasterSession 被一个全局唯一的 session_handle 标识,此 session_handle 会传递给 Client。Master 可以为多个 Client 服务,但一个 Client 只能和一个 Master 打交道。
    - 当 GrpcServer 是 Worker 角色时,可以为多个 Master 提供服务。GrpcServer 的对外服务是 WorkerService,WorkerService 为每个接入的 MasterSession 生成一个 WorkerSession 实例。MasterSession 可以让 WorkerSession 实例注册计算图、执行命令。

Server 的具体逻辑如图 15-10 所示。

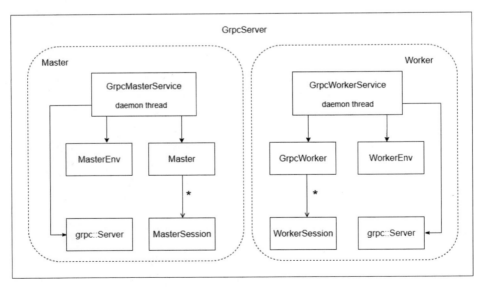

图 15-10

Server 的 __init__()函数的主要作用是调用 c_api.TF_NewServer()函数建立 Server。

```
self._server = c_api.TF_NewServer(self._server_def.SerializeToString())
if start:
    self.start()
```

TF_NewServer()进入 C++世界，调用 tensorflow::NewServer()建立了 C++ 世界的 Server。

```
Status NewServer(const ServerDef& server_def,
            std::unique_ptr<ServerInterface>* out_server) {
  ServerFactory* factory;
  TF_RETURN_IF_ERROR(ServerFactory::GetFactory(server_def, &factory));
  return factory->NewServer(server_def, ServerFactory::Options(), out_server);
}
```

NewServer()会基于注册/工厂的机制来创建 TensorFlow Server 对象。GrpcServer 早就被注册到系统中了，GrpcServerFactory 是对应的工厂类，如果 ServerDef 的成员变量 protocol 是 "grpc"，则 NewServer()会生成 GrpcServer。因此我们接下来就分析 GrpcServer。

15.2.2 GrpcServer

GrpcServer 的主要内容如下。

1. 定义

ServerInterface 是基础接口，代表一个输出 Master 和 Worker 服务的 TensorFlow Sever。GrpcServer 是 ServerInterface 的派生类，负责管理当前进程中 MasterService 和 WorkerService 的实例，通过 Start()、Stop()、Join()构成了注释中提到的状态机，状态机的特点如下。

- 在 New 状态上启动 grpc::Server，但是没有对外提供服务。
- 在 Started 状态上启动 MasterService 和 WorkerService 这两个对外的 RPC 服务。
- 在 Stopped 状态下停止 MasterService 和 WorkerService。

GrpcServer 的主要成员变量如下。

- MasterEnv master_env_：MasterEnv 类型，是 Master 所使用的工作环境。
- worker_env_：WorkerEnv 类型，是 Worker 所使用的工作环境。
- master_impl_：具体执行业务操作的 Master 实例。
- worker_impl_：具体执行业务操作的 GrpcWorker 实例。
- master_service_：GrpcMasterService 实例。
- worker_service_：GrpcWorkerService 实例。
- master_thread_：MasterService 用来实现 RPC polling（等待事件机制）的线程。
- worker_thread_：WorkerService 用来实现 RPC polling 的线程。
- std::unique_ptr<::grpc::Server> server_ ：gPRC 通信 Server。

具体来说，GrpcServer 的工作是启动若干个线程，分别执行 GrpcMasterService、GrpcWorkerService 和 GrpcEagerServiceImpl。

2. 初始化

GrpcServer 的初始化逻辑大致如下。

- 获取各种相关配置，初始化 MasterEnv 和 WorkerEnv。
- 建立设备管理器（Device Manager）。
- 构建设备列表。
- 创建 RpcRendezvousMgr。
- 建立 Server 必要的设置项。
- 创建 Master 及对应的 GrpcMasterService。GrpcMasterService 是对外提供服务的实体，当消息到达时会调用 GrpcMasterService 的消息处理函数，具体业务则由 Master 提供。
- 创建 GrpcWorker 及对应的 GrpcWorkerService。GrpcWorkerService 是对外提供服务的实体，当消息到达时会调用 GrpcWorkerService 的消息处理函数，具体业务则由 GrpcWorker 提供。
- 调用 builder.BuildAndStart()函数启动 gRPC 通信服务器 grpc::Server，当服务器启动后，GrpcServer 依然是 New 状态，没有提供对外服务，需要在状态机转换到 Started 状态后才会对外提供服务。
- 建立 gRPC 需要的环境。
- 创建 WorkerCache。
- 创建一个 SessionMgr，随后会在此 SessionMgr 中创建 WorkerSession。
- 设置 MasterSession 的工厂类，在需要时会调用工厂类来创建 MasterSession，因为有的任务（比如 PS）是不需要 MasterSession 的。
- 注册 LocalMaster。当 Client 和 Master 在同一个进程中时，LocalMaster 用于进程内的直接通信。

3. Master

Master 是具体提供业务的对象。生成 Master 的相关语句如下，其中用 target()函数来获取 Master 的种类。

```
master_impl_ = CreateMaster(&master_env_);
LocalMaster::Register(target(), master_impl_.get(),
                      config.operation_timeout_in_ms());
```

CreateMaster()的代码如下。

```
std::unique_ptr<Master> GrpcServer::CreateMaster(MasterEnv* master_env) {
 return std::unique_ptr<Master>(new Master(master_env, 0.0));
}
```

由以下 target()代码可知，Master 在此时对应的目标是"grpc://"。

```
const string GrpcServer::target() const {
 return strings::StrCat("grpc://", host_name_, ":", bound_port_);
}
```

LocalMaster 则会把 Master 注册到自己内部。

```
// 为进程内（in-process）的 Client 提供直接接入 Master 的途径
LocalMaster::Register(target(), master_impl_.get(),
                      config.operation_timeout_in_ms());
```

4. Worker

初始化代码中如下语句用于创建 Worker，默认调用 NewGrpcWorker() 来创建 GrpcWorker（具体提供业务的对象）。

```
worker_impl_ = opts.worker_func ? opts.worker_func(&worker_env_, config)
                                : NewGrpcWorker(&worker_env_, config);
```

5. WorkerEnv

WorkerEnv 把各种相关配置归总在一起供 Worker 使用，可以认为它是 Worker 运行时的上下文。WorkerEnv 与 Server 具有同样的生命周期，在 Worker 运行时全程可见。WorkerEnv 的主要变量如下。

- Env* env：跨平台 API。
- SessionMgr* session_mgr：为 Worker 管理 WorkerSession 集合，比如 Session 的产生和销毁，同时还维护当前 Worker 的 Session 句柄到 Session 的映射。
- std::vector<Device*> local_devices：本地设备集。
- DeviceMgr* device_mgr：管理本地设备集和远端设备集。
- RendezvousMgrInterface* rendezvous_mgr：管理 Rendezvous 实例集。
- thread::ThreadPool* compute_pool：线程池，每次有算子执行就从线程池中获取一个线程。

6. MasterEnv

MasterEnv 把各种相关配置归总在一起供 Master 使用，可以认为它是 Master 运行时的上下文，在 Master 的整个生命周期可见。MasterEnv 的主要成员变量如下。

- Env* env：跨平台 API。
- vector<Device*> local_devices：本地设备集。
- WorkerCacheFactory worker_cache_factory：工厂类，用于创建 WorkerCacheInterface 实例。
- MasterSessionFactory master_session_factory：工厂类，用于创建 MasterSession 实例。
- WorkerCacheInterface：用于创建 WorkerInterface 实例，WorkerInterface 被用来调用远端 WorkerService 的服务。
- OpRegistryInterface* ops：用于查询特定算子的元数据。
- CollectiveExecutorMgrInterface* collective_executor_mgr：用于执行集合操作。

7. 启动

在 Server 的 __init__() 函数中最后会调用 start() 函数。在调用之前，Server 是 New 状态，在调用 start() 函数后，GrpcServer 的状态变为 Started 状态。start() 函数中会启动三个独立线程 master_thread_、worker_thread_ 和 eager_thread_，分别是 MasterService、WorkerService 和 EagerService 的消息处理器，也会生成 extra_service_threads_（如果配置了 extra_services_）。至此，GrpcServer 才对外提供 MasterService 和 WorkerService 这两种服务。我们会在第 18 章中单独分析 EagerService。

15.3　Master 的静态逻辑

15.3.1　总述

Server 上运行了两个 RPC 服务，分别是 MasterService 和 WorkerService。如果 Client 接入到 Server，那么 Server 就是 Master 角色，Client 访问的就是 MasterService 服务。

Master 角色的具体实现是 MasterService。MasterService 是一个 gRPC Service，用于和一系列远端的分布式设备进行交互来协调和控制多个 WorkerService 的执行过程，MasterService 的相关逻辑如下。

- 所有的 TensorFlow Server 都实现了 MasterService。MasterService 内部有 CreateSession、RunStep 等接口。
- Client 可以与 MasterService 交互以执行分布式 TensorFlow 计算。Client 使用接口 MasterInterface 获取远端 MasterService 的服务。MasterInterface 的两个实现是 LocalMaster 和 GrpcRemoteMaster。
- 一个 MasterService 会跟踪多个 MasterSession。每个 MasterSession 封装了一个计算图及其相关状态。
- MasterSession 运行在 Master 上。在 Session 建立后，Master 返回一个句柄给 Client，该句柄用于关联 Client 和 MasterSession。每个 MasterSession 对应一个 ClientSession。Client 可以通过调用 CreateSession 接口向 Master 发送一个初始图，并且通过调用 ExtendSession 接口向图添加节点。说明：本小节的 Master 是一个概念角色，比如某个节点是 Master 节点。在 TensorFlow 分布式实现中也有一个具体名称为 Master 的类，我们后续会分析 Master 类。

15.3.2　接口

Client 通过 GrpcSession 调用 MasterService。既然是 RPC 服务，那么在 Client 和 MasterService 之间就需要有一个接口规范。此规范定义在 master_service.proto 文件中，该文件定义了各个接口的消息体，摘录如下：

```
service MasterService {
rpc CreateSession(CreateSessionRequest) returns (CreateSessionResponse);
```

```
rpc ExtendSession(ExtendSessionRequest) returns (ExtendSessionResponse);
...
}
```

Client 使用接口 MasterInterface 获取远端 MasterService 的服务。MasterInterface 是接口类，也是 Client 与 TensorFlow MasterService 进行通信的抽象接口。此接口既支持基于 RPC 的 Master 实现，也支持不需要 RPC 往返的进程内部的 Master 实现。MasterInterface 的所有接口都是同步接口，这样 Client 就能像调用本地函数那样调用远端 MasterService 提供的服务。

MasterInterface 有如下两种实现，都是用来和 MasterService 进行通信的。

- LocalMaster 用于进程内的直接通信，此时 Client 和 Master 在同一个进程中。
- GrpcRemoteMaster 使用 gRPC 来和 MasterService 进行通信，此时 Client 和 Master 分别被部署在两个不同进程中，具体特点如下。

  - 可以调用工厂方法 NewGrpcMaster() 生成 GrpcRemoteMaster 实例。
  - GrpcRemoteMaster 实现了 gRPC Client，它通过桩（stub）访问远端 Master 上的 MasterService 服务，对应的具体服务是 GrpcMasterService。

MasterInterface 的使用方式如图 15-11 所示，GrpcSession 使用 master_ 成员变量来调用 MasterInterface。如果 Client 和 Master 在同一个进程中，则直接使用 LocalMaster，否则使用 GrpcRemoteMaster 来利用 gRPC 访问远程的 GrpcMasterService。在图 15-11 中两个矩形封装的 Master 代表实际的 Master 类，此类实现了 Master 角色的具体功能。

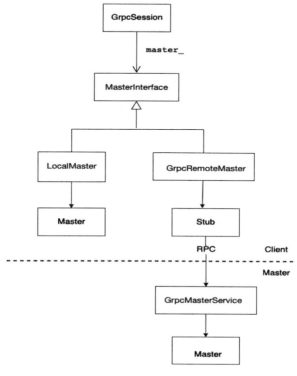

图 15-11

15.3.3 LocalMaster

当 Client 运行时，GrpcSession 首先使用 LocalMaster 尝试获取本地 Master，如果没有得到本地 Master，则 GrpcSession 会创建 GrpcRemoteMaster，返回给 Client。如果此时 Client 和 Master 没有跨节点，则 LocalMaster 使 Client 和 Master 之间能够直接进行进程内通信，这样就可以给同进程内的 Client 提供更高效的 Master 服务。

LocalMaster 的主要成员变量是 master_impl_。LocalMaster 其实是一个壳，它将调用请求直接转发给 master_impl_。master_impl_ 是当 Client 和 Master 没有跨节点时本地直接调用的类。

LocalMaster 使用静态变量 local_master_registry_ 来注册 Master。GrpcServer 在初始化时会把 target="grpc://"生成的 Master 注册到本地 LocalMaster，即把 Master 注册到此静态变量 local_master_registry_ 中。

当调用 GrpcSession::Create()方法时，如果 Client 和 Master 在同一个进程中，并且 Lookup() 函数在本地（local_master_registry_）能够找到注册的 Master，则会生成一个 LocalMaster 返回，同时 LocalMaster 的 master_impl_ 就会被配置成所找到的 Master；如果找不到，则 GrpcSession::Create()方法会创建一个 GrpcRemoterMaster，这样就可以同远端 Master 进行交互了。

相关代码如下：

```cpp
// Lookup()会在local_master_registry_中查找注册的Master
std::unique_ptr<LocalMaster> LocalMaster::Lookup(const string& target) {
  std::unique_ptr<LocalMaster> ret;
  mutex_lock l(*get_local_master_registry_lock());
  auto iter = local_master_registry()->find(target);
  if (iter != local_master_registry()->end()) {
    ret.reset(new LocalMaster(iter->second.master,
                              iter->second.default_timeout_in_ms));
  }
  return ret;
}

// Register()会注册Master到local_master_registry_
void LocalMaster::Register(const string& target, Master* master,
                           int64 default_timeout_in_ms) {
  mutex_lock l(*get_local_master_registry_lock());
  local_master_registry()->insert(
      {target, MasterInfo(master, default_timeout_in_ms)});
}

// 在构建GrpcServer时会进行注册
Status GrpcServer::Init(const GrpcServerOptions& opts) {
  // 省略其他代码
```

```
// 注册 local_master_registry_ 时，如果 master_impl_ 没有数据，则没法注册
LocalMaster::Register(target(), master_impl_.get(),
config.operation_timeout_in_ms());
// 省略其他代码
}
```

图 15-12 是 Lookup()函数可以找到在本地注册的 Master 的情况。在这种情况下，因为本地（local_master_registry_）已经注册了 Master，所以会生成 LocalMaster 进行本地操作。

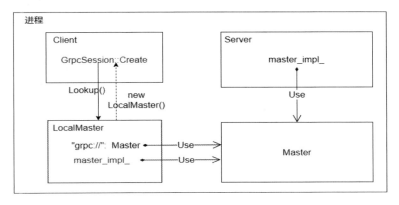

图 15-12

再来看 Client 和 Master 处于不同进程的情况（如图 15-13 所示）。因为本地没有启动 Server，所以此时进程 1 中的 LocalMaster 没有指向任何 Master，也就没法注册到 local_master_registry_，于是 GrpcSession::Create()方法的第①步骤 Lookup()返回空值。因此 GrpcSession::Create()方法执行第②步骤，创建 GrpcRemoteMaster，进行远程交互。在进程 2 中，虽然 Server 向 LocalMaster 注册了 Master，但是因为没有 Client 调用本进程的 GrpcSession::Create()方法，所以 master_impl_ 没有指向任何 Master。

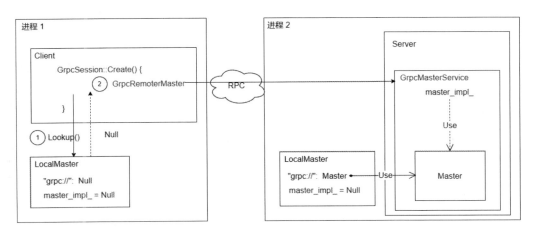

图 15-13

LocalMaster 调用内部成员变量 master_impl_ 来完成业务功能，比如 CreateSession()函数就转交给了 master_impl_->CreateSession(request, response, [&n, &ret](const Status& s){...})函数。

15.3.4 GrpcRemoteMaster

GrpcRemoteMaster 是 gRPC 客户端的一种实现，它通过桩来调用远端 Master 上的 GrpcMasterService 服务，调用行为犹如本地函数调用一样。大家可以回忆一下图 15-11，远端 GrpcMasterService 实现了 MasterService 服务定义的所有接口，是 MasterService 服务的真正实体。GrpcSession 和 GrpcRemoteMaster 从某种意义上讲都是 Client 实现的一部分。

当建立 GrpcSession 时，Create()函数会先使用 Lookup()查找有没有 Master，如果找到就直接返回 LocalMaster，如果找不到，就会调用 NewGrpcMaster()生成一个 GrpcRemoteMaster。当创建 GrpcRemoteMaster 实例时，需要通过 target 来指定 Master 服务的地址和端口，并且创建对应的 RPC 通道。

GrpcRemoteMaster 具体定义如下，其主要成员变量之一 MasterServiceStub 是 gRPC 的桩。

```
class GrpcRemoteMaster : public MasterInterface {
  using MasterServiceStub = grpc::MasterService::Stub;
  std::unique_ptr<MasterServiceStub> stub_;
};
```

GrpcRemoteMaster 的功能很简单，即通过 MasterServiceStub 来调用远端 MasterService 的相应接口。我们以 CreateSession()函数为例进行分析，发现调用了 CallWithRetry()函数。

```
Status CreateSession(CallOptions* call_options,
                const CreateSessionRequest* request,
                CreateSessionResponse* response) override {
  return CallWithRetry(call_options, request, response,
                &MasterServiceStub::CreateSession);
}
```

CallWithRetry()函数又调用了 s = FromGrpcStatus((stub_.get()->pfunc)(&ctx, request, response)) 获取 MasterService::Stub 来继续处理。MasterService::Stub 内部则调用 gRPC 实现发送功能。

```
::grpc::Status MasterService::Stub::CreateSession(
    ::grpc::ClientContext* context, const CreateSessionRequest& request,
    CreateSessionResponse* response) {
  return ::grpc::internal::BlockingUnaryCall(
      channel_.get(), rpcmethod_CreateSession_, context, request, response);
}
```

所以 GrpcRemoteMaster 的调用流程应该是：GrpcRemoteMaster 接收到 gRPC Session 的请求，将请求转交给 gRPC MasterService，这期间经历了 GrpcSession→GrpcRemoteMaster→GrpcMasterService→Master→MasterSession 一系列流程。

15.3.5 GrpcMasterService

GrpcMasterService 实现了 RPC 对应的 MasterService。GrpcMasterService 会做如下操作。

- 预先了解哪些本地设备可以给客户使用，也会发现远端设备并且跟踪设备的统计数据。
- 维护、管理实时计算图 Session（MasterSession），这些 Session 将调用本地或者远端设备来对收到的计算图进行计算。
- Session 的功能是：对收到的计算图进行分析、剪枝，把节点放到可用设备上，通过调用 RunGraph 操作在 Worker 上进行图计算。

GrpcServer 的 master_service_ 成员变量是 GrpcMasterService 类的实例。GrpcServer 使用 master_thread_ 线程来执行 GrpcMasterService 的 HandleRPCsLoop()方法。

```
master_thread_.reset(
  env_->StartThread(ThreadOptions(), "TF_master_service",
                    [this] { master_service_->HandleRPCsLoop(); }));
```

GrpcMasterService 中最主要的成员变量 master_impl_ 是 Server 传入的 Master 指针，这是一个 Master 类的实例。另外，当 GrpcMasterService 初始化时，会得到 gRPC 的消息队列 cq_。

在线程主循环中，HandleRPCsLoop()函数会调用 GrpcMasterService 的内部函数来处理 RPC 消息。在具体消息响应中会调用 master_impl_ 进行处理，当 Master 处理完成后，处理函数将回调一个 lambda 表达式向 Client 返回应答消息。

GrpcMasterService 提供的 API 有 CreateSession、ExtendSession、PartialRunSetup、RunStep、CloseSession、ListDevices、Reset、MakeCallable、RunCallable 和 ReleaseCallable。我们针对其中两个进行分析。

1. CreateSession

在 CreateSessionRequest 消息中会带有 Client 设定的计算图和配置信息。Master 在接收到请求后会为此 Client 建立一个 MasterSession 实例，并建立一个唯一标识该 MasterSession 实例的 session_handle，session_handle 为 string 类型。MasterSession 实例和 session_handle 的关联存储在 Master 类成员变量 std::unordered_map<string, MasterSession*> sessions_ 中。

Master 返回消息 CreateSessionResponse 给 Client。CreateSessionResponse 消息中携带：

- session_handle。用于标识 Master 侧的 MasterSession 实例，Client 的 GrpcSession 据此和 Master 端的 MasterSession 建立关联，随后，Client 在与 Master 的所有交互中均会在请求消息中携带 session_handle，Master 通过 session_handle 在自己的类成员变量 std::unordered_map<string, MasterSession*> sessions_ 中找到相对应的 MasterSession 实例。
- 初始 graph_version。用于后续发起 ExtendSession 操作，往原始的计算图中追加新的节点。

CreateSession 的具体逻辑如图 15-14 所示。

图 15-14

2. RunStep

客户端会迭代执行 RunStep，相关请求消息 RunStepRequest 的变量较多，举例如下。

- session_handle：用来查找哪一个 MasterSession 实例。
- feed：输入的 NamedTensor 列表。
- fetch：待输出张量的名称列表。
- target：执行节点列表。

应答消息 RunStepResponse 主要携带 tensor，即输出的张量列表。

RunStep 的逻辑如图 15-15 所示。

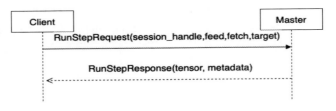

图 15-15

15.3.6 业务实现 Master 类

前面提到，GrpcServer 会创建 Master 类的实例。当收到 Client 的消息后，在具体消息响应中，GrpcMasterService 的线程会调用 master_impl 进行处理，即把业务逻辑委托给 Master 类来实现。所以我们接下来就分析 Master 类是如何进行处理的。

Master 其实不是 MasterInterface 的派生类，它们没有什么继承关系。从成员变量 sessions_ 可以看出，Master 的功能主要是管理 MasterSession。

```
class master {
  MasterEnv* env_ = nullptr; // Not owned.
  // Maps session handles to sessions.
  std::unordered_map<string, MasterSession*> sessions_ TF_GUARDED_BY(mu_);
};
```

我们再梳理一下 Master 类的相关业务逻辑。

分布式运行的核心是如何操作计算图，计算功能被拆分为 Client、Master 和 Worker 这三个角色。Client 负责构造计算图，Worker 负责执行具体计算。但是 Worker 怎么知道应该计算什么？为了解决这个问题，TensorFlow 在两者之间插入了一个 Master 角色来负责协调、调度，此 Master 角色在代码中就是 MasterInterface 接口。Client 使用 MasterInterface 接口来获取远端 MasterService 的服务。

虽然 Master 类不是 MasterInterface 的实现（MasterInterface 的两个实现是 LocalMaster 和 GrpcRemoteMaster），但是 Master 类实现了 MasterService 的具体业务，因此 Master 类就融入计算功能业务逻辑之中。这几个类之间的逻辑关系如图 15-11 所示。Master 类具体负责内容如下。

- Master 类预先知道本地有哪些设备可以作为客户使用的设备，也会发现远程设备，并跟踪这些远程设备的统计数据。
- 一个 Master 类包含多个 MasterSession。每个 MasterSession 封装了一个计算图及其相关状态。MasterSession 将做如下操作。
  - 精简优化计算图，比如剪枝/分割/插入发送和接收算子。
  - 协调/调度资源。比如哪个计算应该在哪个设备运行，按照"图→分区→设备"策略把子图划分到硬件设备之上。
  - 把分割后的各个子图发送给各个 Worker，每一个子图对应一个 MasterSession，并最终通过在 Worker 上启动 RunGraph 操作来驱动图的计算。
- Master 类维护图计算 Session 的状态。

至此，Master 静态逻辑介绍完毕。

15.4 Worker 的静态逻辑

本节分析 Worker 的静态逻辑。

15.4.1 逻辑关系

Worker 各个类之间的逻辑关系如下。

TensorFlow Worker 类是执行计算的实体，Worker 类的主要功能如下。

- 接收 Master 的请求。
- 管理 WorkerSession。
- 处理注册的子图，比如按照自己节点上的设备情况对子图进行二次切分。
- 在每个设备上运行注册的子图。
- 支持 Worker 之间（Worker-to-Worker）的张量传输等。具体如何处理会依据 Worker 和 Worker 的位置关系来决定，比如 CPU 和 GPU 之间通过 cudaMemcpyAsync，本地 GPU 之间通过 DMA，远端 Worker 之间通过 gRPC 或者 RDMA 来完成通信。

- 执行完毕之后可以从计算图的终止节点（sink）中取出结果。

与 MasterService 类似，对于 WorkerService 的访问通过 WorkerInterface 来完成。WorkerInterface 是 Worker 的接口类，是 Master 与 TensorFlow WorkerService 交互的接口，主要功能如下。

- 定义异步虚函数，比如 CreateWorkerSessionAsync()，派生类将实现它们。这些虚函数和 GrpcWorkerService 支持的 GrpcWorkerMethod 一一对应，也和 protobuf 的配置一一对应。

- 定义同步函数，比如 CreateWorkerSession()，这些同步函数会通过类似 CallAndWait(&ME::CreateWorkerSessionAsync, request, response) 的方法来调用具体异步虚函数。这样 Master 或者 Worker 就可以像调用本地函数那样调用远端 WorkerService 的方法。同步接口在异步接口之上实现，通过使用 CallAndWait 适配器来完成对异步的封装。

Worker 相关类之间的联系如图 15-16 所示，其中最上面的 Worker 或者 Master 会调用 WorkerInterface，而 WorkerInterface 有三种实现，具体如下。

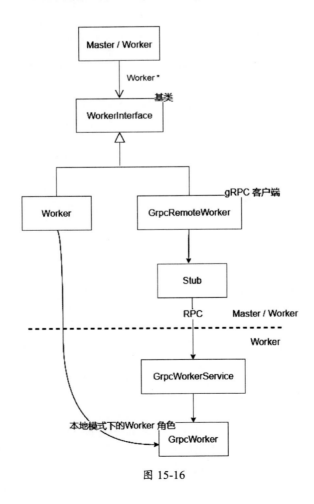

图 15-16

- Worker：提供了 WorkerEnv 和 PartialRunMgr。Worker 可以被子类化，以便为不同的传输机制提供特定方法的实现。
- GrpcWorker：从 Worker 类再次派生，是本地模式下的 Worker 角色，GrpcWorker 实现了业务逻辑。如果 Master 和 Worker 都在本地，则可以直接调用，不需要 RPC 的网络传输。
- GrpcRemoteWorker：在分布式模式下，Worker 位于远端，本地需要使用 GrpcRemoteWorker 来访问远端 Worker。GrpcRemoteWorker 的特点如下。
  - GrpcRemoteWorker 是 gRPC 客户端，通过桩来访问远端 Worker 上的 GrpcWorkerService 服务。
  - GrpcWorkerService 实现了 WorkerService 定义的所有接口，但实际业务转发给本地 GrpcWorker 完成。

15.4.2 GrpcRemoteWorker

GrpcRemoteWorker 是远端 Worker 的一个本地代理，GrpcRemoteWorker 的相关逻辑如下。

- 本地 Master 先对计算图进行分区，然后依据分区确定是在本地还是远端，分别调用本地 Worker 或 GrpcRemoteWorker 来执行分区的子计算图。
- 本地 GrpcRemoteWorker 在 GetOrCreateWorker() 函数中生成。
- GrpcRemoteWorker 会通过 IssueRequest 向远端发送 gRPC 请求。比如字符串 "createworkersession_" 对应的请求就是远端的 "/tensorflow.WorkerService/CreateWorkerSession"。
- 当远程 GrpcWorkerService 守护进程收到请求后，调用本地 Worker 处理请求，完成后返回结果。

15.4.3 GrpcWorkerService

首先分析 WorkerService，这是一个 RPC 服务接口，定义了一个 TensorFlow 服务。WorkerService 代表 MasterService 在一组本地设备上执行数据流图。一个 WorkerService 会跟踪多个"注册后的计算图"。每个注册后的计算图是客户计算图的一个子图，该图对应那些应该在此 Worker 上执行的节点，以及使用 RecvTensor 方法进行进程间通信所需的额外节点。

Master 会依据 ClusterSpec 的内容在集群中寻找其他 Server 实例，找到之后把这些 Server 实例作为 Worker 角色。Master 接着把子图分发给这些 Worker 节点，然后安排这些 Worker 完成具体子图的计算过程。Worker 之间如果存在数据依赖，则通过进程间通信进行交互。无论是 Master 调用 Worker，还是 Worker 之间互相访问，都要遵循 WorkerService 定义的接口规范。WorkerService 的所有接口定义在 worker_service.proto 文件中。

GrpcWorkerService 就是 WorkerService 的一个实现。在图 15-16 之中，GrpcWorkerService 是一个关键环节。

然后具体分析 GrpcWorkerService，包括其接口、线程、如何使用等。

(1)接口

在 WorkerService 接口中涉及众多概念,我们需要仔细梳理一下。前面提到,Client 和 Master 之间通过 session_handle / MasterSession 进行合作,Master 和 Worker 之间通过 MasterSession 和 WorkerSession 进行合作,MasterSession 会统一管理多个隶属于它的 WorkerSession。此处需要理清楚几个概念之间的关系。

- session_handle:其目的是为了让 MasterSession 统一管理多个 WorkerSession。session_handle 与 MasterSession 一一对应,在创建 MasterSession 时生成。session_handle 会通过 CreateSessionResponse 消息向后返给 Client,也可以通过 CreateWorkerSessionRequest 消息向前发送给 Worker,这样从"Client 到 Master,再到 Worker"这条链路就由 session_handle 唯一标识。
- graph_handle:当 GraphMgr::Register() 注册子图时,生成的切分子图通过 RegisterGraphRespons 消息返给 Master。返回的子图被该 graph_handle 标识。在集群内部会通过(session_handle, graph_handle) 二元组来唯一地标识某个子图。
- step_id:因为 Master 会让多个 Worker 并发执行计算,所以会广播通知大家执行 RunGraph 操作。为了区别不同的 step,Master 为每次 RunStep()生成全局唯一的标识 step_id,并且通过 RunGraphRequest 消息把 step_id 发送给 Worker。

(2)使用

当 Server 初始化时用如下代码建立 GrpcWorker 以及对应的 WorkerService。

```
// 创建 GrpcWorker 以及对应的 GrpcWorkerService
worker_impl_ = opts.worker_func ? opts.worker_func(&worker_env_, config)
                        : NewGrpcWorker(&worker_env_, config);
worker_service_ = NewGrpcWorkerService(worker_impl_.get(), &builder,
                        opts.worker_service_options)
```

因为 GrpcWorkerService 需要作为守护进程处理传入的 gRPC 请求,所以在构造函数中会建立若干线程用来响应请求。在 GrpcServer 中使用 worker_thread_ 线程来执行 GrpcWorkerService 的 HandleRPCsLoop()方法,见以下代码。

```
worker_thread_.reset(
    env_->StartThread(ThreadOptions(), "TF_worker_service",
                [this] { worker_service_->HandleRPCsLoop(); }));
```

业务循环和响应请求在线程中完成。GrpcWorkerServiceThread::HandleRPCsLoop()函数是线程主循环,和 MasterService 类似。此处先准备好一些 gRPC 调用的等待队列,这些调用请求与后面的 GrpcWorkerMethod 枚举一一对应。

GrpcWorkerMethod 枚举定义了 Worker 具体有哪些 RPC 服务,比如 kCreateWorkerSession 和 kRegisterGraph。消息名字与方法的映射关系在 GrpcWorkerMethodName()函数中。AsyncService 预先通过调用 gRPC 自带的 AddMethod 接口和 MarkMethodAsync 接口把每个 RPC 服务注册为 gRPC 异步服务。

Worker 对于请求的处理与 Master 类似。每个请求会调用到一个业务 Handler，具体 Handler 通过宏来配置，Handler 依据配置来决定是否使用线程池 compute_pool->Schedule()来进行计算，此处就用到了 WorkerEnv 里集成的模块。具体业务处理则调用 Worker 完成。

```
const char* GrpcWorkerMethodName(GrpcWorkerMethod id) {
  switch (id) {
   case GrpcWorkerMethod::kCreateWorkerSession:
    return "/tensorflow.WorkerService/CreateWorkerSession";
   case GrpcWorkerMethod::kRegisterGraph:
    return "/tensorflow.WorkerService/RegisterGraph";
   // 省略其他代码
```

从线程角度看逻辑，如图 15-17 所示，此处假定有三个线程。Server 的线程 worker_thread_ 启动了 GrpcWorkerService::HandleRPCsLoop()，HandleRPCsLoop() 会启动两个 GrpcWorkerServiceThread 线程，每个 GrpcWorkerServiceThread 在 GrpcWorkerServiceThread::HandleRPCsLoop 中响应 gRPC 请求，进行业务处理。此处需要注意，GrpcWorkerService 和 GrpcWorkerServiceThread 都有 HandleRPCsLoop()方法。

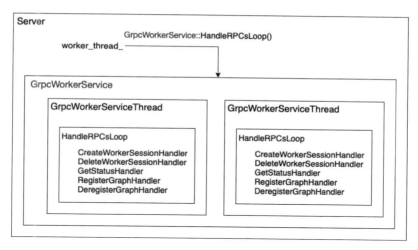

图 15-17

（3）业务逻辑

接下来分析几个业务逻辑。

① CreateWorkerSession

在 CreateWorkerSessionRequest 消息中会传递 MasterSession 对应的 session_handle，Worker 接收到消息后据此生成一个 WorkerSession。在一个集群中，MasterSession 在建立 WorkerSession 时，都会把自己对应的 session_handle 传过去，这样，WorkerSession 就可以通过 session_handle 知道自己属于哪个 MasterSession。MasterSession 实例也可以统一管理隶属于它的所有 WorkerSession。GrpcWorker 通过 SessionMgr 完成对 WorkerSession 的管理，既可以通过 Master 的 Task 名称来确定 WorkerSession，也可以通过 session_handle 来确定。

CreateWorkerSession 的逻辑如图 15-18 所示。

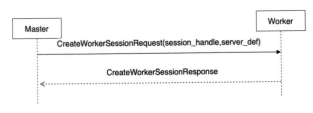

图 15-18

② RegisterGraph

RegisterGraph 会把子图注册到 Worker 上。RegisterGraphRequest 消息会携带 MasterSession 对应的 session_handle 和子图 graph_def。Worker 在接收消息、完成子图注册/初始化后会返回该子图的 graph_handle 给 Master。对于每个 Session，在 Master 将对应图的节点放在一个设备上后，会将整个图分割成许多子图。一个子图中的所有节点都在同一个 Worker 中，但可能在该 Worker 拥有的许多设备上（例如某些节点在 CPU0 上，某些节点在 GPU1 上）。在运行 step 之前，Master 需要为 Worker 注册子图。成功的注册会返回一个图的句柄，以便在以后的 RunGraph 请求中使用。

RegisterGraphRequest 的逻辑如图 15-19 所示。

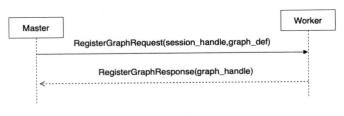

图 15-19

③ RunGraph

Master 用 RunGraphRequest 执行在 graph_handle 下注册的所有子图。Master 会生成一个全局唯一的 step_id 来区分图计算的不同 step。子图间可以使用 step_id 进行通信（例如发送/转发操作），以区分不同运行产生的张量。RunGraphRequest 消息的 send 变量指明子图输入的张量，recv_key 变量指明子图输出的张量。RunGraphResponse 会返回 recv_key 对应的张量列表。

RunGraph 的逻辑如图 15-20 所示。

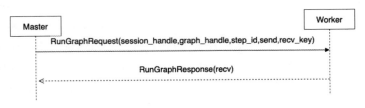

图 15-20

④ RecvTensor

在运行时，两个 Worker 之间可能会交换数据，此时生产者只是把准备好的张量放入 Rendezvous，消费者会主动发起 RecvTensorRequest 请求，RecvTensorRequest 里 step_id 标识是哪次 step，rendezvous_key 标识要接收张量的通道。一个 RecvTensor 请求可以从通道中获取一个张量，也可以通过多个 RecvTensor 请求在同一个通道中发送和接收多个张量。最终生产者的张量会通过 RecvTensorResponse 返给消费者。

RecvTensor 的逻辑具体如图 15-21 所示。

图 15-21

15.4.4 Worker

Worker 类在图 15-16 中起到承上启下的作用。Worker 类可以被子类化，以便为不同的传输机制提供特定方法的专门实现。例如，为了处理大型二进制数据，GrpcWorker 专门实现了 RecvTensorAsync() 方法以支持更高效的 gRPC 数据结构。

```cpp
class Worker : public WorkerInterface {
 protected:
  WorkerEnv* const env_;  // Not owned.
  RecentRequestIds recent_request_ids_;
 private:
  PartialRunMgr partial_run_mgr_;
  CancellationManager cancellation_manager_;
  TF_DISALLOW_COPY_AND_ASSIGN(Worker);
};
```

我们举出一个方法来看看，代码如下。

```cpp
void Worker::CleanupAllAsync(const CleanupAllRequest* request,
                    CleanupAllResponse* response,
                    StatusCallback done) {
  std::vector<string> containers;
  for (const auto& c : request->container()) containers.push_back(c);
  env_->device_mgr->ClearContainers(containers);
  done(Status::OK());
}
```

15.4.5 GrpcWorker

GrpcWorker 是 GrpcRemoteWorker 对应的远端 Worker，也是 GrpcWorkerService 调用的对象，GrpcWorker 实现了业务逻辑，比如 RecvBufAsync。这里摘录部分代码，具体如下。

```
class GrpcWorker : public Worker {
  std::unique_ptr<GrpcResponseCache> response_cache_;
  const int32 recv_buf_max_chunk_;
  virtual void GrpcRecvTensorAsync(CallOptions* opts,
                      const RecvTensorRequest* request,
                      ::grpc::ByteBuffer* response,
                      StatusCallback done);
  void RecvBufAsync(CallOptions* opts, const RecvBufRequest* request,
             RecvBufResponse* response, StatusCallback done) override;
  void CleanupGraphAsync(const CleanupGraphRequest* request,
             CleanupGraphResponse* response,
             StatusCallback done) override;
}
```

至此，Worker 的静态逻辑介绍完毕。

第 16 章　分布式运行环境之动态逻辑

本章从动态运行的角度来分析分布式运行环境。

16.1　Session 机制

Session 机制是 TensorFlow 分布式 Runtime 的核心，我们接下来按照从 Client 到 Worker 的流程，从前往后梳理 Session 机制。

16.1.1　概述

1. Session 分类

分布式模式包括如下 Session，分别负责控制不同角色的生命周期：

- GrpcSession 位于 Client 之上，控制 Client 的 Session 生命周期。
- MasterSession 位于 Master 之上，可能存在多个 Client 同时接入到同一个 Master 的情况，Master 会为每个 Client 构建一个 MasterSession。MasterSession 控制 Master 的 Session 生命周期。
- WorkerSession 位于 Worker 之上，可能存在多个 Master 同时接入到同一个 Worker 的情况，Worker 会为每个 Master 创建一个 WorkerSession。WorkerSession 控制 Worker 的 Session 生命周期。

如图 16-1 所示，此处 Master 和 Worker 都是 Server 的实例，在每个 Server 之上运行一个 MasterService 和一个 WorkerService。每个 Server 可能会扮演不同角色，具体取决于用户如何配置计算图和集群。因为存在两层一对多的关系，所以为了区别这种不同的数据流和控制关系，有逻辑关系的三种 Session 被绑定在同一个 session_handle 之上，每个 session_handle 标识一条完整的数据流。

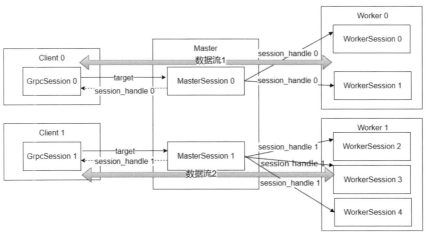

图 16-1

2. Session 流程

我们从 GrpcSession 入手，其基本功能如下。

- 创建 Session。包括：1）获取远端设备集；2）在 Master 之上创建 MasterSession；3）在各个 Worker 之上创建 WorkerSession。
- 迭代执行。包括：1）启动执行；2）图切分；3）注册子图；4）运行子图。
- 关闭 Session。包括：1）关闭 MasterSession；2）关闭 WorkerSession。

在分布式模式下，Master 运行时被 MasterSession 控制，生命周期如图 16-2 所示。

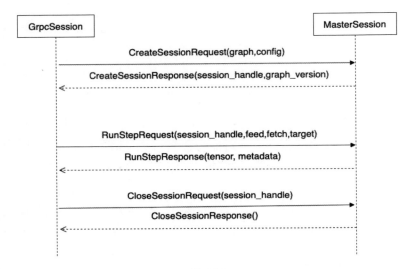

图 16-2

在分布式模式下，Worker 运行时由 WorkerSession 控制，生命周期如图 16-3 所示。

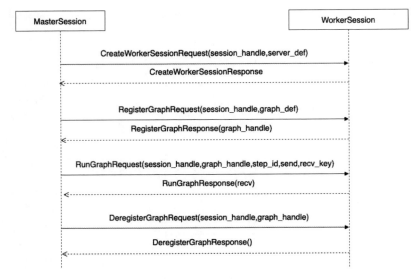

图 16-3

16.1.2 GrpcSession

GrpcSession 是 tensorflow::grpc::MasterService 的简单封装。GrpcSession 使用远程设备集作为计算资源，使用 gRPC 作为远端调用机制，让调用者在远端设备上对 TensorFlow 图进行计算。GrpcSession 的主要功能都转接给成员变量 master_，master_ 将会对 tensorflow::grpc::MasterService 进行调用。

GrpcSession 的定义如下。

```
class GrpcSession : public Session {
  mutex mu_;
  const SessionOptions options_;
  std::unique_ptr<MasterInterface> master_;
  // Master 返回的 handle，用来标识本 Session.
  string handle_ TF_GUARDED_BY(mu_);
  // 图的当前版本号
  int64_t current_graph_version_ TF_GUARDED_BY(mu_);
  bool is_local_ = false;
};
```

GrpcSession 由 GrpcSessionFactory 多态创建，如果 protocal 使用了 "grpc://" 就会产生 GrpcSession。而 GrpcSessionFactory 会预先注册到系统之上。

Client 通过 GrpcSession 调用 MasterService，通过 MasterInterface 与 MasterService 进行交互。所以说，此处最重要的就是构建 MasterInterface 实例。我们在上一章中提到过，MasterInterface 有两种实现，这两种实现都用来和 MasterService 进行通信，分别对应了不同的应用场景：

- LocalMaster 用于进程间的直接通信，此时 Client 和 Master 在同一个进程。
- GrpcRemoteMaster 则使用 gRPC 和 MasterService 进行通信，此时 Client 和 Master 分别部署在两个不同进程。GrpcRemoteMaster 实现了 gRPC 客户端，它通过桩访问远端 Master 上的 MasterService 服务。

GrpcSession 会依据 options.target 来决定如何创建 Master，options.target 一般就是 "grpc://"，如果通过 LocalMaster::Lookup() 方法找到 LocalMaster 类，就直接使用，如果没有找到，就使用 NewGrpcMaster() 函数生成一个 GrpcRemoteMaster。

在创建 GrpcSession 之后，系统会接着创建 MasterSession，这通过 GrpcSession::Create(graph_def) 完成。GrpcSession::Create(graph_def) 会先构建 CreateSessionRequst 消息，然后通过 GrpcRemoteMaster 把初始计算图发给 Master。Master 收到 CreateSessionRequst 消息之后就构建相应的 MasterSession，返回 CreateSessionResponse 再发给 GrpcSession。

16.1.3 MasterSession

MasterSession 位于 Master 之上，Master 会为每个接入的 Client 构建一个 MasterSession。MasterSession 控制 Master 的 Session 生命周期。

MasterSession 的定义（只摘录部分成员变量）如下。

```cpp
// 用来封装图计算（资源分配、布局策略、执行等）的 Session
class MasterSession : public core::RefCounted {
  SessionOptions session_opts_;
  const MasterEnv* env_;
  const string handle_;
  std::unique_ptr<std::vector<std::unique_ptr<Device>>> remote_devs_;
  const std::unique_ptr<WorkerCacheInterface> worker_cache_;
  WorkerCacheInterface* get_worker_cache() const;
  // 本 Session 使用的设备
  std::unique_ptr<DeviceSet> devices_;
  uint64 NewStepId(int64_t graph_key);
  std::unique_ptr<GraphExecutionState> execution_state_ TF_GUARDED_BY(mu_);
  int64_t graph_version_;
};
```

MasterSession::Create(graph_def)完成了创建工作，具体如下。

- 调用 MakeForBaseGraph()函数初始化计算图，并生成 SimpleGraphExecutionState 实例。
- 调用 CreateWorkerSessions()函数。如果是动态配置集群，则广播通知给所有 Worker，让 Worker 创建对应的 WorkerSession。

MakeForBaseGraph()函数会构建 GraphExecutionState，依据 GraphDef 构建对应的 FullGraph（完整计算图），调用 ConvertGraphDefToGraph()函数完成从 GraphDef 到 Graph 的格式转换。GraphDef 是原始图结构，也是 TensorFlow 把 Client 创建的计算图使用 Protocol Buffer 序列化之后的结果。GraphDef 包含了图的元数据。Graph 不仅包含图的元数据，也包含图结构的其他信息，被 Runtime 系统所使用。

InitBaseGraph()函数会调用 Placer.run()函数完成算子编排，即把计算图中的算子放到最适合的设备上计算，这样可以最大化效率。Placer 类会对 Graph 做分析，并且结合用户的要求对每个节点如何布局进行微调，比如让生产者和消费者尽量在同一个设备上，优先选择性能高的设备。

当 MasterSession 创建成功后，如果有动态配置集群，则会广播让所有 Worker 动态创建 WorkerSession。函数 MasterSession::CreateWorkerSessions()完成了创建 WorkerSession 的工作，具体逻辑为：

- 调用 ReleaseWorker()函数来释放已有的 Worker。
- 调用 GetOrCreateWorker()函数在缓存中获取 Worker，如果没有，则会构建 Worker。

- 遍历 Worker，调用 CreateWorkerSessionAsync()函数让每个 Worker 各自创建一个 WorkerSession，每个请求都会用 set_session_handle(handle_)把 MasterSession 的 session_handle 设置进来，这样每个 WorkerSession 都和 MasterSession 共享同样的 session_handle，它们都隶属于同一个 MasterSession。

远端 Worker 在 GrpcWorkerService 中接收到消息，收到的 CreateWorkerSessionRequest 消息将由 CreateWorkerSessionHandler 回调处理。CreateWorkerSessionHandler 是一个宏，作用是在线程池中启动一个可运行的线程，触发 Worker（就是 GrpcWorker）的 CreateWorkerSession() 函数来动态创建 WorkerSession 实例。

目前创建 Session 的总体逻辑如图 16-4 所示，图中的数字代表执行顺序。

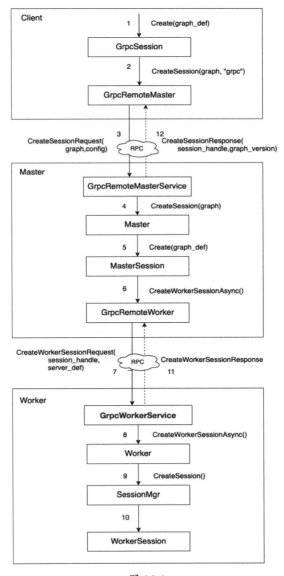

图 16-4

16.1.4 WorkerSession

对于 CreateWorkerSessionRequest，GrpcWorker 最终调用的是 WorkerInterface 的 CreateWorkerSession()函数。CreateWorkerSessionRequest 消息中携带了 MasterSession 分配的 session_handle，GrpcWorker 将据此创建一个 WorkerSession，session_handle 在此 Worker 之内唯一标识此 WorkerSession。

在 GrpcWorker 的 WorkerEnv 上下文中有一个 SessionMgr 类实例，SessionMgr 负责统一管理和维护所有 WorkerSession 的生命周期。SessionMgr 也维护了 session_handle 和 WorkerSession 之间的对应关系，SessionMgr 与 WorkerSession 是一对多的关系，每个 WorkerSession 实例使用 session_handle 标识，SessionMgr 主要成员变量如下。

- std::map<string, std::shared_ptr> sessions_：维护了 session_handle 和 WorkerSession 的对应关系。
- std::shared_ptr legacy_session_：全局唯一的 WorkerSession 实例，在没有调用 CreateWorkerSession 的情况下，也可以通过 legacy_session_ 执行一些相关操作。

具体逻辑关系如图 16-5 所示。

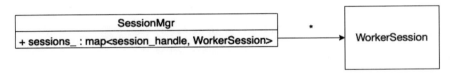

图 16-5

WorkerSession 中的具体成员变量举例如下。

- string session_name_：Session 名称。
- string worker_name_：Worker 名称，比如 "/job:mnist/replica:0/task:1"。
- std::shared_ptr <WorkerCacheInterface> worker_cache_：Worker 缓存。
- std::unique_ptr <GraphMgr> graph_mgr_：本 Session 注册的计算图，每个 Worker 可以注册和运行多个计算图，每个计算图使用 graph_handle 标识。
- std::unique_ptr <DeviceMgr> device_mgr_：本地计算设备集合信息。

WorkerSession 具体逻辑如图 16-6 所示。

至此，我们梳理完 Session 基本流程，下面对业务进行详细分析。

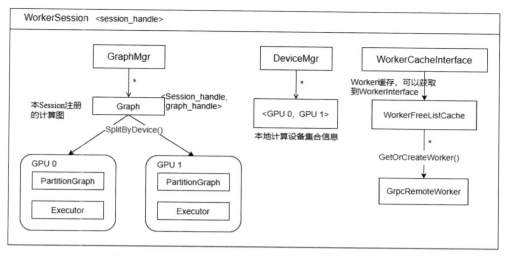

图 16-6

16.2 Master 动态逻辑

本节从 Client 开始,分析 Master 如何对计算图进行处理。

16.2.1 Client 如何调用

首先,Client 调用 GrpcSession::Run() 函数开始运行,Run() 函数会调用 RunHelper() 函数。RunHelper() 函数添加 feed 和 fetch,然后,调用 RunProto() 函数运行 Session。最后,RunProto() 函数调用 master_->RunStep() 函数完成业务功能。master_ 就是 GrpcRemoteMaster。

GrpcRemoteMaster 是位于 Client 的 gRPC 客户端实现,它的 RunStep() 函数通过 gRPC 桩来调用远端服务 MasterService 的 RunStep 接口,即发送一个 RunStepRequest 请求。远端 Master 会处理此请求。

于是我们得到 Client 逻辑如图 16-7 所示。

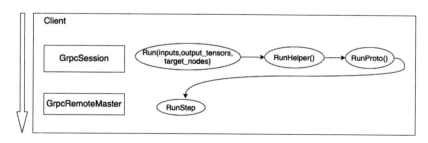

图 16-7

16.2.2 Master 业务逻辑

从现在开始,我们进入 Master 角色对应的服务器。GrpcMasterService 运行的是 gRPC 服务,当收到 RunStepRequest 消息时,系统会调用 RunStepHandler() 函数,此函数使用

GrpcMasterService 的成员变量 master_impl_->RunStep()函数继续操作。master_impl_ 是 Master 实例，RunStep()函数会调用 MasterSession 进行计算，于是正式进入到 Master 的业务逻辑，接下来就分析如何进一步处理。

1. 总体概述

我们先来做一下总体概述。Master 的主要业务逻辑如下。

- 剪枝：完成对 FullGraph 的剪枝，生成 ClientGraph，即可以执行的最小依赖子图。
- 切分注册：按照 Worker 维度将 ClientGraph 切分为多个 PartitionGraph。
- 运行：将 PartitionGraph 列表注册给各个 Worker（此处有一个 RPC 操作），并启动各个 Worker 对 PartitionGraph 列表进行并发执行（此处也有一个 RPC 操作）。

Master 的具体逻辑如下。

首先，Master 会调用 FindMasterSession()函数找到 session_handle 对应的 MasterSession，这之后，逻辑就由 MasterSession 来接管，比如调用 MasterSession::Run()函数。

其次，MasterSession::Run()函数有两种调用路径，此处选择 DoRunWithLocalExecution()函数这个调用路径来分析。DoRunWithLocalExecution()函数会做如下三个主要操作。

- StartStep()函数将调用 BuildGraph()函数来生成 ClientGraph，BuildGraph()函数中会调用 PruneGraph()函数进行剪枝。
- BuildAndRegisterPartitions()函数将计算图按位置（location）不同切分为多个子图，并且注册。该函数会调用到 RegisterPartitions()函数，RegisterPartitions()函数进而调用到 DoBuildPartitions()函数。
- RunPartitions()函数执行子图。此处的一个子图就对应一个 Worker，即对应一个 WorkerService。

我们接下来对 DoRunWithLocalExecution()函数中后面两个主要操作（切分注册和执行）进行分析。

2. 切分注册

因为单个设备的计算能力和存储都不足，所以需要对大型模型进行模型分片，本质就是把模型和相关计算进行切分之后分配到不同的设备之上。TensorFlow 的布局（Placement）机制就是解决模型分片问题，即标明哪个操作放置在哪个设备之上。Placement 机制最早是由 Google Spanner 提出来的，其提供跨区数据迁移时的管理功能，也有一定的负载均衡意义。TensorFlow 的 Placement 借鉴了 Spanner 的思想，其原则是：尽量满足用户需求；尽量使用计算更快的设备；优先考虑近邻性，避免复制；确保分配之后的程序可以运行。在布局机制完成之后，每个节点就拥有了布局信息，而 Partition()函数就可以根据这些节点的信息对计算图进行切分。

DoBuildPartitions()函数会调用 Partition()函数正式进入切分。Partition()函数的主要逻辑如下。

- 切分原计算图，产生多个子图。
- 如果跨设备的节点互相有依赖，则插入发送和接收节点对。
- 如果需要插入控制流（Control Flow）边则插入。

具体操作如下。

- 分析原计算图，补齐控制流边。
  - 为控制流的分布式执行添加代码。新图是原图的等价变换，并且可以被任意分割以便分布式执行。
- 为每个算子的节点/边构建内存/设备信息，为切分做准备。
  - TensorFlow 希望参与计算的张量被分配到设备上，参与控制的张量被分配到主机之上，所以既需要对每个算子进行分析，确定算子在 CPU 或者 GPU 上的版本，也需要确定算子输入和输出张量的内存信息，比如某些算子虽然位于 GPU 之上，但是依然需要从 CPU 读取数据，又比如有些数据需要强制放到 CPU 之上，因为该数据对 GPU 不友好。
- 对遍历图的节点进行分析和切分，插入发送/接收节点和控制流边，最终得到多个子图。
  - 从原图取出一个节点 dst，拿到 dst 的位置信息，依据位置信息拿到该节点在分区之中的 GraphDef，添加节点，设置设备。
  - 将 dst 在原来图中的输入边分析出来，连同控制流边一起插入输入数组之中。
  - 取出 dst 的一个输入边，得到边的源节点 src，从而得到 src 节点的图。在图上添加发送节点、接收节点或者控制节点。如果 src 和 dst 分别属于两个分区，则需要把原来两者之间的普通边切分开，在它们中间增加发送（SEND）节点与接收（RECV）节点，这样就可以将发送节点与接收节点划归在两个不同分区之内。
- 收尾工作，比如完善子图的版本信息、函数库等。

切分之后如图 16-8 所示。

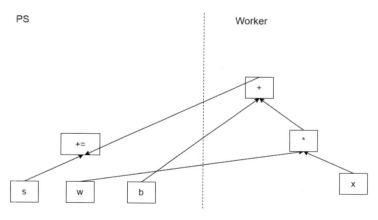

图 16-8

插入发送节点/接收节点之后如图 16-9 所示。

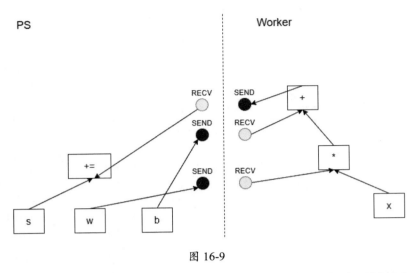

图 16-9

现在分区完毕，我们来到了注册阶段。DoRegisterPartitions()函数会设置哪个 Worker 负责哪个分区的关键代码是：

- 调用 part->worker = worker_cache_->GetOrCreateWorker(part->name) 来设置每个 part 的 Worker。

- 调用 part.worker->RegisterGraphAsync(&c->req, &c->resp, cb)来注册图。RegisterGraphAsync() 会调用 GrpcRemoteWorker，最终发送 RegisterGraphRequest 消息给下游 Worker。

注意，除非计算图被重新编排，或者重启 Master 进程，否则 Master 只会执行一次 RegisterGraph()函数。概念图如图 16-10 所示。

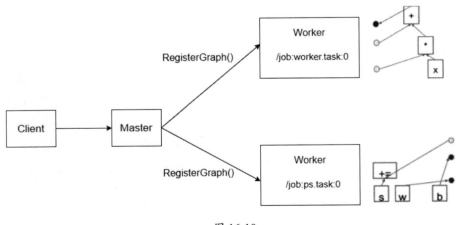

图 16-10

3. 执行计算图

既然已经成功分区，也把子图注册到了远端 Worker 之上，每个 Worker 都拥有自己的子图，那么接下来就是运行子图。Master 通过调用 RunGraph() 函数在 Worker 上触发子图运算，Worker 会使用 GPU/CPU 运算设备执行 TensorFlow 核运算。在 Worker 之间、设备之间会依据情况不同而采用不同的传输方式，具体逻辑如图 16-11 所示。

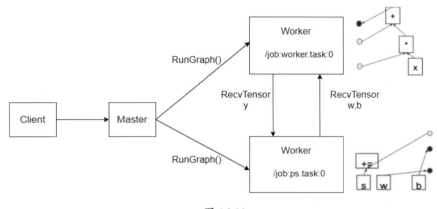

图 16-11

在深入 Worker 之前，我们梳理一下 Master 内部执行计算图的逻辑，具体如下。

DoRunWithLocalExecution() 函数会调用 RunPartitions() 函数来执行子图。此处的一个子图就对应一个 Worker，即对应一个 WorkerService。RunPartitions() 函数则会调用到 RunPartitionsHelper() 函数执行子图。RunPartitionsHelper() 函数执行子图的具体逻辑如下。

- 为每一个分区配置一个 RunManyGraphs::Call，给此 Call 配置 request、response、session handle、graph handle、request id 等成员变量。
- 给每个 Worker 发送 RunGraphAsync 消息来通知远端 Worker 运行子图。
- 注册各种回调函数，等待 RunGraphAsync 的运行结果。
- 处理运行结果。

RunGraphAsync 具体定义在 GrpcRemoteWorker 中。GrpcRemoteWorker 的每个函数调用 IssueRequest() 函数发起一个异步 gRPC 调用。远端运行的 GrpcWorkerService 作为守护进程将会处理传入的 gRPC 请求。

DoRunWithLocalExecution() 函数的总体逻辑如图 16-12 所示。

4. 小结

目前 Session 的运行逻辑如图 16-13 所示，注意此处有两个 gRPC 调用，一个是 RegisterGraph，另一个是 RunGraph。

我们马上对 Worker 一探究竟。

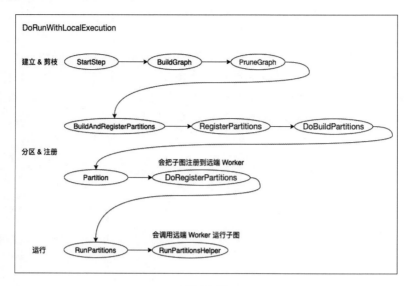

图 16-12

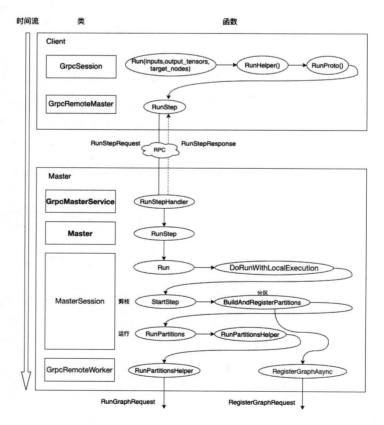

图 16-13

16.3 Worker 动态逻辑

16.3.1 概述

我们首先回顾一下到目前为止各种概念之间的关系。

- Client 会构建 FullGraph，但是因为此 FullGraph 无法并行执行，所以需要切分优化。
- Master 会对 FullGraph 进行处理，比如进行剪枝等操作，生成 ClientGraph，即可以执行的最小依赖子图。然后根据集群内 Worker 信息把 ClientGraph 继续切分成多个 PartitionGraph。接下来把这些 PartitionGraph 注册给每个 Worker。

接下来分析 Worker 的流程概要。此时流程来到某个特定 Worker 节点，在 Worker 节点之中的流程如下。

如果 Worker 节点收到了注册请求 RegisterGraphRequest，则此消息会携带 MasterSession 分配的 session_handle 和子图 graph_def（GraphDef 形式）。Worker 把计算图按照本地设备集继续切分成多个 PartitionGraph，把 PartitionGraph 分配给每个设备，每个计算设备对应一个新的 PartitionGraph，然后在每个计算设备上启动一个 Executor 类，等待后续执行命令。Executor 类是 TensorFlow 中 Session 执行器的抽象，提供异步执行局部图的 RunAsync 虚方法及同步封装版本 Run 方法。

如果 Worker 节点收到 RunGraphAsync，则各个设备开始执行。WorkerSession 会调用 session->graph_mgr()->ExecuteAsync() 函数执行，同时调用 StartParallelExecutors。此处会启动一个 ExecutorBarrier。当某一个计算设备执行完所分配的 PartitionGraph 后，ExecutorBarrier 计数器将会增加 1，如果所有设备都完成 PartitionGraph 列表的执行，则 barrier.wait() 阻塞操作将退出。

我们接下来逐步分析上述流程。

16.3.2 注册子图

当 Worker 节点收到 RegisterGraphRequest 之后，首先来到 GrpcWorkerService，实际调用的是 "/tensorflow.WorkerService/RegisterGraph" 对应的宏，展开就是 RegisterGraphHandler，RegisterGraphHandler 进而调用 RegisterGraph() 函数。

RegisterGraph() 函数实际调用的是 WorkerInterface::RegisterGraph() 函数，该函数内部会转到 RegisterGraphAsync() 函数。RegisterGraphAsync() 函数最后来到 Worker 的实现：首先依据 session_handle 查找到 WokerSession，然后调用 GraphMgr 类。

GraphMgr 负责跟踪一组在 Worker 注册的计算图。每个注册的图都由 GraphMgr 生成的句柄 graph_handle 来识别，并返回给调用者。在成功注册后，调用者使用图句柄执行一个图。每个执行都通过调用者生成的全局唯一 step_id 与其他执行区分开来。只要使用的 step_id 不同，多个执行就可以同时独立地使用同一个图，多个线程就可以并发地调用 GraphMgr 的方法。

具体各个类之间的关系和功能如图 16-14 所示，注册图就是往 GraphMgr 的 table_ 变量中注册新项，而执行图就是执行 table_ 变量中的具体项。

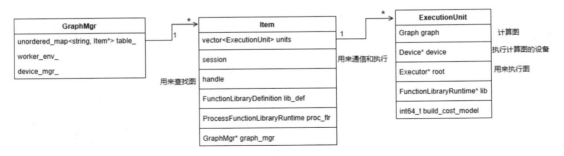

图 16-14

GraphMgr::Register()完成了注册图功能，但实际代码在 InitItem()函数之中。InitItem()函数的主要功能是对图进行处理：

- 在得到 Session 的一个 gdef（类型为 GraphDef）之后，创建执行器（Executor 类），Executor 在此函数之中对应 GraphMgr::ExecutionUnit 数据结构。
- 如果 gdef 中的一个节点被 Session 中的其他图共享，例如，一个参数（params）节点被一个 Session 中的多个图共享，则其他图将复用该 gdef 的算子核。
- 如果 gdef 被分配给多个设备，则可能会向 gdef 添加额外的节点（例如发送/接收节点）。额外节点的名字通过调用 new_name(old_name)生成。
- 给分配了 gdef 的每个设备填入一个 Executor。

需要注意，InitItem()函数使用 SplitByDevice()函数按照设备进行图的二次切分。注册图的逻辑大致如图 16-15 所示，即使用 Master 传来的各种信息来生成一个 Item，注册在 GraphMgr 之中，同时也为该 Item 生成 ExecutionUnit，其中 graph_handle 根据 handle 生成。

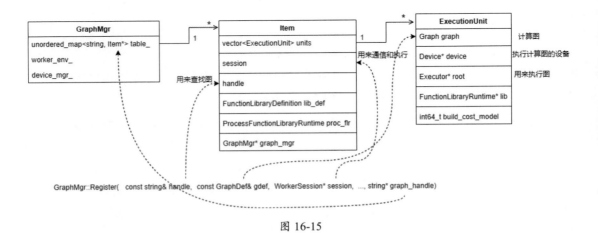

图 16-15

16.3.3 运行子图

Master 用 RunGraphRequest 来执行在 graph_handle 下注册的所有子图，RunGraphRequest

请求中有一个全局唯一的 step_id 来区分图计算的不同 step。子图之间可以使用 step_id 进行彼此通信（例如发送/转发操作），以区分不同运行产生的张量。

RunGraphRequest 消息的 send 参数表示子图输入的张量，recv_key 指明子图输出的张量。RunGraphResponse 会返回 recv_key 对应的张量列表。

执行逻辑首先来到 GrpcWorkerService，调用的是 /tensorflow.WorkerService/RunGraph。此处把计算任务放进线程池队列，具体业务逻辑在 Worker::RunGraphAsync() 函数中。在 RunGraphAsync() 函数中有两条执行路径，我们选择 DoRunGraph() 函数这条执行路径进行分析。DoRunGraph() 函数主要调用了 session->graph_mgr()->ExecuteAsync() 函数来执行计算图。ExecuteAsync() 函数的具体逻辑大致如下。

- 找到一个子图。
- 计算子图成本（cost）。
- 生成一个 Rendezvous，使用参数 session 初始化 Rendezvous，后续 Rendezvous 利用此 session 进行通信。
- 发送张量到 Rendezvous。
- 调用 StartParallelExecutors() 函数执行子计算图。

运行图逻辑如图 16-16 所示，ExecuteAsync 使用 handle 来查找 Item，进而找到计算图。ExecuteAsync() 参数中的 session 用来进行通信和执行，step_id 与通信相关。

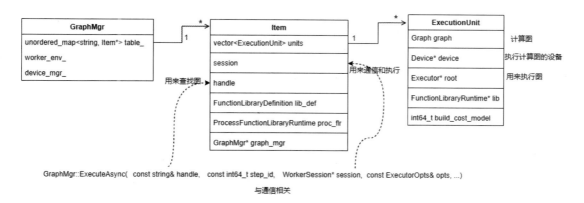

图 16-16

ExecuteAsync() 函数调用了 StartParallelExecutors() 函数来完成并行计算，StartParallelExecutors() 函数会启动一个 ExecutorBarrier，用来同步各个并行计算。先完成计算的设备会阻塞在 barrier.wait()，当某一个计算设备执行完所分配的 PartitionGraph 后，ExecutorBarrier 计数器将会增加 1，如果 PartitionGraph 列表内容全部被执行完毕，barrier.wait() 阻塞操作将退出。

我们用图 16-17 来小结一下注册/运行子图。

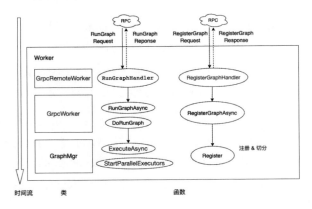

图 16-17

16.3.4 分布式计算流程总结

最后,我们总结整个分布式计算流程,如图 16-18 所示。

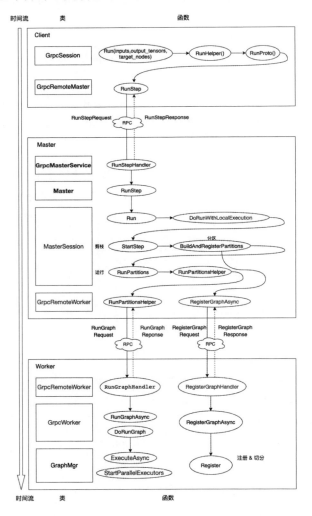

图 16-18

16.4 通信机制

当计算图在设备之间划分之后，由于跨设备的 PartitionGraph 之间可能存在着数据依赖关系，因此 TensorFlow 在它们之间插入发送/接收节点，借此完成数据交互，也使得算子和通信互相解耦。在分布式模式之中，发送/接收节点通过 RpcRemoteRendezvous 完成数据交换，所以我们需要先分析 TensorFlow 中的数据交换机制或者说消息传输的通信组件 Rendezvous。

迄今为止，在分布式机器学习中我们看到大多 Rendezvous 出现在弹性计算和通信相关部分，虽然具体意义各有细微不同，但是基本意义都类似，即会合、聚会、集会、约会等。

16.4.1 协调机制

在分布式模式中会对跨设备的边进行切分，在边的发送端和接收端会分别插入发送节点和接收节点。由于发送节点和接收节点的处理速度可能彼此不匹配，因此 TensorFlow 使用 Rendezvous 来做协调。

- 进程内的发送/接收节点通过 IntraProcessRendezvous 实现数据交换。
- 进程间的发送/接收节点通过 GrpcRemoteRendezvous 实现数据交换。

当执行某次 step 时，如果两个 Worker 需要交互数据，则相应操作可以简化为如下步骤：

- 生产者生成张量，放入本地表。如果此时已经接到消费者需要数据的请求，则直接发送给消费者。
- 消费者向生产者发送 RecvTensorRequest 消息，消息中携带二元组 (step_id, rendezvous_key)。
- 如果生产者已经准备好数据，则会从本地表获取相应的张量数据，并通过 RecvTensorResponse 返回。否则设定回调函数，当数据准备好之后发送给消费者。

WorkerInterface 的派生类为发送/接收提供数据传输的通道，比如可以基于底层的 gRPC 通信库完成通信。

1. 消息标识符

我们在学习 PyTorch 分布式时就知道，每次分布式通信都需要有一个全局唯一的标识符。与 PyTorch 类似，TensorFlow 也需要为每一个"发送/接收对"确定一个唯一的标识符，这样在多组消息并行发送时才不会发生消息错位。此标识符就是 ParsedKey，对应 RecvTensorRequest 消息之中的 rendezvous_key 参数。ParsedKey 的主要成员变量如下。

- src_device：发送设备。
- src：和 src_device 信息相同，只不过表示为结构体。
- src_incarnation：用于调试，当某个 Worker 重启后，该值会发生变化，这样就可以区分之前出错的 Worker。

- dst_device：接收方设备。
- dst：和 dst_device 信息相同，只不过表示为结构体。
- edge_name：边名字，可以是张量名，也可以是某种特殊意义的字符串。

生成字符串 key 的结果示例如下：

```
src_device ; HexString(src_incarnation) ; dst_device ; name ;
frame_iter.frame_id : frame_iter.iter_id
```

系统会使用 ParseKey() 函数来解析 key，生成 ParsedKey。ParseKey() 函数对输入参数 key 的前四个域做了映射，抛弃第五个域 frame_iter.frame_id。其他域都直接对应字面意思，只是 edge_name 对应了 name 域。

2. Rendezvous

Rendezvous 是一个用于从生产者向消费者传递张量的功能抽象。一个 Rendezvous 是一个通道的表。每个通道都由一个 Rendezvous 键来标记。该键编码为<生产者，消费者>对，其中生产者和消费者是 TensorFlow 设备。

生产者调用 Send() 函数在一个命名的通道上发送一个张量。消费者调用 Recv() 函数从一个指定的通道接收一个张量。生产者可以传递多个张量给消费者，消费者按照生产者发送的顺序接收它们。

消费者可以在张量产生之前或之后安全地请求张量，也可以选择进行阻塞式调用或提供回调，无论哪种情况，消费者都会在张量可用时收到它。

Rendezvous 的相关类体系如图 16-19 所示。

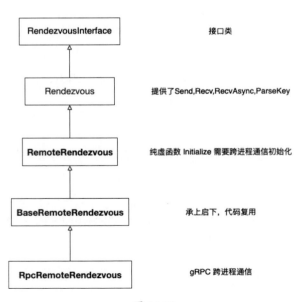

图 16-19

RendezvousInterface 是接口类，定义了虚函数。

基础实现类 Rendezvous 提供了最基本的 Send()函数、Recv()函数和 RecvAsync()函数的实现，也提供了 ParseKey()函数功能。

跨进程实现类 RemoteRendezvous 继承了 Rendezvous，RemoteRendezvous 只增加了一个纯虚函数 Initialize()。因为需要借助 Session 完成初始化工作，所以所有跨进程通信的派生类都需要重写 Initialize()函数。RemoteRendezvous 可以处理两个远端进程中生产者或消费者的通信，也增加了与远端 Worker 协调的功能。RemoteRendezvous 初始化分为两步：①构建对象。②初始化对象。RendezvousMgrInterface 的客户端必须保证最终返回的 RemoteRendezvous 调用了 Initialize()函数。

BaseRemoteRendezvous 是中间层类。因为跨进程通信存在不同协议，所以跨进程通信的各种 Rendezvous 类都需要依据自己不同的协议来实现。TensorFlow 在 RemoteRendezvous 和其派生的跨进程通信 Rendezvous 类之间加入了一个中间层 BaseRemoteRendezvous，此类起到了承上启下的作用，提供了公共的 Send()函数和 Recv()函数，尽可能做到代码复用。BaseRemoteRendezvous 主要成员变量是 Rendezvous* local_。BaseRemoteRendezvous 在创建时构建了一个本地 Rendezvous，赋值给 local_，本地 Rendezvous 会完成基本业务。另外，BaseRemoteRendezvous 代码中使用了大量 BaseRecvTensorCall 作为参数，BaseRecvTensorCall 是通信的实体抽象。

RpcRemoteRendezvous 是 RemoteRendezvous 的 gRPC 协议实现。BaseRecvTensorCall 对应的派生类是 RpcRecvTensorCall。RpcRecvTensorCall 的部分代码摘录如下，可以看到其中设置了 step_id、rendezvous_key，并且调用了 WorkerInterface 的 RecvTensorAsync()函数。

```
class RpcRecvTensorCall : public BaseRecvTensorCall {

 void Init(WorkerInterface* wi, int64_t step_id, StringPiece key,
           AllocatorAttributes alloc_attrs, Device* dst_device,
           const Rendezvous::Args& recv_args, Rendezvous::DoneCallback done) {
    wi_ = wi;
    alloc_attrs_ = alloc_attrs;
    dst_device_ = dst_device;
    recv_args_ = recv_args;
    done_ = std::move(done);
    req_.set_step_id(step_id);
    req_.set_rendezvous_key(key.data(), key.size());
    req_.set_request_id(GetUniqueRequestId());
 }

 void StartRTCall(std::function<void()> recv_done) {
    auto cb = [this, abort_checked,
               recv_done = std::move(recv_done)](const Status& s) {
```

```
        abort_checked->WaitForNotification();
        recv_done();
    };
    wi_->RecvTensorAsync(&opts_, &req_, &resp_, std::move(cb));
  }
}
```

3. 管理类

一个 Server 上可能有多个 Rendezvous，且多个 Rendezvous 需要被统一管理起来，比如创建和销毁 RemoteRendezvous，这就对应了 RendezvousMgr 概念。RendezvousMgr 会跟踪一组本地的 Rendezvous 实例。本 Worker 发送的所有张量都在 RendezvousMgr 中缓冲，直到张量被接收。每个全局唯一的 step_id 都对应一个由 RendezvousMgr 管理的本地 Rendezvous 实例。

从类体系来说，RendezvousMgrInterface 是接口类。BaseRendezvousMgr 实现了管理类的基本功能，比如依据 step_id 查找 Rendezvous。

我们接下来分析如何进行接收和发送。

16.4.2 发送流程

因为分布式场景下的发送流程并不涉及跨进程传输，所以和本地场景下的发送传输过程相同，只是把张量放到 Worker 的本地表之中，完全不涉及跨网络传输。这是非阻塞操作。发送流程的简化逻辑如下。

- BaseRemoteRendezvous 的 Send() 函数调用了 local_->Send() 完成功能。local_ 指向了一个 LocalRendezvous 实例。
- LocalRendezvous::Send() 会把张量插入本地表。

16.4.3 接收流程

发送端已经把准备好的张量放入本地表，接收端需要从发送端的表中取出张量，此处就涉及跨进程传输。接收的简化处理过程如下。

- 接收方是 Client，它首先将所需要的张量对应的 ParsedKey 拼接出来，然反向发送方发出请求，ParsedKey 被携带于请求之中。
- 发送方是 Server，在接收到请求后，它立即在本地表中查找 Client 所需要的张量，找到后将张量封装成 Response 发送回接收方。

此处重点是：数据传输由接收方发起，向发送方主动发出请求来触发通信过程，这与我们常见的模式不同。

Worker 中既有同步调用，又有异步调用，我们选择对异步调用进行分析。

Client 的调用序列如下：

- 全局函数 RecvOutputsFromRendezvousAsync() 函数调用到 BaseRemoteRendezvous::RecvAsync() 函数。

- RecvAsync() 函数调用到 RecvFromRemoteAsync() 函数。

- RpcRemoteRendezvous() 函数检查各项参数，准备 RpcRecvTensorCall，随后启动 call->Start() 函数，Start() 函数调用到 StartRTCall() 函数。RpcRecvTensorCall 继承了 BaseRecvTensorCall 这个抽象基类，RpcRecvTensorCall 是 gRPC 调用的抽象，封装了复杂的后续调用链。

- RpcRecvTensorCall::StartRTCall() 函数会调用 Worker 的 RecvTensorAsync() 函数来完成传输，其实就是调用 GrpcRemoteWorker 的 RecvTensorAsync() 函数。于是我们回到了熟悉的 Worker 流程。

Server 其实就是张量发送方，其接收到 RecvTensorRequest 之后的逻辑如下。

- GrpcWorkerServiceThread::HandleRPCsLoop 的 for 循环插入了 1000 个处理机制，这是事先缓存的，为了加速处理。处理机制设定了 GrpcWorkerMethod::kRecvTensor 由 GrpcWorkerServiceThread::RecvTensorHandlerRaw() 函数处理。

- GrpcWorkerServiceThread 是服务端处理请求的线程类，会调用 GrpcWorker 来继续处理，这里使用 WorkerCall 作为参数。WorkerCall 是服务端处理 gRPC 请求和响应的类。

- GrpcWorker 是真正负责处理请求逻辑的 Worker，是 GrpcRemoteWorker 的服务端版本。GrpcWorker::GrpcRecvTensorAsync() 函数使用 rendezvous_mgr->RecvLocalAsync() 函数从本地 table 查找客户端所需要的张量。

- BaseRendezvousMgr::RecvLocalAsync 调用到 BaseRemoteRendezvous::RecvLocalAsync() 函数，进而调用到 BaseRemoteRendezvous::RecvLocalAsyncInternal() 函数。

- 最终使用 LocalRendezvous::RecvAsync 从本地 table 读取张量。

- 执行回到 GrpcWorker::GrpcRecvTensorAsync() 函数，这里调用 Grpc::EncodeTensorToByteBuffer() 函数张量编码，最后利用 gRPC 把张量发送回客户端。

16.4.4 总结

具体发送/接收流程总结如图 16-20 所示，其中虚线表示返回张量。Worker 0 和 Worker 1 指代的是工作者角色，并不是 Worker 类。

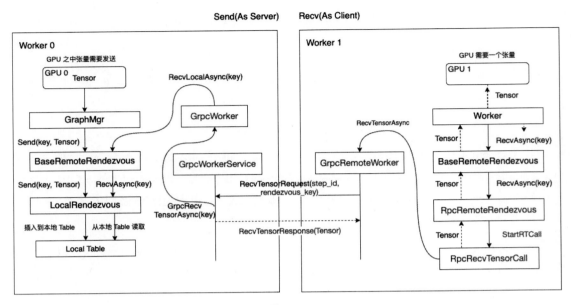

图 16-20

第 17 章 分布式策略基础

有了 TensorFlow 分布式做基础，本章来分析分布式策略。

17.1 使用 TensorFlow 进行分布式训练

17.1.1 概述

tf.distribute.Strategy 是一个可在多个 GPU、多台机器或 TPU 上进行分布式训练的 TensorFlow API。使用此 API，用户只需改动较少代码就能基于现有模型和训练代码实现单机多卡、多机多卡等情况的分布式训练。

tf.distribute.Strategy 旨在实现以下目标：

- 覆盖不同维度的用户用例。
- 易于使用，支持多种用户（包括研究人员和 ML 工程师等）。
- 具有开箱即用的高性能。
- 从用户模型代码之中解耦，这样可以轻松切换策略。
- 支持自定义训练循环（Custom Training Loop）、Estimator、Keras。
- 支持 Eager execution。

tf.distribute.Strategy 可用于 Keras、Model.fit 等高级 API，也可用于分布式自定义训练循环中，比如将模型构建和 model.compile() 调用封装在 strategy.scope() 内部。

在 TensorFlow 2.x 中，用户可以立即执行程序，也可以使用 tf.function 在计算图中执行。虽然 tf.distribute.Strategy 对两种执行模式都支持，但使用 tf.function 效果更佳。建议仅将 Eager 模式用于调试。

接下来将介绍各种策略，以及如何在不同情况下使用它们。

17.1.2 策略类型

tf.distribute.Strategy 计划涵盖不同维度上的许多用例，目前已支持其中的部分组合，将来还会添加其他组合。一些维度举例如下。

- 同步和异步训练：这是通过数据并行进行分布式训练的两种常用方法。在同步训练中，所有工作进程都同步地对输入数据的不同片段进行训练，并且会在每一步中聚合梯度。在异步训练中，所有工作进程都独立训练输入数据并异步更新变量。在通常情况下，同步训练通过 All-Reduce 实现，而异步训练通过参数服务器架构实现。
- 硬件平台：用户可能需要将训练扩展到一台机器上的多个 GPU 或一个网络中的多台机器（每台机器拥有 0 个或多个 GPU），或扩展到云 TPU 上。

要支持这些用例，主要有 MirroredStrategy、TPUStrategy、MultiWorkerMirroredStrategy、CentralStorageStrategy、ParameterServerStrategy 5 种策略可选。在下一部分，我们将说明当前在哪些场景中支持哪些策略。表 17-1 为快速概览[①]。

表 17-1

Training API	MirroredStrategy	TPUStrategy	MultiWorkerMirroredStrategy	CentralStorageStrategy	ParameterServerStrategy
Keras `Model.fit`	Supported	Supported	Supported	Experimental support	Experimental support
Custom training loop	Supported	Supported	Supported	Experimental support	Experimental support
Estimator API	Limited Support	Not supported	Limited Support	Limited Support	Limited Support

1. MirroredStrategy

MirroredStrategy 支持在一台机器的多个 GPU 上进行同步分布式训练（单机多卡数据并行）。该策略会为每个 GPU 设备创建一个模型副本。模型中的每个变量都会在所有副本之间形成镜像。这些变量将共同形成一个类型为 MirroredVariable（镜像变量）的概念上的单个变量。通过进行相同的更新操作，这些变量彼此保持同步。

MirroredVariable 的同步更新只是提高了计算速度，并不能像 CPU 并行那样可以把内存之中的变量共享，即显卡并行计算只提高速度，并不会让用户数据量翻倍，增加数据量仍然会抛出内存溢出错误。

MirroredStrategy 使用 All-Reduce 算法在设备之间传递变量更新。根据设备之间可用的通信类型，可以使用的 All-Reduce 算法和实现方法有很多。默认使用 NVIDIA NCCL 作为 All-Reduce 实现。用户可以选择其他选项，也可以自己编写。

MirroredStrategy 具体逻辑如图 17-1 所示。[②]

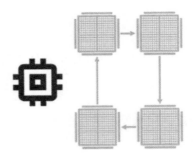

图 17-1

[①] 实验性支持指不保证该 API 的兼容性。
[②] 如无特殊说明，本章非线条图均来自 TensorFlow 官方文档。

2. TPUStrategy

用户可以使用 TPUStrategy 在 TPU 上进行 TensorFlow 训练。TPU 是 Google 的专用 ASIC，旨在显著加速机器学习工作负载。

就分布式训练架构而言，TPUStrategy 和 MirroredStrategy 相同，即实现同步分布式训练。在 TPUStrategy 之中，TPU 会在多个 TPU 核之间实现高效的 All-Reduce 和其他集合运算。

3. MultiWorkerMirroredStrategy

MultiWorkerMirroredStrategy 与 MirroredStrategy 非常相似，它实现了跨多个工作进程的同步分布式训练（多机多卡分布式版本），而每个工作进程可能有多个 GPU。与 MirroredStrategy 类似，MultiWorkerMirroredStrategy 会跨所有工作进程在每个设备的模型中创建所有变量的副本。MultiWorkerMirroredStrategy 具体逻辑如图 17-2 所示。

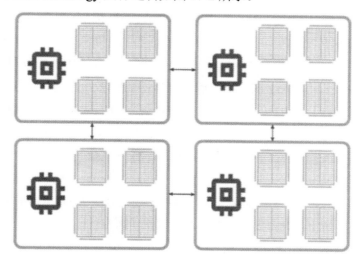

图 17-2

MultiWorkerMirroredStrategy 使用 CollectiveOps 作为多工作进程 All-Reduce 通信方法来保持变量同步。CollectiveOps 可以根据硬件、网络拓扑和张量大小在 TensorFlow 运行期间自动选择 All-Reduce 算法。它还实现了其他性能优化，比如可以将小张量上的多个 All-Reduce 转化为大张量上的 All-Reduce。

4. CentralStorageStrategy

CentralStorageStrategy 也执行同步训练。在这种策略下，变量不会被镜像，而是统一放在 CPU 上。运算会复制到所有本地 GPU 上（这属于 in-graph 复制，即一个计算图覆盖多个模型副本）。如果只有一个 GPU，则所有变量和运算都将被放在该 GPU 上。CentralStorageStrategy 可以处理类似嵌入（Embedding）无法放置在一个 GPU 之上的情况。CentralStorageStrategy 具体逻辑如图 17-3 所示。

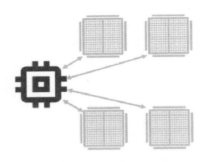

图 17-3

5. ParameterServerStrategy

参数服务器架构是常见的数据并行方法，可以在多台机器上扩展训练。在 TensorFlow 中，一个参数服务器架构的训练集群由 Worker 和参数服务器（Parameter Server）[1]组成。在训练过程中使用参数服务器来统一创建/管理变量（模型每个变量都被放在参数服务器上），变量在每个步骤中被 Worker 读取和更新。计算则会被复制到所有工作进程的 GPU 中。

在 TensorFlow 2.x 中，参数服务器训练使用了一个基于中央协调者（Central Coordinator-based）的架构，这通过 tf.distribute.experimental.coordinator.ClusterCoordinator 类来完成。

TensorFlow 2.x 参数服务器架构使用异步方式来更新，即会在各工作节点上独立进行变量的读取和更新，无须采取任何同步操作。由于工作节点彼此互不依赖，因此该策略可以对 Worker 进行容错处理。

在此实现中，Worker 和参数服务器运行 tf.distribution.Servers 来听取 Coordinator（协调者）的任务。Coordinator 负责创建资源，分配训练任务，写检查点，并处理任务失败的情况。

ParameterServerStrategy 具体逻辑如图 17-4 所示。

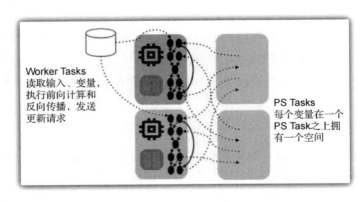

图 17-4

---

[1] 在 TensorFlow 中指明两种角色分为 Worker 和参数服务器，和前面 PS-Lite 章节不同。PS-Lite 章节中的 Server 对应本章的参数服务器。

如果要在 Coordinator 上运行，则用户需要使用 ParameterServerStrategy 对象来定义训练步骤，并使用 ClusterCoordinator 将训练步骤分派给远端 Worker。

6. 其他策略

除上述策略外，还有其他两种策略可能对使用 tf.distribute API 进行原型设计和调试有帮助。

当作用域（Scope）内没有显式指定分布策略时会使用缺省策略（Default Strategy）。此策略会实现 tf.distribute.Strategy 接口，但只具有直传（Pass-Through）功能，不提供实际分发（Distribution）功能。例如，strategy.run(fn)只会调用 fn。使用该策略编写的代码与未使用任何策略编写的代码完全一样。用户可以将其视为"无运算（no-op）"策略。

tf.distribute.OneDeviceStrategy 是一种将所有变量和计算放在单个指定设备上的策略。

```
strategy = tf.distribute.OneDeviceStrategy(device="/gpu:0")
```

此策略与默认策略在诸多方面存在差异。在默认策略中运行 TensorFlow 与没有任何分布策略的情况下直接运行 TensorFlow 相比，变量放置逻辑保持不变。但是当使用 OneDeviceStrategy 时，在作用域内创建的所有变量都会被显式地放在指定设备上。此外，通过 OneDeviceStrategy.run()调用的任何函数也会被放在指定设备上。

17.2 DistributedStrategy 基础

我们从策略的类体系结构开始研究 DistributedStrategy。

从系统角度或者说从开发者的角度看，策略是基于 Python 作用域来实现的一套机制。TensorFlow 提供了一组分布式策略，如 ParameterServerStrategy、CollectiveStrategy 来作为 Python 作用域，这些策略可以被用来捕获用户函数中的模型声明和训练逻辑，并且将在用户代码开始时生效。在后端，分布式系统可以重写计算图，并根据选择的策略（参数服务器或集合通信）来合并相应的语义。

因此我们分析的核心就是如何把数据读取、模型参数和分布式计算融合到 Python 作用域之中，本节我们就从策略的类体系结构和读取数据开始分析。

17.2.1 StrategyBase

StrategyBase 是一个基于设备列表之上的计算分布策略，是 V1 策略和 V2 策略类的基类。StrategyBase 初始化方法中最主要的就是设定 extended 变量，该变量的类型是 StrategyExtendedV2 或者 StrategyExtendedV1。

在建立和执行模型时，应该先使用 tf.distribution.Strategy.scope 来指定一个策略。指定策略意味着将使代码处于此策略的跨副本上下文（Cross-Replica Context）中，因而此策略将负责控制比如变量布局（Variable Placement）这样的功能。

如果用户正在编写一个自定义训练循环，则需要多调用一些方法，具体如下。

- 使用 tf.distribut.Strategy.experimental_distribute_dataset()将 tf.data.Dataset 转换，使之能产生每副本（Per-Replica）值。如果用户想手动指定数据集如何在各个副本之间进行划分，则使用 tf.distribut.Strategy.distribut_datasets_from_function()。
- 使用 tf.distribution.Strategy.run()为每个副本运行函数，该函数使用每副本值（如 tf.distribution.DistributedDataset 对象）并返回一个每副本值。此函数在副本上下文中执行，这意味着每个操作都在每个副本上单独执行。
- 使用一个方法（如 tf.distributed.Strategy.reduce()）将得到的每副本值转换成普通的张量。

1. 作用域

分发策略的作用域（范围）决定了如何创建变量以及在何处创建变量，比如对于 MultiWorkerMirroredStrategy 而言，创建的变量类型是 MirroredVariable，策略将它们复制到每个 Worker 之上。scope()函数主要通过调用_extended._scope()来实现作用域功能。scope()返回了一个上下文管理器（Context Manager），可以设置本策略为当前策略，并且分发变量。

```
def scope(self):
    return self._extended._scope(self)
```

当进入了 tf.distribute.Strategy.scope 之后，TensorFlow 会执行如下操作。

- Strategy 被安装在全局上下文内作为当前策略。在此范围内调用 tf.distribution.get_strategy()将返回此策略。在此范围之外，它将返回默认的无运算策略。
- 进入此作用域也就进入了跨副本上下文。
- 作用域内的变量创建将被策略拦截。每个策略都定义了它要如何影响变量的创建。像 MirroredStrategy、TPUStrategy 和 MultiWorkerMiroredStrategy 这样的同步策略会在每个副本上创建变量，而 ParameterServerStrategy 则在参数服务器上创建变量。
- 在某些策略中也可以输入默认的设备范围：比如在 MultiWorkerMiroredStrategy 中，每个 Worker 上输入的默认设备范围是/CPU:0。

注意，进入作用域不会自动分配计算，除非是像 Keras、model.fit()这样的高级 API。如果用户没有使用 model.fit()，则需要使用 strategy.run() API 显式分配该计算。

2. StrategyExtendedV2

StrategyExtendedV2 为需要分布感知（Distribution-Aware）的算法提供额外的 API。接下来我们分析如何更新一个分布式变量（Distributed Variable）。分布式变量是在多个设备上创建的变量，比如 MirroredVariable 和 SyncOnRead（读时同步）变量。更新分布式变量的标准模式如下。

（1）在传递给 tf.distribution.Strategy.run 的函数中进行计算，得到一个（Update, Variable）列表，即（更新，变量）对列表。例如，某个更新可能是关于某个变量的损失梯度。

（2）通过调用 tf.distribution.get_replica_context().merge_call()来切换到跨副本模式，调用时将更新和变量作为参数。

（3）通过调用 tf.distribution.StrategyExtended.reduce_to(VariableAggregation.SUM, t, v)（针对一个变量）或 tf.distribution.StrategyExtended.batch_reduce_to（针对一个变量列表）对更新进行求和。

（4）为每个变量调用 tf.distribution.StrategyExtended.update(v)来更新它的值。

如果用户在副本上下文中调用 tf.keras.optimizer.Optimizer.apply_gradients()方法，则步骤（2）～（4）会由类 tf.keras.optimizer.Optimizer 自动完成。

事实上，更新分布式变量的更高层次的解决方案是对该变量调用分配（Assign）操作，就像用户对普通的 tf.Variable 一样操作。用户可以在副本上下文（Replica Context）和跨副本上下文中调用该方法。

- 对于一个 MirroredVariable，在副本上下文中调用分配操作需要在变量构造函数中指定聚合（Aggregation）类型。在这种情况下，用户需要自行处理在步骤（2）～（4）中描述的上下文切换和同步。如果用户在跨副本上下文中对 MirroredVariable 调用分配操作，则只能分配一个值，或者从一个镜像的 tf.distribution.DistributedValues 中分配值。

- 对于一个 SyncOnRead 变量，在副本上下文中，用户可以简单地调用分配操作，而不发生任何聚合。在跨副本上下文中，用户只能给一个 SyncOnRead 变量分配一个值。

3．继承关系

Strategy 继承关系如图 17-5 所示，其中 V1 版本是一条路线，V2 版本（即 Strategy）是另一条路线。

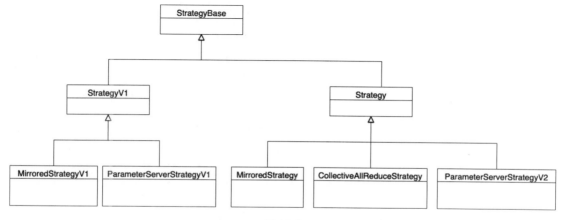

图 17-5

Extended 继承关系如图 17-6 所示。

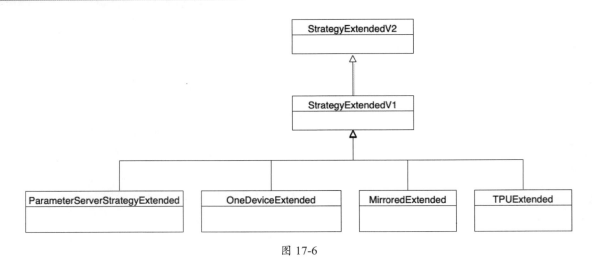

图 17-6

17.2.2 读取数据

我们接下来分析如何读取数据。输入数据集主要有如下两种实现。

- experimental_distribute_dataset：从 tf.data.Dataset 生成 tf.distribute.DistributedDataset，得到的数据集可以像常规数据集一样迭代读取。
- _distribute_datasets_from_function：通过调用 dataset_fn 来分发 tf.data.Dataset。

我们接下来用 MirroredStrategy 来分析如何读取数据。篇幅所限，我们只分析直接读取数据集这种方式。

1. 用例

以下是如何使用 experimental_distribute_dataset()直接得到数据集的示例。

```
>>> global_batch_size = 2
>>> # 配置设备是可选操作
... strategy = tf.distribute.MirroredStrategy(devices=["GPU:0", "GPU:1"])
>>> # 建立一个数据集
... dataset = tf.data.Dataset.range(4).batch(global_batch_size)
>>> # 分发此数据集
... dist_dataset = strategy.experimental_distribute_dataset(dataset)
>>> @tf.function
... def replica_fn(input):
...     return input*2
>>> result = []
>>> # 遍历 tf.distribute.DistributedDataset
... for x in dist_dataset: # x 的类型是 tf.distribution.DistributedValues
...     # 处理数据集元素
...     result.append(strategy.run(replica_fn, args=(x,)))
>>> print(result)
[PerReplica:{
```

```
 0: <tf.Tensor: shape=(1,), dtype=int64, numpy=array([0])>,
 1: <tf.Tensor: shape=(1,), dtype=int64, numpy=array([2])>
}, PerReplica:{
 0: <tf.Tensor: shape=(1,), dtype=int64, numpy=array([4])>,
 1: <tf.Tensor: shape=(1,), dtype=int64, numpy=array([6])>
}]
```

2. 基类实现

StrategyBase 方法主要的三种数据相关操作是：分批（Batching）、分片（Sharding）和预取（Prefetching）。

在上面的代码片段中，分批操作具体如下。

- dataset 首先按照 global_batch_size 进行分批。
- 然后调用 experimental_distribute_dataset()函数把 dataset 按照一个新批量大小进行重新分批，新分批大小等于"全局分批大小除以同步副本数量"。用户可以用 Python 风格的 for 循环（Pythonic for loop）来遍历它。
- x 是一个 tf.distribution.DistributedValues，其包含所有副本的数据，每个副本都会得到新批量大小的数据。
- tf.distribution.Strategy.run 将负责把 x 中每副本对应的数据分发给每个副本的执行工作函数 replica_fn。

分片包含跨多个 Worker 的自动分片（Autosharding），具体操作如下。

- 首先，在多 Worker 分布式训练中，在一组 Worker 上自动分片数据集意味着每个 Worker 都被分配了整个数据集的一个子集（如果设置了正确的 tf.data.experimental.AutoShardPolicy）。这是为了确保在每个步骤中，每个 Worker 都会处理一个全局的、包含不重叠的数据集元素的批量。
- 然后，每个 Worker 内的分片意味着该方法将在所有 Worker 设备之间分割数据（如果存在多个）。无论多 Worker 是否设定自动分片，这种情况都会发生。
- 对于跨多个 Worker 的自动分片，默认模式是 tf.data.experimental.AutoShardPolicy.AUTO。如果数据集是从读者（Reader）数据集（如 tf.data.TFRecordDataset、tf.data.TextLineDataset）中创建的，则该模式将尝试按文件分片。否则按数据分片，每个 Worker 将读取整个数据集，但是只处理分配给它的分片。

对于预取，在默认情况下，该方法在用户提供的 tf.data.Dataset 实例的末尾添加一个预取转换。预取转换的参数是 buffer_size，就是需要同步的副本数量。

3. MirroredExtended

我们用 MirroredExtended 来分析_experimental_distribute_dataset 的实现,MirroredExtended 其实是调用 input_lib.get_distributed_dataset()来对数据集进行处理的。input_lib 提供了一些关于处理输入数据的基础功能。get_distributed_dataset()是一个通用函数,可以被所有策略用来返回分布式数据集,于是我们需要分析分布式数据集 DistributedDataset。

4. DistributedDataset

DistributedDataset 支持预先分发数据到多个设备。DistributedDataset._create_cloned_datasets_from_dataset()方法会在每个 Worker 上对数据集进行复制和分片(此处使用 InputWorkers 获取设备信息)。首先会尝试按文件分片,以便每个 Worker 都可以看到不同的文件子集。如果无法做到,则尝试对最终输入进行分片,这样每个 Worker 都将运行整个预处理流水线,而只收到自己的数据集分片。

其次,_create_cloned_datasets_from_dataset()函数将每个 Worker 上的数据集都重新分批(Rebatch)成 num_replicas_in_sync 个更小的批量。这些更小的批量被分发到该 Worker 的所有副本中。此时流程图如图 17-7 所示,可以看到数据集功能逐渐加强,从 _RemoteDataset 升级到 _AutoShardDataset。

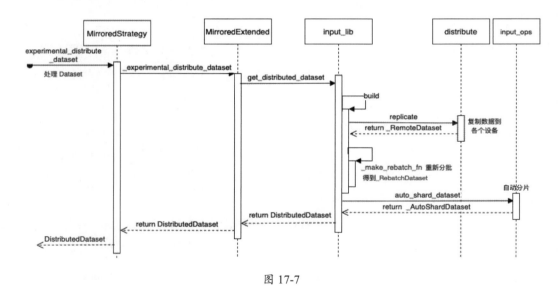

图 17-7

(1) 数据集

因为上面涉及了多种数据集,所以我们要再梳理一下其中的关系,具体可以理解为在数据集 DatasetV2 的基础之上逐步添加功能,最终返回给用户,此增强或者说递进关系如下。

_RemoteDataset 对应远端数据集。_RemoteDataset 继承了 dataset_ops.DatasetSource。dataset_ops.DatasetSource 继承 DatasetV2(即 data.Dataset)。_RemoteDataset 会利用 with ops.device(device)把数据集设定到远端设备上。

_RebatchDataset 的功能是将数据重新分批。_AutoShardDataset 的作用是对数据集自动分片。_AutoShardDataset 接收了一个现有的数据集，并尝试自动找出如何在多 Worker 场景下使用图重写（Graph Rewrite）来对数据集进行分片。

具体关系如图 17-8 所示，DistributedDataset 成员变量 _cloned_datasets 列表包括多个 _AutoShardDataset，每一个针对一个 Worker。

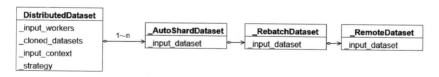

图 17-8

（2）迭代数据

我们接下来分析 DistributedDataset 如何迭代，__iter__方法会针对每个 Worker 都建立一个迭代器，最后统一返回一个 DistributedIterator，具体逻辑如图 17-9 所示。

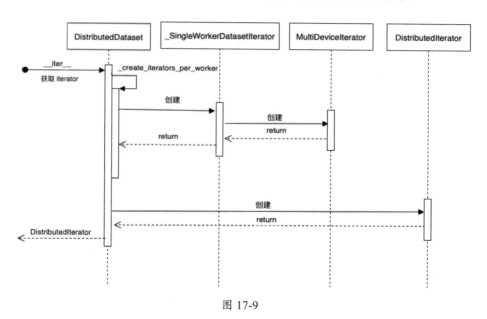

图 17-9

5. DistributedIterator

DistributedIterator 其实没有完成多少实际工作，主要功能在于基类 DistributedIteratorBase。DistributedIteratorBase 的 get_next()方法完成了获取数据功能，具体是：

- 找到所有 Worker 信息。
- 计算副本数目。
- 获取数据并且重新组合。

结合代码则是：

- _calculate_replicas_with_values()计算出有数据的副本数目。

- _get_value_or_dummy()获取具体数据。
- _create_per_replica()完成了具体数据的重新组合。
    - 对于 OneDeviceStrategy 以外的策略，它会创建一个每副本数据，数据的类型规格（Spec）被设置为数据集的元素规格。这有助于避免对不完整的（Partial）批量进行回溯（Retrace）。
    - 对于单客户策略，_create_per_replica()只是调用 distribution_utils.regroup()完成操作。

具体逻辑如图 17-10 所示。

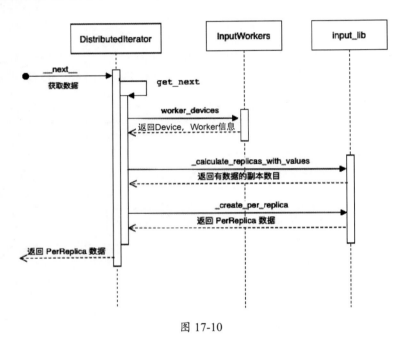

图 17-10

至此，对于读取数据我们其实已经有了一个比较基础的分析，其中最主要的几个类之间的逻辑如下。

- InputWorker 会维护从输入 Worker 设备到计算设备的一对多映射（1-to-many mapping），可以认为 InputWorker 把 Worker 绑定到设备之上。
- DistributedDataset 是数据集，其内部有一系列复杂的处理机制。首先把数据集复制到一系列设备上，然后对数据集进行一系列增强。数据集首先是 _RemoteDataset，然后逐步升级到 _AutoShardDataset。
- DistributedDataset 的 __iter__ 方法会针对每个 Worker 都建立一个迭代器，最后统一返回一个 DistributedIterator。
- DistributedIterator 的 get_next()方法完成了获取数据的任务。

大致逻辑概念如图 17-11 所示，下面文字之中的序号与图中数字对应。

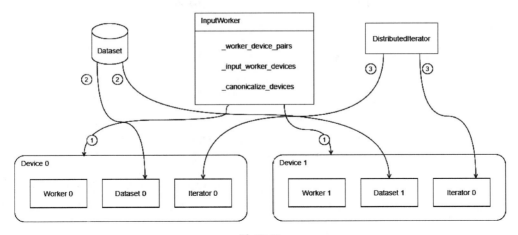

图 17-11

① InputWorker 提供了 Worker 和设备的映射关系。

② 数据集被分配到各个设备或者说 Worker 之上。

③ 每个 Worker 建立一个迭代器,最后统一返回一个 DistributedIterator。

17.3 分布式变量

在 TensorFlow 中,分布式变量是在多个设备上创建的变量,比如 MirroredVariable 和 SyncOnRead 变量。分布式变量提供了一个全局编程模型或者视角,让用户采取单程序单数据(SPSD)的视角来编程,而底层实际通过单程序多数据(SPMD)扩展的过程来分发程序和张量,对用户屏蔽了相关通信操作。

本节我们就通过一系列问题来对分布式变量进行分析:

- 变量操作如何与策略联系起来?
- 如何生成 MirroredVariable?
- 如何把张量分发到各个设备上?
- 如何对外保持一个统一的视图?
- 变量之间如何保持一致?

17.3.1 MirroredVariable

前文提到,为了支持同步训练,tf.distribute.MirroredStrategy 为每个 GPU 设备都创建一个模型副本。模型中的每个变量都会在所有副本之间进行镜像。这些变量彼此保持同步,并且共同形成一个类型为 MirroredVariable 的单个的概念上的变量。

1. 类体系

MirroredVariable 的作用是保存一个从副本到变量的映射,这些变量的值可以保持同步。

MirroredVariable 没有任何新增成员变量，只是实现了一些成员函数。

```
class MirroredVariable(DistributedVariable, Mirrored):
    """持有一个从副本到变量的映射（map），这些变量的值会保持同步"""
```

我们以 scatter_update() 函数为例分析，如果不是分布式情景，则 scatter_update() 会直接调用 _primary 成员变量进行处理，如果是分布式情景，则会调用基类方法处理。再比如 _update_replica() 函数在更新时会调用 _on_write_update_replica() 函数进行副本同步，_on_write_update_replica() 函数又会使用上下文来进行更新。

只看这些成员函数，我们很难对 MirroredVariable 有一个清晰的认识，还需要从 MirroredVariable 的类体系入手分析。

MirroredVariable 类体系如图 17-12 所示，我们接下来一一分析这些相关类。

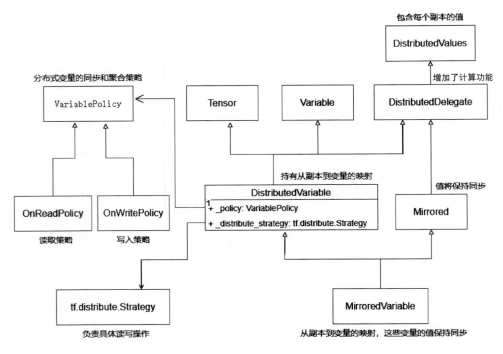

图 17-12

（1）DistributedValues

我们首先分析 DistributedValues。tf.distributed.DistributedValues 概念适合表示多个设备上的值，它包含一个从副本 id 到值的映射。

DistributedValues 在每个副本上都有一个值。根据子类的不同，这些值可以在更新时同步，也可以在需要时同步，或者从不同步。DistributedValues 可以进行归约以获得跨副本的单一值来作为 tf.distributed.Strategy.run() 的输入，或使用 tf.distributed.Strategy.experimental_local_results() 检查每个副本的值。

tf.distributed.DistributedValues 的两种代表性类型是 PerReplica 值和 Mirrored 值。

- PerReplica 值存在于 Worker 设备上，每个副本都有不同的值。它们可以由 tf.distribution.Strategy.experimental_distribute_dataset() 和 tf.distribution.Strategy.distribution_datasets_from_function() 返回的分布式数据集迭代产生，也可以由 tf.distribution.Strategy.run() 返回。PerReplica 值的作用是：持有一个 map 数据结构，用来维持从副本到未同步值的映射。

- Mirrored 值与 PerReplica 值类似，只是所有副本上的值都相同。我们可以在跨副本上下文中安全地读取 Mirrored 值。

（2）DistributedDelegate

DistributedDelegate 在 DistributedValues 之上增加了计算功能。具体通过_get_as_operand() 调用基类 DistributedValues 的_get 方法，进而得到值，然后进行计算。

（3）Mirrored

Mirrored 代表了在多个设备上创建的变量，通过对每个副本应用相同的更新来保持变量的同步。Mirrored 由 tf.Variable(…synchronization= tf.VariableSynchronization.ON_WRITE…) 创建。通常它们只用于同步类型的训练。

回忆一下 DistributedValues 的功能，它保存一个从副本到值的映射，这些值将保持同步，DistributedValues 没有实现_get_cross_replica() 方法。因为 Mirrored 的目的是在跨副本模式下可以直接使用，所以 Mirrored 实现了_get_cross_replica()。_get_cross_replica() 调用了基类 DistributedValues 的_get_on_device_or_primary() 方法，该方法会返回本副本对应的数值，或者直接返回 _primary 对应的数值。

（4）Policy

我们接下来分析分布式政策（Policy）。

VariablePolicy 是分布式政策的基类，定义了分布式变量的同步和聚合的政策。当在 tf.distribution 范围内创建变量时，鉴于 tf.Variable 上设置了 synchronization 和 aggregation 参数，tf.distribution 会创建一个适当的政策对象并将其分配给分布式变量。所有的变量操作都被委托给相应的政策对象来完成。

OnReadPolicy 是读取政策，比如其成员变量_get_cross_replica 就会调用 var.distribute_strategy.reduce() 来完成读取操作。

OnWritePolicy 是写政策，主要调用 var._get_on_device_or_primary() 来完成各种操作，比如_get_cross_replica() 就调用 var._get_on_device_or_primary() 来完成操作，也调用了 values_util 之中的各种基础操作。

（5）DistributedVariable

顺着类关系，我们最后来到 DistributedVariable，此处其实是 MirroredVariable 的主要功能所在。DistributedVariable 持有从副本到变量的映射，对于 MirroredVariable 来说，self._policy 就是 OnWritePolicy，更新变量通过_policy 完成。如何处理需要看实际情况，但是最终都归结到 Strategy 类或者 StrategyExtended 类上。比如，读取时会调用_get_cross_replica()，其内部调用分布式政策。分布式政策会调用 var.distribute_strategy 完成归约，具体如图 17-13 所示。

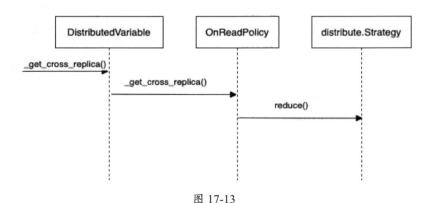

图 17-13

更新操作举例如下，scatter_update()会调用 _policy 完成更新操作。前面在 OnWritePolicy 之中讨论过，scatter_update() 会调用 DistributedVariable 的 _update() 方法。最后调用 _update_cross_replica()进行跨副本更新。展示如图 17-14 所示。

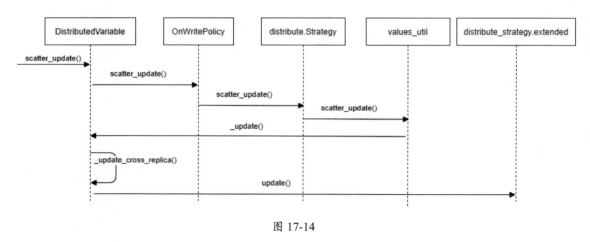

图 17-14

经过上述分析，我们发现，MirroredVariable 的很多功能最终落实在 tf.distribute.Strategy 上。

2. 构建变量

在 MirroredStrategy 下创建的变量是一个 MirroredVariable。如果在策略的构造参数中没有指定设备，那么它将使用所有可用的 GPU。如果没有找到 GPU，它将使用可用的 CPU。TensorFlow 将一台机器上的所有 CPU 都视为单一的设备，并在内部使用线程进行并行化。我们接下来分析如何构建 MirroredVariable。

```
strategy = tf.distribute.MirroredStrategy(["GPU:0", "GPU:1"])
with strategy.scope():
    x = tf.Variable(1.) # x 是 MirroredVariable
```

首先，在 tensorflow/python/distribute/distribute_lib.py 之中有如下代码，说明在 scope 的使用过程中其实是 _extended 起了作用。

```
def scope(self):
  return self._extended._scope(self)
```

然后，我们来到 StrategyExtendedV2，StrategyExtendedV2 的 creator_with_resource_vars() 函数可以提供一种创建变量的机制，creator_with_resource_vars() 内部则调用派生类的 _create_variable() 来建立变量。

```
def _scope(self, strategy):
  # 提供一种创建变量的机制
  def creator_with_resource_vars(next_creator, **kwargs):
    """Variable creator to use in _CurrentDistributionContext."""
    _require_strategy_scope_extended(self)
    kwargs["use_resource"] = True
    kwargs["distribute_strategy"] = strategy
    # 调用派生类的_create_variable()来建立变量
    created = self._create_variable(next_creator, **kwargs)

    if checkpoint_restore_uid is not None:
      created._maybe_initialize_trackable()
      created._update_uid = checkpoint_restore_uid
    return created

  # 此处使用了 creator_with_resource_vars
  return _CurrentDistributionContext(
      strategy,
      variable_scope.variable_creator_scope(creator_with_resource_vars), # 配置如何建立变量
      variable_scope.variable_scope(
          variable_scope.get_variable_scope(),
          custom_getter=distributed_getter), self._default_device)
```

此时逻辑如图 17-15 所示，程序逻辑进入 scope，经过一系列操作之后得到了 _CurrentDistributionContext，_CurrentDistributionContext 维护了策略相关的信息，设置各种作用域，返回策略，使用者会调用 creator_with_resource_vars() 函数来创建变量。

有了上面的分析，我们可知，当用户使用了 Strategy 时，creator_with_resource_vars() 会使用 Strategy 的 _create_variable() 最终生成变量。create_variable() 负责具体业务，里面会用到 self._devices，然后调用到了 distribute_utils.create_mirrored_variable()，distribute_utils.create_mirrored_variable() 会使用 real_mirrored_creator()、VARIABLE_CLASS_MAPPING 和 create_mirrored_variable() 来建立变量。

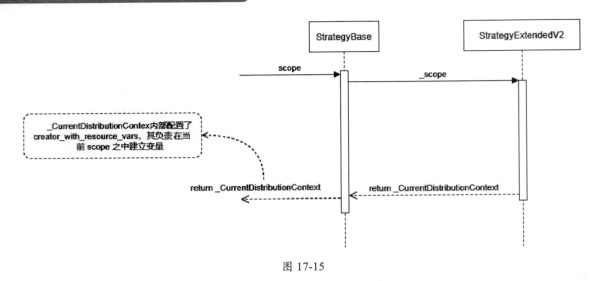

图 17-15

- real_mirrored_creator()会配置具体的变量名称，后续调用则会据此来设定变量应该放到哪个设备之上。第一个设备依然采用原来的名字，后续设备则在原变量名之后加上"/replica_设备号"，这样就可以和原始变量区别开来。接着会把原始变量的值赋给对应的副本变量。

- VARIABLE_CLASS_MAPPING 用来设定生成哪种类型的变量。VARIABLE_POLICY_MAPPING 设定使用何种政策来应对读/写同步。

```
VARIABLE_POLICY_MAPPING = {
   vs.VariableSynchronization.ON_WRITE: values_lib.OnWritePolicy,
   vs.VariableSynchronization.ON_READ: values_lib.OnReadPolicy,
}

VARIABLE_CLASS_MAPPING = {
   "VariableClass": values_lib.DistributedVariable,
   vs.VariableSynchronization.ON_WRITE: values_lib.MirroredVariable,
vs.VariableSynchronization.ON_READ: values_lib.SyncOnReadVariable,
}
```

tensorflow/python/distribute/distribute_utils.py 的 create_mirrored_variable()会具体建立变量。对于我们的例子，class_mapping 就是 values_lib.MirroredVariable。

最终构建逻辑如图 17-16 所示，_CurrentDistributionContext 成员函数 _var_creator_scope()会指向 creator_with_resource_vars()。当生成变量时，creator_with_resource_vars()会逐层调用，最后生成 MirroredVariable。

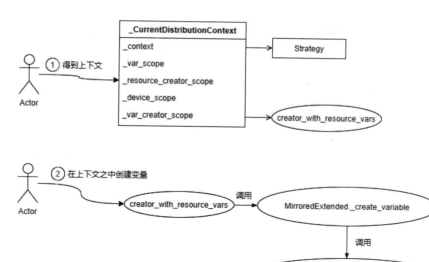

图 17-16

3. 总结

本节开始的问题我们回答如下。

- 变量操作如何与策略联系起来？

  ■ 读写变量最终都会落到 Strategy 类或者 StrategyExtended 类之上。

- 如何生成 MirroredVariable？

  ■ 用户在 MirroredStrategy 的作用域之中会获得上下文，上下文提供了建立变量的方法，用户在 MirroredStrategy 相关上下文之中建立的变量自然就是 MirroredVariable。

- 如何把张量分发到各个设备上？

  ■ 当使用 Strategy 时，会使用 Strategy 的 _create_variable()生成变量。_create_variable()最终调用到_real_mirrored_creator()。

  ■ _real_mirrored_creator()会配置具体的变量名称，第一个设备依然采用原来的名字，后续设备则在原变量名称之后加上"/replica_设备号"。

  ■ 后续在布局时，会根据变量名称设定变量应该放到哪个设备之上。

- 如何对外保持一个统一的视图？

- 在上下文之中，用户得到的是 MirroredVariable，其对外屏蔽了内部变量，提供了统一视图。比如，当读取时会调用 _get_cross_replica() 函数，该函数内部调用分布式政策，而分布式政策会调用 distribute_strategy 完成归约。

- 变量之间如何保持一致？
  - 在分析 scatter_update() 时我们知道，更新变量会调用到 strategy.extended，在 strategy.extended 中，变量之间通过例如 All-Reduce 来保持一致，我们后文会详细分析此部分。

用图 17-17 来演示，假设有一个由 3 个张量组成的 MirroredVariable A 变量，每个 Worker 都觉得自己在更新 MirroredVariable A，但实际上分别更新不同的张量，张量之间通过例如 All-Reduce 来保持一致。

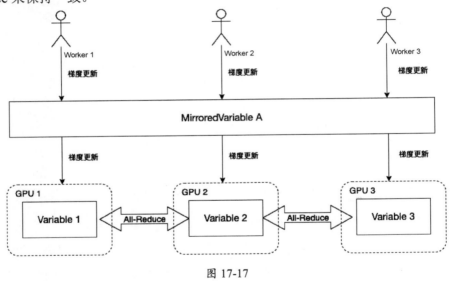

图 17-17

17.3.2 ShardedVariable

在机器学习训练之中，如果变量太大，无法放入单个设备（例如大型嵌入），则可能需要在多个设备上对此变量进行分片，具体如图 17-18 所示。

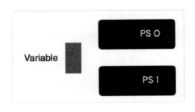

图 17-18

在 TensorFlow 中，与分片思想对应的概念就是 ShardedVariable。变量分片（Variable Sharding）是指将一个变量分割成多个较小的变量，这些变量被称为分片（Shards）。

ShardedVariable 可以看作一个容器，容器中的变量被视为分片。ShardedVariable 类维护一个可以独立存储在不同设备（例如多个参数服务器）上的较小变量的列表，并负责保存和恢复这些变量，它们就像是一个较大的变量一样。变量分片对于缓解访问这些分片时的网络负载很有用，对于在多个参数服务器上分配一个普通变量的计算和存储也很有用。

在使用 ShardedVariable 之后，我们可以拓展图 17-18 得到图 17-19。

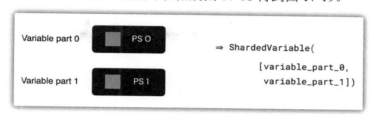

图 17-19

ShardedVariable 类的对象可以先用给定数量的分片进行保存，然后从检查点恢复到不同数量的分片。对于 ShardedVariable，我们依然用几个问题来引导分析。

- 如何将参数存储到参数服务器之上？
- 如何对参数实现分片存储？
- 如何把计算（梯度更新参数的操作）放到参数服务器之上？（会在后续章节进行分析）
- Coordinator 是随机分配计算的吗？（会在后续章节进行分析）

ShardedVariable 的定义其实没有太多内容，主要精华都在基类 ShardedVariableMixin 之中，如图 17-20 所示。

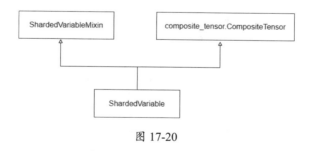

图 17-20

1. 如何分片

ShardedVariable 的精华之一就是分片，我们探究一下分片机理。需要注意，ShardedVariable 目前只支持在第一个维度进行分片。

- 在分片类体系中，基类 Partitioner 没有太多内容，只是依赖派生类实现具体业务功能。
- FixedShardsPartitioner 会把变量分成固定的分片。
- MinSizePartitioner 为每个分片分配最小尺寸的分片器。该分片器确保每个分片至少有 min_shard_bytes 个字节，并尝试分配尽可能多的分片，即保持分片尽可能小。

- MaxSizePartitioner 分片器确保每个分片最多有 max_shard_bytes 大的尺寸,并尝试分配尽可能少的分片,即保持分片尽可能大。

2. ShardedVariableMixin

ShardedVariableMixin 是核心所在,其主要成员变量如下。

- _variables:分片变量。
- _var_offsets:分片变量在 ShardedVariableMixin 对应的偏移,即先把_variables 看作一个整体,然后用偏移在_variables 中查找对应的数据。
- _shape:ShardedVariableMixin 的形状。
- _name:ShardedVariableMixin 的名字。

我们用如下示例分析。

```
variables = [
 tf.Variable(np.array([[3, 2]]), shape=(1, 2), dtype=tf.float32),
 tf.Variable(np.array([[3, 2], [0, 1]]), shape=(2, 2), dtype=tf.float32),
 tf.Variable(np.array([[3, 2]]), shape=(1, 2), dtype=tf.float32)
]
sharded_variable = ShardedVariableMixin(variables)
```

sharded_variable 内部成员变量打印如下,可以看到,_var_offsets 就是把所有参数分片看作一个整体,从中找到对应的分片。

```
_shape = {TensorShape: 2} (4, 2)
_var_offsets = {list: 3} [[0, 0], [1, 0], [3, 0]]
first_dim = {int} 4
```

上面的例子中 3 个变量整体打包,用户可以使用 offset 查找数据,代码如下。

```
[[3,2][3,2],[0,1],[3,2]]
```

我们再来分析。假设某参数有 4 个分片,如图 17-21 所示,如果变量均分在两个参数服务器上,则具体如图 17-22 所示。

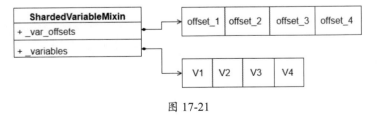

图 17-21

如何获取参数分片?可以通过从 ShardedVariable 之中把指定部分作为一个张量来获取分片。具体逻辑是:分析传入 ShardedVariable 的 Spec 参数,根据其内容对 ShardedVariable 进行处理,获取一个参数分片。

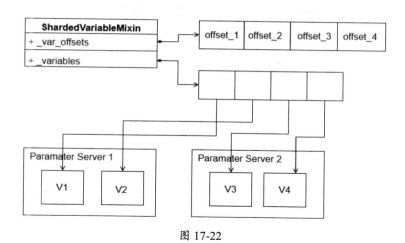

图 17-22

3. 构建

我们接下来分析 ParameterServerStrategyV2 中 ShardedVariable 的构建过程。

要启用变量分片，用户可以在构建 ParameterServerStrategy 对象时传入一个 variable_partitioner。当每次创建变量时，variable_partitioner 都会被调用，它能沿变量的维度返回分片的数量。当 ParameterServerStrategyV2Extended 初始化时，会把传入的 variable_partitioner 设置到成员变量 _variable_partitioner 之中，也会配置参数服务器数目和 Worker 数目。

如果用户直接在 strategy.scope() 下创建一个变量，那么它将成为一个具有 variables 属性的容器类型，此属性将提供对分片列表的访问。在大多数情况下，此容器会把所有的分片连接后自动转换为一个张量，因此它可以作为一个正常的变量使用。

我们接下来分析创建过程，也就是如何把变量分片分发到不同参数服务器上。具体代码位于 _create_variable() 函数，思路如下。

- 如果没有配置分片生成器，就用轮询调度（Round-Robin）策略（_create_variable_round_robin()）把变量分配到参数服务器之上。
- 如果配置了分片生成器，则做如下操作。
  - 对 rank 0 不做分片。
  - 通过 _variable_partitioner 得到分片数目。
  - 分片数目需要大于第一维数目，否则用第一维数目作为分片数目。
  - 计算张量偏移。
  - 生成很多小张量。
  - 使用 _create_variable_round_robin() 构建小张量列表。
  - 用小张量列表来生成 ShardedVariable。

_create_variable_round_robin() 方法使用轮询调度策略决定如何进行具体布局。其实就是给张量配置了对应的设备名称，后续在做布局操作时就按照设备名称进行操作。注意，此处是

ShardedVariable 的关键所在。

```
def _create_variable_round_robin(self, next_creator, **kwargs):
  with ops.colocate_with(None, ignore_existing=True):
    # 显式把 CPU:0 设备设置给 PS
    with ops.device("/job:ps/task:%d/device:CPU:0" %
                    (self._variable_count % self._num_ps)):
      var = next_creator(**kwargs)
      self._variable_count += 1
      return var
```

_create_variable_round_robin() 的参数 next_creator 一般来说是 _create_var_creator 方法，此处先使用了 AggregatingVariable 和 CachingVariable 来构建变量列表 var_list，然后利用 var_list 构建 ShardedVariable。

```
def _create_var_creator(self, next_creator, **kwargs):
  aggregation = kwargs.pop("aggregation", vs.VariableAggregation.NONE)

  def var_creator(**kwargs):
    """Create an AggregatingVariable."""
    v = next_creator(**kwargs)
    wrapped_v = ps_values.CachingVariable(v)
    wrapped = ps_values.AggregatingVariable(self._container_strategy(),
                                            wrapped_v, aggregation)
    return wrapped

  if self._num_replicas_in_sync > 1:
    return var_creator
  else:
    def variable_creator_single_replica(**kwargs):
      v = next_creator(**kwargs)
      return ps_values.CachingVariable(v)
    return variable_creator_single_replica
```

ShardedVariable 也是一种形式上的模型并行，比如图 17-23 把矩阵 A、B 分解到两个参数服务器之上，分别与 C 相乘，最后把相乘结果在 Worker 上聚合成一个最终结果张量。

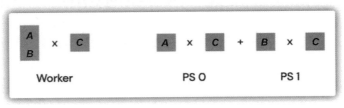

图 17-23

第 18 章　MirroredStrategy

本章我们来分析 MirroredStrategy 分布式策略究竟如何运作。

18.1　MirroredStrategy 集合通信

MirroredStrategy 通常指在一台机器上使用多个 GPU 进行训练。主要难点是如何更新 MirroredVariable，以及如何分发计算。本节我们分析 MirroredStrategy 的总体思路和如何更新变量。

18.1.1　设计思路

MirroredStrategy 是单机多卡同步的数据并行分布式训练策略，此策略有两种隐含意义。

- 数据并行的意义：Worker 会收到 tf.data.Dataset 传来的数据，在训练开始后，每次传入一个批量数据时都会把数据分成 N 份，这 N 份数据被分别传入 N 个计算设备。
- 同步的意义：在训练中，每个 Worker 都会在自己获取的输入数据上进行前向计算和反向计算，并且在每个步骤结束时汇总梯度。只有当所有设备均更新本地变量后，才会进行下一轮训练。

针对上面两种意义或者说需求，MirroredStrategy 主要逻辑如下。

- MirroredStrategy 自动使用所有能被 TensorFlow 发现的 GPU 来做分布式训练，如果用户只想使用部分 GPU，则需要指定使用哪些设备。
- 在训练开始前，MirroredStrategy 把一份完整的模型副本复制到所有计算设备（GPU）上。模型中的每个变量都会先进行镜像复制，然后被放置到相应的 GPU 上，这些变量就是 MirroredVariable。
- MirroredStrategy 通过 All-Reduce 算法在每个 GPU 之间对所有变量保持同步更新，具体是在计算设备间进行高效交换梯度并归约梯度，这样最终每个设备都有了所有设备的梯度归约结果，然后使用此结果来更新各个 GPU 的本地变量。All-Reduce 算法默认使用 NcclAllReduce，用户可以通过配置 cross_device_ops 参数来修改为其他算法（如 HierarchicalCopyAllReduce）。

MirroredStrategy 的总体逻辑如图 18-1 所示。

因为前文对 PyTorch 的数据并行实现 DDP 有了较为深入的分析，所以我们此处的分析重点就是寻找 TensorFlow 和 PyTorch 的异同点。能够想到的问题是：

- 如何分发模型？（答案是通过 MirroredVariable 来实现，在前面章节已经分析过）。
- 如何保持模型变量对外提供一个统一视图？（答案是通过 MirroredVariable 来实现，在前面章节已经分析过）。

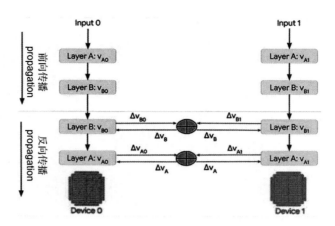

图 18-1

- 在单机上是多进程训练还是多线程训练？
- 如何分发计算？

从前面对 MirroredVariable 的介绍可知，这些变量最终都使用 Strategy 或者 StrategyExtended 进行操作，于是我们从 MirroredStrategy 开始着手分析。

18.1.2 实现

MirroredStrategy 主要工作委托给 MirroredExtended 来实现。MirroredExtended 的核心成员变量如下。

- devices：本次训练所拥有的设备。
- _collective_ops_in_use：底层集合通信操作。

MirroredStrategy 初始化分为如下两种。

- 单个节点：初始化单个节点上的单个 Worker，初始化集合通信操作。
- 多个节点：调用 _initialize_multi_worker()函数来初始化多个节点上的多个 Worker。

1. 初始化多个 Worker

因为这部分代码在 MultiWorkerMirroredStrategy 场景下被调用，所以此处只是大概介绍一下。初始化使用 CollectiveAllReduceExtended 进行操作，CollectiveAllReduceExtended 扩展了 MirroredExtended。

```
class CollectiveAllReduceExtended(mirrored_strategy.MirroredExtended):
```

在多节点环境下会调用到_initialize_multi_worker()，其具体逻辑如下。

- 初始化 Worker，这是一个字符串列表。
- 初始化 worker_devices，这是一个元组（Tuple）列表，内容是 Worker 和设备的对应关系。
- 设置_inferred_cross_device_op，此变量可由用户指定，或者是 NcclAllReduce。

2. 跨设备操作

我们接下来先分析跨设备如何选择集合操作，再研究单 Worker 初始化。

基本上所有的分布式策略都通过某些集合通信算子来跨设备进行数据通信，比如 MirroredStrategy 使用 CollectiveOps 来对变量保持同步，而 CollectiveOps 会在 TensorFlow 执行时自动根据硬件配置、当前网络拓扑及张量大小来选择合适的 All-Reduce 算法。

具体用到的集合操作类或者方法如下。

CrossDeviceOps 是跨设备操作的基类，目前其派生类如下。

- tf.distribute.ReductionToOneDevice。
- tf.distribute.NcclAllReduce。
- tf.distribute.HierarchicalCopyAllReduce。

ReductionToOneDevice 先将跨设备的值复制到一个设备上进行归约，然后将归约后的值广播出来，它不支持批处理。

AllReduceCrossDeviceOps 是 NcclAllReduce 和 HierarchicalCopyAllReduce 的基类。

NcclAllReduce 方法使用 NCCL 进行 All-Reduce。

HierarchicalCopyAllReduce 使用 Hierarchical 算法进行 All-Reduce。它把数据沿着一些层次体系（Hierarchy）的边归约到某一个 GPU，并沿着同一路径广播回每个 GPU。对于批处理 API，张量将被重新打包或聚合以便更有效地跨设备运输。

CollectiveAllReduce 使用集合通信进行 All-Reduce，这是 TensorFlow 自己实现的算法。

目前具体逻辑如图 18-2 所示，可以看到有众多实现方式，如何选择就需要具体情况具体分析。

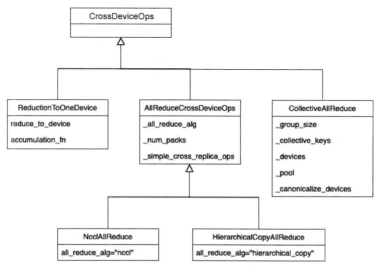

图 18-2

3. 单节点初始化

我们研究的重点是单节点初始化，其主要逻辑如下。

- 初始化单个 Worker。
- 通过 _make_collective_ops() 来建立集合操作。

初始化单个 Worker 的重点逻辑如下。

- 拿到本次训练使用的设备 _devices，举例如下：('/replica:0/task:0/device:GPU:0', '/replica:0/task:0/device:GPU:1')。
- 得到输入对应的设备 _input_workers_devices，举例如下：('/replica:0/task:0/device: CPU:0':0, '/replica:0/task:0/device:GPU:0', '/replica:0/task:0/device:GPU:1')，此变量后续会被用来建立 InputWorkers。
- 依据已有条件推理出来 _inferred_cross_device_ops 的实际内容，_inferred_cross_device_ops 是跨设备使用的操作。
- 得到缺省设备 _default_device，此处会设置设备规格（对应 DeviceSpec 类）。DeviceSpec 用来描述状态存储和计算发生的位置，使用 DeviceSpec 可以解析设备规格字符串以验证有效性，然后合并它们或以编程方式组合它们。

跨设备操作通过 select_cross_device_ops() 推理完成，目前有三个集合通信相关的成员变量，需要梳理一下。

- self._collective_ops：集合操作，实际上配置的是 CollectiveAllReduce。
- self._inferred_cross_device_ops：根据设备情况推理出来的跨设备操作，实际上是 ReductionToOneDevice 或者 NcclAllReduce。
- self._cross_device_ops：传入的配置参数。如果用户想重写跨设备通信，则可以通过使用 cross_device_ops 参数来提供 tf.distribute.CrossDeviceOps 的实例。比如：mirrored_strategy = tf.distribute.MirroredStrategy(cross_device_ops=tf.distribute.HierarchicalCopyAllReduce())。

18.1.3 更新分布式变量

我们接下来分析如何更新分布式变量，限于篇幅，此处只是大致把流程走通，有兴趣的读者可以深入研究。

分布式变量是在多个设备上创建的变量，变量 MirroredVariable 和 SyncOnRead 是两个例子。一个操作分布式变量的示例代码如下。首先调用 reduce_to() 进行归约，然后调用 update() 进行更新。

```
>>> @tf.function
... def step_fn(var):
...
...     def merge_fn(strategy, value, var):
...         # 对此变量执行 All-Reduce，变量类型是 tf.distribute.DistributedValues。
```

```
...     reduced = strategy.extended.reduce_to(tf.distribute.ReduceOp.SUM,
...         value, destinations=var)
...     strategy.extended.update(var, lambda var, value: var.assign(value),
...         args=(reduced,))
...
...   value = tf.identity(1.)
...   tf.distribute.get_replica_context().merge_call(merge_fn,
...     args=(value, var))
>>>
>>> def run(strategy):
...   with strategy.scope():
...     v = tf.Variable(0.)
...     strategy.run(step_fn, args=(v,))
...     return v
>>>
>>> run(tf.distribute.MirroredStrategy(["GPU:0", "GPU:1"]))
MirroredVariable:{
  0: <tf.Variable 'Variable:0' shape=() dtype=float32, numpy=2.0>,
  1: <tf.Variable 'Variable/replica_1:0' shape=() dtype=float32, numpy=2.0>
}
>>> run(tf.distribute.experimental.CentralStorageStrategy(
...     compute_devices=["GPU:0", "GPU:1"], parameter_device="CPU:0"))
<tf.Variable 'Variable:0' shape=() dtype=float32, numpy=2.0>
>>> run(tf.distribute.OneDeviceStrategy("GPU:0"))
<tf.Variable 'Variable:0' shape=() dtype=float32, numpy=1.0>
```

我们首先分析 reduce_to() 操作。

代码先来到 StrategyExtendedV2。reduce_to(self, reduce_op, value, destinations, options=None) 聚合了 tf.distribution.DistributedValues 和分布式变量，它同时支持稠密值和 tf.IndexedSlices。此 API 目前只能在跨副本背景下调用。其他用于跨副本归约的变体如下。

- tf.distribution.StrategyExtended.batch_reduce_to：批量版本 API。
- tf.distribution.ReplicaContext.all_reduce：在副本上下文中的对应 API 版本，它同时支持批处理和非批处理的 All-Reduce。
- tf.distribution.Strategy.reduce：在跨副本上下文中的归约到主机的 API，此 API 更加便捷。

参数 destinations 指定将参数 value 归约到哪里，例如 "GPU:0"。用户也可以传入一个张量，这样归约的目的地将是该张量的设备。

代码接着来到 MirroredExtended.reduce_to()，MirroredExtended 接下来有几种执行流程，比如使用 MirroredExtended._get_cross_device_ops() 得到集合通信函数进行归约。

```
return self._get_cross_device_ops(value).reduce(reduce_op,
    value, destinations=destinations,
    options=self._communication_options.merge(options))
```

我们其次分析 update() 操作,具体流程如下。

- update() 接收的参数包括一个要更新的分布式变量 var,一个更新函数 fn,以及用于 fn 的 args 和 kwargs,在 fn 之中把从 args 和 kwargs 传递的值应用于 var 的每个组件变量。
- update() 会先把更新组合成列表,然后调用 distribute_utils.update_regroup()。
- distribute_utils.update_regroup() 会完成重分组(Regroup)操作,限于篇幅,此处不做深入介绍,有兴趣的读者可以自行研究。

reduce_to() 和 update() 的逻辑如图 18-3 所示。

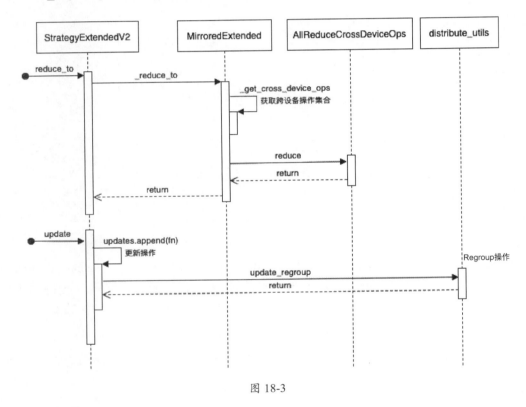

图 18-3

18.2 MirroredStrategy 分发计算

通过本节我们希望了解的是 MirroredStrategy 如何分发计算。

18.2.1 运行

官方代码示例如下,我们需要从 strategy.run() 开始看。

```
>>> def run(strategy):
...   with strategy.scope():
...     v = tf.Variable(0.)
...     strategy.run(step_fn, args=(v,))
...     return v
```

tf.distribution 对象分发计算的主要手段是 Strategy 的 run 方法,它在每个副本上调用 fn(用户指定的函数)。run 方法使用 call_for_each_replica() 函数完成对 fn 的调用。当 fn 在副本上下文被调用,可以调用 tf.distribution.get_replica_context() 来访问诸如 all_reduce 等成员变量。

```
def run(self, fn, args=(), kwargs=None, options=None):
  with self.scope():
    fn = autograph.tf_convert(
        fn, autograph_ctx.control_status_ctx(), convert_by_default=False)
    return self._extended.call_for_each_replica(fn, args=args, kwargs=kwargs)
```

因为 StrategyExtendedV1 是 StrategyExtendedV2 的派生类,所以无论是 StrategyExtendedV1 还是 StrategyExtendedV2,都会调用 call_for_each_replica() 方法。

call_for_each_replica() 在 MirroredExtended 中实现,接下来会调用 mirrored_run()。此处 mirrored_run() 指的是 mirrored_run.py 文件提供的内容。

18.2.2　mirrored_run

mirrored_run() 先调用 call_for_each_replica(),目的是在每个设备上调用 fn。在 call_for_each_replica() 之中,会建立 _MirroredReplicaThread 来运行。每个设备会启动一个线程,并行执行 fn,直至所有 fn 都完成。call_for_each_replica() 代码摘录如下。

```
def _call_for_each_replica(distribution, fn, args, kwargs):

  coord = coordinator.Coordinator(clean_stop_exception_types=(_RequestedStop,))

  shared_variable_store = {}
  devices = distribution.extended.worker_devices

  threads = []
  for index in range(len(devices)):
    variable_creator_fn = shared_variable_creator.make_fn(
        shared_variable_store, index)
    t = _MirroredReplicaThread(distribution, coord, index, devices,
                               variable_creator_fn, fn,
                               distribute_utils.caching_scope_local,
                               distribute_utils.select_replica(index, args),
                               distribute_utils.select_replica(index, kwargs))
    threads.append(t)
```

```
for t in threads:
    t.start()

return distribute_utils.regroup(tuple(t.main_result for t in threads))
```

_MirroredReplicaThread 的定义比较好理解：此线程在一个设备上运行某个方法。需要注意，在 __init__() 处调用了 context.ensure_initialized()。下一小节我们要分析 Context 概念。

```
class _MirroredReplicaThread(threading.Thread):
    """此线程在一个设备上运行某个方法"""
    def __init__(self, dist, coord, replica_id, devices, variable_creator_fn, fn,
                 caching_scope, args, kwargs):
        self.coord = coord
        self.distribution = dist
        self.devices = devices
        self.replica_id = replica_id
        self.variable_creator_fn = variable_creator_fn
        self.main_fn = fn
        self.main_args = args
        self.main_kwargs = kwargs
        self.main_result = None
        self._name_scope = self.graph.get_name_scope()
        context.ensure_initialized() # 确保初始化上下文
        ctx = context.context() # 获取上下文

    def run(self):
        try:
            with self.coord.stop_on_exception(), \
                _enter_graph(self._init_graph, self._init_in_eager), \
                _enter_graph(self.graph, self.in_eager,
                             self._variable_creator_stack), \
                context.device_policy(self.context_device_policy), \
                _MirroredReplicaContext(self.distribution,
                                        self.replica_id_in_sync_group), \
                # 这里设定了某一个设备
                ops.device(self.devices[self.replica_id]), \
                ops.name_scope(self._name_scope), \
                variable_scope.variable_scope(
                    self._var_scope, reuse=self.replica_id > 0), \
                variable_scope.variable_creator_scope(self.variable_creator_fn):

                # 运行用户函数
                self.main_result = self.main_fn(*self.main_args, **self.main_kwargs)
                self.done = True
```

```
finally:
    self.has_paused.set()
```

目前的交互流程如图 18-4 所示。

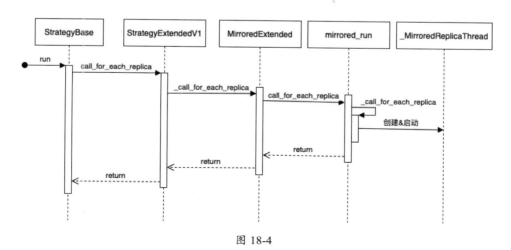

图 18-4

我们也可以从另一个角度来看（大致如图 18-5 所示），此处假定有两个设备，对应启动了两个线程来进行训练。

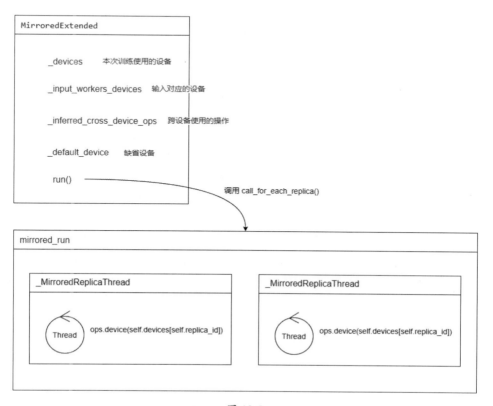

图 18-5

18.2.3 Context

本小节是对前面分布式运行环境的有机补充。之前我们接触的 TensorFlow 分布式都是基于 Session 之上的，但是在 TensorFlow 2 中已经取消了 Session。现在，我们在 MirroredReplicaThread 中找到了一个和 Session 对应的概念，即 Context。Session 的作用是与 TensorFlow Runtime 交互，Context 也有类似的作用。Context 保存和 Runtime 交互所需要的所有信息，但是 Context 生命周期远远比 Session 长。可以认为 Context 在某种程度上涵盖了 TensorFlow 1 Session 概念环境中 Master 的作用。我们接下来分析 Context 初始化流程。

Python Context 是 C++ Context 的包装器，ensure_initialized()用来确保初始化。

```
def ensure_initialized():
  context().ensure_initialized()
```

context().ensure_initialized()中调用了很多名字类似 TFE_ContextOptionsSetXXX 的设置函数，比如 pywrap_tfe.TFE_ContextOptionsSetRunEagerOpAsFunction 和 TFE_ContextSetServerDef。

我们用 TFE_ContextSetServerDef()来分析，其调用了 GetDistributedManager()方法。GetDistributedManager() 方 法 得 到 了 EagerContextDistributedManager。EagerContextDistributedManager 又调用到了 UpdateContextWithServerDef()。

UpdateContextWithServerDef()有几个关键步骤：

- 使用 tensorflow::eager::CreateClusterFLR()生成 DistributedFunctionLibraryRuntime。
- 生成 CreateContextRequest，调用 CreateRemoteContexts 来发送请求。

在下面 CreateClusterFLR()代码之中可以看到一系列熟悉的名字，比如 grpc_server、remote_workers、worker_env、worker_session 等都是我们前面遇到的 Runtime 概念。如此看来，虽然 Session API 不存在，但是内部依然使用了这些概念，只是经由 Context 来重新组织封装。

```
tensorflow::DistributedFunctionLibraryRuntime* cluster_flr =
    tensorflow::eager::CreateClusterFLR(context_id, context,
                                worker_session.get());
 auto remote_mgr = std::make_unique<tensorflow::eager::RemoteMgr>(
    /*is_master=*/true, context);
 LOG_AND_RETURN_IF_ERROR(context->InitializeRemoteMaster(
    std::move(new_server), grpc_server->worker_env(), worker_session,
    std::move(remote_eager_workers), std::move(new_remote_device_mgr),
    remote_workers, context_id, r, device_mgr, keep_alive_secs, cluster_flr,
    std::move(remote_mgr)));
```

前面提到了调用 CreateRemoteContexts()来发送请求，该方法会建立远端上下文，既然与远端有关系，就说明会用到 gRPC 机制，具体代码是 eager_client->CreateContextAsync(…)。CreateRemoteContexts()的摘要代码如下。

```
Status CreateRemoteContexts(EagerContext* context,
                    const std::vector<string>& remote_workers,
```

```cpp
                        uint64 context_id, uint64 context_view_id,
                        int keep_alive_secs, const ServerDef& server_def,
                        eager::EagerClientCache* remote_eager_workers,
                        bool async,
                        const eager::CreateContextRequest& base_request) {
  int num_remote_workers = remote_workers.size();
  BlockingCounter counter(num_remote_workers);
  std::vector<Status> statuses(num_remote_workers);

  for (int i = 0; i < num_remote_workers; i++) {
    const string& remote_worker = remote_workers[i];
    DeviceNameUtils::ParsedName parsed_name;
    if (!DeviceNameUtils::ParseFullName(remote_worker, &parsed_name)) {

    core::RefCountPtr<eager::EagerClient> eager_client;
    statuses[i] = remote_eager_workers->GetClient(remote_worker,
&eager_client);

    eager::CreateContextRequest request;
    eager::CreateContextResponse* response = new
eager::CreateContextResponse();
    request.set_context_id(context_id);
    request.set_context_view_id(context_view_id);
    *request.mutable_server_def() = server_def;
    request.mutable_server_def()->set_job_name(parsed_name.job);
    request.mutable_server_def()->set_task_index(parsed_name.task);
request.mutable_server_def()->mutable_default_session_config()->MergeFrom(
        server_def.default_session_config());

    std::vector<bool> filtered_device_mask;
    context->FilterDevicesForRemoteWorkers(
        remote_worker, base_request.cluster_device_attributes(),
        &filtered_device_mask);

    for (int i = 0; i < filtered_device_mask.size(); i++) {
      if (filtered_device_mask[i]) {
        const auto& da = base_request.cluster_device_attributes(i);
        *request.add_cluster_device_attributes() = da;
      }
    }
    request.set_async(async);

    eager_client->CreateContextAsync( // 使用 gRPC 机制
```

```
      &request, response,
      [i, &statuses, &counter, response](const Status& s) {
        statuses[i] = s;
        delete response;
        counter.DecrementCount();
      });
  }
}
```

eager_client 实际上是 GrpcEagerClient 的实例，GrpcEagerClient 是 gRPC 的客户端，实现了 gRPC 的客户端接口 EagerClient。

```
class GrpcEagerClient : public EagerClient
```

eager_client->CreateContextAsync()方法会发送 CreateContextRequest RPC 请求。于是我们得到了目前具体逻辑如图 18-6 所示。

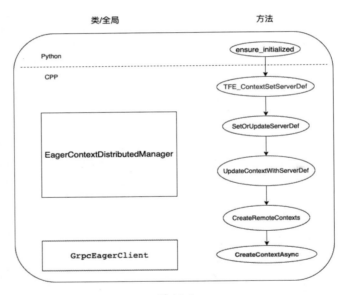

图 18-6

18.2.4 通信协议

以上对应了分布式环境之中 Client 的逻辑，我们需要分析 Server（也就是 Worker 角色）的逻辑。顺着 RPC 接着深挖，我们发现了一个之前在 Runtime 中看到但是并没有分析过的 tensorflow/core/protobuf/eager_service.proto，这是接下来的关键。

首先分析如何建立远端上下文，具体消息定义如下。

```
message CreateContextRequest {
  ServerDef server_def = 1;
  bool async = 2;
```

```
int64 keep_alive_secs = 3;
VersionDef version_def = 4;
repeated DeviceAttributes cluster_device_attributes = 6;
fixed64 context_id = 7;
fixed64 context_view_id = 8;
bool lazy_copy_remote_function_inputs = 9;
}
```

其次分析如何运行方法,具体消息定义如下。

```
message RunComponentFunctionRequest {
  fixed64 context_id = 1;
  Operation operation = 2;
  repeated int32 output_num = 3;
}
```

有了协议为基础,我们接下来分析对应的服务。

18.2.5 EagerService

注意,以下是 Server(Worker 角色)之中的逻辑。之前我们略过 EagerService,此处进行补充分析。

EagerService 定义了一个 TensorFlow 服务,代表一个远程 Eager 执行器(Eager Executor),Eager 执行器会在一组本地设备上动态(Eagerly)执行操作。该服务将跟踪它所访问的各种客户端和设备,允许客户端在它能够访问的任何设备上排队执行操作,并安排从/到任何对等体的数据传输。

一个客户端可以生成多个上下文,以便能够独立执行操作,但不能在两个上下文之间共享数据。注意:一般客户端生成的上下文应该是独立的,但低级别的 TensorFlow 执行引擎不是,它们可能会共享一些数据(例如设备的 ResourceMgr)。

我们首先分析 EagerService 的逻辑。

AsyncServiceInterface 是处理 RPC 的异步接口,GrpcEagerServiceImpl 继承了 AsyncServiceInterface。GrpcEagerServiceImpl 也是一个 gRPC Service,GrpcServer 会在线程之中运行 GrpcEagerServiceImpl。

GrpcEagerServiceImpl 定义如下。

```
class GrpcEagerServiceImpl : public AsyncServiceInterface {
  const WorkerEnv* const env_;
  EagerServiceImpl local_impl_;

  thread::ThreadPool enqueue_streaming_thread_;
  std::unique_ptr<::grpc::Alarm> shutdown_alarm_;

  std::unique_ptr<::grpc::ServerCompletionQueue> cq_;
```

```
  grpc::EagerService::AsyncService service_;

  TF_DISALLOW_COPY_AND_ASSIGN(GrpcEagerServiceImpl);
};
```

GrpcServer 之中构建 GrpcEagerServiceImpl 代码如下。

```
Status GrpcServer::Init(const GrpcServerOptions& opts) {
  eager_service_ = new eager::GrpcEagerServiceImpl(&worker_env_, &builder);
```

在 GrpcServer::Start() 中完成了线程启动，随后在 HandleRPCsLoop() 中完成对 RPC 的处理。

GrpcEagerServiceImpl 重要的成员变量是 EagerServiceImpl 类型的 local_impl_，EagerServiceImpl 类是具体业务逻辑的实现者。当收到消息时，GrpcEagerServiceImpl 会使用 local_impl_.method(&call->request, &call->response)) 来调用 EagerServiceImpl 的具体逻辑。

EagerServiceImpl 定义如下，我们只给出部分成员变量。

```
class EagerServiceImpl {
  const WorkerEnv* const env_;
  std::unordered_map<uint64, ServerContext*> contexts_
    TF_GUARDED_BY(contexts_mu_);
};
```

我们接下来分析如何建立远端上下文。

在接收到 CreateContextRequest 之后，远端 Server（此处是 Worker 角色）首先调用 GrpcEagerServiceImpl 的 CreateContextHandler()，然后调用 EagerServiceImpl 的 CreateContext()。context_id 的作用类似于 session_id，因为是 Worker 角色，所以在 EagerServiceImpl::CreateContext 的代码中处处可见 worker_session。CreateContext() 代码摘录如下。

```
Status EagerServiceImpl::CreateContext(const CreateContextRequest* request,
                                      CreateContextResponse* response) {
  auto context_it = contexts_.find(request->context_id());
  auto* r = env_->rendezvous_mgr->Find(request->context_id());
  auto session_name =
      tensorflow::strings::StrCat("eager_", request->context_id());

  TF_RETURN_IF_ERROR(env_->session_mgr->CreateSession(
      session_name, request->server_def(),
request->cluster_device_attributes(),
      true));
  int64_t context_id = request->context_id();

  std::shared_ptr<WorkerSession> worker_session;
  TF_RETURN_IF_ERROR(env_->session_mgr->WorkerSessionForSession(
      session_name, &worker_session));
```

```cpp
  tensorflow::DeviceMgr* device_mgr = worker_session->device_mgr();

  std::function<Rendezvous*(const int64_t)> rendezvous_creator =
      [worker_session, this](const int64_t step_id) {
        auto* r = env_->rendezvous_mgr->Find(step_id);
        r->Initialize(worker_session.get()).IgnoreError();
        return r;
      };

  SessionOptions opts;
  opts.config = request->server_def().default_session_config();
  tensorflow::EagerContext* ctx = new tensorflow::EagerContext(
      opts,
 tensorflow::ContextDevicePlacementPolicy::DEVICE_PLACEMENT_SILENT,
      request->async(), device_mgr, false, r, worker_session->cluster_flr(),
      env_->collective_executor_mgr.get());
  core::ScopedUnref unref_ctx(ctx);

  std::vector<string> remote_workers;
  worker_session->worker_cache()->ListWorkers(&remote_workers);
  remote_workers.erase(std::remove(remote_workers.begin(),
 remote_workers.end(),
                                    worker_session->worker_name()),
                   remote_workers.end());

  std::unique_ptr<tensorflow::eager::EagerClientCache> remote_eager_workers;
  TF_RETURN_IF_ERROR(worker_session->worker_cache()->GetEagerClientCache(
      &remote_eager_workers));
  DistributedFunctionLibraryRuntime* cluster_flr =
      eager::CreateClusterFLR(request->context_id(), ctx,
 worker_session.get());

  auto remote_mgr =
      absl::make_unique<tensorflow::eager::RemoteMgr>(/*is_master=*/false,
 ctx);
  Status s = ctx->InitializeRemoteWorker(
      std::move(remote_eager_workers), worker_session->remote_device_mgr(),
      remote_workers, request->context_id(), request->context_view_id(),
      std::move(rendezvous_creator), cluster_flr, std::move(remote_mgr),
      std::move(session_destroyer));

  // 省略其他代码
}
```

因此，我们得到远端 Worker 业务交互逻辑如图 18-7 所示。

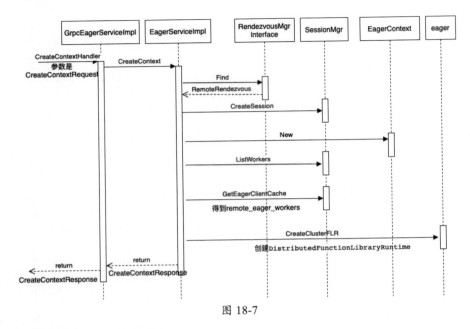

图 18-7

创建服务整体逻辑如图 18-8 所示。

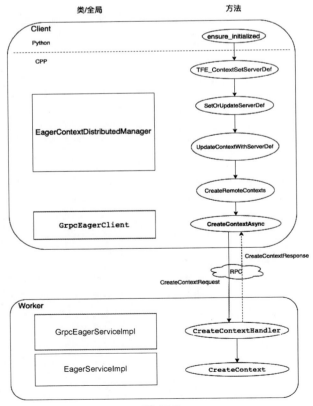

图 18-8

至此，上下文环境分析完毕，远端分布式运行的基础也建立起来，我们接下来分析如何在远端运行训练代码。

18.2.6 在远端运行训练代码

前面提到，Client 使用如下语句建立 DistributedFunctionLibraryRuntime。

```
tensorflow::DistributedFunctionLibraryRuntime* cluster_flr =
    tensorflow::eager::CreateClusterFLR(context_id, context,
worker_session.get());
```

Server 在 EagerServiceImpl::CreateContext 中也使用如下语句建立 DistributedFunctionLibraryRuntime。

```
DistributedFunctionLibraryRuntime* cluster_flr =
eager::CreateClusterFLR(request->context_id(), ctx, worker_session.get());
```

CreateClusterFLR()定义如下。

```
DistributedFunctionLibraryRuntime* CreateClusterFLR(
    const uint64 context_id, EagerContext* ctx, WorkerSession* worker_session)
{
  return new EagerClusterFunctionLibraryRuntime(
      context_id, ctx, worker_session->remote_device_mgr());
}
```

于是我们引出了 TensorFlow 的核心概念之一：FunctionLibraryRuntime。DistributedFunctionLibraryRuntime 就是 FunctionLibraryRuntime 的分布式拓展，或者说是分布式基础 API。

EagerClusterFunctionLibraryRuntime 是 DistributedFunctionLibraryRuntime 的具体实现，用来在服务之间通过 RPC 运行 tf.function。类逻辑如图 18-9 所示，其中 ClusterFunctionLibraryRuntime 也是一个派生类，但是和我们的分析关系不大。

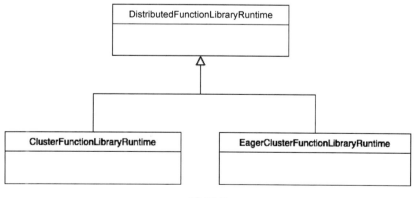

图 18-9

如果 Client 希望运行计算图，则会进入 EagerClusterFunctionLibraryRuntime 的 Run()方法，RunComponentFunctionAsync()会发送 RunComponentFunctionRequest 来通知远端 Worker。远

端 Worker 处理之后返回 RunComponentFunctionResponse。

远端 Worker 首先调用 GrpcEagerServiceImpl 的 RunComponentFunctionHandler()，然后调用 EagerServiceImpl::RunComponentFunction()处理具体业务，进而调用 EagerLocalExecuteAsync() 完成具体执行。

我们得到执行业务的最终逻辑如图 18-10 所示。

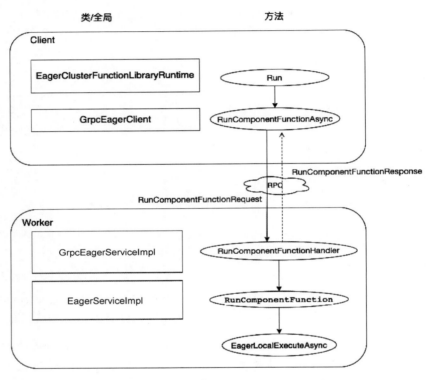

图 18-10

18.2.7 总结

我们总结一下 MirroredStrategy 的问题和逻辑。

- 如何更新 MirroredVariable？
    - 一个操作分布式变量的示例如下：首先调用 reduce_to()进行归约，然后调用 update() 进行更新。
- 本地是多线程计算还是多进程计算？
    - MirroredStrategy 在本地会使用多线程进行训练：在_call_for_each_replica()之中会建立线程 _MirroredReplicaThread 来运行 fn（用户指定的函数）。每个设备启动一个线程，并行执行 fn，直至所有 fn 都完成。
- 本章出现的新概念 Context 和我们之前分析的 TensorFlow Runtime 怎么联系起来？

- Context 在某种程度上起到 TensorFlow 1 Session 概念环境之中 Master 的作用，对计算进行分发。
- 在远端，EagerService 定义了一个 TensorFlow 服务，它会建立远端上下文，把 Context 分发的计算放在本地设备上执行操作。
• 如何分发计算？如何在远端运行训练代码？
  - EagerClusterFunctionLibraryRuntime 负责在服务之间通过 RPC 来运行 function。Client 如果希望运行计算图，本地会进入 EagerClusterFunctionLibraryRuntime 的 run() 方法，RunComponentFunctionAsync 会调用 RPC（发送 RunComponentFunctionRequest）通知远端 Worker。
  - 远端 Worker 首先调用 GrpcEagerServiceImpl 的 RunComponentFunctionHandler()，然后调用 EagerServiceImpl 的 RunComponent()。
  - EagerServiceImpl::RunComponentFunction() 负责处理具体业务，主要就是调用 EagerLocalExecuteAsync() 完成具体执行。
  - 远端 Worker 处理业务之后返回 RunComponentFunctionResponse。

至此，MirroredStrategy 分析完毕。

第 19 章 ParameterServerStrategy

本章我们来分析 ParameterServerStrategy 分布式策略如何运作。

19.1 ParameterServerStrategyV1

先看 ParameterServerStrategyV1。目前工业界还有很多公司在使用此版本代码，而且其内部机制也比较清晰易懂，值得我们分析。

19.1.1 思路

ParameterServerStrategyV1 是一个异步的多 Worker 参数服务器策略。此策略需要两个角色：Worker 和参数服务器（PS）。ParameterServerStrategyV1 的主要作用就是把变量和对这些变量的更新分布在 PS 之上，把计算分布在 Worker 之上。我们将从几个方面来研究：1）如何获取数据；2）如何生成变量；3）如何运行。接下来我们就通过分析代码来回答这些问题。

1. 总体逻辑

在 ParameterServerStrategyV1 策略下，当每个 Worker 有一个以上的 GPU 时，操作将被复制到所有 GPU 上，但变量不会被复制，所有 Worker 共享一个共同的视图以确定某一个变量被分配到哪个参数服务器。这假设每个 Worker 独立运行相同的代码，而参数服务器则运行一个标准服务器。也意味着，虽然每个 Worker 将在所有 GPU 上同步计算一个梯度更新，但 Worker 之间的更新是异步进行的。即使只有 CPU 或一个 GPU，也应该调用 call_for_each_replica(fn, …)来进行任何可能跨副本（即多个 GPU）复制的操作。

ParameterServerStrategyV1 的定义和初始化比较简单，主要使用 ParameterServerStrategyExtended 完成初始化。ParameterServerStrategyExtended 派生自 distribute_lib.StrategyExtendedV1，提供了可以分布式感知的 API。

ParameterServerStrategyExtended 在初始化之中会完成获取集群信息的工作。_initialize_strategy()依据规格不同选择启动本地还是多 Worker，我们只研究多 Worker 的情况，也就是_initialize_multi_worker()函数。

_initialize_multi_worker()会做一系列配置，比如：

- 获取 GPU 数量，从集群配置之中获取配置信息。
- 设定工作设备和输入设备名称，设定计算设备列表。
- 分配设备策略，得到参数服务器设备列表。

2. 分配设备

我们接下来分析如何分配设备。在初始化状态下，分配设备就是给每个计算图指定一个设备名字，在后续真正运行时，系统会根据此设备名字再进行具体分配设备。

replica_device_setter()函数返回一个设备函数，或者说是策略。当为副本建立计算图时，此策略将提供信息，该信息用来指导计算图应该分配到哪个设备上。设备函数与 with tf.device(device_function) 一起使用。如果参数 cluster 为 None 且参数 ps_tasks 为 0，则返回的函数为 no-op。如果参数 ps_tasks 数值不为 0，则后续变量就放到 ps_device 之上，否则放到 worker_device 之上，具体代码如下。

```python
def replica_device_setter(ps_tasks=0, ps_device="/job:ps",
                         worker_device="/job:worker",
                         merge_devices=True, cluster=None,
                         ps_ops=None, ps_strategy=None):
  if ps_strategy is None:
    ps_strategy = _RoundRobinStrategy(ps_tasks)
  chooser = _ReplicaDeviceChooser(ps_tasks, ps_device, worker_device,
                                  merge_devices, ps_ops, ps_strategy)
  return chooser.device_function
```

replica_device_setter()函数的逻辑分为两步：

第一步是设定布局策略（Placement Strategy）。在默认情况下，PS 任务上只放置变量操作（Variable ops），布局策略以轮询调度（Round-Robin）机制在 PS 任务之间进行分配。也可以采用比如 tf.contrib.training.GreedyLoadBalancingStrategy 等布局策略。

_RoundRobinStrategy 具体定义如下。

```python
class _RoundRobinStrategy(object):
  def __init__(self, num_tasks):
    self.num_tasks = num_tasks
    self.next_task = 0
  def __call__(self, unused_op):
    task = self.next_task
    self.next_task = (self.next_task + 1) % self.num_tasks
    return task
```

第二步是依据策略创建一个 _ReplicaDeviceChooser，然后返回 _ReplicaDeviceChooser.device_function。_ReplicaDeviceChooser.device_function()函数之中会使用成员变量 self._ps_strategy 来决定具体设备名字，会依据 self._ps_tasks 的信息来决定变量是放在 ps_device 之上还是 worker_device 之上。

```python
def device_function(self, op):
  """为 op 选择一个设备"""

  current_device = pydev.DeviceSpec.from_string(op.device or "")
  if self._ps_tasks and self._ps_device and node_def.op in self._ps_ops:
```

```
if ps_job and (not current_job or current_job == ps_job):
    # 此处使用了策略
    ps_device = ps_device.replace(task=self._ps_strategy(op))

ps_device = ps_device.make_merged_spec(current_device)
return ps_device.to_string()
```

设备相关的逻辑总结如图 19-1 所示。

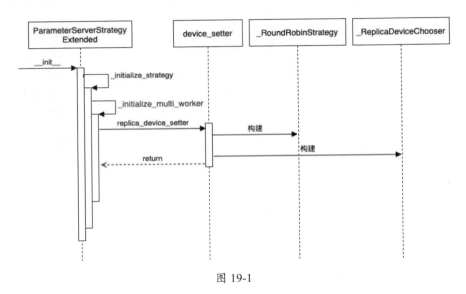

图 19-1

在初始化之后，ParameterServerStrategyExtended 如图 19-2 所示。

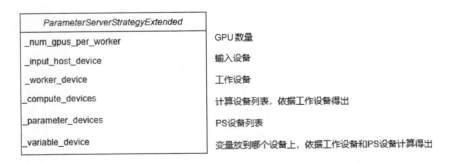

图 19-2

19.1.2 数据

我们接下来分析如何获取训练数据。因为 distribute_datasets_from_function() 会调用基类 StrategyBase 的 distribute_datasets_from_function()，所以我们要分析基类 StrategyBase。

在 StrategyBase 之中，distribute_datasets_from_function() 依靠调用 dataset_fn 来分发 tf.data.Dataset。用户传入的参数 dataset_fn 是一个输入函数。此输入参数带有 InputContext 参数，并返回一个 tf.data.Dataset 实例。dataset_fn 得到的数据集应该是已按每个副本的批量大小

（即全局批量大小除以同步副本的数量）完成分批次和分片。distribute_datasets_from_function() 本身不会做分批次和分片操作。

dataset_fn 将在每个 Worker 的 CPU 设备上被调用并且会生成一个数据集，其中该 Worker 上的每个副本都会将一个输入批量移出（即如果一个 Worker 有两个副本，则在每个 step 之中，两个批量将会被从数据集中移出）。这种方法有多种用途。它允许用户指定自己的分批切分逻辑，而且在数据集无限大的情况下，分片可以通过依据随机种子的不同来创建数据集副本。

19.1.3 作用域和变量

我们接下来分析作用域和变量之间的关系。

ParameterServerStrategyV1 的 scope() 函数会调用基类的 scope() 函数。

```
def scope(self):
  return super(ParameterServerStrategyV1, self).scope()
```

StrategyBase 的 scope() 函数首先返回一个上下文管理器（Context Manager），然后使用当前策略来建立分布式变量。

Strategy 会调用 extended。StrategyExtendedV2 的 scope() 函数配置如何创建变量、获取变量、获取变量作用域等机制。由于 scope() 函数会返回给用户一个 _CurrentDistributionContext，因此当用户使用比如 creator_with_resource_vars() 时，就会调用派生策略的 _create_variable() 来创建变量。

creator_with_resource_vars() 函数建立变量操作是通过 _create_var_creator() 函数来完成的，此处主要调用了 ps_values.AggregatingVariable 来生成变量。

ParameterServerStrategyExtended 在调用 _initialize_multi_worker() 初始化时通过 device_setter.replica_device_setter() 配置了 self._variable_device，因此在创建变量时就知道应该如何把变量分配到设备之上。

```
self._variable_device = device_setter.replica_device_setter(
    ps_tasks=num_ps_replicas, # 参数服务器
    worker_device=self._worker_device, # 工作设备
    merge_devices=True, cluster=cluster_spec)
```

创建变量代码如下。with ops.device(self._variable_device) 会把后续作用域之中的变量放到 self._variable_device 之上。

```
def _create_variable(self, next_creator, **kwargs):

  # 创建变量
  var_creator = self._create_var_creator(next_creator, **kwargs)

  with ops.colocate_with(None, ignore_existing=True):
    with ops.device(self._variable_device): # 此处使用到 replica_device_setter()
      return var_creator(**kwargs)
```

```python
# 具体建立变量通过 _create_var_creator() 完成，此处主要调用
# ps_values.AggregatingVariable() 来生成变量
def _create_var_creator(self, next_creator, **kwargs):
    if self._num_replicas_in_sync > 1:
        def var_creator(**kwargs):
            v = next_creator(**kwargs)
            # 建立变量
            wrapped = ps_values.AggregatingVariable(self._container_strategy(), v,
                                                   aggregation)
            return wrapped

        return var_creator
```

AggregatingVariable 为变量加了一个包装器，这样对变量的操作就落到了策略之上。

```python
class AggregatingVariable(variables_lib.Variable, core.Tensor):
    """提供一个变量的包装器，这样此变量可以跨副本进行聚合"""

    def __init__(self, strategy, v, aggregation):
        self._distribute_strategy = strategy  # 配置了策略
        self._v = v
        v._aggregating_container = weakref.ref(self)
        self._aggregation = aggregation

    @property
    def distribute_strategy(self):
        return self._distribute_strategy

    def _assign_func(self, *args, **kwargs):
        with ds_context.enter_or_assert_strategy(self._distribute_strategy):

            # 使用跨副本上下文
            if ds_context.in_cross_replica_context():
                # 使用策略来更新
                return self._distribute_strategy.extended.update(
                    self, f, args=args, kwargs=kwargs)
```

具体逻辑如图 19-3 所示，第一个操作序列是建立变量，第二个操作序列是处理变量。

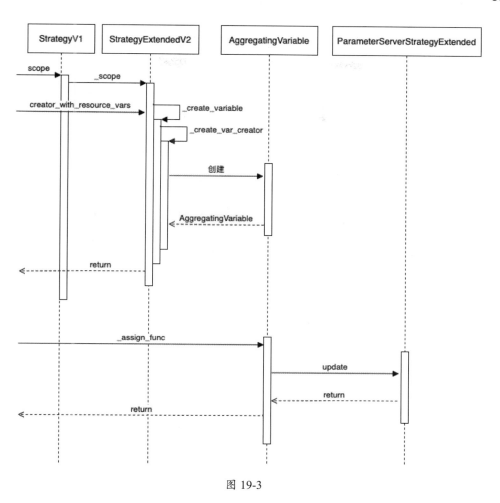

图 19-3

19.1.4 运行

我们接下来分析 ParameterServerStrategyV1 如何运行。

ParameterServerStrategyV1 调用了基类 StrategyV1 的 run()方法，此方法是用 tf.distribution 对象分发计算的主要方法。它在每个副本上调用 fn（用户指定的函数）。

fn 可以在副本上下文通过调用 tf.distribution.get_replica_context()来访问诸如 all_reduce 成员变量等成员。args 或 kwargs 中的所有参数都可以是一个嵌套的张量结构，例如一个张量列表，在这种情况下，args 和 kwargs 将被传递给在每个副本上调用的 fn。args 或 kwargs 也可以是包含张量或复合张量的 tf.distributedValues，在这种情况下，每个 fn 调用将得到与副本对应的 tf.distributedValues 的组件。

run()方法的执行来到了 StrategyExtendedV2，此时调用派生类的 _call_for_each_replica() 函数。派生类 ParameterServerStrategyExtended 的 _call_for_each_replica()如下。

```
def _call_for_each_replica(self, fn, args, kwargs):
    return mirrored_run.call_for_each_replica(self._container_strategy(), fn,
                                               args, kwargs)
```

mirrored_run 部分已经在前文分析过，不再赘述，具体逻辑如图 19-4 所示。

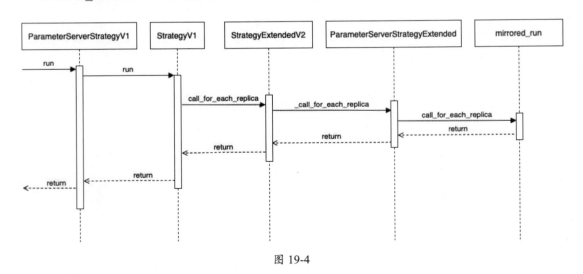

图 19-4

或者从另一个角度来看，具体逻辑如图 19-5 所示。

图 19-5

19.2 ParameterServerStrategyV2

对于 ParameterServerStrategy V2，前文已经介绍过变量、作用域和如何运行，主要分析如何使用，下一节会研究分发计算。

19.2.1 如何使用

在 TensorFlow 2 中，参数服务器训练由 ParameterServerStrategy 类提供支持，该类将训练步骤分布到一个可扩展为数千个 Worker 的集群。

无论选择哪种 API（Model.fit 或自定义训练循环），TensorFlow 2 中的分布式训练都会涉及如下概念。一个 Cluster（TensorFlow 集群）有若干个 Job，每个 Job 可能包括一个或多个 Task。而当使用参数服务器训练时，TensorFlow 2 推荐使用一种基于中央协调的架构来进行参数服务器训练，具体建议使用如下配置。

- 一个 Coordinator Job。
- 多个 Worker Job。
- 多个参数服务器 Job。

Coordinator 负责创建资源、分配训练任务、写检查点和处理失败任务，Worker 和参数服务器则运行 tf.distribution.Server 来听取 Coordinator 的请求。如果使用 Model.fit API，则参数服务器训练需要 Coordinator 使用 ParameterServerStrategy 对象和 tf.keras.utils.experimental.DatasetCreator 作为输入。

Coordinator 使用 ParameterServerStrategy 来定义参数服务器上的变量和 Worker 的计算，使用 ClusterCoordinator 来协调集群。在自定义训练循环中，ClusterCoordinator 类是用于 Coordinator 的关键组件，具体特点如下。

- 对于参数服务器训练，ClusterCoordinator 需要与 ParameterServerStrategy 一起工作。
- 此 tf.distribution.Strategy 对象需要使用者提供集群的信息，并使用这些信息来定义训练 step。ClusterCoordinator 对象将这些训练 step 的执行分派给远端 Worker。

ClusterCoordinator 提供的最重要的 API 是 schedule，schedule 会把 tf.function 分派到 Worker 上执行。除了调度远程函数之外，ClusterCoordinator 还可以在所有 Worker 上创建数据集，以及当一个 Worker 从失败中恢复时重建这些数据集。

19.2.2 运行

如果直接调用 run() 方法来运行，则 ParameterServerStrategy 和其他策略套路类似，比如在 parameter_server_strategy_v2 之中调用了 mirrored_run，我们不再赘述。

```
def _call_for_each_replica(self, fn, args, kwargs):
    return mirrored_run.call_for_each_replica(self._container_strategy(), fn,
args, kwargs)
```

另一种方式是使用 ClusterCoordinator 来运行，我们接下来就结合自定义训练循环进行分析。

19.3　ClusterCoordinator

19.3.1 使用

ClusterCoordinator 是一个用于安排和协调远程函数执行的对象。该类用于创建容错（fault-tolerant）资源和调度函数到远程 TensorFlow 服务器。

ClusterCoordinator 大体逻辑如图 19-6 所示。

在使用 ParameterServerStrategy 定义所有的计算后，用户可以使用 ClusterCoordinator 类来创建资源并将训练 step 分配给 Worker，具体示例如下。

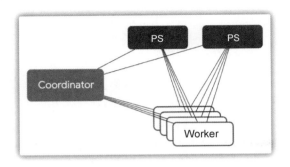

图 19-6

首先，我们创建一个 ClusterCoordinator 对象并传入策略对象。

```
strategy = tf.distribute.experimental.ParameterServerStrategy(cluster_resolver=...)
coordinator = tf.distribute.experimental.coordinator.ClusterCoordinator(strategy)
```

其次，创建属于每个 Worker（Per-Worker）的数据集和迭代器。建议在下面代码的 per_worker_dataset_fn() 中，将 dataset_fn 包裹到 strategy.distribution_datasets_from_function 里，无缝高效地把数据预取到 GPU。

```
@tf.function
def per_worker_dataset_fn():
  return strategy.distribute_datasets_from_function(dataset_fn)

per_worker_dataset = coordinator.create_per_worker_dataset(per_worker_dataset_fn)
per_worker_iterator = iter(per_worker_dataset)
```

最后，使用 ClusterCoordinator.schedule() 将计算分配给 Worker。

- schedule 方法把一个 tf.function 插入队列，并立即返回一个类似 future 的 RemoteValue。队列之中的函数将被派发给 Worker，RemoteValue 将被异步填充结果。
- 用户可以使用 ClusterCoordinator.join 方法来等待所有被调度（scheduled）的函数执行完成。

```
@tf.function
def step_fn(iterator):
    return next(iterator)

for i in range(num_epoches):
  for _ in range(steps_per_epoch):
    coordinator.schedule(step_fn, args=(per_worker_iterator,))
  coordinator.join()
```

依据前面的代码，我们总结问题如下：1) Worker 如何具体执行用户函数？2）如何获取数据？接下来就通过分析来解决这些问题。

19.3.2 定义

ClusterCoordinator 的主要思路如下。

- Coordinator 不是训练 Worker 之一，它负责创建资源（如变量和数据集），调度 tf.function，保存检查点等。
- 为了使训练工作顺利进行，Coordinator 把 tf.function 分发到 Worker 上执行。
- 在收到 Coordinator 的请求后，Worker 会执行 tf.function，具体为从参数服务器读取变量、执行操作和更新参数服务器上的变量。
- 每个 Worker 只处理来自 Coordinator 的请求，并与参数服务器进行通信，而不与集群中的其他 Worker 直接互动。

从图 19-7 可以看到 ClusterCoordinator 的业务流程（见彩插）。

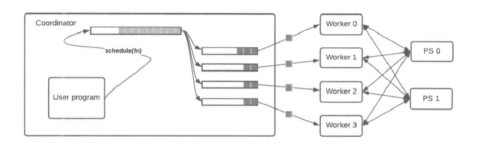

图 19-7

ClusterCoordinator 定义具体如下，主要是配置_strategy 成员变量，生成_cluster 成员变量。

```
class ClusterCoordinator(object):

  def __new__(cls, strategy):
    if strategy._cluster_coordinator is None:
      strategy._cluster_coordinator = super(
          ClusterCoordinator, cls).__new__(cls)
    return strategy._cluster_coordinator

  def __init__(self, strategy):
    self._strategy = strategy
    self.strategy.extended._used_with_coordinator = True
    self._cluster = Cluster(strategy)
    self._has_initialized = True
```

我们接下来分析 ClusterCoordinator 提供的几个主要 API。[①]

ClusterCoordinator 提供的最重要的 API 是 schedule()，schedule()会分派 fn（用户定义函数）到一个 Worker，以便异步执行，具体如下。

- schedule()是非阻塞的，因为它把 fn 插入队列，并立即返回一个类似 future 的 coordinator.RemoteValue 对象。fn 在队列之中排队，等待稍后执行。
- 在队列之中排队的函数将被派发给 Worker 来异步执行，函数的 RemoteValue 将被异步赋值。
- schedule()不需要执行分配任务，传递进来的 fn 可以在任何可用的 Worker 上执行。
- 可以调用 fetch()来等待 fn 执行完成，并从 Worker 那里获取输出，也可以调用 ClusterCoordinator.join()来等待所有预定的 fn 完成。

失败和容错的策略如下。

- 由于 Worker 在执行 fn 的任何时候都可能失败，因此 fn 有可能被部分执行，ClusterCoordinator 保证发生问题后，fn 最终将在可用的 Worker 上执行。
- schedule API 保证 fn 至少在 Worker 上执行一次；如果 fn 对应的 Worker 在执行过程中失败，则由于 fn 的执行不是原子操作，因此一个 fn 可能被执行多次。
- 如果被执行的 Worker 在结束之前变得不可用，则该 fn 将在另一个可用的 Worker 上重试。
- 如果任何先前调度的 fn 出现错误，则 schedule()将抛出一个错误，并清除到目前为止收集的错误。用户可以在返回的 RemoteValue 上调用 fetch()来检查 fn 是否已经执行、失败或取消，如果需要，则可以重新安排相应的 fn。当 schedule()引发异常时，它保证没有任何 fn 仍在执行。

schedule()的具体定义如下，数据迭代器作为参数之一会和 fn 一起被传入。

```
def schedule(self, fn, args=None, kwargs=None):
  with self.strategy.scope():
    remote_value = self._cluster.schedule(fn, args=args, kwargs=kwargs)
    return remote_value
```

join()会阻塞，直到所有预定调度的 fn 都执行完毕，join()具体特点如下。

- 如果先前安排的任何 fn 产生错误，则 join()将因为抛出一个错误而失败，并清除到目前为止收集的错误。如果发生这种情况，那么一些先前安排的 fn 可能没有被执行。
- 用户可以对返回的 RemoteValue 调用 fetch()来检查它们是否已经执行、失败或取消。
- 如果一些已经取消的 fn 需要重新安排，则用户应该再次调用 schedule()。
- 当 join()返回或抛出异常时，它保证没有任何 fn 仍在执行。

[①] 在 ClusterCoordinator 模块内有一个 Worker 类，这是远端 Worker 的代言人。本小节后续如果没有特殊说明，Worker 专指 ClusterCoordinator 模块内的 Worker 类。

done()方法用来检测所分发的 fn 是否已经全部执行完毕。如果先前分发的任何 fn 引发错误，done()将会返回失败。

19.3.3 数据

除调度远程函数外，ClusterCoordinator 还在所有 Worker 上创建数据集，并当一个 Worker 从失败中恢复时重建这些数据集。用户可以通过调用 dataset_fn 在 Worker 设备上创建数据集。一些关键逻辑如下。

1. 建立数据集

可以使用 create_per_worker_dataset()在 Worker 上建立数据集，这些数据集由 dataset_fn 生成，并返回一个代表这些数据集的集合。在这样的集合上调用__iter__()函数会返回一个 tf.distribution.experimental.coordinator.PerWorkerValues，它是一个迭代器的集合，集合中的迭代器已经被放置在各个 Worker 上。

create_per_worker_dataset() 调用之后会返回 PerWorkerDatasetFromDataset 或者 PerWorkerDatasetFromDatasetFunction。PerWorkerDistributedDataset 代表了从一个数据集方法建立的 Worker 使用的分布式数据集。在 PerWorkerDatasetFromDatasetFunction 类的__iter__()函数之中有如下操作。

- 调用_create_per_worker_iterator()得到一个 iter(dataset)。
- 调用 self._coordinator._create_per_worker_resources()为每个 Worker 生成一个迭代器。_create_per_worker_resources()会调用各个 Worker 的方法来让每个 Worker 得到数据。
- 返回一个 PerWorkerDistributedIterator。

PerWorkerDatasetFromDatasetFunction 类的__iter__()函数代码如下。

```
def __iter__(self):
  def _create_per_worker_iterator():
    dataset = self._dataset_fn()
    return iter(dataset)

  per_worker_iterator = self._coordinator._create_per_worker_resources(
      _create_per_worker_iterator)

  for iterator_remote_value in per_worker_iterator._values:
    iterator_remote_value._type_spec = (
        input_lib.get_iterator_spec_from_dataset(
            self._coordinator.strategy, self._dataset_fn.structured_outputs))

  return PerWorkerDistributedIterator(per_worker_iterator._values)
```

2. PerWorkerValues

PerWorkerValues 是一个值列表，每个 Worker 对应列表之中的一个值，每个值都位于相应的 Worker 上。当被用作 schedule() 的 args 或 kwargs 时，某一个 Worker 的特定值将被传递到该 Worker 上执行的函数中。获取数据的逻辑如图 19-8 所示。

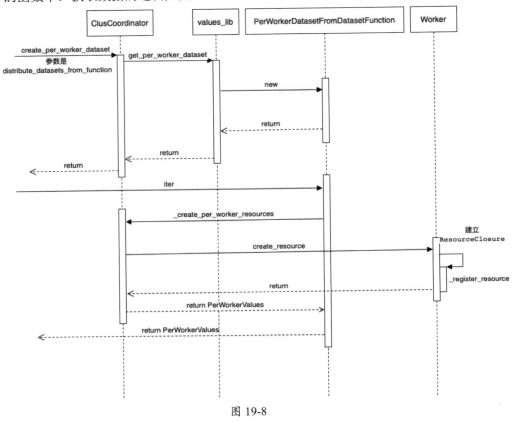

图 19-8

19.3.4 Cluster

Cluster 是业务执行者，是一个 Worker 集群的抽象概念，其定义如下。

```
class Cluster(object):
  def __init__(self, strategy):
    self._num_workers = strategy._num_workers
    self._num_ps = strategy._num_ps
    self._transient_ps_failures_threshold = int(
        os.environ.get("TF_COORDINATOR_IGNORE_TRANSIENT_PS_FAILURES", 3))
    self._potential_ps_failures_lock = threading.Lock()
    self._potential_ps_failures_count = [0] * self._num_ps
    self.closure_queue = _CoordinatedClosureQueue()
    self.failure_handler = WorkerPreemptionHandler(context.get_server_def(),
                                                   self)
    worker_device_strings = [
```

```
        "/job:worker/replica:0/task:%d" % i for i in range(self._num_workers)
    ]
    self.workers = [ # 生成 Worker 类的列表，Worker 是远端 Worker 的代言人
        Worker(i, w, self) for i, w in enumerate(worker_device_strings)
    ]
```

在 Cluster 初始化方法之中会做如下处理。

- 设置如何忽略参数服务器暂时错误。
- 设定 Worker 的设备名称，即给每个 Worker 指定一个设备。
- 生成一系列 Worker。

此处要注意的是如何忽略因为远端 Worker 瞬时连接错误而报告的故障。

- 远端 Worker 和参数服务器之间的瞬时连接问题会由 Worker 转发给 Coordinator，这将导致 Coordinator 认为存在参数服务器故障。
- 瞬时与永久的参数服务器故障之间的区别是远端 Worker 报告的数量。当此环境变量设置为正整数 K 时，Coordinator 忽略最多 K 个失败报告，也就是说，只有超过 K 个执行错误，并且这些错误是由于同一个参数服务器实例导致的，我们才认为该参数服务器实例产生了失败。

Cluster 类提供的最重要的 API 是 schedule/join 这对函数。schedule 是非阻塞的，它把一个 tf.function 插入队列，并立即返回一个 RemoteValue。schedule() 的具体逻辑如图 19-9 所示，虚线表示数据集被传入，此处的 Queue 是语句 from six.moves import queue 引入的 queue.Queue，我们接下来在 _CoordinatedClosureQueue 之中会见到。

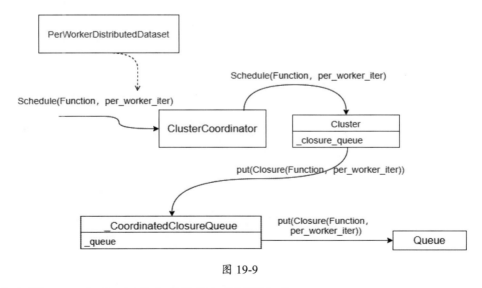

图 19-9

我们从图 19-10 来看，目前完成的是左边圆圈部分。

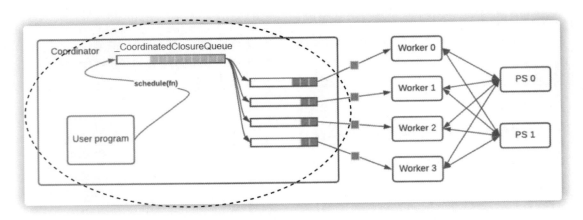

图 19-10

19.3.5 Closure

Closure 的主要作用是把任务封装起来，也提供了其他功能。如图 19-11 所示，橙色框内部就是 Closure 的队列（见彩插）。

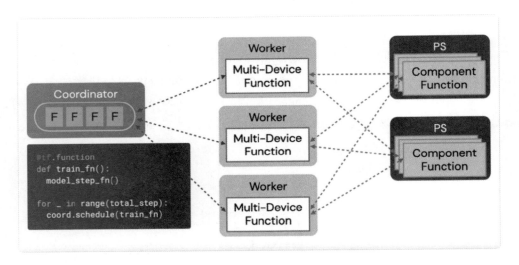

图 19-11

Closure 部分代码如下。

```
class Closure(object):
  def __init__(self, function, cancellation_mgr, args=None, kwargs=None):
    self._args = args or ()
    self._kwargs = kwargs or {}

    if isinstance(function, def_function.Function):
      replica_args = _select_worker_slice(0, self._args)
```

```
            replica_kwargs = _select_worker_slice(0, self._kwargs)

            with metric_utils.monitored_timer(
                "function_tracing", state_tracker=function._get_tracing_count):
                self._concrete_function = function.get_concrete_function(
                    *nest.map_structure(_maybe_as_type_spec, replica_args),
                    **nest.map_structure(_maybe_as_type_spec, replica_kwargs))
        elif isinstance(function, tf_function.ConcreteFunction):
            self._concrete_function = function

        if hasattr(self, "_concrete_function"):
            self._output_type_spec = func_graph.convert_structure_to_signature(
                self._concrete_function.structured_outputs)
            self._function = cancellation_mgr.get_cancelable_function(
                self._concrete_function)
        else:
            self._output_type_spec = None
            self._function = function

        self._output_remote_value_ref = None
```

Closure 的 execute_on()函数负责运行，即在指定的设备上执行 self._function。在下面代码中，with context.executor_scope(worker.executor) 使用了 DispatchContext，self._function 是用户自定义的 tf.function。

```
def execute_on(self, worker):
    """在指定的Worker上运行closure"""
    replica_args = _select_worker_slice(worker.worker_index, self._args)
    replica_kwargs = _select_worker_slice(worker.worker_index, self._kwargs)

    e = (
        _maybe_rebuild_remote_values(worker, replica_args) or
        _maybe_rebuild_remote_values(worker, replica_kwargs))

    with ops.device(worker.device_name):  # 在指定设备上运行
      with context.executor_scope(worker.executor):  # 通过上下文设定作用域
        with coordinator_context.with_dispatch_context(worker):
          with metric_utils.monitored_timer("closure_execution"):
            output_values = self._function(  # 运行用户的自定义函数
                *nest.map_structure(_maybe_get_remote_value, replica_args),
                **nest.map_structure(_maybe_get_remote_value, replica_kwargs))
    self.maybe_call_with_output_remote_value(
        lambda r: r._set_values(output_values))
```

ResourceClosure 是派生类，作用是把 Closure 用 RemoteValue 包装起来。实际运行中使用的都是 ResourceClosure。

```python
class ResourceClosure(Closure):
    def build_output_remote_value(self):
        if self._output_remote_value_ref is None:
            # 需要把 Closure 对象记录在 RemoteValue
            ret = RemoteValueImpl(self, self._output_type_spec)
            self._output_remote_value_ref = weakref.ref(ret)
            return ret
        else:
            return self._output_remote_value_ref()
```

19.3.6 队列

_CoordinatedClosureQueue 是任务所在的队列，一些关键方法如下。

- put()和 get()方法分别负责插入和取出 Closure。
- put_back()方法负责把 Closure 重新放回队列。
- 方法 wait()会等待所有 Closure 结束。
- mark_failed()和 done()是处理结束和异常的一套组合。
- stop()和_cancel_all_closures()负责暂停 Closure。

19.3.7 Worker 类

Worker 类是函数的执行者，是分布式环境下远端 Worker 在 ClusterCoordinator 处的代言人。Worker 类启动了一个后台线程以把队列之中的 function 分发给远端 Worker。

```python
class Worker(object):
    def __init__(self, worker_index, device_name, cluster):
        self.worker_index = worker_index
        self.device_name = device_name
        # 此处会有一个executor
        self.executor = executor.new_executor(enable_async=False)
        self.failure_handler = cluster.failure_handler
        self._cluster = cluster
        self._resource_remote_value_refs = []
        self._should_worker_thread_run = True
        threading.Thread(target=self._process_queue,
                 name="WorkerClosureProcessingLoop-%d" % self.worker_index,
                 daemon=True).start()
```

new_executor() 会调用 TFE_NewExecutor() 函数。TFE_NewExecutor() 函数生成了 TFE_Executor。TFE_Executor 是会话执行器的抽象，在 TensorFlow 2 之中，也有 EagerExecutor。

_process_queue()函数是线程的主循环,会从队列之中取出 Closure,然后运行任务,具体逻辑如下。

- 首先调用_maybe_delay()等待环境变量配置。
- 接着调用_process_closure()来运行 Closure。

_process_closure()代码如下,该函数调用了 Closure.execute_on()完成对用户函数的执行。

```python
def _process_closure(self, closure):
    try:
        with self._cluster.failure_handler.wait_on_failure(
            on_failure_fn=lambda: self._cluster.closure_queue.put_back(closure),
            on_transient_failure_fn=lambda: self._cluster.closure_queue.put_back(
                closure),
            on_recovery_fn=self._set_resources_aborted,
            worker_device_name=self.device_name):
            closure.execute_on(self)
            with metric_utils.monitored_timer("remote_value_fetch"):
                closure.maybe_call_with_output_remote_value(lambda r: r.get())
            self._cluster.closure_queue.mark_finished()
    except Exception as e:
        closure.maybe_call_with_output_remote_value(lambda r: r._set_error(e))
        self._cluster.closure_queue.mark_failed(e)
```

我们接下来分析如何把数据读取放到 Worker 上运行。_create_per_worker_resources()会调用 create_resource()为每一个 Worker 建立自己的资源。

```python
def create_resource(self, function, args=None, kwargs=None):
    """同步创建一个每 Worker(Per-Worker)的资源,该资源由一个 RemoteValue 表示"""
    closure = ResourceClosure(
        function,
        self._cluster.closure_queue._cancellation_mgr,
        args=args, kwargs=kwargs)
    resource_remote_value = closure.build_output_remote_value()
    self._register_resource(resource_remote_value)
    return resource_remote_value

def _create_per_worker_resources(self, fn, args=None, kwargs=None):
    results = []
    for w in self._cluster.workers:
        results.append(w.create_resource(fn, args=args, kwargs=kwargs))
    return PerWorkerValues(tuple(results))
```

_register_resource()则会把每个 Worker 的资源注册到 Worker 之上。

```
def _register_resource(self, resource_remote_value):
    self._resource_remote_value_refs.append(weakref.ref(resource_remote_valu
e))
```

逻辑如图 19-12 所示，虚线表示数据流。用户通过 put()方法向队列之中放入 Closure，Worker 通过 get()方法从队列获取 Closure 执行。

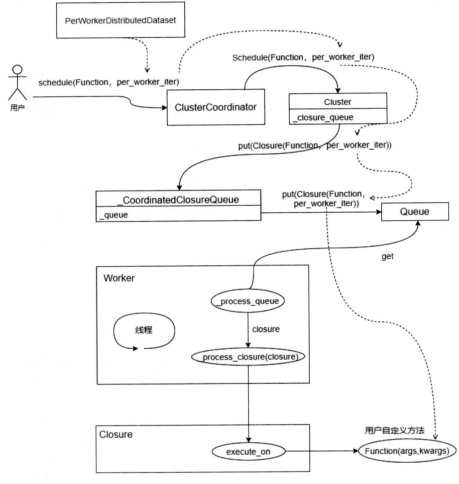

图 19-12

至此，我们其实还没有正式和策略联系起来，下面用一个例子进行分析。此处传递给 Coordinator 的方法会调用 strategy.run(replica_fn, args=(next(iterator),))，这样就和策略联系起来了，具体策略负责把工作分发到远端 Worker 之上。官网文档上也写得很清楚："Also, make sure to call Strategy.run inside worker_fn to take full advantage of GPUs allocated to workers"。关于如何分发到远端 Worker，可以结合 18.2.6 小节 DistributedFunctionLibraryRuntime 相关部分来看。

```
strategy = ...
coordinator =
tf.distribute.experimental.coordinator.ClusterCoordinator(strategy)
```

```
def dataset_fn():
  return tf.data.Dataset.from_tensor_slices([1, 1, 1])

with strategy.scope():
  v = tf.Variable(initial_value=0)

@tf.function
def worker_fn(iterator):
  def replica_fn(x):
    v.assign_add(x)
    return v.read_value()
  return strategy.run(replica_fn, args=(next(iterator),))  # 和策略联系起来

distributed_dataset = coordinator.create_per_worker_dataset(dataset_fn)
distributed_iterator = iter(distributed_dataset)
result = coordinator.schedule(worker_fn, args=(distributed_iterator,))
```

19.3.8 Failover

应对失败的总体策略大致如下。

- 如果发现一个 Worker 失败了，则 Coordinator 先把用户定义的操作再次放入队列，然后发给另一个 Worker 执行，同时启动一个后台线程等待恢复，如果恢复了，则用资源来重建此 Worker，继续分配工作。
- 因此，一些 Worker 的失败并不妨碍集群继续工作，这使得集群之中的实例可以偶尔不可用（例如可抢占或 spot 实例）。但是 Coordinator 和参数服务器必须始终可用，这样集群才能取得训练进展。

如图 19-13 所示就给出了一个 Worker 失败的例子（见彩插）。

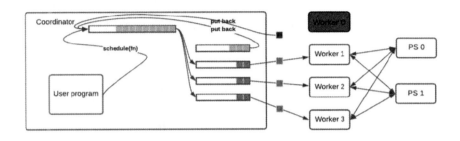

图 19-13

1. Worker 失败

当发生 Worker 失败时，具体应对逻辑如下。

- 当 ClusterCoordinator 类与 ParameterServerStrategy 一起使用时，具有内置的 Worker 故障容错功能。也就是说，当一些 Worker 由于任何原因，导致 Coordinator 无法联系上它们时，这些 Worker 的训练进度将继续由其余 Worker 完成。
- 在 Worker 恢复时，之前提供的数据集函数（对于自定义训练循环，可以是 ClusterCoordinator.create_per_worker_dataset()，或者是 tf.keras.utils.experimental.DatasetCreator）将被调用到恢复的 Worker 身上以重新创建数据集。
- 当一个失败的 Worker 恢复之后，通过 create_per_worker_dataset() 创建的数据被重新建立，此 Worker 将被重新启用，执行函数。

2. 参数服务器或者 Coordinator 故障

当参数服务器失败时，schedule()、join() 或 done() 会引发 tf.errors.UnavailableError。在这种情况下，除重置失败的参数服务器外，用户还应该重新启动 Coordinator，使 Coordinator 重新连接到 Worker 和参数服务器，重新创建变量，并加载检查点。如果 Coordinator 发生故障，则在用户把它重置回来之后，程序会自动连接到 Worker 和参数服务器，并从检查点继续前进。因为 Coordinator 本身也可能变得不可用，所以建议使用某些工具以便不丢失训练进度。

3. 返回 RemoteValue

如果一个函数被成功执行，则可以成功获取到 RemoteValue。这是因为目前在执行完一个函数后，返回值会立即被复制到 Coordinator。如果在复制过程中出现任何 Worker 故障，则该函数将在另一个可用的 Worker 上重试。因此，如果用户想优化性能，则可以调度执行一个没有返回值的函数。

4. 错误报告

一旦 Coordinator 发现一个错误，如来自参数服务器的 UnavailableError 或其他应用错误，则它将在引发错误之前取消所有挂起（Pending）和排队（Queued）的函数。在引发错误后，Coordinator 将不会引发相同的错误或任何一个来自已经取消函数的错误。ClusterCoordinator 假设所有的函数错误都是致命的，基于此，ClusterCoordinator 的错误报告逻辑是：

- schedule() 和 join() 都可以引发一个不可重试的错误，这是 Coordinator 从任何先前安排的函数中看到的第一个错误。
- 当一个错误被抛出时，没有被执行的功能将被丢弃并标记为取消。
- 在一个错误被抛出后，错误的内部状态将被清除。

19.3.9 总结

依据前面的代码，我们总结出问题点如下。

- 如何具体执行用户指定的函数？答案是：本章的 Worker 类是远端 Worker 角色在 ClusterCoordinator 处的代言人。在 Worker 类运行 Closure 时，会指定 Closure 要运行在本 Worker 类对应的设备上。当 Closure 运行时，会运行用户自定义函数 self._function。self._function 可以使用 strategy.run() 把训练方法分发到远端 Worker 进行训练。
- 如何获取数据？答案是：为每个 Worker 类建立一个 PerWorkerValues，PerWorkerValues 是一个值列表，每个 Worker 类从对应 PerWorkerValues 之中获取数据。

反侵权盗版声明

电子工业出版社依法对本作品享有专有出版权。任何未经权利人书面许可,复制、销售或通过信息网络传播本作品的行为;歪曲、篡改、剽窃本作品的行为,均违反《中华人民共和国著作权法》,其行为人应承担相应的民事责任和行政责任,构成犯罪的,将被依法追究刑事责任。

为了维护市场秩序,保护权利人的合法权益,我社将依法查处和打击侵权盗版的单位和个人。欢迎社会各界人士积极举报侵权盗版行为,本社将奖励举报有功人员,并保证举报人的信息不被泄露。

举报电话:(010)88254396;(010)88258888
传　　真:(010)88254397
E-mail :dbqq@phei.com.cn
通信地址:北京市万寿路173信箱　电子工业出版社总编办公室
邮　　编:100036

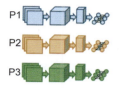  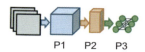

（a）数据并行　　　　　　（b）模型并行　　　　　　（c）流水线并行

图 1-3

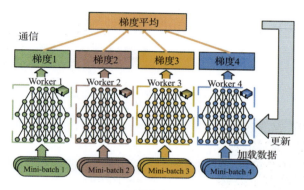

图 1-4

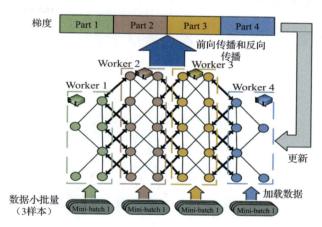

图 1-5

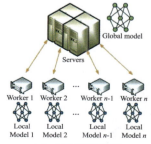 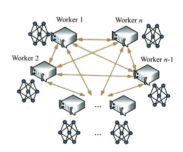 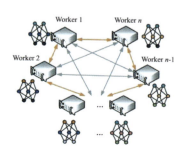

（a）参数服务器架构　　　　（b）All-Reduce架构　　　　（c）Gossip架构

中心化网络架构　　　　　　　　　　去中心化网络架构

图 1-7

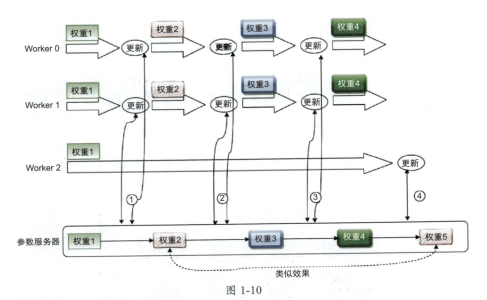

图 1-10

图 1-17

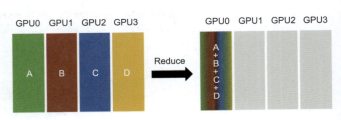

图 2-12

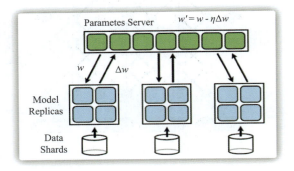

图 3-2

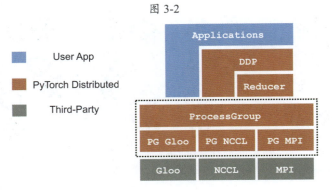

图 5-1

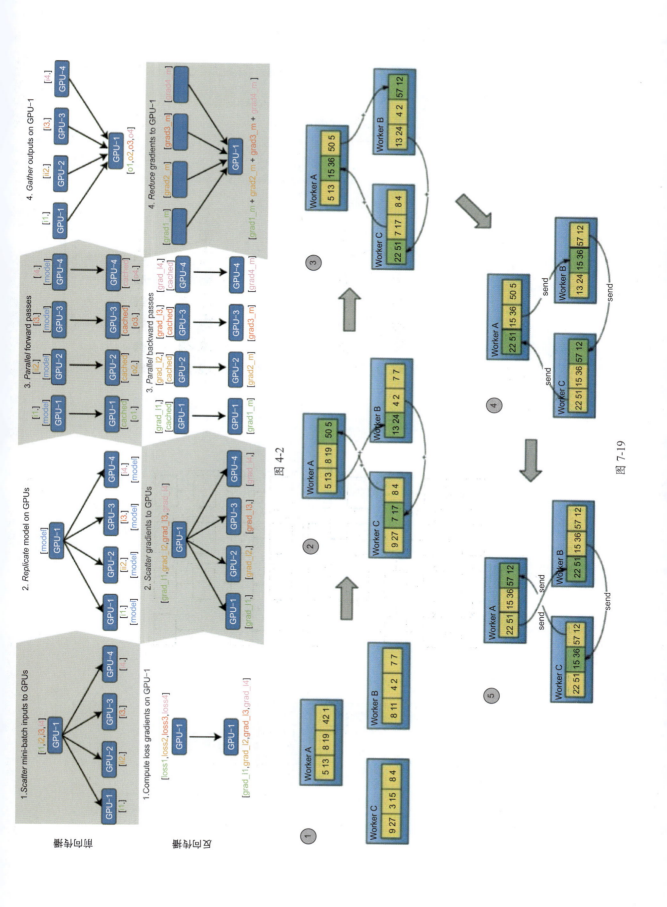

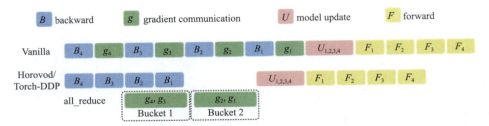

图 6-10

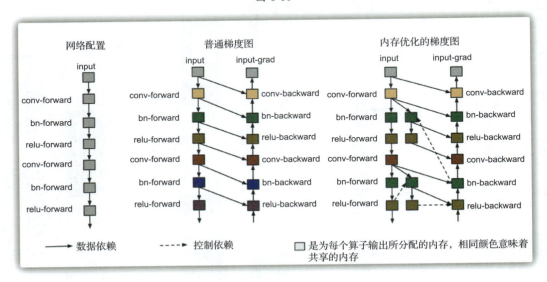

图 8-6

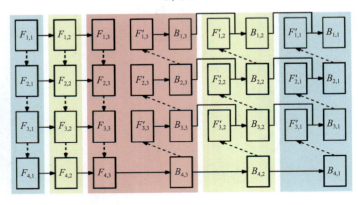

图 9-6

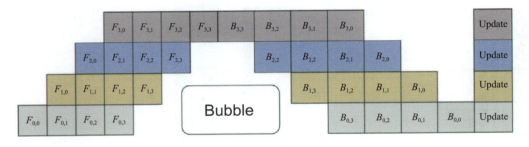

图 9-9

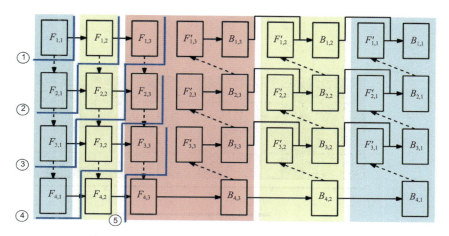

图 9-11

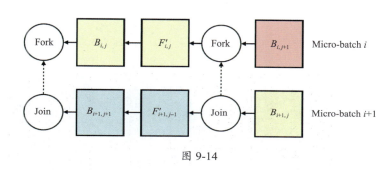

图 9-14

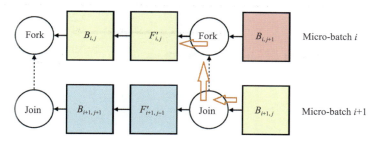

图 9-16

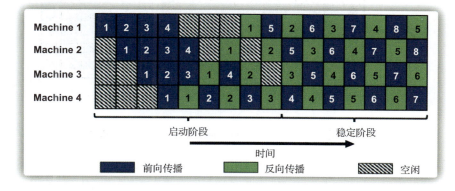

图 11-6

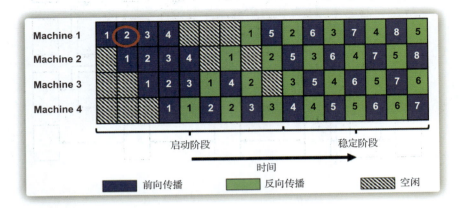

图 11-7

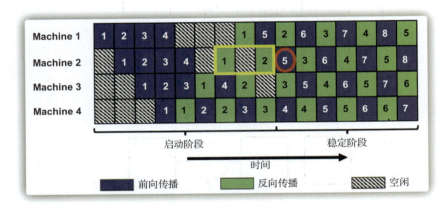

图 11-8

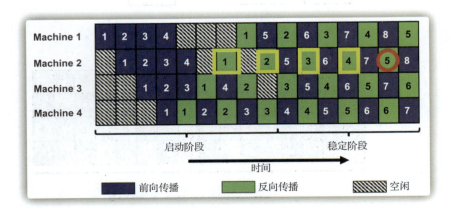

图 11-9

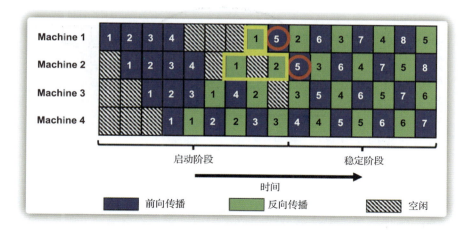

图 11-10

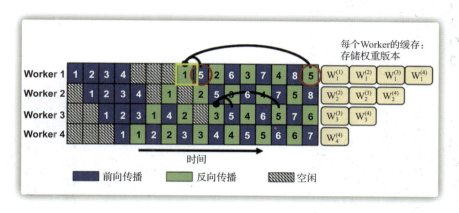

图 11-11

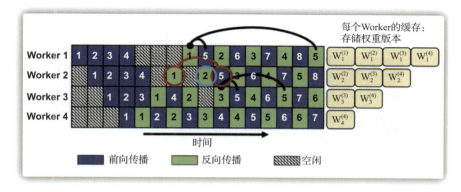

图 11-12

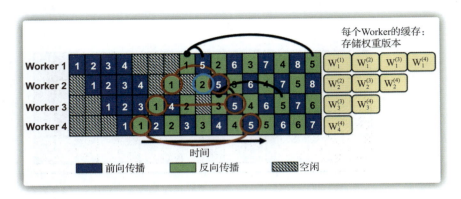

图 11-13

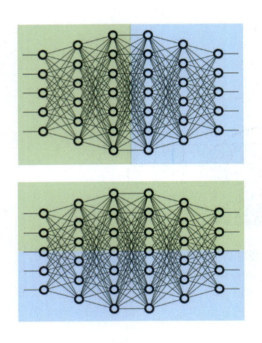

图 12-1

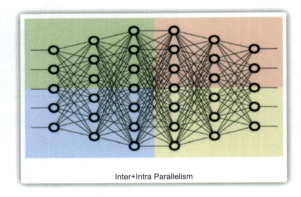

图 12-2

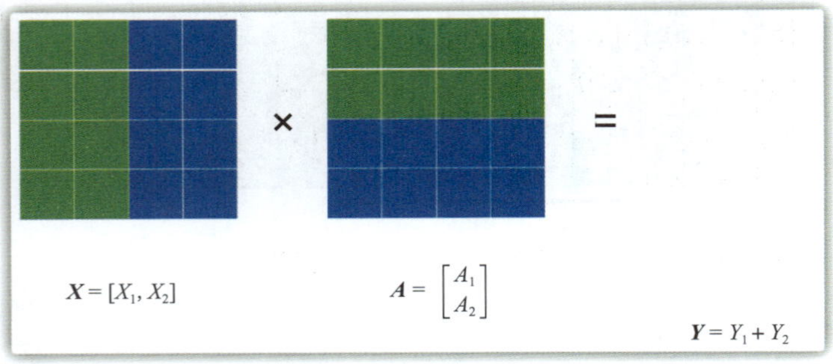

$X = [X_1, X_2]$ $A = \begin{bmatrix} A_1 \\ A_2 \end{bmatrix}$ $Y = Y_1 + Y_2$

图 12-3

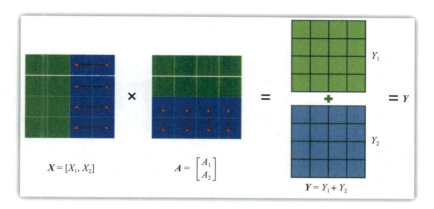

图 12-4

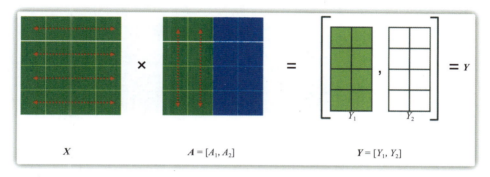

图 12-5

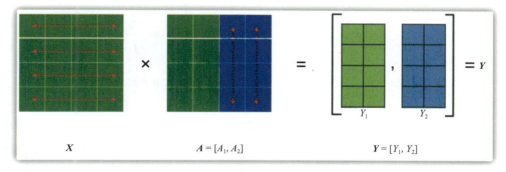

图 12-6

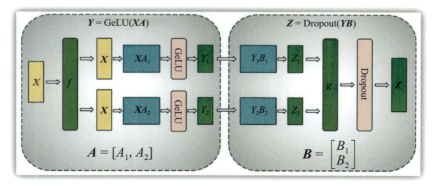

图 12-7

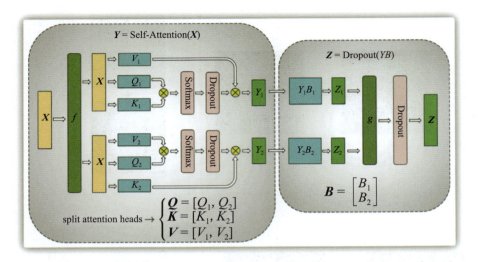

图 12-9

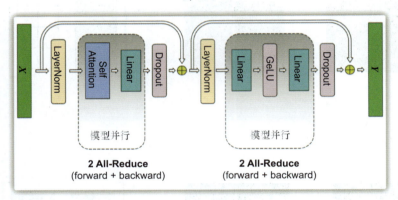

图 12-10

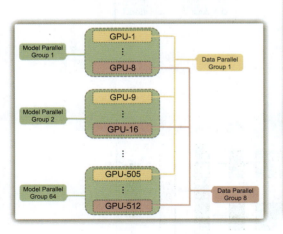

图 12-11

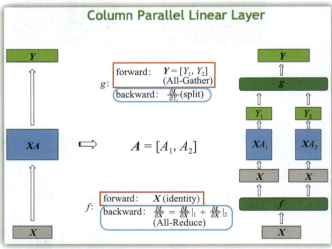

图 12-16

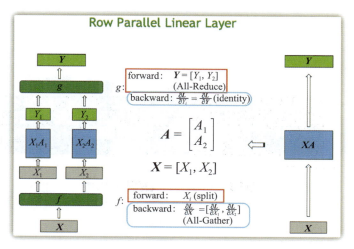

图 12-18

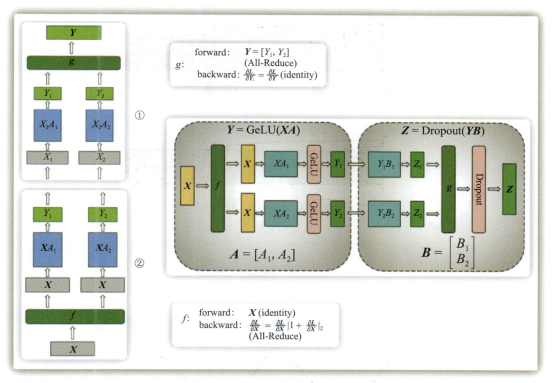

图 12-19

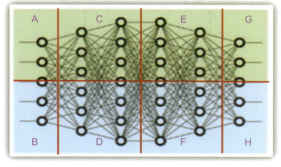

图 12-20

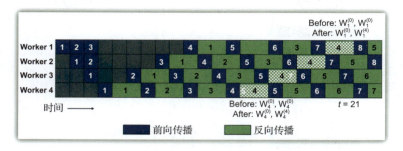

图 12-28

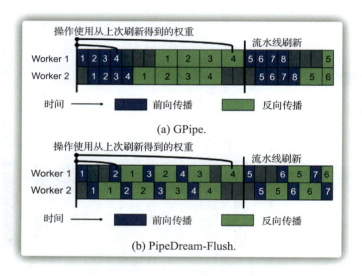

图 12-29

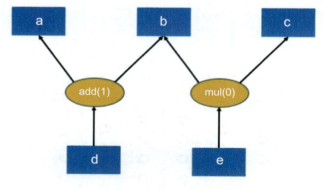

图 13-2

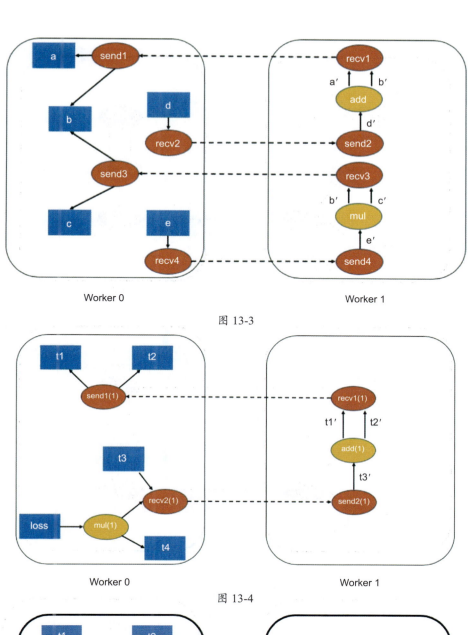

图 13-3

图 13-4

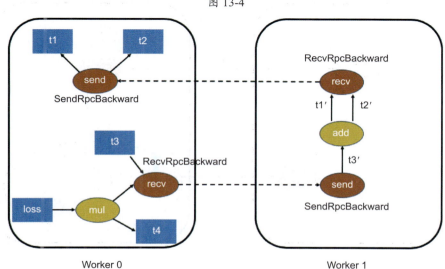

图 13-13

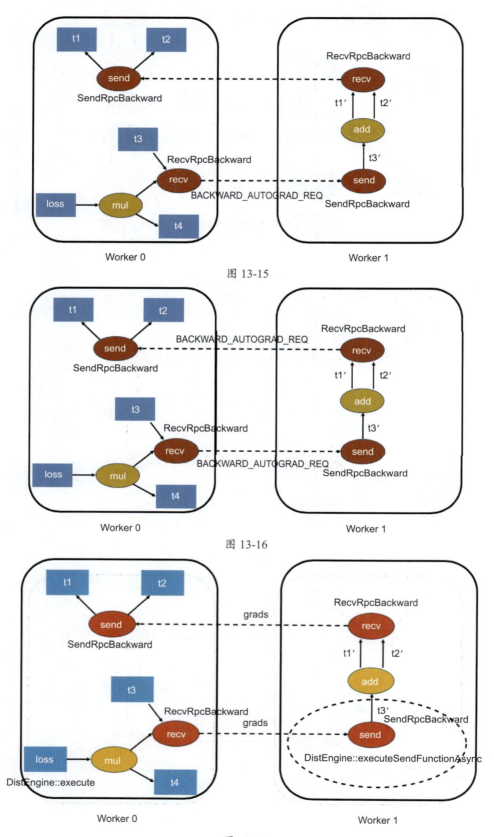

图 13-15

图 13-16

图 13-17

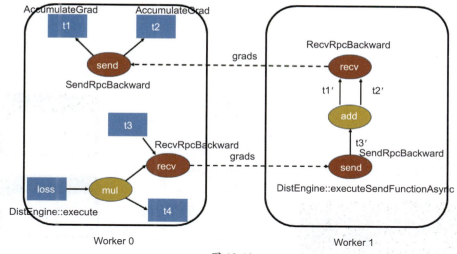

图 13-19

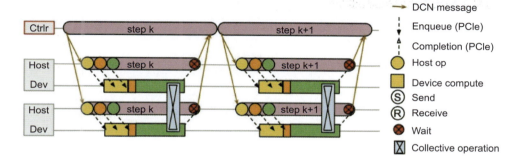

图 15-3

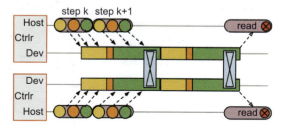

图 15-4

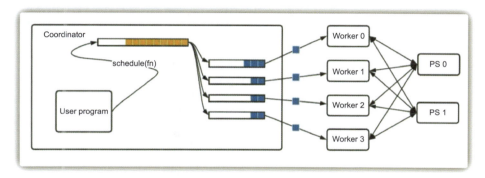

图 19-7

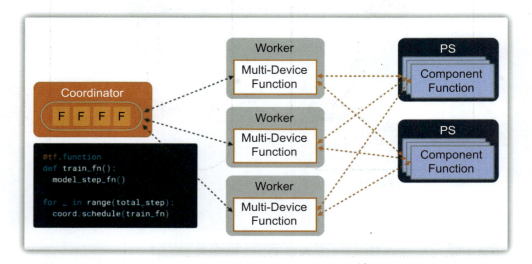

图 19-11

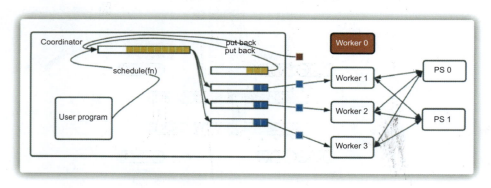

图 19-13